异重流问题学术研讨会文集

水利部黄河水利委员会
黄 河 研 究 会 编

黄河水利出版社

图书在版编目(CIP)数据

异重流问题学术研讨会文集/水利部黄河水利委员会，黄河研究会编.—郑州：黄河水利出版社，2006.11
ISBN 7-80621-979-X

Ⅰ.异… Ⅱ.①水… ②黄… Ⅲ.泥沙-异重流-学术会议-文集 Ⅳ.TV14-53

中国版本图书馆CIP数据核字(2006)第136727号

出 版 社:黄河水利出版社
地址:河南省郑州市金水路11号 邮政编码:450003
发行单位:黄河水利出版社
发行部电话：0371—66026940 传真：0371—66022620
E-mail：hhslcbs@126.com
承印单位:河南省瑞光印务股份有限公司
开本:787 mm×1 092 mm 1/16
印张:26.00 插页:8
字数:610千字 印数:1—1 000
版次:2006年11月第1版 印次:2006年11月第1次印刷

书号:ISBN 7-80621-979-X/TV·427 定价:66.00元

《异重流问题学术研讨会文集》
编辑组

主　编：廖义伟　薛松贵

副主编：尚宏琦　张金良

编　辑：毕东升　张建中　魏向阳　田　凯
　　　　柴成果　贺秀正　万　强　常晓辉
　　　　张素萍　张法中　张美丽

编者的话

黄河水利委员会、黄河研究会于10月24～25日在郑州组织召开了异重流问题学术研讨会。异重流是多沙河流、水库、河口、潮汐等在特定条件下发生的自然现象，也是河流泥沙研究的一个分支，受到国内外专家的关注。此次研讨会旨在通过交流研讨异重流研究成果，探索异重流产生、发展和运行规律，为进一步利用异重流特性解决多沙河流水库的淤积问题提供技术支持。

来自水利部、国家防汛抗旱总指挥部办公室、部分高等院校、科研院所、水利枢纽、引黄管理单位及委属有关单位120多位专家和代表参加了本次学术研讨会。会议在百家争鸣、自由民主的学术氛围中进行，与会专家和代表畅所欲言、各抒己见，围绕异重流测验与分析、异重流运动规律及模拟、异重流调度运用等方面展开研讨，先后有30多位专家和代表发表了研究成果，并阐述自己的观点。通过研讨，广泛交流了异重流研究、应用等方面的最新成果，也提出了目前研究和应用方面存在的问题及建议。

随着我国和谐社会建设的不断发展，供水安全、生态改善方面的要求日益提高，利用异重流特性解决多沙河流水库淤积问题，必将会发挥显著的社会效益、经济效益和生态效益。为进一步推动异重流问题的研究，深化对异重流问题的认识，会议组织者按照会议发言顺序，将领导讲话、专题报告、会议论文、部分会议发言(经本人审阅)一并汇编成册，正式出版，以供有关管理和技术单位（部门）参考。

由于时间紧迫及编者水平所限，缺点和错误在所难免，恳请读者多提宝贵意见。

在本书编辑过程中，也得到黄河水利委员会国际合作与科技局、防汛办公室、水文局、黄河水利科学研究院、黄河勘测规划设计有限公司等有关部门和单位的大力协助与支持，在此一并表示感谢。

编　者

2006年10月26日

研讨会会场

领导与专家聆听专题发言

黄河水利委员会副主任廖义伟致辞

黄河水利委员会总工程师薛松贵主持开幕式并作会议总结

黄河研究会理事长黄自强教授主持专题报告

中国水利水电科学研究院韩其为院士主持会议讨论并发言

黄河水利委员会副总工翟家瑞教授主持会议讨论并发言

清华大学王光谦教授主持会议讨论并发言

黄河水利委员会副总工刘晓燕教授主持会议讨论并发言

黄河水利委员会国际合作与科技局局长尚宏琦主持专题会议及闭幕式

黄河水利委员会防汛办公室主任张金良作专题发言

中国水利水电科学研究院王崇浩教授作专题发言

黄河水利科学研究院副总工张俊华教授作专题发言

冯家山水库枢纽管理处主任魏靖明教授作专题发言

黄委会水文局副总工牛占教授作专题发言

黄河设计公司安催花教授作专题发言

黄河水利科学研究院焦恩泽教授作专题发言

黄河水利科学研究院王万战教授作专题发言

西安理工大学曹如轩教授作专题发言

东雷抽黄管理局副局长谭培根作会议发言

清华大学王兴奎教授作会议发言

南京水利科学研究院副总工窦希萍教授作会议发言

武汉大学水电学院院长谈广鸣教授作会议发言

中国水利水电科学研究院方春明教授作会议发言

黄河水利科学研究院杜殿勖教授作会议发言

黄委会水文局熊贵枢教授作会议发言

黄河设计公司李世滢教授作会议发言

国家防总徐林柱副处长作会议发言

黄委会水文局赵伯良教授作会议发言

黄河水利科学研究院副院长江恩惠教授作会议发言

黄委会水文局副局长谷源泽教授作会议发言

黄委会水文局总工赵卫民教授作会议发言

会间交流

目　录

第一部分　领导讲话

第二部分　专题报告

第三部分　会议论文

第四部分 会议发言

第一部分　领导讲话

在异重流问题学术研讨会上的致辞

黄河水利委员会副主任　廖义伟

(2006年10月24日)

各位专家、各位代表、同志们：

今天，我们非常高兴地在郑州和大家就异重流学术问题进行研讨。在这金秋送爽、丹桂飘香的季节，值此“异重流问题学术研讨会”召开之际，我谨代表黄河水利委员会和黄河研究会，代表李国英主任对参加研讨会的专家、代表表示热烈的欢迎，对你们长期以来给予黄河治理开发与管理事业的关心和支持表示衷心的感谢！

众所周知，黄河以其水少沙多、水沙关系不平衡而成为世界上最复杂、最难治理的河流之一。由于泥沙的不断淤积，河势游荡多变，黄河下游的防洪问题历来是中华民族的心腹之患。小浪底水库建成投入运用以来，抗御黄河下游洪水的能力大大增强，同时也为减少黄河下游河道淤积起到了举足轻重的作用。小浪底水库作为黄河防洪减淤和水沙调控体系建设的关键性控制工程，我们都希望它能在较长的时期内保持较大的可调节库容。因此，利用一切可能的技术和措施进行调节，争取获得相对协调的水沙关系，有效地减少小浪底水库和黄河下游河道淤积，成为当前和今后一个时期黄河治理开发与管理的一项重要任务。为了实现这个目标，黄委近年来进行了积极的探索和尝试，实施了小浪底、三门峡、陆浑、故县4座水库水沙联合调度，力争兼顾黄河下游河道和小浪底水库减淤的双重目标，取得了一些初步的效果和认识。从2002年开始，连续5年进行了调水调沙，使下游河道主河槽得到全面冲刷，主河槽最小过流能力由实施前的1 800 m^3/s提高到 3 500 m^3/s。在调水调沙和近几年汛期小浪底水库场次洪水调度实践中，异重流在小浪底水库多次发生，并成为我们非常关注的问题之一。

异重流是高含沙河流特有的一种水流现象，20世纪60年代在黄河三门峡水库观测到了异重流，2001年8月在小浪底水库也观测到了异重流。小浪底水库运用以来，黄委组织相关单位和部门在异重流监测、运动规律分析、模型试验等方面开展了一些研究工作，取得了一些新的认识。在异重流测验方面，初步建立了监测体系，研制、引进了一些仪器设备，开发了相关软件，编制了测验规程。在机理和模型研究方面，通过实测资料分析及实体模型试验，借鉴已有的计算公式和经验，初步提出了可定量描述小浪底水库天然来水来沙条件及现状边界条件下异重流持续运行的条件、不同水沙组合条件下异重流运行速度及水库排沙效果的表达式。在弗劳德数、综合阻力、异重流挟沙力、异重流传播时间、异重流持续运动至坝前的临界水沙条件等方面开展了一些规律研究。在异重流调度和利用方面，通过小浪底等水库联合调度，初步实现了人工塑造异重流，并利用异重流特性在小浪底水库及下游河道冲沙减淤方面进行了有益的探索。

当然，我们所做的工作都是初步的，如异重流运动对小浪底水库库内泥沙淤积形态的影响，水库异重流排沙规律及对下游水沙运动、河道冲淤变化的影响，异重流的测验、塑造及利用等许多问题，都有待于进一步研究、探索。这次研讨会正是要搭建一个平台，通过交流研讨，促进对异重流产生、发展和运行等基础研究再上新台阶，并为充分利用异重流特性，尽量减少小浪底水库和黄河下游河道淤积提供科技支持。

这次会议，我们邀请了韩其为院士、王浩院士等 14 位专家。范家骅先生不能与会，特准备了 4 篇论文，并派代表参加会议。黄委相关单位的技术人员以极大的热情积极撰写论文进行交流。截至目前，我们共收到论文 40 多篇，充分体现了大家对异重流问题的极大关注。黄河的泥沙问题是黄河难治的症结所在，异重流问题是泥沙问题的重要组成部分。如何利用异重流规律把粗泥沙拦在库内，排出细泥沙，提高水库拦沙库容的利用效率，是黄河异重流研究和黄河水沙调度的重要任务之一。如何利用异重流在水资源缺乏的情况下，将更多的泥沙排出库外，送入大海，留住清水资源，保住水库有效库容，也是国内多沙河流和缺水地区水库迫切需要解决的问题。真诚地希望大家畅所欲言，为异重流问题的研究和利用建言献策。

最后，预祝研讨会圆满成功，祝各位代表生活愉快、身体健康！

谢谢大家！

在异重流问题学术研讨会上的总结讲话

黄河水利委员会总工程师　薛松贵

(2006年10月25日)

各位专家、同志们：

经过一天半的紧张工作和共同努力，异重流问题学术研讨会已经完成了预定的各项议程，马上就要结束了。下面，根据会议的安排，由我做一个简要的小结，更准确地说，是一个发言。

在一天半的时间里大家畅所欲言，发表了非常好的意见，相信在座的各位，都不同程度地有所收获和感受。正如昨天晚上廖主任致词所说的一样，“虽然会议才进行了一天，但感到有很大的收获”。总结中很难把大家的意见和建议全面完整地反映出来，希望大家谅解，不妥之处，请大家批评指正。

会议期间，与会专家和代表围绕异重流的有关问题畅所欲言、各抒己见。由于黄河是世界上泥沙问题最突出的河流，可以说黄委是异重流研究乃至泥沙研究成果的最大用户。借此机会衷心地感谢各位专家对这次会议所做的充分准备，以及在会议上所做的精彩发言和讨论中发表的中肯意见，也感谢各位专家对黄河泥沙问题长期的关注、潜心的研究。会上有关单位代表也畅谈了自己的工作实践和经验，对黄委很有借鉴意义，在此也深表感谢。

这次会议是黄委针对异重流问题举行的专题学术研讨会，虽然时间不长，但是很有特色，收效明显，应该说达到了预期的目的。初步总结有以下几个方面：

一是这次会议得到了众多专家、学者的高度重视和大力支持，特别是韩其为、王浩两位院士亲临指导，范家骅先生为会议准备了4篇交流文章，并派代表参加会议。国家防办、中国水利水电科学研究院、南京水利科学研究院、清华大学、武汉大学、西安理工大学以及小浪底建管局、冯家山水库管理局、渭南市东雷抽黄管理局等20多个单位的120多个代表参加此次会议，可以说此次会议是高层次、专业性很强的专题会议。

二是大家在会上充分交流了异重流测验、研究、应用等方面的最新成果，也指出了在目前研究和应用方面存在的一些问题。在会上有27位专家、33人次做了发言，涵盖了异重流研究的各个方面。从地域来讲，既有国内多沙河流异重流研究方面的成果，也有国内相对清水河流异重流研究方面的成果，还有对国外异重流研究成果的介绍。从时间跨度上，既有20世纪50、60年代研究的案例，也有近年来围绕小浪底水库、冯家山水库所开展的异重流方面的研究。特别是黄河连续进行了几年的调水调沙、人工塑造异重流，很多文章也介绍了这方面相应的成果。这些交流使大家更进一步地加深了对异重流问题的认识。

专家在交流发言中指出，在当前的异重流研究当中，还存在一些需要我们给予关注的问题。比如说在异重流研究当中普遍性和特殊性的关系，作为异重流基本规律、基本原理有其普遍性，这个从专家的发言当中能够明显地感受到。但是在不同河流、地形等情况下的水库异重流，还是有不同的表现，有其特殊性，需要我们在一般性、普遍性的指导下加强特殊性的研究。

对于异重流测验，会议上以牛占为代表讲了这几年在异重流测验方面所发生的变化和取得的进展，同时也指出了仍然存在的问题和难度。

本次会议上交流的冯家山水库异重流自动化观测方面的经验、陕西东雷引黄自排沙廊道技术等，都有很好的借鉴意义。

会议还指出了我们目前在资料的整理、分析、甚至使用上仍存在不足之处，对粗泥沙异重流的研究还比较薄弱。从整体上看，目前异重流研究的水平还需进一步提高。

三是本次会议通过研讨交流形成了以下一些方面的共识：

(1)异重流排沙是水库特别是水库运用初期排沙的重要方式之一，还不能说我们已经完全掌握了它的规律，还需要就一些关键的问题深入地攻关、研究，以便更好地服务于生产实践。

(2)随着我们国家和谐社会建设的不断发展，供水安全、生态改善等方面要求的日益提高，在小浪底水库拦沙后期乃至正常运用期，充分利用异重流显得更为重要，需要尽早地研究有关问题，未雨绸缪。

(3)在充分掌握异重流规律基础上，人工塑造异重流是处理泥沙的有效方法之一，应该不断完善。但是异重流排沙仅仅是我们综合处理黄河泥沙的措施之一，并不能解决所有的问题，这也是大家的共识。黄河综合处理泥沙要实行“拦、排、放、调、挖”，综合处理。比如近年来黄委在“构筑粗泥沙处理三道防线”、“小北干流放淤试验”等方面开展的积极的探索和实践。

(4)完善黄河水沙调控体系，是解决人工异重流后续动力不足的重要措施。其中已经列入黄河规划的古贤水利枢纽等应尽早建设,以便使我们能够更好地利用异重流的特性，服务于黄河泥沙的有效处理，服务于治黄。

四是在会议的交流研讨中专家们提出了不少的期望、展望，以及我们下一步需要攻关和研究的重点。这方面内容很多，也是会后我们需要重点加以梳理并落实的重要内容：

从展望和期望上，大家普遍认为在20世纪50、60年代，由于官厅水库、三门峡水库的建成应用，带动了我们国家第一个异重流研究的高峰。现在随着小浪底水库的投入运用，大家也期望我们会迎来第二个异重流研究的高峰。实际上，王光谦教授已经总结了我们目前有“天时、地利、人和”的有利条件。同时大家还期望以本次会议为契机，落实在这次会议上提出的通过分工合作方式开展持续研究、稳定研究人员队伍和加大资金投入等方面的建议。

大家对下一步工作提出了许多很好的建议，如资金的保证、测验方法的进一步完善，以及目前黄委水文局正在做的异重流测验规范等工作，同时在试验方面也需要加强。这次交流会上大家看到很多水槽的试验数据，都是20世纪50、60年代取得的，应该说最近一二十年虽然也做了一些工作，但还是远远不够的，下一步仍应加强这方面的工作。

另外，很多专家提出对已有资料要进行总结和整理。异重流观测的资料是我们最宝贵的、花费巨大代价取得的，如果这些资料整理得不好或者不能得到很好的使用，也会在某种程度上影响异重流的研究。焦恩泽教授特别提出，巴家嘴水库积累的异重流研究资料应该给予抢救性保护。

发言中专家们认为，河口异重流研究力度不如水库异重流，应予加强。同时专家们还对下一步的理论研究提出了建议，比如清浑水界面数学描述问题等。不少专家还提出应该加强浑水水库、支流倒灌以及尽可能充分发挥支流库容效益的研究。同时需要指出的是，虽然这次会议是异重流的专题学术研讨会，但是与会的不少专家在发言中还涉及到了整个黄河泥沙的处理问题和一些治黄战略性问题，这些都有很好的指导作用。

大家的建议还有很多，黄委将在会后认真地进行整理、梳理，特别是大家在发言中提到的目前在异重流的研究和应用中存在的问题，以及下一步工作的重点和建议等。

黄委将努力搭建好一个异重流研究的平台，围绕小浪底水库拦沙寿命的延长，围绕黄河下游的减淤，共同促进我国异重流研究水平的不断提高。

围绕小浪底水库泥沙的处理问题，黄委计划在年内召开一次专题学术研讨会议，探讨水库泥沙起动运移的可能技术。利用小浪底水库等塑造较为协调的水沙关系，是我们治黄实践中的强烈需求，能不能解决、多大程度上解决该问题还要依靠广大专家的聪明才智，需要大家共同为之努力。

总之，这次会议进一步深化了我们对黄河泥沙运动规律的认识，对我们探索黄河异重流运动规律，解决黄河水库、河道泥沙淤积问题具有重要意义。

各位专家、各位代表，在异重流问题学术研讨会即将结束之际，我谨代表黄河水利委员会和黄河研究会，再一次感谢各位专家和代表，祝各位身体健康、万事如意！

谢谢大家！

第二部分　专题报告

黄河小浪底水库异重流研究与实践

张金良　张俊华　刘继祥

(黄河水利委员会　郑州　450003)

摘要　水库异重流是高含沙河流特有的一种水流现象。2001 年 8 月，小浪底水库蓄水观测到异重流，以后每年都会多次出现异重流。本文重点对黄河异重流基础规律研究、小浪底水库测验技术和规范、工程设计应用、水库调度等方面进行概要介绍，提出了近期需开展异重流演进、输沙规律以及高含沙异重流洪峰变形、人工塑造等问题，以期引起国内研究异重流问题的专家重视，共同把异重流研究和利用工作推向深入。

关键词　水库调度　异重流　规律　测验　工程设计

水库异重流是高含沙河流特有的一种水流现象。黄河上首次观测到水库异重流是在 20 世纪 60 年代初的三门峡水库。2001 年 8 月，小浪底水库蓄水观测到异重流，以后每年都会多次出现异重流。为充分利用好水库异重流规律，延长水库使用寿命并兼顾下游不淤积。黄委组织相关单位和部门对异重流形成、发展、演进以及排沙过程和机理进行了深入研究，开展了异重流监测分析和模型试验。2001 年至 2006 年，通过万家寨、三门峡、小浪底等水库联合调度，三次成功实施人工塑造异重流，并利用异重流特性结合水库调度实现了汛期小浪底水库多排沙及下游河道冲沙减淤。

本文重点对黄河异重流规律研究、测验技术和规范、工程设计应用、水库调度等方面进行概要介绍，以期引起国内研究异重流问题的专家重视，共同把异重流研究和利用工作推向深入。

1　异重流基本规律研究

1.1　异重流形成与潜入条件

多年研究结果表明：库区清水与进入库区的浑水之间的容重差是产生异重流的根本原因。小浪底水库在拦沙初期，均处于蓄水状态，统计已有的观测资料可以得出，在入库流量约 200 m^3/s，相应含沙量约 25 kg/m^3，且悬沙粒径小于 0.025 mm 的细颗粒泥沙含量大于 90%的条件下，即可产生异重流。

从实际的观测资料可看出，挟沙水流进入水库的壅水段之后，由于沿程水深的不断增加，流速及含沙量分布从明流状态逐渐变化，水流最大流速由接近水面向库底转移，当水流流速减小到一定值时，浑水开始下潜，而后沿库底向前运行。由于横轴环流的存在，在潜入点以下库区表面水体逆流而上，带动水面漂浮物聚集在潜入点附近，成为异重流潜入的标志。

大量的原型资料及试验结果表明，异重流潜入位置主要与该处水深、入库流量、含沙量等因素有关，一般情况下可用 $\frac{\gamma_m}{\gamma_m-\gamma}\frac{V_0}{\sqrt{\eta_g g h_0}}$（$\gamma$、$\gamma_m$ 分别为清、浑水容重，V_0、h_0 分别为异重流潜入处流速及水深)来判断。将小浪底水库实测、实体模型及水槽试验等异重流潜入观测资料点绘图 1。由于受观测条件的限制，小浪底水库观测资料较少且观测部位与异重流潜入点不完全一致，使得点据有所偏离外，其他资料基本符合异重流潜入的一般规律。

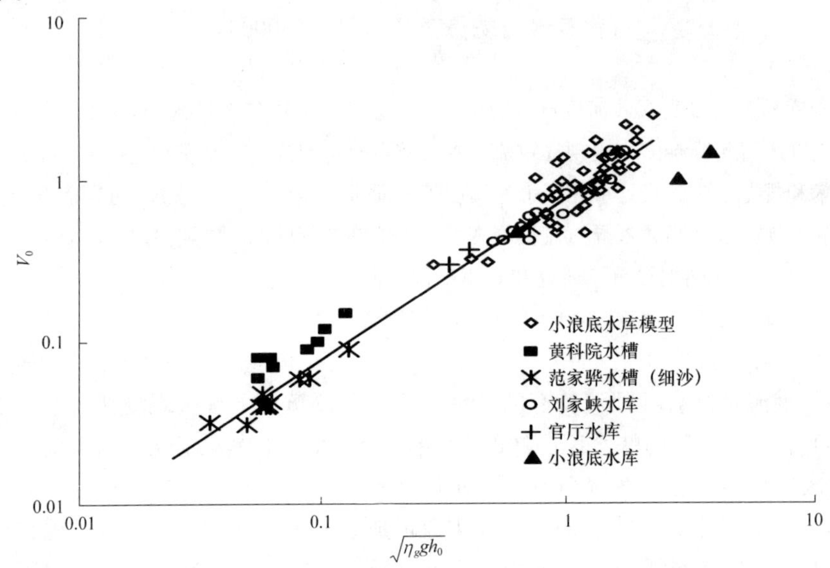

图 1　异重流潜入点水力条件

1.2　异重流持续运行条件

水库产生异重流后，若要持续运行到坝前，必须满足一定的条件。从物理意义来说，产生异重流的洪水供给异重流的能量，能克服异重流沿程和局部的能量损失。否则异重流将在中途消失。理论和大量实测资料均表明，影响异重流持续运行的因素包括水沙条件(洪峰持续时间、进库流量及含沙量的大小)及边界条件(平面形态、库底比降)。因此，需相应分析异重流阻力、异重流传播时间、产生异重流的临界水沙条件。

1.2.1　异重流阻力分析

异重流与一般明渠流或有压管流的根本差异是其特殊的边界条件。异重流的上边界是可动的清水层，一方面清水层对其下面的异重流运动有阻力作用；另一方面本身可被异重流拖动，形成回旋流动。此外清浑水还有掺混现象等。上边界会随异重流运动而发生变化，反过来必然对异重流阻力产生不同的影响，使异重流阻力问题显得非常复杂。因此，异重流运动方程和能量方程中的阻力通常用一个包括床面阻力系数λ_0 及交界面阻力系数λ_i 在内的综合阻力系数λ_m 来表示。异重流平均阻力系数值λ_m 采用范家骅的阻力公式。即

$$\lambda_m = 8\frac{R_e}{h_e}\frac{\frac{\gamma_m-\gamma}{\gamma_m}gh_e}{V_e^2}\left[J-\mathrm{d}h_e/\mathrm{d}x(1-\frac{V_e^2}{\frac{\gamma_m-\gamma}{\gamma_m}gh_e})\right] \tag{1}$$

式中：J 为河底比降；V_e 为异重流流速；dh_e/dx 为异重流厚度沿程变化，可根据上下断面求得。异重流的湿周 R_e 比明渠流湿周多了一项交界面宽度。用式(1)计算小浪底水库不同测次异重流沿程综合阻力系数λ_m，平均值为 0.022～0.029；范家骅水槽试验及官厅水库λ_m平均值约为 0.025；我们专门进行了水槽试验，λ_m平均值约为 0.02，见图 2。这说明小浪底水库异重流的综合阻力系数接近试验值及其他水库的数值。

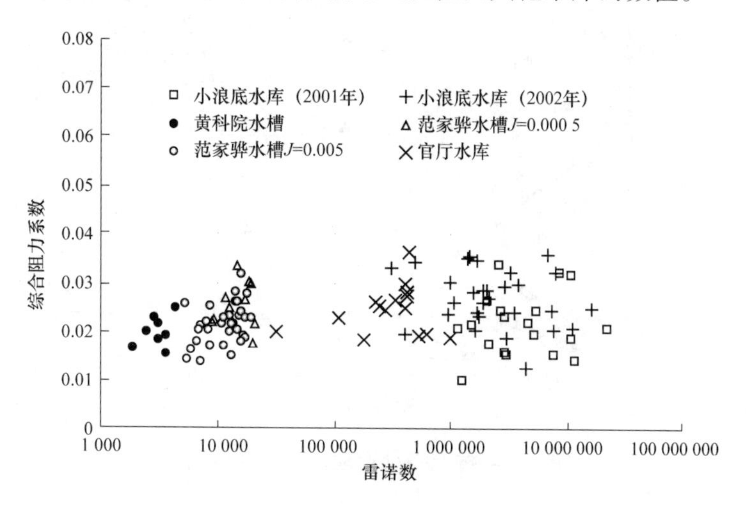

图 2　小浪底水库综合阻力系数

1.2.2　异重流传播时间

异重流传播时间 T_2 指异重流自潜入至坝前的时间，其值大小主要受来水洪峰、含沙量、水库回水长度、库底比降等多种因素的影响。显然若异重流运行至坝前，其传播时间必须大于入库洪水过程。异重流前锋的运动是属于不稳定流运动，因此到达坝前的时间严格地说应通过不稳定流来计算，但作为近似考虑，对于异重流运行时间可采用韩其为计算公式，式中系数 C 采用小浪底水库实测资料率定得到。

$$T_2 = C\frac{L}{(qS_iJ)^{\frac{1}{3}}} \tag{2}$$

式中：L 为异重流潜入点距坝里程(约等于回水长度)；q 为单宽流量；S_i 为潜入断面含沙量；J 为库底比降(‰)。

1.2.3　临界水沙条件

异重流的流速及挟沙力与其含沙量成正比，形成异重流的流速与含沙量具有互补性。图 3 为基于 2001～2004 年小浪底水库发生异重流时入库水沙资料，点绘的小浪底水库入库流量与含沙量的关系(图中点群边标注数据为细泥沙的沙重百分数)，由该图分析异重流产生并持续运行至坝前的临界条件。从点群分布状况可大致划分 A、B、C 个区域。

A 区为满足异重流持续运动至坝前的区域，即小浪底水库入库洪水过程在满足一定历时且悬移质泥沙中 $d<0.025$ mm 的沙重百分数约为 50%的前提下：

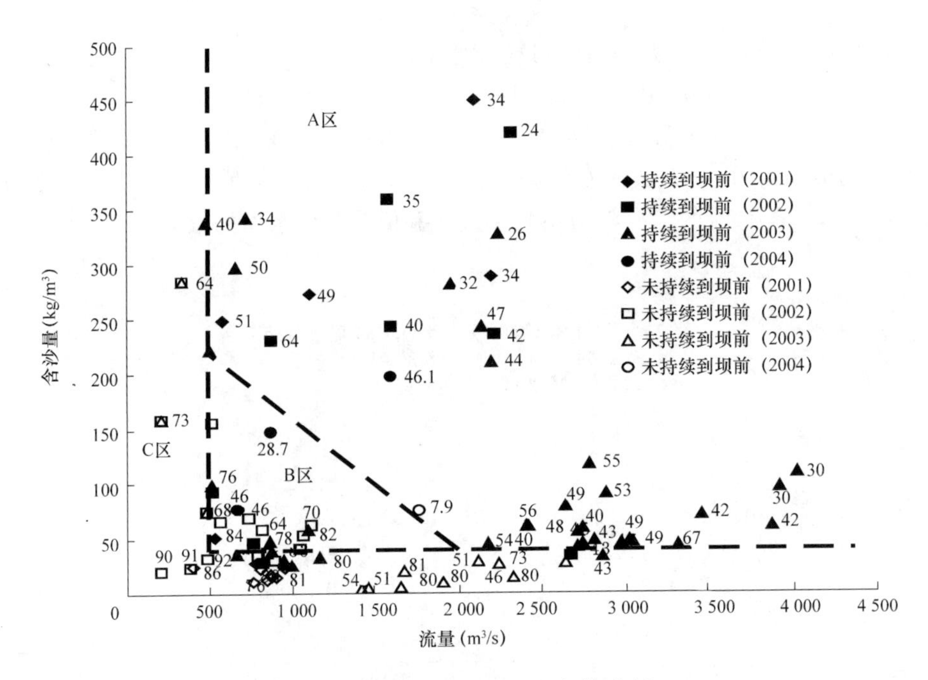

图 3　异重流持续运动水沙条件分析

若 500 m³/s≤Q_i<2 000 m³/s，且满足 S_i≥280–0.12Q_i，则 S_0>0；

若 Q_i>2 000 m³/s，且满足 S_i>40 kg/m³，则 S_0>0。

B 区涵盖了异重流可持续到坝前与不能到坝前两种情况。其中异重流可运动到坝前的资料往往具备以下三种条件之一：一是处于洪水落峰期，此时异重流行进过程中需要克服的阻力要小于其前锋所克服的阻力；二是虽然入库含沙量较低，但在水库进口与水库回水末端之间的库段产生冲刷，使异重流潜入点断面含沙量增大；三是入库细泥沙的沙重百分数基本在 75%以上。

C 区为 Q_i<500 m³/s 或 S_0<40 kg/m³ 部分，异重流往往不能运行到坝前。

当入库流量及水流含沙量较大时，悬移质泥沙中 d≤0.025mm 的沙重百分数 d_i 可略小，三者之间的函数关系基本可用式 $S = 980\,\mathrm{e}^{-0.025d_i} - 0.12Q$ 描述。

需要说明的是，影响异重流输移条件不仅与水沙条件有关，而且与边界条件关系密切。若库区边界条件发生较大变化，使异重流运行距离大幅度缩短，或异重流运行段比降大幅度调整，上述临界水沙条件亦会发生相应变化。

1.3　异重流输沙规律

1.3.1　异重流挟沙力

运用能耗原理，建立异重流挟沙力公式，可导出

$$S_{*e} = \gamma_s \frac{f_e^{3/2}\eta_e}{8^{3/2}\kappa \dfrac{\gamma_s - \gamma_m}{\gamma_m}} \frac{V_e^3}{g' R_e \omega_s} \ln\left(\frac{h_e}{eD_{50}}\right) \tag{3}$$

式中：f_e 为异重流阻力系数，借助于黄河三门峡等水库水库测验资料，得出具体表达式并代入式(3)，整理即得异重流挟沙力公式

$$S_{*e} = 2.5 \times \left[\frac{S_{ve} V_e^{\ 3}}{\kappa \dfrac{\gamma_s - \gamma_m}{\gamma_m} g' h_e \omega_s} \ln \left(\frac{h_e}{e D_{50}} \right) \right]^{0.62} \tag{4}$$

上式单位采用 kg、m、s 制，其中沉速可由下式计算

$$\omega_s = \omega_0 \left[\left(1 - \frac{S_{ve}}{2.25\sqrt{d_{50}}} \right)^{3.5} (1 - 1.25 S_{ve}) \right] \tag{5}$$

由上式可以看出，式(4)能反映异重流多来多排的输沙规律。

1.3.2　异重流输沙计算

小浪底水库实体模型试验资料显示，异重流排沙比主要与入库流量、含沙量(主要是细颗粒的含量)、泄量、库底比降、异重流潜入点的位置(即水库的回水末端)及开闸时间等因素有关。经过对异重流排沙资料回归分析，得出异重流排沙经验关系(见图 4)：

$$\eta = K \exp\left(0.06 Q_s^{0.3} Q_{出}^{0.4} J^{1.7} H^{-1.8} \right) \tag{6}$$

式中：η为异重流的排沙比(%)；Q_s为入库输沙率，t/s；$Q_{出}$为出库流量，m^3/s；J 为库底平均纵比降(‱)；H 为坝前水深，m；K 为系数。

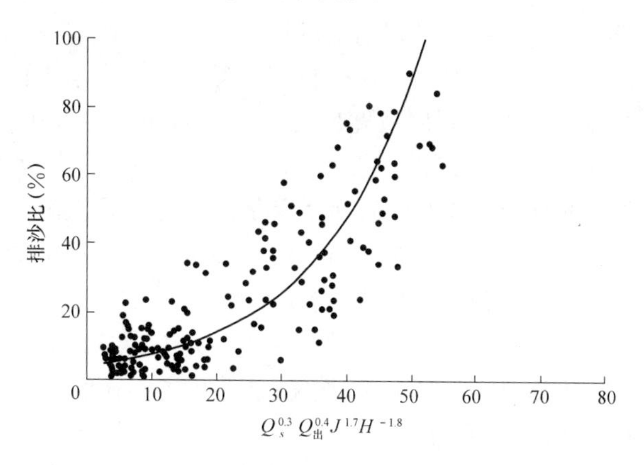

图 4　异重流排沙经验关系

式(6)表明，若入库流量大且持续时间长、水流含沙量大，则异重流挟沙能力强且能量大，出库流量大，排沙效果好；水库的蓄水水位高，则水库的回水末端上移，异重流的潜入位置将随之上移，异重流运行距离变长，排沙效率将会降低。此外，库区地形比较平顺，无急剧复杂的变化，异重流不易扩散掺混；河床纵比降大，排沙效果亦好。

采用韩其为含沙量及级配沿程变化计算公式，并利用小浪底等水库异重流资料率定出式中饱和系数α值后，在调水调沙过程中，用于计算小浪底水库异重流排沙过程可满足精度要求。

$$S_j = S_i \sum_{l=1}^{n} P_{l,i}\, e^{\left(-\frac{\alpha \omega L}{q}\right)} \tag{7}$$

$$P_l = P_{l,i}\left(1-\lambda\right)^{\left[\left(\frac{\omega_l}{\omega_m}\right)^v - 1\right]} \tag{8}$$

式中：$P_{l,i}$ 为潜入断面级配百分数；l 为粒径组号；ω_l 为第 l 组粒径沉速；P_l 为出口断面级配百分数；ω_m 为有效沉速；λ 为淤积百分数；v 取 0.5。

2 异重流观测

2.1 测验内容

小浪底水库异重流观测的主要任务是在小浪底水库出现异重流时，对异重流各种水文要素的垂线分布、横向分布及沿程变化进行观测。为研究小浪底水库异重流的产生条件、潜入点位置的变化规律、异重流形成后在库区的运行规律和不同强度异重流的排沙效果积累宝贵的实测数据，为优化水库调度方案、开展水库水沙规律研究提供依据。

异重流观测的项目包括：异重流的厚度、宽度、发生河段长度和异重流发生河段沿程水位、水深、水温、流速、含沙量、泥沙颗粒级配的变化以及泄水建筑物开启等情况。

2.2 测验技术及方法

小浪底水库异重流测验采用断面法和主流线法相结合的测验方法施测。测次安排以完整控制异重流发生、发展、消失过程为原则。正常情况下在回水末端附近河段监测异重流的产生，当发现水库发生异重流后，根据库区地形情况选择部分淤积测验断面按断面法施测水沙要素变化，另一部分淤积断面进行主流线法施测。自异重流潜入点向下分组，采用多只测船进行连续动态跟踪观测异重流，异重流完全消失停止测验。垂线布设以能够控制异重流在监测断面的厚度及宽度为原则。断面法要求在固定断面布置 5 ~ 7 条垂线，主流线法在断面主流区布置一条垂线(垂线位置每次应大致接近)；测点分布以能控制异重流厚度层内的流速、含沙量的梯度变化为原则，要求清水层 2 ~ 3 个测点，交界面附近 3 ~ 4 个测点，异重流层内均匀布设 3 ~ 6 个测点，垂线上的每个测速点均测取沙样，并对异重流层内的全部沙样做颗粒级配分析。

2.2.1 测次安排

以三门峡水文站的实测流量、含沙量为控制条件，根据小浪底水库当时的运用情况，由黄委水文局根据实时水情确定测次安排及开始时间。测次安排以能控制异重流的潜入、运行和消失三个阶段的水、沙变化过程为原则。异重流潜入、增强阶段多测，运行过程中可减少测次。

2.2.2 测验项目观测要求

2.2.2.1 水位观测

由于异重流期间库区水位降幅较大、下降速度较快，异重流测验期间各水位站需要进行适当的加密观测，具体标准是：水位日变化小于 1.00 m 时，每日观测 4 次(2:00、8:00、14:00、20:00)；水位日变化大于 1.00 m 时，每 2 小时观测 1 次；水位涨落率大于 0.15 m/h 时，每 1 小时观测 1 次。

监测异重流的各断面水位资料的计算，需要根据断面上下水位站的同时水位资料按距离插补求得。

2.2.2.2　垂线、测点布设及颗分留样

固定断面采用横断面法与主流线法相结合的测验方法，辅助断面采用主流线法测验。横断面法要求在固定断面布设 5 ~ 7 条垂线(垂线布设以能够控制异重流在监测断面的厚度、宽度及流速、含沙量等要素横向分布为原则)，主流线法要求在断面主流区布置 1 ~ 3 条垂线(垂线位置每次应大致接近)；垂线上测点分布以能控制异重流厚度层内的流速、含沙量的梯度变化为原则，要求清水层 2 ~ 3 个测点，清浑水交界面附近 3 ~ 4 个测点，异重流层内均匀布设 3 ~ 6 个测点，垂线上的每个测沙点均需实测流速，并对异重流层内的沙样有选择性的做颗粒级配分析。

2.2.2.3　流速、含沙量、水深及起点距测验

流速测验：流速采用重铅鱼悬挂流速仪进行测验，低流速部分采用 LS78 旋杯流速仪，高速部分用 LS25-1 旋桨流速仪。

泥沙测验：采用铅鱼悬挂多仓横式采样器进行取样并加测水温，泥沙处理采用电子天平称重，用置换法推求含沙量；颗粒分析采用激光粒度分析仪处理。

水深测验：各断面统一采用 100 kg 重铅鱼测深，铅鱼底部均安装河底信号自动判断河底，每条垂线均施测两次水深取其平均值。

起点距测验：采用激光测距仪量测船到断面标牌之间的距离，然后计算起点距，潜入点位置的确定采用 GPS 定位的方式。

2.2.3　资料整编及测验成果

异重流内业测验人员要每天对收集的外业测验资料进行校核，确保在 24 小时内完成三遍校核，同时对资料合理性进行分析并及时反馈给外业测验人员。异重流结束后，即组织技术人员按异重流测验任务书进行资料整编。

2.3　测验设施和设备

2.3.1　断面设施

每个异重流测验断面设断面标志牌 4 个(每岸 2 个)，断面控制桩 6 个。

2.3.2　测验设备

测船：小浪底库区异重流测验共动用测船 9 艘。其中自有水文测船 5 艘，租用民船 4 艘并经过改装。每个固定断面配备 1 艘测船进行全断面测量，每个辅助断面配备 1 艘测船进行主流线测量。具体配备方案为：河堤水沙因子断面 1 艘(小浪底 1 号)，桐树岭水沙因子断面 1 艘(小浪底 2 号)，小浪底 3 号施测沇西河口断面兼做生活基地，小浪底 007 号快艇作为异重流测验指挥调度船。此外从小浪底水文站上运小型铁壳船 1 艘、租借民船 4 艘。测验调度船负责各测船调度与后勤保障。

定位设备：测船定位设备主要采用 GPS 定位或利用断面标志牌确定断面线，采用测距仪测定起点距。

测深设备：各测船采用浑水测深仪或统一规格的重铅鱼测深设备。铅鱼底部均安装河底信号自动判断河底，每条垂线均施测两次水深取其平均值。

测速设备：异重流流速和流向采用铅鱼悬挂流速仪进行测验，根据流速大小的不同，分别采用 LS25-1 型和 LS78 型流速仪。流向测验采用细钢丝绳悬吊小重物。

测沙设备：采用铅鱼悬挂两仓横式采样器进行取样并加测水温，泥沙处理采用电子

天平称重，用置换法推求含沙量；颗粒分析采用激光粒度分析仪处理。

2.4 测验规程的制定

2.4.1 编写的背景

对于水库水文泥沙观测，以前的有关测验整编技术标准都包含有水库异重流测验与整编方面的内容。在近年来开展的水库异重流测验工作中，发现观测的内容、方法和标准都存在有不一致性现象，对观测结果也造成了一定影响。因此，为满足水库异重流测验工作，需要编制统一而完整的《水库异重流测验整编技术规程》(以下简称《规程》)，作为水库异重流测验技术标准的执行依据，为异重流排沙研究、水库运行管理提供优质服务。

2.4.2 《规程》内容

总则共有 7 条，重点提出了水库异重流测验的总体目标和内容。

异重流测验部署部分共有 10 节 42 条，分别对异重流观测断面布设、测验方法、潜入点观测、过程观测、沿程观测、横向分布测验、浑水水库观测、排沙观测、测验部署和测次布置等 10 个方面提出了具体的标准和要求,使测验部署根据需要对各项观测的组合既有整体性，又有独立性。

异重流测验项目及技术要求部分共有 10 节 51 条，分别提出了测验项目、垂线测时水位观测、水道断面测量、垂线定位测深、垂线含沙量测验、垂线流速测验、流向测验、水温观测、输沙率测验和其他项目观测等 10 个方面的内容和具体的技术标准。

泥沙水样处理与颗粒级配分析部分共分 2 节 6 条，分别对泥沙水样处理和泥沙颗粒级配分析做出了相关规定。

异重流测验记载与资料整理部分共分为 6 节 30 条，其内容有：一般规定、资料整理、异重流厚度的确定、异重流垂线平均流速的计算、异重流垂线平均含沙量的计算和异重流流量与输沙率的计算。

资料整编部分有 6 节 44 条，内容为：一般规定、合理性检查、在站整编、综合检查、复审验收和资料储存。其中包含了资料整编的五个阶段，每一阶段的工作内容和要求也不相同。

2.4.3 《规程》的主要特点

(1)将水库异重流测验从其他规范中独立出来，具有专用性的特点。

(2)具有较好的完整性和系统性。

(3)纳入了新技术、新仪器、新设备在异重流测验中的应用。

(4)吸收了几十年来对水库异重流的研究成果，使《规程》的内容更充实，能够更好地满足今后科研与生产管理的需要。

3 自然洪水异重流调度与利用

黄河中游汛期往往发生较高含沙量洪水，对处于拦沙期的小浪底水库而言，充分利用异重流排沙是减少水库淤积的有效途径。在黄河 2001 ~ 2006 年汛期洪水调度中，充分利用水库异重流排沙特点及规律，根据当年来水和水库的具体情况，编制具体的调度方案，实现了水库、河道综合效益的最大化。概括为以下几种方式：

(1)利用异重流形成坝前铺盖。小浪底水利枢纽两岸坝肩渗漏问题急需解决，水库运用需适当兼顾尽快形成坝前铺盖。国内外许多工程实践表明，利用坝前淤积是减少坝基渗漏最经济有效的措施。2001 年异重流调度主要目标之一是形成坝前铺盖。为满足调度预案中对出库含沙量的控制指标，在异重流到达坝前后，控制了浑水泄量，其余部分含沙水流被拦蓄而形成浑水水库，2001 年坝前清浑水交界面最高达 197.58 m。悬浮在浑水中的泥沙最终全部沉积在近坝段，使水库渗水量显著减少。

(2)利用水库调节异重流满足调度指标。黄河 2002、2003 年调水调沙试验中，为保证黄河下游河道全线不淤积或冲刷，要求控制黄河花园口站流量不小于 2 600 m^3/s，历时不少于 10 天，平均含沙量不大于 20 kg/m^3。通过对异重流产生、传播时间、输移及排沙、坝前水沙分布等进行预测，频繁启闭三门峡水库的泄水孔洞，对中游天然水沙过程进行了有效调控，使下泄水沙过程能在小浪底水库产生持续的异重流排沙过程，合理启闭小浪底水库不同高程的泄水孔洞，保证了出库含沙量不大于预案确定的指标。

(3)利用异重流特性实现水沙空间对接。水库异重流运行至坝前后，若不能及时排出库外，则会集聚在坝前形成浑水水库。由于浑水中悬浮的泥沙颗粒非常细，泥沙往往以浑液面的形式整体下沉，且沉速极为缓慢。浑水水库的沉降特点，可使水库调水调沙调度更为灵活。2003 年调水调沙试验，正是利用了浑水水库和上游来水形成的异重流排沙多这一特点而实现了水沙的空间对接。

(4)利用异重流调度实现小浪底水库减淤和下游河道少淤的双重目标。在水库边界条件一定的情况下，若要水库异重流持续运行并获得较大的排沙效果，必需使异重流有足够的能量及持续时间。异重流的能量取决于形成异重流的水沙条件，进库流量及含沙量大且细颗粒泥沙含量高，则异重流的能量大，具有较大的初速度；异重流的持续时间取决于洪水持续时间，若入库洪峰持续时间短，则异重流排沙历时也短，一旦上游的洪水流量减小，不能为异重流运行提供足够的能量，则异重流很快停止而消失。三门峡水库的调度可对小浪底水库异重流排沙产生较大的影响。当黄河中游发生洪水时，结合三门峡水库泄空冲刷，可有效增加进入小浪底水库的流量历时及水流含沙量，2004、2005、2006 年汛期异重流调度均为此类。

3.1 2001 年异重流调度

调度目标：实现三门峡水库有效冲刷，并使小浪底坝前形成有效的铺盖，尽量延长三门峡出库大流量、高含沙洪水过程，使小浪底库区形成异重流，加快小浪底水库近坝段形成泥沙天然铺盖、解决小浪底水库渗漏问题。

3.1.1 入库水沙条件

2001 年 8 月 15 ~ 19 日，黄河中游山陕区间、泾河、北洛河等区域普降大到暴雨。受此影响，山陕区间各支流、泾河、北洛河相继产生洪水，汇入干流后形成了高含沙洪水。潼关站出现 8 月 20 日 23 时洪峰流量为 2 630 m^3/s、21 日 14 时 14 时洪峰流量 2 750 m^3/s 的复式洪水过程，21 日 8 时最大含沙量 432 kg/m^3。

3.1.2 实时调度情况

本次洪水过程(20 ~ 23 日)三门峡水库入库水量为 5.03 亿 m^3，出库水量为 5.17 亿 m^3；

入库沙量为 1.35 亿 t，出库沙量为 1.75 亿 t，期间三门峡水库控制最低排沙水位为 298 m。当潼关站流量达 2 000 m^3/s 时，三门峡水库开始排沙运用，洪峰流量为 2 890 m^3/s(22 日 0 时)；出库洪水流量大于 1 000 m^3/s 时间持续 66 小时，含沙量大于 100 kg/m^3 时间持续 127 小时，最大出库含沙量最高达 492 kg/m^3(见表 1、图 5、图 6)。

表 1　三门峡水库入出库流量与含沙量过程统计

潼关站				三门峡站			
日期(月-日)	时间(时:分)	流量(m^3/s)	含沙量(kg/m^3)	日期(月-日)	时间(时:分)	流量(m^3/s)	含沙量(kg/m^3)
08-19	8	370	43.8	08-02	1:06	200	
	22	750			2	758	389
08-20	6	1 040			8	781	146
	8	1 000	54.9		11:12	1 020	
	14	1 900	116		14	1 100	372
	18	2 360			21:15	1 950	
	20	2 600	140	08-21	3:30	1 950	
	23:06	2 630			6	2 130	402
08-21	6	2 240			8	2 240	289
	8	2 600	432		9:24	2 750	
	14	2 750			12	2 490	292
	20	2 200	355		14	2 040	258
08-22	8	1 080	294		20	1 930	247
	20	770	235	08-22	0	2 710	342
08-23	8	568	238		0:30	2 890	
	20	470	146		8	2 860	398
08-24	8	440	92		12	2 470	492
	14	660			16:10	1 950	
08-25	8	610	64		20	1 200	436
				08-23	8	320	256
					20	426	173
				08-24	8	387	137
					20	192	106
				08-25	8	16.9	100

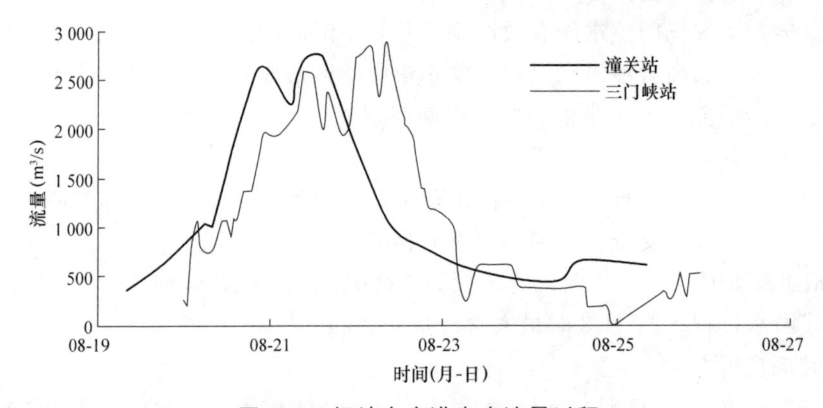

图 5　三门峡水库进出库流量过程

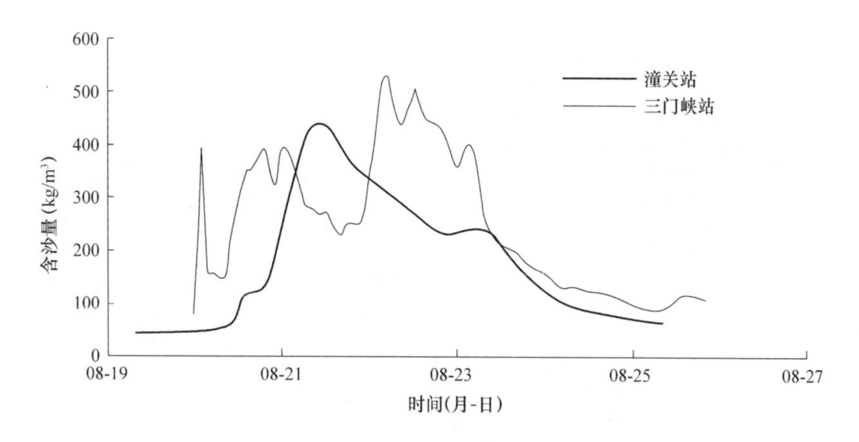

图 6　三门峡水库进出库含沙量过程

小浪底水库实时调度：

从 2001 年 8 月 20 日起，三门峡水库对出库水沙过程进行了合理调控，相应小浪底水库的库水位从 21 日 8 时的 204.36 m 上升到 9 月 7 日 20 时 217.72 m，库内蓄水量由 14.3 亿 m^3 增至 24.9 亿 m^3。22 日 4 时小浪底泄流呈浑水，23 日后出库流量在 25 ~ 580 m^3/s 之间。含沙量在 2 ~ 196 kg/m^3，最大泄流含沙量 196 kg/m^3，发生在 8 月 22 日 8 时到 9 时，调度过程见表 2。

表 2　2001 年 8 月 20 ~ 25 日小浪底水库运用情况统计

日期(月-日)	时间(时:分)	库水位(m)	出库流量(m)	出库含沙量(kg/m^3)	日均出库流量(m^3/s)	闸门启闭情况
08-20	8:00	202.87	107			1 号排沙洞
08-21	8:00	204.36	104			1 号排沙洞
08-22	6:00	207.66	90			1 号排沙洞
08-23	8:00	209.32	113	194	112	3 号排沙洞
	14:00		121	186		3 号排沙洞
08-24	8:00	210.09	175	41.4	138	3 号排沙洞
08-25	8:00	210.36	25	133	161	3 号排沙洞
	14:00			155		3 号排沙洞
	20:00			69.1		3 号排沙洞

8 月 20 日 20 时异重流在 HH30 断面附近(距坝约 51.78 km)潜入，21 日 8 时抵达桐树岭断面(距坝 1.51 km)，运行时间 12 小时，运行距离 50.27 km，运行速度为 1.16 m/s。小浪底水库异重流潜入点水力条件见图 7、特征值统计见表 3。

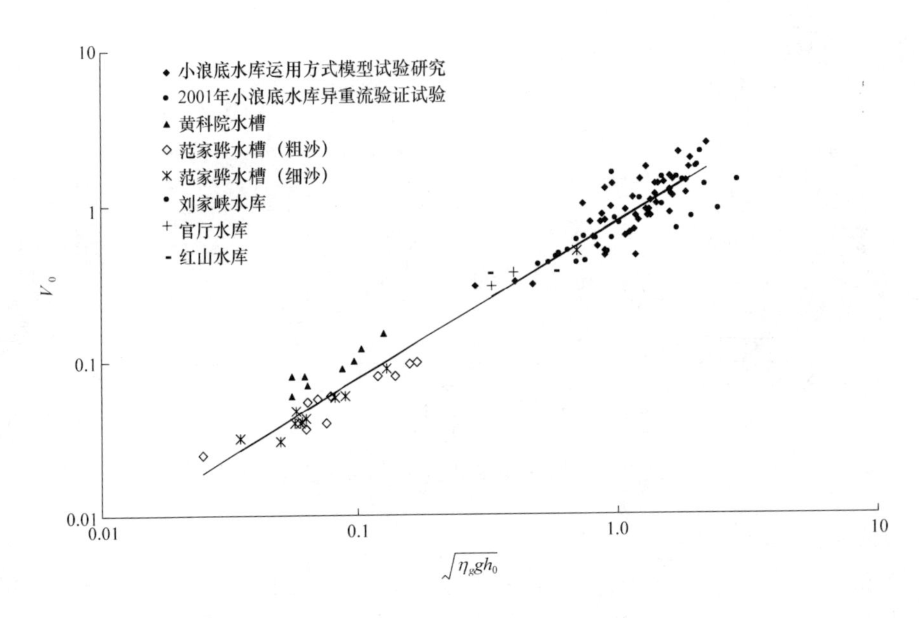

图 7　2001 年小浪底水库异重流潜入点水力条件

表 3　2001 年小浪底水库异重流特征值统计

时间	断面	最大流速 (m/s)	平均流速 (m/s)	平均含沙量 (kg/m³)	异重流厚度 (m)	D_{50}	D_{90}
						mm	mm
8 月 21～25 日	29	2.78	0.62～1.61	66.7～188	2.0～9.9	0.007～0.012	0.026～0.058
	21	1.02	0.11～0.72	59.6～158	9.7～15.3	0.006～0.012	0.026～0.057
	17	2.91	0.13～1.66	50.0～105	12.7～14.6	0.006～0.009	0.025～0.030
	9	0.6	0.069～0.34	87.8～112	11.8～20.3	0.008	0.030～0.046
	1	0.22	0.078～0.15	71.4～112	1.5～13.2	0.006～0.008	
8 月 27 日～9 月 7 日	29	0.7	0.11～0.63	18.1～39.1	3.5～7.4	0.006～0.007	0.024～0.026
	21	0.47	0.12～0.21	40.2～72.9	5.5～10.8	0.006～0.007	0.025～0.029
	17	0.83	0.12～0.28	51.4～117	9.5～12.7	0.006～0.007	0.024～0.027
	9	0.41	0.091～0.21	74.5～87.5	12.0～17.0	0.006～0.007	0.025～0.031
	1	0.15	0.037～0.092	59.0～77.4	0.6～15.4	0.006～0.007	

根据上游的来水来沙情况，自 8 月 21 日发现异重流开始至 9 月 7 日异重流在库区完全消失，期间进行了连续跟踪测验，断面法共实测 24 断面次，主流线法共实测 139 断面次，实测垂线 280 多条，测取沙样 2 200 多个。本次异重流过程实测最大异重流厚度 20.3 m，泥沙颗粒 D_{50} 最大 0.048 mm；最大垂线平均流速 1.93 m/s，最大垂线平均含沙量 198 kg/m³，最大垂线平均 D_{50} 为 0.014 mm。小浪底水库干流河底高程变化情况见图 8。

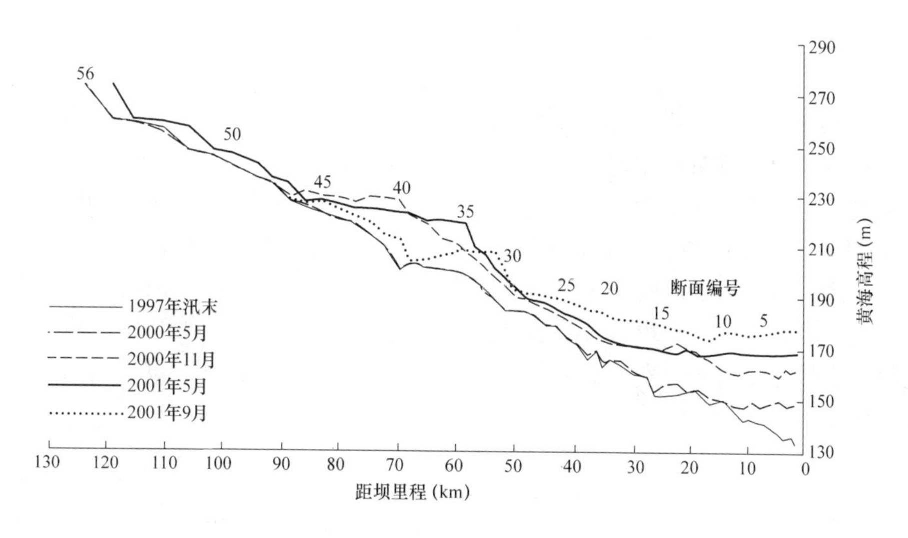

图 8　小浪底水库干流河底高程纵剖面图

坝前铺盖效果：本次异重流测验期间于 8.12 ~ 13、8.21、9.4 日进行了三次坝前漏斗测验，距坝前 0 ~ 4 km 内布设了 21 个断面，以软泥底为库底，测验断面基本完整控制小浪底水库坝前水下地形状况。第三次测量坝前铺盖厚度 7 ~ 9 m。

3.2　2002 年异重流调度

2002 年调度目标：根据中游来水来沙情况，利用小浪底水库异重流输移特点及规律，对异重流产生、输移及排沙等进行预测，形成坝前铺盖，并通过闸门组合达到调水调沙试验要求的水沙过程指标。

3.2.1　入库水沙条件

2002 年 7 月 4 日，黄河中游支流清涧河、延水上游骤降暴雨，受降雨影响，子长站、清涧河相继发生洪水。龙门站 4 日 23.4 时出现 4 600 m^3/s 洪峰流量，过程最大含沙量达 790 kg/m^3。洪水在黄河小北干流演进时，发生了 1977 年以来罕见的“揭河底”冲刷现象。7 月 6 日 14.3 时潼关洪峰流量 2 500 m^3/s，最大含沙量 208 kg/m^3。

3.2.2　实时调度情况

洪水入库前，三门峡水库按照控制 305 m 水位进出库平衡运用；7 月 5 日 20 时开始排沙运用，排沙最低控制水位 300 m，为防止库区护岸工程坍塌，库水位降速按不大于 0.5 m/h 控制。7 月 7 日 21 时 48 分流量 3 780 m^3/s，最大含沙量是 7 月 6 日 2 时的 513 kg/m^3。7 月 1 ~ 15 日，三门峡出库水量 12.5 亿 m^3，沙量 2.09 亿 t。

7 月 6 日，距小浪底大坝上游 64.83 km 处的河堤水文站出现异重流现象，潜入点位于河堤水文站上游 15 km 处。为控制小浪底库区异重流运动，避免小浪底出库含沙量大于预案确定的指标，同时又使异重流运行至小浪底水库坝前，不影响调水调沙试验的正常进行，7 月 6 日 20 时，三门峡水库进入控制运用状态，按滞洪水位不超过 305 m 控制；水位到达 305 m 后，加大下泄，逐步降至 300 m。

为最大限度地降低潼关高程，并使小浪底水库入库泥沙最大限度地输移至小浪底水库坝前，利于形成防渗铺盖，三门峡水库自 7 月 7 日 11 时起，出库流量按 800 m^3/s 左右控泄；待库水位到达 305 m 时，再按敞泄运用。7 月 9 日，考虑潼关站流量已回落到 1 000 m^3/s 以下，三门峡水库停止排沙运用，底孔、隧洞相继关闭，水位逐步回升到 305m 按入出库平衡运用。调节三门峡水库出库流量和含沙量的量级及历时，对小浪底库区异重流排沙过程起到了重要作用。

小浪底水库于 7 月 4 日 9 时全启 2 号、3 号明流洞作为基流，同时启用 1 号明流洞、1 ~ 3 号排沙洞和 5 台机组，出库流量凑泄到 3 100 m^3/s。7 月 6 日，中游小洪水在三门峡水库敞泄后演进至小浪底库区，小浪底库区发生异重流并不断增强。为控制出库含沙量并满足小浪底近坝区淤积铺盖的形成，小浪底水库关闭所有排沙洞，全开 2 号、3 号明流洞，不足部分用 1 号明流洞调节，小浪底水文站流量、含沙量过程见图 9。7 月 15 日试验结束。

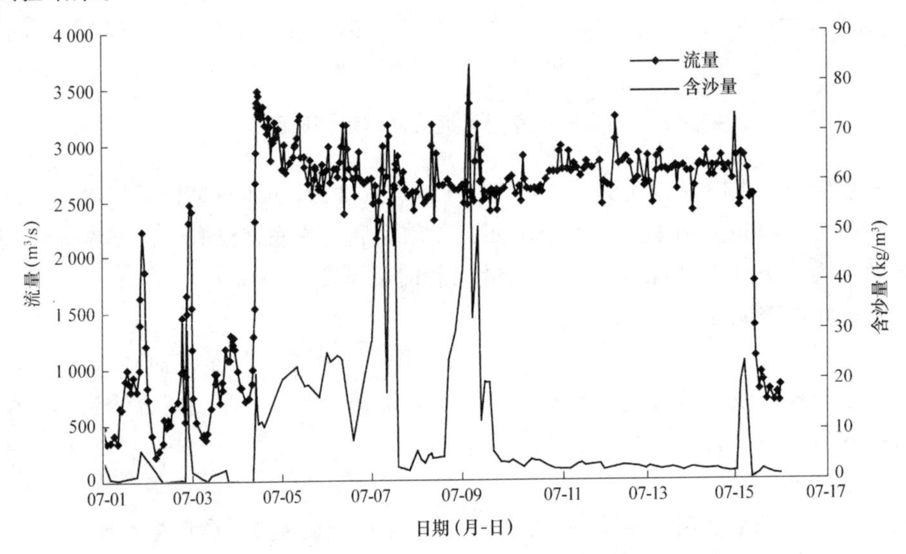

图 9　小浪底水文站流量、含沙量过程

3.3　2003 年异重流调度

2003 年异重流调度目标：利用小浪底水库异重流形成的浑水水库和伊洛河清水实行水沙空间对接，实现水库减淤和下游河道少淤的双重目标。

3.3.1　入库水沙条件

8 月 25 日 ~ 9 月 5 日，泾、洛、渭河和小花间各支流相继涨水，潼关站先后出现两次洪峰。根据预报，9 月 5 日至 6 日，山陕区间局部、汾河、北洛河大部地区、泾渭河大部地区、三花间还将有一次大的降水过程。9 月 3 日 22 时花园口站洪峰流量 2 780 m^3/s，该次洪峰来自小浪底水库坝下至花园口区间，含沙量在 5 kg/m^3 以下。

9 月 5 日 8 时小浪底水库蓄水位已达 244.43 m，相应蓄量 53.7 亿 m^3，距 9 月 11 日以后的后汛期汛限水位 248 m 相应蓄量仅差 6.2 亿 m^3。若小浪底水库仍按蓄水方式运用，预计 9 月 8 日库水位将达到 248 m。另外，9 月 5 日，小浪底坝前(距坝 4 m)淤积面高程 182.8 m，按照设计条件，淤积面高程达到 183.5 m 就要进行防淤堵排沙运用。前期洪水在坝前形成了浑水层厚度达 22.2 m 的浑水水库，悬浮的泥沙为粒径小于 0.006 mm 的细泥沙。

3.3.2 调度情况

9 月 10 日 22 时前，三门峡水库实施敞泄排洪运用，利于在小浪底水库异重流的运行，此后，逐步回蓄至 305 m 运用。

小浪底水库从 9 月 6 日开始，实施第二次调水调沙试验。在伊洛河、沁河洪水的基础上，小浪底水库进行调水配沙，以花园口流量 2 600 m^3/s 和含沙量 30 kg/m^3 为控制标准，力求达到减轻水库泥沙淤积，冲刷下游河道的目的。9 月 6 日试验开始后，小浪底水库蓄水仍持续增加；至 9 月 13 日，水库蓄水达 64 亿 m^3，后缓慢回落；至 9 月 18 日，水库蓄水量 61.7 亿 m^3。

9 月 6 日 8 时～9 月 18 日 20 时，小浪底下泄径流量 18.27 亿 m^3，输沙量 0.815 亿 t。按照输沙率法计算，9 月 6 日 8 时～9 月 18 日 20 时，小浪底水库冲刷 0.235 亿 t，有效减少了水库淤积。小浪底站最大流量为 2 340 m^3/s(9 月 16 日 9.5 时)，最大含沙量为 156 kg/m^3(9 月 8 日 6 时)。三门峡、小浪底站出库流量、含沙量过程见图 10、图 11。

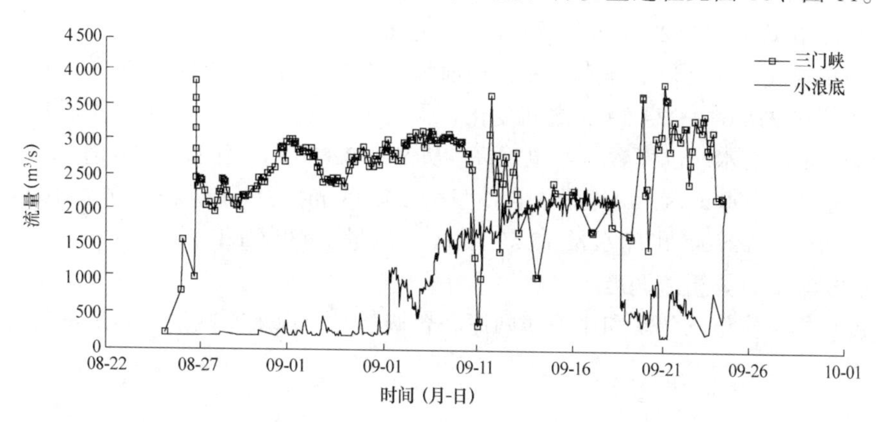

图 10 三门峡、小浪底站出库流量过程(2003 年 8 月 25 日～9 月 29 日)

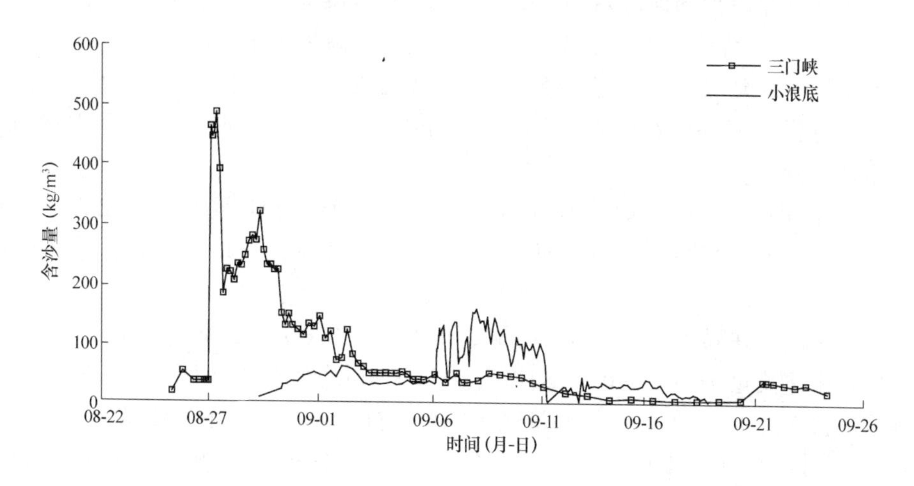

图 11 三门峡、小浪底站出库含沙量过程(2003 年 8 月 25 日～9 月 29 日)

9月6日8时～9月18日20时，小浪底下泄径流量18.27亿m^3，输沙量0.815亿t。按照输沙率法计算，9月6日8时～9月18日20时，小浪底水库冲刷0.235亿t，有效减少了水库淤积。

3.4 2004年8月异重流调度

调度目标：控制小浪底水库库水位不超汛限水位，并实现三门峡和小浪底水库减淤、不加重黄河下游河道主槽淤积、兼顾汛后洪水利用。

3.4.1 入库水沙条件

8月21日，黄河中游出现强降雨过程，受此影响，黄河干流和泾、渭河干支流相继形成洪水过程。黄河龙门站23日11.7时洪峰流量1 940 m^3/s，含沙量为85 kg/m^3；22日14时，潼关站洪峰流量2 040 m^3/s，含沙量为442 kg/m^3。

3.4.2 调度情况

8月22日8时～31日20时，三门峡水库根据调度指令敞泄，出现了最大流量为2 960 m^3/s、最大含沙量542 kg/m^3的高含沙洪水过程。该次洪水100 kg/m^3以上含沙量持续时间达3.1 d，出库水量9.22亿m^3，沙量1.66亿t。

期间小浪底水库已形成浑水水库，坝前浑水面在191～203 m之间变化，小浪底水库的库水位在218.63～224.89 m之间变化，受入库高含沙洪水所产生异重流及前期浑水水库影响，小浪底水库出库含沙量也很高。从8月22日8时到31日20时，小浪底出现了最大流量为2 690 m^3/s、出库最大含沙量为343 kg/m^3的洪水过程，浑水100 kg/m^3以上含沙量历时达2.5 d，出库水量13.59亿m^3，沙量1.43亿t

3.5 2005年7月异重流调度

调度目标：实施三门峡和小浪底两库联合调度，实现水库减淤、不加重黄河下游河道主槽淤积。

3.5.1 水沙条件

7月1～2日，黄河流域大部受副热带高压西北的暖湿气流与西风带短波槽的影响，泾渭河及小北干流段大部地区降小到中雨，部分地区降大到暴雨，其中屯字站日雨量为119 mm，渭河百家站日雨量为114 mm，梁山上站日雨量为106 mm。

受暴雨影响，延水、清涧河，泾、渭河等支流发生洪水，潼关7月3～9日出现了明显的洪水过程，7月5日6时洪峰流量1 890 m^3/s，7月4日17时最大含沙量183 kg/m^3。

3.5.2 水库调度

三门峡水库：三门峡水库7月4日10时敞泄运用，出库最大流量2 860 m^3/s，最大含沙量301 kg/m^3含沙量；7月7日8时起，开始逐步抬高水位，按不超过305 m控制运用。

小浪底水库：在异重流未达到坝前时，出库流量按日均420 m^3/s控制；当异重流到达坝前后，出库流量按照2 300 m^3/s控制(5日18时)，泄流过程中保持三条排沙洞全部开启排沙。自7月8日18时起，小浪底水库关闭排沙洞，按日平均流量800 m^3/s控泄。7月4～10日小浪底水库共下泄水量7.76亿m^3，补水2.89亿m^3，出库沙量3 700万t，排沙比45.7%，其中最大下泄流量2 380 m^3/s，最大含沙量152 kg/m^3。

3.6 2006年异重流调度

调度目标：继续探索、实践小浪底水库在中小洪水时异重流排沙运用规律和拦粗排细的调度运行方式；积累水库、河道综合减淤的调度经验。

3.6.1 8月异重流调度

3.6.1.1 入库水沙条件

7月27~28日，山陕区间局部地区暴雨，多条支流相继发生洪水。受支流洪水影响，龙门水文站7月28日~8月2日出现了连续的洪水过程，8月1日3时54分，最大洪峰流量2 480 m^3/s，8月1日16时，最大含沙量82.0 kg/m^3；潼关水文站8月2日5时42分，最大洪峰流量1 780 m^3/s，8月3日8时最大含沙量31.0 kg/m^3。

3.6.1.2 调度情况

8月2日2时以前，三门峡水库按不超过305 m运用，期间最大下泄流量1 460 m^3/s，最大含沙量62.0 kg/m^3。2日2时潼关站流量1 450 m^3/s，并且继续上涨，三门峡水库畅泄运用。畅泄期间三门峡最大下泄量4 090 m^3/s，最大含沙量454 kg/m^3。3日2时，按不超过305 m回蓄运用。

8月3日12时以前小浪底水库按不超过225 m畅泄排沙运用。8月3日12时至6日12时，按6小时不排沙和4小时排沙交替运用，日均流量控制2 000 m^3/s。6日12时以后，向225 m回蓄运用，回蓄过程最小流量不低于300 m^3/s。期间小浪底水库共计下泄水量4.980亿m^3，补水2.34亿m^3。

3.6.2 2006年9月异重流调度

3.6.2.1 入库水沙条件

2006年8月24~25日、27~28日，受冷暖空气的共同作用，黄河中游晋陕区间有两次降雨过程。该区域多条支流相继发生洪水。龙门水文站8月31日3时30分，龙门站出现洪峰流量3 250 m^3/s的洪水过程，最大含沙量148 kg/m^3；潼关水文站8月27日7时54分，最大洪峰流量1 940 m^3/s，9月1日1时，最大洪峰流量2 630 m^3/s，最大含沙量58.3 kg/m^3(8月28日8时)。

3.6.2.2 调度情况

三门峡水库8月31日23时起按敞泄运用，自9月1日15时按蓄水位不超过305 m回蓄运用。

小浪底水库按异重流调度试验方式运行，9月1日12时起按日平均流量1 000 m^3/s控泄，保持一个排沙洞全开；9月3日12时至6日12时按日平均流量1 500 m^3/s控泄，保持两个排沙洞全开。7日11时起,按日均流量400 m^3/s、最小瞬时流量不小于200 m^3/s控泄。

三门峡、小浪底水库出库流量、含沙量过程线见图12、图13。

3.7 效果分析

经统计分析，小浪底水库异重流调度，入库水量在3.48亿~24.25亿m^3之间、沙量在0.38亿~2.09亿t之间，出库水量在3.22亿~26.02亿m^3之间、沙量在0.044亿~0.815亿t之间，排沙比在6.2%~58%之间。具体见表4。

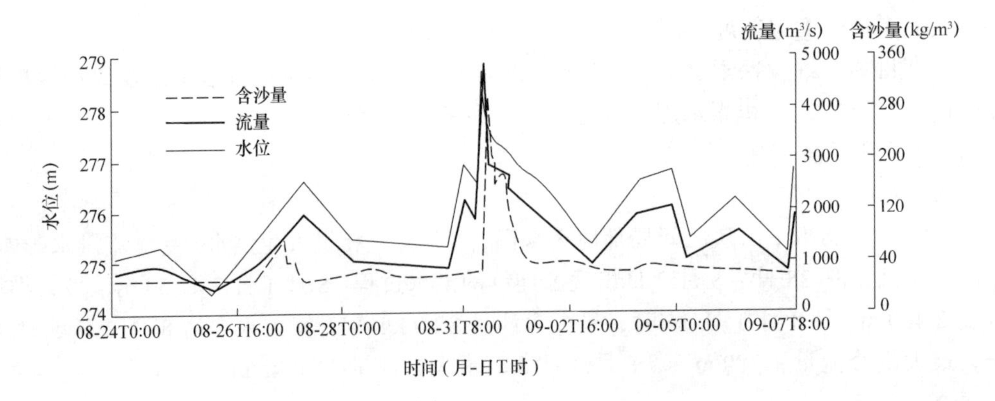

图 12　三门峡水库出库流量、含沙量过程线(2006 年)

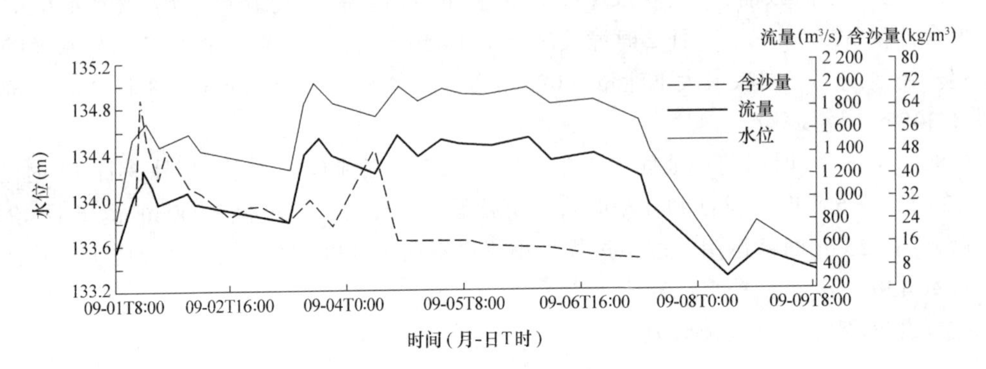

图 13　小浪底水库出库流量、含沙量过程线(2006 年)

4　人工塑造异重流

在充分利用自然洪水形成异重流的同时，2004～2006 年，黄委利用水库联合调度，成功地三次在小浪底水库人工塑造异重流并排沙出库。三次人工塑造异重流各有特点，分述如下。

4.1　2004 年调水调沙试验期异重流的人工塑造

2004 年汛前，小浪底、三门峡、万家寨等水库蓄水较多。黄委经过多方论证，决定利用汛限水位以上水量首次开展以人工塑造异重流为主的调水调沙试验，调整小浪底水库淤积形态并减少水库河道淤积。

4.1.1　方案设计

分为两个阶段。

第一阶段，利用小浪底水库下泄清水，形成下游河道 2 600 m^3/s 的流量过程，冲刷下游河槽。并在两处卡口河段实施泥沙人工扰动试验，对卡口河段的主河槽加以扩展并调整其河槽形态。同时降低小浪底库水位，为第二阶段冲刷库区淤积三角洲，塑造人工异重流创造条件。

第二阶段，当小浪底库水位下降至 235 m 时，实施万家寨、三门峡、小浪底三水库的水沙联合调度。首先加大万家寨水库的下泄流量至 1 200 m^3/s，在万家寨下泄水量向

表 4　历次异重流水沙要素统计

年份	计算历时(h)	入库水沙量				出库水沙量				小浪底水库排沙比(%)	花园口				利津			
		洪峰流量(m^3/s)	径流量(亿 m^3)	最大含沙量(kg/m^3)	沙量(亿 t)	洪峰流量(m^3/s)	径流量(亿 m^3)	最大含沙量(kg/m^3)	沙量(亿 t)		最大流量(m^3/s)	最大含沙量(kg/m^3)	径流量(亿 m^3)	沙量(亿 t)	最大流量(m^3/s)	最大含沙量(kg/m^3)	径流量(亿 m^3)	沙量(亿 t)
2001	432	2 890	14.66	531	1.77	605	3.22	196	0.11	6.2	370	126	3.38	0.088				
2002	264	3 780	12.5	513	2.09	3 480	26.06	83.3	0.319	15.3	3 170	44.6	28.23	0.372	2 500	31.9	23.35	0.505
2003	300	3 650	24.25	48	0.58	2 340	18.27	156	0.815	140.5	2 720	87.8	27.49		2 790	80.1	27.19	
2004	229	5 130	7.2	446	0.43	3 020	21.72	12.8	0.044	10.2	2 950	13.1			2 950	23.1		
2005	228	2 970	5.43	301	0.81	2 380	8.59	152	0.37	45.7	3 640	87			2 920	55.9		
2006	120	4 090	3.48	454	0.38	2 230	6.87	303	0.22	57.9	3 360	138			2 380	59.2		
2006	168	4 860	11.98	297	0.58	1 570	7.42	66.9	0.15	29.2	1 650	31.3	8.64	0.13	1 660	28.9	9.10	0.16

三门峡库区演进长达近千公里的过程中，适时调度三门峡水库下泄 2 000 m^3/s 以上的较大流量，实现万家寨、三门峡水库水沙过程的时空对接。利用三门峡水库下泄的人造洪峰强烈冲刷小浪底库区的淤积三角洲，以达到清除设计平衡纵剖面以上淤积的 3 850 万 m^3 泥沙，合理调整三角洲淤积形态的目的。并使冲刷后的水流挟带大量的泥沙在小浪底水库库区形成异重流向坝前推进，进一步为人工异重流补充沙源，提供后续动力，实现小浪底水库异重流排沙出库。

4.1.2 水库蓄水

2004 年 7 月 2 日 8 时，万家寨、三门峡、小浪底三库水位分别为 974.61、317.19、236.42 m，蓄水量分别为 5.87 亿、4.42 亿、38.2 亿 m^3，小浪底以上无洪水过程，小浪底以下正在进行调水调沙，龙门、潼关、小浪底站流量分别为 575、675、198 m^3/s。

4.1.3 实时调度

4.1.3.1 水库调度

7 月 2 日 12 时至 7 月 13 日 8 时，万家寨水库 7 月 2 日 12 时至 5 日，出库流量按日均 1 200 m^3/s 下泄。7 月 7 日 6 时库水位降至 959.89 m 之后，按进出库平衡运用。

三门峡水库自 7 月 5 日 15 时至 7 月 10 日 13 时 30 分，按照“先小后大”的方式泄流，起始流量 2 000 m^3/s。7 月 7 日 8 时，万家寨水库下泄的 1 200 m^3/s 的水流在三门峡库水位降至 310.3 m 时与之成功对接。此后，三门峡水库出库流量不断加大，当出库流量达到 4 500 m^3/s 后，按敞泄运用。7 月 10 日 13 时 30 分泄流结束，并转入正常运用。

小浪底水库自 7 月 3 日 21 时起按控制花园口 2 800 m^3/s 运用，出库流量由 2 550 m^3/s 逐渐增至 2 750 m^3/s，尽量使异重流排出水库。7 月 13 日 8 时库水位下降至汛限水位 225 m，调水调沙试验水库调度结束。整个过程中，三门峡及小浪底水库分别补水 2.5 亿、4.8 亿 m^3。

4.1.3.2 调度效果

7 月 5 日 15 时，三门峡水库开始按 2 000 m^3/s 流量下泄，小浪底水库淤积三角洲发生了强烈冲刷，库水位 235 m 回水末端附近的河堤站(距坝约 65 km)含沙量达 36～120 kg/m^3。7 月 5 日 18 时 30 分，异重流在库区 HH34 断面(距坝约 57 km)潜入，并持续向坝前推进。

万家寨和三门峡水库水流对接后冲刷三门峡库区淤积的泥沙，较高含沙量洪水继续冲刷小浪底库区淤积三角洲，并形成异重流的后续动力推动异重流向坝前运动。

7 月 8 日 13 时 50 分，小浪底库区异重流排沙出库，浑水持续历时约 80 小时。至此，首次人工异重流塑造获得圆满成功。

小浪底库区最低河底高程变化情况见图 14。

4.2 2005 年调水调沙生产运行期异重流人工塑造

2005 年汛前人工塑造异重流，仍为三座水库联合调度方式。

4.2.1 方案设计

截至 2005 年 6 月 7 日，万家寨、三门峡、小浪底三座水库汛限水位以上共计蓄水 46.2 亿 m^3，客观上具备了调水调沙和人工塑造异重流所要求的水量条件。

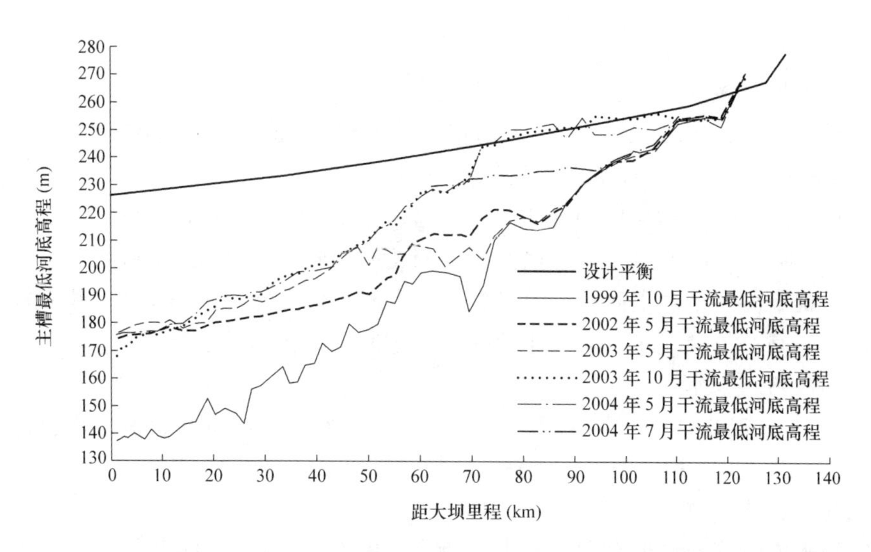

图 14　小浪底水库干流 1999 年 5 月～2004 年 5 月主槽最低河底高程沿程变化

本次异重流塑造的总体思路是：对万家寨、三门峡、小浪底水库实施联合调度，小浪底水库水位降至 230 m 以下，考虑水流演进，万家寨水库提前下泄，与三门峡水库泄水在 305 m 左右衔接，塑造有利于在小浪底库区形成异重流排沙的三门峡出库水沙过程，尽可能实现在小浪底产生异重流并排沙出库的目标。

4.2.2　入库及河道来水

2005 年 6 月 22 日 8 时，万家寨、三门峡、小浪底三库水位分别为 975.45、315.12、239.62 m，蓄水量分别为 5.9 亿、2.85 亿、40.3 亿 m^3，小浪底上下均无明显洪水过程。

4.2.3　实时调度情况

万家寨水库自 6 月 22 日 12 时起按下泄流量 1 300 m^3/s 均泄，24 日 12 时降至汛限水位 966 m。

三门峡水库 6 月 27 日 7 时开始按 3 000 m^3/s 流量下泄，12 时按 4 000 m^3/s 流量下泄，22 时 45 分开始敞泄运用。万家寨水库下泄的水流在三门峡库水位降至 6 月 27 日 22 时的 302.6 m 时与之成功对接。

小浪底水库 6 月 22 日 12 时至 24 日 20 时出库流量按 3 550 m^3/s 控泄，6 月 24 日 20 时起，出库流量按 3 000 m^3/s 控制；6 月 29 日 18 时起，日均出库流量按 2 500 m^3/s 控制；6 月 30 日 11 时起，出库流量按 1 800 m^3/s 控泄；7 月 1 日 6 时起，日均出库流量按 570 m^3/s 控泄，恢复正常运用。

6 月 27 日 15 时左右三门峡下泄水流在距小浪底大坝 48 km 处形成异重流并潜入，29 日 16 时异重流排沙出库，17 时 12 分，小浪底水文站实测含沙量 2.1 kg/m^3。黄河第二次人工塑造异重流取得圆满成功。

4.3　2006 年调水调沙生产运行期异重流的人工塑造

2006 年汛前，因山西电网严重缺电，黄河防总支持万家寨水库参与山西电网迎峰度夏运用，万家寨水库按迎峰度夏发电要求下泄，人工塑造异重流修订为小浪底、三门峡水库为主的两库联合调度。

4.3.1　方案设计

万家寨水库：按迎峰度夏发电要求下泄。

三门峡水库：在25日12时前库水位降至316 m，下泄流量3 500 m^3/s，之后逐步加大至4 400 m^3/s，最后按水库泄流规模控制下泄流量直至泄空。

小浪底水库：6月10～11日小浪底水库按控制花园口2 600 m^3/s，6月12～14日按3 000 m^3/s下泄，6月15日正式开始按照控制花园口断面流量3 500 m^3/s下泄，实时调度过程中，视下游河道洪水演进、河势变化、主槽水位高低及工程出险、引黄供水等情况适当增大或减小下泄流量，直至小浪底库水位降至汛限水位。

4.3.2　水库及河道来水

2006年6月25日8时，万家寨、三门峡、小浪底三库水位分别为960.02、316.27、229.75 m。小浪底上下均无明显洪水过程。

4.3.3　调度情况

万家寨水库：按迎峰度夏发电要求下泄，其中21日最大日均下泄流量800 m^3/s。

三门峡水库：6月25日12时起，下泄流量按3 500 m^3/s控泄，并逐步加大至4 400 m^3/s，之后转入敞泄排沙运用2天(见图15)。

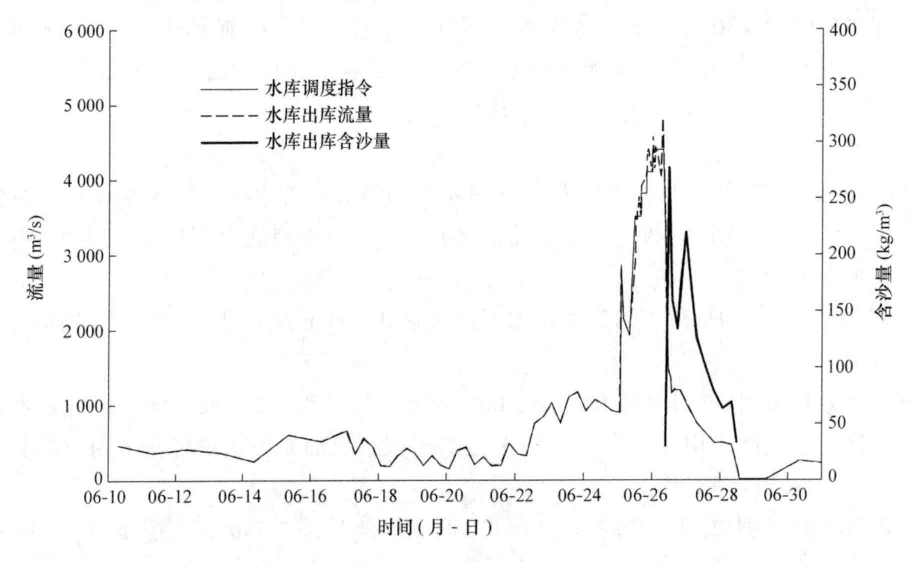

图15　三门峡水库实时调度情况

小浪底水库：6月25日12时至6月27日20时，按3 700 m^3/s控泄；6月27日20时至6月29日9时，为满足河南省引黄渠道拉沙冲淤和西霞院施工浮桥架设需求，并结合小浪底库区异重流排沙，按2 600 m^3/s下泄12小时，1 800 m^3/s控泄至汛限水位225 m，之后按800 m^3/s控泄2天。

至6月29日6时，小浪底水库库水位降至225 m以下，下泄流量减至800 m^3/s，7月3日8时，黄河利津站流量回落至980 m^3/s，调水调沙水沙过程安全入海。

6月25日14时30分，小浪底库区形成异重流在距坝44 km潜入。附近水深8.8 m，异重流厚度6.5 m，最大流速1.44 m/s；26日0时30分，小浪底水库异重流开始出库，

27 日 18 时 48 分，小浪底站含沙量最大达 59.0 kg/m^3(见图 16)。

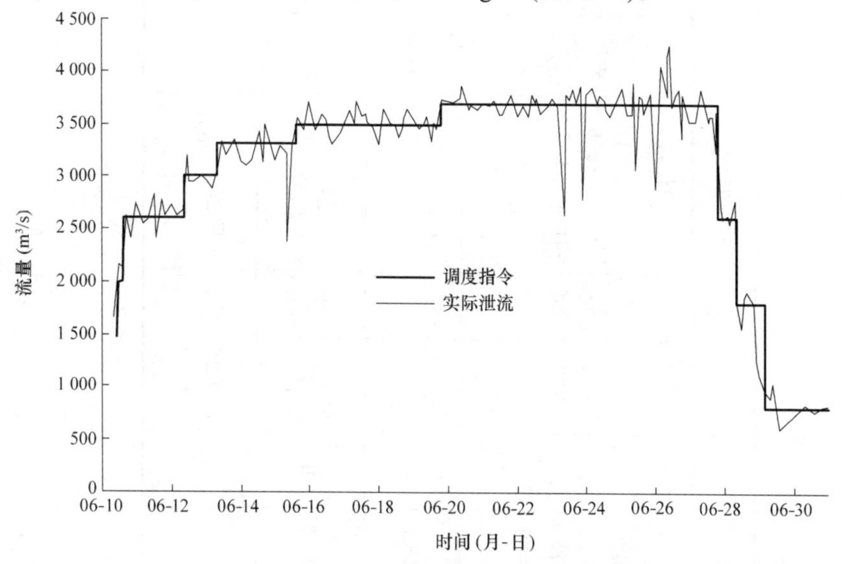

图 16　小浪底水库实时调度情况

试验再次探索并实践了人工塑造异重流新的试验模式。三门峡水库出库沙量 2 350 万 t，小浪底水库异重流排沙 841 万 t，排沙比 35.8%，实现了调整三门峡、小浪底库区淤积形态、下游河道冲刷的既定目标。

4.4　人工塑造异重流效果分析

从三次人工塑造异重流结果看(见表 5)，异重流潜入位置在坝前 43 ~ 57 km，排沙比为 4.4% ~ 35.8%，以 2006 年排沙最多。

5　水库异重流研究在工程设计中的应用

5.1　小浪底水库工程设计

5.1.1　小浪底水库工程规划

黄河小浪底水利枢纽是一座以防洪(防凌)减淤为主，兼顾供水、灌溉、发电、除害兴利，综合利用的枢纽工程，在黄河治理开发的总体布局中具有重要的战略地位。水库正常蓄水位 275 m，相应原始库容 126.5 亿 m^3，有效库容 51 亿 m^3，其中 41 亿 m^3，为防洪和重复利用的兴利库容，10 亿 m^3 库容分布在滩面高程 254 m 以下，为调水调沙槽库容，小浪底水库正常运用期正常死水位 230 m，非常死水位 220 m。

5.1.2　主要水工建筑物布置

在小浪底水库工程布置方面，主要排沙设施有 3 条孔板泄洪洞，进口底坎高程 175 m；3 条高位明流泄洪洞，进口底坎高程分布为 195、209、225 m；3 条排沙洞，进口底坎高程 175 m；一条正常溢洪道，进口高程 258 m。水电站装机 6 台，总容量 1 800 MW，1 ~ 4 号发电引水洞进口底坎高程 195 m，5 ~ 6 号发电引水洞进口底坎高程 190 m，单机引水流量平均 300 m^3/s，平均水头 119 m，保证出力 352MW，年发电量 58.3 亿 kW · h。

表 5　三次异重流人工塑造情况统计

年份	万家寨水库			三门峡水库						小浪底水库				异重流情况					
	补水前水位(m)	泄流流量(m^3/s)	持续时间(h)	补水前水位(m)	泄流流量(m^3/s)	最大出库含沙量(kg/m^3)	出库沙量(亿 t)	万家寨来水对接水位(m)	坝前淤积量(亿 m^3)	界定水位(m)	泄流流量(m^3/s)	最大出库含沙量(kg/m^3)	库尾区淤积量(亿 m^3)	潜入时间	潜入位置	出库时间	最大出库含沙量(kg/m^3)(小浪底站)	出库沙量(亿 t)	排沙比
2004	975	1 200	61	317.8	1 800 ~ 2 500	446	0.433	310.3	0.85	235	2 700	16.9	0	7 月 5 日 18:10	坝前 57 km	7 月 8 日 14:00	16.9	0.044	0.101
2005	978	1 300	38	315.1	2 890 ~ 4 430	352	0.45	310.0	0.49	230	2 800 ~ 3 550	11.7	0	6 月 27 日 18:30	坝前 43 km	6 月 29 日 17:12	11.7	0.021	0.044
2006	967	800	24	316.0	3 500 ~ 4 400	276	0.235	300.0	0.75	227	3 700	58.7	0.78	6 月 25 日 14:30	坝前 44 km	6 月 26 日 10:00	59.0	0.084 1	0.358

排沙洞进口高程较低，可以较好地利用库区异重流排沙，3 条排沙洞死水位 230 m，总泄量 1 500 m^3/s，泄流规模较大，将在电站进水口前形成较大冲刷漏斗，可以防止建筑物孔口被淤堵。

5.1.3 小浪底水库异重流应用

小浪底水库入库洪水多来自北干流和泾渭洛河，洪水含沙量较大，尤其容易产生高含沙水流，且水库坡降较陡(天然河底比降 11‰)，地形平顺无急剧变化，上游来的洪水进入小浪底水库后，只要水库有一定的蓄水量，就容易产生异重流。水库拦沙运用初期，水库处于蓄水状态，且保持较大的蓄水体，水库以异重流和浑水水库排沙为主，且水库排出的几乎全部为粒径小于 0.025 mm 的细颗粒泥沙。水库拦沙运用后期，水库还有一定的蓄水体，水库异重流排沙几率虽有减少，但遇到合适的入库水沙条件时，库区还会产生异重流排沙。水库异重流排出的悬移质泥沙颗粒较细，该泥沙悬浮性能好，落淤速度较慢，利于远距离输送，可以提高下游水流的输沙效果。

5.2 古贤水库工程设计

5.2.1 古贤水库工程规划

古贤水利枢纽的开发任务为防洪减淤为主，兼顾发电、供水和灌溉，调控水沙，综合利用。正常蓄水位 645 m，死水位 598 m，正常运用期汛期限制水位 630 m。正常蓄水位以下原始库容 165.6 亿 m^3，拦沙库容 118 亿 m^3，调节库容 47.76 亿 m^3，为年调节水库。校核洪水位 647.28 m，设计洪水位 645.63 m，装机容量 2 100 MW，保证出力 561.6 MW，多年平均发电量 70.96 亿 kW・h。

5.2.2 古贤水库运用方式

根据古贤水库开发任务、来水来沙特点和库容分布特性。古贤水库汛期调水调沙、防洪运用，非汛期水库调节径流，按兴利要求调节运用，满足灌溉、供水和发电等综合利用需要。

古贤、小浪底水库联合调水调沙运用方式如下：

古贤水库拦沙初期，即起始运用水位 570 m 以下库容淤积阶段：①大流量泄放原则。两水库蓄水和预报河道来水满足一次调水调沙的水量时，根据下游河道平滩流量变化和小浪底水库槽库容淤积情况，古贤、小浪底水库联合调度，尽可能下泄有利于下游河道输沙的水沙过程(下游河道调控流量为 4 000 m^3/s 左右。历时不小于 4 天)，冲刷恢复下游河道主槽过流能力或冲刷恢复小浪底水库有效库容。②蓄水运用原则。古贤水库对入库水沙进行调节，控制出库流量小于 600 m^3/s 或者大于 2 000 m^3/s，避免下泄 600 ~ 2 000 m^3/s 之间的水沙过程，当入库为流量大于 1 500 m^3/s 的高含沙洪水且小浪底水库累计淤积量小于 74 亿 m^3 时，水库按入库流量下泄，异重流排沙，并控制出库流量不大于 6 000 m^3/s。小浪底水库原则按满足花园口断面流量 800 m^3/s 且出库不小于 600 m^3/s。当小浪底槽库容较大时，若入库为流量大于 2 000 m^3/s 的高含沙洪水，维持出库流量等于入库流量，异重流排沙；当小浪底槽库容淤积严重时，维持低水位排沙运用。

古贤水库拦沙后期，即起始运行水位淤满后至库区形成高滩深槽阶段：①大流量泄放原则同拦沙初期。②根据黄河下游平滩流量和小浪底水库库容淤积情况，两水库蓄水或者低水位排沙运用，若遇合适的水沙条件，适时冲刷古贤水库淤积的泥沙，尽量延长水库拦沙运用年限。

正常运用期，即水库冲淤平衡时期：当水库槽库容淤积不严重时，古贤、小浪底水库联合调水调沙运用原则同拦沙后期；当水库槽库容淤积较严重时，利用入库流量冲刷排沙，恢复槽库容。

5.2.3 主要水工建筑物布置

古贤水利枢纽主要由混凝土面板堆石坝、泄洪排沙洞、溢洪道及引水发电系统等建筑物组成。面板堆石坝，坝顶高程 650.50 m，最大坝高 199.00 m，坝顶宽 15 m。泄洪洞 3 条，进水塔布置在左岸，一洞一塔，进口底板高程 552.0 m。排沙洞为压力洞，共 3 条，进水口设在发电引水洞进水口下部，底板高程为 530 m，较引水洞底板高程低 20 m，便于水库蓄水运用时异重流排沙出库。溢洪道位于左岸，采用开敞式，堰型为驼峰堰，堰顶高程 630.0 m，堰前底板高程和引渠底板高程均为 627.0 m。发电引水系统，采用岸边引水式，其进水口为塔式建筑物，两洞一塔，与泄洪洞进水塔一字排列，引水口底板高程 550 m，从岸边向山体依次为 1～6 号发电洞。

5.2.4 古贤水库异重流应用

古贤水库库容较大，水库蓄水运用时，有较大的清水体。库区位于晋陕峡谷河段，库区上窄下宽，干支流比降较大(库区干流天然河道比降 8.55‱)，往往发生高含沙量洪水，且高含沙洪水多发生于大流量时期，这些条件对于水库异重流的形成、运行及排沙出库很有利。同时，结合中游来水来沙，还可通过联合古贤、三门峡和小浪底水库在小浪底库区塑造人工异重流。古贤水库拦沙初期，水库排沙以异重流形式排出，排出沙量几乎全是细颗粒泥沙。

古贤水库拦沙后期古贤水库与三门峡、小浪底联合调水调沙运用，适时蓄水或利用天然来水冲刷黄河下游和小浪底库区，并尽量保持小浪底水库调水调沙库容；一旦遇合适的水沙条件，适时排泄库区淤积的泥沙，尽量延长水库拦沙运用年限。同时，水库通过异重流排沙可以达到更好的拦粗排细效果，使容易输送的细颗粒泥沙排出库外，提高下游河道输沙能力，从而减小其下游河道的淤积。

6 问题及建议

(1)水库异重流演进、排沙等规律性研究仍需进一步加强。包括水库异重流潜入水沙条件、异重流运行机理的进一步揭示、库区地形对异重流运行影响、粗泥沙异重流运动规律、异重流与浑水水库的关系等。

(2)异重流出库高含沙洪水变形增值机理需要进一步研究。“04・8”、“05・7”、“06・8”三次出库高含沙洪水在小浪底至下游的演进中均出现了变形增值且幅度更大。对于小浪底水库运用初期来说，异重流排沙是主要的排沙方式，细颗粒高含沙洪水也可能会多次发生，洪水变形增值也可能会多次发生，这给洪水调度、洪水预报和黄河下游的防洪工作增加了不少难度。因此，应加强高含沙洪水洪峰变形增值机理、异重流出库高含沙洪水预报、异重流出库高含沙洪水对下游防洪影响及对策研究等。

(3)加强异重流出库泥沙颗粒级配对黄河下游河道输沙能力的影响研究。黄委对 397 场洪水研究表明，花园口洪水流量在 800～2 600 m^3/s 期间时，会发生“冲河南、淤山东”

的不利局面。但 2006 年两次小流量异重流调度试验，花园口平均流量分别为 2 030 m^3/s 和 1 250 m^3/s，实现了下游河段总体基本不淤、淤积河段也主要发生在花园口以上。因此，应加强不同泥沙颗粒级配对下游河段输沙能力的影响研究，进一步论证细颗粒泥沙条件下的水沙调控指标。

(4)人工塑造异重流技术研究。包括中小洪水与人工异重流塑造综合调度技术、大流量人工异重流塑造技术、大洪水期异重流人工干预技术等。

(5)应充分认识并利用三门峡水库的调沙作用。三门峡水库在 305 m 以下的 0.5 亿 m^3 的库容调沙作用非常大。主要体现在：①把非汛期的泥沙调到汛期释放，也可为汛前调水调沙提供沙源与动力，不至于把非汛期的泥沙完全淤积在小浪底水库；②汛期洪水期进行泥沙的时空调节，减少小浪底水库汛期淤积；③避免三门峡水库汛期小流量排沙，造成小浪底水库库尾淤积，控制小浪底水库淤积形态；通过三门峡水库的调度，为我们人工塑造和人工干预异重流创造条件，使小浪底水库异重流的排沙比维持在 20%～30% 之间，减少小浪底水库淤积，延长水库使用寿命。因此，从有利于小浪底水库减淤、延长水库使用寿命看，三门峡水库汛期在洪水到来之前维持不超过 305 m 运用仍十分必要。

(6)尽快上马古贤水库，构建完善的水沙调控体系十分必要和迫切。古贤水库水沙调控作用非常突出，一是通过水库联合调度人工塑造异重流，使水库、下游河道联合减淤；二是塑造和谐水沙关系，控制小北干流河道淤积抬高及河槽萎缩；三是可以塑造洪水，降低潼关高程；四是恢复三门峡水库部分库容，使其调沙功能永续利用。因此，尽快构建以古贤、小浪底水库为骨干的水沙调控体系和研究重点水库联合水沙调度方式十分必要和迫切。

水库异重流排沙

范家骅

(中国水利水电科学研究院泥沙研究所　北京　100044)

摘要　异重流排沙是减少水库淤积的措施之一。根据实验与水库实测异重流形成的条件，从水槽试验得到异重流潜入点的密度 Froude 数约为 0.78，此值经实测资料验证，当来水密度与库中水体存在微小密度差时，即可形成异重流。另外，本文讨论了异重流持续运动到坝址并排出水库的条件。水库异重流排沙比视地形、水库长度、来水来沙条件而异。文中提出了异重流排沙的两种计算方法：一为概化图形法，可大致估计出库沙量；另一种方法考虑了粒径与流速的关系，可沿程逐段计算异重流输沙量，可用以预报排沙数量，此法已为设计部门应用于水库设计中。

关键词　异重流　水库　异重流排沙　水库减淤

1 前　言

1956 年，作者接受任务研究三门峡水库的异重流问题，首先提出的问题是异重流排沙的可能性。那个时候，工程师们认识到，多沙河流上修建水库后，进库泥沙淤积速度很快，水库寿命较短。采取什么措施来减少水库淤积、延长水库寿命，是当时人们关心而未解决好的问题。利用水库中挟沙水流形成异重流运动的特点来排除泥沙，是减少水库淤积的一种比较有效的措施。

19 世纪 30 年代，在阿尔及利亚就利用泄水孔排除水库中的异重流泥沙(Raud, 1958)；后来，美国米德湖胡佛坝在 1935 ~ 1936 年底孔(工程竣工后，将施工底孔堵死。我国三门峡水库在工程完工后，也将底孔堵死。)未堵死以前，在底孔中突然出现浑水(Grover 和 Howard, 1938)。

这种异重流现象引起人们的注意和讨论，在美国(Ippen 和 Harleman, 1951)和法国(Michon et al, 1955)在水槽内和实地测验异重流的运动。天然水库也有排出较多泥沙的实例资料。在美、法、阿尔及利亚等国都有一定数量的观测工作。在国内，官厅水库 1953 年开始，三门峡水库于 1961 年进行观测，并在许多水库中发现异重流的运动，此后在异重流的观测和实验以及理论研究方面，进行过不少工作，积累了很宝贵的资料。

在这里拟围绕异重流排沙问题，介绍有关异重流的形成、异重流的运动、异重流运动中泥沙的沉淀、异重流排沙现象，然后讨论异重流排沙数量的估算方法。

2 水库中异重流现象

2.1 异重流的形成

异重流在水库中的运动情况，示意于图 1。在水库中可以观测到这样的现象，挟有大量细泥沙的洪水进入水库壅水区后，浑水中的粗泥沙不能继续为水流所挟带，淤积在水库的进口部分，含有细颗粒泥沙的浑水，则与库内清水形成一定的密度差，由此产生压力的区别，开始潜入水库底部，形成底部异重流。在潜入点下游有逆流和由于逆流而聚集的漂浮物，漂浮物同潜入水库形成明显的交界线。在扩大地段，还可观察到进库浑水主流潜入处的两侧发生回流的现象。流量涨落时，潜入点的位置也向前后移动。浑水潜入前后，含沙量和流速的垂线分布，也表现出明渠流分布转变为异重流分布，如图 2 所示。

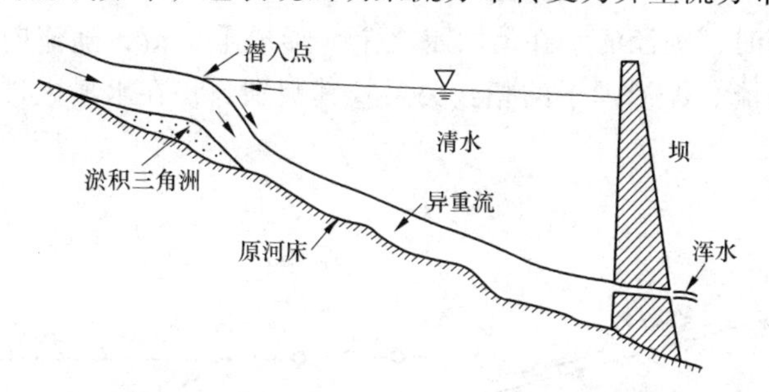

图 1　异重流在水库中的运动情况

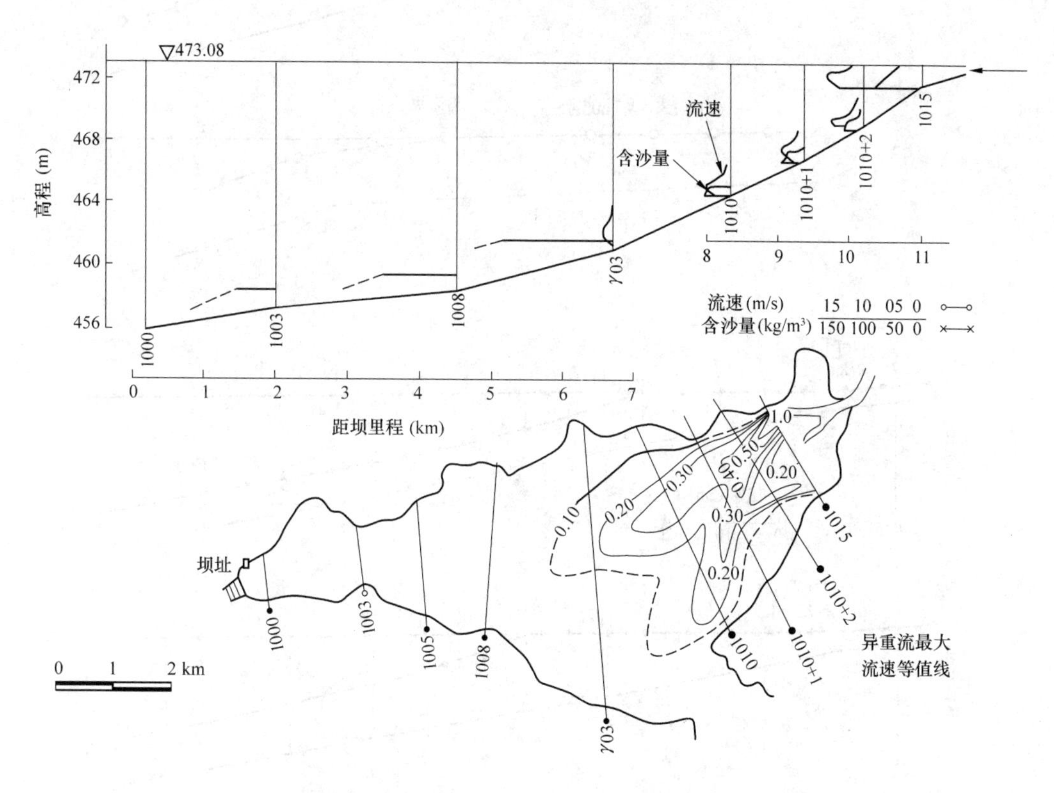

图 2　官厅水库浑水潜入前后含沙量和流速的垂线分布

水库中泥沙淤积形成库首三角洲后，在水库水位较低的条件下，潜入点将位于三角洲的下游，浑水进入水库有如一股射流向较宽阔的库中潜入，浑水很像舌状的外形。如水库水位较高，则潜入点可能处在三角洲的洲面上。

在浑水潜入的过程中，从图 2 可以看出明渠流状态下的水流流速逐渐减小，泥沙沉淀，因此可以联系到三角洲淤积和异重流的形成有很密切的关系(水科院河渠所，官厅水文实验站，1958)。

在潜入处可以看到清晰的清浑水分界线，在“诗经”中提到的“泾渭分明”，就是对这种现象的描述。当泾河含沙浓度大于渭河含沙浓度时，泾河水进入渭河时，在一定地点潜入渭河水流的下层，形成异重流，在潜入处可见两种不同河水的分界线。当泾河含沙浓度小于渭河时，则泾河水在渭河水之上，形成上层流，随流向下游运动。我们为了求取潜入点的水流、泥沙因子的相互关系及其判别数，在水槽内进行试验，图 3 所示

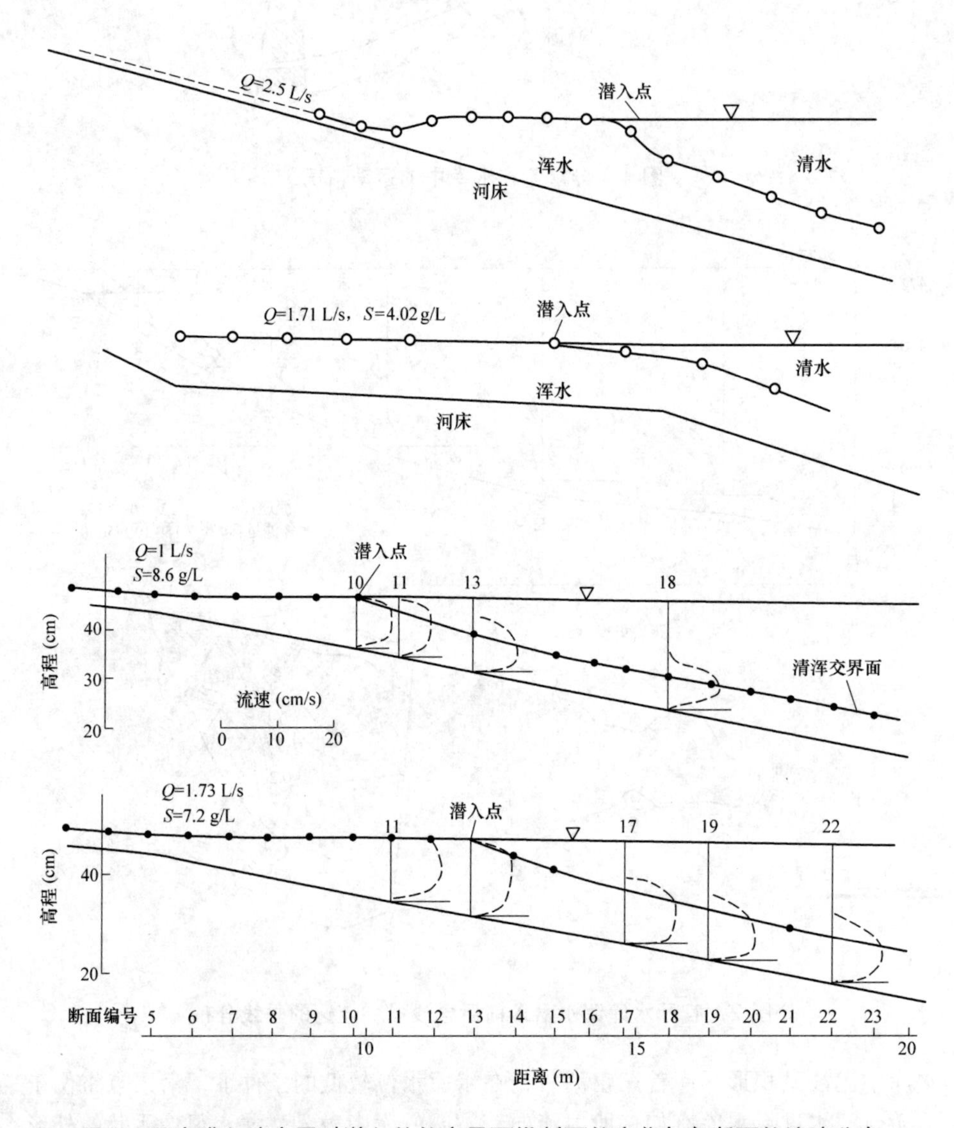

图 3　浑水进入清水区时潜入处的交界面纵剖面的变化与各断面的流速分布

为不同底坡浑水进入清水区时潜入处的交界面纵剖面的变化，各断面的流速分布。试验表明，浑水进入清水水域时与清水掺混，潜入后的异重流与上层清水在交界面处也发生水流交换掺混现象。如忽略掺混影响(即进入流量沿程不变)，注意到交界面的转折点处，异重流厚度沿水流方向的变化率 $dh/dx \to \infty$，因此该处的密度 Froude 数为 1，由此可见，潜入点的水深大于交界面转折处的异重流厚度，故潜入点的 $u_p/\sqrt{g'h}<1$。其中 u_p=潜入点流速，$g'=(\Delta\rho/\rho)g$，实验得(图 4)

$$u_p/\sqrt{g'h}=0.78 \tag{1}$$

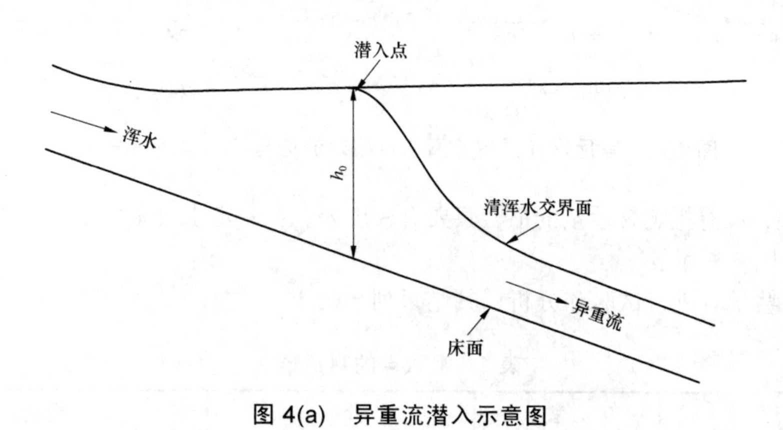

图 4(a)　异重流潜入示意图

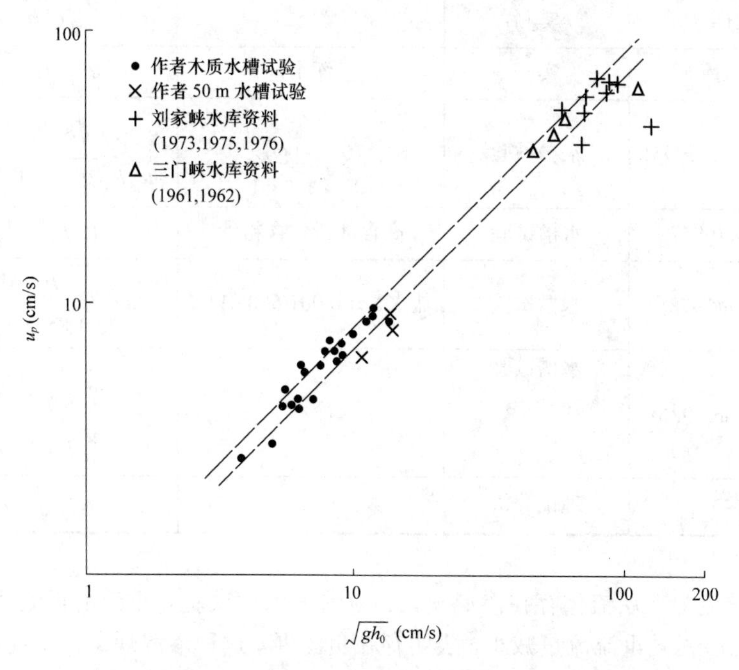

图 4(b)　潜入点的 u_p 与 $\sqrt{g'h_0}$ 的关系

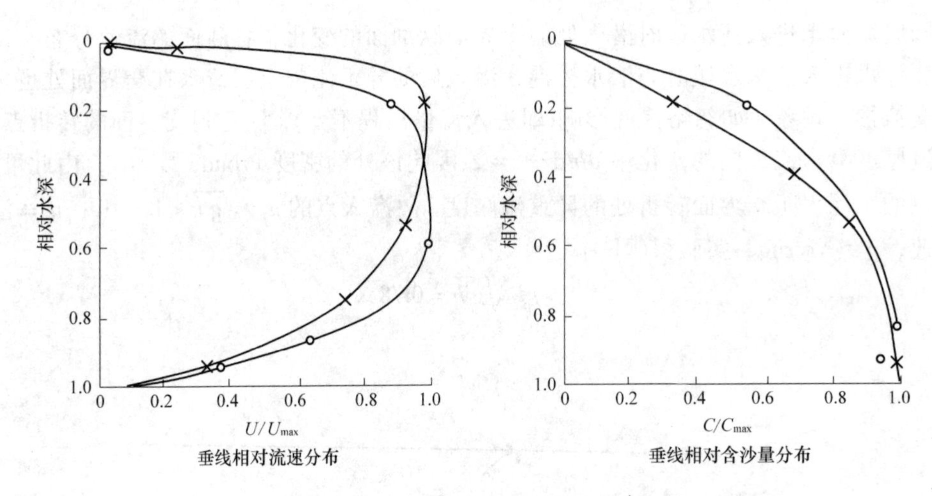

图 4(c) 官厅水库异重流潜入点相对流速与相对含沙量分布

式(1)中，没有规定含沙量的值，只要有密度差，在一定水流条件下，就能潜入形成异重流，如图 5 所示。

后来有些学者进行试验和分析，其结果列于表 1。

表 1 潜入点的判别数

作者	方法	介质	判别
范家骅(1959)	水槽试验	浑水	$u_p/\sqrt{g h_p}$ =0.78
官厅水库	实测	浑水	$u_p/\sqrt{g' h_p}$ =0.5 – 0.78
刘家峡水库	实测	浑水	$u_p/\sqrt{g' h_p}$ = 0.78
曹如轩等(1984，1995)	水槽试验	浑水 10 ~ 30 g/L 100 ~ 360 g/L	$u_p/\sqrt{g' h_p}$ = 0.55 – 0.75 $u_p/\sqrt{g' h_p}$ =0.4 – 0.2 (1984)
曹如轩等 (1995)	水槽试验	高含沙量，含粗沙	$u_p/\sqrt{g' h_p}$ =0.78
Singh & Shan(1978)	水槽试验	盐水$\Delta\rho$=0.001 5–0.011 7	$u_p/\sqrt{g' h_p}$ =0.3 – 0.8，或 h_p=1.85+1.3$(q^2/g')^{1/3}$
Farrell & Stefan(1986)	水槽试验 k–ε 数学模型	冷水	$u_p/\sqrt{g' h_p}$ =0.67 $u_p/\sqrt{g' h_p}$ =0.49
Savage & Brimberg (1975)	理论分析		$u_p/\sqrt{g' h_p}$ =0.5

实际异重流与上层流体存在渗混现象，从(图 3)水槽试验异重流沿程流速分布估算单宽流量，可见沿程异重流流量减小，表明存在负渗混。这种渗混现象在不连续异重流中，如扩宽或收缩，异重流水跃中，作者进行过初步分析(范家骅，2005a，b)。

根据式(1)判别数，只要符合该式，即可产生异重流？我们在开始分析官厅水库异重

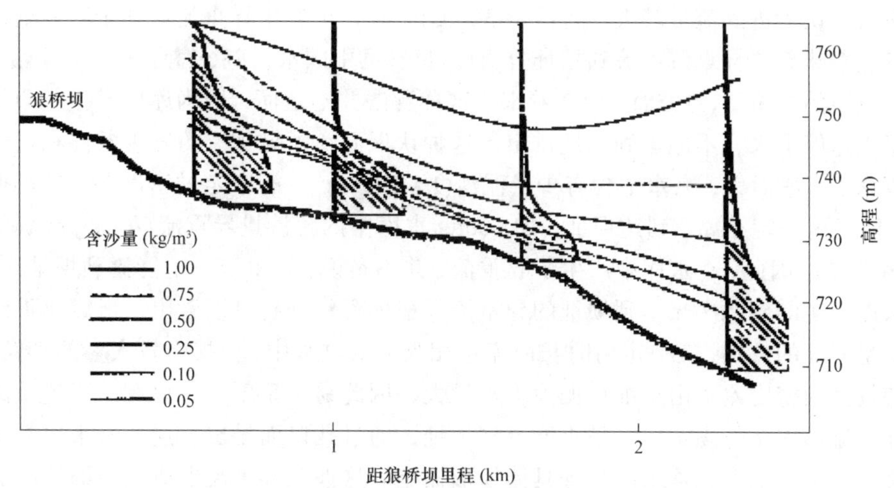

(a)1951 年 5 月 29 日含沙量等值线

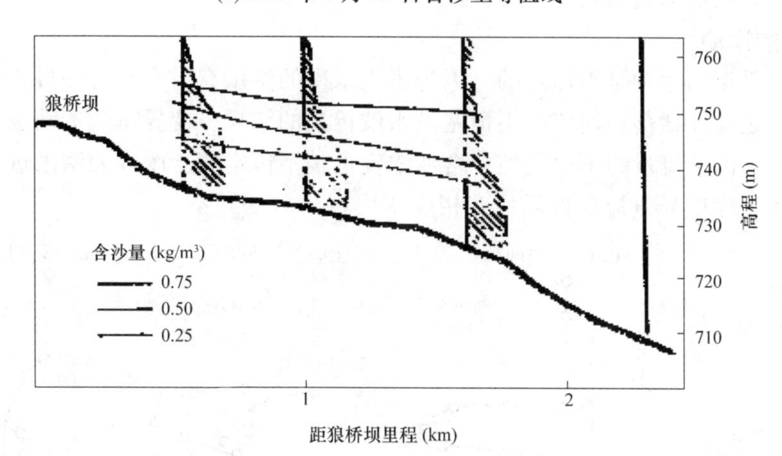

(b)1951 年 5 月 31 日含沙量等值线

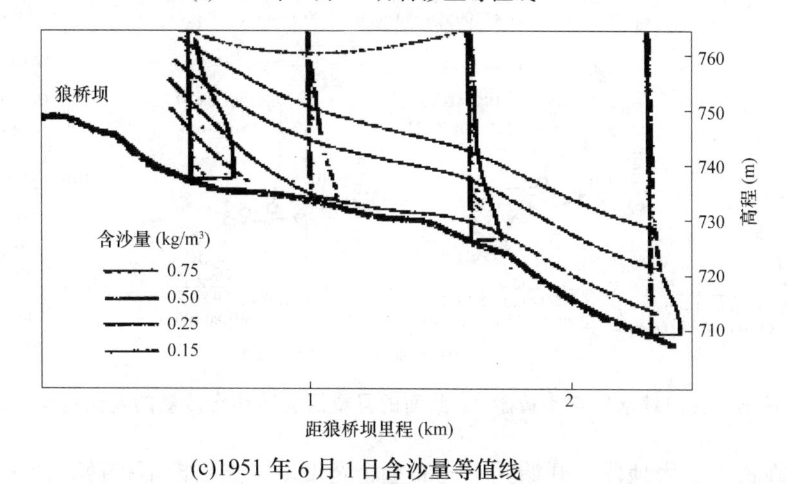

(c)1951 年 6 月 1 日含沙量等值线

图 5　Sautet 水库中实测低含沙量异重流(Nizery，1952)

流资料时，认为进库流量较大，含沙量 30 kg/m^3 时，可发生异重流，那个时候的理解，所谓发生意味着这异重流可流到坝址排出库外(参见中国水科院，官厅水文实验站“官厅水库异重流的分析”，1958)。现在看来，这种看法并不全面，因为库中发生异重流，可能流至中途停下来，不能流到坝址排出。这种认识混淆了异重流的发生条件和持续条件两个概念。一般而言，来水中含有少量泥沙(1 ~ 2 kg/m^3)，有一定的密度差，即可形成异重流，能行进一定距离，到达坝址。如 Sautet 水库中的含沙量异重流仅 1 kg/m^3，能运行 5 km(见图 5)。因此，在水库中产生了异重流，并不是说，异重流一定能流到坝址而排出。官厅水库中实测到几次流不到坝址的异重流。根据资料分析可以看出，形成异重流的条件主要是密度的差别，在一定历时长而流量相当大的洪水中，要挟带较大量的细粒泥沙，即保持较大的密度差。由于细粒泥沙含水量大，因此易于絮凝，这也有助于异重流的形成。异重流形成条件满足后，是否能流到坝址，通过孔口而排出，这要看来水大小、含沙量大小、水库地形、蓄水高程等具体情形而定。这涉及异重流形成之后的持续运动的条件，此问题将在后面进行讨论。

2.2　异重流的运动

水库中异重流的运动是不恒定的。因为进入水库的洪水有一个涨落的过程，有的多沙河流，常常是猛涨猛落。河流中不恒定洪水波传进的结果，使异重流运动也具有相应的不恒定性质。由于流量的不恒定性，含沙浓度也是不恒定的。图 6 表明因进库流量和含沙量的变化，库中异重流的性质也有相应变化。

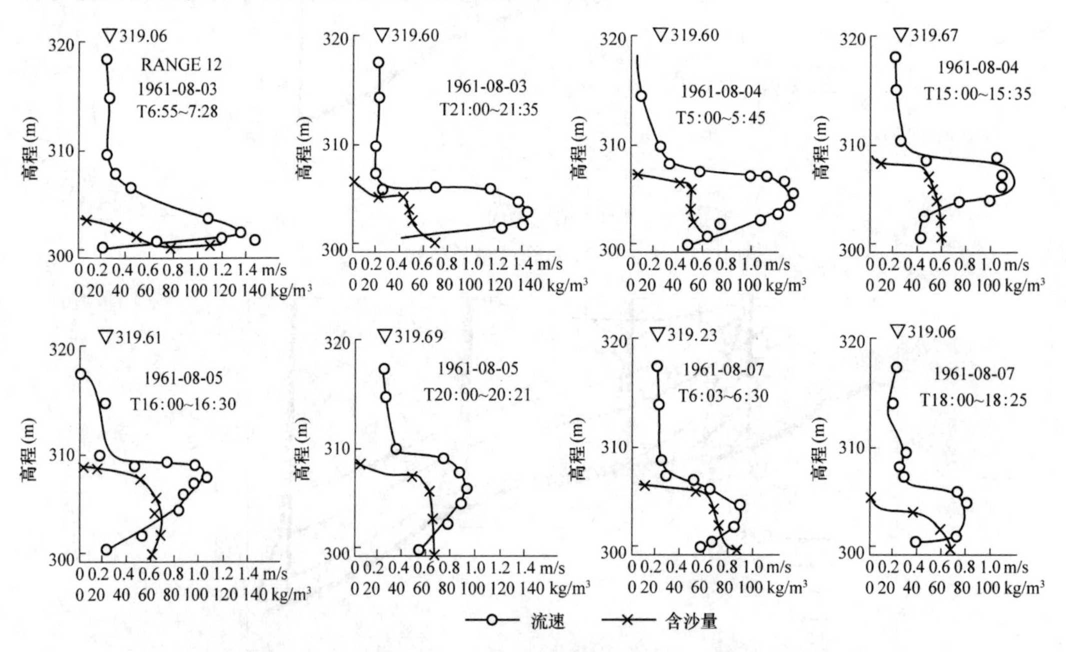

图 6　三门峡水库实测黄淤 12 断面的异重流流速和含沙量的变化过程

异重流在进入扩大地段，开始并不充满整个宽度的，然后渐渐扩散，乃至全断面。图 7 为三门峡水库先后三次实测黄淤 26 断面的异重流流速和含沙量等值线的变化过程，可见其扩散的过程。在收缩段上，异重流则常通过整个断面上流动的。

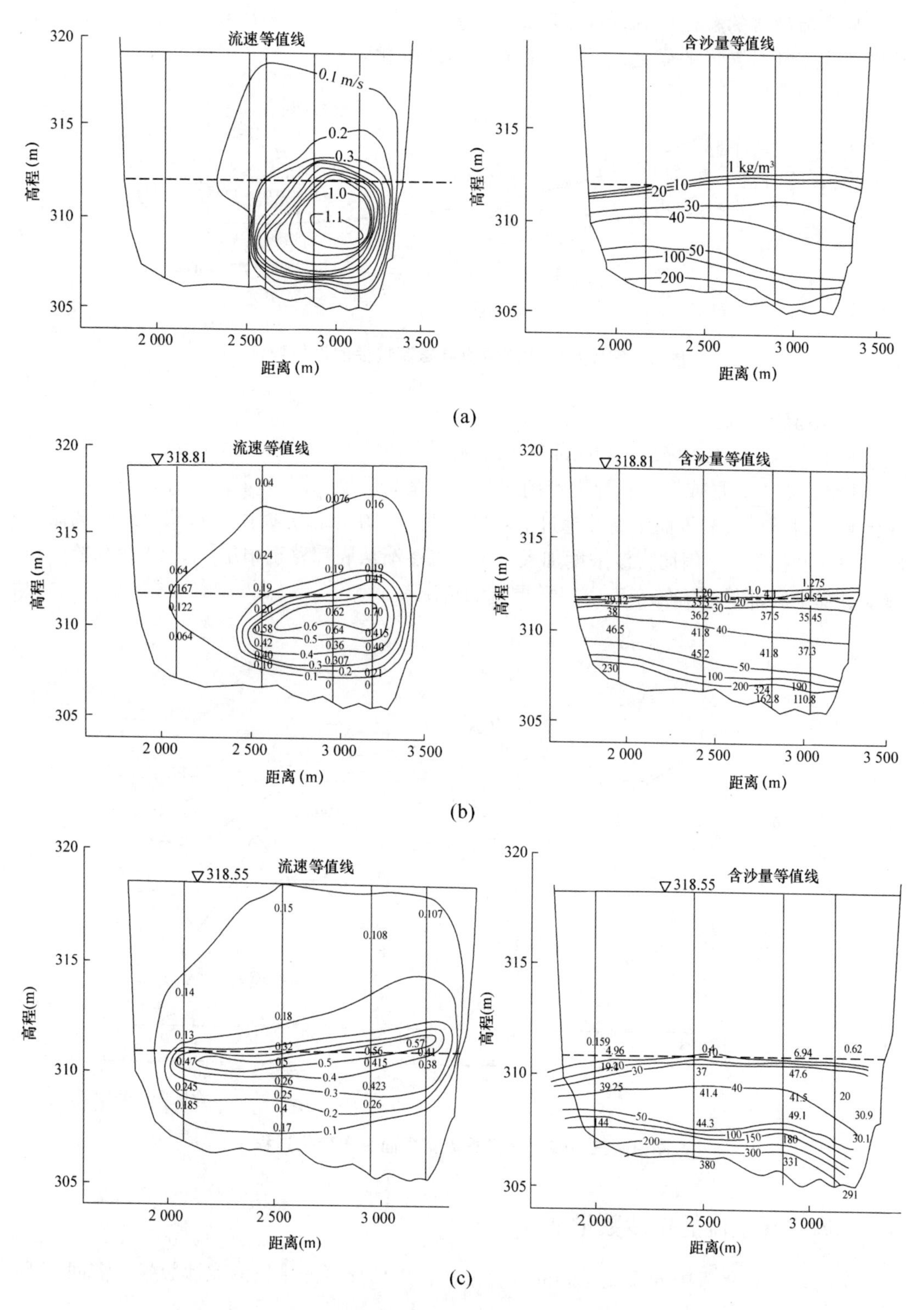

图 7　1961 年三门峡站实测黄淤 26 断面上异重流在断面上的扩散过程

异重流挟带的粒径，沿纵向有改变，图 8 为官厅水库实测两次异重流粒径的沿程变化图；由于挟带粒径的变化，淤积物粒径也沿程变化。

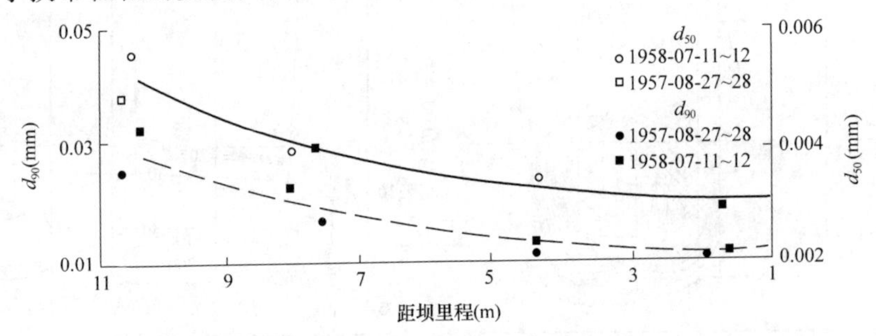

图 8　官厅水库实测两次异重流粒径的沿程变化

2.3　异重流的沉淀

水库中异重流在收缩地区和底部局部抬高地区(1961 年三门峡水库开始蓄水时，距坝 15 km 处岸边塌方，形成潜坝，异重流到达时发生壅高现象，图 9 中，可看到利用回声测深仪测到的异重流交界面壅高并越过潜坝的情况。在壅水部分，由于水流流速降减低，底部泥沙淤积下来，因而含沙浓度加大，异重流逐渐从底部移至中层，图 10 为水槽中在壅水过程中底部异重流转变为中层异重流的情况。

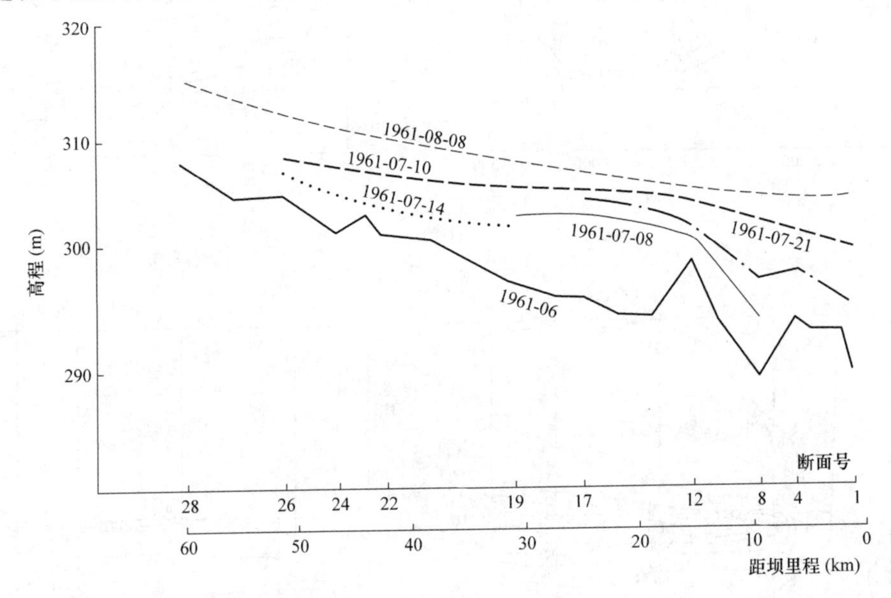

图 9　三门峡水库异重流交界面纵向变化过程

3　水库中异重流的排沙数量估算

为寻求一种水库中异重流运动的计算方法，以估计可能排出的泥沙数量，需回答下列问题：

(1)在已知的进流条件下，在库首河段什么时候在什么地点出现异重流？(前已讨论)

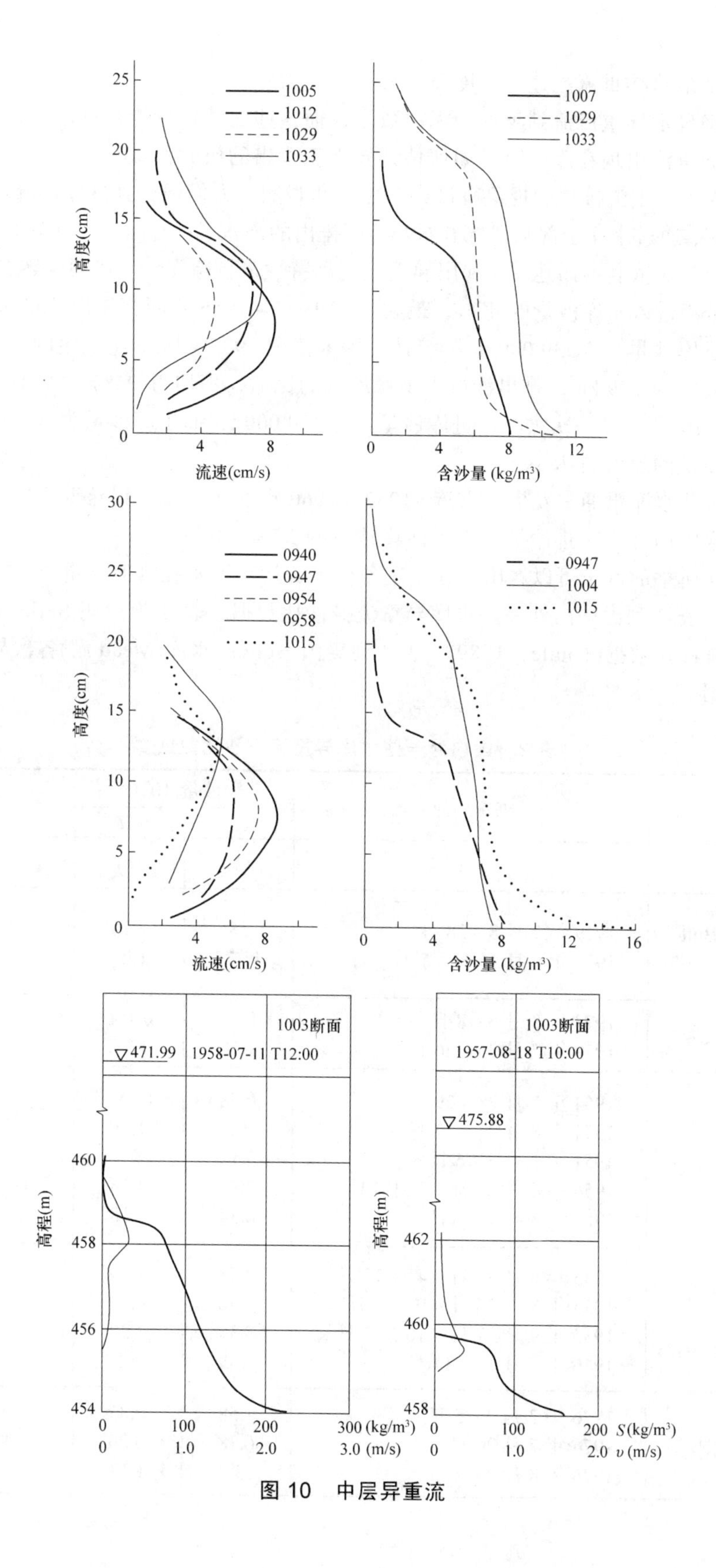

1005
1012
1029
1033
高度(cm)
流速(cm/s)
1007
1029
1033
含沙量 (kg/m³)
0940
0947
0954
0958
1015
0947
1004
1015
1003断面
471.99
1958-07-11 T12:00
高程(m)
1003断面
1957-08-18 T10:00
475.88
300 (kg/m³)
3.0 (m/s)
200 S(kg/m³)
2.0 υ (m/s)

图 10 中层异重流

(2)如何估算异重流流速、厚度以及其挟沙能力?

(3)如何确定异重流流到坝址的泥沙数量，而这些泥沙数量能否排出库外?

(4)当异重流出现在库中时，如何估计异重流泄出的历时?

对水库中异重流排沙的现象有过许多探讨和观测。人们观察到进库洪峰和沙峰所形成的异重流，通过水库全部从泄水孔排出，而排出的浑水，具有同进库沙峰相应的峰型。

阿尔及利亚依利—昂达坝，利用异重流流动特性来排除泥沙，1953 ~ 1957 年平均排沙量达到全年进入水库沙量的 47%，最大一年 1955 ~ 1956 年间，排出沙量达 2 603 000 m^3，全年进库沙量为 5 339 000 m^3。统计美国米德湖 1935 ~ 1936 年发生的几次异重流，水库长度最大达 129 km，排出沙量占洪峰沙量的比值，平均为 25%。例如：1935 年 9 月 27 日至 10 月 7 日一次洪峰，进库沙量达 8 350 000 t，而出库沙量为 3 270 000 t，出库和进库沙量的比值高达 39%。

我国有些水库汛期常发生异重流。1953 ~ 1960 年官厅水库测到异重流在 50 次以上，统计在泄水闸门开启时排沙量占进入沙峰沙量的 25% ~ 30%。

从上面所举的例子可以看出，在一定条件下，运用泄水孔排泄异重流，排沙效果是相当好的。表 2 列出国内外一些水库异重流排沙比数据。表 3 为伊朗 Sefid-Rud 水库异重流历年排沙比数据(Touile，1989)，表 4 为美国 Hoover 水库(Mead 湖)各次异重流排沙的详细数据。

表 2　国内外一些水库异重流排沙比数据

水库	洪水历时	输沙量(10^6 t)		排沙比
		入库	出库	
(1)	(2)	(3)	(4)	(5)
Elephant Butte 水库(Lara,1960)	1919 年 7 月 8 ~ 28 日	18	4.15	0.23
	1933 年 6 月 15 日 ~ 7 月 1 日	11.75	1.03	0.09
冯家山水库	1978 年 8 月 6 ~ 8 日	0.459	0.106	0.23
	1979 年 7 月 25 ~ 26 日	1.18	0.767	0.65
官厅水库	1954 年 7 月 28 ~ 29 日	0.58	0.187	0.32
	1954 年 8 月 24 ~ 27 日	5.3	1.06	0.20
	1954 年 9 月 5 ~ 6 日	3.14	0.8	0.20
	1956 年 6 月 26 日 ~ 7 月 6 日	20.5	4.56	0.22
	1956 年 8 月 1 ~ 3 日	6.34	1.58	0.25
美国米德湖 (Grover 和 Howard,1938)	1935 年 3 月 30 日 ~ 4 月 17 日	7.78	1.79	0.23
	1935 年 8 月 26 日 ~ 9 月 9 日	9.48	2.37	0.25
	1935 年 9 月 27 日 ~ 10 月 7 日	8.35	3.27	0.39
	1936 年 4 月 13 ~ 14 日	11.08	2.0	0.18
刘家峡水库*	1976 年 7 月 2 ~ 5 日	1.58	0.83	0.52
	1976 年 7 月 20 日	0.38	0.26	0.68
	1976 年 8 月 2 ~ 5 日	13.0	1.13	0.87

续表 2

水库	洪水历时	输沙量(10^6 t)		排沙比
		入库	出库	
三门峡水库	1961 年 7 月 2 ~ 8 日	117.0	1.4	0.012**
	1961 年 7 月 12 ~ 18 日	109.0	6.1	0.056**
	1961 年 7 月 21 ~ 28 日	163.0	29.0	0.18
	1961 年 8 月 1 ~ 8 日	170.0	30.0	0.18
	1961 年 8 月 10 ~ 28 日	147.0	31.0	0.21
	1961 年 8 月 22 ~ 28 日	81.0	6.9	0.085***
	1961 年 9 月 27 日 ~ 10 月 2 日	64.0	3.8	0.06***
	1962 年 6 月 17 日 ~ 7 月 24 日	161.5	56.8	0.35
	1962 年 7 月 24 日 ~ 8 月 4 日	130.0	31.8	0.25
	1962 年 8 月 13 ~ 20 日	71.4	16.2	0.23
	1962 年 9 月 25 日 ~ 10 月 15 日	63.5	16.3	0.26
	1963 年 5 月 24 日 ~ 6 月 1 日	118.0	27.0	0.23
	1964 年 8 月 13 ~ 26 日	78.0	17.5	0.22
		418.0	144.0	0.34

注：*其进库沙量为支流洮河的来沙量，出库沙量包括通过电厂进水口的出库沙量。**三门峡水库 1961 年最初两次洪峰的出库沙量甚小，原因是库中距坝 15 km 处岸坡滑塌形成水下潜坝，异重流在潜坝前聚集，形成浑水水库，积满后才从坝顶溢流至坝前流出，故出库沙量少。***最后两个洪峰期间，水库抬高水位蓄水，故出库沙量少。

表 3　伊朗 Sefid-Rud 水库(Tolouie 1989)历年异重流排沙数量

年份	输沙量　(10^6 t)		出库与进库输沙量之比
	进库	出库	
1963 ~ 1964	97.80	11.84	0.12
1964 ~ 1965	13.75	2.60	0.19
1965 ~ 1966	45.02	11.26	0.25
1966 ~ 1967	34.72	8.38	0.24
1967 ~ 1968	77.45	16.68	0.21
1968 ~ 1969	218.23	64.03	0.29
1969 ~ 1970	17.21	4.14	0.24
1970 ~ 1971	18.71	2.09	0.11
1971 ~ 1972	63.71	16.20	0.25
1972 ~ 1973	19.51	3.39	0.17
1973 ~ 1974	57.50	21.69	0.38
1974 ~ 1975	41.42	18.69	0.45
1975 ~ 1976	49.95	11.76	0.23
1976 ~ 1977*	22.14	12.88	0.58 (*最枯水年)
1977 ~ 1978	17.26	2.66	0.15
1978 ~ 1979	26.10	6.32	0.24
1979 ~ 1980	36.52	13.63	0.37
平均	50.41	13.42	0.27

表 4 美国 Hoover 水库(Mead 湖)各次异重流排沙详细数据

异重流编号	1	2	3	4
进库洪水历时	1935 年 3 月 20 日～4 月 17 日	1935 年 8 月 26 日～9 月 9 日	1935 年 9 月 27 日～10 月 7 日	1936 年 4 月 13～24 日
出库洪峰历时	1935 年 4 月 7～21 日	1935 年 9 月 3～13 日	1935 年 10 月 6～13 日	1936 年 4 月 22～28 日
水库长度(km)	37	129	127	117.7
进库沙量(10^6t)	7.78	9.48	8.35	11.08
出库沙量(10^6t)	1.79	2.37	3.27	2.0
异重流排沙比(%)	23	25	39	18

3.1 异重流在水库中持续运动的条件(Fan，1996)

要估计异重流排出库外的数量，需要了解异重流发生后能运行多长距离，能否通过水库全长而排出库外，不仅要研究异重流的形成条件，还要研究异重流持续运动的条件。

异重流持续运动条件是指在一定的水库地形条件下，进入的洪峰所形成的异重流能保持在一定长度的水库中继续运动到达坝址而排出所要满足的条件。从物理意义来谈，即是：进库洪峰形成异重流所供给的能量，须能克服水库全长的沿程和局部的能量损失。否则，则在中途停止运动。研究这个问题的目的，是要了解异重流在不同洪峰的条件和不同水库地形条件下，可能流到坝址而排出的泥沙数量。

形成异重流的条件前已叙述，异重流持续条件，除了异重流形成条件外，还包括有下列各因素：

(1)进库洪峰流量的延续，流量的连续是保持异重流连续的首要条件。对于一定大小(长度、宽度和底部比降等)的水库，则要求一定大小的洪峰(延续时间、流量和含沙量)，才能使异重流运动，直到坝址。在水槽内观察到，异重流运动时，一旦上游停止进入流量，异重流流速很快减小，乃至停止运动。

(2)进库洪水的洪量(和洪峰的陡峻度)，将决定异重流流动的强度。洪峰猛涨将加速异重流的流速，推进流速较大的异重流较快地流到坝址。上述两个因子代表异重流所供给的能量大小。

(3)水库地形的影响，水库底部地形局部变化(扩大段、收缩段、弯道等)的地方，都将使异重流损失能量，降低异重流流速，从而降低异重流的挟沙能力。水库的底部比降也是影响异重流运动的一个因素。由于异重流在库底运动，水库底部的宽度对异重流也有影响，相对地说，宽度大，异重流的单宽流量和流速则较小；反之，则大。对水库长度较大的水库来说，沿程能量损失较大，反之，则较小。

分析实测异重流资料表明，流量较小的异重流虽然在水库中形成异重流，但因洪水水量不够大，异重流不能流达坝址，即在中途停止运动。也测到异重流受局部损失的影响，损失一部分能量，使异重流运动受阻、减弱，甚至逐渐停止运动。

3.2 异重流的出库沙量的概化图形(Fan，1996)

现试用异重流水体和输沙量连续方程，简单地分析一下异重流的出库沙量。其概化图形如图 11 所示。设进库洪峰时段 T_i 内的进库洪峰体积为 V_i，异重流流经水库长度(自库首至坝址)L 所占的异重流体积为 V_d，如异重流各段厚度为 h，各段宽度为 B，异重流时段内平均流速为 u，异重流流经库长 L 所需的时间为 T_L，则有

$$V_d = \sum hBL = \Sigma hBuT_L = Q_{im}T_L \tag{2}$$

在洪峰时段 T_i 内异重流流经库长 L 的这部分异重流体积是不能排出库外的(水槽试验表明，当流量中止进入槽内时，槽内异重流就会停止运动)。如洪峰时段内可排出的异重流体积为 V_0，则

$$V_0 = V_i - Q_{im}T_L = Q_{im}T_i - Q_{im}T_L = Q_{im}(T_i - T_L)$$

式中：T_i 为洪峰历时。

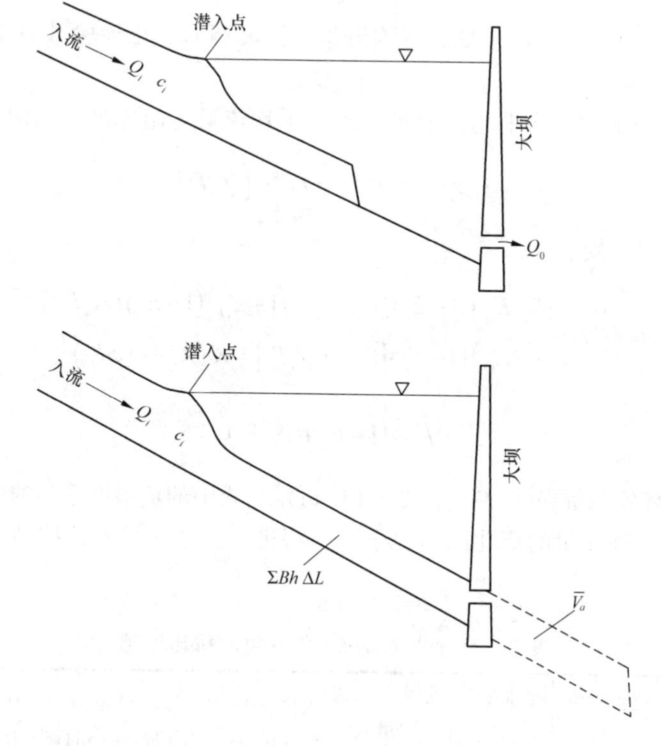

图 11　异重流在一个洪峰期间的出库沙量的概化图形

试验和现场资料表明，异重流所含泥沙沿程淤积，导致异重流流量沿程有部分通过交界面进入上层水体，故可定义流量的掺混系数为 E_Q、异重流输沙掺混系数为 E_c，令

$$E_Q=1-Q/Q_i \tag{3}$$

$$E_c=1-c/c_i \tag{4}$$

式中：c 为异重流含沙量；c_i 为进库洪峰含沙量。关于进库洪峰含沙量，当潜入库底时，其中所挟运的泥沙沿程淤积，首先形成三角洲淤积，潜入后沿程泥沙淤积。实测资料表明，流至坝前的异重流中基本上全是黏土成分，在后面介绍异重流排沙量的计算中，对粒径变化将作详细分析。故异重流水体连续方程为

$$V_i - V_d = V_0 \tag{5}$$

$$V_0 = V_i - V_d = V_i - Q_{im}(T_i - T_L) \tag{6}$$

异重流输沙量连续方程为

$$W_0 = W_i - Q_{si}T_L = W_i - Q_i c_i T_L \tag{7}$$

因 $Q=(1-E_Q)Q_i$，$Q_m=(1-E_Q)Q_{im}$，下角 m 表示时段平均值，含沙量 $c=(1-E_c)c_i$，以及 $c_m=(1-E_c)c_{im}$，故有出库输沙率

$$Q_c = \left(1-E_Q\right)(1-E_c)Q_{im}c_{im} \tag{8}$$

为估计洪水时段内异重流出库沙量，根据概化图形，采用时段平均值，洪峰进库输沙量 W_i 有

$$W_i = c_i Q_i T_i \tag{9}$$

其中 c_i、Q_i、T_i 分别为平均含沙量、平均流量、洪峰历时，出库输沙量 W_0 有

$$W_0 = c_0 Q_0 T_0 \tag{10}$$

其中 c_0、Q_0、T_0 分别为出库平均含沙量、出库平均流量、出库沙量历时，故

$$W_0 = c_i Q_i T_i - V_d c_i = c_i Q_i T_L - \left[Q_{im}T_L\right]c_i \tag{11}$$

考虑掺混系数，则有

$$\begin{aligned} W_0 &= \left(1-E_Q\right)(1-E_c)Q_{im}c_{im}T_i - \left(1-E_Q\right)\left(1-E_c\right)Q_i c_i T_L \\ &= \left(1-E_Q\right)\left(1-E_c\right)\left[W_i - Q_i c_i T_L\right] = K\left(W_i - Q_i c_i T_L\right) \end{aligned} \tag{11'}$$

$$K = \left(1-E_Q\right)(1-E_c) \tag{12}$$

根据官厅水库实测资料(见表 5)，做图 12，可定出式中的负掺混系数的综合参数 K=1/3。以上分析是根据一种简单的概化图形。下一节将进一步考虑异重流挟沙能力的因子，估计出库沙量。

表 5　官厅水库 1954 年异重流排出沙量

异重流历时	进流沙量 W_i (10^6 t)	进流平均流量 Q_i (m^3/s)	进流平均含沙量 c_i (kg/m^3)	出库沙量 W_0 (10^6 t)	库内异重流历时 T_L 小时	$\frac{W_0}{W_i}$	$Q_{si}T_L$ (10^6 t)
7 月 2~5 日	7.86	250	112	2.7	4	0.34	0.4
7 月 21~25 日	13.5	380	91.5	4.08	8	0.30	1.00
7 月 25~37 日	3.48	285	69.5	0.865	6.5	0.24	0.46
7 月 26~29 日	0.58	125	49.7	0.187	4.5	0.32	0.10
7 月 30 日~8 月 2 日	9.7	318	103	3.14	6	0.46	0.71
8 月 24~27 日	5.55	322	67.5	1.06	8	0.19	0.63
9 月 1~3 日	6.37	356	115	1.85	8	0.29	1.12
9 月 3~4 日	4.31	420	142	0.97	7	0.23	1.50
9 月 4~5 日	4.05	377	115	0.796	14	0.20	2.19
9 月 5~6 日	3.14	250	125	0.61	12	0.19	1.35

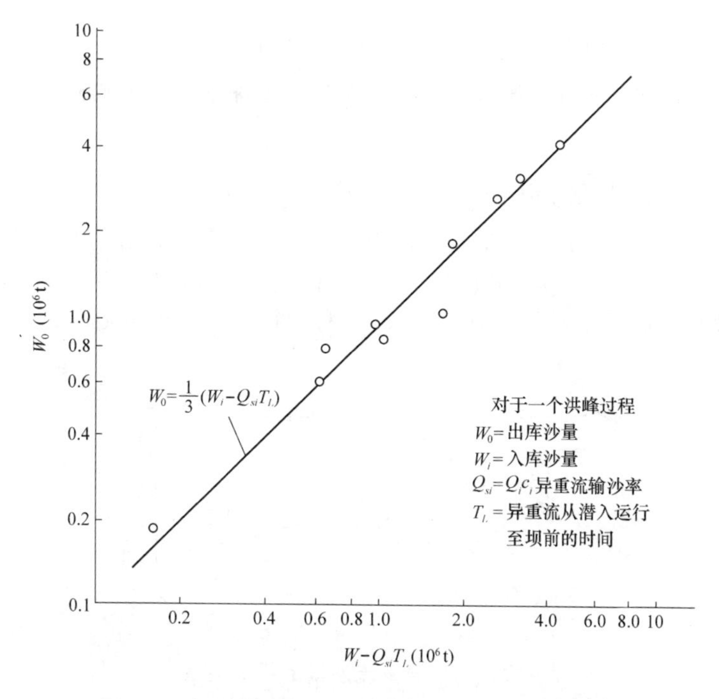

图 12　官厅水库异重流出库时负掺混系数的确定

3.3　异重流出库沙量的近似计算方法(范家骅等，1962)

本方法出自基本图形，图形简明，易于计算，多年来已在设计中应用。根据水库实测资料分析所提供的现象，以及异重流持续运动的条件概念，试写出异重流容积和异重流沙量的平衡关系式，然后利用异重流研究成果，对各项进行计算，从而判断异重流是否有条件流到坝址，或者有多少泥沙有可能排出库外。

假定进入水库的流量保持连续，粗泥沙在库首部分沉淀下来，挟带较细粒子的异重流向坝址推进，异重流所挟带的泥沙随其流速的降低而有相应的改变，经过一段距离后，异重流泥沙粒径接近于常数，其 d_{90}(有 90%的泥沙重量小于此粒径)在 0.01 ~ 0.015 mm 之间。

沙量的平衡式有

$$\int_{t_1}^{t_4} Q_i c_i \,\mathrm{d}t = W_\Delta + \int_0^h \int_0^L cB\,\mathrm{d}h\,\mathrm{d}L + \int_{t_1}^{t_3} Q_i c_n \,\mathrm{d}t \tag{13}$$

式中：第一项代表进库洪水时一个洪峰的输沙总量；Q_i、c_i分别代表瞬时流量和含沙量，(t_4-t_1)为进库(洪峰)的延续时间；第二项 W_Δ为水流进入水库由于水流流速低而淤在库首形成三角洲的粒径较粗的泥沙量；第三项为异重流占据水库全长范围的泥沙量，其中 c 为各地段的异重流含沙量，它随流速的改变而改变，h 为异重流的厚度，B、L 为水库底部宽度和长度。第四项为异重流流到坝址的输沙总量，这里假定异重流流量沿程没有损失。

图 13 中 t_2-t_1 代表异重流自库首流到坝址的时间并令 $\int_{t_1}^{t_2} Q_i \,\mathrm{d}t = \int_{t_3}^{t_4} Q_i \,\mathrm{d}t$，$c_n$为流到坝

址异重流的含沙量，因此异重流流到坝址的沙量为 $\int_{t_1}^{t_3} Q_i c_n \, \mathrm{d}t$。

设坝的底部装有泄水孔，则异重流流到坝址后即能下泄，如泄水时出库沙峰的历时为 t_2 至 t_5，则有：

$$\int_{t_1}^{t_3} Q_i c_n \, \mathrm{d}t + \varepsilon \int_0^h \int_0^L cQ \, \mathrm{d}h \, \mathrm{d}L = \int_{t_2}^{t_5} Q_0 c_0 \, \mathrm{d}t \tag{14}$$

在泄水孔开放时，流到坝址的异重流将有可能全部排出。出库含沙量 c_0，随出库流量 Q_0 的大小及其他条件而变。式(14)中第二项代表式(13)中第三项在坝前的一部分，在泄水孔开放时亦将排出库外。其中 ε 代表一小数。作为第一次近似，可以忽略第二项，故可写作：

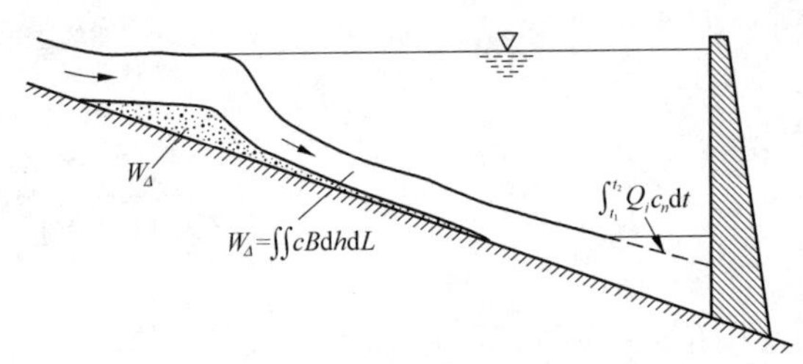

图 13(a)　异重流沙量的平衡关系

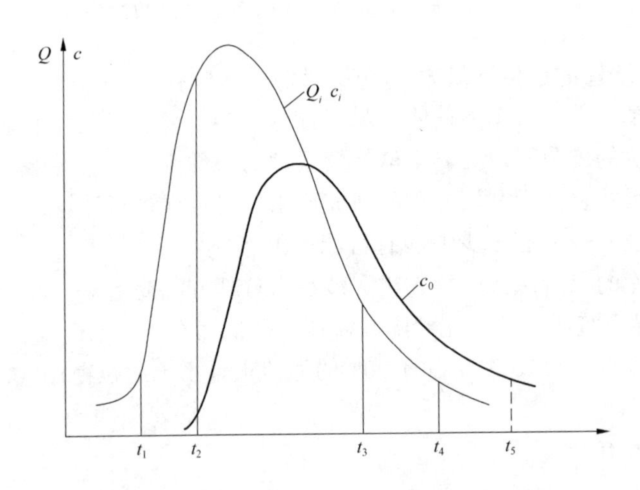

图 13(b)　进库洪峰和出库沙峰的延续时间

$$\int_{t_1}^{t_3} Q_i c_n \, \mathrm{d}t = \int_{t_2}^{t_5} Q_0 c_0 \, \mathrm{d}t \tag{15}$$

其次，可写出异重流容积平衡方程：

$$\int_{t_1}^{t_4} Q_i \, \mathrm{d}t = \int_0^h \int_0^L B \, \mathrm{d}h \, \mathrm{d}L = \int_{t_1}^{t_3} Q_i \, \mathrm{d}t \tag{16}$$

第一、二项分别代表进库洪峰总容积和异重流在水库长度范围内的容积，第三项为流到坝址的异重流总容积。

利用式(13)、式(16)，如果知道异重流含沙量的沿纵向的变化规律，就可以计算可能排出库外的沙量。

从式(16)也可看出，如果

$$\int_{t_1}^{t_4} Q_i \, \mathrm{d}t < \int_0^h \int_0^L B \, \mathrm{d}h \, \mathrm{d}L \tag{17}$$

即异重流延续时间较短，水库长度相对地比较长，则异重流就没有机会排出库外。

根据方程式(13)、(15)，得异重流出库沙量 W_0 的关系式

$$W_0 = \int_{t_1}^{t_3} Q_i c_n \, \mathrm{d}t \tag{18}$$

在计算中，为了简化起见，采用洪峰时段内的平均洪峰流量 Q_{im}，则有

$$W_0 = Q_{im} c_n (t_3 - t_1) \tag{19}$$

如已知洪峰持续时间为$(t_4–t_1)$，要确定$(t_3–t_1)$，则首先必须确定 $t_2–t_1$，即异重流自库首流到坝址所需的时间，即有

$$L = \Sigma u_f \Delta T = (u_f)_m (t_2 - t_1) \tag{20}$$

式中：uf、$(u_f)_m$ 分别为异重流前峰推进速度和平均推进速度。

因此，异重流所造成的浑水出库的延续时间为 t_0，其值接近于$(t_3–t_1)$。

要确定到达坝址的异重流含沙量，就应该寻求异重流含沙量和粒径沿纵向变化的规律，我们目前所采用的办法是先明确一定流速能挟带多大的最大粒径，找出流速与粒径的关系，然后将它同含沙量的改变建立关系。考虑到受水流脉动作用而悬浮在水中的泥沙沉速 w 同水流脉动流速 u'之间存在一定关系，即 $u' \sim w$。

明斯基试验结果表明，平均流速与脉动流速成正比：$u \sim u'$。因此，对于悬浮泥沙，有

$$u \sim w \sim d^2 \tag{21}$$

采用含沙量重量小于 90%的泥沙的粒径 d_{90} 代表含沙量中的最大粒径，求取 $u \sim d_{90}$ 的关系(见图 14)。

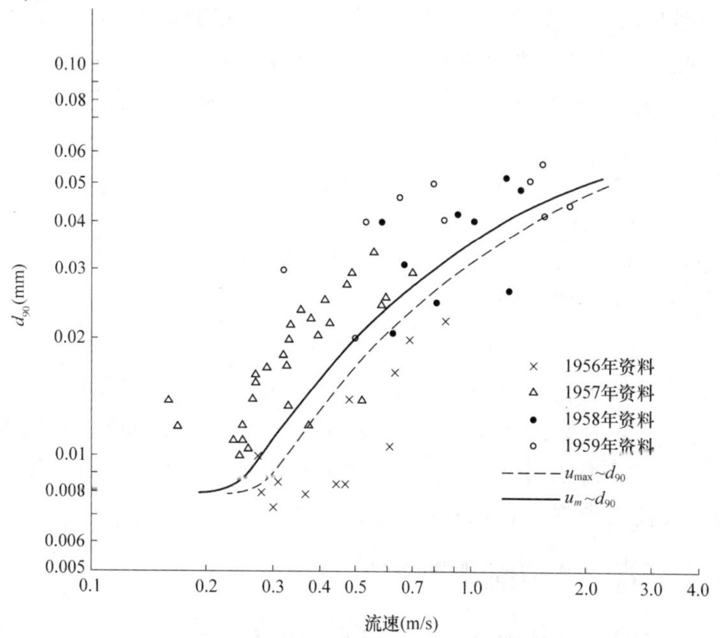

图 14　异重流流速与挟带粒径的关系

根据水库中异重流实测资料的分析，得到当 d_{90}>0.02 mm 时，符合 $u \sim d_{90}^2$ 的关系，而 d_{90}<0.02 mm 时，则不符合上述关系，其原因，可能是由于粒子过细，泥沙絮凝现象的影响。分析结果如图 14 所示。图中有两根关系线，一为异重流最大流速与 d_{90} 的关系，另一为异重流平均流速与 d_{90} 的关系，平均流速是根据最大流速和平均流速的关系定出的。附带指出，官厅水库的粒径级配是用取来的新鲜水样加分散剂用比重计法分析得出。我们未利用三门峡水库异重流资料验证其排沙量，是因为他们的颗粒分析方法不用比重计法而用粒径计法，所得的粒径较大。那时我们未进行进一步的比较工作，不过，后来有研究者在图 14 上，增加三门峡异重流的测点。

图 14 可以认为是代表异重流的挟沙能力的一种关系，可用以推算含沙量的沿纵向的变化。其计算方法如下。

先确定一次洪峰延续时间内(洪峰陡涨陡落之间的时间间隔)的进库总沙量 W_i、总水量 V_i，以及 t_i=t_4−t_1，计算出平均含沙量和平均流量。并根据水文资料，选定进库水流中含沙粒径级配曲线。

其次，根据水库地形特点(水库长度、沿纵向各断面的底部宽度、底部比降)，将水库全长分成几个地段，求出各段平均底宽 B 和底部比降 J。并根据水库水位，利用潜入点的判别关系

$$\frac{q}{\left(\frac{\Delta\rho}{\rho}gh^3\right)^{1/2}} \approx 0.78 \tag{22}$$

估计潜入位置。然后，利用

$$u = \sqrt[3]{\frac{8}{\lambda}\frac{\Delta\rho}{\rho}g\frac{Q}{B}J} \tag{23}$$

的关系式，计算各地段的异重流流速，即可确定(t_2−t_1)，并确定(t_3−t_1)。式 λ 值可取 0.025 ~ 0.03(范家骅，1959)。已知各地段平均流速时，利用图 14 的关系线，即可定该流速可能挟带的 d_{90} 较此 d_{90} 为粗的粒子，由于沿纵向异重流流速减小而沉淀下来，因此可求出任一断面的平均含沙量为

$$c = c_i P \cdot \frac{100}{90} \tag{24}$$

式中：P 代表任一断面的 d_{90} 相当于进库粒径级配曲线上的百分比。最后，到达坝址的异重流含沙量值即可确定。因此得

$$W_0 = Q_{im}c_n\left(t_4 - t_2\right) = Q_{im}c_n\left(t_3 - t_1\right) \tag{25}$$

必须指出，这里假定：到达坝址的异重流泥沙量即为可能排出的泥沙量。过去的研究指出，异重流出库含沙量，随出库流量、异重流含沙量、孔口位置高程等条件而改变。在这里假设孔口高程放得相当低，就有可能将流到坝址的异重流排出。如孔口位置较高，则将有一部分异重流滞留在孔口高程以下的库容内。

4 异重流出库沙量实测值同计算值的比较

找到两个水库有实测进库沙峰同它相应的异重流出库沙峰，以及进库泥沙粒径级配

数据和水库地形条件等的材料，一为我国官厅水库 1954、1956 年的实测异重流 12 次资料；另一为美国米德湖 1935 年几次异重流，资料齐全的只有 4 次，1935 年 1 月份一次没有进库悬沙粒径的数据。1936 年 4 月中旬开始的异重流，则因 1936 年 5 月 1 日隧洞闸门关闭而使出库沙峰骤然中断。

上述两个水库的泄水隧洞都在水库的底部。选择我国官厅水库的 1954 年一次异重流情况示于图 15。

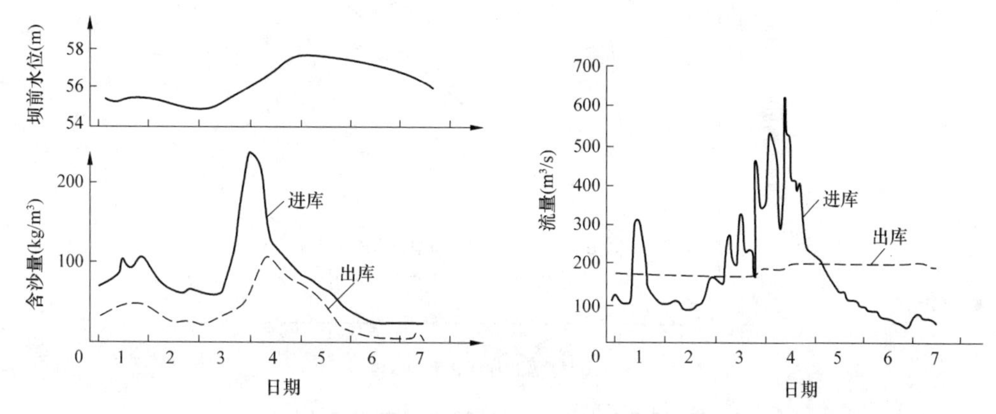

图 15　官厅水库 1954 年 7 月上旬进库及出库的流量和含沙量过程线

米德湖 1935 年进出库沙峰的情况图示于图 16。图 16 中标出了进库泥沙粒径小于 0.02 mm 的含沙量，细粒子含沙量对异重流的形成很重要，从这点上可以看出为什么 5 月、6 月含沙量虽达到 1.5%～1.9%，由于小于 0.02 mm 的泥沙含量较小，因而异重流强度不大，在坝址下游柳滩站看不到相应的出库沙峰，虽然出库水中有少量仍属于异重流的泥沙。

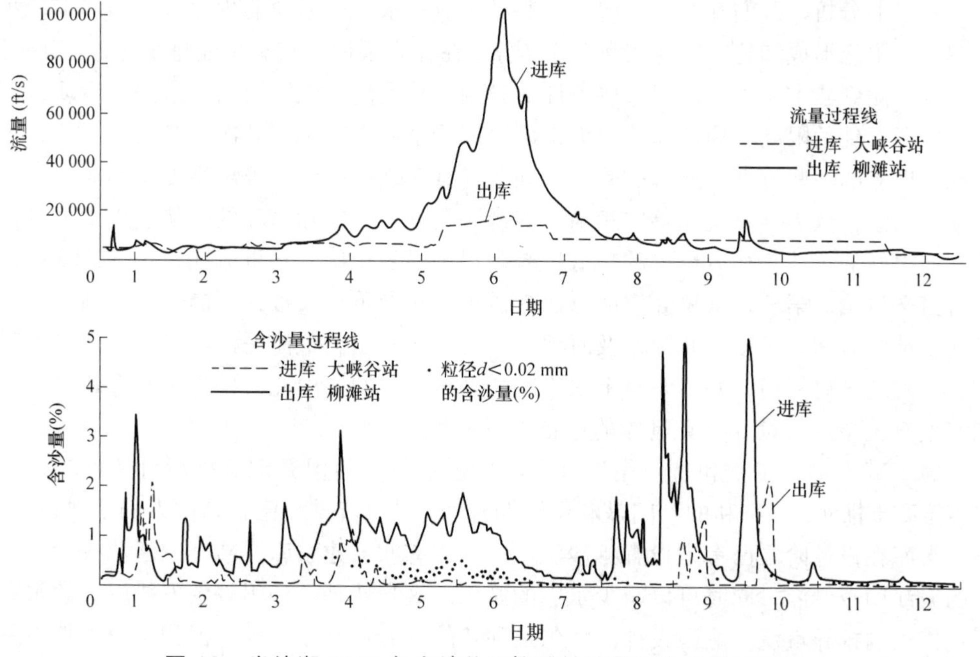

图 16　米德湖 1935 年大峡谷及柳滩站流量和含沙量过程线

用上节介绍的计算方法，计算异重流流到坝址的数量，可以认为此值即排出的沙量。异重流计算数据和实测数据列于表 6。

各次异重流排出数量的计算值同实测值相当接近。见图 17。

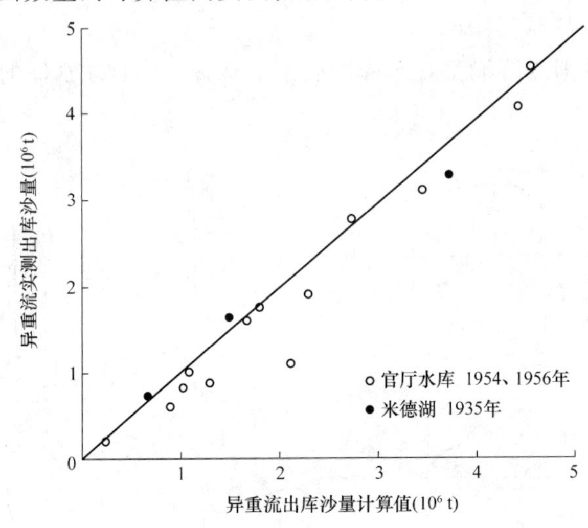

图 17　异重流排出沙量计算值同实测值的比较

上述计算方法是一种简化的方法，可供设计人员使用。西北设计院将此法用于若干水库的设计。

5　结论与讨论

从以上分析，我们基本上了解了一些异重流在水库中运动的规律。总结起来，我们了解了异重流形成和持续决定于哪几个因素，在什么条件下它有可能排出库外。有时候，在库首观测到异重流，但由于某些条件的影响，异重流不能继续而中途停止运动；也有因为地形条件的限制，局部损失很大，而出库沙量大为减小。其次，我们也了解到异重流孔口出流的一些特性，通过试验，明确了异重流排出的极限吸出高度是不大的。以往有一种看法，认为异重流能够“爬高”的说法是不符合实际情况的。从这里也可以得结论，要很好的排沙，孔口位置的高低，起到很重要的作用。异重流孔口排沙的分析，作者将另文讨论。第三，这里介绍的方法提供了水库异重流预报的可能性，从估计异重流到达坝址的时间，可预备开闸，及时地开启闸门有利于异重流泥沙的排泄，但是实际上能否及时地开启闸门，并不是每个水库都能做得很好的。因此，要根据水库建设的目的和其他有关条件，设计一套具体的运行方案和步骤。

为了减少水库淤积和避免泥沙进入电厂进水口，利用异重流排沙可达到较好的效果。异重流排沙，最有利的时间是利用汛期排沙。异重流排沙已日渐被人们重视和使用，不少水库在设计阶段已考虑设置排沙洞。内蒙古有的已建水库，新开挖隧洞排沙，把排出的泥沙用于淤灌，同时可以减少水库的淤积，这当然是一种很好的安排。有的水库拟开挖排沙洞排异重流。法国设计的阿尔及利亚的 Steeg 水库，因为淤积迅速不得不费很大的劲在坝前淤积面以下一定距离打孔，把异重流淤积的泥浆通过孔口排出。这些情况

表 6　异重流计算值与实测值的比较

水库名称	洪峰发生时间		进库洪峰历时 T_i	洪峰平均流量 Q_i	洪峰平均含沙量 c_i	洪峰进库总沙量 W_i	水库回水长度	出库流量 Q_i	出库平均含沙量 c_0	出库总沙量 W_0	$\frac{W_0}{W_i}$	计算出库沙峰延续时间 T_0	出库总沙量 W_0	$\frac{W_0}{W_i}$
	实测数据											计算值		
	年份	起讫月日	h	m^3/s	kg/m^3	10^6t	km	m^3/s	kg/m^3	10^6t		h	t	
官厅水库	1954	7.2 ~ 7.5	78	250	112	7.86	4.8	200	50	2.70	0.34	74	2.66	0.34
	1954	7.21 ~ 7.25	108	380	91.5	13.50	6.6	40	20	4.08	0.30	101	4.33	0.32
	1954	7.25 ~ 7.27	49	285	69.2	3.67	5.5	300	20	0.865	0.24	44.5	1.33	0.36
	1954	7.28 ~ 7.29	26	125	49.7	0.58	5.5	270	10	0.187	0.32	26	0.248	0.43
	1954	7.30 ~ 8.2	82	318	103	9.70	5.5	270	50	3.14	0.32	77	3.41	0.35
	1954	8.24 ~ 8.27	71	322	67.5	5.30	10.8	70	50	1.06	0.20	56	2.10	0.40
	1954	9.1 ~ 9.3	44	356	115	6.37	10.1	280	80	1.85	0.29	35	2.33	0.37
	1954	9.3 ~ 9.4	20	420	142	4.31	10.5	285	35	0.970	0.22	10	1.05	0.24
	1954	9.4 ~ 9.5	26	377	115	4.05	10.5	290	35	0.796	0.20	16	1.02	0.25
	1954	9.5 ~ 9.6	28	250	125	3.14	8.5	285	20	0.610	0.19	19	0.897	0.29
	1956	6.26 ~ 7.6	26	260	75.7	20.5	16.8			4.562	0.22	222	4.46	0.22
	1956	8.1 ~ 8.3	50	360	80	6.34	15.0			1.58	0.25	32	1.68	0.27
米德湖(美国)	1935	3.20 ~ 4.17	455	298	13.4	7.78	36.8	203	6.15	1.80	0.23	417	1.78	0.23
	1935	8.26 ~ 8.31	144	259	26.4	4.0	129.3	284	6.75	0.73	0.18	105	0.66	0.17
	1935	9.1 ~ 9.[illegible]3	216	262	22.6	5.48	129.4	283	7.58	1.64	0.30	111	1.49	0.27
	1935	9.27 ~ 10.7	264	296.5	23.1	8.35	127.2	277.5	16.9	3.27	0.39	167	3.66	0.44

都说明了人们在同水库淤积作斗争中努力寻求适合具体情况的解决办法，这些经验应当很好地加以总结。

致谢：王崇浩博士帮助许多图文编辑事，谨表感谢。

参考文献

[1] 曹如轩，等. 高含沙异重流输沙特性. 人民黄河, 1984(6)

[2] 曹如轩，钱善琪. 含粗沙高含沙异重流运动特性. 泥沙研究，1995(2)

[3] 范家骅，等. 异重流运动的实验研究. 水利学报, 1959 (5)

[4] 范家骅，沈受百，吴德一. 水库异重流近似计算法. 见：水利水电科学研究院科学研究论文集(第 2 集). 1962

[5] Fan Jiahua、Density currents in reservoirs. Workshop on Management of Reservoir Sedimentation, 27 ~ 30 June, 1991, New Delhi, Enginnering State College of India

[6] Fan Jiahua. Guidelines for preserving reservoir storage capacity by sediment management. US Federal Energy Reguratory Commision, 1996

[7] 范家骅. 浑水异重流槽宽突变时的局部掺混. 水利学报, 2005，36(1)

[8] 范家骅. 伴有局部掺混的异重流水跃. 水利学报, 2005，36(2)

[9] Farrell, G. J., Stefan, H. G. Plunging flows into reservoirs and coastal regions. Proj. Rep. No. 241

[10] St Anthony Falls Hydr. Lab., Univ. of Minnesota, Minneapolis, Minn. 1986

[11] Grover, N. C., Howard, C. S. The passage of turbid water through Lake Mead. Trans. ASCE, 1938. Vol. 103, p. 720 ~ 790

[12] Ippen, A. T. , Harleman, D.R.F. Steady-state characteristics of subsurface flow. Proc. NBS Semicentennial Symposium on Gravity Waves, 1951, 79 ~ 93

[13] Michon,X. et al., Etude theorique et experimentale des courants de densite. Laboratoire National d'Hydraulique, Chatou, France.1955

[14] Nizery, A. et al., La station du Sautet pour l'etude de l'alluvionnement des reservoirs

[15] Transport Hydraulique et Decantation des Materiaux Solides, Comte Rendu des Deuxiemes Journees de l'Hydraulique, Grenoble, 1952, 180 ~ 218

[16] Raud, J.. Les soutirages de vase au barrages d'Iril Emda (Algerie). Trans. 6th ICOLD, New York, Com. 31. 1958b

[17] Savage, S. B., Brimberg, J. Analysis of plunging phenomena in water resources, J. of Hydraulic Research, ISHR, Vol. 13, No. 2, 1975, p. 187 ~ 204

[18] 水科院河渠所，官厅水文实验站. 官厅水库异重流的分析. 水利科学技术交流第二次会议(大型水工建筑物)，北京.1958

[19] Singh, B., Shan, C. R. 1971. Plunging phenomenon of density currents in reservoirs, La Houille Blanche, Vol. 26, No. 1, p. 59 ~ 64

[20] Tolouie, E. Reservoir sedimentation and de-siltation. Ph. D. thesis, Univ. of Birmingham, Birmingham, U. K, 1989

黄河小浪底水库异重流研究与塑造*

张俊华　李书霞　陈书奎　马怀宝　王艳平

(黄河水利科学研究院　郑州　450003)

摘要　小浪底水库自 1954 年工程规划至今，历经半个多世纪。伴随着工程规划设计的不同阶段，均不可避免地涉及水库异重流问题。水库施工阶段开展的小浪底水库实体模型及数学模型研究，针对小浪底水库异重流进行更为全面系统的研究。小浪底水库投入运用以来，历次调水调沙不仅将长期的研究成果付诸实施，而且使得对异重流运行规律的研究在认识–实践–再认识的过程中不断深化。进一步加强基本规律研究、物理模型试验及原型资料观测是深化异重流研究的重点。

关键词　小浪底水库　异重流塑造　调水调沙

1　工程规划及设计阶段

黄委设计院在进行小浪底水库淤积过程计算时所涉及到的水库异重流问题，主要是依据三门峡等已建水库的实测资料所建立的经验关系及范家骅提出的异重流排沙计算方法❶❷。

范家骅异重流排沙计算的基本思路是：根据水库蓄水位及地形特点将库区划分为若干库段，分析确定不同库段及不同高程相应的阻力系数λ_m、平均河宽 B、底坡 J_0等；按均匀流流速公式$v=\left(\frac{8}{\lambda_m}\frac{\Delta\gamma}{\gamma_m}g\frac{Q}{B}J_0\right)^{1/3}$计算第二断面流速，利用建立的流速 v 与 d_{90}的关系曲线，推算出第二断面的平均含沙量，依此类推，可得到异重流运行至坝前的平均含沙量。

黄委设计院通过对已建三门峡等水库排沙资料的分析认为，水库在蓄水状态，异重流与壅水明流排沙比η可用统一的表达式描述，即

$$\eta = a\lg\left(\frac{\gamma_m}{\gamma_s-\gamma}\frac{Q_c}{V_w}\frac{1}{\omega_s}\right)+b \tag{1}$$

* 本文得到国家自然科学基金委员会，水利部黄河水利委员会黄河联合研究基金项目的资助(项目批准号：50339020)。

❶ 范家骅，等. 异重流的研究和应用. 水利水电科学研究院，1958

❷ 涂启华，等. 小浪底水库工程库区泥沙冲淤及有效库容的分析计算. 黄河水利委员会勘测规划设计院，1983

式中：γ_m为浑水容重，t/m³；Q_c为出库流量，m³/s；V_w为水库蓄水容积，m³；ω_s为悬移质泥沙群体沉速；a、b根据水沙及边界条件而取不同的值。因此，作为简化方法，也可利用式(1)进行水库异重流排沙计算。

2 “八五”攻关期间

作为“八五”国家重点科技攻关项目“黄河治理与水资源开发利用”的专题之一——黄河泥沙冲淤数学模型的应用[1]，在模型研发的过程中，不可避免地涉及水库异重流计算问题。相关模型包括黄科院曲少军模型、中国水科院孙卫东模型、清华大学王兴奎模型。

黄科院曲少军模型判断异重流潜入条件时，在库底坡降较陡时，采用关系式$\frac{\gamma}{\gamma-\gamma_0}.\frac{U_0^2}{gh_0}=0.6$(式中，$U_0$、$h_0$分别为异重流潜入断面平均流速和水深；$\gamma$、$\gamma_0$分别为异重流与清水的容重)；若底坡缓时，采用韩其为等人的研究成果h=max[h_0，h_n](h_n为异重流均匀流水深)。

采用异重流均匀流运动水深公式试算得到异重流水深、面积及流速。异重流挟沙力、含沙量及冲淤量等计算与明流同，其水力因素采用异重流相应值。

中国水科院孙卫东模型对异重流的潜入条件采用$h>$max[h_0，h_n]表示，其中h_0及h_n分别采用范家骅及异重流均匀运动的水深公式计算。异重流挟沙能力、含沙量、悬移质级配等计算与明流完全相同，其水力因素采用异重流相应值；对于支流异重流倒灌问题，采用李义天在范家骅工作基础上得出的异重流流速及含沙量沿程变化表达式计算。

清华大学王兴奎模型对异重流的运动规律进行了系统的试验研究，得出了异重流时均流速分布、含沙浓度分布、水流挟沙力等公式，采用黄河三门峡水库的实测资料对所建的公式进行回归计算，得出：

垂线时均流速分布
$$\frac{u}{U_m}=1-0.5\times\left(1-\frac{y}{h_m}\right)^2 \tag{2}$$

其中
$$h_m=\left(1.5+0.000\,1\frac{L_x}{h_0}\right)h_0 \tag{3}$$

含沙浓度分布
$$\frac{S}{S_0}=4\mathrm{e}^{\gamma/(\gamma^2-1)} \tag{4}$$

式中：U_m为垂线最大时均流速；h_m为其相应高度；L_x为距潜入点距离；S_0为潜入断面平均浓度。

在水文水动力学泥沙数学模型中考虑了干支流倒灌淤积。在计算中，按近似水平计算倒灌淤积体修正地形。

3 工程施工期

黄科院在小浪底水库施工期分别采用实体模型与数学模型同时开展了小浪底水库异重流研究，两者达到了互为补充与验证的作用。中国水科院、清华大学、西安理工大学、黄委设计院等单位利用数学模型对小浪底水库异重流进行了研究。

3.1 水库实体模型研究

小浪底水库拦沙初期，库区大多为异重流排沙。为保证水库模型排沙与原型相似，黄科院专门进行了异重流相似条件研究。文献[2，3]通过推导得到非恒定异重流运动方程式及非恒定二维非均匀条件下的扩散方程：

$$J_0-\frac{\partial h_e}{\partial x}-\frac{f_e}{8}\frac{V_e^2}{\frac{k_e\gamma_m-\gamma}{k_e\gamma_m}gh_e}-\frac{f_c}{4b}\frac{V_e^2}{\frac{k_e\gamma_m-\gamma}{k_e\gamma_m}g}-\frac{\tau'}{h_e\left(k_e\gamma_m-\gamma\right)}=\frac{1}{\frac{k_e\gamma_m-\gamma}{k_e\gamma_m}g}\left(\frac{\partial V_e}{\partial t}+V_e\frac{\partial V_e}{\partial x}\right) \tag{5}$$

$$\frac{\partial(S_e h_e)}{\partial t}+\frac{\partial(V_e S_e h_e)}{\partial x}=a_*\omega(S_{*e}-f_1 S_e) \tag{6}$$

运用相似转化原理得出的异重流发生相似条件，及异重流挟沙相似与连续相似条件分别为

$$\lambda_{se}=\left[\frac{\gamma\left(\lambda_{k_e-1}\right)}{\frac{\gamma_{sm}-\gamma_{sp}}{\gamma_{sm}}}+\gamma_{ke}\frac{\lambda_{\gamma_s-\gamma}}{\lambda_{\gamma_s}}\right]^{-1} \tag{7}$$

$$\lambda_{S_e}=\lambda_{S_{*e}} \tag{8}$$

$$\lambda_{t_e}=\lambda_L/\lambda_V \tag{9}$$

式中：k_e为浑水容重分布修正系数，$k_e=\left[\int_0^{h_e}\left(\int_z^{h_e}\gamma_m\,\mathrm{d}z\right)\mathrm{d}z\right]\Big/\left(\gamma_m h_e^2/2\right)$，若 λ_{k_e}=1 则式(7)可转化为异重流发生相似条件的特殊形式 $\lambda_s=\lambda_{\gamma_s}/\lambda_{\gamma_s-\gamma}$；$\lambda_{\gamma_s}$ 为泥沙容重比尺；角标 p、m 分别表示原型及模型。

小浪底库区模型经过两个5年系列试验，重点研究了水库运用初期库区水沙输移及排沙特性[4]，得出了以下结论及认识：

(1)水库拦沙初期大多为异重流排沙。异重流潜入位置主要与该处水深、入库流量、含沙量等因素有关，一般情况下可用 $\frac{V_0}{\sqrt{\eta_g g h_0}}=0.78$ (V_0、h_0 分别为异重流潜入处流速及水深)来描述。

(2)异重流出库含沙量过程与入库流量、入库含沙量及异重流潜入点的位置等因素有关。若入库流量大且持续时间长、水流含沙量大且颗粒较细，并且异重流运行距离较短，则出库含沙量高，反之亦然。经过对异重流排沙资料回归分析，得出异重流排沙的经验关系[5]：

$$\eta = 4.45\exp\left(0.06Q_s^{0.3}Q_{出}^{0.4}J^{1.7}H^{-1.8}\right) \tag{10}$$

式中：η为异重流的排沙比，%；Q_s为入库输沙率，t/s；$Q_{出}$为出库流量，m^3/s；J为库底平均纵比降(‱)；H为坝前水深，m。

(3)库区支流主要为异重流淤积。若支流位于干流异重流潜入点下游，则干流异重流会沿河底倒灌支流；若支流位于干流三角洲顶坡段，则在支流口门形成拦门沙，当干流水位抬升时，浑水会漫过拦门沙坎倒灌支流，而后在支流内潜入形成异重流。基于动床泥沙模型试验表现出的物理图形，分别给出了明流及异重流倒灌情况下干支流分流比，其中异重流分流比$\alpha = K\dfrac{b_{e2}h_{e2}^{3/2}J_2^{1/2}}{b_{e1}h_{e1}^{3/2}J_1^{1/2}}$（$b_e$、$h_e$、$J$分别为异重流宽度、水深及比降；角标 1、2 分别代表干流及支流；K为考虑干支流的夹角θ及干流主流方位而引入的修正系数）[❶]。

3.2 水库数学模型研究[❷]

3.2.1 潜入条件

中国水科院、黄科院和黄委设计院模型均采用 $h=\max(h_0, h_n)$判断。其中黄科院模型-2考虑浑水容重沿水深分布不均匀而引入修正系数 k_e。清华大学模型和西安理工大学模型均以弗劳德数 $Fr=0.78$ 确定异重流潜入位置，只是清华大学模型加入了来流含沙量大于 0.5 kg/m^3 这个经验判断。

3.2.2 水力要素

中国水科院模型和黄委设计院模型以非均匀异重流运动方程来计算浑水水面；其余各家模型以均匀流水深为异重流水深，其中黄科院模型-2 由其修正异重流均匀运动水深方程试算确定其水力要素。

3.2.3 支流倒灌

中国水科院模型潜入断面水深 $h_1'' = k_1 h_0''$，干流为异重流 $k_1=1$，干流为浑水明流 $k_1=0.818$；h_0''为口门断面平均水深。并给出淤积倒灌长度 L、输沙率沿程变化$Q''S''$、淤积量沿程变化等计算式。

清华大学模型干流倒灌进入支流沟口的异重流流速 $V = 0.4\sqrt{\Delta\gamma gH/\gamma_0}$，流量 $Q = VBH$，沙量$W_s = QST$，H为沟口中水深。

西安理工大学模型潜入断面水深 $h_1'' = k_1 h_0''$，干流为异重流 $k_1=1$；干流为浑水明流 $k_1 = 0.602$，以及异重流淤积倒灌长度 L、含沙量 S'' 沿程变化的计算式。

黄科院模型-1，不直接进行支流水沙计算，只按由实测资料推求的平均倒坡比降进行铺沙，支流沟口高程与库区干流滩面相平，支流铺沙量在干流来水来沙中扣除。

黄科院模型-2 采用基于对小浪底水库实体模型试验成果。

黄委设计院模型采用谢鉴衡分组沙垂线含沙量分布公式计算进入支沟的含沙量及

❶ 张俊华，陈书奎，王艳平，等. 小浪底水库库区模型试验研究报告. 2000

❷ 郜国明，曾芹，张厚军，等. 黄委会勘测规划设计研究院. 1999

组成，干流异重流倒灌淤积支流计算方法与中国水科院模型同。

4 小浪底水库运用期

黄河水利委员会在小浪底水库运行特别是进行的历次调水调沙过程中，将长期研究成果付诸于治河实践，将调水调沙治黄思想由理论转化为生产力，是以往研究工作的继承、延伸与深化❶。

4.1 异重流应用基础研究

黄科院通过对实测资料整理、二次加工与分析，以及水槽试验与实体模型相关试验成果，结合对已有的计算公式的验证等，提出了可定量描述小浪底水库来水来沙条件及现状边界条件下，异重流排沙的临界指标及其阻力、传播时间、干支流倒灌、不同水沙组合条件下异重流运行速度与排沙效果的表达式。

4.1.1 综合阻力

异重流平均阻力系数值λ_m采用范家骅的阻力公式计算小浪底水库不同测次异重流沿程综合阻力系数λ_m，平均值一般为 0.022 ~ 0.029[6]。

4.1.2 异重流传播时间

异重流传播时间 T_2 的大小主要受来水洪峰、含沙量、水库回水长度、库底比降等多种因素的影响，异重流前锋的运动是属于不稳定流运动，但作为近似考虑可按韩其为公式计算[7]

$$T_2 = C\frac{L}{(qS_iJ)^{\frac{1}{3}}} \tag{11}$$

式中：L 为异重流潜入点距坝里程；q 为单宽流量；S_i 为潜入断面含沙量；J 为库底比降(‰)；C 为系数，采用小浪底水库异重流观测资料率定。

4.1.3 异重流排沙计算

采用韩其为含沙量及级配沿程变化计算模式，并利用小浪底及三门峡等水库异重流资料对饱和系数α进行了率定

$$S_j = S_i\sum_{l=1}^{n} P_{l,i}\,\mathrm{e}^{(-\frac{\alpha\omega L}{q})} \tag{12}$$

$$P_l = P_{l,i}\left(1-\lambda\right)^{\left[\left(\frac{\omega_l}{\omega_m}\right)^{v}-1\right]} \tag{13}$$

式中：$P_{l,i}$为潜入断面级配百分数；l 为粒径组号；ω_l 为第 l 组粒径沉速；P_l 为出口断面级配百分数；ω_m 为有效沉速；λ 为淤积百分数；v 取 0.5。

4.1.4 异重流持续运动至坝前的临界水沙条件

水库产生异重流并能达到坝前，除需具备一定的洪水历时之外，还需满足一定的流量及含沙量，即形成异重流的水沙过程所提供给异重流的能量，足以克服异重流的能量

❶ 李国英，廖义伟，张金良，等. 黄河调水调沙. 2004

损失。

异重流的流速及挟沙力与其含沙量成正比，形成异重流的流速与含沙量具有互补性。基于小浪底水库发生异重流时入库水沙资料，得到异重流持续运动至坝前的临界条件为：小浪底水库入库洪水过程在满足一定历时且悬移质泥沙中 $d<0.025$ mm 的沙重百分数约为 50%的前提下，若 500 $m^3/s \leqslant Q_i < 2\ 000$ m^3/s，且满足 $S_i \geqslant 280-0.12Q_i$ 或 $Q_i > 2\ 000$ m^3/s，且满足 $S_i > 40$ kg/m^3。此外，若是处于洪水落峰期，此时异重流行进过程中需要克服的阻力要小于其前锋所克服的阻力，或在水库进口与水库回水末端之间的库段产生冲刷，使异重流潜入点断面含沙量增大或入库细泥沙的沙重百分数基本在 75%以上时，异重流亦有可能运行至坝前。

入库流量 Q_i、水流含沙量 S_i、悬移质泥沙中 $d \leqslant 0.025$ mm 的沙重百分数 d_i 三者之间的函数关系基本可用式 $S_i = 980\,e^{-0.025d_i} - 0.12Q_i$ 描述[8]。

影响异重流输移条件不仅与水沙条件有关，而且与边界条件关系密切，若边界条件发生较大变化，上述临界水沙条件亦会发生相应变化。

4.2 异重流的塑造

所谓塑造异重流，是在汛前调水调沙过程中，黄河中游未发生洪水的情况下，通过万家寨、三门峡与小浪底水库联合调度，充分利用万家寨、三门峡水库汛限水位以上水量泄放的能量，冲刷三门峡水库非汛期淤积的泥沙与堆积在小浪底库区上段的泥沙，在小浪底水库回水区形成异重流并排沙出库。汛前塑造异重流总体上可减少水库淤积，特别是在经常发生峰低且量小而含沙量高的洪水年份，对保持水库库容尤为重要。

塑造异重流，并使之持续运行到坝前，必须使形成异重流的水沙过程提供给异重流的能量足以克服异重流沿程和局部的能量损失。因此，成功塑造异重流的关键，首先是确定在当时的边界条件下(包括小浪底水库地形条件及蓄水状态)，满足异重流持续运行的临界水沙条件；其二是各水库如何联合调度，使得形成异重流(水库回水末端)的水沙条件满足并超越其临界条件。即水库调度要把握时机(开始塑造异重流的时间，提供一个有利的边界条件)、空间(相距约 1 000 km 的万家寨、三门峡与小浪底水库水沙过程准确对接)、量级(三门峡与万家寨下泄流量与历时的优化组合)三个主要因素。

黄委在 2004 年至 2006 年汛前的调水调沙过程中，均成功地塑造出异重流并实现排沙出库。虽然 3 次塑造异重流均为“基于干流水库群联合调度模式”，但由于其来水来沙条件、河床边界条件及调度目标不同，在进行异重流排沙设计时的关键技术亦不同。

(1)2004 年异重流塑造。2004 年汛前在小浪底库区淤积三角洲堆积大量泥沙。从满足调整小浪底三角洲淤积形态及异重流排沙出库的角度考虑，异重流设计的关键技术之一是论证三门峡水库下泄流量历时及量级，并准确预测三门峡下泄水流，历经小浪底库区上段沿程与溯源冲刷，抵达水库回水区的水沙组合可否满足异重流持续运行条件；之二是万家寨与三门峡水库水库泄流的衔接时机。

(2)2005 年异重流塑造。2005 年汛前小浪底库区三角洲洲面位于调水调沙结束时库水位 225 m 高程以下，调水调沙过程中均处于壅水状态。随着入库流量与含沙量、水库蓄水位、库区地形等条件不断变化，准确判断三角洲洲面各部位不同时期的流态(壅水明流或异重流)是重要且复杂的问题之一；之二是准确判断异重流潜入位置。在三角洲洲面比降较缓的条件下，异重流潜入条件应同时满足潜入点水深及异重流均匀流运动水深。

(3)2006 年异重流塑造。2006 年与往年不同的是作为提供塑造异重流后续动力的万家寨水库可调水量较少，因此准确判断满足异重流持续运行的临界条件(流量、含沙量、级配、历时之间的组合)，以及万家寨与三门峡水库下泄水流及其随之产生的沙量过程衔接尤为重要。

5 小浪底水库异重流研究与利用展望

小浪底水库实际观测资料、实体模型试验及数学模型计算结果均表明，水库运用初期，汛期大多时段为异重流排沙。即使在水库运用后期，若水库调水调沙运用处于蓄水状态下，仍会发生异重流排沙，因此异重流排沙将是小浪底水库今后运行中一种常见且重要的排沙方式。而且，随着库区淤积三角洲不断向坝前推进，异重流排沙效果会不断提高。总结小浪底水库异重流研究现状、分析存在问题，将有利于进一步深入研究并合理利用，同时也为黄河中游拟建水库积累经验。

(1)加强基本规律研究。虽然黄科院进行的一系列应用基础研究为黄河调水调沙成功塑造异重流奠定了基础，但仍缺乏机理层面的研究。在实测资料分析的基础上，配合水槽试验与实体模型试验，在基础理论与基本规律的研究方面取得较大的进展，不仅对黄河水库调度具有现实意义，而且对泥沙学科的发展亦具有重大意义。

(2)加强模型试验研究。小浪底库区平面形态复杂，局部库段宽窄相间，十余条较大支流入汇，其交汇处往往发生异重流倒灌，不同高程泄水孔洞的调度直接影响出库水沙组合。对这些具有强三维特性的问题，小浪底水库实体模型可发挥重要作用。试验过程中获取的资料可弥补原型观测资料的不足，也为数学模型提供物理图形及参数，对进一步深入研究具有重要意义。

(3)加强原型资料观测。小浪底水库历次异重流观测资料，为研究异重流运行奠定了基础，具有不可替代的作用。但受观测条件的限制，观测不太全面而且不同步。例如，虽然观测了小浪底水库入库水沙资料，但水沙过程经过库区上段之后，含沙量与级配均发生大幅度调整，因而在异重流潜入段的水沙条件却不完整。还有如异重流支流倒灌、异重流局部损失、异重流潜入位置等问题的深入研究，同样受到观测资料的限制。加强原型资料观测是小浪底水库异重流研究的保障。

(4)合理调节异重流排沙过程。随着库区淤积三角洲不断向坝前推进，异重流排沙比及出库悬沙粒径有逐渐增大的趋势。小浪底水库拦沙初期模型试验结果表明，在设计的水沙条件下，当淤积三角洲推进至距坝 10 km 以下时，异重流平均排沙比可达 50%左右[4]。届时，同时兼顾满足减少库区淤积及黄河下游输沙要求，合理调节异重流出库过程尤为重要。

参考文献

[1] 钱意颖，曲少军，等. 黄河泥沙冲淤数学模型. 郑州：黄河水利出版社，1998

[2] 张俊华，张红武，李远发，等. 水库泥沙模型异重流运动相似条件的研究. 应用基础与工程科学学报，1997(3)

[3] 张俊华，张红武，江春坡，等. 黄河水库泥沙模型相似律的初步研究. 水利发电学报，2001(3)
[4] 张俊华，王国栋，陈书奎，等. 小浪底水库模型试验研究. 1999
[5] 李书霞. 多沙河流水库异重流运动规律研究：[硕士论文]. 北京：北京航空航天大学，2002
[6] 王艳平. 水库紊流浑水异重流交界面阻力研究：[硕士论文]. 北京：北京航空航天大学，2002
[7] 韩其为. 水库淤积. 北京：科学出版社，2003
[8] 张书霞，张俊华，陈书奎，等. 小浪底水库塑造异重流关键技术及调度方案. 水利学报，2006(5)

冯家山水库异重流调度应用

魏靖明

(陕西省宝鸡市冯家山水库管理局　宝鸡　721300)

摘要　介绍冯家山水库流域概况及泥沙状况，对水库泥沙来源、水沙特性、含沙量变化、库内淤积形态加以分析，利用异重流进行水库泥沙调度，采取泥沙跟踪自动测报系统进行异重流监测，适时排沙，提高水库减淤效果。

关键词　水库调度　异重流　调度应用

1　千河概况

1.1　千河干流

千河属渭河一级支流，黄河二级支流，总流域面积为 3 494 km^2。干流全长 152.6 km，其中甘肃省张家川境内 23 km，陕西省陇县境内 68.6 km，千阳县境内 36 km，冯家山水库至渭河口 25 km。河道比降 0.58‰。自西北向东南流经甘肃省的张家川县，陕西省宝鸡市的陇县、千阳、凤翔、陈仓等县(区)，在陈仓区的底店汇入渭河。

千河上游流域面积 206 km^2 为甘肃省所辖，仅占总流域面积的 5.9%。宝鸡市境内流域面积 3 289 km^2，占总流域面积的 94.1%。千河干流上段家峡水库总库容 1 832 万 m^3，控制流域面积 634 km^2。冯家山水库总库容 4.13 亿 m^3，控制流域面积 3 232 km^2。王家崖水库总库容 9 000 万 m^3，水库以上流域面积 3 288 km^2。冯家山水库是千河上最大的一座水库，千阳桥(水库入水口)以上流域面积 2 935 km^2，占 3 232 km^2 的 91%。库区流域面积为 297 km^2，占 3 232 km^2 的 9%。流域海拔在 553 ~ 2 428 m 之间。

千河上游为土石中低山区，中游为低丘陵沟壑区和黄土台塬区，下游(水库入水口以下)为渭河四级阶地构成的黄土台塬区。千河两岸一二级阶地大部分基岩出露，岩性主要为板岩，河滩表层为黄土，其下为砂卵石层。千河流域土壤主要类型有黄土、绵土、红黏土和紫黏土。其土层深厚，地形起伏，沟壑较多，植被差，水土流失严重，重点在千河左岸支流。

1.2　千河支流

千河自陇县固关乡唐家河进入陕西至陈仓区底店村入渭口，共接纳支流 63 条。流域面积在 50 km^2 以上的一级支流 13 条，其中流域面积在 100 km^2 以上的有罐沟、咸宜河、梨林河、北河、大杜阳河、草碧河、冯坊河等 7 条支流。其特点是右岸支流多发源于土石山区，植被较好，大多为清水河流，含沙量小，河床比降大，水流湍急，推移质大；左岸支流源于丘陵沟壑区，土壤侵蚀严重，泥沙含量大，每年有大量泥沙流入下游，进入冯家山水库，对减少水库寿命造成严重威胁。

2 水库概况

2.1 水库工程概况

冯家山水库是一座以灌溉、城市、工业供水为主，兼作防洪、发电、旅游、养殖综合利用的大(二)型水利工程。水库于1970年动工兴建，1974年3月下闸蓄水，当年灌溉受益，1980年1月竣工，可灌溉农田9.067万hm^2。枢纽工程由大坝、输水洞、泄洪洞、溢洪洞、非常溢洪道和坝后电站组成，拦河大坝为均质土坝，坝高75 m，坝顶高程716 m；设计正常蓄水位712 m(现行710 m)，总库容4.13亿m^3，有效库容2.86亿m^3，死库容0.91亿m^3，5 000年一遇校核洪水位714.83 m，死水位688.5 m，最低工作水位692.5 m，主汛期限制水位707 m；右岸泄洪排沙底洞进口底板高程652.5 m，高于原河床8.5 m；泄洪洞全长445.82 m，其中洞身长406.32 m，洞径5.6 m，最大泄流量575 m^3/s，最大流速23.4 m/s，泄洪洞主要用于泄洪排沙。

2.2 水库水沙特性

千河水文站距冯家山坝址 17.5 km，是冯家山水库的入库站，该站作为千河的一个基本站，从1964年1月就开始了水位、流量、含沙量的观测分析工作，至今有水位、流量、含沙量等观测资料，成果质量较好。经该站多年实测，含沙量较为稳定，输沙量与径流量相关关系较好，且大多具有“大水大沙、小水小沙”的特点。水库建成后，对出库泥沙的观测，多年来一直采用在泄洪洞排沙期间人工采集出库水样进行泥沙含量分析，按时段和含沙量计算出库泥沙。

3 水库泥沙淤积状况

3.1 水库泥沙来源

千河中游为黄土丘陵沟壑区和黄土台塬区，径流量几乎全部集中在这一区域。流域产沙模数较高，沙峰与洪峰也基本相应，但沙量比水量更为集中，泥沙季节性特别显著。主汛期7~9月输沙量占全年输沙量的85.9%，而同期水量占全年来水量的46.7%。有些年份甚至在一次洪水过程之内输沙量占全年输沙量的70%以上。产沙和输沙在短时段内高度集中是千河流域输沙量年内分配的一个重要特征。

据千阳水文站实测资料分析，这一区域土壤最大侵蚀模数为5 963 t/(km^2·a)，输沙模数为1 560 t/(km^2·a)，平均含沙量9.59 kg/m^3，年输沙量400多万t。泥沙量主要来自千河北岸的北河、大杜阳沟、草碧河等支流，且集中在7~9月3个月内，占全年沙量的83%。这些河流流域植被差，土壤侵蚀严重，泥沙含量大，造成每年有大量的泥沙流入水库，这是冯家山水库泥沙的主要来源。

据实测，水库从1974年下闸蓄水运用到2005年32年间，多年平均径流量3.43亿m^3，年最大入库径流量9.1亿m^3(1975年)，最小入库径流量0.65亿m^3(1997)，最大入库流量1 180 m^3/s(1981年8月21日)。入库悬移质总沙量10 125.4万t，年平均入库沙量316.4万t，年最大入库悬移质沙975万t(1988年)，年最小入库悬移质沙34.4万t(1998年)。

3.2 水库泥沙淤积现状

冯家山水库自 1974 年蓄水以后即开始进行泥沙观测，先后在库区布设淤积观测断面 24 个，每年汛前在库区采用断面法施测水库上年的淤积量，并在各库区段沿程取河床质沙样进行颗粒组成分析。据实测，到 2006 年 4 月，水库总淤积(716 m 以下)9 065 万 m^3，其中有效库容淤积(688.5 ~ 712 m 之间)4 950 万 m^3，死库容淤积(688.5 m 以下)4 084 万 m^3，有效库容淤积量占总淤积量的 54.6%，总库容已损失 21.9%，其中有效库容损失 17.3%，死库容损失 44.9%，年平均总淤积量 275 万 m^3，年平均有效库容淤积量为 150 万 m^3。分别比设计年淤积量少 107.3 万 m^3 和 98 万 m^3(设计年总淤积量 382.3 万 m^3，有效库容淤积量 248 万 m^3)。

3.3 水库泥沙淤积特征

3.3.1 泥沙特征

冯家山水库泥沙特征是入库泥沙以悬移质为主，推移质较少，悬移质泥沙颗粒细(d_{50}=0.018 mm)，泥沙主要来自流域内表土的冲刷，河道水量主要是降雨来补充，洪水系暴雨形成。洪水暴涨暴落，历时较短，多以单峰出现，且洪峰、沙峰基本相似。年内来沙量高度集中，来水量又相对分散。

从实测库区河床质颗粒资料分析，库区淤积泥沙粒径的沿程分布是由上游向下游逐渐递减，粗颗粒泥沙比细颗粒泥沙沉降速度快，一般淤积在库内上游，而细颗粒泥沙则沿程逐渐沉降，最终淤积在坝前死库容范围内。据实测，库内上游的 d_{90} 泥沙粒径可达 3.0 mm(23 断面)，而在坝前的 d_{90} 泥沙粒径则下降到 0.06 ~ 0.02 mm，甚至更细(1 断面)。

3.3.2 纵向淤积分布

通过多年的库区淤积量分析，冯家山水库是典型的三角洲淤积形态，按其纵向淤积的轮廓线可划分为 5 个特征段：①三角洲的尾部段，主要是较粗的推移质落淤，并使尾部段的淤积向上游延伸，尾部段淤积量较少，河床比降变缓，淤积发展不很严重；②三角洲顶坡段，顶坡变缓，前坡较陡，淤积发展趋势是向上游延伸，且高度增加，三角洲顶点随水库运用水位抬高后上移至 12 断面附近已稳定不变，由于推移质沙量不多，水库末端“翘尾巴”现象不甚明显；③三角洲前坡段，水深陡增，流速骤减，水流挟沙能力急剧下降，有大量泥沙落淤；④异重流过渡段较短，淤积数量不多，淤积面与河床基本平行，长度尚稳定；⑤坝前淤积锥体段，该段淤积面近乎水平，且大部分为死库容淤积。

3.3.3 横向淤积分布

冯家山水库淤积横断面，在不同区段泥沙横断面上的淤积分布有着明显差异，有的是中间低，两边略高，呈倒抛物线形，有的区段横断面上滩槽同时淤积，有的是先淤槽、后淤滩，呈现横断面淤积形态特征，这充分说明冯家山水库异重流运用能量相当大，为水库异重流排沙减淤提供了良好条件。水库淤积形态特征见表 1。

3.4 水库泥沙淤积规律

冯家山水库淤积发展主要受水库坝前库水位、河势、入库洪水流量的影响。库水位的高低直接决定了入库泥沙的纵向淤积分布；河势则通过对主流的影响而间接决定了泥沙横向淤积部位；入库洪水流量大小决定了异重流能量，它将影响异重流的推进距离。水库不同的运行库水位对淤积分布有着直接影响。低水位运行时，虽以上游库区淤积为主，但有大量细颗粒泥沙潜至下游库区，使水库淤积较为均衡。由于近几年来水库高水位运用，异重流运程有限，下游淤积明显减缓。入库泥沙则主要淤积于上游的 15 ~ 20

表 1　水库淤积形态特征(2006 年 4 月)

项　　目	尾坡段	三角洲段		过渡段	坝前淤积锥体段
		顶坡段	前坡段		
起讫断面	23 ~ 21	21 ~ 12	12 ~ 9	9 ~ 5	5 ~ 1
淤积量(万 m^3)	153	4 376	748	729	3 114
各段占总淤积量(%)	1.86	46.74	10.75	8.52	32.18
段长(m)	1 360	5 830	1 655	2 105	6 810
段长占总长(%)	7.66	32.8	9.32	11.9	38.3
比降(‰)	1.58	2.4	8.2	2.2	1.9
原河床比降(%)	4.19	3.71	4.88	21.21	3.46

注：淤积库段总长 17 760 m。

断面和靠近大坝的 3 ~ 6 断面。而在汛期利用异重流排沙使 4 ~ 12 断面之间的淤积量减少了 220 万 m^3。

从建库初期到运行 32 年的淤积形态变化和库容损失资料分析，水库淤积规律有以下几个方面特点：

(1)随着水库运用水位的抬高，三角洲逐年上移，洲面淤积逐年增加，有效库容的损失明显增长。

(2)由于入库泥沙构成主要以悬移质为主，推移质相对较少，仅仅使三角洲尾部的淤积上延，河床比降变缓，而淤积量不大。

(3)过渡段较短，且淤积已经达到平衡，相对稳定。

(4)主河槽成为异重流在库内运行的主要区域，且主河槽比降较大，有利于异重流到达坝前，对适时开闸排沙有利。

4　水库调度

4.1　汛期调度

冯家山水库在汛期 6 ~ 10 月按分段汛限水位控制运用。汛期各月汛限水位如下：6 月份 708.50 ~ 707 m，7 ~ 9 月份 707 m，10 月份 707.00 ~ 710 m。水库调度主要执行以下 3 种方案：

(1)根据分段汛限水位和超汛限水位泄洪进行排沙调度。

(2)当水库来洪水产生异重流，不论是否超汛限水位，都执行以排沙为主的调度方案。

(3)结合汛期超汛限水位泄水进行一级和二级电站发电。

4.2　非汛期调度

冯家山水库在非汛期(每年 11 月 ~ 次年 5 月)执行以下 3 种调度方案：

(1)结合农作物生长需要开展冬、春、夏三季灌溉。

(2)常年保证宝鸡城市生活用水和宝鸡二电厂供水。

(3)水库有多余弃水时，向外灌区供水。

5　水库异重流调度

5.1　异重流调度条件

冯家山水库异重流调度应用主要考虑了以下因素：

(1)主汛期 7 ~ 9 月份来沙量占到全年来沙量的 85.9%，且入库泥沙颗粒较细，使泥沙在水中下沉的速度很慢，给异重流排沙减淤创造了条件。

(2)坝前库水位的高低对水库泥沙淤积分布有很大的影响。高水位时，异重流在库内运行时间长，容易在沿程落淤；低水位时，异重流在库内运行时间短，能很快推进到坝前，有利于适时开闸排沙。

(3)大坝右岸的泄洪洞为排沙底洞，进口高程 652 m，且最大流量达 575 m^3/s，能够较好地控制排沙流量。

这些因素和条件，对高含沙洪峰期利用异重流排沙比较有利，使异重流排沙减淤成为冯家山水库调度运用的重要技术和主要调度手段。

5.2　异重流调度情况

冯家山水库自 1974 年汛期开始，到 2006 年汛期末，共计观测异重流排沙 38 次。观测资料表明，凡是入库洪水大于 50 m^3/s、含沙量超过 30 kg/m^3、断面输沙率大于 2 000 kg/s 时就能形成异重流，若后续能量继续维持，异重流就能推进到坝前，通过适时开启泄洪洞闸门进行泄洪排沙，一般每年 1 ~ 2 次。在 38 次的异重流观测中，入库洪峰流量 34 ~ 1 180 m^3/s，洪峰含沙量 30.3 ~ 604 kg/m^3，出库流量 18.8 ~ 550 m^3/s，出库含沙量 1 ~ 960 kg/m^3，排沙比 1.8% ~ 83.2%，平均 48.7%。自 1976 ~ 2005 年 10 月，汛期总入库沙量 10 125.4 万 t，总排出库泥沙 3 489.6 万 t，平均排沙比为 34.5%，见表 2。从冯家山水库的异重流排沙效果分析，大中型水库如能准确掌握入库水沙预报，适时进行水库调度，排沙效果是显著的。

表 2　冯家山水库典型泄洪排沙分析统计

排沙日期 (年-月-日)	入库最大洪峰流量 (m^3/s)	出库最大泄洪流量 (m^3/s)	排沙比 (%)	水沙比 (m^3/t)	排沙滞后时间 (h)
1976-09-06	331	200	61.9	48.6	6
1977-07-29	121	200	29	296	8
1979-07-22	654	85	68.2	9.5	12
1979-08-26	287	85	65	11.8	8
1981-08-22	1 180	300	43.2	12.1	8
1982-08-12	214	100	45.3	12.4	11.8
1983-09-01	244	100	17.8	33.5	28
1985-08-01	204	66	41.5	11.99	12.8
1988-08-08	502	400	70.97	10.69	8.5
1988-09-05	360	200	67.5	21.97	1
1989-07-16	1 140	550	114.8	12.85	8
1990-07-06	283	50	25.2	13.86	
1994-07-10	130	250	56	138	7
2000-10-11	141	100	19.5	145	9
2003-08-29	370	150	9.3	50	8
2004-09-10	240	100	6.2	3.7	
2005-09-20	910	200	36.5	12.5	7

5.3 利用异重流调度排沙

5.3.1 异重流传播时间的确定

据实测资料发现，流域洪水自千阳水文站进入冯家山库区形成异重流行抵坝前的时间，与入库洪峰输沙率和库区回水长度有关。经相关分析，得到经验公式为

$$T = 2.23\frac{L}{Q_{\mathrm{s}}^{1/3}} - 3 \tag{1}$$

式中：T 为异重流传播时间，h；Q_{s} 为入库洪峰输沙率，t/s；L 为回水长度，km。

式(1)表明，冯家山水库异重流传播时间，随着入库洪峰输沙率的增大和库区回水长度的缩短而减小。这种规律主要是由异重流的基本特性所决定的，也就是异重流在潜入库底后运动过程当中，需要足够的异重差克服其沿程运动阻力，使异重流能够稳定维持并不断地向坝前推进。洪峰输沙增大，意味着异重差增大；回水长度缩短，意味着运动阻力减小，二者同时作用，有利于异重流以较快的速度向坝前运动，推进速度快，异重流的传播时间就短。据资料分析，冯家山水库异重流当流量为 100 $\mathrm{m^3/s}$ 以下的小洪水时，异重流一般 8 ~ 15 h 可以抵达坝前；当流量为 100 ~ 500 $\mathrm{m^3/s}$ 时，异重流一般 5 ~ 8 h 可以抵达坝前；当流量为 500 $\mathrm{m^3/s}$ 以上较大洪水时，异重流行进时间一般为 3 ~ 4 h。

5.3.2 异重流排沙泄量的确定

为了用最少的水量取得较高的排沙效果，排沙泄量的确定是异重流排沙运用的重要问题，冯家山水库通过对 30 多年泄洪排沙资料分析，在泄量的选择上，采用入库流量 1.0 ~ 0.5 倍，即入库流量大时取小值，入库流量小时取大值，进行出库排沙泄量的确定。只要入库洪峰流量(大于 200 $\mathrm{m^3/s}$ 以上)产生异重流行抵坝前，排沙时间滞后 8 ~ 12 h，其排沙比为 45% ~ 75%，水沙比最低(10 ~ 12 $\mathrm{m^3/t}$)。

5.3.3 异重流排沙历时的确定

冯家山水库在建库初期，经过对异重流观测发现，排沙历时主要受入库洪水特性和开闸时间以及出库流量的影响。因此，以实测资料中含沙量大于 5 $\mathrm{kg/m^3}$ 的排沙时段为排沙历时 T_s，点绘同 $Q_s/T_{\mathrm{z}} \cdot q^{1/3}$ 的相关关系，得到经验公式为

$$T_{\mathrm{s}} = 18.14\frac{Q_s}{T_{\mathrm{z}} \cdot q^{1/3}} \times 0.85 \tag{2}$$

式中：T_s 为排沙历时，h；Q_s 为入库洪峰输沙率，t/s；T_{z} 为开闸时间和入库洪峰起涨时间差，h；q 为出库流量，$\mathrm{m^3/s}$。

后来，为了方便运行，采用控制极值含沙量来确定排沙历时。这里所说的极值含沙量是水库在 20 多年泄洪排沙运用中的出库最小含沙量，它是确定泄洪洞闸门在异重流排沙调配中能否关闭的重要参数之一。从观测资料分析，在近 40 场泄洪排沙调配运用中，若把出库排沙含量进一步控制在 5 ~ 10 $\mathrm{kg/m^3}$，排沙比就能达 45%以上，水沙比最低为 8 ~ 12 $\mathrm{m^3/t}$。

5.3.4 异重流排沙时机选择

在多年的运行实践中，冯家山水库采用的是蓄洪排沙的运行方式。若仅从排沙的角度考虑，当然采用及时开闸排沙，不让泥沙在库内滞留的措施，对排沙效率是行之有效的。但是，对于冯家山水库而言，不但要提高排沙效率，而且要寻求低水沙比，以节省

水量，保证农业灌溉及工业、城市供水和发电水头，最大限度地发挥水库的兴利作用，才是最优化的排沙运用原则。经过多年的运用观测可知，达到这样的最优化运用原则的排沙时机是存在的。

根据实践经验，在水库异重流调度运用上采用大流量及时开闸，虽然排沙比较高，但用水量要大于滞洪排沙的 5～30 倍，而且排沙效率显然不高。据分析，其原因是：①冯家山水库泥沙颗粒细，沉速小，虽滞留库内，但不会很快落淤而排不出去。比如，1978 年 7 月 28 日异重流排沙比达到 491%，是由于 7 月 19 日和 21 日有两次 116 万 t 的泥沙入库，因未完全沉降固结，被该次排沙时一同排出水库。②泄洪洞孔深、泄量大，若采用大流量畅泄的方法，势必由于异重流厚度不能淹没孔口，造成大量清水弃泄，增大水沙比。因此，根据实际调度经验，当入库流量小于 300 m^3/s 情况下，排沙的最有利时机应是在异重流运行到坝前并壅高 15 m 左右时(泄洪洞闸孔高度 6.4 m)即滞后 10 h 左右，此时开闸排沙是适宜的。只要在这种条件下，泄量对出库含沙量没有大的影响。所以，只要加大泄量，排沙效果是极其显著的。

综上所述，冯家山水库异重流调度排沙的原则是：

(1)入库洪水大于 50 m^3/s、入库含沙量达到 30 kg/m^3 时，可以利用异重流进行排沙。

(2)当入库流量小于 300 m^3/s、坝前异重流厚度达到 15 m 时，开启泄洪洞闸门进行排沙。

(3)排沙泄量控制在 100～300 m^3/s 之间，既不至于使异重流在库内中断，并能得到最大排沙比和较小的水沙比，提高排沙效益。

5.4 泥沙自动跟踪测报技术的应用

为了进一步准确、及时地掌握异重流行进到坝前的时间，并适时开闸排沙，用最少的水量获得最优的排沙效果，冯家山水库在除险加固项目实施过程中建立了泥沙跟踪自动测报系统。该系统建设规模为 1 : 1 : 4，即在水库枢纽设立 1 个中心站，在左岸设立 1 个中继站，在库区 2、6、12 号断面和坝后设立 4 个遥测站。

该系统采用超短波和有线混合组网设计，利用超短波进行泥沙测量数据传输，利用有线进行坝前观测断面和泄洪洞出口下游排沙断面图像数据的传输。整个系统泥沙信息由遥测站发送至中继站，再由中继站将信息传发回枢纽中心站。

泥沙跟踪自动测报系统不仅克服了以往人工观测的缺点，而且能适时监测异重流产生、运动的全过程，及时掌握异重流含沙量和厚度，比较准确地监测出库排沙量，确定最佳排沙时机和排沙历时，提高排沙比和排沙效益。

6 结 语

根据冯家山水库异重流产生和运动规律及调度实践，我们认为，在今后的异重流调度运用中，应加强以下几个方面的工作：

(1)进一步完善调度方案，采用“合理排沙方案”调度运用方式。只要发现异重流到达坝前，库水位在限制供水位(不是汛期限制水位)以上能满足供水要求，就要按照异重流运动规律进行水沙调度，力争把淤积率由“低限排沙”运行(即汛限水位达到 707 m 以上时泄洪排沙运行)的 94.9%降到“合理排沙”运行的 82.3%。

(2)进一步通过泥沙跟踪自动测报系统的运用研究，掌握异重流的产生和运动规律，使对异重流的调度由过去的靠实践经验调度提升到根据实测数据科学调度，不断提高异重流的调度水平。

(3)进一步总结异重流调度运用经验，提高排沙比和排沙效益，减少水库淤积。

(4)通过工程措施和非工程措施相结合，贯彻“上拦下排”的方针，实现泥沙综合治理。通过加大流域退耕还林、还草和水保生态治理力度，减少水土流失。通过在北河、大杜阳河、草碧河、冯坊河等支流上修建拦沙坝，减少泥沙入库。通过科学调度提高排沙比，减少水库淤积，从而使异重流调度运用和泥沙淤积达到更为理想的效果，延长水库寿命，使水库为经济社会的全面发展发挥更大的作用。

参考文献

[1] 许文选，赵宏章. 冯家山水库调度运用和泥沙淤积分析. 冯家山水库管理局, 2004

[2] 宝鸡市冯家山水库管理局. 冯家山水库志. 西安：陕西人民出版社, 2004

黄河水库异重流测验概论

牛 占

(黄河水利委员会水文局 郑州 450003)

摘要 以小浪底水库为背景的水库异重流测验的方式及部位有潜入点观测与探测、龙头跟踪探测、选择断面控制监测和浑水水库探测。测验要素有断面水位、断面起点距、选择位置水深和浑水深、布置垂线的流速测量和含沙量采样及测定、河床床沙采样、泥沙粒度分析等；整理的基本资料有异重流流速、含沙量垂线和断面分布图，异重流流量、输沙率计算表等，进而可通过潜入点位置衍变图、同时浑水水面线图、沿程分布图等初步分析异重流演变过程。根据 2006 年异重流演进及排沙情况，认为，保证一定的入库水沙总量和过程、降低库区水位、枢纽排沙洞的适时开启有利于异重流排沙出库。

关键词 水库异重流 水文测验 水库泥沙 多沙河流 黄河

1 黄河水文开展过的异重流测验

三门峡水库 20 世纪 60 年代开展过多次水库异重流测验和试验，特点是曾用多船多线同时施测，断面和过程控制良好，在《三门峡水库水文实验资料》有资料记载，《黄河水文志》有叙述。

潼关水文站 20 世纪 70 年代中期开展过多次河道异重流测验和试验，特点是多线多点施测，断面和过程控制良好。有专门的分析研究报告，评价认为异重流现象属新发现，丰富了河流泥沙的知识。

小浪底水库 2000 年以来开展了多次水库异重流测验和试验，是我们这次论述的基本背景和对象，下面就基本技术方式方法做一简单论述。

2 异重流测验布局与方式方法

2.1 监测控制的方式方法

2.1.1 潜入点观测与探测

异重流潜入点一般在水库回水末端，当比重大的浑水潜入不流动的比重小的清水过程中，水流有较大尺度的紊乱，同时吸纳表层清水挟带漂浮物积聚，可按此水面表现特点在附近探测。“潜入点”在表面实际是“一大片”，若考虑竖向则是“一大堆(滩)”的立体。“潜入点”大致随回水末端的变动而变动。探测了潜入点，也就知道了异重流进入发展运行的阶段和地段。

2.1.2 龙头跟踪探测

异重流潜入后一般是沿河底的“水头(龙头)”运行方式，龙头跟踪探测就是骑在龙头上间歇或连续探测，以及时了解异重流的头部什么时间到达什么位置。

2001 年开始小浪底水库异重流测验时，由于总的情况尚不清楚，曾安排两艘测船交替开展龙头跟踪探测，后来随着测验经验的积累和研究工作的深入，龙头跟踪探测就安排的少了。

2.1.3 选择断面控制监测

根据水库形态和对异重流在小浪底水库运行的先验认知，选择某些断面监测异重流在本断面的运行过程。2001 年开始小浪底水库异重流测验时，选择的断面较多，经过几年的探索，测验断面也在不断的调整，目前，小浪底水库选择断面也基本稳定，按情况在 5 ~ 10 个断面之间。为更好地观测异重流，还安排了每次必测的“常测断面”，分别是 HH01(桐树岭)、HH09、HH29 断面和 HH37(河堤)断面。

在各选择的断面，可以根据异重流在本断面的变化情况安排测次、控制运行过程，也可以根据测验力量配备和相近断面异重流变化情况组织“巡测”，但一般要求在一场异重流过程中应安排若干测次各断面的“同时统测”，以便从实测资料掌握异重流的时空变化。

2.1.4 浑水水库探测

多沙河流水库蓄水期在坝前一定区段会形成“浑水水库”，即水库的上层是清水，下层是不同浓度的浑水，甚或“凝絮层”及“漂浮凝絮团”。异重流运行到浑水水库是直冲到坝前泄流孔门，还是被浑水水库吸纳，通过可靠的探测才能知道。小浪底水库泄流孔门以急湾偏离原河床，是容易形成浑水水库的区段。当我们在坝下水文断面测到高含沙浑水时，究竟是本次异重流出泄还是浑水水库“拉沙”，也只有经过及时探测才能知道。

选择断面控制监测对应于水力学描述水流的“欧拉法”，可给出“流场”。龙头跟踪探测、潜入点探测对应于水力学描述水流的“拉哥郎日法”，可给出“特征点的时空过程”。浑水水库探测则是专门和特色问题。

2.2 测验要素与仪器设备

2.2.1 测验要素

测验要素包括断面水位、断面起点距、选择位置水深和浑水深、布置垂线的流速测量和含沙量采样、含沙量测定、河床床沙采样、泥沙粒度分析等。

有了这些测验要素，可根据数学物理原理和工程规则，计算有关目标物理量。如，有异重流横断面法且垂线足够的测验资料，可计算异重流流量和输沙率。方法为，用公式 $H_v=\dfrac{\sum(\Delta h_i v_i)}{\sum\Delta h_i}$ 计算垂线平均流速，用公式 $H_c=\dfrac{\sum(\Delta h_i v_i c_i)}{\sum(\Delta h_i v_i)}$ 计算垂线平均含沙量(式中 Δh_i 为水深区段，v_i 为水深区段代表点流速，c_i 为水深区段代表点含沙量)；通过垂线平均含沙量横向分布图，用梯形解析法计算断面的异重流输沙率。

2.2.2 仪器设备

仪器设备包括车辆、测船、水位观测仪器设备、水文绞车及悬吊设备、铅鱼平台、流速仪、悬沙采样器、床沙采样器具、含沙量测定实验室、泥沙粒度分析实验室等。

2.3 测验方法

全断面多线多点法：在断面布置若干垂线，垂线安排若干测点实施流速测量和含沙量采样。小浪底水库一般在断面布置 5 ~ 10 条垂线，在垂线安排 8 ~ 12 个测点。

主流线法：在断面主流范围布置 1 ~ 3 条垂线，在垂线安排若干测点实施流速测量和含沙量采样。

全断面多线多点法测验，可掌握全断面的流速和含沙量分布，但作业量大，要控制过程缩短测验历时需多船多线同时施测；主流线法测验，不能掌握全断面的流速和含沙量分布，但作业量小，容易控制变化过程。在判断异重流横向变化不大时多采用主流线法测验。

目前，在选择断面控制监测中，常按断面交叉安排全断面多线多点法测验和主流线法测验，以充分利用两者的长处，克服力量不足，节减消耗。

2.4 过程控制

根据对异重流变化的先验认知和判断，合理而适时地安排测次，进行过程控制。

2.5 异重流测验的技术进步

2.5.1 蓄电供电水文绞车的采用

人力水文绞车费力费时，燃油动力机器振动噪声太大，蓄电供电水文绞车的应用解决了这些问题。

2.5.2 多频超声波测深仪的引进与试验

小浪底水库水很深，有些部位达 80 多 m，悬垂测索测深费时，由于存在浑水层，普通清水超声波测深仪失效。经多方调研，引进多频超声波测深仪并开展了测深试验，在异重流含沙浓度不太大时可以应用。

2.5.3 浑水界面仪研究

原来探测浑水界面需在不同深度反复多次采取水(沙)样品，通过目视观测水(沙)样品的浑浊情况，确定是否是浑水界面，费力、费时，难定量。经过艰辛探索，利用红外线穿过水沙介质的光学衰减原理，开发研制了浑水界面仪，有效地解决了浑水界面的准确探测问题，极大地提高了作业效率。浑水界面仪技术难点是灵敏稳定性和深水高压密封及信号传输问题。

2.5.4 多仓采样器改造

异重流测验垂线深、采样多，单仓采样器费力、费时，效率低。先期设计的多仓采样器关闭机构用悬线曲连一索多拉的机械机构，后期改为电磁开关，技术难点是灵敏可靠性和深水高压密封及信号传输问题。

2.5.5 多频超声波测深沙的试验

为解决现场在线测定异重流含沙量问题，曾做过多频超声波测沙仪器的试验。由于当时设计深水承压指标较低，大于 50 m 深水出现过压裂隙，未坚持下来，但取得宝贵的经验。

2.5.6 《水库异重流测验整编技术规程》的编写

该规程分异重流测验部署、异重流测验项目及技术要求、泥沙水样处理与颗粒级配分析、异重流测验记载与资料整理、异重流资料整编等章节对水库异重流测验整编作了详细规定，既是长期经验的总结，也是今后一定时期水库异重流测验整编规范作业的有效指导，也为研究工作使用资料提供基础说明。

3　异重流资料整理与衍变的初级描述

3.1　异重流测验要求整理的资料

(1)异重流测验情况说明书及测验布置示意图(参加编印)；

(2)异重流断面实测成果表(参加编印)；

(3)异重流流速、含沙量测验记载表；

(4)异重流流量、输沙率计算表；

(5)水样处理记录计算表；

(6)异重流流速、含沙量垂线分布图；

(7)异重流垂线平均流速、含沙量横向分布图；

(8)异重流断面套绘图；

(9)异重流测时水位观测记载(或摘录)表；

(10)潜入点观测记录及示意图；

(11)各种仪器比测记录表；

(12)异重流测验记事簿及其他说明材料等。

3.2　异重流衍变的初级描述

3.2.1　潜入点位置衍变图

可以水库地形图为背景圈区标绘并注明时间；也可以河流距坝里程为横坐标，以高程为纵坐标，绘制水面线标绘潜入点并注明时间。

3.2.2　龙头跟踪探测衍变图

可以水库地形图为背景，在探测地绘制异重流流速、含沙量垂线分布图并注明时间；也可以河流距坝里程为横坐标，以高程为纵坐标，绘制异重流流速、含沙量垂线分布图并注明时间。

3.2.3　同时浑水水面线图

以河流距坝里程为横坐标，以浑水水面线高程为纵坐标，绘制异重流浑水水面线图，同时可绘制清水水面线图。不同时间的浑水、清水水面线套绘，可了解衍变的物理图景。

3.2.4　断面分布图

可以断面起点距为横坐标，以垂线平均流速、含沙量为纵坐标绘制横向分布图，同时将断面图绘在下面，以观察分布和对应情况。不同时间的套绘图，可了解垂线平均流速、含沙量衍变的物理图景；也可用测点流速、含沙量绘制和套绘断面等值线图，以了解异重流“核”的衍变图景；还可在断面图中垂线附近绘制和套绘异重流流速、含沙量垂线分布图。这些图都可用不同的色线或符号线标明或注明时间。

3.2.5　沿程分布图

以河流距坝里程为横坐标，以高程为纵坐标，在选择断面绘制和套绘异重流主流线流速、含沙量垂线分布图。

在绘制沿程分布或衍变的有关图时，同时可绘制和套绘河床中泓或主流线位置的河床高程线。在绘制含沙量的有关图时，可分粒级分别绘制图线或绘制中数粒径 D_{50} 分布图。

3.2.6　潜入点验算

可用潜入点的公式 $Fr^2=\dfrac{v_0^2}{\dfrac{\Delta\gamma}{\gamma_m}gh_0}=0.6$ (式中 Fr 为弗劳德数；h_0 为异重流潜入点处水深；v_0 为潜入点处平均流速；γ、γ_m 分别为清水容重、浑水容重，γ_m=1 100+0.622 ·C_S(kg/m^3)，C_S 为水的含沙量；$\Delta\gamma$为浑水与清水容重差，$\Delta\gamma=\gamma_m-\gamma$；$g$ 为重力加速度)检验潜入点探测位置是否把握良好。

实际观测和计算表明，由于测验位置一般在潜入点下游，使得计算的弗劳德数会小些，因此在小浪底库区异重流潜入点下游附近，测验资料计算的弗劳德数的平方不宜硬向 0.6 靠进。

3.2.7　异重流运行时间与演进速度计算

异重流运行时间一般指“龙头”从潜入点到坝前的运行时间，即龙头跟踪探测的起止时差。演进速度为潜入点至坝前的里程除以运行时间。

4　异重流成因及归宿研究

异重流的成因一般说来是天然浑水入库未稀释扩散而潜入清水下面继续运行，其归宿一是全部排出水库或淤积在库中成为库床，二是部分排出水库部分淤积在库中成为库床。对小浪底水库来说，除了天然浑水入库形成异重流外，三门峡水库拉沙排沙、库尾前期淤积的冲刷也会形成异重流。

从保持水库库容来说，总希望多排少淤，创造条件，力争多排少淤常是研究的重要目标，充足的浑水水量要求和实际水量的不足是多排少淤的矛盾。由此看来，要结合具体情况研究的问题很多。

2006 年经过精心研究调度，克服不利条件，单独依靠三门峡水库有限的水量在小浪底水库成功塑造了人工异重流，并将 706 万 t 泥沙送出小浪底水库，排沙比达到 30.8%。黄委水文局通过这个实践的分析研究，得出以下初步认识。

4.1　保证一定的入库水沙总量和过程

小浪底库区开展人工塑造异重流应在入库总水量大于 5.5 亿 m^3 的情况下进行；当异重流形成后，三门峡出库流量应保持在 3 000 m^3/s 以上，小浪底下泄流量维持在 3 700 m^3/s 以上，以保证异重流有“前拉后推”的动力而快速通过库区；同时，三门峡下泄的泥沙是细泥沙，有利于异重流的形成和维持，根据 2006 年小浪底库区异重流情况，要求三门峡下泄泥沙不少于 2 000 万 t。

4.2　降低库区水位有利于异重流的演进

库区水位低、潜入点靠下、距大坝距离近，异重流演进到坝前时间短，有利于排沙。总结 2006 年的成功经验，人工塑造异重流期间，小浪底水库坝前水位应控制在 230 m 以下。

4.3 小浪底排沙洞的适时开启有利于异重流排沙出库

从本次异重流来看，6 月 25 日 9 时在 HH27 下游 200 m 潜入后，6 月 26 日 0 时 30 分开始出库，6 月 25 日 3 条排沙洞已基本开启，使异重流排沙顺畅，对提高排沙比是有促进作用的。鉴于 2006 年的情况，在可能预估演进情况时，排沙洞至少应提前一天全部打开，这对异重流的演进和提高排沙比都是有益的。

简单说来，异重流测验研究的工程意义是可为适时调度排沙提供技术信息，其学术意义是可为异重流演变积累资料，是实际认识、理论概括、预报把握异重流的基本业务。

5 外业测验的艰辛与困难

异重流外业测验十分艰辛和危险。潜入点和泄流口一带是行船禁区，但为了获得更接近的数据，常创险关。深水涌波稳船困难，烈日暴晒烙脚褪皮，外业测验是在苦斗中实施的。

流向测验无有效方法和仪器，而清、浑水的流向又需及时准确判断。淤泥库底定义不明，监测无据。淤泥库底的判断和测验目前用铅鱼下沉平衡法；含沙量突变法测验困难；电阻突变法虽在实验室用过，但在深水还无有效的仪器和使用经验。租用船只，改造矛盾很多，也不安全；多造测船，守护负担重。其他的设施设备还需增强。

小浪底水库观测规划的队伍由于种种原因未能组建，测验抽调水文站人员与洪水测验矛盾多。后勤支持也不够完善，需精心组织人员，加强后勤支持。

异重流在工程实践与水库调度中的应用

安催花　万占伟

(黄河勘测规划设计有限公司　郑州　450003)

摘要　本文阐述了异重流在水库规划设计、小浪底水库调度实践、河口增加输往深海的泥沙量、减少船闸引航道淤积、控制沉沙池中异重流发生、控制引水含沙量等方面的研究运用情况，从生产实践出发，提出了应进一步研究的问题。

关键词　异重流　工程实践　水库调度　河口输沙　应用

1　在水库规划设计中的应用

1.1　库区水流泥沙运动特性

在河流上修建水库，初期由于挡水建筑物壅高了水位，库区水面形成壅水曲线，水深沿程加大，水流流速和挟带泥沙的能力沿程降低，水库发生淤积，这一时期的水流流态称为壅水流态。随着水库淤积的增加，当水库最低运用水位以下库容(称为死库容)接近淤满时，根据水库的运用方式，水库的运用水位有升有降，库区水流除壅水状态外，可以有另外一种状态，即均匀流态，挡水建筑物不起壅水作用，库区上段水面线接近天然状态，库区有冲有淤。水库初期即为最低运用水位以下库容淤满前这一时期，水库的水流流态为壅水流态。

在壅水流态情况下，可以有3种不同的输沙特征。如果浑水进入壅水段以后，泥沙扩散到水流的全断面，过水断面各处都有一定的流速，有一定的含沙量，这种输沙就是明流的输沙流态。但因为壅水流态中，流速是沿程递减的，所以水流可以挟带的沙量也是沿程递减的。因此，壅水明流输沙时所产生的淤积与均匀流态下的明流输沙的淤积具有不同的特征，称为壅水明流输沙流态。

如果入库来水含沙量较高，细颗粒又多，当浑水进入壅水段以后，浑水可能不与壅水段中的相对清水混掺扩散，而是潜入到相对清水的下面，沿库底向下游继续运动，有的一直运行到坝前。如有下泄条件，可排出库外。这种输沙流态就是异重流输沙流态。

当异重流运行到坝前不能排出库外，或不能完全排出库外，则异重流浑水将滞蓄在坝前相对清水库面以下，形成一个浑水水库。由于异重流的泥沙颗粒较细，若含沙浓度较高，则浑水水库中泥沙沉降过程将不同于明流输沙中分散颗粒的沉降过程，具有独特的沉降特性。在壅水明流输沙流态中，如水库下泄流量很小，则库区壅水程度较大，库区水流流速极小，接近于静水状况。若来水含沙较多，颗粒又细，则整个库区处于异重流浑水所形成的浑水水库的同样状态。泥沙的沉降过程也和异重流的浑水水库一样。这种现象在多沙河流上的中小型水库中较易遇到。

综上所述，库区有壅水流态、均匀流态两种流态。在水库运用初期，库区的水流流态为壅水流态，水库输沙流态有壅水明流输沙流态、异重流输沙流态及浑水水库输沙流态3种。

1.2　在水库规划设计和运用方式设计中的运用

1.2.1　*在水库运用方式设计中的运用*

水利枢纽工程为了发挥综合利用效益，初期一般要求水库有一个最低运用水位，即使是以防洪减淤为主的综合利用水库也不例外，如小浪底水库设计要求的发电最低运用水位为205 m，初期运用方式研究中起始运行水位在205 m以上。这样，初期运行时水库不可避免地有一定的蓄水体，若该蓄水体足够大，挟沙浑水进入这样的蓄水体，并含有足够的细沙浓度，将会形成异重流。所以，在初期一定时期内库区以异重流输沙流态为主。

那么，这一时期的水库运用方式的研究和制定应利用此特点，汛期在不影响防洪、减淤等其他开发目标的前提下，适当抬高库水位、增加蓄水量，发挥水库的综合效益。这一时期是汛期发挥水库综合效益的最佳时期，在水库运用方式制定时应充分考虑异重流的输沙特性，最大限度地发挥水库的综合利用效益。

小浪底水库运用方式研究阶段对异重流输沙特性的认识，对运用方式决策起到了关键性的作用。如在起始运行水位的确定上，一部分专家认为应该是满足发电要求的条件下越低越好，原因是要满足更好的拦粗排细效果。但是，小浪底水库设计要求的发电最低运用水位为205 m，205 m以下的原始库容为17.1亿m^3，决定了小浪底水库初期库区为异重流输沙流态，起始运行水位的高低对异重流拦粗排细效果的影响较小(见表1和表2)，与壅水明流条件下蓄水体对拦粗排细效果的影响不同。在取得这方面的共识后，经论证，水库起始运行水位采用210 m。

表1　不同起始运行水位水库拦粗排细效果(黄河设计公司计算结果)

项目		1978～1980年			1991～1993年		
		205 m	210 m	220 m	205 m	210 m	220 m
年淤积量(亿m^3)	全沙	6.10	6.12	6.18	4.70	4.75	4.77
	细沙	2.63	2.65	2.70	2.47	2.51	2.53
	中沙	1.81	1.81	1.82	1.31	1.32	1.32
	粗沙	1.66	1.66	1.66	0.92	0.92	0.92
淤积物级配(%)	细沙	43.2	43.3	43.7	52.5	52.7	53.0
	中沙	29.6	29.6	29.4	27.9	27.9	27.7
	粗沙	27.2	27.2	26.9	19.6	19.4	19.3

注：水位205 m、210 m、220 m以下的库容分别为17.1亿m^3、20.5亿m^3、29.6亿m^3。

根据对异重流规律的认识，项目建议书阶段拟定的古贤水库减淤运用方式为，水库运用初期水库主要以异重流形式排沙，同时，结合中游来水来沙，联合三门峡水库和小浪底水库在小浪底库区塑造人工异重流。水库拦沙后期古贤水库与三门峡、小浪底水库联合调水调沙运用，适时蓄水或利用天然来水冲刷黄河下游和小浪底库区，并尽量保持

表 2　不同起始运行水位水库拦粗排细效果(清华大学计算结果)

项　目		1978～1980 年		
		205 m	210 m	220 m
年淤积量(亿 m^3)	全 沙	5.96	6.05	6.13
	细　沙	2.56	2.60	2.68
	中　沙	1.70	1.73	1.73
	粗 沙	1.70	1.72	1.72
淤积物级配(%)	细　沙	42.92	42.95	43.73
	中 沙	28.57	28.57	28.28
	粗 沙	28.53	28.45	28.03

小浪底水库调水调沙库容，一旦遇合适的水沙条件，适时排泄库区淤积的泥沙，尽量延长水库拦沙运用年限。

1.2.2　在枢纽水工建筑物布置运用方式设计中的运用

利用异重流特性，合理布置排沙底孔，减少坝前淤积和过机泥沙，这是水利枢纽工程设计要考虑的问题。如刘家峡水库，其泥沙问题主要是由洮河所致，利用异重流排泄洮河泥沙是缓解洮河库区与坝前段淤积及电站泥沙问题的主要途径之一。

2　在水库调度实践中的运用

2.1　自然洪水异重流调度与利用

小浪底水库入库天然洪水多来自北干流和泾渭洛河，洪水含沙量较大。上游来的洪水进入库区后，只要水库有一定的蓄水量，就能产生异重流，此时，利用异重流输移及排沙规律，合理启闭小浪底水利枢纽不同的泄水孔洞，即可实现水库调度的多目标化。

2.1.1　利用异重流形成坝前铺盖

自 1999 年以来，小浪底库区近坝段周边及底层存在渗漏问题，初期渗漏量较大，日渗漏水量达 5 万 m^3 以上，2000 年 10 月以后渗漏状况有所缓解，但低水位条件下日渗漏量仍达 1 万 m^3 以上。为了减少小浪底水库坝基渗漏量，2001～2002 年小浪底水库对库区异重流进行了有效利用，使异重流运行至坝前淤积，形成坝前天然铺盖。

2001 年 9 月 18～30 日，小浪底水库入库流量较大，异重流泥沙颗粒较细，为了使近坝区形成天然铺盖，关闭了所有的排沙洞，仅开启 2 号明流洞，泥沙运行至坝前没有排沙出库，桐树岭断面自河底以上不足 10 m 有一定含沙浓度的死水，坝前段发生淤积，桐树岭断面平均淤高 0.73 m。

2002 年首次调水调沙试验期间，北干流发生一场高含沙洪水，为了实现洪水将泥沙输移至水库坝前，形成坝前防渗铺盖的目标，三门峡水库及时减小了出库流量和含沙量的量级与历时，切断了库区异重流的后续动力，在异重流运行过程中，水库利用明流洞泄流，不开启排沙洞调节。通过三门峡、小浪底水库联合调度，达到了小浪底库区形成异重流并运行至坝前淤积形成坝前铺盖的目的。

2.1.2 利用异重流形成浑水水库排沙

当异重流形成运行至坝前后，若不能全部排出，浑水则会聚集在坝前形成浑水水库。此外，当入库的洪水由于水流动力条件不足，不能满足异重流运行至坝前的要求时，异重流运行一段距离便会停止下来，悬浮在蓄水体底部的粗颗粒泥沙会发生较快的就地淤积，而细颗粒泥沙沉降速度较缓，并且向周围的水体逐渐扩散。当连续发生这种流量级不大的小洪水时，悬浮于水体底部的细颗粒泥沙累计增多，不断向坝前扩散运行，便会形成坝前一定区域范围内的浑水水库。当小浪底库区形成明显的浑水水库时，可根据水库的蓄水情况和来水预报，相机进行浑水水库排沙，以减轻库区淤积。

黄河第二次调水调沙试验，即是利用小浪底库区异重流及坝前浑水水库，通过启闭不同高程泄水孔洞，实现了小浪底出库浑水与小浪底—花园口之间清水的空间对接。

2003 年 8 月下旬洪水调度中，三门峡水库采取了敞泄排沙的运行方式，小浪底水库形成了高程为 204.4 m、厚度为 22.2 m 的浑水层。在 9 月 6 ~ 18 日第二次调水调沙试验过程中，小浪底水库利用异重流及浑水水库排沙调控出库流量和含沙量指标，试验期间水库出库沙量为 0.74 亿 t，排沙比高达 128%，基本将前期洪水形成的异重流所挟带至坝前的泥沙排泄出库，实现了水库尽量多排沙和下游河道不淤积的双重目标。

2.1.3 通过对异重流调度满足调水调沙调控指标

黄河首次调水调沙期间，根据对黄河异重流的观测资料及输移规律的认识，通过频繁启闭小浪底水库不同高度泄水建筑物和联合调度三门峡水库，实现了预案规定的黄河花园口站流量不小于 2 600 m^3/s、历时不少于 10 d、平均含沙量不大于 20 kg/m^3 的调控指标。

黄河第二次调水调沙试验，根据异重流观测情况小浪底水库进行明流洞、排沙洞和机组多种孔洞组合方式运用，并通过实时监测修正，实现了花园口站平均含沙量在 30 kg/m^3 左右的目标。

2.1.4 充分利用天然异重流排沙减少库区淤积

小浪底水库拦沙初期水库泥沙主要以异重流形式(包括浑水水库)排出，因此当中游发生高含沙洪水时，可根据异重流演进和塑造黄河下游协调的水沙关系的要求，联合调度三门峡水库，充分利用异重流输移规律尽可能多地排泄库区泥沙以减少库区淤积，延长拦沙库容使用年限和长期保持有效库容。

2.2 人工异重流塑造及利用

黄河第三次调水调沙试验和 2005、2006 年调水调沙生产运行，都是在黄河中游不发生洪水的情况下，通过联合调度万家寨、三门峡水库和小浪底水库，充分利用万家寨、三门峡水库汛限水位以上的蓄水，冲刷三门峡库区非汛期淤积的泥沙和堆积在小浪底库区尾部段的泥沙，在小浪底库区塑造异重流并排沙出库，实现小浪底水库排沙及调整库尾淤积形态的目标。

黄河第三次调水调沙试验在异重流研究成果及黄河水沙规律的认识的基础上，提出了人工塑造异重流的思路和实现异重流排沙出库的各项技术指标，即在小浪底库水位降至 235 m 时，三门峡水库泄放 2 000 m^3/s 以上流量冲刷小浪底库区尾部段泥沙，并形成异重流潜入库区，形成异重流的前锋。万家寨水库按 1 200 m^3/s 泄放水流，当三门峡库水位降至 310 m 左右时与之成功对接，万家寨水库的来水继续冲刷三门峡库区和小浪底库区三角洲，持续为异重流提供泥沙来源和持续动力，最终实现了异重流排沙出库。本次试验人工塑造异重流时期，小浪底库水位 235 m 回水区以上库段冲刷恢复含沙量达 120 kg/m^3，淤积三角洲冲刷泥沙 1.38 亿 m^3，水库排沙 0.044 亿 t，排沙比 10.1%。

2005 年调水调沙生产运行，是在总结第三次调水调沙试验实践基础上进行的。人工塑造异重流期间，三门峡水库在小浪底库水位降至 230 m 时开始按 3 000 m^3/s 流量下泄清水，冲刷小浪底库尾淤积段。当三门峡库水位降至 310 m 时，万家寨水库泄放的 1 200 m^3/s 流量过程与之对接，并冲刷三门峡库区淤积的泥沙，为前期形成的异重流提供后续动力。小浪底水库为了延长较大流量异重流排沙历时，适当减小了下泄流量。本次调水调沙期间水库排沙 0.021 亿 t，排沙比为 4.4%。

2006 年调水调沙生产运行，是在小浪底水库降至 227 m 时，三门峡水库下泄 3 500 m^3/s 冲刷小浪底库尾泥沙，之后转为敞泄排沙运用。万家寨水库由于迎峰度夏发电要求，下泄 800 m^3/s 流量冲刷三门峡库区泥沙，形成高含沙水流过程，在小浪底水库形成异重流并排沙出库。小浪底水库结合库区异重流排沙，适时减小调控流量，以延长较大流量异重流排沙历时。本次调水调沙期间水库排沙 0.084 亿 t，排沙比为 35.8%。

这三次人工异重流塑造，由于预报的来水来沙、水库蓄水及河床边界的不同，人工异重流的塑造分别采用了不同的技术指标，均实现了异重流成功塑造及排出。人工异重流塑造成功及其提出的各项技术指标对未来黄河水沙调控体系的调度运行意义重大。

3 在河口输沙中的运用

3.1 河口异重流的输沙效果

在《引用海水冲刷黄河下游河槽研究》中，曾请中国水利水电科学研究院根据建立的平面二维模型，探讨了河口异重流输沙效果，将其结果与非异重流模式计算结果进行对比，其结果见表 3、图 1 和图 2。其中组次 1～3，清 7 断面 Q=2 000 m^3/s，含沙量分别为 80 kg/m^3、60 kg/m^3 和 40 kg/m^3，天然淡浑水(即全部为黄河来水)；组次 4，清 7 断面 Q=2 000 m^3/s，S=30 kg/m^3，浑水全为海水冲刷河床形成的咸浑水。

表 3 有、无异重流排沙效果比较

类型	组次	流量 (m^3/s)	含沙量 (kg/m^3)	水量 (亿 m^3)	沙量 (亿 m^3)	非异重流排沙比 (%)	异重流排沙比 (%)
淡浑水	1	2 000	80	8.64	0.53	18.9	41.5
	2	2 000	60	8.64	0.40	22.4	43.5
	3	2 000	40	8.64	0.27	37.3	46.1
咸浑水	4	2 000	30	8.64	0.20	41.7	47.2

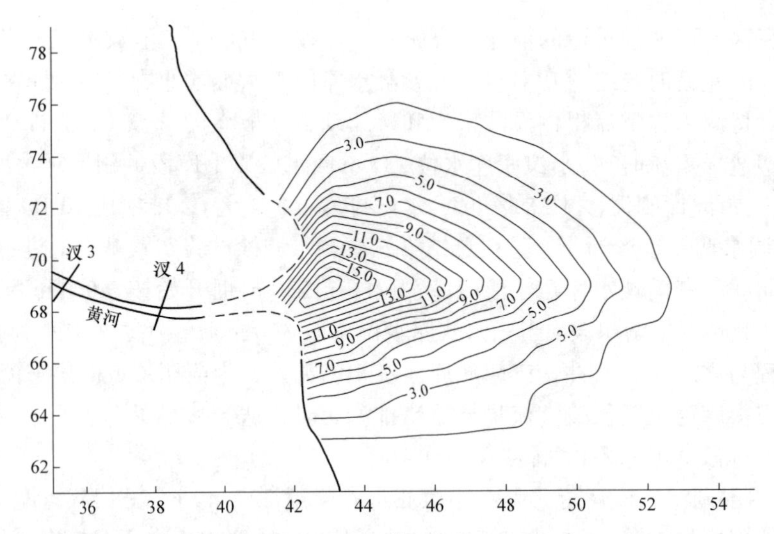

图 1　异重流含沙量(kg/m^3)分布(Q=2 000 m^3/s，S=30 kg/m^3，咸浑水，10 个潮周期末)

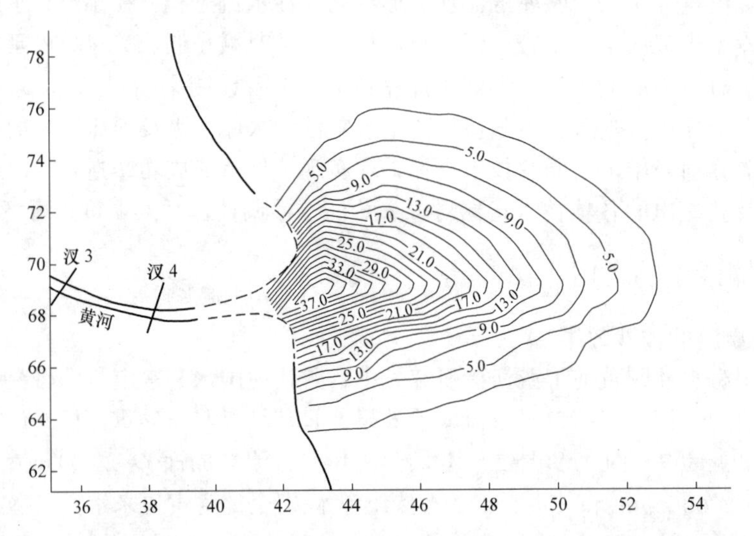

图 2　异重流含沙量(kg/m^3)分布(Q=2 000 m^3/s，S=80 kg/m^3，淡浑水，10 个潮周期末)

由于异重流输沙能力强，使排入深海的泥沙明显增多，排沙比增加相当可观。如清 7 断面 Q=2 000 m^3/s，S=80 kg/m^3 时，非异重流的排沙比仅为 18.9%，而异重流的排沙比达到 41.5%；清 7 断面咸水流量 Q=2 000 m^3/s，S=30 kg/m^3 时，非异重流排沙比为 41.7%，异重流排沙为 47.2%。

异重流一旦形成就沿着三角洲的坡降方向向前，向左右两侧输移，虽然受到潮汐动力的干扰，但基本上还是以潜入点为中心向外输移、扩散。异重流输沙能力强于通常挟沙水流的输沙能力，所以含沙量浓度向周围衰减的幅度就比较小。异重流在输移过程中，泥沙不断落淤，异重流的水深逐渐减小，淤积厚度由大到小，但衰减幅度相对较小，绝对值也比非异重流小，说明异重流排沙能力强。

清华大学开展的黄河口异重流概化模型试验结果也表明，黄河口产生异重流的机遇增加，排入外海的沙量有所增大，说明异重流使排入深海的泥沙增加。

3.2 应用研究

异重流对排沙是很有利的。关键是在潮汐动力作用下产生异重流的机会如何？

据范家骅等研究，以修正弗劳德数 $Fr_0^2 = u_0^2 / \eta_g g h_0 = 0.60$ 作为形成异重流潜入的判别条件，其中 u_0、h_0 分别为潜入处流速及水深，η_g 为重力修正系数，$\eta_g=(\rho_f-\rho_w)/\rho_f$，$\rho_f$ 为浑水密度，ρ_w 为海水密度。由此，可对各种不同条件的水沙形成异重流的潜入水深进行估算。计算结果见表 4。可见，同流量级含沙量越大，潜入水深越小，另外，由于冲沙咸浑水密度大，潜入水深的含沙量低得多。

表 4 不同流量级浑水形成异重流所需潜入水深比较

项目	清 7		入 海 口			潜入水深 (m)
	流量 (m^3/s)	含沙量 (kg/m^3)	平均含沙量 (kg/m^3)	平均流速 (m/s)	平均浑水密度 (t/m^3)	
淡浑水	2 000	60	27.8	0.35	1.017	3.40
	2 000	80	39.6	0.39	1.025	2.98
	3 000	80	49.6	0.54	1.031	3.48
咸浑水	2 000	40	19.4	0.40	1.027	2.49
	2 000	20	11.5	0.32	1.022	2.78
	2 000	10	8.0	0.29	1.020	3.00
	3 000	20	14.9	0.42	1.024	3.30
	3 000	80	49.6	0.54	1.046	1.67
	3 000	5	7.5	0.32	1.020	4.00

前面对黄河口异重流现象模拟的前提是在产生异重流的情况下。异重流的形成包括两个含义：一是浑水潜入底层的可能性；二是异重流维持水下较长距离运动的可能性。考虑到以上两个方面，形成异重流除必要的容重条件外，通常还应具备以下四个方面的条件：

(1)一定的入流量级和含沙量，入流后有一定的输移前进的坡度。

(2)等于或大于上述流量和含沙量洪峰持续时间。

(3)最小含沙量值，即浑水最小比重差。

(4)异重流所含泥沙颗粒必须足够小，即粒径应有一最大界限值。

其中(1)、(2)使异重流获得动力，但如果粒径较粗，含沙浓度较低，则异重流运动的动力很快在输移扩散过程中消耗殆尽，所以还需(3)、(4)另外两个条件。

据水库观测资料，形成异重流的最小含沙量值一般在 10 ~ 15 kg/m^3 之间，粒径的上限约为 0.02 mm。

对于黄河口，海水密度比淡水重，形成异重流首先要求浑水密度要大于海水密度。而海水的密度取决于温度、含盐度等。表 5 列举了 20℃时不同含盐度的海水密度及等同密度浑水含沙量。

表 5　黄河浑水与海水密度对照(20℃)

海　水		相同密度淡浑水含沙量(kg/m³)
浓度	密度ρ_w(kg/m^3)	
20‰	1 013.4	21.5
25‰	1 017.2	27.6
30‰	1 021.0	33.7

在实施引海水冲刷方案的情况下，入海的浑水可分为三种情况：天然河水挟带泥沙所形成的浑水，简称为淡浑水；主要由咸海水挟带泥沙形成的浑水，简称为咸浑水；以及咸、淡混合后挟带泥沙形成的咸淡浑水。三种浑水因密度不同，潜入生成异重流的条件是不同的。

为简化讨论，取海水密度为 1 020 kg/m^3 作为密度标准。这样，对于淡浑水含沙量至少要大于 32 kg/m^3 才有可能产生异重流，对照前面所谈的 4 项条件，异重流形成并能维持住，则所需淡水含沙量一般为 45 ~ 50 kg/m^3。对咸浑水，形成异重流最低含沙量应在 15 ~ 20 kg/m^3，比相应淡浑水含沙量低多了。至于咸淡浑水，要视混合比例而定，情况更复杂一些。

清华大学开展的黄河口异重流概化模型试验表明，清、咸浑水含沙量达到 5 kg/m^3 即可形成稳定的异重流。

数学模型计算分析和概化模型试验研究表明，由于海水容重较淡水容重大，淡浑水入海后形成异重流的含沙量一般为 40 ~ 50 kg/m^3，而咸浑水的含沙量仅需 15 ~ 20 kg/m^3(清华大学概化模型试验结果仅需 5 kg/m^3)。因此，引海水冲刷后，入海泥沙更容易以异重流的形式排入深海，从而减少拦门沙的淤积量而增大排往深海的沙量。研究结果表明，异重流的推移距离将在 1.5 km 以上，形成异重流后排沙比可提高 20%左右，使口门附近的泥沙淤积量相对减少，淤积范围扩大，从而对减缓口门的淤积延伸是有利的。

4　在其他方面的运用

(1)利用异重流特性，合理布置引水闸底板高程，减少引水含沙量。如泾惠渠渠首，利用异重流含沙量沿垂线分布特性，合理改建渠首工程，减少引水含沙量。

(2)利用异重流特性，控制异重流在沉沙池中的产生，减少出池水流含沙量。沉沙池中产生异重流，沉沙池的沉沙效果将不能有效地发挥，增加引水含沙量，因此工程实践中需要控制沉沙池中产生异重流，使泥沙充分地沉积在沉沙池，以减少引水含沙量。

(3)通过分析船闸引航道异重流运动特性，研究破除船闸引航道异重流泥沙淤积。船闸引航道异重流泥沙淤积是重要的工程泥沙问题，在长江葛洲坝和三峡水利枢纽工程中都出现过，利用异重流特性破除船闸引航道异重流泥沙淤积，有重要的现实意义。

5　结　语

目前水库异重流研究较多，在水库的规划设计和调度中得到了广泛的应用。河口异重流、船闸引航道中的异重流、沉沙池中异重流也有了一定程度的研究和应用。从目前黄河的生产实践需求考虑,水库异重流输沙流态下的水库拦粗排细效果需要进一步研究。

参考文献

[1] 刘继祥,等. 小浪底水库初期防洪减淤运用关键技术研究. 水利部黄河水利委员会勘测规划设计研究院,2002

[2] 洪尚池,等. 引用海水冲刷黄河下游河槽研究报告. 水利部黄河水利委员会勘测规划设计研究院,2003

[3] 李义天,明宗富,詹义正. 破除船闸引航道异重流淤积的试验研究. 水利学报,1995(10)

[4] 詹咏,吴文权,王惠民. 沉淀池中的异重流运动特性. 中国给水排水,2003(1)

[5] 柳改霞. 泾惠渠渠首工程的几个泥沙问题. 防渗技术,2002(2)

国外异重流研究综述

王万战

(黄河水利科学研究院　郑州　450003)

摘要　本文调研了美国、南非等国的水库发生过异重流的情况。初步调研情况表明：①水库运用初期，容易形成异重流，运用中后期异重流形成几率很小；②水库异重流形成过程是入库粗沙落淤，细沙分选、排出的过程；③水库异重流排沙效率最高约为30%；④异重流形成、持续运行到坝前的条件为库区河道相对窄深、陡，河道紊流较弱，入库含沙量较大、过程较长；⑤可以通过垂向二维或三维数学模型模拟异重流；⑥对河口泥沙、水库泥沙异重流缺乏统一性研究。

关键词　异重流　水库异重流　异重流数学模型

1　异重流的基本概念

1.1　定义

异重流是一种流体在另一种密度大致均匀的流体的表面、中部、底部的流动。大尺度的气团、云团运动、沙暴等是常见的异重流现象。异重流的尺度可大到地球表面的几分之一、小到小池塘内泥流的微小运动。

1.2　异重流的分类

按造成异重流密度差异的原因，异重流可分为以下几类。

(1)泥沙异重流：由于水流挟沙造成清浑水密度差异所形成的异重流。

(2)盐度异重流：由于水体盐度差异造成的密度差异所形成的异重流。

(3)温度异重流：由于水体温度差异(如阳光照射、热电厂排泄高温废水等)造成密度差异所形成的异重流。

当然，上述原因可单独或同时作用造成密度的差异，进而形成异重流。

按照异重流在水体中的位置，异重流可分为表层异重流、中部异重流、底部异重流。例如，美国密西西比河流入墨西哥湾后，由于盐度造成的密度差异大于含沙量造成的密度差异，所以河水浮在海水上层，形成表层异重流。

美国 Lake Mead 水库在不同时期观测到的异重流或由含沙量、或由盐度、或由温度所造成，因此既有表层异重流、中部异重流，也有底部异重流。

1.3　水库异重流的例子

美国、南非、阿尔及利亚、瑞士等国的水库都曾发生过异重流。

美国：

(1)Lake Mead 水库，位于 Colorado 河下游；

(2)Elephant Butte 水库，位于 Rio Grand 河，在 New Mexico 州境内；
(3)Conchas 水库，位于 South Canadian 河，在 New Mexico 州境内；
(4)Lake Texoma 水库，位于红河，在 Texa 州和 Oklahoma 州境内；
(5)Lake Issaqueena 水库，在 South Carolina 州境内；
(6)Lake Lee 水库，在 North Carolina 州境内；
(7)Morris 水库，在 California 州境内；
(8)Lake Kemp 水库，在 Texas 州境内；
(9)Santa Anita 水库和 Morena 水库，在 California 州境内；
(10)Echo 水库，在 Utah 州境内；
(11)Norrris 水库，在 Tennessee 州境内；
(12)Lock Raven 水库，在 Maryland 州境内；
(13)Zuni 水库，在 New Mexico 州境内；
(14)Lake Murray 水库，在 South Carolina 州境内；
(15)Ashokan 水库，在 New York 州境内。

南非：
(1)Lake Arther 水库；
(2)Welbedacht 水库。

阿尔及利亚：
Eril Emada 水库，建于高含沙河流上。

法国：
Sautet 水库，建于低含沙河流上。

瑞士：
Alps 山上的 Luzzone 水库。

1.4 美国水库异重流的基本情况

1.4.1 象库(Elephant Butte)

象库位于 New Mexico 州的 Rio Grand 河上，库区长 64 km，总库容 26.1 亿 m^3、坝高 92 m，坝顶长 510 m，蓄水前库区比降 8.9‱，大坝于 1916 年竣工。

Rio Grand 河输沙量较大，含沙量为 1.18%。水库末端上游附近支流为普埃科(Puerco)河，其含沙量很高，实测最大值为 68%(按重量计)，泥沙多为细粉沙(Clay)。正是此支流的高含沙造成了象库异重流的形成。

据资料记载，在水库运用后的前 20 年内，象库发生异重流 13 次，其后 20 年内，仅一次。

在象库，异重流排沙并未作为减缓水库淤积的方法，其原因是，在象库运用的早期，异重流通过排沙底孔排出后，下游农民拒绝使用这种包含异重流的水，因为这种异重流水没有多大肥力，而且用这种水浇灌容易造成幼苗的死亡。因此，尽管象库运用的早期阶段有利于形成异重流，但异重流排沙率小于 5%。

1.4.2 Lake Mead 水库

Lake Mead 水库长度大约 190 km，蓄水前库区河道纵比降平均为 8.7‱。蓄水运用后的前几年，底部临时泄水闸用来泄水和排出异重流。当蓄水位达到电厂取水口(高于河床 79.3 m)后，临时泄水孔闸被永久性封死，所以此后再也没有异重流排出。

表层异重流：在春夏之交，Lake Mead 水库常出现表层异重流。其原因是，河水矿化度比水库水体的小，造成河水密度小于水库水体密度，河水入库后浮在水库表面，观测资料表明，这种异重流很少能移到坝前 40 km 处。

中部异重流：Lake Mead 水库中部异重流多出现在 8、9 月间，此时期入库河水温度大致等于水库水体表面温度，但河水矿化度较高，致使入库河水密度高于水库表层密度；但另一方面，由于水库底部温度较低，所以入库河水密度介于水库表层密度和水库底部密度之间。

底部异重流：较之于表层、中部异重流，Lake Mead 水库的底部异重流是能够输沙的异重流。在春末和夏季，表层、中层异重流周期性地被底部异重流所替代，但在秋冬季节，Lake Mead 水库出现的异重流主要是底部异重流。这是因为，在 10 月 ~ 翌年 4 月，Colorado 河水比库区上段底部水体凉、矿化度高、含沙量大，这三个因素造成河水密度较大，能够潜入水库清水底部，沿河下移。此时期，常见清浑水界线分明，表层带有漂浮物。

大多数底部异重流不能到达库区的下游段。观测表明，能够明显观测到运移到坝前的底部异重流只有 12 次，其中 11 次发生在水库运用的早期阶段(1935 ~ 1941 年)，此时期水库长度为 113 ~ 193 km，剩下的一次发生在 1947 年秋，相应库区长度为 126 km。Lake Mead 水库异重流发生的规律性与象库发生异重流的基本相似。

运用后的前 14 年间，Lake Mead 水库淤积 20 亿 t，占总库容的 5%。库区淤积量的约 50%(按总量计)或 2/3(按体积计)是由异重流造成的。80%的库区淤积位于水库入口处下游 70 km 附近，23%在 161 km 处附近。

Lake Mead 水库淤积泥沙粗细分布：入库附近多为粗沙(D_{50}>0.062 mm，即 Sand)和粗粉沙(Silt)，库区多为细粉沙和淤泥。异重流挟带的泥沙中径为 1.65 μm，其中黏土占 67%，细沙占 32%，粗沙不到 1%，见图 1。

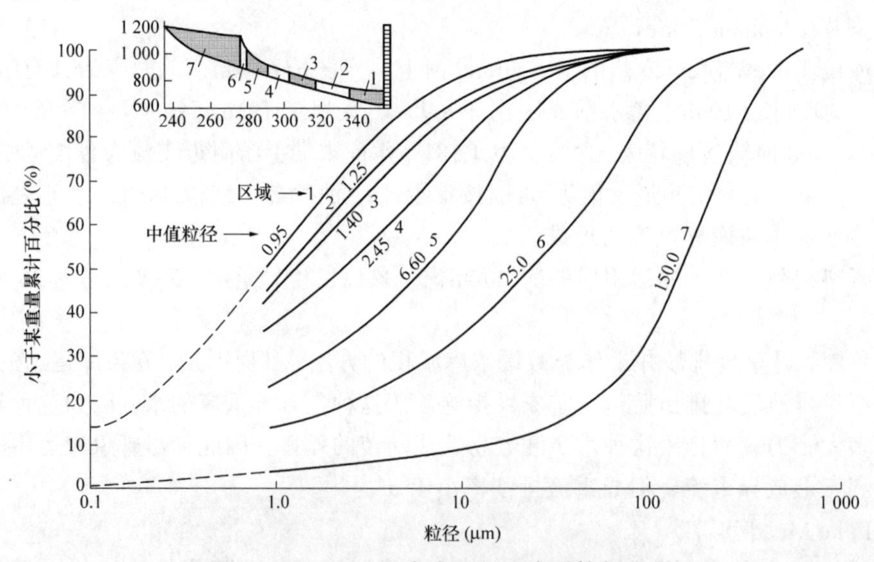

图 1　Lake Mead 水库沿程河床质粒径变化

Lake Mead 水库底部异重流运动速度：平均为 0.09 ~ 0.25 m/s。观测发现，异重流在库区淤积三角洲的陡坡段比在缓坡段的速度大，在库区段，自上而下，异重流由大而小。

1.5 南非水库异重流的基本情况

南非 Welbedacht 水库(见图 2、图 3)位于南非 Caledon 河上，水库集水区位于高产沙区，其产沙模数 1 000 t/(km^2・a)。水库于 1973 年建成，总库容 1.14 亿 m^3。投入运用后的前 3 年水库淤积 0.36 亿 m^3，到 2000 年，水库库容不及总库容的 10%(见图 4)。

图 2 南非 Welbedacht 水库大坝

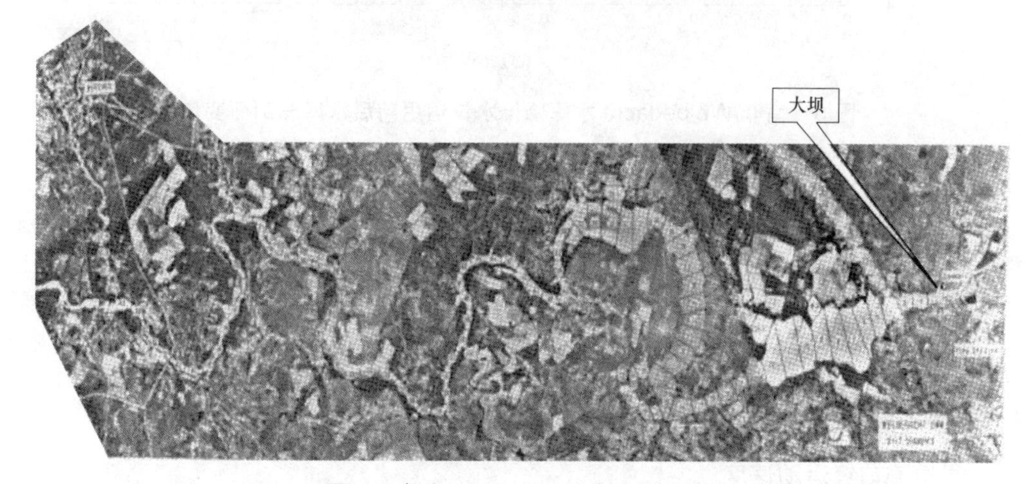

图 3 南非 Welbedacht 水库平面图

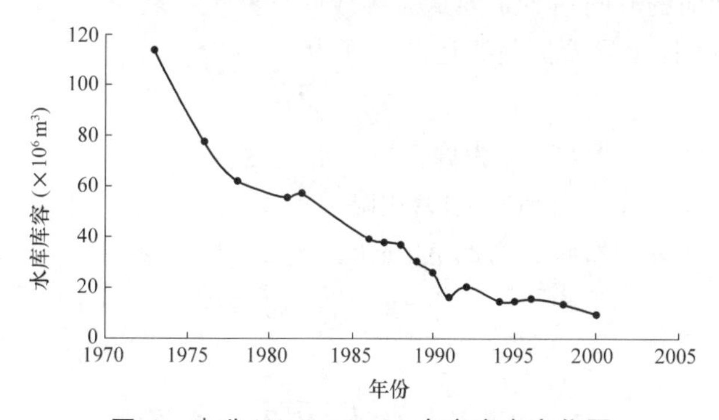

图 4 南非 Welbedacht 水库库容变化图

Welbedacht 水库异重流产生：先是降低库水位泄洪，形成漏斗冲刷，库区产生含沙量较高的紊流，输沙机制为紊流悬沙输移；之后关闭泄水闸，但留底孔敞开，含沙量较高的水流中粗沙首先落淤，较细泥沙下潜形成异重流(见图 5)。从此案例可见，库区三角洲前坡段较陡、入库含沙量较高，有利于发生底部异重流。这与小浪底水库异重流形成条件极为相似。

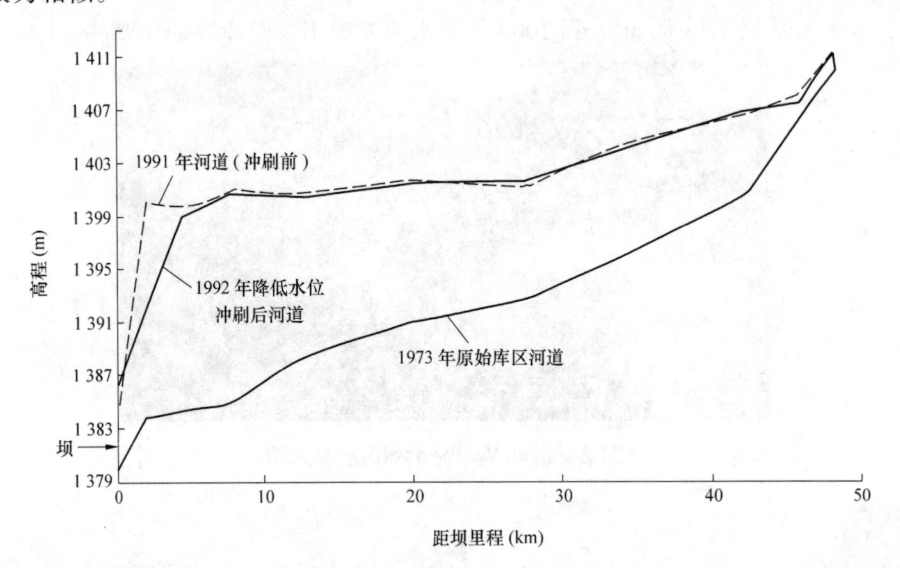

图 5　南非 Welbedacht 水库降低水位运用前后水库总剖面变化

小结：

水库底部异重流运动规律：水库运行的早期，库区河道相对窄深、比降大，此时期容易形成底部异重流；随着库区河道被淤平，底部异重流运动不再受河道的限制，而以平面扩散的形式，逐渐扩散到整个平底河床，所以在水库运用后期很少发生异重流。

异重流消失规律：较强的水流紊动、泥沙淤积造成的比降和密度减小。

2　异重流水力学的几个方面

2.1　异重流前锋运动速度

异重流到达坝前的时间估算是异重流排沙的重要参数之一。

Keulegan (1958)提出异重流前锋运动速度为

$$v_n = 0.75\sqrt{g'h_n}$$

式中：h_n 为异重流锋头的厚度；g'为修正重力加速度。

考虑到异重流在水库三角洲前坡段(比降大)运动速度较大的特点，可见该公式的缺点是没有考虑河道比降的影响，为此 Altinakar 提出：

$$U_f=(g_0q)^{1/2}f(S_0)$$

Basson 等参照提出：

$$U_f = C_n\sqrt{g'H_fS_0}$$

公式中各个变量的含义见图 6。

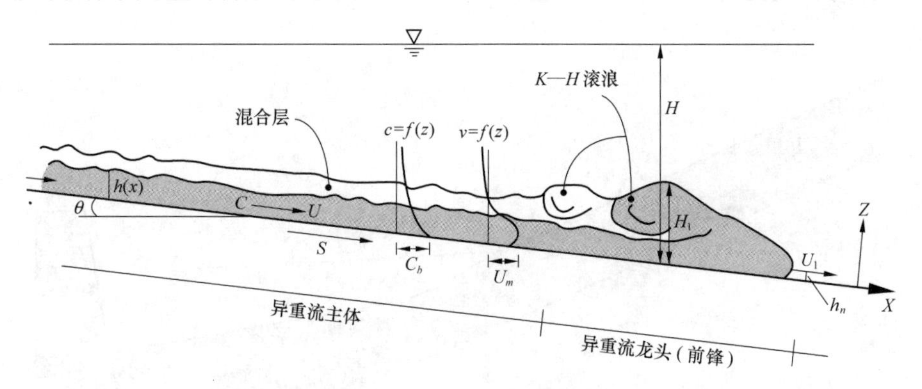

图 6 异重流运动示意图

这与韩其为公式 $v=C^{-1}\left(qS_iJ\right)^{1/3}$ (式中：q 为单宽流量；S_i 为潜入断面含沙量；J 库底比降；C 为系数)包含的变量大致相同。

2.2 异重流形成和持续输移的条件

关于异重流形成的条件，最早 Dequennois (1956) 提出紊流转化为异重流的标准是 $(\gamma'-1)q$，Levy(1958)提出形成异重流的最小含沙量，范家骅(1960)提出

$$\frac{v_0}{\sqrt{\frac{\Delta\gamma}{\gamma}gh_0}}=0.78(<1) \tag{1}$$

异重流形成国外多数公式都与范家骅的公式相似，无非是临界值不同而已(见表 1)。

表 1 异重流潜入点的临界修正 Froude 数

参考	Froude 数
Ford 和 Jolmson(1980)	0.1 ~ 0.7
Itakura 和 Kishi(1979)	0.54 ~ 0.69
Singh 和 Shah(1971)	0.30 ~ 0.80
Kan 和 Tamai(1981)	0.45 ~ 0.92
Fukuoka 和 Fukushima(1980)	0.40 ~ 0. 72
Farrell 和 Stefan(1986)	0.66 ~ 0.70
Akiyama et al.(1987)	0.56 ~ 0.89

然而，除此之外，还有不同的方法，它们的结果看起来更直观。

Rooseboom(1975)从清浑水密度差产生压力差的角度，提出了产生异重流的条件为异重流压力大于紊流压力，即

$$\frac{\Delta\rho S_0}{\rho S_f}>1 \tag{2}$$

式中：$\Delta\rho$、ρ分别为清浑水密度差和清水密度；S_0和S_f分别为潜入点下游、上游比降(见图 7)。

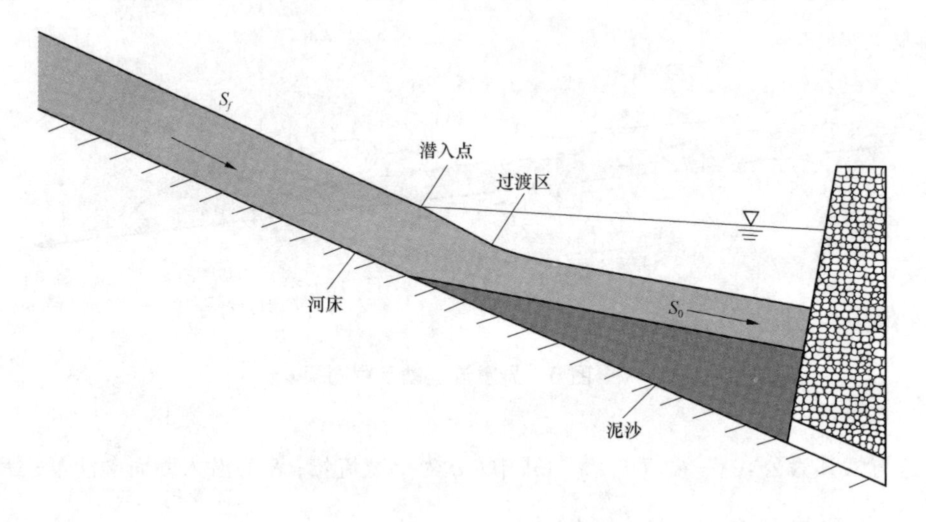

图 7　水库异重流产生示意图

使用谢才系数，上述表达式可化为

$$\frac{\Delta\rho S_0 C^2 R}{\rho v^2} \tag{3}$$

式中：C为谢才系数；R为水力半径。

由此可见，影响异重流产生的条件是：

(1)较大的河道水深；

(2)较大的清浑水密度差；

(3)库区河道比降较大；

(4)入库水流流速较小。

Basson 从河流最小功率的角度，提出了异重流形成和连续输移的条件，简述如下。

假设在异重流潜入点河流紊流转化为异重流时一点儿能量不损失，那么，河流紊流功率＝异重流功率，即

$$\int_{y_0}^{D}\rho g\overline{v}S_f = \int_{y_0}^{d}\Delta\rho g\overline{v}S_0 \tag{4}$$

所以，异重流产生的条件应该是

$$\frac{\Delta\rho g Q S_0}{\rho g Q S_f} \leqslant 1 \tag{5}$$

化简为

$$\frac{\Delta\rho S_0}{\rho S_f} \leqslant 1 \tag{6}$$

Akiyama 等人(1987)验证了发生均匀异重流时异重流功率的确小于等于河流入库功

率(见图 8)。

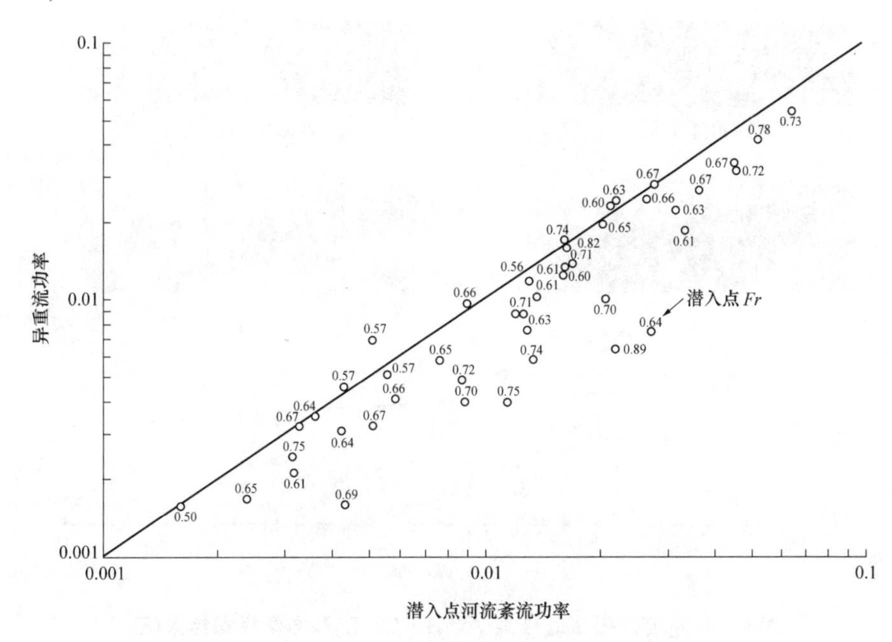

图 8　异重流功率与河流功率的相对大小关系(Akiyama 等人(1987))

Basson 评价公式(2)和公式(6)：两个公式好像矛盾。Rooseboom 的公式(2)表明，清浑水密度差越大、潜入点下游比降(S_0)越大、潜入点上游比降(S_f)越小越有利于形成异重流。实际情况也的确如此：库区河道比降大、清浑水密度差大的确有利于异重流形成后连续运移到坝前。公式(6)表明，在异重流潜入点上游河道比降(S_f)大有利于异重流形成：因为入流动量越大越有利于河流水流潜入水下，一旦河水接近河底，密度差有利于阻止潜流发生“水跃”；另外，公式(6)也表明，在潜入点上游比降一定时，下游比降不能超过某个最大值，否则，过大的比降造成紊流混和可能阻止异重流的形成。

无论如何，公式(2)和公式(6)表明，影响异重流形成的主要因素是潜入点上、下游的河道比降和密度差。

3　异重流数学模型

国外用立面二维模型和三维模型模拟了异重流的运动。

3.1　立面二维模型

Kassem 和 Imran (2001)运用立面二维 Navier-Stokes 模型模拟实验室水槽异重流(Lee 和 Yu，1997)和加拿大 Saguenay 峡湾发生的异重流，模拟结果与实测资料基本相符。

模型基本方程包括水流质量守恒方程、动量守恒方程和沙量守恒方程，为了方程组封闭，还使用了 k–ε 紊流模型。

3.1.1　水槽异重流

异重流水槽试验由 Lee 和 Yu(1997)完成。水槽长 20 m、宽 0.2 m、深 0.6 m，悬沙为高岭土，数学模型计算步长为 0.1s。数学模型计算结果(见图 9)与实测基本相符。

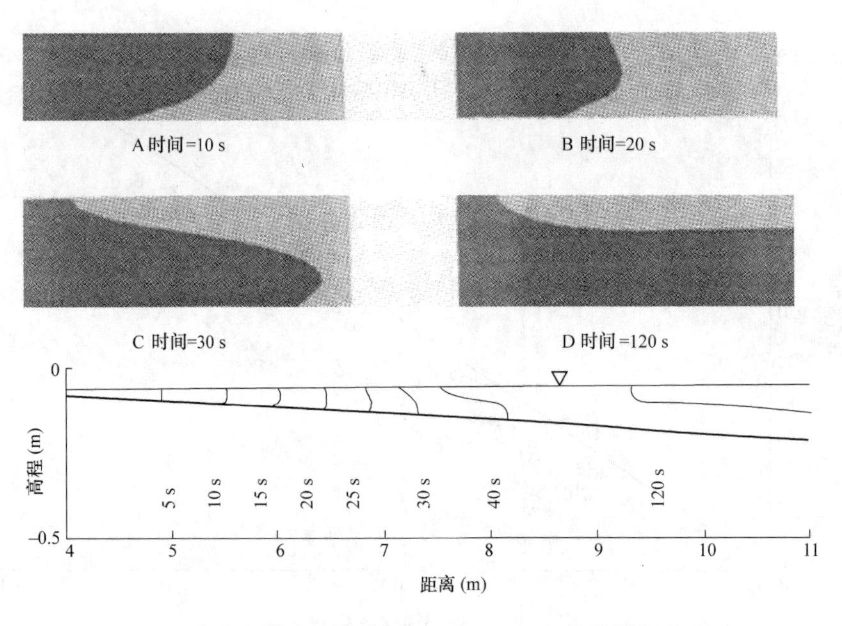

图 9 异重流水槽试验结果(A、B、C、D)和数学模拟结果(E)

3.1.2 加拿大 Saguenay 峡湾异重流

Saguenay 峡湾长 40 km，近乎等宽，计算时间步长 10 ~ 40 s，网格大小 4 000 m × 25 m。

图 10 表明在 9 h 后异重流向前运移了大约 30 km，从图中还能看出，在异重流向前运动时，异重流与周围环境水体发生掺混、异重流厚度沿程增加的现象。再者，当比降变小时(在 20km 处)，异重流发生内部“水跃”现象。这些数学模拟结果与 Garcia 和 Parker (1989)所做的室内试验完全一样。

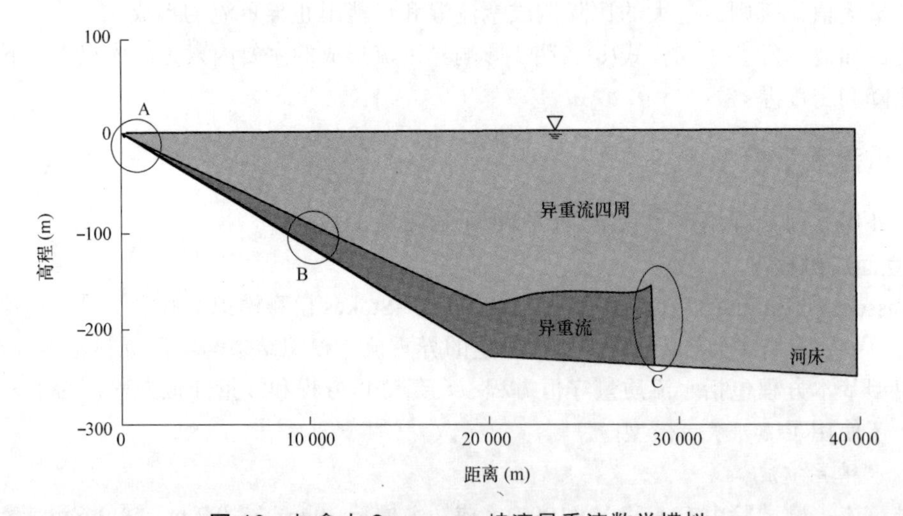

图 10 加拿大 Saguenay 峡湾异重流数学模拟

其中异重流潜入点(A)附近、异重流前锋处(C)附近的流速、含沙量情况见图 11。

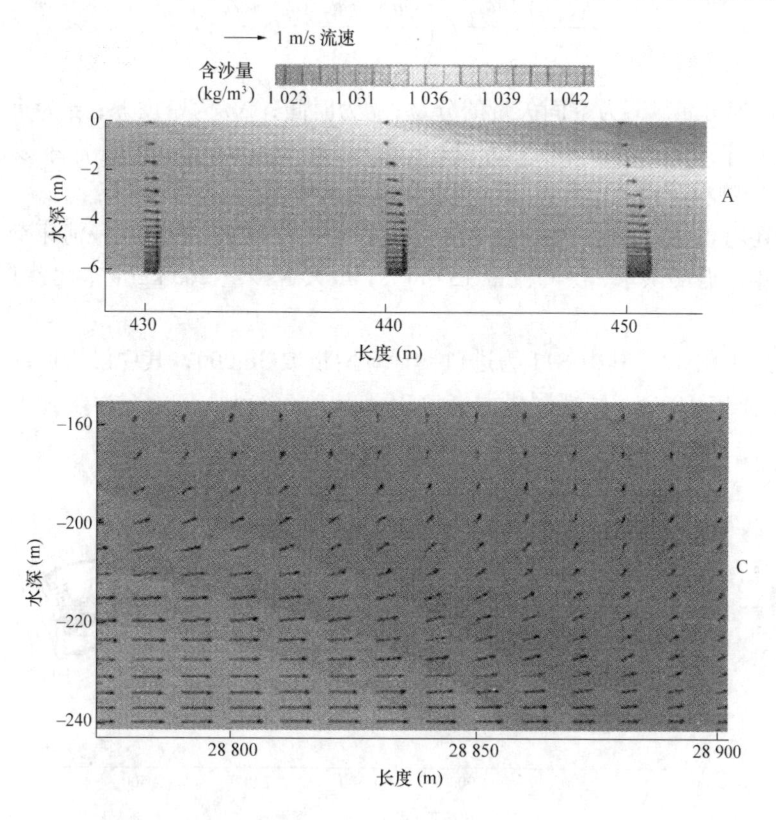

图 11 加拿大 Saguenay 峡湾异重流数学模拟(A、C)

3.2 三维模型模拟水库异重流

De Cesare 等(2001)使用了三维 Navier-Stokes 模型模拟了瑞士 Alps 山上的 Luzzone 水库。

基本方程如下：

水流质量守恒

$$\frac{\partial u_i}{\partial x_i}=0$$

动量守恒

$$\frac{\partial u_i}{\partial t}+\frac{\partial(u_i u_j)}{\partial x_j}=\frac{\Delta\rho}{\rho}g_i+\frac{\partial\sigma_{ij}}{\partial x_j}$$

其中

$$\sigma_{ij}=\frac{-p}{\rho}\delta_{ij}+v_{eff}\left(\frac{\partial u_i}{\partial x_i}+\frac{\partial u_j}{\partial x_i}\right)$$

考虑泥沙冲淤过程的沙量守恒

$$\frac{\partial c_s}{\partial t}+\frac{\partial(c_s u_i)}{\partial x_i}=\frac{v_{eff}}{\sigma_c}c_s\left(\frac{\partial u_i}{\partial x_j}+\frac{\partial u_j}{\partial x_i}\right)-v_{si}\frac{\partial}{\partial x_i}\left(c_s\frac{\rho_f}{\rho}\right)$$

式中：u_i为流速分量；x_i为空间矢量的分量；t为时间；$\Delta\rho$为密度差；g为重力加速度；σ_{ij}为剪切力在平面i上沿j方向的分量；p为压力；v_{eff}为有效运动黏滞系数；c_s为含沙量；v_{si}为泥沙颗粒沉速；ρ为混和体密度；ρ_f为流体密度。

此外，还考虑了k-ε紊流模型、Parker等人(1986、1987)的水流—河床交换模型。

模拟百年一遇的洪水，洪峰流量137 m^3/s，最大含沙量265 kg/m^3，泥沙直径D=0.02 mm。

水库地形见图12，其中S11为进口。计算网格数36 000，其中沿库区纵向100个、横向20个、垂向18个，底部网格大小为25 m×5 m×2 m。

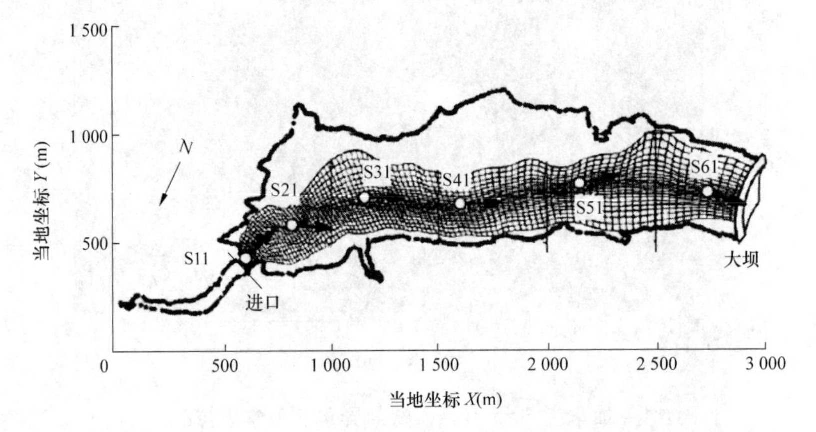

图12 瑞士Alps山上的Luzzone水库地形

模型在S11、S21、S31、S41、S51、S61的模拟结果见图13。

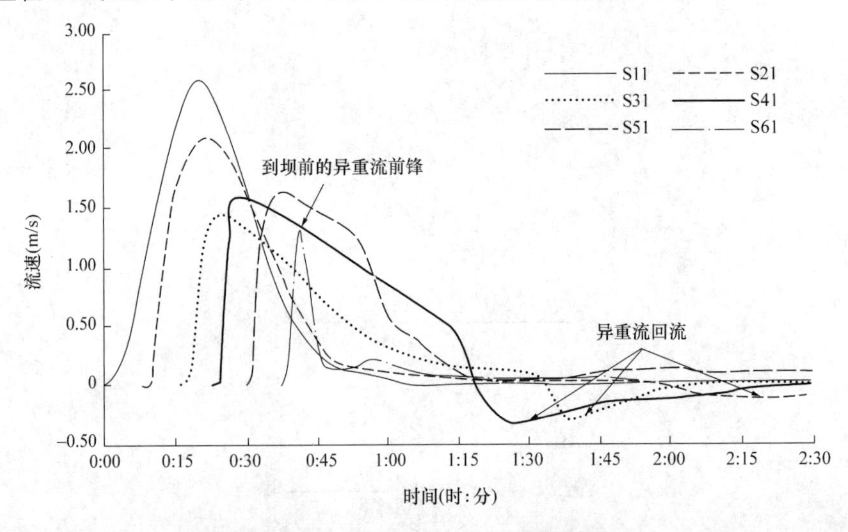

图13 水库S11～S61点的流速时间过程线

从图 13 中可见，异重流在窄狭的峡谷段最大流速为 2.5 m/s(S11 下游附近)，大约 40 min 后异重流到达坝前，异重流到达坝前被反射，出现“逆流”，逆流段占库区长度的 2/3。

4 结 论

4.1 感性认识层面

美国、南非等国水库异重流发生、运移，与下列因素有关：

(1)库区三角洲的比降。库区三角洲比降大，容易形成异重流。这是水库运用后前期发生异重流的几率高于后期的重要原因。

(2)与浑水含沙量有关。

4.2 理论公式层面

关于异重流形成、运移到坝前的条件，国外大多数使用范家骅公式。但是南非的专家教授提出了自己的公式。南非公式包含的要素、结构与感性认识直接相符，值得我们参考。

4.3 数值模拟层面

国内外都使用了立面二维和三维 Navier-Stokes 模型模拟水库异重流。异重流的基本特性大致都能模拟出。

关于河口、水库异重流的异同点，国内外尚缺乏研究。

对水库异重流的研究与建议

焦恩泽

(黄河水利科学研究院　郑州　450003)

摘要　本文提异重流迁入条件的通用公式$(Fr' \cdot Re_{\mathrm{m}})^{1/2}=k/S_V''$，可以判别各级含沙量异重流发生的条件。列举出异重流的不恒定性、持续运动、流速、含沙量垂线分布的实例。提出三种确定交界面的方法，应进一步研究。异重流的问题很复杂，还有很多因素需要研究。

建议：恢复巴家嘴水库观测工作，对已有资料进行整理刊印出版(内部)。小浪底水库的观测研究组成项目组应内外业、生产与科研结合，共同攻关。

关键词　异重流　交界面　观测与研究

我在水库异重流方面的工作经历了两个阶段：一是从1954年至1956年于官厅水库在龙毓骞先生领导下，做过观测和资料整理及初步分析，1956年回到北京水科院，师从侯晖昌、范家骅先生，进行官厅水库异重流分析。二是在1984～1985年到巴家嘴水库查勘、观测，在室内做高含沙异重流试验。对水库异重流做了些研究，但不够系统和完整，只能粗略地介绍一些情况，如能起到抛砖引玉的作用，我已很欣慰了。

1　水库异重流一些特征与特性

1.1　水库异重流的产生过程

水库蓄水达到一定的高程之后，若有挟沙洪水进入水库，首先进入水库回水末端及其下游附近库段，这一库段的过水面积由回水末端起，沿程逐渐增加，在相同流量条件下，水流流速沿程减缓，相应的输沙能力下降，首先是一部分粗颗粒泥沙沉积，构成三角洲尾部段淤积体，这是浑水进入水库第一次分选；浑水继续向下游运行，剩余部分粗颗粒泥沙沿程继续沉积，久之淤积成三角洲，这是第二次分选。浑水进入淤积三角顶点以下，泥沙组成细化，一般在 0.025 mm 以下，在具备一定的水沙因子之后，浑水开始潜入清水下面沿库底向坝址方向运行。这种现象就是由挟沙水流转变成水库异重流的全过程，见图 1。由于进库洪水是不恒定流的过程，异重流潜入点位置随之上下移动，在洪峰上涨过程潜入点向下游移动，当洪峰退落过程潜入点向上游移动。产生异重流的泥沙组成一般均在 0.025 mm 以下(高含沙异重流另论)。因此，泥水异重流流体已经不是牛顿流体，而是非牛顿流体，在国内多用宾汉流体表达。我们曾经用 $d<0.01$ mm 占 85%的沙样做了流变试验，含沙量在 20 kg/m^3 时，就量测出极限剪切力 τ_B 和刚度系数 η 值。

异重流潜入点下游集聚了大量漂浮物，这是因为异重流在清水底向下游流动时，带动了交界面上面的清水向下游流动，受水量平衡原理的作用，潜入点下游的清水水面出现倒比降，因而产生环流(见图 1)。环流范围长短取决于异重流流量的大小。

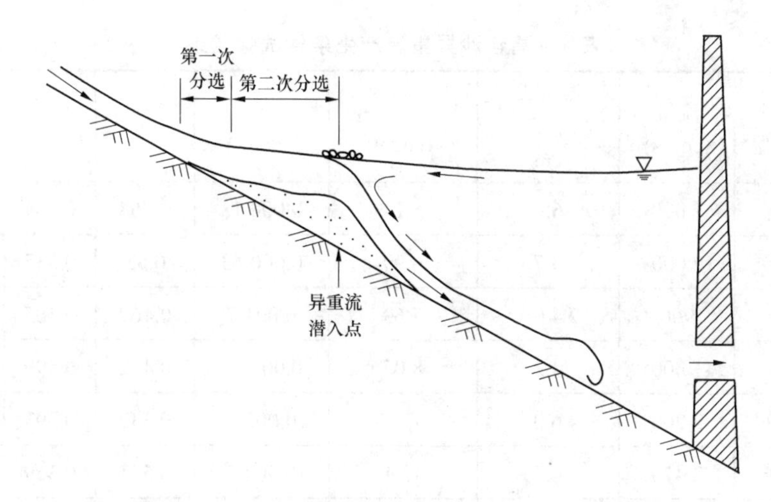

图 1　洪水进库后泥沙淤积与异重流产生示意图

1.2　异重流产生条件

20 世纪 50 年代范家骅根据水槽试验求得异重流产生条件为[2]

$$Fr' = \frac{u}{\sqrt{\frac{\Delta\gamma}{\gamma} gh}} = 0.78 \tag{1}$$

式中：Fr' 为修正弗劳德数；u、h 分别为潜入点处的流速和水深；γ' 为浑水容重。$\Delta\gamma=\gamma'-\gamma$，$\gamma$为清水容重。

日本芦田和男考虑了水流连续方程，并对运动方程进行积分，求得异重流潜入点的水深。

$$H_e = 0.365 q^{2/3} (\frac{\Delta\gamma}{\gamma'} gJ)^{-1/3} \tag{2}$$

朱鹏程从异重流受力的情况，与进出断面的动量改变率出发，推导出异重流产生判别式：

$$H_k = \frac{q^{2/3}}{\left(\frac{\Delta\gamma}{\gamma'} gJ\right)^{1/3}} \tag{3}$$

上述公式属于一般浑水产生异重流的判别式。

1.3　高含沙异重流产生特性

我们在室内水槽中做了试验，含沙量在 11.1 ~ 479 kg/m^3 的范围，含沙量在 300 kg/m^3 以上的有 13 组，见表 1。试验沙样 $d<0.01$ mm 的沙重百分比为 85%。

用试验资料按式(1)计算，在体积比含沙量 $S_V>0.15$ 时与修正的弗氏数 Fr'几乎无相关关系，见图 2。

因此不得不另辟蹊径进行分析。

根据表 1 资料对异重流作了阻力计算，其公式为

$$\lambda_m = \frac{8ghJ}{U^2} \frac{\Delta\gamma}{\gamma'} \tag{4}$$

表 1　高含沙异重流产生条件试验成果

序号	含沙量 (kg/m^3)	流量 (cm^3/s)	潜入点水深 (cm)	平均流速 (cm/s)	τ_B (g/cm^2)	Fr'	λ_m	Re'_m
1	11.1	1 000	6.6	5.14	0.000 18	0.768	0.184	256 718
2	30.0	2 000	9.7	6.99	0.000 43	0.53	0.337	85 530
3	117.2	900	4.0	7.63	0.001 7	0.467	0.565	5 771
4	135.0	1 000	4.2	8.07	0.001 95	0.452	0.599	4 893
5	163.9	2 200	6.0	12.4	0.002 6	0.532	0.393	8 272
6	158.1	2 470	6.4	13.1	0.002 5	0.551	0.359	10 011
7	257.1	2 470	5.5	15.2	0.006	0.558	0.367	3 630
8	257.8	3 000	6.5	15.7	0.006	0.527	0.362	4 288
9	361.9	4 180	7.6	18.6	0.023 5	0.503	0.408	1 217
10	416.8	2 000	6.0	11.3	0.066	0.324	1.038	135.7
11	429.9	1 240	5.0	8.41	0.080	0.261	2.12	58
12	421.5	1 180	4.2	9.52	0.070	0.325	1.15	82.4
13	427.2	1 470	6.4	7.80	0.076	0.214	2.38	56.2
14	415.1	1 940	7.2	9.13	0.065	0.240	1.83	95.4
15	427.8	650	4.5	4.90	0.077	0.161	4.66	19.9
16	403.1	2 590	6.3	13.9	0.054	0.369	0.701	261
17	266.0	2 000	5.4	12.6	0.006 6	0.458	0.548	2 185
18	260.9	1 410	4.4	10.9	0.006 2	0.442	0.618	1 675
19	253.6	2 120	5.7	12.6	0.005 8	0.457	0.541	2 639
20	324.2	3 120	6.5	16.3	0.013 5	0.497	0.44	1 649
21	375.6	3 560	6.9	17.5	0.031	0.488	0.448	769
22	226.5	1 560	4.5	11.8	0.004 5	0.503	0.475	3 012
23	121.5	2 530	6.0	14.3	0.001 7	0.703	0.226	20 998
24	78.9	2 560	7.1	12.2	0.001 07	0.677	0.230	37 788
25	51.9	970	5.1	6.45	0.007 2	0.516	0.439	20 906
26	421.6	2 000	4.7	14.4	0.07	0.466	0.548	194
27	479.7	2 060	8.1	8.6	0.16	0.202	2.490	33
28	425.5	236	4.8	1.67	0.075	0.053	9.53	2.43

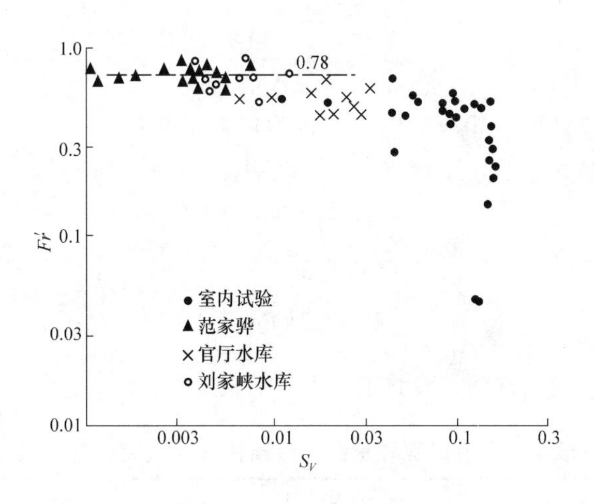

图 2　$S_V \sim Fr'$关系[3]

为了研究一般含沙异重流和高含沙异重流有什么区别，用表 1 中的全部资料计算有效黏度雷诺数，公式为

$$Re'_m = \frac{4hu\gamma'}{\dfrac{\Delta\gamma}{\gamma'} g(\eta + \dfrac{\tau_B R}{2U})} \tag{5}$$

从图 3 中可看出，层流区中的体积比含沙量均大于 0.15，紊流区的体积比含沙量均小于 0.04。

光滑区的体积比含沙量在 0.04 ~ 0.15 之间。这说明，异重流的产生不仅与修正后的弗劳德数 Fr'有关，同时与有效黏度雷诺数也是密切相关的。

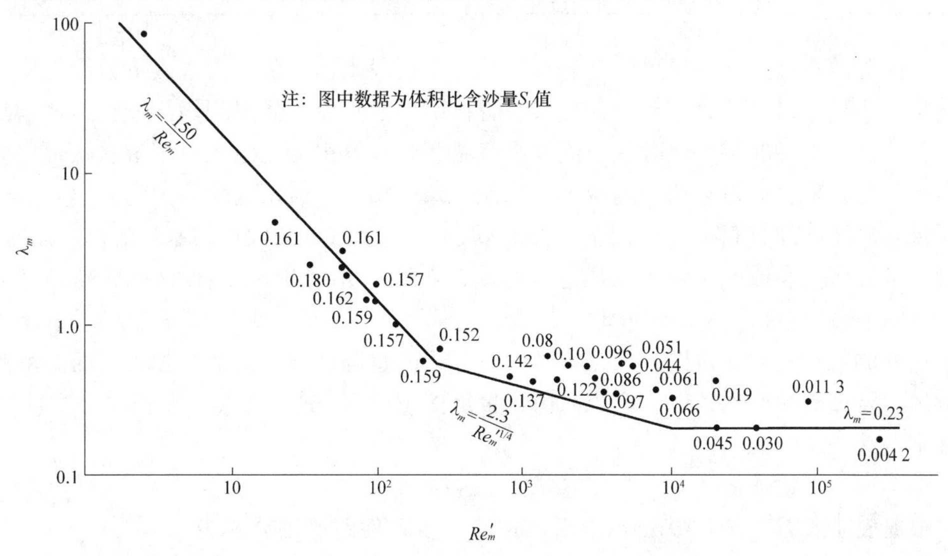

图 3　异重流潜入点处$\lambda_m \sim Re'_m$关系[3]

图中层流区阻力关系为

$$\lambda_m = \frac{150}{Re'_m} \tag{6}$$

此区为宾汉体高沙区，相应的体积比含沙量大于 0.15。

紊流区阻力关系为

$$\lambda_m = 0.23 \tag{7}$$

光滑区阻力关系为

$$\lambda_m = 2.3/(Re'_m)^{0.25} \tag{8}$$

表 2 是异重流产生条件的流变试验成果。

表 2　室内试验异重流产生条件沙样流变试验成果

S(kg/m³)	τ_B(g/cm²)	η(g·s/cm²)×10⁻⁵	S(kg/m³)	τ_B(g/cm²)	η(g·s/cm²)×10⁻⁵
384	0.043 5	5.316	80.0	0.002 5	1.113
346	0.030 4	3.93	69.4	0.001 8	1.122
298	0.009 3	2.66	61.0	0.002 1	1.082
281	0.008 3	2.43	50.1	0.001 7	0.99
253	0.006 3	2.16	47.0	0.000 41	1.05
207	0.003 3	1.91	41.1	0.000 48	1.15
169	0.003 0	1.46	31.8	0.000 56	1.09
123	0.001 35	1.35	26.0	0.000 37	0.99
107	0.002 5	1.18	21.5	0.000 53	0.95
92.0	0.002 6	1.00	19.6	0.000 34	0.97
86.7	0.001 09	1.12	18.0	0.000 11	0.98

在高含沙水流产生的异重流潜入点上游，明流段水面平静，潜入点下游没有发生水跃现象，一旦进口含沙量小于 400 kg/m³ 时，明渠段水流开始出现微细波纹，特别是当进口含沙量小于 200 kg/m³ 时，明流段水流湍急，波浪很陡，潜入点下游水跃现象非常突出。总之，随着进口含沙量的减小，水流现象向湍急、波浪起伏较大的方向发展。这种现象与含沙浓度有直接关系，同时也启示我们，含沙浓度的大小与水流流动形态有关，即含沙量的多少会改变水流流动形态。为此，点绘了 Re'_m 与 S_V 关系，见图 4。

从图中可以看出，$S_V<0.04$ 时，自成一个体系；$S_V>0.15$ 时，Re'_m 与 S_V 没有相关关系；在 $0.04<S_V<0.15$ 范围，又是另外一种体系。这与图 1、图 2 是相对应的。由此可以看出，异重流的产生条件，应当采用无量纲参数，即 Fr' 和 Re'_m 与体积比含沙量 S_V 共同决定，其关系式为

$$Fr'Re'_m = f(S_V) \tag{9}$$

根据表 1 资料，按式(9)可以求得异重流产生条件的通用公式为

$$(Fr'Re'_m)^{1/2} = \frac{k}{S_V^n} \tag{10}$$

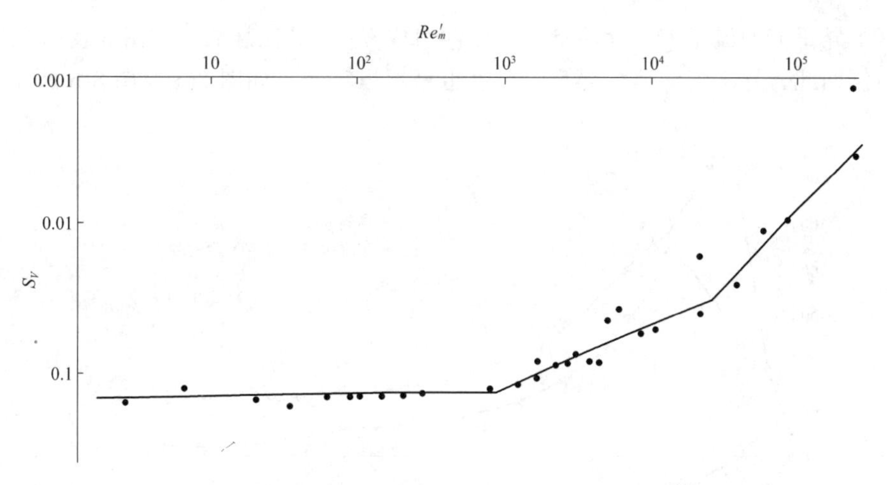

图 4　高含沙异重流潜入点处 $S_V \sim Re'_m$ 关系[3]

式中：k 及 n 分别为系数和指数。当 $S_V<0.04$ 时，$k=16$，$n=0.61$；当 $0.04<S_V<0.15$ 时，$k=1.6$，$n=1.3$；当 $S_V>0.15$ 时，$Fr'Re'_m$ 与 S_V 无关(见图 5)。

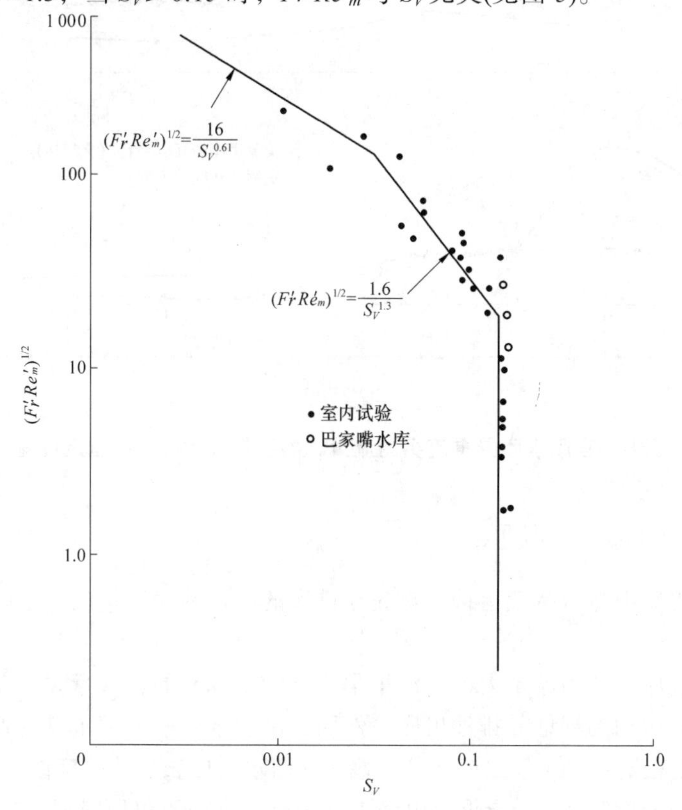

图 5　异重流产生条件判别式[3]

1.4　异重流运动的不恒定特性

天然河道的洪水过程是非恒定的，洪水进入水库后所产生的异重流也是恒定的，它表现在两个方面：一是流量过程不恒定，另一方面是含沙浓度在全过程不恒定，自进库到库区，异重流的流量 Q、含沙量 S 及泥沙组成 d_{50} 在沿程衰减，如图 6 及图 7 所示。

不仅如此，异重流流速、异重流厚度也是不恒定的，如图 8(a)及图 8(b)所示。

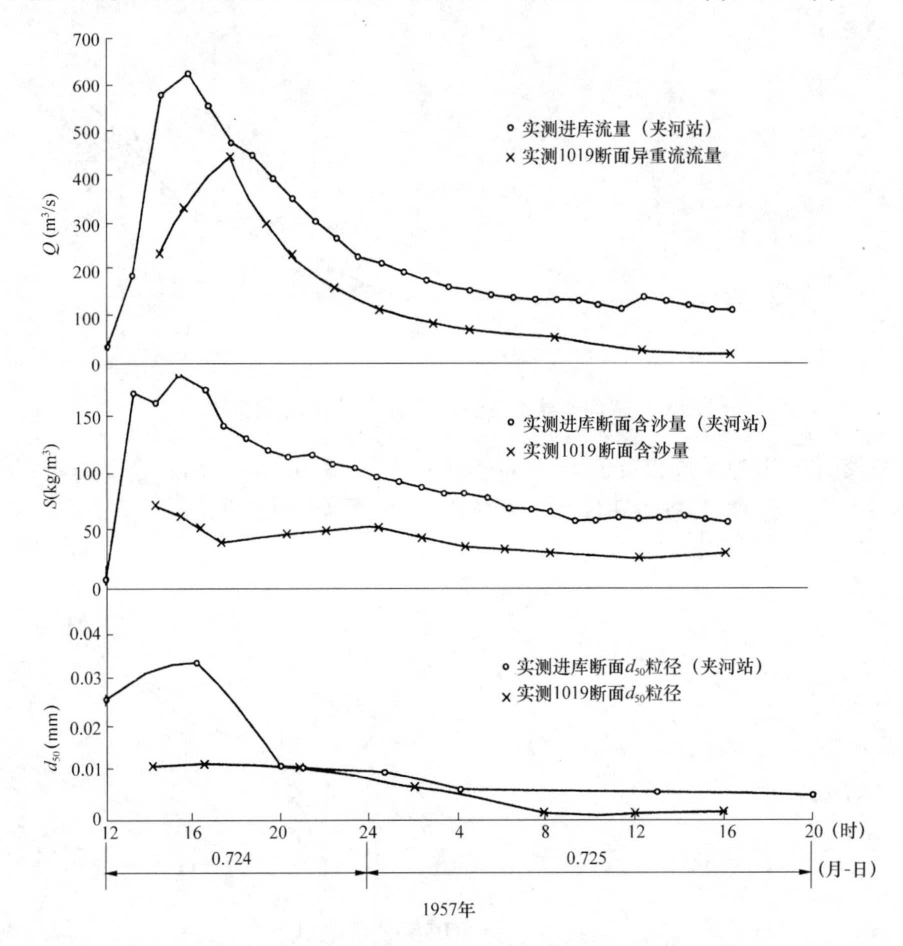

图 6　官厅水库异重流实测流量、含沙量及 d_{50} 的不恒定过程

2　异重流运动的持续问题

异重流在水库中能否持续运动，首先与进库的流量和含沙量的大小以及洪水历时有关。

一般讲，进库洪水的流量大，含沙量中 $d<0.01$ mm 的含沙量高，在相同的库区边界条件下，可以运动到坝址并排沙出库。然而，由于水库前期蓄水量的差异，洪水进库前库水位高低也是有差别的。水库水位较高，其回水长度长，异重流在库区运行距离远，异重流在各断面的槽蓄量多，异重流由潜入点运行到坝前不仅历时要长，而且槽蓄量大。反之，库水位低，潜入点距坝里程短，所需槽蓄量小，在相同的进库水沙条件下，到达坝前前者排沙量少而后者可以多排沙，所以库水位的高低、各横断面的前期形态也是影响异重流持续运动的重要因素之一(见图 9)。

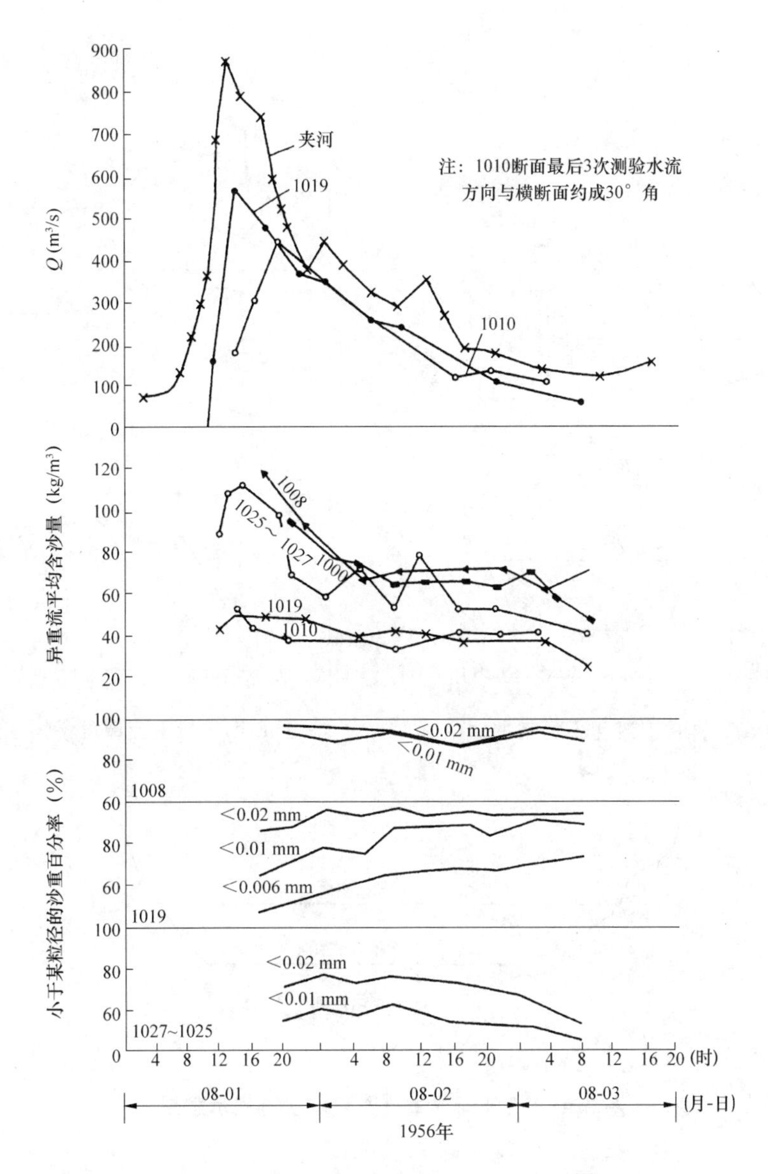

图 7　官厅水库异重流沿程衰减过程[3]

除此之外，水库地形突然放宽或缩窄、湾道、库区建筑物(如桥梁、防护工程等)也会增加局部阻力，又是影响异重流持续运动的条件之一。总之，为计算异重流排沙量，还应当深入研究影响持续运动的各种因素。

3　异重流垂线分布

异重流的流速和含沙量在垂线上的分布大体有两种形式：一是一般含沙量异重流在垂线分布(如图 10 所示)；二是高含沙异重流在垂线上的分布，如图 11 所示。目前对分布的形式还没一个很理想的数学表达式，特别是对高含沙异重流的流速分布，因为有流核存在，各测点是直线相连的。

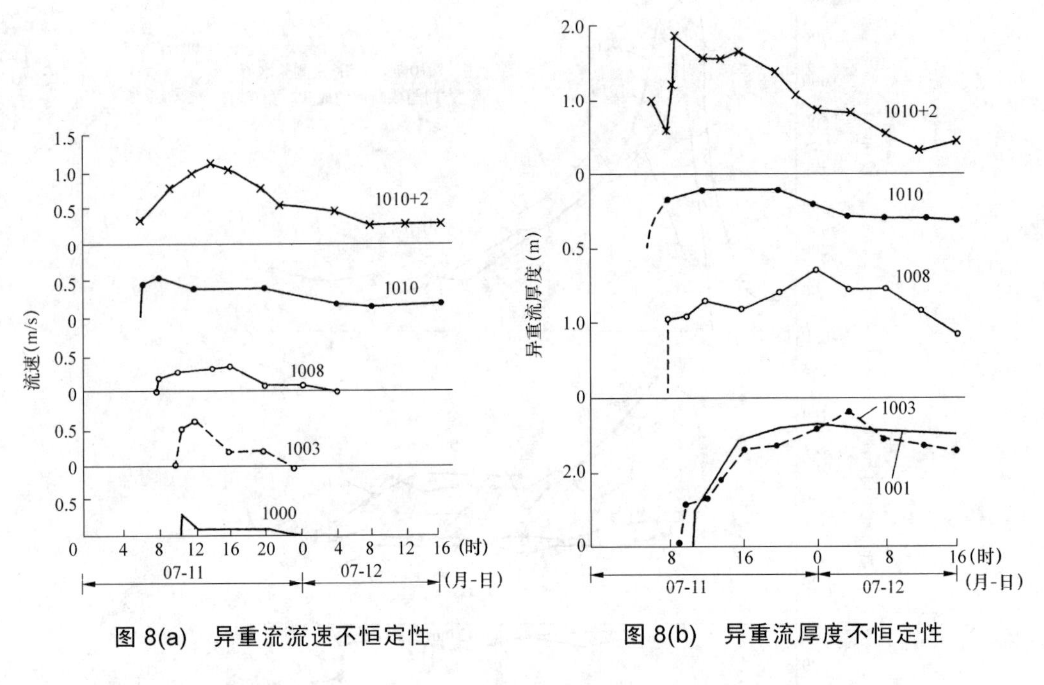

图 8(a) 异重流流速不恒定性　　图 8(b) 异重流厚度不恒定性

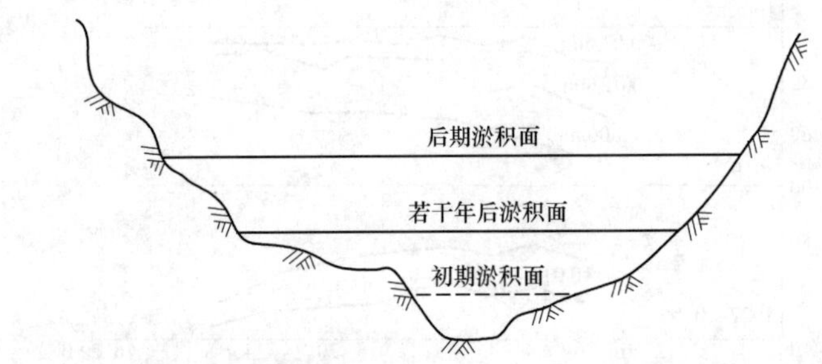

图 9(a) 横断面异重流淤积发展过程示意图

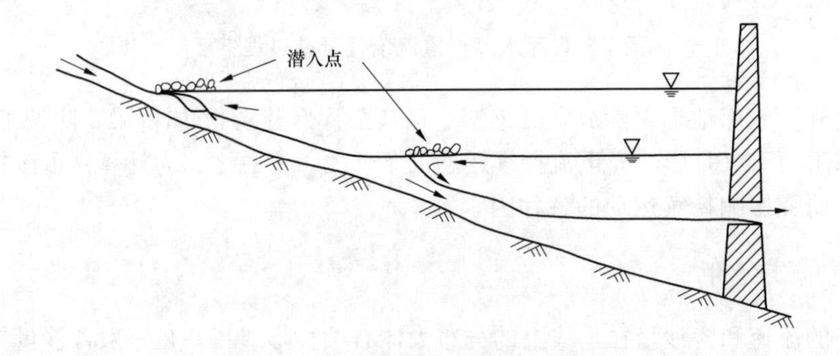

图 9(b) 潜入点距坝不同里程的示意图

4 异重流与清水交界面确定

目前对交界面的划分有三种方法：一是认为在流速分布转折处定为交界面，见图10(a)；二是认为在异重流流速最大位置附近，如图 10(b)；三是小浪底水库定在含沙量为 3 ~ 5 kg/m³ 处，这个问题涉及到异重流厚度、平均含沙量以及异重流输沙能力的计算，目前尚不统一。

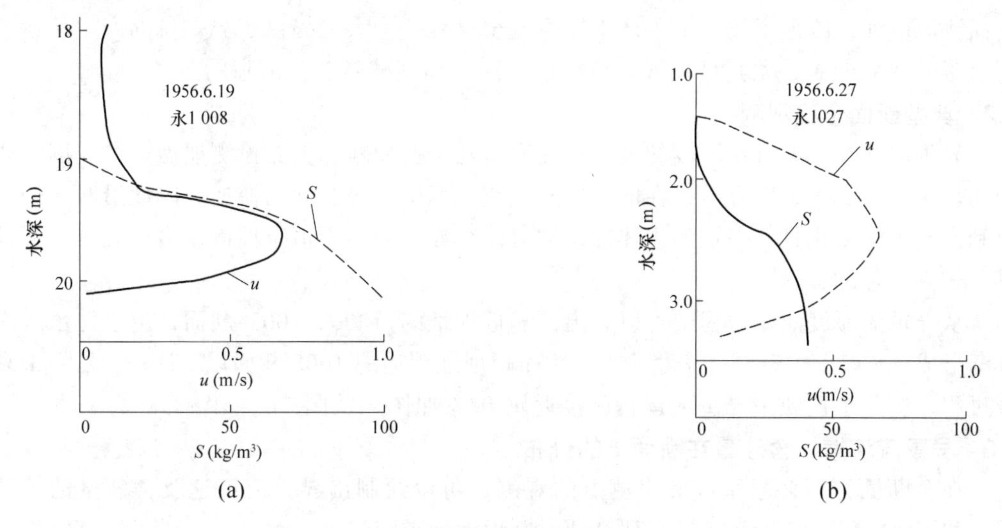

图 10 异重流垂线流速、含沙量分布(官厅)

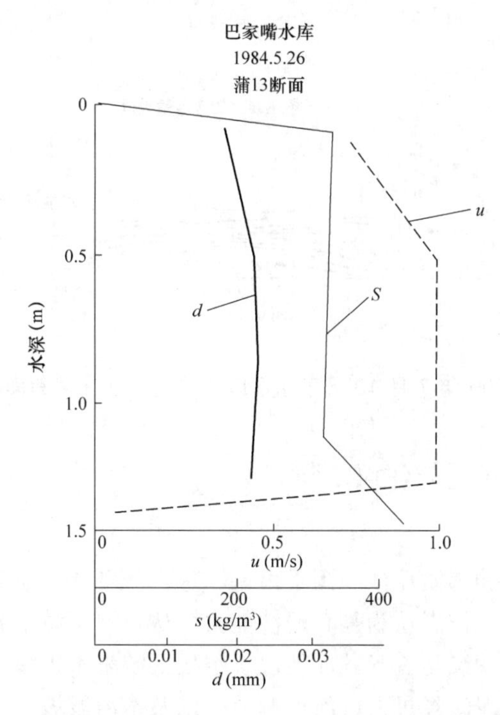

图 11 高含沙异重流流速、含沙量、d 垂线分布(巴家嘴)

5 有关测验方面的体会

前面已经介绍过的几张图(图 6 ~ 图 8)是官厅水库观测的成果，这些成果是用几种观测方式得到的。

5.1 定点连时续观测

图 6 是在进库(夹河站)与库区 1010 断面测量成果。要求两处断面在同一时间进行全断面测流取沙，测得了场次洪水产生异重流全过程，为人们提供了异重流的产生、运动到衰落的演变全貌，尤其是泥沙颗粒组成的演变和衰减是非常清晰的。

5.2 典型断面全程观测

异重流流速与异重流厚度的观测是在库内几个典型断面上布设测船做连续观测，如图 8。从图 8(a)中可以看出，在同一场异重流过程中，各断面的流速、厚度沿时序的变化和沿流程的变化具有一定的规律性，它对研究异重流的不恒定性以及沿程衰减过程提供了较为实际的资料。

从异重流厚度演变过程中可以看出，靠近坝址的 1000、1003 断面，由于浑水水库逐渐形成，其厚度上升到一个稳定值。然而距坝址较远的 1008 断面以上库段，是一个衰减过程，实际上反映了异重流运行已接近尾声(参照图 6 及图 7)。

5.3 异重流流速、含沙量在断面上的分布

在全断面进行多条垂线和多测点的观测，可以绘制出异重流流速及含沙量的等值线，如图 12 及图 13 所示。这对研究通过断面的异重流流量、输沙量提供了极其宝贵的资料。

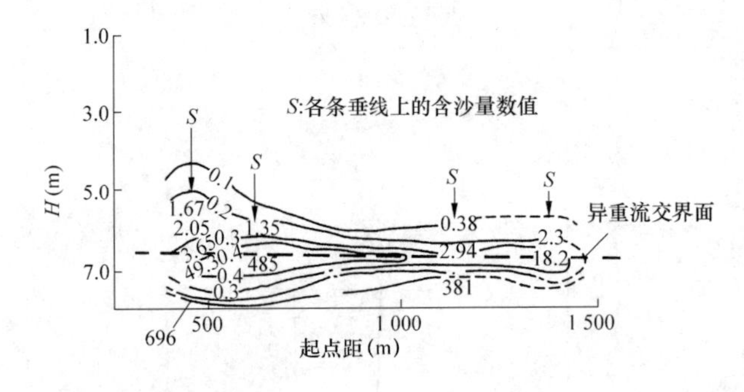

图 12 1956 年 7 月 19 日官厅水库含沙量流速在横断面上的分布

6 需要研究的几个问题与建议

6.1 冲泻质输沙能力

钱宁先生提出：“冲泻质泥沙一泻千里。”这意味着冲泻质泥沙对河道的淤积作用很小，几乎可以不考虑，作者认为是有输沙能力。从黄河下游来看，冲泻质如何界定？在上段河道因为坡度陡，又是首当其冲地段，承接上游来水来沙，其冲泻质的上限粒径要大一些。行至中段的泥沙经过上段河道调节，以及本河段坡度变缓，冲泻质的粒径要比上段为细，行至下段冲泻质的粒径会更细一些，表 3 是黄河下游各水文站多年(1954 ~

1997 年)平均的小于某粒径沙量的百分比，例如 $d<0.025$ mm 百分比是沿程增加，说明泥沙组成沿程变细，冲泻质也应如此。

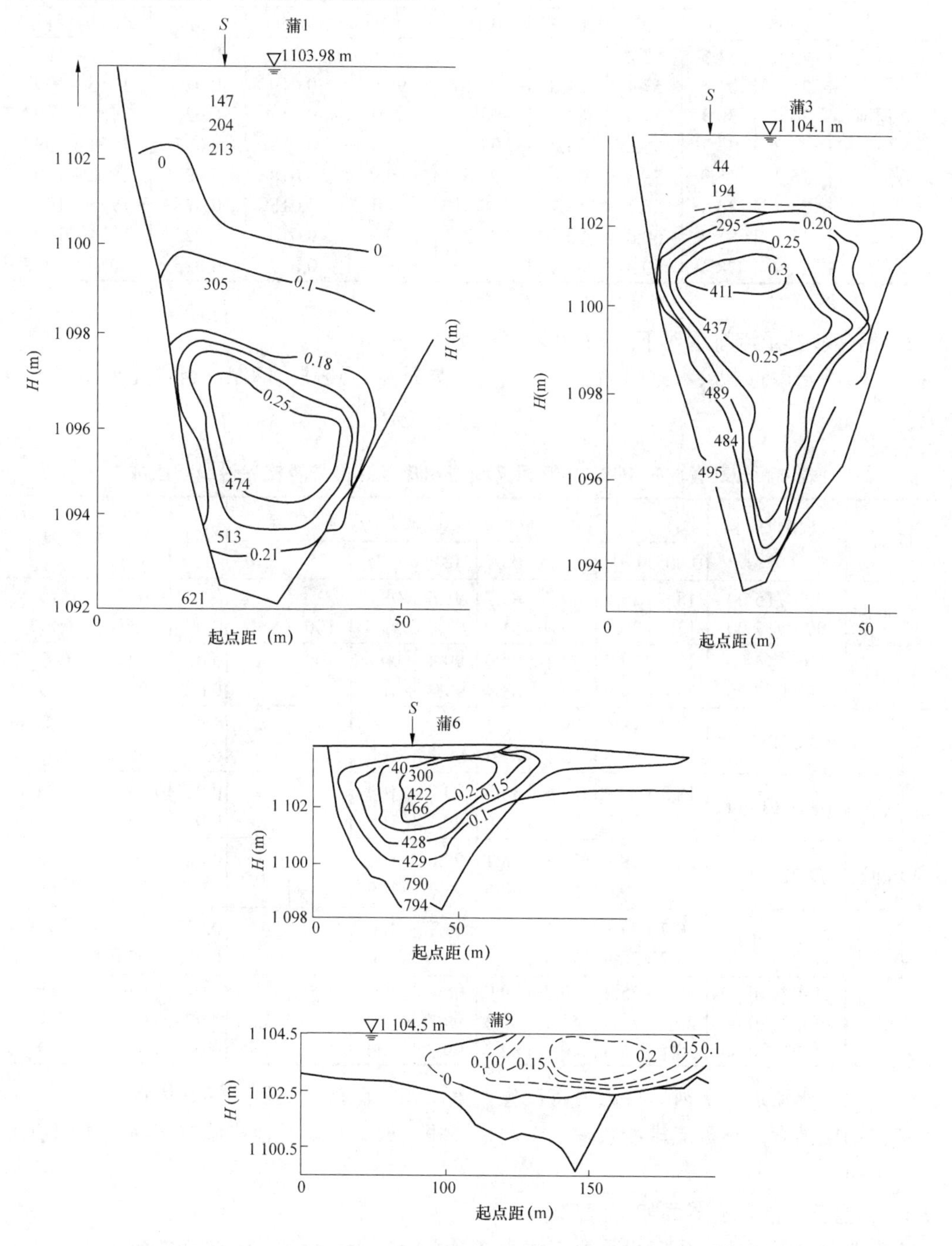

图 13　巴家嘴水库异重流等流速及含沙量垂线分布[3]

因此，要研究冲泻质输沙能力和异重流排沙对下游河道冲淤的影响。

表 3　黄河下游水文站多年平均沙重百分比

站名	平均小于某粒径的沙量百分比(%)								
	0.005	0.010	0.025	0.05	0.10	0.25	d_{50}(mm)	D(mm)	统计时段(年)
小浪底	22.8	31.5	53.2	79.8	96.3	99.8	0.022	0.031	1961 ~ 1997
花园口	25.3	35.1	57.4	81.8	97.1	99.9	0.019	0.029	1955 ~ 1997
夹河滩	26.6	36.3	59.6	84.4	98.2	100	0.018	0.026	1960 ~ 1997
高村	24.2	34.7	58.5	83.8	98.4	99.9	0.018	0.027	1954 ~ 1997
孙口	26.2	35.9	58.5	84.1	98.5	99.9	0.018	0.027	1962 ~ 1997
艾山	25.7	36.0	58.1	83.7	98.8	100	0.018	0.026	1955 ~ 1997
泺口	27.3	37.7	60.6	85.5	98.7	99.9	0.016	0.025	1954 ~ 1997
利津	26.0	28.4	60.3	85.4	99.2	100	0.017	0.025	1955 ~ 1997

6.2　高含沙异重流排沙对下游的影响

巴家嘴水库每遇洪水进库都会产生高含沙异重流，其进出库泥沙组成几乎相同，见表 4。

表 4　巴家嘴水库 1983 年 9 月 7 日进出库及库区异重流泥沙级配组成

断面		观测时间(月-日 T时:分)	小于某粒径的沙重百分数(%)								d_{50}	d_{90}	说明
			0.005	0.010	0.025	0.05	0.1	0.25	0.5	1.0			
姚新庄		09-07T5:00	18.0	26.4	49.7	83.7	95.6	98.0	99.4	99.8	0.024	0.033	单沙
		09-09T7:00	17.7	26.4	49.0	81.0	97.6	99.4	100		0.026	0.033	断沙
太白良		09-07T5:00	19.6	27.7	53.1	85.0	99.4	99.8	100		0.023	0.028	单沙
		09-09T7:00	20.0	29.9	52.8	83.4	99.4	100			0.023	0.028	断沙
库区异重流	蒲淤 6	09-07T11:00	19.5	28.9	48.4	80.2	99.7	100			0.026	0.062	水深 6.0 m
			19.4	30.3	55.1	82.4	99.7	100			0.022	0.057	水深 4.0 m
	蒲淤 5	09-07T13:00	18.3	29.2	55.6	88.9	99.7	100			0.022	0.050	水深 2.0 m
			21.2	30.7	54.3	85.6	99.7	100			0.022	0.054	水深 5.0 m
	蒲淤 3	09-07T14:00	20.6	29.8	57.1	88.1	99.8	100			0.021	0.053	水深 4.0 m
			20.1	29.0	53.5	88.6	99.7	100			0.023	0.053	水深 6.0 m
	蒲淤 1	09-07T10:00	19.7	29.1	54.6	87.0	99.7	100			0.022	0.054	水深 4.0 m
			18.7	26.6	52.3	85.3	99.6	100			0.023	0.056	水深 7.0 m
巴家嘴		09-07T10:00	18.1	25.2	49.7	79.9	98.4	99.8	100		0.025	0.029	单沙
		09-07T20:00	20.7	29.8	57.2	89.4	99.7	100			0.025	0.029	单沙
		09-07T20:00	18.1	26.5	49.9	82.7	99.3	100			0.025	0.029	断沙

高含沙水流进入黄河下游河道将产生严重淤积，已被事实所证明，因此对小浪底水库如何调度高含沙异重流排沙减少下游河道淤积，或者采取其他措施减少河道淤积应及早立项研究。

6.3　异重流与清水交界面如何确定

在前面已经提出，确定异重流与清水交界面的方法有三种，交界面的确定关系到异重流厚度、平均含沙量以及研究异重流输沙率等问题。应进一步开展试验与研究。

6.4　异重流产生后沿程衰减与排沙

异重流产生之后继续向坝前运动。由于沿程地形不同、前期淤积各异，进库洪水水量沙量以及泥沙组成的差别，进库洪水较小时虽然产生了异重流，受阻力、沿程流程、水流动力较弱和沿程衰减而达不到坝前。当洪水水流动力足够时可以抵达坝前并排沙出库，这种情况在有些水库已经发生。因此，研究异重流在库区的沿程衰减，克服阻力(局部阻力、沿程阻力等)，对估算水库排沙量是十分重要的。

6.5 浑水水库与排沙

异重流进入坝区的流量大于出库流量时，就会形成浑水水库。浑水水库形成之后，泥沙的絮凝、沉积以及水化学对泥沙沉降等作用均对排沙与淤积有影响。

一般含沙量的异重流浑水水库，絮凝与沉降较快，高含沙异重流的浑水水库，絮凝与沉降很慢(见图 14)。其沉降速度约为 0.000 5 cm/s。这是因为高含沙异重流已经是群体压缩式沉降，每当具备很小的动力就开始蠕动，滑溜向排沙洞方向流动排沙出库。

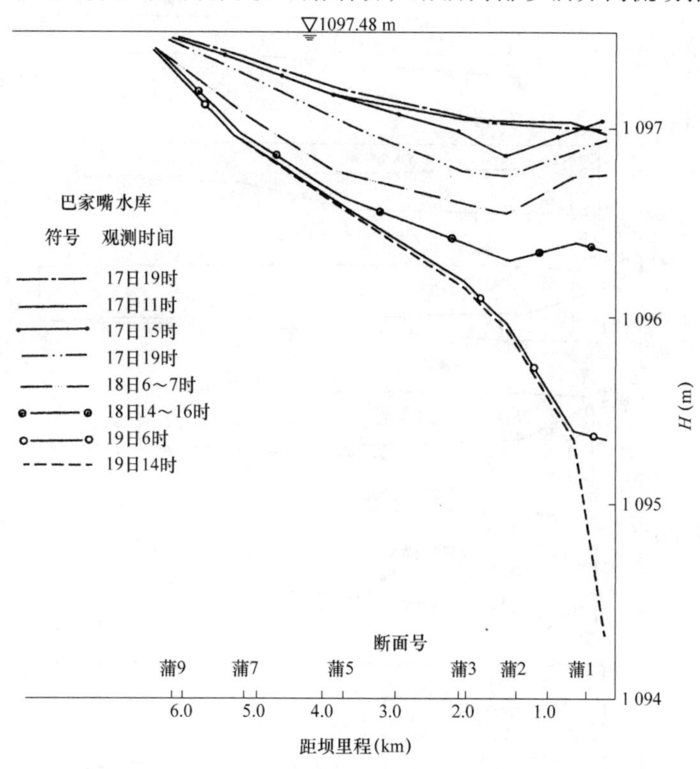

图 14　1971 年 8 月 17～19 日清浑水交界面瞬时纵剖面

巴家嘴水库在 1971 年 9 月 1 ~ 4 日，进库最大流量为 860 m^3/s(姚新庄)、平均流量 26 m^3/s，平均含沙量 566 kg/m^3。由于没有大量洪水进库，出库平均流量只有 4.9 m^3/s，形成浑水水库。最大含沙量在 500 kg/m^3 以上，由于压缩沉降的作用，出库最大含沙量达到 879 kg/m^3，出库含沙量大于 200 kg/m^3 的历时长达 66 h，比进库多 36 h。因为出库流量太小，排沙比只有 9.5%，见图 15。

因此，有必要研究浑水水库与排沙问题。

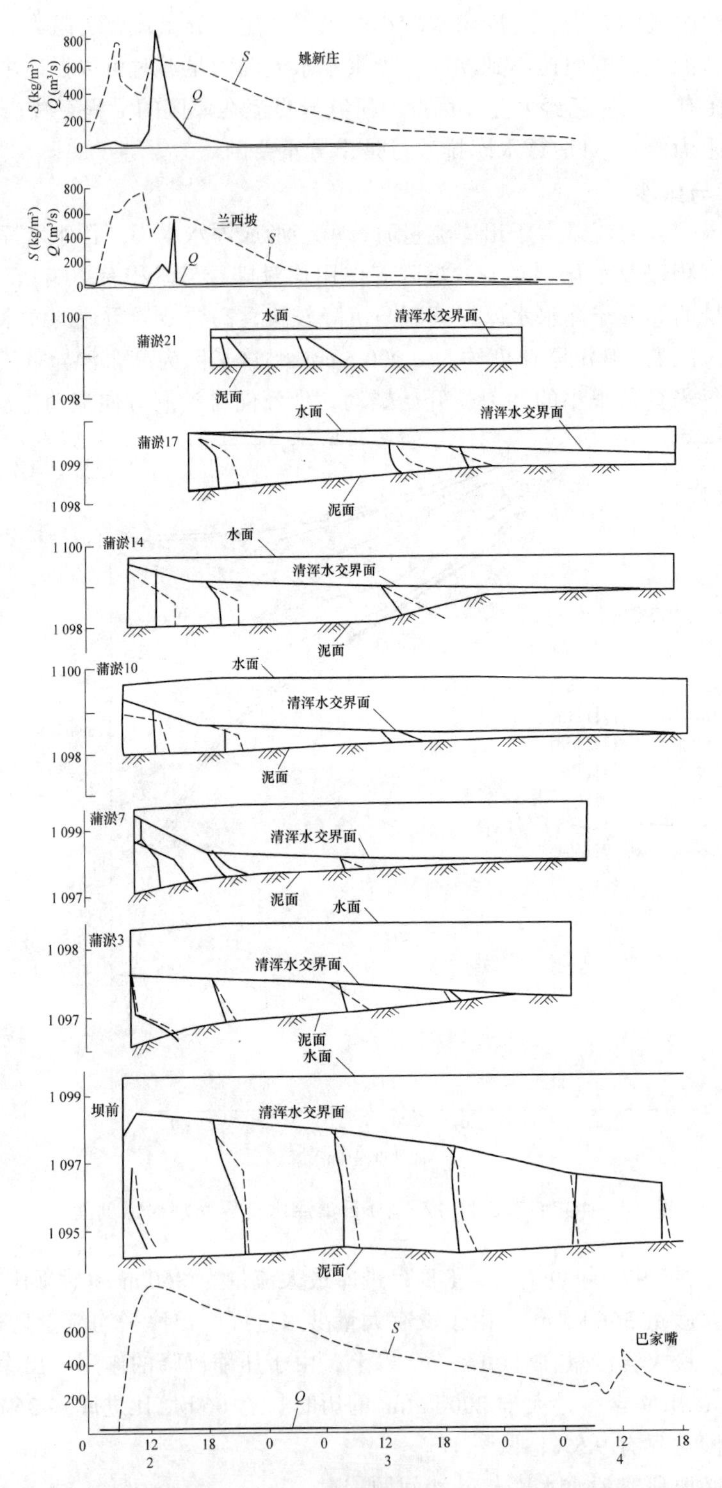

图 15　1971 年 9 月 1～4 日进库流量、含沙量、库区异重流交界面、库底高程、库水位及出库流量、含沙量过程线

6.6 异重流排沙估算方法

异重流产生、运动等主要环节有些是清楚的，有些尚不清楚，如异重流挟沙能力问题。范家骅从水量、沙量平衡出发给出计算方法，属于估定性的方法，尚不能得到准确的结果。因此，需要从外业观测着手，结合室内试验给出较为完整的计算全过程。

6.7 泥水异重流出孔吸出高度

盐水、糖水异重流吸出高度在理论、试验得到计算关系式，然而在室内玻璃水槽的泥水异重流试验，看不到异重流吸出高度，建议进行室内试验研究。

7 几点建议

(1)巴家嘴水库是目前已知的高含沙异重流产生最多的水库，已经开展多年观测，自20世纪90年代已停测，建议恢复观测，同时将已有的资料进行整理汇编。

(2)修建室内水槽一座，研究一些外业不能详细观测的项目(如交界面、吸出高度、垂线流速、含沙量分布)，做系统的、完整的(高含沙、低含沙)研究。

(3)组织外业与内业、生产与科研相结合的专题组，对异重流问题进行攻关。

参考文献

[1] 钱宁，等. 异重流. 北京：水利出版社，1958

[2] 范家骅，等. 异重流的研究和应用. 北京：水利电力出版社，1959

[3] 焦恩泽. 黄河水库泥沙. 郑州：黄河水利出版社，2004

粗沙高含沙异重流试验研究

曹如轩　王新宏　程　文　钱善琪

(西安理工大学　西安　710048)

摘要　通过水槽概化试验，并与巴家嘴等水库实测资料、细沙高含沙异重流水槽试验资料进行对比分析，得出：①粗沙高含沙水流黏性较清水大，仍能形成异重流，形成条件与低含沙异重流一致，即密度修正弗氏数在潜入点为 $Fr'=0.78$；②粗沙高含沙异重流流态为紊流，流速 $V'=\sqrt[3]{\frac{8g}{\lambda}\frac{\Delta\gamma}{\gamma_m}qJ}$，前锋阻力系数 $\lambda_f=0.04\sim0.065$，后续异重流阻力系数 $\lambda'=0.03\sim0.05$；③粗沙高含沙异重流输沙模式为两相流，输沙特性符合高含沙不平衡输沙理论，含沙量沿程衰减剧烈，纵向淤积形态为三角洲，而细沙高含沙异重流的纵向淤积形态为锥体；④干支流异重流在宽深比小的边界下交汇产生倒灌现象，异重流流动在倒灌范围内受到破坏，然后又再次形成异重流继续运动。

关键词　粗沙高含沙异重流

1　问题的提出

20 世纪 60 年代以来，我国先后有黑松林、巴家嘴、红山、冯家山、恒山和红领巾等大中小型水库观测到高含沙异重流。资料表明，其运动特性与官厅、三门峡等水库的低含沙异重流有很大区别，主要表现在高含沙异重流容易形成、前锋传播速度快、排沙持续时间长、出库粒径粗、含沙量高、排沙效率高等方面。如冯家山水库，当进库含沙量大于 400 kg/m^3 时，流量不足 50 m^3/s 就能形成异重流抵达坝前。图 1(a)、(b)为官厅水库及巴家嘴水库一次异重流排沙过程，由图看出，官厅水库排沙时间小于洪峰持续时间，而巴家嘴水库则大于洪峰持续时间。图 2 为高、低含沙量异重流进、出库粒径级配对比，表 1 为巴家嘴水库高含沙异重流和官厅水库低含沙异重流进、出库粒径对比。表明存在两种不同类型的异重流，一种是进、出含沙量及粒径变化不大的发生在巴家嘴水库的异重流，另一种是泥沙沿程分选淤积，出库含沙量比进库含沙量小得多，出库粒径明显变细，如发生在官厅等水库的异重流。对低含沙异重流，水库的调节使出库水沙过程产生很大的改变，而对高含沙异重流，水库的调节只改变流量过程，而含沙量过程变化很小。

上述特征主要是由于进库水沙的差别造成的。巴家嘴水库几乎每场洪水都为高含沙水流，只在某些洪峰的“洪腰”，含沙量较低时形成与低含沙异重流相同类型的异重流，但不占主导。所以巴家嘴水库淤积纵剖面是锥体，而不是三角洲。冯家山水库干流千河来洪水时，含沙量较低，粗颗粒泥沙在回水变动区分选落淤形成三角洲，细颗粒泥沙形成低含沙异重流，排沙比小于 10%。当千河支流草碧沟、风坊河来洪水时，水流含沙量高，形成与巴家嘴水库同类的异重流，排沙比 65%左右。

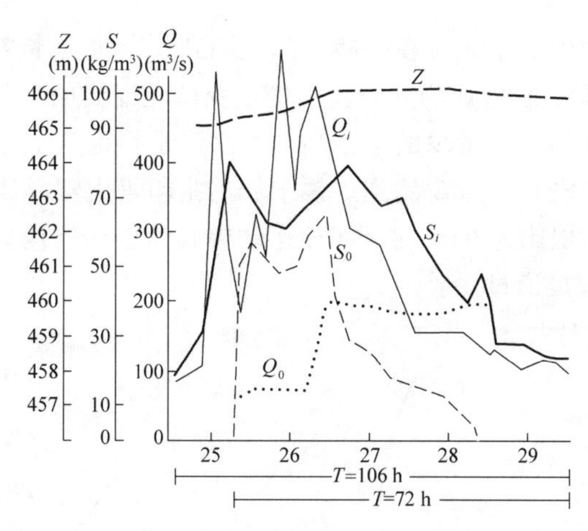

图 1(a) 官厅水库 1954 年 8 月一场洪水过程

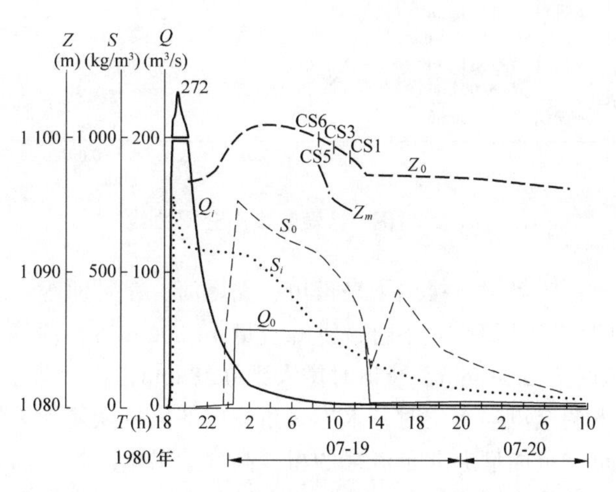

图 1(b) 巴家嘴水库 1980 年 7 月一场洪水过程

表 1 高、低含沙量异重流进、出库粒径比较

<table>
<tr><td colspan="8">官厅水库低含沙异重流</td></tr>
<tr><td colspan="2" rowspan="2">类别</td><td colspan="6">小于某粒径沙重百分数(%)</td></tr>
<tr><td>0.005 mm</td><td>0.01 mm</td><td>0.025 mm</td><td>0.05 mm</td><td>0.10 mm</td><td>0.25 mm</td></tr>
<tr><td colspan="2">进库</td><td>28.5</td><td>40</td><td>60</td><td>84</td><td>98</td><td>100</td></tr>
<tr><td colspan="2">出库</td><td>62.0</td><td>80</td><td>95</td><td>97</td><td>100</td><td></td></tr>
<tr><td colspan="8">巴家嘴水库高含沙异重流</td></tr>
<tr><td colspan="2" rowspan="2">类别</td><td colspan="6">小于某粒径沙重百分数(%)</td></tr>
<tr><td>0.005 mm</td><td>0.01 mm</td><td>0.025 mm</td><td>0.05 mm</td><td>0.10 mm</td><td>0.25 mm</td></tr>
<tr><td rowspan="2">进库</td><td>姚新庄</td><td>22.7</td><td>31.4</td><td>53.2</td><td>82.0</td><td>99.5</td><td>100</td></tr>
<tr><td>太白良</td><td>20.4</td><td>28.6</td><td>49.0</td><td>79.4</td><td>99.2</td><td>99.8</td></tr>
<tr><td colspan="2">库区异重流</td><td>23.6</td><td>33.4</td><td>61.6</td><td>92.3</td><td>99.8</td><td>100</td></tr>
<tr><td colspan="2">出　库</td><td>22.3</td><td>30.0</td><td>56.7</td><td>87.8</td><td>99.7</td><td>100</td></tr>
</table>

上述类型的高含沙异重流可在一些水库观测到[1~3],也为本文作者在室内进行的系统试验所证实[4~5]。但是，原型观测到的及水槽系统试验证实的都是细颗粒含量大、粒径细的高含沙异重流。细颗粒含量少的粗沙高含沙水流是否也产生像巴家嘴水库那样的异重流呢，到目前为止，野外尚未观测到。钱宁、王兆印等用塑料沙进行过管流、明渠流试验，得出当塑料沙体积比为 0.45 时，泥沙运动模式为层移质运动的结论。粗沙高含沙异重流试验国内外尚未报道过。

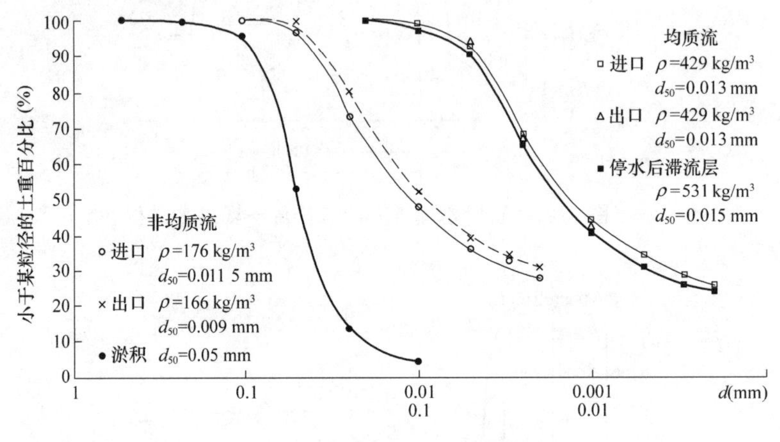

图 2　颗粒大小分配曲线

拟建的碛口、古贤等水库接纳了皇甫川、秃尾河、窟野河等多条粗沙支流。如窟野河 1976 年 8 月 2 日洪水历时 14 小时，洪峰流量 14 000 m³/s，沙峰含沙量 1 340 kg/m³，悬沙 d_{50} 洪水起涨时为 0.04 mm，峰顶时增大到 0.28 mm，再缓落至 0.04 mm。又如小浪底水库汛前水位下调至汛限水位时，水库三角洲尾部段将恢复为天然河道，这将冲起前期淤积的粗沙，也有可能遭遇北干流来的粗沙高含沙洪水。粗沙高含沙洪水是否能形成高含沙异重流，它对水库泄流排沙建筑物的布设、水库的调度等有很大的影响。研究粗沙高含沙洪水入库后能否形成异重流，是高含沙异重流还是低含沙异重流，形成条件是什么，异重流流速多大，排沙比多少等问题，对工程、对学术都有重要意义。

2　粗沙高含沙水流的基本特性

2.1　粗沙高含沙洪水粒径组成变化

泥沙粒径组成是高含沙水流性质的重要因素。窟野河、秃尾河、佳芦河是碛口水库接纳的主要支流，年沙量超过 1 亿 t，洪水含沙量超过 1 000 kg/m³。窟野河洪水粒径组成变幅大，大于 0.1 mm 的泥沙在峰顶时达 78.4%，平均为 50.5%，泥沙主体为 d>0.05 mm 的泥沙。而巴家嘴水库姚新庄站大于 0.1 mm 的泥沙只占 4%，主体由小于 0.05 mm 的泥沙组成。秃尾河洪水粒径组成变幅也大，大于 0.1 mm 的泥沙在峰顶时达 62%，平均为 34%，泥沙主体为 d>0.05 mm 的泥沙。佳芦河洪水粒径组成变幅也是很大的，大于 0.1 mm 的泥沙在峰顶时达 55%，平均为 25%。从全年情况分析，三条支流中秃尾河来沙 d_{50}=0.07 mm，窟野河 d_{50}=0.053 4 mm，佳芦河 d_{50}=0.045 mm，但佳芦河仍比蒲河的粗得多。

洪水中泥沙组成随含沙量增大而变粗，而小洪水的最大含沙量也能达到 1 000 kg/m³

以上，所以窟野河洪水的泥沙组成都粗。洪水起涨时，水流强度大，一部分泥沙是冲刷河床补给，所以 $d<0.005$ mm 的含沙量极少，只要窟野河含沙量超过 200 kg/m^3，泥沙主要由 $d>0.025$ mm 的泥沙组成。

2.2 粗沙高含沙水流的水沙特性

发源或流经黄土地区的河流，其水沙特性与窟野河等粗沙河流的水沙特性不同。前者含沙量与流量的关系很特别，即在流量小于某一值时，含沙量的变幅很大，但当流量超过某一临界值后，含沙量则近似为常数[6]。图 3 为巴家嘴水库进库站蒲河姚新庄站的实测输沙率 Q_s 与流量 Q 的关系，由图可看出，在 $Q_s=550\ Q^{1.06}$ 的范围内，含沙量变化很小，同图绘出窟野河三个站的 Q_s~Q 关系，则表现出含沙量总是随流量变化，不出现含沙量近似常数的情况，Q_s~Q 关系多呈绳套形，这种水沙特性将影响泥沙输移和河床演变。

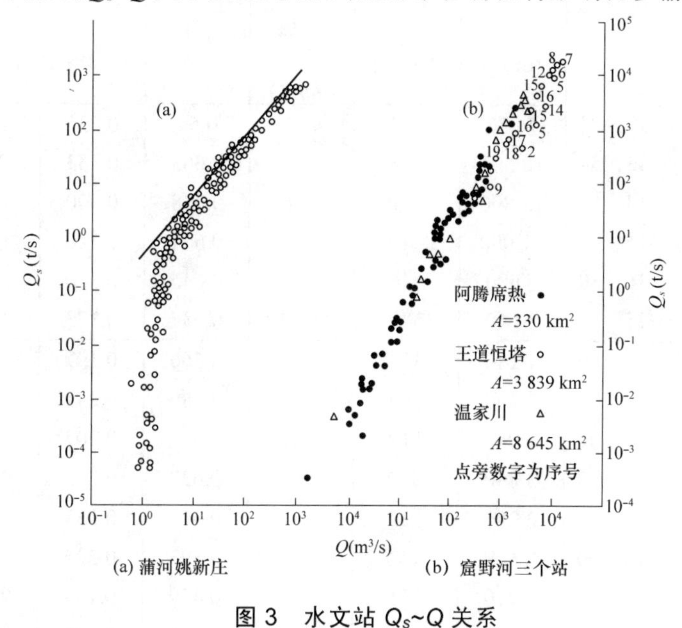

图 3　水文站 Q_s~Q 关系

2.3 粗沙高含沙洪水的流型变化

近年来大量研究表明，黄河干、支流高含沙水流在含沙量达某临界值时，水流流型由牛顿体转变为非牛顿体，并可用宾汉模型描述。流型转换的临界含沙量与泥沙组成特征 $\sum\frac{p_i}{d_i}$ 有关。若用费祥俊[7]的屈服应力 $\tau_B=0.5$ N/m^2 作为流型由牛顿体转变为非牛顿体的临界含沙量 S_{V_0}(体积比)则

$$S_{V_m}=0.92-0.2\lg\sum\frac{p_i}{d_i} \tag{1}$$

$$S_{V_0}=1.32S_{V_m}{}^{3.2} \tag{2}$$

式中：d_i、p_i 分别为某一粒径组的平均粒径及相应的重量百分比；S_{V_m} 为极限含沙量(体积比)；S_{V_0} 为临界含沙量(体积比)。

按此公式计算得巴家嘴水库高含沙浑水进入宾汉体的临界含沙量为 371 kg/m^3 ，而

窟野河需 662 ~ 795 kg/m^3，由此看出粗沙高含沙水流与细沙高含沙水流的区别。

表 2 为温家川三场洪水水文水力因子过程及用费祥俊公式计算的τ_B、μ_r值。表明洪水过程中峰顶的水流流型为非牛顿体，峰腰则不一定是，而且τ_B较小，但清浑水黏滞系数的比值μ_r较大，有的可达两位数，即使在$\tau_B\approx0$的情况下，μ_r也不低于 2，这是粗沙高含沙水流与细沙低含沙水流及细沙高含沙水流在基本特性上的差别，细沙高含沙水流在含沙量相对较小时，它的τ_B和μ_r已较大，细沙低含沙水流流型为牛顿体τ_B=0、μ_r=1，而粗沙高含沙水流由于μ_r大，等效于减小了泥沙的粒径、降低了粗沙的沉速、增大了水流挟沙力。

表 2　窟野河温家川站洪水过程特征值及流型变化

日期	Q (m^3/s)	S (kg/m^3)	$\sum\frac{p_i}{d_i}$ (mm^{-1})	S_{V_m}	S_{V_0}	τ_B (N/m^2)	μ_r
1976 年 8 月 2 日 13：24	7 070	322	43.7	0.59	0.235	0	2.5
13：54	12 500	1 200	19.2	0.663	0.333	2.02	19.0
14：18	13 800	1 340	25.6	0.638	0.300	6.69	53.0
15：30	11 000	1 050	19.0	0.664	0.340	0.90	11.5
16：30	6 680	846	23.7	0.645	0.310	0	7.2
17：54	3 660	588	81.9	0.537	0.173	0.95	5.5
1985 年 8 月 5 日 10：36	1 240	351	63.0	0.560	0.197	0	2.82
12：12	2 300	666	45.1	0.589	0.231	0.585	5.6
13：00	1 940	519	57.1	0.569	0.207	0	4.2
14：00	3 890	899	29.2	0.627	0.283	0.934	8.7
15：00	2 280	632	103.3	0.517	0.153	1.76	6.3
16：00	2 640	442	43.1	0.593	0.237	0	3.4
18：48	3 710	371	201.6	0.459	0.104	0.852	3.6
20：36	4 490	1 180	20.1	0.659	0.332	1.87	18.5
22：00	3 110	1 020	45.2	0.589	0.232	3.94	16.0
8 月 6 日 3：00	410	361	36.6	0.607	0.255	0	2.7
9：20	220	143	1270	0.299	0.026	0.97	2.3
1989 年 7 月 21 日 15：42	2 400	1350	9.7	0.723	0.450	0.87	22.0
16：24	9 320	884	32.0	0.620	0.272	1.02	8.9
17：00	6 870	532	41.9	0.596	0.240	0	4.1
18：00	4 880	1 090	36.3	0.608	0.260	3.58	19.0
20：00	1 450	520	78.0	0.542	0.177	0.59	4.5

2.4　粗沙高含沙静水沉降特性

粗沙高含沙浑水和细沙含沙浑水的静水沉降特性是不同的，细沙静水沉降分为以下三种状态：

(1)浓度低于某一临界含沙量 S 时，管内悬浮液自上而下存在明显的浓度梯度和级配梯度，表明沉降过程中粗细沙各自独立受重力作用下沉。

(2)浓度增加到一定值后，存在一个极限粒径 d_0，大于 d_0 的泥沙仍独立下沉，但其介质不是清水，而是小于 d_0 的泥沙与水组成的悬浮液，由于悬浮液的黏性、容重都比清水大，因而大于 d_0 的泥沙的沉速比在清水中的沉速小。小于 d_0 的泥沙与水组成的悬浮液以清浑水界面的形式整体向下沉，悬浮液的级配和浓度沿水深分布较均匀。在泥沙级配一定时，原始含沙量愈大，悬浮液浓度也愈大，其级配和浓度沿水深分布也愈均匀，可以把小于 d_0 的泥沙称为载体，大于 d_0 的泥沙称为载荷。

图 4(a)为中值粒径 d_{50}=0.02 mm 的沙样在不同原始含沙量时，含沙量及 d_{50} 沿水深分布，反映了上述现象。

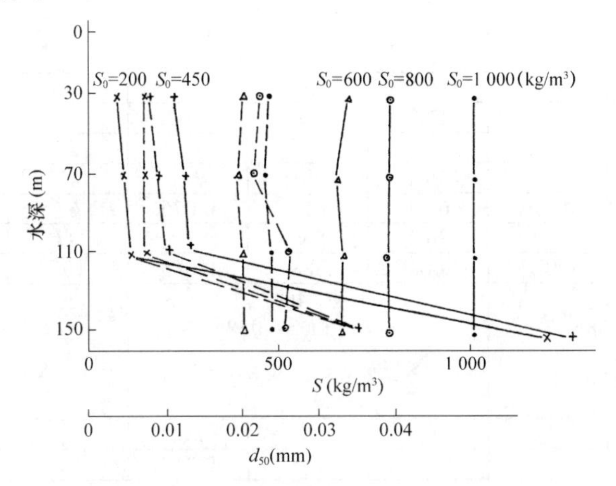

图 4(a) 静水沉降 S、d_{50} 沿水深分布

(沙样 d_{50}=0.02 mm)

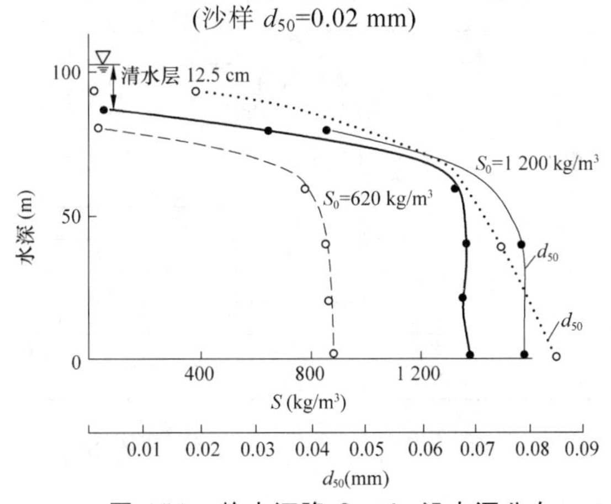

图 4(b) 静水沉降 S、d_{50} 沿水深分布

(沙样 d_{50}=0.078 mm)

(3)当浓度更高时，管内浑水不存在分选现象，浓度和级配都不存在梯度，并可能出现“鼓肚子”的分布，这实质上是由于浑水浓度太高，形成固结压缩的物理现象。

细颗粒含量低的粗沙静水沉降结果见表 3，图 4(b)为其中 d_{50}=0.078 mm 一组沙样静水沉降 S、d_{50} 沿水深分布。由图看出，垂线含沙量和粒径分布与图 4(a)完全不同。

表 3　静水沉降中含沙量分布

NO.1(1) $S_0=406$ $d_{50}=0.015$		NO.1(2) $S_0=248$ $d_{50}=0.015$		NO.1(3) $S_0=180$ $d_{50}=0.015$		NO.1(4) $S_0=112$ $d_{50}=0.015$	
h_x	S	h_x	S	h_x	S	h_x	S
13.3	411	15.5	152	25.5	90	247.5	47
33.5	410	35.5	168	44.5	93	44.5	51
57.5	408	55.5	182	64.5	97	64.5	56
73.5	406	85.5	188	84.5	101	84.5	74
99.0	405	99.3	1033	99.5	1 060	99.0	559

NO.2(1) $\Delta T=1$, $d_{50}=0.078$ $\sum\frac{p_i}{d_i}=18.8$　$S_0=1\ 200$			NO.2(2) $\Delta T=1$, $d_{50}=0.078$ $\sum\frac{p_i}{d_i}=18.8$　$S_0=620$			NO.3(1) $\Delta T=6$, $d_{50}=0.038$ $\sum\frac{p_i}{d_i}=50.5$　$S_0=794$		
h_x	S	d_{50}	h_x	S	d_{50}	h_x	S	d_{50}
14	56		17.9	27	0.02			
23.5	652	0.043	26.4	39		27	83.6	
43.5	1 346		46.4	781		47	907	0.031
63.5	1 385	0.079	66.4	852	0.075	67	1 094	
83.5	13.64		86.4	866		87	1 031	0.044
103.5	1 388	0.079	106.4	888	0.085	107	1 147	0.035

NO.3(2) $\Delta T=1$, $d_{50}=0.038$ $\sum\frac{p_i}{d_i}=50.5$　$S_0=313$			NO.4(1) $\Delta T=1$, $d_{50}=0.078$ $\sum\frac{p_i}{d_i}=25.8$　$S_0=1\ 174$			NO.4(2) $\Delta T=6$, $d_{50}=0.078$ $\sum\frac{p_i}{d_i}=25.8$　$S_0=977$		
h_x	S	d_{50}	h_x	S	d_{50}	h_x	S	d_{50}
			27	148	0.018	27	347	0.026
30	104		47	1 483	0.08	47	613	0.043
70	129		87	1 470	0.08	87	1 495	0.09
90	957		107	1 441	0.08	107	1 489	0.12
110	1 180							

NO.5(1) $\Delta T=1$, $d_{50}=0.07$ $\sum\frac{p_i}{d_i}=28.9$　$S_0=1\ 106$			NO.5(2) $\Delta T=1$, $d_{50}=0.07$ $\sum\frac{p_i}{d_i}=28.9$　$S_0=778$			*$\Delta T=1$, $d_{50}=0.061$ $\sum\frac{p_i}{d_i}=31$　$S_0=1250$		
h_x	S	d_{50}	h_x	S	d_{50}	h_x	S	d_{50}
24	213		23	90		30	1 200	0.085
44	1 265		43	96		70	1 250	0.074
64	1 425		63	863		110	1 260	0.072
84	1 455		83	1 310		149	1 280	0.062
104	1 334		103	149				

注：S_0、d_{50} 为原始含沙量及中值粒径。表中各量因次为 h_x(cm)，d_{50}(mm)，S_0(kg/m^3)，S(kg/m^3)，$\sum\frac{p_i}{d_i}$ (mm^{-1})，ΔT(h)，*为蒋素绮提供的资料。

浓度较低时，便能出现清浑水界面，但浓度与粒径沿水深的分布有很大的梯度，如 S_0=620 kg/m^3 的一组。

浓度较高时，静水沉降中很快就出现颜色不同的三层水体。上层为清水层，清水层以下是一层黄色细泥层，这两层的厚度初期都随时间增大，这是由于细泥界面下沉析出清水，又由于沙粒群体下沉引起同体积水体上升，把下部的细沙带了上来，致使清水层和细泥层增厚。随着时间的推移，向上运动的泥沙逐步停止，此后，清水层厚度增大，细泥层厚度减小，下层颜色深的粗沙层在级配和含沙量的分布上都较均匀，梯度较小。

浓度更高时，基本现象与上述相似，但粗沙层具有稳定的浓度和级配。如表中 S_0=1 220 kg/m^3 的组次 1~4 号孔 80 mm 范围内，含沙量和级配非常稳定，有趣的是，其含沙量值 0.45 正好与王兆印层移质试验成果一致[8]。

由上述，粗沙为主体的沉降试验与细沙为主体的沉降试验有明显不同的特性，致使标志细沙为主体的浑水流型转化的判别式不能描述粗沙为主体的情况。之所以如此，是因为细沙为主体的泥沙，全部泥沙沉速都处于层流区，如巴家嘴姚新庄站大于 0.1 mm 的泥沙不足 10%，而粗沙为主体的泥沙约 50%以上的泥沙沉速处于介流区，如温家川占站 1989 年 7 月洪水，泥沙的 $\sum\frac{p_i}{d_i}$ 在 9.7~78 之间，且多数值小于 40，粗沙是主体，细沙含量太小，所以即使含沙量很高，仍难以形成伪一相流。

3　粗沙高含沙异重流试验概况

试验在长 30 m、宽 0.6 m、高 0.9 m 的玻璃水槽中进行，考虑到支流的汇入，将水槽划分为两部分，一部分宽 0.3 m，底坡 0.02；另一部分宽 0.15 m，底坡 0.025。二条水槽既可单独放水做试验，又可探索支流汇入干流后相互倒灌影响的物理图形。

黄河干流吴堡站洪水过程悬沙中径变化为 0.02~0.06 mm，窟野河等洪水过程悬沙变幅更大，中径为 0.04~0.28 mm。鉴于本文作者之一曾在同样尺寸的水槽中做过 d_{50}=0.008、0.015、0.025 mm 三种沙样的高含沙异重流试验，由于泥沙颗粒细，在含沙量 300~700 kg/m^3 时，都成为均质流，而且后续异重流流态为层流，只在含沙量低时流态为紊流。为此，本次试验选用 d_{50}=0.05~0.08 mm，以便能探索分析粗沙高含沙异重流的运动规律。表 4 为试验泥沙级配。

表 4　试验泥沙级配

组次	小于不同粒径 d 的重量百分数(%)						
	0.005 mm	0.010 mm	0.025 mm	0.050 mm	0.10 mm	0.25 mm	0.50 mm
1	0.2	1.0	3.0	15.0	69.6	95.9	100
2	1.3	2.0	4.0	22.2	89.4	98.7	100
3	1.7	5.3	8.4	30.9	88.6	98.9	100
4	4.0	6.5	11.0	41.0	78.1	98.2	100
5	7.8	11.8	21.8	51.5	96.8	100	

试验按不同的流量、含沙量组合进行。干、支流异重流交汇的含沙量组合情况按要求为：①干流为一般挟沙水流 S=50~100 kg/m^3 或 $S<50$ kg/m^3，支流为高含沙水流 S=300~400 kg/m^3；②干、支流均为高含沙水流 S=300~400 kg/m^3，大小槽单独放水则均为高含沙水流。试验共进行了 53 组，流量范围 4~14 L/s,含沙量范围 30~740 kg/m^3。

试验加沙由两套系统完成，一套泵系循环，一套人工加粗沙。

试验中观测流量、潜入点位置和含沙量，纵向交面变化、水深、水温、颗分等，并做了专门的静水沉降试验。由于泥沙沿程分选淤积太快，垂线含沙量分布、垂线流速分布都测得很少。

4　粗沙高含沙异重流的形成条件

试验表明，粗沙高含沙水流进入壅水区后，在一定条件下，均能潜入形成异重流，形成段水面线存在拐点，流态为紊流，输沙模式为悬移质两相流。

潜入断面的密度修正弗劳德数为

$$Fr' = \frac{V_p}{\sqrt{\dfrac{\Delta\rho}{\rho'} g h_p}} = \frac{V_p}{\sqrt{\dfrac{\Delta\gamma}{\gamma_m} g h_p}} = 0.78 \tag{3}$$

图 5 为 $\dfrac{\Delta\gamma}{\gamma_m}$ 和 Fr' 的关系图，图中点入了文献[5]中和本试验的资料，图中点群规律表明，粗沙高含沙异重流 Fr' 与细沙低含沙异重流相同，流态也相同，但前者含沙量高得多，其 $\dfrac{\Delta\gamma}{\gamma_m}$ 值与细沙高含沙均质流相当。粗沙异重流为紊流，细沙高含沙均质异重流为层流。

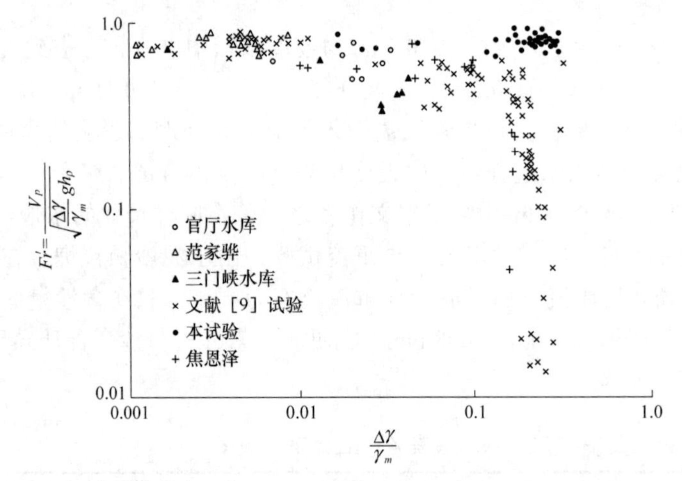

图 5　潜入点 $Fr' \sim \dfrac{\Delta\gamma}{\gamma_m}$ 关系

5　粗沙含沙异重流的阻力

在均匀流动的异重流中取单位隔离体分析如图 6 所示。

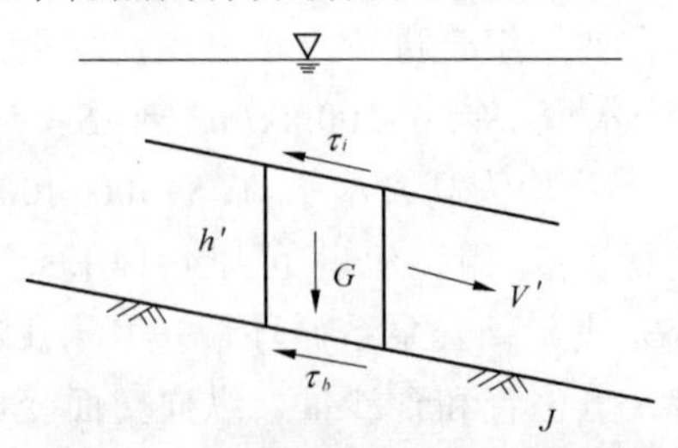

图 6　异重流阻力分析示意图

列出方程：

$$\tau_b+\tau_i=\Delta\rho g h' J \tag{4}$$

式中：τ_b为底部阻力；τ_i为交面阻力。

设
$$\tau_i=\alpha\tau_b$$

得
$$\tau_b=\frac{1}{(1+\alpha)}=\Delta\rho g h' J \tag{5}$$

均匀流水头损失和切应力关系为

$$\tau_b=\frac{\lambda_b}{8}=\rho' V'^2 \tag{6}$$

式中：λ_b为底部阻力系数。

由式(5)和式(6)得

$$V'=\sqrt{\frac{8(\dfrac{\Delta\rho}{\rho'})g}{\lambda_b(1+\alpha)}h'J} \tag{7}$$

令$\lambda'=\lambda_b(1+\alpha)$得

$$V'=\sqrt{\frac{8g}{\lambda'}(\frac{\Delta\rho}{\rho'})h'J} \tag{8}$$

$$V'=\sqrt[3]{\frac{8g}{\lambda'}(\frac{\Delta\rho}{\rho'})qJ}=\sqrt[3]{\frac{8g}{\lambda'}(\frac{\Delta\gamma}{\gamma_m})qJ} \tag{9}$$

粗沙高含沙异重流为紊流，阻力系数应与雷诺数无关。本试验中得出的阻力系数λ'=0.03~0.05。

粗沙高含沙异重流的前锋传播速度仍符合式(9)，由于异重流在前进中要排开前面的清水，所以前锋阻力系数λ_f要大于λ'，本试验中得出的阻力系数λ_f=0.04~0.065。

图 7(a)、(b)、(c)分别是水槽中细沙高含沙均质异重流、细沙高含沙非均质两相异重流、粗沙高含沙非均质两相异重流的纵剖面。图 7(d)、(e)分别是巴家嘴水库平均河床

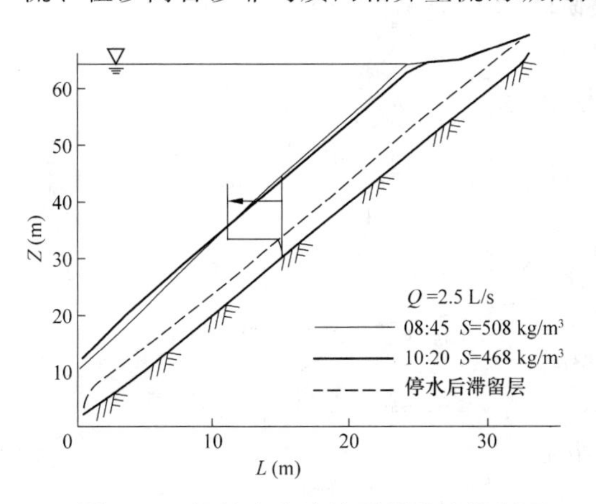

图 7(a)　细沙高含沙均质异重流纵剖面

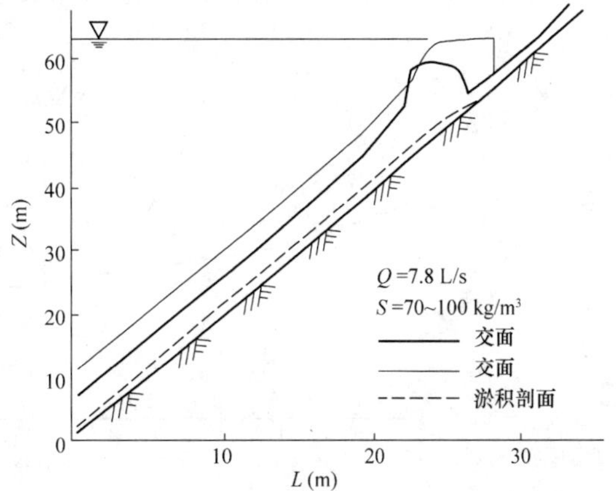

图 7(b)　细沙高含沙非均质异重流纵剖面

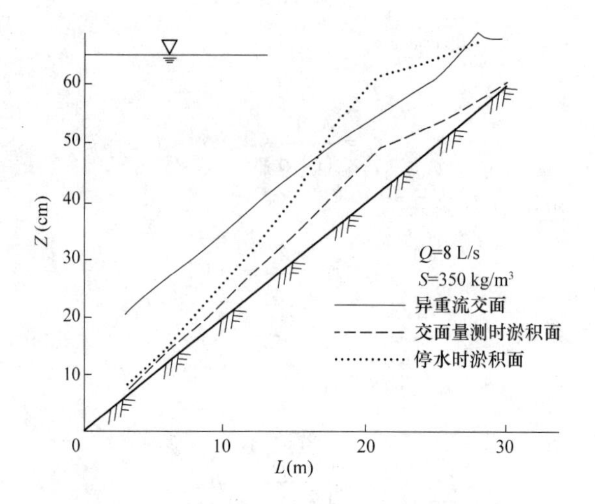

图 7(c)　粗沙高含沙非均质异重流纵剖面图

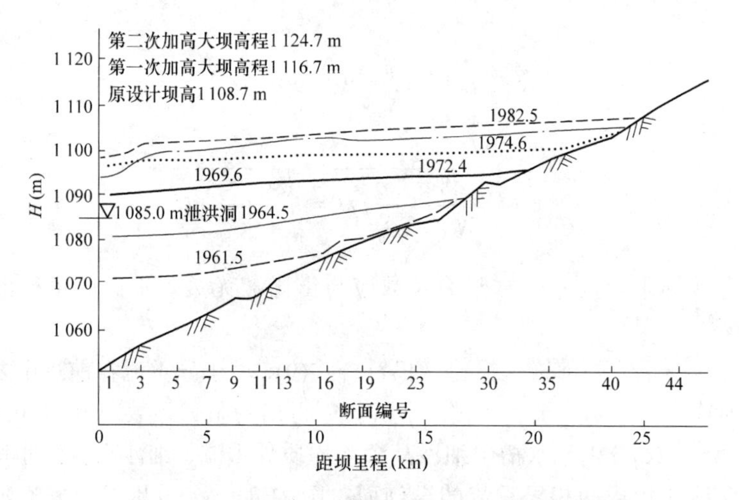

图 7(d)　巴家嘴水库各阶段平均河床高程纵剖面

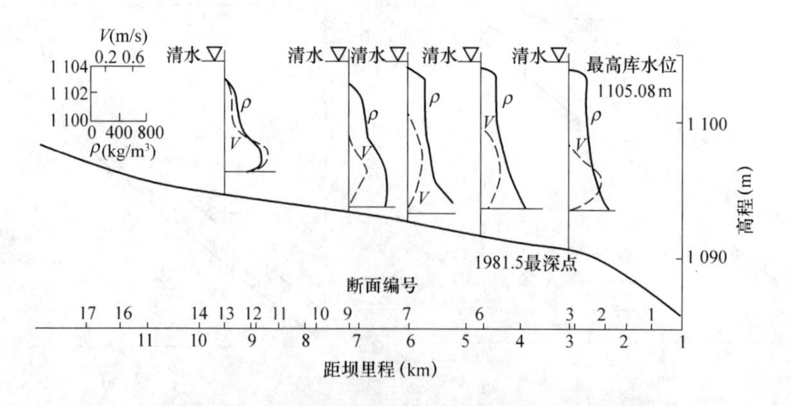

图 7(e)　巴家嘴水库垂线流速含沙量分布图

纵剖面和异重流流速分布。图 7(a)表明均质流必然产生滞留层，水槽中的滞留层厚度沿程基本相同。图 7(b)说明细沙高含沙非均质两相流沿程有分选落淤，淤积呈现三角洲形状。图 7(c)说明粗沙高含沙非均质两相异重流分选落淤剧烈，回水引起淤积，淤积又使回水抬高上延，两者相互作用使淤积末端不断向上游发展，三角洲洲面高程不断抬升，三角洲顶点不断向前推进，向上游、向下游和向上抬升均很迅速。图 7(d)、(e)说明巴家嘴水库的淤积是异重流滞留而形成的，淤积形态为锥体。

6 粗沙高含沙异重流的输沙特性

研究表明，高含沙异重流的输沙特性与流型、流态有关。针对每场洪水，按过程分析和按均值分析是不同的，按过程分析，有时为低含沙水流，有时为高含沙非均质流，有时又可能是高含沙均质流。一场洪峰过程中，在峰腰、峰顶、落峰等阶段会有各种流型的情况相伴出现。许多高含沙洪峰都具有水峰陡涨陡落、沙峰陡涨缓落的特点，这就要求表征输沙特性的关系式要适合可能出现的各种类型。

根据各类流体的基本性质，前述低含沙水流、高含沙非均质流及高含沙均质流三种类型可概括全部情况。从输沙模式讲，可概括为两种，即高含沙均质流输沙模式和高含沙非均质流输沙模式，因为低含沙水流输沙模式可统一到高含沙非均质流输沙模式中。

两相异重流输沙特性在考虑了异重流特性后与明流两相流一致，即符合高含沙不平衡输沙规律

$$S_{j+1} = S_* + (S_j - S_*)\sum_{k=1}^{n} \Delta p_k \, e^{\frac{-\alpha\omega_k \Delta L}{q}} \tag{10}$$

式中：S_j、S_{j+1}分别为河段进、出口含沙量；S_*为河段挟沙力；Δp_k为床沙质中第 k 类粒径组含量；ω_k为相应沉速；ΔL为河段长度；q为单宽流量；α为系数。

计算异重流挟沙力时，水力泥沙因子 V、h、ω_m、S 等均采用异重流的数值，则计算方法与明流完全相同。

习用的挟沙力公式为

$$S_* = K\left(\frac{\gamma_m}{\gamma_s - \gamma_m}\frac{V^3}{gR\omega_m}\right)^m \tag{11}$$

或用物理意义更明确的双值挟沙力公式

$$S_* = K\left(\frac{\gamma_m}{\gamma_s - \gamma_m}\frac{(V - V_0)^3}{gR\omega_{ms}}\right)^m \tag{12}$$

式(12)表明水流挟沙力是双值的，只有当水流含沙量 S 大于淤积挟沙力 S_H时，泥沙才会淤积；S 小于冲刷挟沙力 S_K时，河床发生冲刷；当 $S_K<S<S_H$时，河床不冲不淤，处于平衡状态。

根据上述图形，冲刷时 V_0应为起动流速或扬动流速，淤积时 V_0应取止动流速，起动、扬动、止动流速可按沙玉清提出的公式计算[9]，在含沙量较大时，应对起动、扬动、

止动流速公式中的泥沙沉速、水流容重进行含沙量的修正。

为论证高含沙洪水挟沙力巨大的原因，计算了渭河临潼站一场含沙量为 700 kg/m^3 的高含沙洪水中相应不同粒径泥沙的起动幺速 V_{k1}、扬动幺速 V_{s1}、止动幺速 V_{H1}、清水沉速 ω_0 和浑水沉速 ω_m，并计算了清水水流相应粒径泥沙的 V_{k1} 等值，并列于表 5，可见高含沙浑水的值比清水的小得多，说明了高含沙洪水挟沙力大的又一原因。

表 5　临潼站各粒径泥沙清浑水 V_{k1}、V_{s1}、V_{H1} 比较

粒径(mm)		0.005	0.01	0.05	0.10	0.5	1. 0	5.0	10.0	50.0
床沙级配(%)		0.3	0.4	4.7	17.1	75.0	87.0	93.7	96.0	100
悬沙级配(%)		11.8	16.9	69.2	91.0	99.6	100			
V_{k1}(m/s)	浑水	0.42	0.31	0.20	0.22	0.36	0.47	0.85	1.11	2.03
	清水	0.61	0.44	0.28	0.31	0.51	0.66	1.20	1.56	2.84
V_{s1}(m/s)	浑水	0.017	0.03	0.11	0.19	0.64	1.02	2.73	3.99	8.93
	清水	0.05	0.08	0.23	0.28	1.38	2.93	5.30	7.52	16.8
V_{H1}(m/s)	浑水	0.086	0.09	0.13	0.16	0.26	0.31	0.40	0.56	0.76
	清水	0.13	0.15	0.27	0.46	0.49	0.63	1.14	1.48	2.71
ω(cm/s)	浑水	0.000 061	0.000 24	0.006	0.024	0.47	1.2	6.72	11.2	25.1
	清水	0.002 3	0.009 2	0.23	0.84	7.62	15.8	50.0	70.8	158.3

浑水群体沉速 ω_{ms} 采用下列公式计算

$$\omega_{ms}=\omega_m(1-S_V)^{4.91} \tag{13}$$

$$\omega_m=\sum\omega_{mi}p_i \tag{14}$$

ω_{mi} 按流区分别计算，层流区采用斯托克斯公式、介流区采用沙玉清沉速公式计算，式中的 μ、γ、ρ 等值均应采用浑水值，浑水的黏滞系数可用费祥俊公式计算。式(14)既考虑了含沙量、粒径组成的影响，也考虑了不同粒径泥沙沉降的相互影响。

异重流与明流相比，由于浮力影响以及存在交面阻力，异重流的流速比明流的小，一般情况下，异重流挟沙力很小，但对于高含沙异重流由于 $\Delta\gamma/\gamma_m$ 较高，含沙量大，故其挟沙力还是不小的。

高含沙均质流没有沉速的概念，流动条件为

$$\Delta\gamma hJ\geqslant\tau_B \tag{15}$$

图 8(a)、(b)为水槽试验资料按式(10)计算的含沙量与实测的比较，可以看出，只要是两相流，粗、细沙高含沙非均质流的规律是一致的，由于粗沙加沙量难以均匀，所以其离散度较细沙的大。

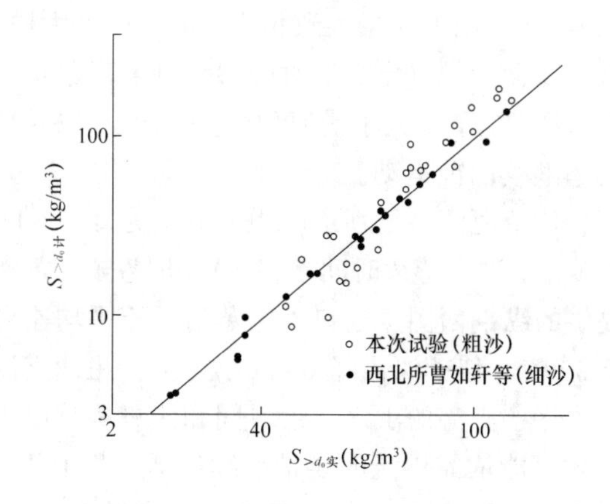

图 8(a) 异重流出口含沙量 $S_{>d_0}$ 计算值与实测值比较

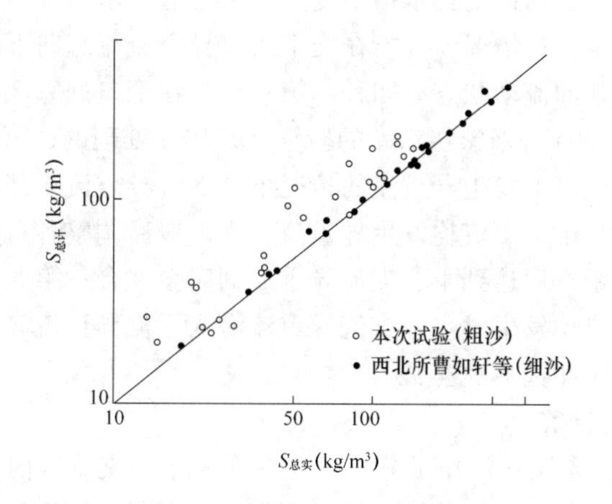

图 8(b) 异重流出口含沙量 $S_{总}$ 计算值与实测值比较

7 干、支流交汇分析

碛口水库接纳的粗沙支流以窟野河、秃尾河、佳芦河为主要代表，特别是窟野河年输沙量大，泥沙颗粒又粗，粗沙支流每逢暴雨，都发生粗沙高含沙洪水。异重流交汇试验中以小槽模拟支流，小槽中单宽流量可较大，且都是高含沙水流。黄河干流由于汇流条件多变，洪水有时是高含沙水流，有时则为一般挟沙水流，故以大槽模拟干流。大槽流量和含沙量的配合有几种，大流量高含沙水流、流量较大且含沙量较高水流、小流量低含沙水流。由于粗沙高含沙异重流含沙量沿程衰减快，两相流的特性必然产生干、支流异重流的掺混，只有在极少的机遇下，佳芦河发生类似于巴家嘴那样的细沙高含沙异重流，支流异重流才可能与干流基本上不发生掺混向坝前运动。干支流异重流交汇时，由于动量的交换，水体的掺混，汇口附近异重流流态被破坏，试验条件下，破坏范围为 1.5 ~ 7 m。破坏范围与大小槽异重流对比有关，如 $Q_{大}$=6 L/s，$S_{大}$=460 kg/m³，$Q_{小}$=6 L/s，$S_{小}$=492 kg/m³，汇口以上大槽异重流破坏范围为 4 m 左右，如 $Q_{大}$=4 L/s，$S_{大}$=30.5 kg/m³，$Q_{小}$=6 L/s，$S_{小}$=422 kg/m³，大槽异重流破坏范围为 7 m 左右，如 $Q_{大}$=8 L/s，$S_{大}$=431.6 kg/m³，

$Q_{小}$=4 L/s，$S_{小}$=519.4 kg/m^3，两者能量大致相当，汇口以上大槽异重流受破坏范围 1.5 m 左右。不同级配的粗沙高含沙异重流交汇时的掺混倒灌现象是相同的，支流汇口高程的不同也不影响掺混倒灌现象。不论大小槽何种流量、含沙量和级配的组合，汇口以下 1 m 左右又恢复异重流流态继续向前运动。

窟野河、秃尾河、佳芦河汇口至坝址的距离分别为 117.6 km、82 km、57.4 km。粗沙支流暴雨洪水陡涨陡落，洪水持续时间多在 10 小时左右，黄河干流的比降又比粗沙支流的比降小。根据提供的纵剖面图，碛口库区黄河干流平均比降为 0.67‰，较窟野河比降 2‰、秃尾河比降 3.3‰、佳芦河比降 6.4‰小得多。粗沙支流形成的高含沙异重流进入干流后流速减小，依靠各支流的洪水持续时间和能量是难以传播到坝前的，只有依赖与干流来流的掺混，才可能依靠干流的能量继续传播至坝前排出库外。

水槽试验中，异重流宽深比 2～5，而碛口水库中异重流宽深比 40～80，所以碛口水库中异重流交汇后流动情况比水槽中复杂，但是通过水槽试验可以得出，不论碛口水库中异重流交汇发生何种情况，都能在交汇后以异重流流态向下游流动。碛口水库干、支流交汇口可能出现的流动状态有四种。第一种是在汇口处完全混合，武汉水利电力学院杨国录等的文献[10]针对刘家峡水库的验算就是按此处理的；第二种是倒灌，它出现在支流发生异重流、干流不发生异重流的情况下，支流异重流小部分倒灌干流，大部分向下游游动；第三种是干、支流均发生异重流，入汇口后调整各自宽度向下游运动，横向发生掺混，经一定距离后达到干、支流异重流的完全混合；第四种是支流三角洲已经发展至汇口，干、支流均发生洪水，支流异重流潜入干流异重流底部，在向下游流动中纵向发生掺混，经一定距离后完全混合。

7.1 汇口完全混合计算

文献[10]对干、支流交汇作了分析计算，在各干、支流段内，含沙量、河床变形、床沙级配按一维恒定不平衡输沙法计算，在汇流段，干、支流的交汇使得无论从理论上还是实用上都很难定量地列出两股水流的不平衡输沙方程，因此将汇流段概化成单一段，如图(9)所示，列不平衡输沙方程：

$$S_{j+1}=S_{*j+1}+\left(\overline{S}_j-\overline{S}_{*j}\right)\mathrm{e}^{-\frac{\alpha\overline{\omega}\Delta\overline{x}}{\overline{q}}}+\left(\overline{S}_{*j}-S_{*j+1}\right)\frac{\overline{q}}{\alpha\overline{\omega}\Delta\overline{x}}\left(1-\mathrm{e}^{-\frac{\alpha\overline{\omega}\Delta\overline{x}}{\overline{q}}}\right) \tag{16}$$

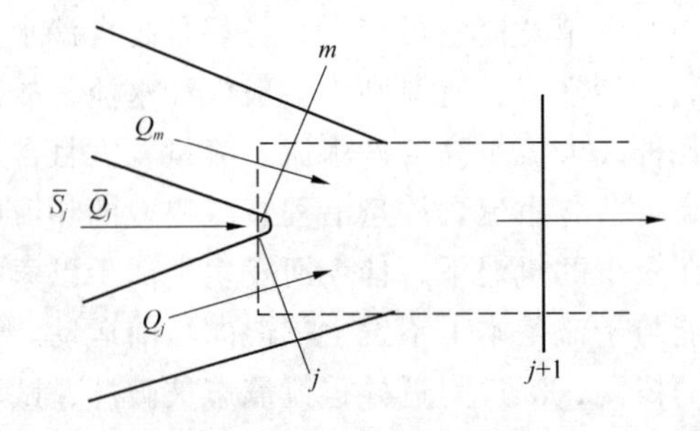

图 9 汇口概化计算

S_j、S_{*j} 分别为概化断面(上断面)的代表含沙量和挟沙力，$\overline{q}$ 为单宽流量，即

流量 $$\overline{Q_j}=Q_j+Q_m \tag{17}$$

含沙量 $$\overline{S_j}=\frac{Q_jS_j+Q_mS_m}{Q_j+Q_m} \tag{18}$$

水流挟沙力 $$\overline{S_{*j}}=\frac{Q_jS_{*j}+Q_mS_{*m}}{Q_j+Q_m} \tag{19}$$

单宽流量取

$$\overline{q}=\frac{q^*+q_m}{2} \tag{20}$$

$$q^*=\frac{Q_j+Q_m}{B_j+B_m} \tag{21}$$

$$\Delta\overline{x}=\frac{1}{2}(\Delta x_j+\Delta x_m) \tag{22}$$

7.2 异重流倒灌计算

范家骅分析河道引水渠内异重流时提出如下方法[11]。列 1—1、2—2 断面间流体的动量方程得(见图 10)。

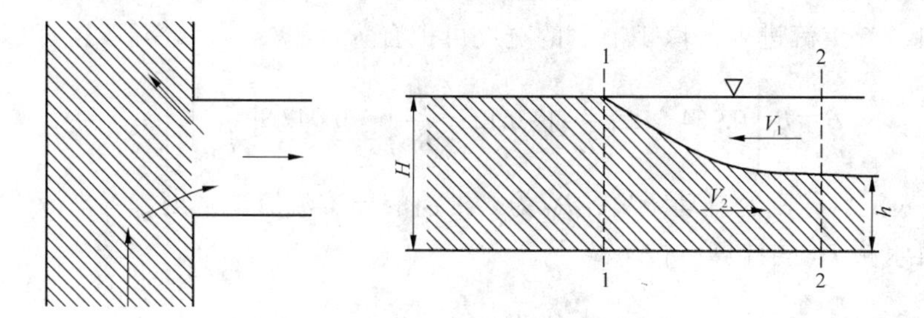

图 10 浑水潜入引渠形态

$$\frac{\Delta\gamma}{2}H^2-\frac{\Delta\gamma}{2}h^2=\frac{\gamma V_2 q}{g}+\frac{\gamma_m V_2 q}{g} \tag{23}$$

式中：q 为进入的流量和流出的流量；V_1 为上层清水向外流出的平均流速；V_2 为异重流平均流速。设$\gamma_m=\gamma$，再根据

$$q=V_1(H-h)=V_2h \tag{24}$$

可得

$$(V_1+V_2)\ V_2=\frac{1}{2}\frac{\Delta\gamma}{\gamma_m}g\left(\frac{H^2-h^2}{h}\right) \tag{25}$$

由 $h=0.5H$，得 $V_1=V_2$

$$V_2=\sqrt{\frac{3}{4}\frac{\Delta\gamma}{\gamma_m}gh}=0.866\sqrt{\frac{\Delta\gamma}{\gamma_m}gh} \tag{26}$$

试验得 $h=0.54=0.63H$，如果采用 $h=0.6H$，则得 $V_2=0.67V_1$。

$$V_2=0.6\sqrt{\frac{\Delta\gamma}{\gamma_m}gh}=0.46\sqrt{\frac{\Delta\gamma}{\gamma_m}gH} \tag{27}$$

倒灌问题与引水渠中异重流有差别，引水渠中有清水等量外流，但水库中支流倒灌干流不会引起清水等量流出问题。若设 $V_1=0$，$h=0.67H_N$，则异重流倒灌流速为

$$V_1=V_N=0.64\sqrt{\frac{\Delta\gamma}{\gamma_m}gH_N} \tag{28}$$

异重流倒灌流量 Q_N 为

$$Q_N=V_NA=0.43B\sqrt{\frac{\Delta\gamma}{\gamma_m}g}H_N^{3/2}=0.3B\sqrt{\frac{\Delta\gamma}{\gamma_m}2g}H_N^{3/2} \tag{29}$$

当干流无洪水，支流发生洪水时，支流异重流流入汇口后，可认为扇形展开，到达对岸后分流，小部分倒灌干流，大部分沿干流下泄，倒灌流量与入汇角 θ 有关，若 θ 很小，可认为不倒灌，θ 的影响可反映在倒灌有效水头 H_N 的计算上，按钱宁《河床演变学》中资料，异重流进入汇口扩散后的宽度可拟合为

$$B_l=B_0\left[0.964+1.2\left(\frac{l}{B_0}\right)-0.123\left(\frac{l}{B_0}\right)^2+0.047\,8\left(\frac{l}{B_0}\right)^3\right] \tag{30}$$

式中：l 为入汇后异重流流动距离；B_0 为入汇前的异重流流动宽度，考虑 θ 影响的异重流倒灌有效水头 H_N 的计算可按下式

$$B'=\frac{B_l}{\sin\theta} \tag{31}$$

$$q'=\frac{Q}{B'},V'=\sqrt[3]{\frac{8g}{\lambda'}\frac{\Delta\gamma}{\gamma_m}q'J} \tag{32}$$

$$H_N=\frac{q'}{V'} \tag{33}$$

由式(30)~式(33)求出，再由式(29)倒灌的流量 Q_N。随着倒灌异重流在逆坡中前进，异重流流速将逐渐减小，倒灌异重流流量也逐渐减小，当异重流倒灌至 H_N/J 处，倒灌异重流停滞。由于倒灌区泥沙的淤积，异重流将时断时续地倒灌入干流，从整个倒灌期分析，可取平均的倒灌异重流流量为初始倒灌流量的一半，即 $\bar{Q}_N=Q_N/2$，倒灌区的淤积量为 $\bar{Q}_N S_N\Delta t_N$，整个倒灌和淤积过程是很复杂的，Δt_N 的计算可概化为：设异重流持续时间 $T_{持}$，倒灌开始至该次倒灌异重流停滞所需时间 $T_{灌}$，该次倒灌中倒灌区泥沙淤积所需时间 $T_{淤}$，则 Δt_N 可近似按下式计算

$$\Delta t_N=\frac{T_{持}}{T_{淤}}\times T_{灌} \tag{34}$$

7.3　纵横向掺混计算

若干、支流都来洪水，则干、支流异重流在汇口交汇时，各自调整流动宽度向下游运动，在运动中发生横向掺混，经一定距离后，干、支流异重流完全混合。设干、支流异重流宽分别为 B_j、B_m，汇口后干流宽为 B_{j+1}，则汇后干、支流异重流宽度可分别取

$$B'_m = \frac{B_{j+1}}{B_m + B_j} B_m ,\quad B'_{j+1} = \frac{B_{j+1}}{B_m + B_j} B_j \tag{35}$$

恒定时间连续点源在二维平面上移流扩散的浓度分布函数为

$$C(x,Z) = \frac{\dot{M}}{\overline{u}h\sqrt{\dfrac{4\pi E_Z x}{\overline{u}}}} \exp\left(-\frac{\overline{u}Z^2}{4E_Z x}\right) \tag{36}$$

式中：E_Z 为横向扩散系数，采用图 11 的坐标系统。

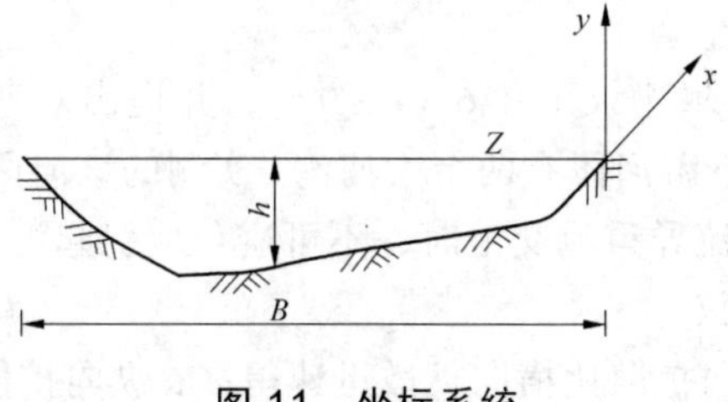

图 11　坐标系统

设点源位于横坐标 $Z=Z_0$ 处，令无量纲横坐标 $Z' = \frac{Z}{B}$，无量纲纵坐标 $x' = \frac{E_Z}{\overline{u}B^2}x$，无量纲点源坐标 $Z'_0 = \frac{Z_0}{B}$，起始全断面平均浓度 $C_0 = \frac{\dot{M}}{\overline{u}hB}$，$\dot{M}$ 为单位时间进入线源的物质质量，以式(36)为基础，考虑两岸边界的反射，则无量纲的相对浓度分布公式为

$$\frac{C}{C_0} = \frac{1}{\sqrt{4\pi x'}} \sum_{n=-\infty}^{\infty} \left\{ \exp\left[-\left(Z' - 2n - Z'_0\right)^2 / 4x'\right] + \exp\left[-\left(Z' - 2n + Z'_0\right)^2 / 4x'\right] \right\} \tag{37}$$

若令式(37)中 $Z'_0 = \frac{1}{2}$ 及 $Z' = \frac{1}{2}$，可点绘出点源在河中心时沿河道中心线上的纵向浓度分布曲线(见图 12)，若令式(37)中 $Z'_0 = \frac{1}{2}$ 及 $Z'=0$ 和 $Z'=1$ 可点绘出点源在河中心时沿岸边的纵向浓度分布曲线(见图 12)。

由图 12 可见，当无量纲纵向距离 $x'=0.1$ 时，沿中心线的浓度与沿岸边的浓度接近相等，故可以 $x'=0.1$ 所相应的距离定为断面上达到均匀混合所需的距离 L_m。

$$L_m = 0.1\frac{\overline{u}B^2}{E_Z} \tag{38}$$

横向扩散系数

$$E_Z = \alpha_z h u_* \tag{39}$$

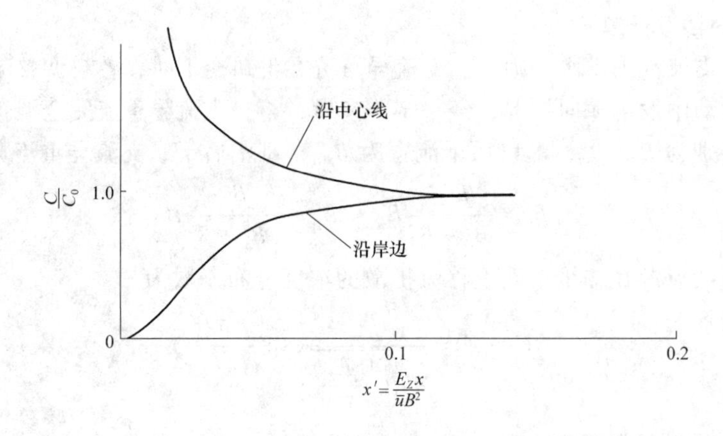

图 12　点源在河中心时沿中心线及岸边纵向浓度分布

对天然河流，费希尔建议α_z=0.6×(1 ± 0.5)，并提出对弯曲较大河道取上限。美国 Missori 河 Cooper 电站下游河段有两个大河湾，实测的该河段α_z=3.4，说明流场的复杂影响α_z值，考虑到干、支流异重流交汇时，不可避免地引起汇口流态的复杂化，E_Z中的α_z取值应大于费希尔的建议。

实测资料表明，纵向扩散比横向扩散迅速得多，纵向扩散系数 $E_y= \alpha_y h u_*$，α_y值约为0.06，也就是说，在流场较均匀情况下，纵向完全混合所需距离较横向完全混合短得多。

8　粗沙高含沙异重流为两相流的论证

试验表明，即使是细颗粒含量很少的粗沙高含沙水流，在一定条件下也能形成异重流，但它不是像巴家嘴水库那样的高含沙伪一相异重流，而是高含沙两相异重流。现从以下几个方面再加以论证。

8.1　粒径组成及高含沙量产生的效应

如前所述，巴家嘴水库入库浑水粒径组成细、含沙量高，其粒径组成有两个特点，一是 d>0.1 mm 的泥沙量不足 5%，二是 d<0.005 mm 的泥沙含量一般不高于 20%。这两个特点产生两种效应，一是泥沙沉速减小，几乎全部泥沙沉降处于层流区，而处于层流区的泥沙沉速比处于介流区的沉速要小得多；二是增大了浑水黏性，由于黏土含量大，增大了泥沙的比表面积$\sum\frac{p_i}{d_i}$，使在较低含沙量时，流型就转为非牛顿体，并产生较大的τ_B值，增大了不沉极限粒径，使大部分泥沙变成载体，在水库蓄水情况下，泥沙以浑液面形式下沉，其沉速很小。

巴家嘴水库入库高含沙洪峰陡涨陡落，沙峰陡涨缓落，这一特点使高含沙异重流的前锋速度大，异重流由潜入传播到坝前历时短，异重流到达坝前后，因水库的调节作用，出库流量小于进库流量，形成了沉降特性如前所述的浑水水库。后续异重流为层流，异重流在浑水水库下流动，所以出库含沙量有时还比进库含沙量高。图 13 为黑松林水库异重流流速、含沙量分布，它反映了上述特性。这种流速分布规律与本文作者在水槽试验中测得的一致[5]，后续异重流只有在$\Delta\gamma hJ < \tau_B$时才停止流动。

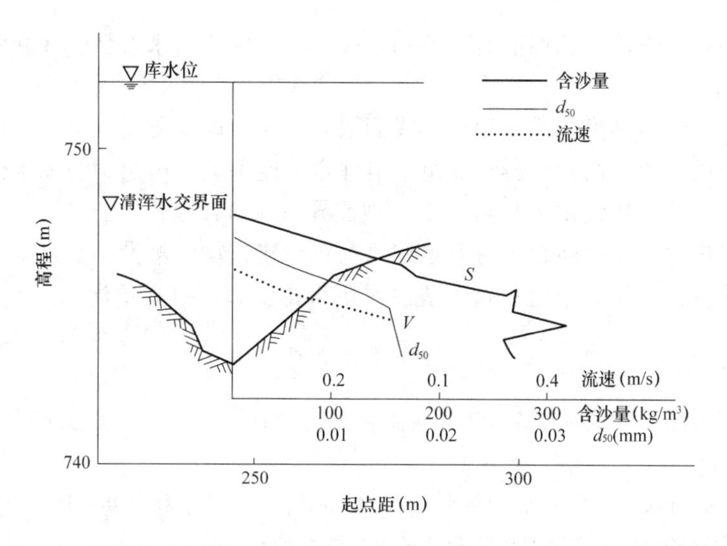

图 13　黑松林水库 1966 年 8 月 10 日洪水垂线流速、含沙量、d_{50} 分布

把窟野河、秃尾河、佳芦河的泥沙粒径组成与巴家嘴对比，这三条河不具备上述效应。

8.2　根据粗沙高含沙水流的运动特性论证

文献[12]的研究得出，非牛顿流体悬移质挟沙力比清水大得多，在 qJ 相同的条件下，细泥浆浓度愈大，挟带粗沙的能力愈大，在冲刷时，小流量冲刷率小，大流量则大得多。窟野河等三条支流之所以能常形成含沙量超过 1 000 m^3/s 的粗沙高含沙水流，是由于浑水密度大，增大了作用在床面泥沙的作用力。当洪水陡涨时水流流速大，即使是洪峰不大的洪水，流速也能达到 3 ~ 4 m/s；若遇大洪峰，水流流速可达 8 m/s 左右，水流强度之大可以在临底产生约 10 cm 厚度的层移质运动。碛口库区干流比降比支流比降小得多，当支流洪水进入蓄水区后，输沙流态变为异重流，qJ 大幅度减小，VJ 的减小更甚，粗颗粒必然分选落淤。

8.3　根据水沙关系论证

如前所述，粗沙高含沙水流在任何流量下含沙量都有一定变幅，不出现含沙量近似常数的情况，输沙模式为两相流，异重流输沙流态当然也应是两相流，这与钱宁的论点是一致的[8]。在天然情况下，当粗沙高含沙水流含沙量在 1 000 m^3/s 以上，中值粒径 d_{50}>0.1 mm 以上时，临底存在一层层移质流动，这是由于粗沙支流比降大、瞬时单宽流量大、水流有效势能 qJ 大产生的。建库后，边界条件与输沙流态均改变，层移质运动将不复存在。

9　异重流孔口出流

异重流到达坝前时含沙量是可以按式(10)计算的，但出流的含沙量一般不一定与坝前含沙量相同，这是因为孔口出流时，坝前的清浑水流场不对称，坝前浑水浓度愈大，不对称度也愈大。笔者在水槽试验中曾观测到坝前浑水浓度很高时，孔口上缘仍存在一贴壁清水漏斗，将清水吸出孔口。许多小水库就是舍不得吸出清水而放弃异重流排沙，冯家山水库则是异重流到达坝前时，等到形成 16 m 深的浑水层后，才开闸排沙以免浪费清水。

已有的孔口吸出高度公式是用盐水或低浓度细泥沙试验所得，由于密度差小，所以看不出吸清水的现象。高含沙异重流由于清浑水密度差大，虽然坝前浑水位已满足吸出高度的要求，但孔口出流浓度仍可以小于坝前异重流含沙量。

为避免吸出清水这一问题，可考虑在泄洪排沙建筑物中增设一套自排沙廊道，在排大洪水时用泄洪排沙洞，小流量及一般洪水用自排沙廊道排异重流。

参考文献

[1] 夏迈定，任增海．黑松林水库放淤排沙技术及泥沙利用．见：第一届河流泥沙国际学术讨论会文集. 1980

[2] 朱书乐．冯家山水库异重流排沙的观测成果初步分析．陕西水利, 1986(6)

[3] 巴家嘴水文试验站．巴家嘴水库高含沙异重流资料的初步分析．人民黄河，1985(6)

[4] 曹如轩，等．高含沙异重流阻力规律的研究．见：第二届河流泥沙国际讨论会论文集. 1983

[5] 曹如轩，等．高含沙异重流的形成和持续条件．泥沙研究, 1984(2)

[6] 曹如轩，钱善琪．黄土丘陵沟壑区的输沙特性．水土保持学报, 1988(4)

[7] 费祥俊．泥沙的群体沉降——两种典型情况下非均匀沙沉降计算．泥沙研究，1992(3)

[8] 钱宁．高含沙水流运动．北京：清华大学出版社, 1989

[9] 沙玉清．泥沙运动力学理论．北京：中国工业出版社, 1965

[10] 武汉水利电力学院河流模拟教研室．SUSBED-2 模型验证报告(二). 1992

[11] 范家骅．异重流的研究和应用．北京：水利电力出版社, 1959

[12] 王兆印，曾庆华，等．非牛顿体固液两相流的试验研究．泥沙研究, 1990(9)

自排沙廊道技术
在水库异重流排沙中应用的探讨

谭培根

(陕西渭南市东雷抽黄管理局　渭南　714000)

摘要　本文分析了目前异重流排沙存在的不足，从异重流泥沙分布的特点出发，提出了运用自排沙廊道技术排除水库异重流和沉淤泥沙、提高排沙效率、减少水库淤积的原理与方法。

关键词　自排沙廊道　异重流　优点

1　异重流泥沙分布规律

异重流是泥沙运动的一种特殊形式。高含沙水流进入水库中的清水后，在密度与能量差的作用下沿着清水的下部发生相对运动，在河床或淤积泥沙的表面以一定的速度前进，最后达到水库大坝前。

从纵向来看，在重力的作用下，较粗的一部分泥沙将就地落淤而形成三角洲淤积，较细的一部分则由于沉速较小，继续保持悬浮状态，随着异重流进入水库距离的增加，相对大颗粒泥沙不断淤积减少，细颗粒泥沙比例愈来愈高。

从垂直面来看，由于水深增加，流速降低，异重流成为不平衡输沙。异重流中所挟带的泥沙不断向底部沉降集中，同时析出清水加快浓缩，使异重流的底部泥沙含量远大于上部，底部泥沙中粗颗粒泥沙比例远大于上部，如黄河在潼关高程范围内与渭河高含沙水流相遇形成的异重流，含沙量沿水深是以椅子形或靴形分布，含沙量沿水深变化在 0～650 kg/m³(见图 1)。

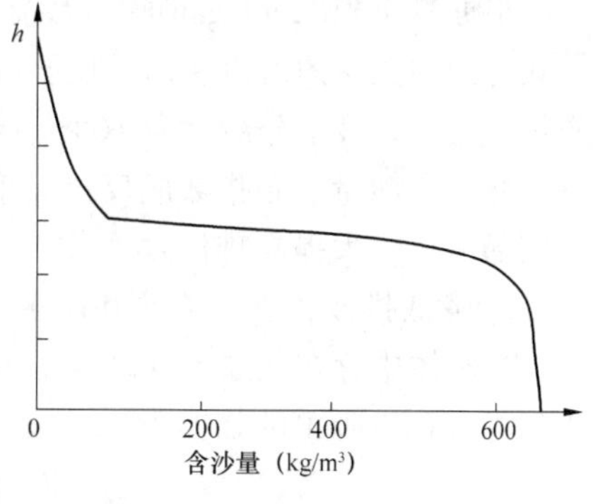

图 1　黄渭河异重流含沙量分布

2　目前水库使用排沙洞排除异重流的不足

(1)在水库以排沙洞排除异重流的过程中，常常引起异重流上层的清水和空气潜入排出，其潜入量甚至可达 50%，降低了排沙效率，由于在水下，很难掌握排沙的临界条件或达到适宜的引水范围。

(2)对于异重流中沉淤的粗泥沙或底部浓缩的高含沙浑水水库难以大量排出，使排沙效果大大降低。

(3)排沙影响范围有限。由于异重流达到坝前以后，在垂向和横向不断扩散，排沙洞进水面积和流量有限，只能排除达到坝前的部分异重流水体；并且排沙洞的流速、流量和异重流的流速、流量难以准确配合，往往错过了异重流排沙的最佳时机。同时，由于排沙洞的位置及其设计高程已定，排沙洞以下的异重流所含泥沙则无法排出。

(4)粗泥沙沉淤使泥沙侵蚀基准面不断抬高，使水库尾部发生翘尾巴现象或溯源淤积，例如黄河三门峡库区的潼关高程问题。

(5)水库中造成库容减少的淤积泥沙不能及时排出，或不能根据泥沙管理的需要选择时机排出。

(6)排沙比小，耗水量大。目前大型水库异重流排沙，排沙比基本在 24%～50%(小浪底水库 2006 年 6 月 25～28 日监测平均 33.7%)。

3 自排沙廊道技术在异重流排沙中应用的思路和设想

要克服目前用排沙洞进行异重流排沙的不足，考虑从以下几方面改进：

(1)将排沙点或泥沙侵蚀基准面位置向库尾方向前移。

(2)将进水口设在异重流水体聚集浓缩、含沙量最大的底部。

(3)能同时兼顾缓慢沉降的高含沙集成体和沉淤粗泥沙的排出。

(4)应使排沙设施在正常排沙与降低侵蚀基准面、排除悬移质和推移质泥沙、异重流排沙与长期排沙等之间互相兼顾。

(5)应避开异重流排沙中的临界条件，使异重流排沙易于操作和掌握。

(6)将排沙孔设置在水库底部。

根据科里根(Keulegan)的对数流速分布公式与卡林斯基(Kalinske)的含沙量垂线分布公式得到的关系图可以看出，底孔的分沙比与分流比成反比关系，并与含沙量分布指数成正比关系，最小分沙比为 100%，最大可以达到 360%，表孔分沙比与分流比成正比关系，并与含沙量分布指数成反比关系，最大分沙比为 100%。所以，将排沙孔设置在水库底部，将大大提高排沙效率。

(7)降低排沙孔进水流速和减小流量。

当水体中存在两层不同密度的液体、排沙孔口自其中某一层液体引水时，另一层液体亦将自孔口吸出的临界条件一般表达式为

$$F_x=Uc/(\Delta\rho/\rho\cdot gh_L)^{-1/2}=m(h_L/d)^n \tag{1}$$

式中：Uc 为孔口出流速度；h_L 为流层液面至孔口距离；d 为孔口尺寸。

从公式(1)可以看出，h_L、d、ρ 等均是相对固定或变化不大的，只有排沙孔口出流速度 Uc 是可以人为改变的，当使 Uc 控制在一定范围时，就可以使另一层液体不被吸出孔口，即主要排除异重流泥沙。

根据以上(6)、(7)两条的理论原理，扩大排沙孔的进沙面积，降低排沙孔进水流速，减小每个排沙孔的流量，增大异重流高含沙水体的排除比例，可提高排沙效率。

4 自排沙廊道排沙技术介绍

自排沙廊道技术(专利名称“一种自排沙廊道”，专利号 ZL03262540.5)，其设施包括廊道、排沙帽、导流板(自排沙机构)、排沙孔及闸门等。使用时将自排沙廊道布设在

水库底部，就像在水下设置了一个“筛子”，将沉淤泥沙或异重流底层高含沙水体在廊道中排除(见图 2)。

自排沙廊道技术，经过 10 多年的试验研究，在黄河小北干流中段的陕西省渭南市东雷抽黄灌区总干渠应用 3 年来，成功地解决了 11 个技术关键，取得了 11 项创新(其中 7 项技术创新，4 项结构创新)。

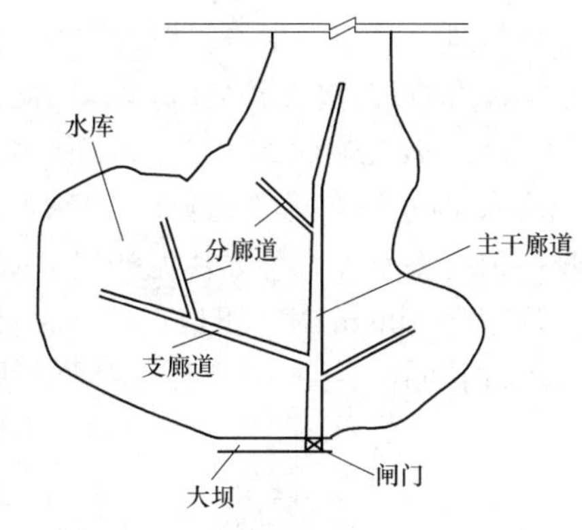

图 2 水库自排沙廊道平面布置

(1)创造性地用日常生产中极具破坏力和副作用的“水锤压力破坏、流土破坏、重力侵蚀”原理，革命性地解决了“廊道易堵塞难清理”和“淤积泥沙要求起动流速过大难以达到”两大传统难题。实现廊道淤堵泥沙“自动开通”和淤积泥沙的“零流速起动”。

(2)利用泥沙重力聚集和固定泥沙。创造性地使泥沙重力由传统排沙方式中的主要阻力转变为：①聚集泥沙，促进周围泥沙向排沙孔流动聚集；②固定泥沙，在廊道停止排沙运行期间，使泥沙不能流动进入廊道造成堵塞两个作用的动力。

(3)研究和总结了龙卷风及海河涡流巨大能量的特点，创新发明和应用了“右手判则”。在传统流体力学及其应用的基础上，创新发明了对各流体在运动过程中具有的各种力(包括旋转力、动量力、地转偏向力等)相互间的作用效果(耦合增强或抵消减弱)进行判断的一个新方法和标准，称为流体运动“右手判则”。可以优化控制使分别处在直线运动、旋转运动、交叉汇合等不同运动形式的流体，通过配合协调各种力及多重螺旋流，在廊道中耦合成独特的强双螺旋流，显著提高了廊道的排沙效率，在流体力学的研究方面进入到一个更深层次。

(4)创造性地用“分段启动原理(或火车启动原理)”和“均衡补充能量”的方法，解决了传统廊道整体挟沙能力不高及廊道长度难以扩大、排沙范围小的难题。

(5)自排沙廊道按照悬沙不均匀分布原理和异重流泥沙分布规律，将廊道设计为独特的嵌入式组合结构，始终可保持廊道的高效排沙。

(6)利用力矩原理布设排沙孔，使地转偏向力、水头能量、泥沙重力等各种力的作用放大 2 倍以上，起到了“一窍拨千斤”的作用，使廊道挟沙能力远大于其他排沙设施；网络化布设排沙孔，解决了水利工程泥沙分布时、空变化大的问题。

5 自排沙廊道技术在水库异重流排沙中应用的原理及优点

从试验资料和理论分析来看，自排沙廊道在水库异重流排沙中应用可达到如下效果：

(1)可有效防止上层清水和空气大量下潜排出[❶]。创新发明的排沙帽，从降低排沙孔进口流速、流量，杜绝排沙孔在上部产生竖轴涡流和改变进水方向两方面入手，巧妙解

❶ 吴培安，杨廷瑞，王会让，等. 东雷抽黄工程总干渠冲沙闸浑水模型试验报告. 水利部西北水利科学研究所，1991

决了水利工程的闸门、排沙洞排沙中存在的“上部清水和空气潜入”的问题。

(2)可靠排除水下部高含沙浑水和推移质(沉淤)粗沙。自排沙廊道独特的布设方式，不论流量、流速、水深、泥沙含量、粒径怎样变化，均能保证可靠排除水下部高含沙浑水水库和推移质(或沉淤)粗沙，因此可使排沙效率再提高10多倍。

(3)有效控制泥沙侵蚀基准面。由于自排沙廊道为压力流设计，可以使廊道比降较小或为水平(甚至可为负比降)，其廊道的安装高程可以相对降低，对于小浪底水库这样的峡谷河道型水库，可以使泥沙侵蚀基准面平行后移或大幅下降(254 m–175 m=79 m)，若水库水深 100 m 时，可以使泥沙侵蚀基准面降至库底面并大幅度后移(理论计算为 50~100 km)(见图 3~图 5)，可以解决电站引水口粗泥沙进入和放水洞前的拦门沙影响。

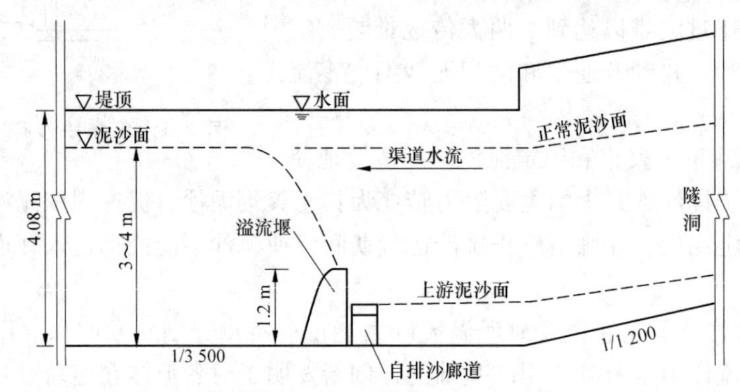

图 3　自排沙廊道排沙效果

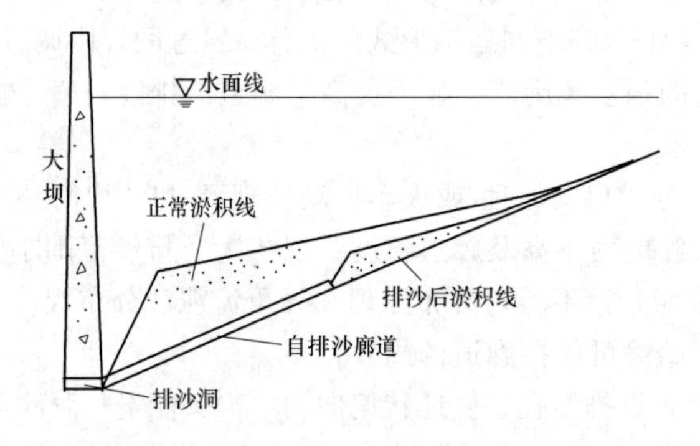

图 4　自排沙廊道排沙影响水库泥沙淤积示意

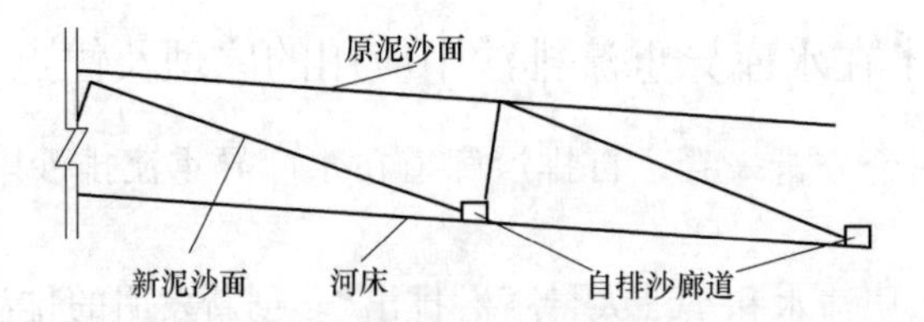

图 5　自排沙廊道降低泥沙侵蚀基准面示意

(4)地形适应性强。该设施体积小，不需大的比降，布设形式不限，可布设在水库底部与排沙洞口相连，与主体工程结合一体，可不占用专门场地，对主体工程影响小；不消耗主体工程的水流能量，对水体的各种要素(水深、流量、流速、流向等)及排沙地形条件适应性特强。

(5)挟沙能力大。该设施以其独创的组合结构，提高了沉沙效率 1.3 ~ 1.7 倍；以独创的“右手判则”使分别处在直线运动、旋转运动、交叉汇合的不同流体的流速动能、旋转力与地转偏向力等诸力耦合补强、高效放大，在廊道中优化组合成三维强双螺旋流，显著提高了水流的挟沙能力，目前测得廊道的挟沙能力达 580 kg/m^3，排沙最大含沙量 1 430 kg/m^3。

(6)防堵塞效果好。利用日常生产中极具破坏力及副作用的“土壤破坏”和“水锤压力破坏”原理优化设计的自排沙机构，解决了水利工程中常见小的杂物、杂草堵塞进水孔的难题；克服了泥沙干么重大，常规排沙技术(方式)要求起动流速大的困难，实现廊道外的淤积泥沙的“零流速起动”，廊道内的淤塞泥沙“自动开通”。

传统的排沙技术是通过水流在泥沙表面的流速达到“起动流速”后带动泥沙移动排出。对于工程中粒径粗、干么重大的泥沙，要求起动流速过大，在大型渠道、河道和水库中难以达到。该技术通过运用水锤压力，疏振淤沙体的基础支撑，使淤沙体先在基础部分产生液化、流沙，进而使上部淤沙体变成悬空淤体，在重力作用下，淤沙体发生渗流液化和重力侵蚀，达到零流速起动。

以前廊道的堵塞清理靠人工或机械清理；该技术分析了泥沙性质，根据太沙基(1948)公式，泥沙在水头能量的作用下达到或超过临界坡降(允许坡降)值进而产生流土破坏的原理，设计廊道结构，使之实现淤塞泥沙自动开通。

(7)排沙控制范围大。由于解决了长距离布设廊道的技术关键，廊道可根据水头、地形条件和异重流运动规律、水库泥沙淤积的时、空特点及排沙需要，相对小比降长距离，以树形结构分级串并、直弯结合大范围组合布设(见图 2)。在水头不变的情况下，使廊道长度可达有效水头的 40 ~ 60 倍；目前在 0.7 ~ 4 m 水头的情况下，廊道长度达 44 m。同时，可使排沙洞引进异重流的进水面积扩大 80 倍。

(8)间歇排沙。解决了廊道停止排沙期间，泥沙流动造成廊道淤塞的难题，使廊道可随时根据水体的流量、泥沙含量、粒径及其时、空分布的大范围变化，以及各廊道排沙范围内泥沙运动的不同情况，分别灵活掌控间歇排沙的次数和时间，系统优化各条廊道组合间歇排沙，确保排沙含量大、粒径粗、效率高，边排沙边正常供(蓄)水， 可实现水库粗、细沙适时分排分用和泥沙资源化利用，充分满足下游行水输沙的需要。为使“泥沙治理”逐步向“泥沙管理”转变开辟了新思路。

(9)促进异重流向坝前运动。由于自排沙廊道可以保证在最佳时间运行，在水库异重流前进路线形成和保持一个凹形河槽，为异重流前进提供了一个通道，避免异重流的横向扩散和向支流入侵倒灌，并可防止形成拦门沙。

(10)节水效果显著。由于运用多种措施提高排沙效率，排沙耗水量仅占总引水量的 0.3% ~ 3%，比目前其他的排沙设施及方法节水 85%。可以在保障水库正常蓄水的情况下适时有效排出泥沙。据试验对比，在水流含沙量为 9.3 kg/m^3 时，廊道排沙平均含沙量达 428 kg/m^3，而冲沙闸门排沙的含沙量仅为 11.4 kg/m^3。

(11)由于廊道建在淤积泥沙的底部，建设、运行、维护成本低，管理简便，安全可靠。

该技术还具有小落差排沙、透析式排沙，可以及时排出水体中沉淤的粗颗粒泥沙或推移质泥沙，优化水沙搭配，结合控制泥沙侵蚀基准面防止产生各类拦门沙的作用，可以应用在“二级悬河”治理方面，对泥沙“粗、细分排分用”或“排粗留细”，排出的粗沙可作建筑用沙，细沙可改良土壤，实现黄河泥沙资源化。广泛适应水流、泥沙的大幅度变化，排沙过程不使用任何机械和能源，运行成本低，结构简单、体积小、不占用专门场地，可应用于河道、渠道、水库、矿山水力输送固相物质分离及排除等，推广前景广阔。

参考文献

[1] 钱宁，万兆惠. 泥沙运动力学. 北京：科学出版社，1983
[2] 武汉水利电力学院. 土力学及岩石力学. 北京：水利电力出版社，1979
[3] 武汉水利电力学院. 水泵及水泵站. 北京：水利出版社，1981
[4] 中国水利学会泥沙专业委员会. 泥沙手册. 北京：中国环境科学出版社，1992
[5] 涂启华，杨赉斐. 泥沙设计手册. 北京：中国水利水电出版社，2006

第三部分　会议论文

异重流对工程的影响

范家骅

(中国水利水电科学研究院泥沙研究所　北京　100044)

摘要　异重流在枢纽工程中的不同流态，在不同地形条件下造成对工程的不同影响。按环境条件对异重流流态进行了分类，并列举实例加以说明。文中讨论了异重流在三角洲下游以及受壅影响造成的浑水楔淤积及其对工程的影响，列举了国内外若干水库在坝前形成浑水楔淤积危害孔口的实例，和在水库中河道与支流交汇处异重流淤积造成工程运行困难的实例，最后，简单分析了坝前孔口淤积的机理。

关键词　水库异重流　水库淤积　异重流淤积形态

1　前　言

研究异重流运动的目的，在于了解异重流的运动特性，它在自然环境和各种工程中可能产生的对于环境和工程的不利因素，利用异重流的特性，减轻或消除不利因素的影响，或转向于有利的作用。在“水库异重流排沙”一文中，讨论了异重流在库中运动而能顺利排出的机理和计算方法，本文讨论异重流对工程的影响。

浑水进库后的流动情况可概化如图 1 所示。上游来水进库，在壅水区泥沙淤积，形成三角洲，异重流在三角洲下游运动过程中，沿程泥沙淤积，形成异重流浑水楔形状的

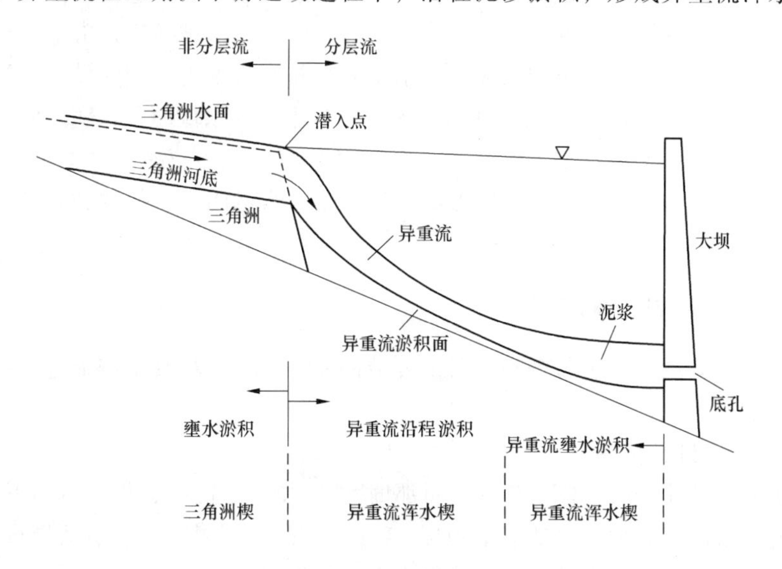

图 1　浑水进库后的流动和淤积概化图

淤积。此外，异重流到达坝址时，如孔口不开，它遇到坝址的阻拦，受壅水影响，形成另一种具有水平面的异重流浑水楔淤积。如淤厚太大，将危害坝体安全和危害进水口(进入大量泥沙)。

异重流对工程的影响，举例简要说明如下：

(1)水库中在汛期会产生可以持续运动流到坝址的异重流，在没有排沙孔口情况下，异重流在坝前持续淤积，形成异重流浑水楔淤积。危害电厂进水口，有进入异重流泥沙的危险。如瑞士 Luzzone 水电站，坝前异重流浑水楔淤积的淤积面已近电厂进水口，因此采用深水挖泥的方法降低浑水楔淤积高程，以消除泥沙进入进水口的危险。

碧口水电站建有排沙底孔，在大沙年份的 1995 年，异重流流抵坝址，因未能开孔泄沙，故将底孔堵塞，不得不花费一个月的时间进行疏通。

刘家峡水电站设计阶段，忽略了进水口高程以下安设多个排沙孔(水科院曾免费做试验并建议在进水口下设置孔口，未被采纳(方宗岱，论江湖治理))，在坝上游 1.5km 处，支流洮河异重流进入黄河主流，很快流到坝前，形成浑水楔淤积，泥沙进入电厂进水口，磨损水轮机。如果事先考虑设置多个进水口的排沙孔，并设置大泄量的低孔用以适时排沙，就可避免坝前淤积面的上升，也可以避免泥沙进入进水口。

(2)水库中异重流进入支流形成拦门槛，使支流库容不能得到利用。如官厅水库主流与支流妫水河汇合口的沙坎；又如三门峡水库上游黄渭两河汇合处，在一定条件下也会造成黄河异重流倒灌入渭河，以往有几次将渭河口堵塞。

(3)水利枢纽通航船闸上下游引航道(盲肠河段)内的异重流淤积。

(4)河口段船闸或挡潮闸的盐水和浑水异重流入侵。盐水入侵，影响该地区工农业用水。

(5)沿海港区内或河口港区异重流淤积。

沿海开辟一定水域建港，因港区形成相对静止水域，港外水流涨潮时，挟带泥沙进入港区内，在高潮时形成异重流，泥沙淤积，水域愈大、进沙量愈多。落潮时，出流含沙量减小，故造成持续累积性的淤积。大风天时，海岸泥沙被掀起，常形成异重流，涨潮时随流进入港区，造成大量的淤积。塘沽新港最初在日本占领期间设计，原港区水域甚大，后经观测及研究港区淤积机理，后来逐渐减小港区水域面积，随之回淤量减少。

河口范围内开挖航道以加大航深，由于盐水楔以及异重流淤积，增加了维护的困难。航道内异重流交界面上的波动，对船舶的航行产生很大的阻力，使驾驶人员搞不清楚航行慢的原因。

2 水库异重流各种流动类型

现将异重流运动状态进行分类，列于表 1(Fan,1996)。并将其中若干流态和对工程的影响，分别加以讨论。

2.1 不能流到坝址的异重流

当进流洪峰时段的总体积较小，而那时水库水位则较高，即水库长度较长，如 $Qt<BhL$，则异重流形成后有可能流不到坝址。其淤积形态为楔形，即所渭异重流浑水楔。这种流态同河口段盐水楔在涨潮时逆流向上游推进至一定距离的情况相像，不同处在于，水库内异重流浑水楔与上层水流流向相同，而盐水楔则上下两层流向相反。

表 1　异重流流态分类和对工程的影响

异重流流动情况	泥沙来源	异重流环境条件与流态	实例
(A)异重流自水库中无阻碍排出	流域主河道	①异重流流到坝前顺利地排出	三门峡水库 1961、1964 官厅水库 1954.9.5 美国 Lake Mead 1935 ~ 1936
		②异重流流到坝址经短时间壅水，即开闸门排沙	官厅水库 1956.8.1 ~ 3
(B)异重流在阻碍物前聚集	流域来沙	异重流流到坝址时闸关闭未开，或流到水库中一潜坝前，形成浑水水库	官厅水库 1955.8.8 三门峡水库 1961 阿尔及利亚 Steeg 坝 法国 Sautet 坝 法国 Chambon 坝
(C)坝前浑水水库，通过开启闸门排出；或开挖新孔排异重流	流域主河道或支流来沙	开启闸门，排泄先前异重流淤沙；或修建新孔以排泄先前异重流浑水水库泥沙	阿尔及利亚 Steeg 坝
(D)库水位下降产生冲刷，冲起的泥沙潜入库底形成异重流	主槽局部淤积被冲起的泥沙	库水位骤降，造成潜入点上游的冲刷，它供给额外的泥沙形成异重流并泄出	三门峡水库 1962 坝前壅水河段 官厅水库 1954.8.10 ~ 15
(E)河道汇合处上游在控制断面的分层流或异重流	流域主河道或支流	控制断面处主流与支流的含沙量两者存在差异	三门峡水库坝上游114km潼关断面上，观测到黄河来水呈上层高流速、低含沙量，而渭河来水呈下层低流速、高含沙量的异重流通过断面
(F-1)主河道内的异重流浑水楔	流域来沙	进库的洪峰较小，洪水量较小，形成的异重流在流向坝址方向的中途停止流动	官厅水库曾测到数次，如 1957.7.11 ~ 12、1957.8.16 ~ 17 等
(F-2)主流进入支流的异重流浑水楔	主流异重流	主流异重流横向进入支流形成异重流浑水楔淤积	官厅水库主流进入其支流妫水河倒灌形成异重流楔形淤积
(F-3)异重流浑水楔从主流进入支流，以及从另一、二级支流进入	自主流和支流	主流和二级支流的悬移泥沙从横向进入支流形成异重流楔形淤积	三门峡水库支流渭河下游段，从黄河潜入异重流，以及从渭河支流洛河进入异重流形成异重流楔形淤积
(F-4)从支流进入主流的异重流浑水楔	来自支流	支流异重流进入主流，同时向上游和下游方向运动:其向上游运动的异重流与库内来水运动方向相反,即其上层流流向下游，下层异重流流向上游。流向下游的异重流，上层与下层流向相同	刘家峡水库坝上游约 2 km 处支流洮河，洪水期形成高含沙异重流流进黄河主流，逆向运动形成异重流楔形淤积。另一股向下游运动很快到达坝前淤积
(F-5)进入盲肠渠道的浑水楔	主流	主河道与盲肠渠道内水体含沙量的差异，形成进入盲肠渠道的异重流	长江葛洲坝枢纽船闸上游和下游引航道内异重流淤积

官厅水库曾测到过若干次未能流到坝址的异重流，列于表 2，表中列出的有 5 个测次。其中一次，1958 年 7 月 28 日测到的沿程流速、含沙量垂线分布以及异重流垂线上最大流速，异重流运动长度 4 ~ 5 km。

表 2　官厅水库异重流浑水楔

日　期 (年-月-日)	进流			现场观测情况	异重流运行距离 (km)
	流量 (m^3/s)	含沙量 (kg/m^3)	历时 (h)		
1955-08-19				异重流在 1008 断面消失	7.5
1957-07-11 ~ 12	115	70	38	在 8 号桥潜入，在 1010 断面测不到流速	6.2~7
1957-08-16 ~ 17	110	70	26.3	在 1019 断面潜入，在 1010 断面测不到流速	3~5
1958-07-28 ~ 29	140	70	27	在 1015 断面潜入，在永会 03 断面无流速	4
1959-09-14	220	41	4	在 1015 断面潜入，异重流在 1010 断面消失	2.5

2.2　库水位下降时的异重流运动

当水库中异重流运动至坝前通过孔口泄出时，库水位下降，会冲刷底部异重流淤泥，增加进库含沙量，从而加大异重流含沙量，并加大出库含沙量。下面举两个测验的例子：

第一个，1954 年官厅水库处于自然调洪阶段，洪峰涨落过程中库内出现异重流(水科院河渠所、官厅水文实验站，1958)。图 2(a)为官厅水库 1954 年 10 月 13 ~ 15 日水位下降时，实测各断面异重流流速和含沙量分布图。13 日水库长度约 4.2 km，库首浑水潜入处含沙量约为 50 kg/m^3，14 日水库长度约 3.3 km，库首潜入点处含沙量约为 70 kg/m^3，15 日水库长库为 2 km，潜入点处平均含沙量约为 100 kg/m^3，此时水位较 13 日下降 2 m 多，库底淤沙受到冲刷，因此库中异重流含沙量值较前两日为大。这时段降低水位进行冲刷，水库沿程仍是属于异重流排沙性质。图 2(b)为整个下降时段进出库水沙过程和断面变化图。

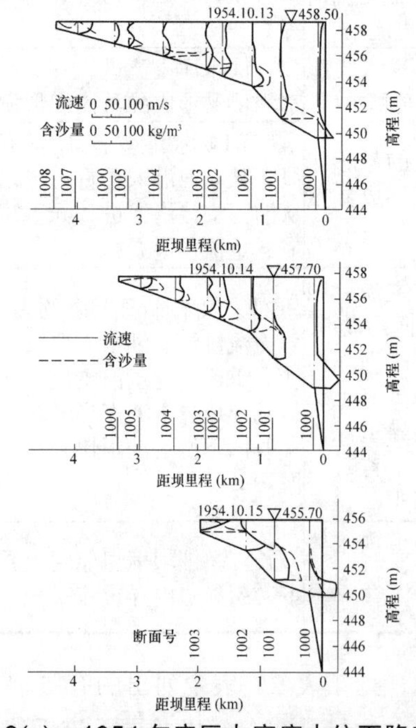

图 2(a)　1954 年官厅水库库水位下降时实测各断面异重流流速和含沙量分布图

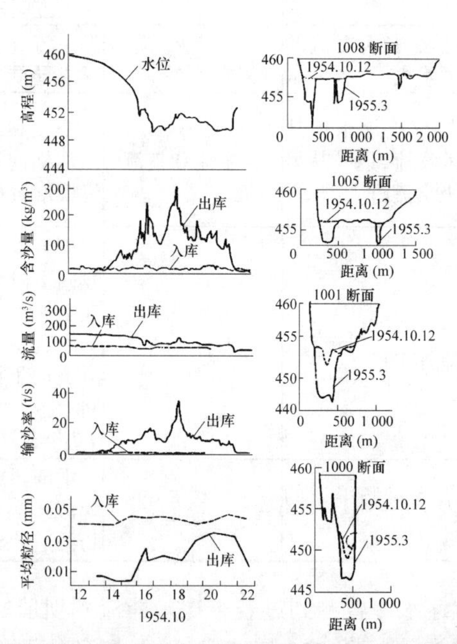

图 2(b)　官厅水库 1954.10.12～22 水库水位下降时段的进出库水沙过程和断面变化图

另一个例子，1962 年 7 月 30 日三门峡水库水位下降至 314 m 左右，潜入点以上水流中含沙量因冲刷而沿程增加，因此潜入后距坝 15 km 处异重流的含沙量也增加，高达 40 kg/m^3，靠近坝前 1 km 处的异重流底部以上的一半厚度含沙量达到 450 ~ 500 kg/m^3。由图 3 可见库水位下降过程中产生溯源冲刷和沿程冲刷，沿程含沙量增加，出库含沙量也相应增加。

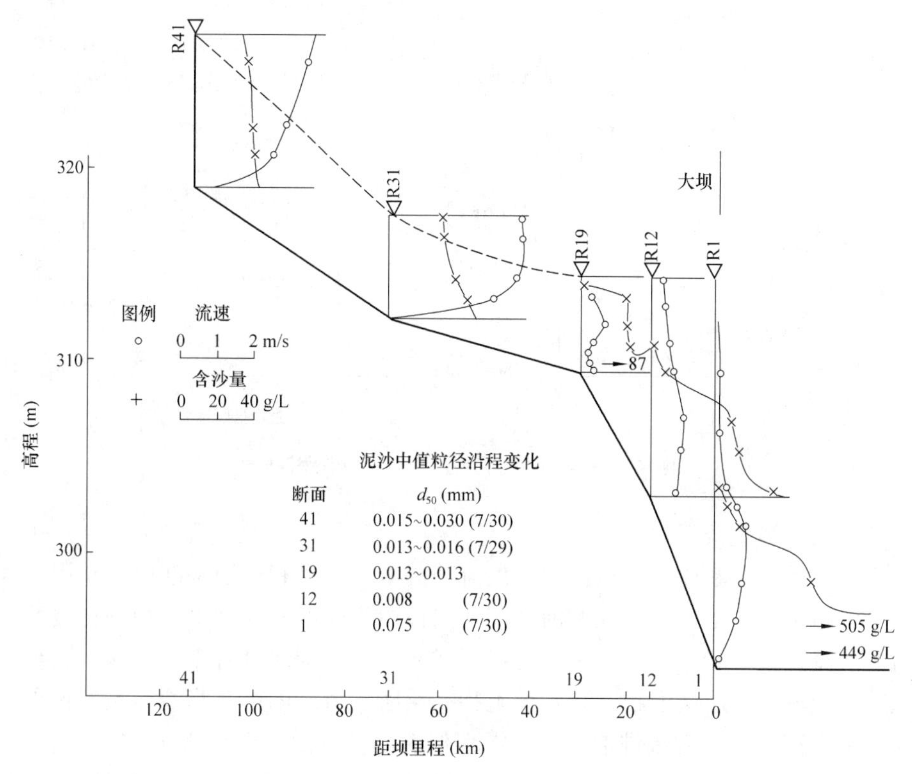

图 3　三门峡水库水位下降时实测各断面异重流流速和含沙量分布

2.3　水库和河道汇合处异重流造成的影响

水库中两河汇合处异重流的淤积会给防洪和水力发电带来困难问题，这些问题的严重程度在当时最初的工程设计阶段并未估计到。

下面介绍刘家峡水电工程，三门峡水库和官厅水库所遇到的问题。

2.3.1　刘家峡水库

该水电站装机容量 1.16×10^6 kW，为中国第三大水电站。水库库容 5.7×10^9 m^3。大坝上游 2 km 处有支流洮河汇入。支流异重流进入黄河时，同时向上游和下游沿河底运动，经过持续不断的淤积，形成一水下沙坝，图 4 为异重流历年淤积发展过程，在 20 世纪 80 年代在大坝前所形成的沙坝，在水库低水位时会阻碍发电引水。其次，异重流泥沙进入发电进水口，造成水轮机和闸门凹壁的磨损。从黄河和洮河异重流的沿程淤积剖面可看出，经 15 年蓄水运行，在两河汇合处有两次严重淤积，沙坝高程有突然的升高：第一次发生在 1973 年汛后，测到淤积厚度 14.7 m。其淤积原因是支流的输沙量高达 52.3×10^6 t，为多年平均输沙量的 2 倍。此外，当时的一个泄沙孔口(原设计的一个，显然不能保证所有进水口门前清)没有及时打开排沙，结果在近坝的黄河河段和洮河河段造成严重的淤积。第二次发生在1978～1979年汛后，沙坝淤积厚度达15.6 m，淤积原因是：汛期洮河河道淤积后，由于水电期间库水位下降，洮河河段内发生冲刷，因此大量淤积下来的泥沙被移至近坝址的河段，而那时泄沙孔未开，所以坝址处严重淤积(杨赉斐等，1985)

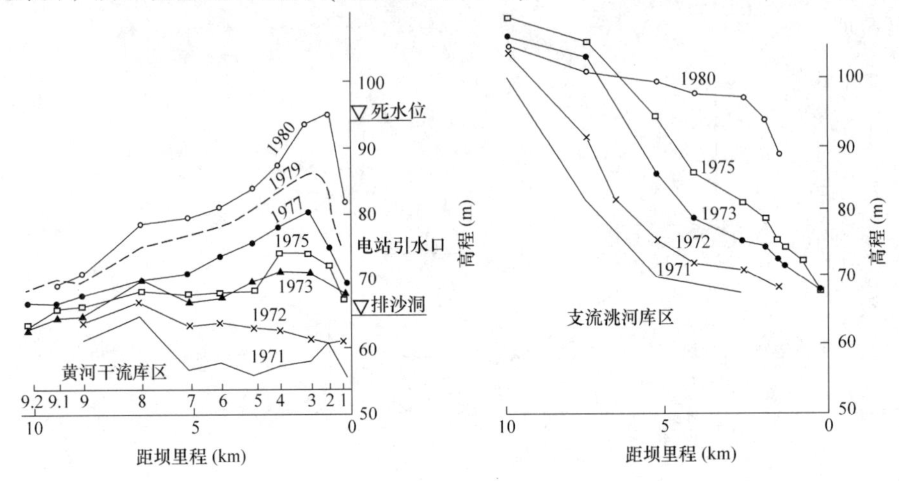

图4 黄河和洮河异重流的沿程淤积剖面

2.3.2 三门峡水库支流渭河

三门峡水库潼关断面位于黄渭两河汇流处的卡口，具有侵蚀基准面的作用。水库开始蓄水水位超过潼关水位时，在黄河和渭河河段内遭受严重的壅水淤积。在黄河汛期时段，当渭河流量较小时，黄河水进入渭河形成异重流向渭河上游入侵，即形成异重流浑水楔，结果造成累计层层淤积，致水位上抬，给防洪造成困难。当渭河流量很小，而渭河的支流洛河高含沙水流流进渭河时，渭河偶而会发生淤积而被堵塞。

渭河由于异重流倒流造成堵塞的一个例子是发生在1967年8月至9月。在1967年8月，潼关站发生过几次大洪水(Q=5 000 m^3/s)，而潼关水位壅水高，1967年8月各河的月平均流量为黄河，月平均流量4 070 m^3/s，渭河的月平均流量为177 m^3/s，北洛河月平均流量556 m^3/s，含水量达到568 kg/m^3。这种情况下，黄河在壅水时，异重流向渭河河口运动并向渭河上游方向入侵。异重流继续不停地淤积，使华阴河床在1967年8月持续抬高。图5为华阴断面实测断面流速分布，上层流速流向下游，下层异重流流向上游。而实测下层含沙量达到774 kg/m^3，系来自北洛河高含沙水流。而当时黄河龙门站测得含沙量为97 kg/m^3(8月23日)，30 kg/m^3(8月24日测)(曾庆华、周文浩，1986)。根据华阴站实测异重流流速 0.87 m/s，异重流厚度 1 m，含沙量上下层差为 745 kg/m^3，经试算，得密度Froude数$u/\sqrt{g'h}=0.41$。

2.3.3 官厅水库妫水河支流(Fan,1991)

官厅水库库区由永定河河谷和支流妫水河河谷组成。永定河原河道比降为0.001 42，妫水河为0.000 53。水库库容，永定河谷占1/4，而妫水河占3/4。由于永定河异重流在妫水河汇合口的横向运动进入妫水河，异重流形成浑水楔，异重流泥沙沿程淤积，在妫水河口河段形成沙坝，这样沙坝顶以下的库容就不能利用。图6、图7为汇合口的平面和地形

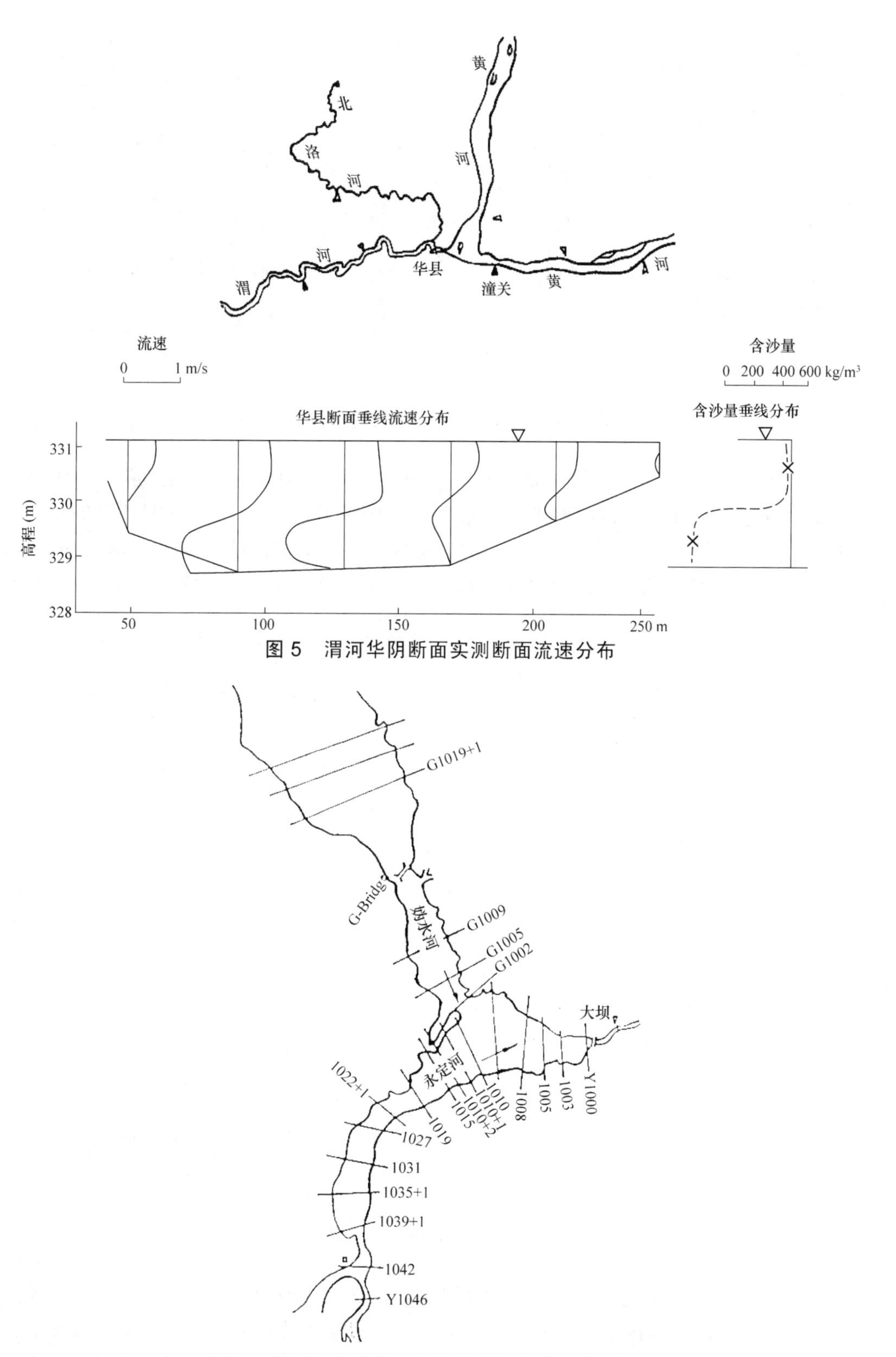

图5 渭河华阴断面实测断面流速分布

图6 官厅水库主流与支流妫水河汇合口的平面图

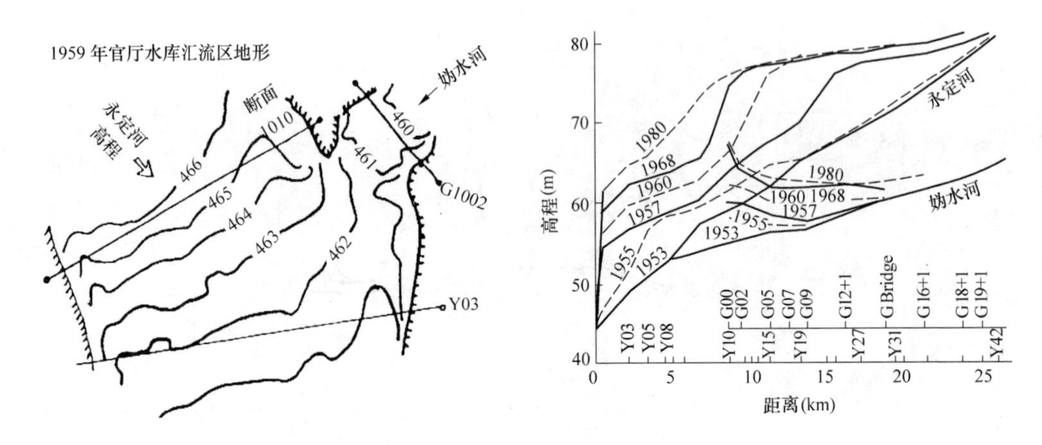

图 7　官厅水库主流与支流妫水河汇合口地形图和纵剖面图

状况。妫水河流向与永定河基本上成直角。1959 年 7 月 31 日永定河发生大洪水，洪峰流量达 2 750 m^3/s，大量异重流泥沙进入支流。实测 1959 年 7 月 31 日至 8 月 1 日的异重流流速和含沙量垂线分布示于图 8。在汇合口永定河上游 1010 断面处的异重流流速约为 0.4 m/s，在支流妫 1002 断面异重流流速约为 0.2 m/s，在妫 1005 断面异重流流速小于 0.1 m/s。

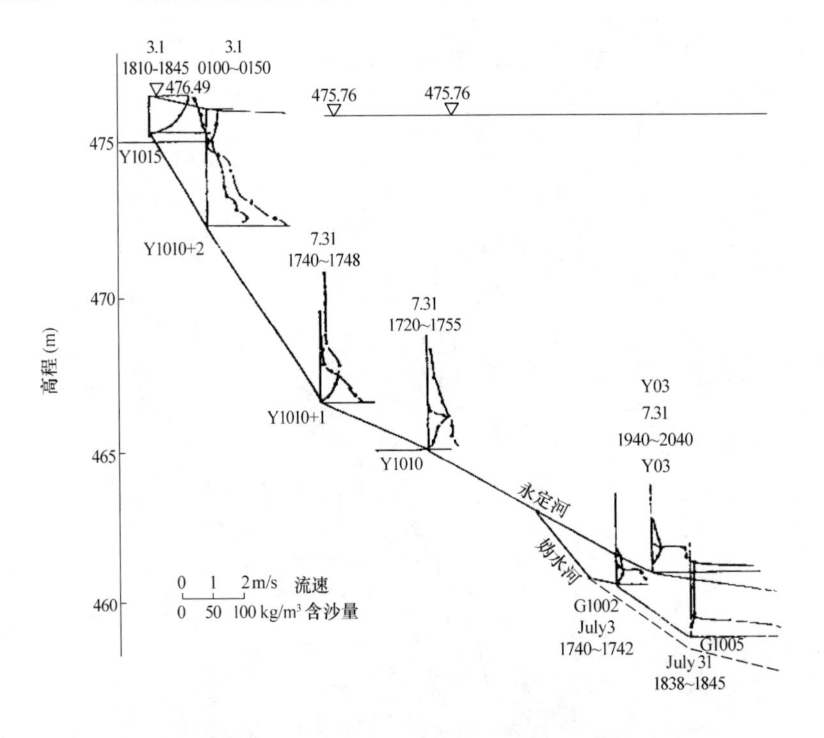

图 8　官厅水库主流与支流异重流流速和含沙量垂线分布

为了了解主流与支流异重流之间的相互关系，将两个时段，1959 年 7 月 31 日至 8 月 2 日和 1959 年 8 月 19 日至 20 日，在永 1010+1、永 1010 和妫 1002 各断面的异重流垂线最大流速的因时变化过程，点绘于图 9。可见主流重流潜入支流后，其异重流在倒坡河床上运动，与主流的洪峰过程有相应的涨落变化，但支流异重流流速的衰减也很明显。

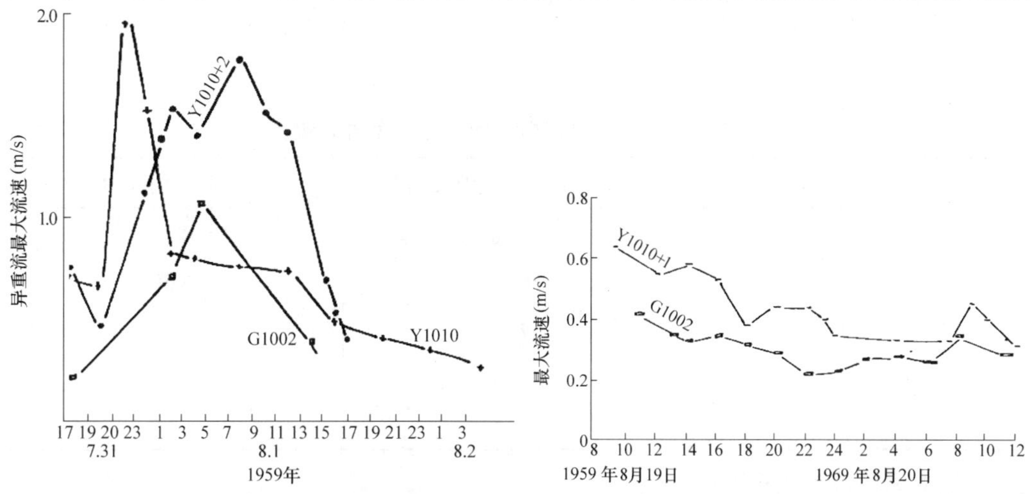

图 9 官厅水库主流与支流永 1010+1、永 1010 和妫 1002 各断面的异重流垂线最大流速的因时变化

支流内异重流在倒坡河床上溯运动，使异重流形成浑水楔淤积，在汇流口处淤积量为最多。图 10 为妫水河河谷 1959 年各测次各断面的淤积状况，可见各测次持续淤积明显。妫 1002 断面在一个汛期淤积厚达 15 ~ 2.5 m，在妫 1005 断面，淤厚达 2 m。比较妫 1002 和妫 1005 两断面在 1953 ~ 1980 年的淤积厚度，以 1953 ~ 1956、1959 年和 1967 年三时段为最严重。

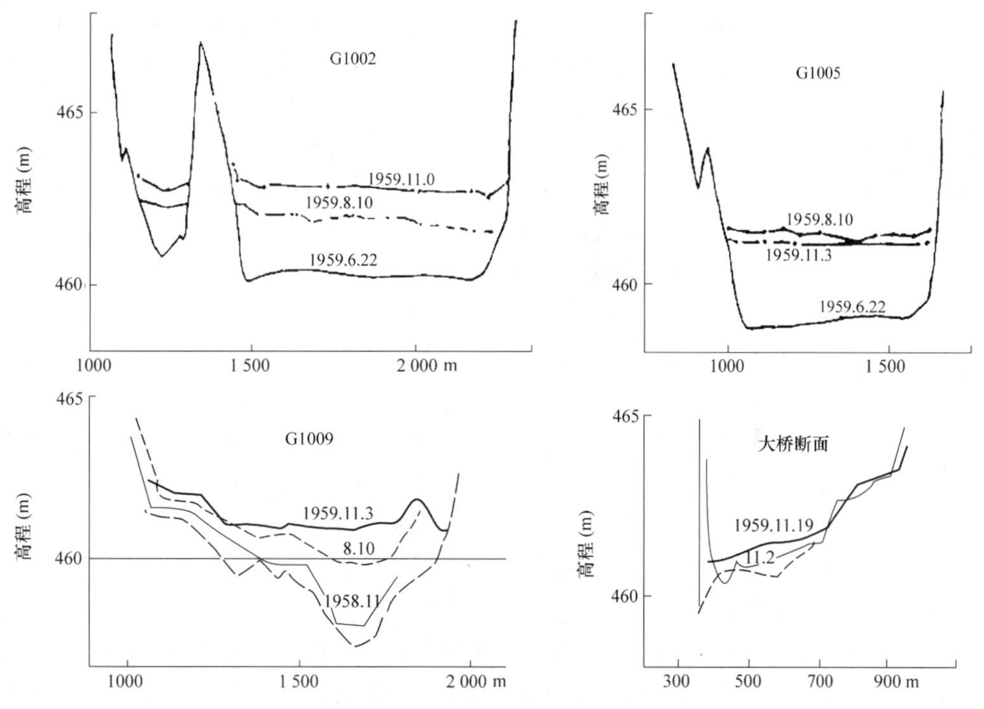

图 10 妫水河河谷 1959 年各测次各断面的淤积状况

从进库泥沙数量与妫水河异重流淤积量两者之间的关系，也可看出其大致的相应关系。将上述时段进水总量和在妫水河的淤积量列于表 3，发生在 1956 年，1959 年 1967 年，1974 年和 1979 年各时段的淤积明显。

表 3　官厅水库进水量与妫水河异重流淤积量

时段(年-月)	水库进入输沙量(10^6t)	妫水河淤积量(10^6t)
1955-11 ~ 1956-10	77.68	4.39
1958-11 ~ 1959-10	78.49	8.50
1967-06 ~ 1968-05	49.53	8.65
1974-06 ~ 1975-05	33.04	5.57
1979-06 ~ 1980-05	20.65	3.88

2.4　坝前异重流浑水楔淤积

在我国多沙河流上修建的水库，以及在少沙河流上的水库，均发现异重流流至坝前淤积，形成浑水楔淤积的形状。

法国 Chambon 水库(Millet,1983)，1935 年建成，坝高 136 m，库容 56×10^6 m^3，设有 2 m 直径的底孔(高程 951.5 m)。1955 年，底孔被淤堵；1959 年以前，坝前淤泥厚达 12m，危及坝体安全。1960 年淤积面高程为 968 m，故新建高程为 959 m 的孔口。水库于 1962 年曾降低水位至 952 m，但 1980 年，坝前淤积面仍高至 968 m。因此，1980 年 1 月重新打开高程 951.5 m 的原底孔。

法国 Sautet 水库(Groupe de Travail du comite Francais des Grande Barrages，1976)，建于 1935 年，坝高 115 m，库容 100×10^6 m^3，在不同高程设计两层孔口，一为底孔，底槛高程 651 m，即原来的导流底孔；二为中孔，底槛高程 673 m，高于底孔 25 m。水库运行至 1938 年，底孔几乎全部为泥沙堵塞，1961 年坝前淤积面已淤至中孔高程。并堵塞中孔。由于坝前淤积泥沙厚达 50 m，在进水口以下 15 m，故决定在进水口以下 5 m 处开一新孔，于 1962 ~ 1963 年完成。Sautet 坝位于 Motty 坝的下游，上游坝的来水中含沙量已小，但在水库形成 1 kg/m^3 的异重流(Nizery,1952)，流经 5 km 至坝前沉淀，多年来形成浑水楔的淤积，图 11 为 1935 年至 1973 年坝前淤积部面图。

图 12、图 13 为美国 Lake Mead(Bureau of Reclamation,1947)和日本千头水库坝前异重流楔形淤积(Kira,1982)。

阿尔及利亚 Fodda 河上的 Steeg 水库，由法国工程师设计。坝高 90 m，库容 225×10^6m^3，年进沙量 2.5×10^6 m^3。1932 年开始运行至 1937 年，坝前淤积厚达 15 m (Hannoyer 1974)，至 1960 年(Jarniac 1960)坝前淤积厚达 50 m(见图 14)。有效库容减少 50×10^6 m^3，1960 年新设计开 4 孔，高程为 311.80 m，孔口直径为 800 mm。试验孔高程 327.5 m。孔经 800 mm，出流密度至少等于 1.5。

瑞士 Luzzone 水电站，坝前异重流浑水楔淤积的淤积面已近电厂进水口(见图 15)，为防止进入进水口，故采用深水挖泥，降低在进水口附近的浑水楔淤积高程，以避免泥沙进入进水口的危险(Pralong 1987,De Cesare et al.2001)。

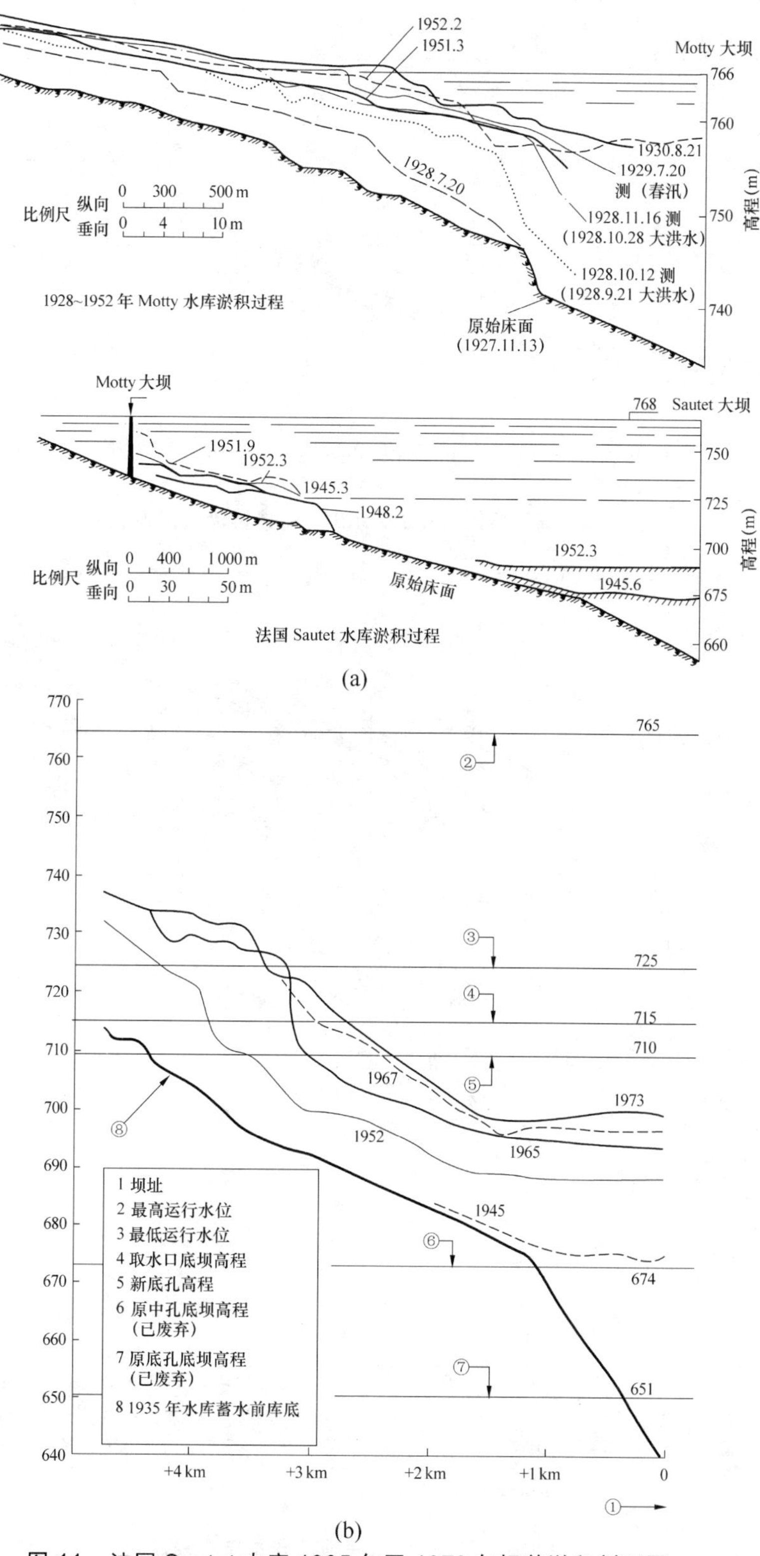

图 11　法国 Sautet 水库 1935 年至 1973 年坝前淤积剖面图

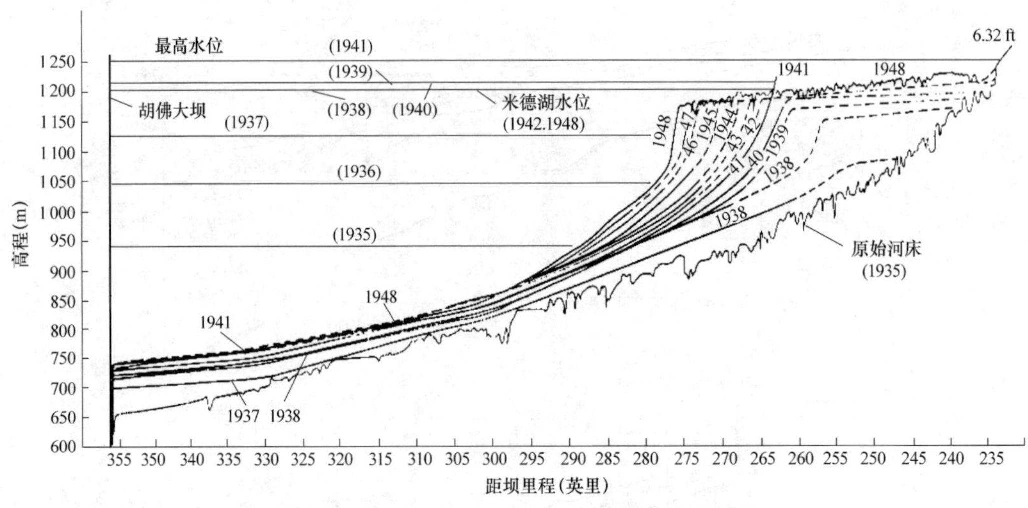

图 12　美国 Lake Mead 坝前异重流楔形淤积

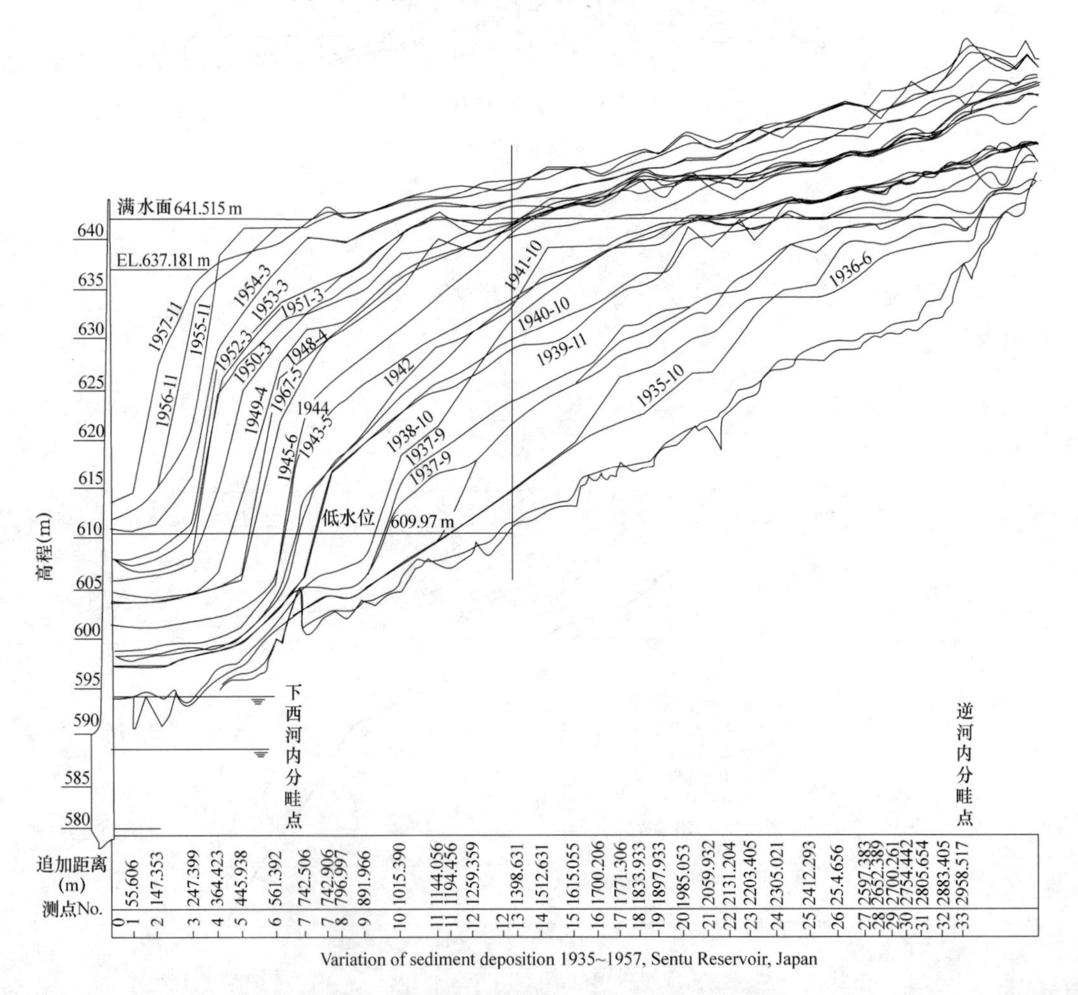

图 13　日本千头水库坝前异重流楔形淤积

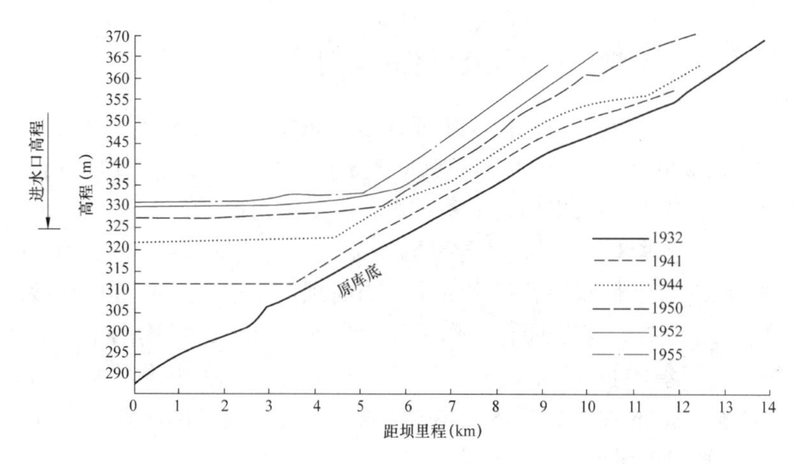

图 14　阿尔及利亚 Steeg 水库坝前淤积面抬高过程

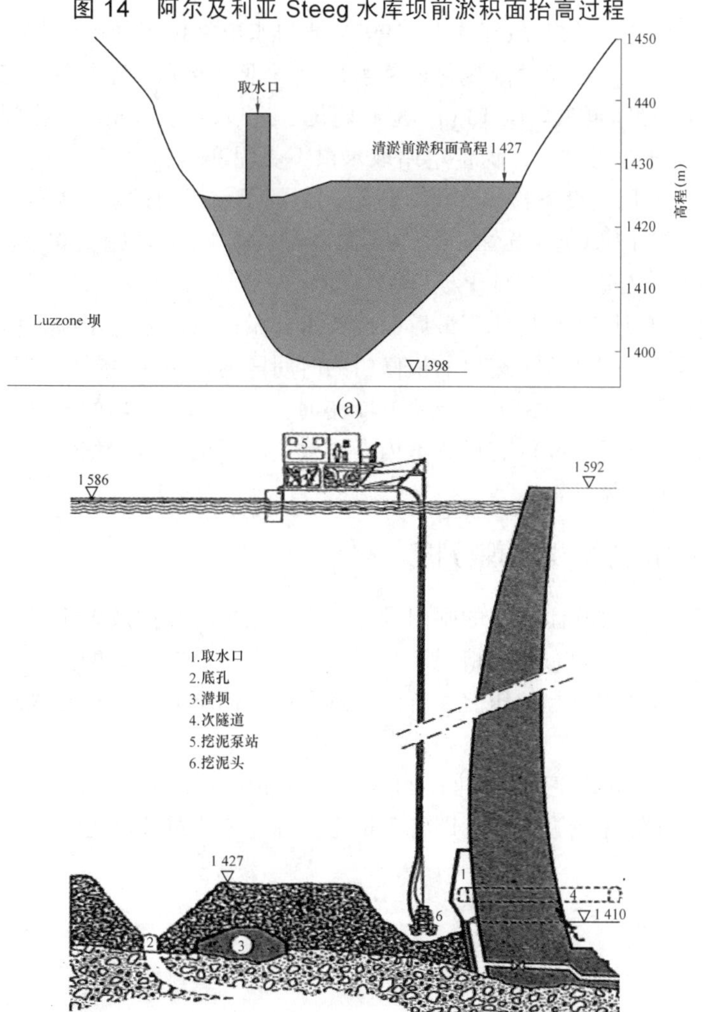

图 15　瑞士 Luzzone 水电站坝前异重流浑水楔淤积的淤积面和深水挖泥示意图

3　孔口为异重流流至坝前的泥沙淤堵的实例

万兆惠(11 局油印报告)曾对三门峡水库泄水建筑物闸门被淤堵的事例做过调查。左岸 2 号隧洞，高程 290 m，洞径 11 m，1968 年 8 月过水一天后，未再运用。经 11 个月后，于 1969 年 7 月 28 日再次提门，准备过水，由于闸门前泥沙淤积，20 时提门，直到次日晨 4 时 30 分，经过 8.5 小时，才能冲开淤泥过水，当时库水位约 310 m。

1972 年 4 月 27 日进行双层孔过水试验，当时坝前水位 319.45 m，泥沙淤积面高程约 298 m。10 时 25 分打开 4 号底孔工作闸门后，不见出水，25 分钟后，10 时 50 分，突然一声巨响后，浑水才汹涌流出。经历 5 个小时，于 15 时 50 分关闸。当时 4 号底孔闸前淤积面会降至 280 m 左右，但 5 月 30 日测量，底孔前已回淤到 290 m 左右，即闸门关闭 5 ~ 6 天，闸门前淤厚达 10 m。

碧口水电站排沙洞的淤堵(江拴丑，1997)。碧口水电站位于甘肃白龙江上，坝高 105.3 m，库容 521×10^6 m^3。左岸设排沙洞直径 4.4 m，全长 698 m，其中洞身有压段 565.9 m，明渠段 124.1 m，水库喇叭口段 13 m，检修门位于进口以内 44 m，工作门与检修门相距 525.9 m。其主要任务为排沙，保证电站取水口不受泥沙危害。

1995 年 3 月，机电设备检修完毕，进行例行的汛前提门试水，15 日 10 时工作门全开，未见出水，至 17 日仍不出来，经查，洞内有压段工作门以上 500 多 m 范围内全断面为泥沙淤堵。

由于 1994 年 9 月 28 日排沙洞最后一次放水冲淤，淤泥未冲干净，即关闭工作门，当时未关检修门，在敞开位于进口的检修门的时间段内，至 1995 年 3 月 15 日历时 195 天，这时间，排沙洞仅运行 3 次，历时 3.47 小时。因此，到达坝的异重流易进入排沙洞内的近 600 m 长、直径 4 m 的有压管道内，导致全断面的泥沙淤堵，后经一个月的疏通工作，才清除洞内淤堵泥沙。

4　底孔管道异重流淤积机理分析

水库排沙底孔或底孔泄洪道的闸门设计，常采用把工作门放置于通道的尾部，而首部设置检修闸门，在这种布置的情况下，当异重流流至坝前壅高的同时，由于与敞开的通道内清水存在密度差引起的压差，将潜入隧洞内，向下游运动，形成异重流的淤积，如图 16 所示。

当异重流潜入时的初速(即锋速)，可参照分析船闸交换水流的方法，叠加一 u，其大小与锋速相同，使锋速成为静止，即将不恒定的锋速成为静止状态。写出 A、B 两点的方程：

$$\frac{P_A}{\rho g} = \frac{P_B}{\rho g} + h + \frac{(u_1 + u)^2}{2g} \tag{1}$$

$$P_A = \rho g h_1 + \rho' g (h_2 - h) \tag{2}$$

$$P_B = \rho g h_1 + \rho' g h_2 \tag{3}$$

因异重流锋速处于静止状态，则

$$\frac{P_A}{\rho' g}=\frac{P_B}{\rho' g}+h \tag{4}$$

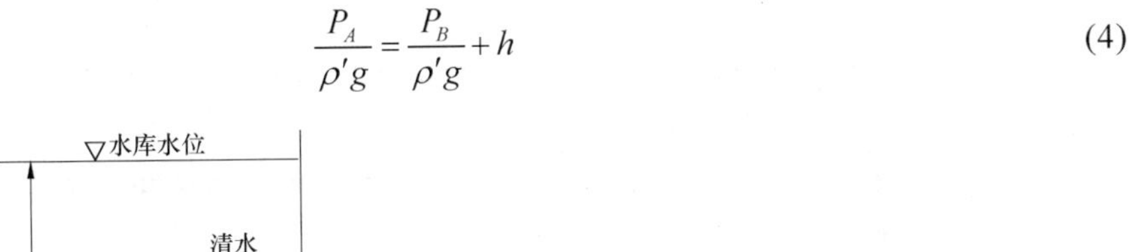

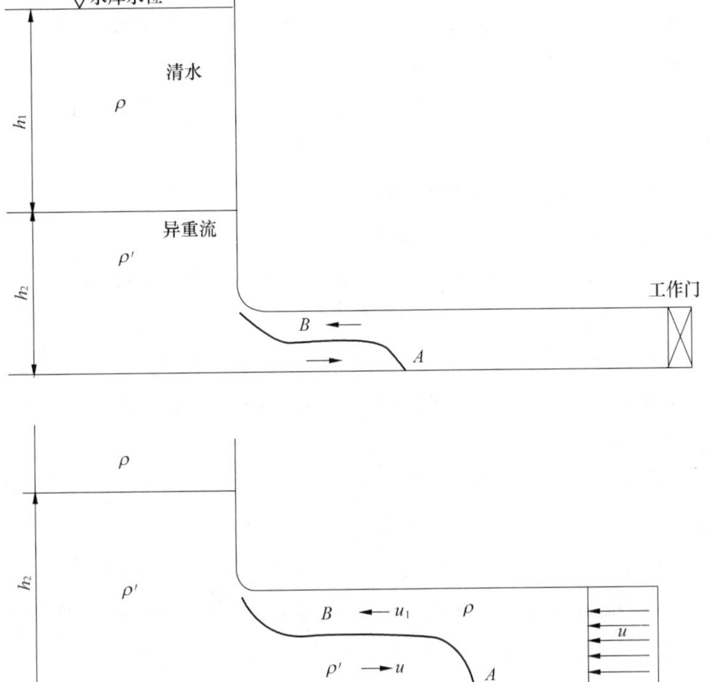

图 16　异重流潜入排沙底孔隧洞的流态分析

$$P_A=P_B+\rho gh+\frac{\rho}{2}\left(u_2+u\right)^2 \tag{5}$$

$$P_A=P_B+\rho' gh \tag{6}$$

得

$$u=\sqrt{0.5g'h} \tag{7}$$

当异重流前锋进入隧洞的同时，洞中清水被转换而排出；因受阻而壅高，在交界面上产生反射波，向上游方向推进，至口门后，形成壅水异重流，由于异重流流速降低，其中泥沙沉淀，使异重流近底部的含沙量增加，异重流流动区上移，此时异重流改变为中层流。异重流中泥沙沉淀致使异重流中的清水分离，通过交界面渗入上层的清水层中，因此中层异重流流量沿程减少。这种泥沙沉淀的过程使中层异重流底层泥沙沉积固结，流动层逐渐减小，流量持续减小，直至把隧洞全部淤死。

致谢：王崇浩博士帮助许多图文编辑事，谨表感谢。

参考文献

[1] Bureau of Reclamation, . Lake Mead density currents investigations, Vol. 1~2, 1937~1940, Vol. 3, 1940~1946

[2] De Cesare et al. Impact of turbidity currents on reservoir sedimentation. JHE, ASCE, 2001(1), 6~16

[3] Fan, J.. Density currents in reservoirs. Workshop on Management of Reservoir Sedimentation, New Delhi, June 27~30, 1991, 25 p

[4] Groupe de Travail du Comite Francais des Grande Barrages, Problemes de sedimentation dans les retenues. Trans. 12th ICOLD, Q.47, R. 30, 1976. Vol.3, 1177~1208

[5] Hannoyer, J., Nouvelle methode de devasement des barrages-reservoirs, Annales de l'Institute Technique du Batiment et des Travaux Publics, No. 314, Fev. 1974, 146~153

[6] 江拴丑 .碧口水电站排沙洞淤堵原因及疏通处理.甘肃电力，1997(4)

[7] Kira, H, Reservoir sedimentation and measures to minimize siltation. Senbo Press1982.392 p. (In Japanese)

[8] Millet, J.-C., Barrage du Chambon. Overture de la vidange de fond d'origine. La Houille Blanche, 1983, N0. 3/4, 275~279

[9] Nizery, A. et al., La station du Sautet pour l'etude de l'alluvionnement des reservoirs. Transport Hydraulique et Decantation des Materiaux Solides, Comte Rendu des Deuxiemes Journees de l'Hydraulique, Grenoble, 1952, 180~218

[10] Pralong, R..Removal of sedimentation in storage lakes with depths of up to 200 m. Wasserwirtschaft, 77 Jahrgang, Heft 6/1987, 1~3 (in German)

[11] 水科院河渠所. 官厅水文实验站官厅水库异重流的分析. 水利科学技术交流第二次会议(大型水工建筑物)，北京：1958

[12] Tolouie, E., Reservoir sedimentation and de-siltation. Ph. D. thesis, Univ. of Birmingham, Birmingham, U. K. 1989

[13] 杨赉斐，等. 黄河上游水电站泥沙问题初步分析. 西北水电，1985

[14] 曾庆华，周文浩，杨小庆. 渭河淤积发展及其与潼关卡口黄河洪水倒灌的关系. 泥沙研究，1986(3)

黄河中游泥沙对 P-Ⅲ分布线型的适应性分析

金　鑫[1]　张金良[2]　郝振纯[1]　滕　翔[2]　任　伟[2]

(1. 河海大学水资源环境学院　南京　210098;
2. 黄河水利委员会防汛办公室　郑州　450003)

摘要　本文通过黄河中游龙门、潼关、华县 3 站泥沙序列对 P-Ⅲ型分布曲线的适应性分析，指出用 P-Ⅲ型曲线建立黄河泥沙频率曲线是合适的。并提出在建立频率曲线时，应同时考虑理论曲线的约束条件和理论曲线与观测点据的拟合程度。

关键词　黄河中游　泥沙　P-Ⅲ型曲线　适应性

1　引　言

水文现象的频率分析作为水文分析与计算的一项重要内容，其研究与运用已有较长的历史。目前进行频率分析计算的主要水文参数为径流量、洪峰、洪量、降雨量等，而河流泥沙作为水文要素中的一项重要内容，其频率分布却少有人研究。河流泥沙所造成的问题早已存在，而近年来其危害日益严重。如长江流域 1998 年的洪水，其洪峰流量小于 1954 年，由于泥沙的淤积，使得 1998 年的洪水位高于 1954 年，造成了大的洪涝灾害；黄河花园口 1996 年洪峰流量为 7 860 m^3/s(不足 2 年一遇)，而水位却比 1958 年的 22 300 m^3/s(70 年一遇)洪水位高出 0.91 m[1]，原因也是由于泥沙的淤积抬高了洪水位。因此，根据来水来沙条件对河流泥沙进行人为调控，以维持河流的基本功能，成为了一项紧迫的任务。

黄河是举世闻名的多沙河流，其由于泥沙引起的一系列问题也显得十分突出。黄河中游的来沙量占全河的 90%，对黄河进行的几次调水调沙均在中游进行，而事实也证明，只有通过对黄河中游水沙过程进行有效调控，才能维持黄河的健康生命。为此，建立黄河中游泥沙频率曲线，为科学地进行水沙调控提供有力的支持也愈加必要。

目前，我国的水文要素，特别是洪峰、洪量等的频率计算主要采用 P-Ⅲ型曲线。如果泥沙的频率分布也可用 P-Ⅲ型曲线进行分析计算，将有助于对洪水频率与泥沙频率关系的分析研究，进而掌握不同频率洪水与泥沙遭遇的概率范围，并对黄河丰水丰沙、丰水枯沙、枯水丰沙、枯水枯沙的界定进行量化。为此，本文以黄河中游对调水调沙最为关键的龙门、潼关和华县 3 站的泥沙观测资料为基础，对 P-Ⅲ型曲线统计参数对黄河中游泥沙的适应性进行分析。

2　原　理

河流泥沙是一种随机变量，其应服从何种频率分布，目前尚难从物理成因上作出分析，而在其总体分布未知的情况下，也无法从其统计特征直接得出。由于泥沙的观测资料系列均较短，从实测资料得出的概率分布又很难满足需要。因此，对于泥沙频率分布的研究可参照洪水、径流等其他水文要素频率分布的分析方法。即先假定泥沙的分布符合某一种统计线型，然后利用实测资料进行拟合，若该种线型与实测资料拟合好，且曲线的数学物理特征符合河流泥沙的基本现象，则采用该线型为理论频率曲线，在该曲线上进行外延和内插，以得到所需频率的泥沙数值。

本次研究首先假定泥沙频率分布服从 P-Ⅲ型曲线分布，然后根据实测资料点据及P-Ⅲ型曲线的约束条件适配理论频率曲线，并检验所采用的理论曲线与实测资料之间的拟合程度。即在保证理论曲线满足 P-Ⅲ型曲线约束的条件下，若实测值与理论值的关系符合要求，则认为用 P-Ⅲ型分布曲线建立黄河中游泥沙频率曲线是合适的。

3 方 法

3.1 P-Ⅲ型曲线的约束条件

P-Ⅲ型曲线是一条一端有限一端无限的不对称单峰、正偏曲线，其概率密度函数为

$$f(x)=\frac{\beta^{\alpha}}{\Gamma(\alpha)}(x-a_0)^{\alpha-1}\mathrm{e}^{-\beta(x-a_0)} \tag{1}$$

式中：$\Gamma(\alpha)$为α的伽玛函数；α、β、a_0为三个参数。

三个参数确定后，该密度函数随之确定。可以推证，这三个参数与总体的三个统计参数具有下列关系：

$$\alpha=\frac{4}{C_s^2} \tag{2}$$

$$\beta=\frac{2}{\bar{x}C_vC_s} \tag{3}$$

$$a_0=\bar{x}\left(1-\frac{2C_v}{C_s}\right) \tag{4}$$

由河流泥沙的特性可知，泥沙总体的极小值不可能为负值，即应有 $a_0 \geqslant 0$。因此，上述概率密度函数有如下约束条件：$a_0 \geqslant 0$ 及 $a_0 \leqslant x \leqslant \infty$。因此，由式(4)可得 $C_s \geqslant 2C_v$。

又样本系列中的最小值只能大于或等于总体的最小值。对于样本的最小模比系数 $K_{最小}$ 有：$K_{最小} \geqslant a_0/\bar{x}$，结合式(4)及 $C_s \geqslant 2C_v$ 可得 P-Ⅲ型曲线的约束条件[2]：

$$2C_v \leqslant C_s \leqslant 2C_v/(1-K_{最小}) \tag{5}$$

根据实测资料，以数学期望公式点绘经验频率曲线，先用矩法根据样本系列初步计算 $\bar{x}$ 及 C_v，对于 C_s，由于资料系列均小于 100 年，由资料直接根据矩法公式进行计算的抽样误差太大[3]，因此在计算中 C_s 采用 C_v 的倍比形式给出(本次采用 0.1 的倍数)。为了满足 P-Ⅲ型曲线的约束条件，取 $C_s \geqslant 2C_v$。根据初步确定的统计参数绘制理论频率曲线，通过调整统计参数进行曲线适配，在满足式(5)的前提下，得到一条与经验频率点据分布配合较好的理论频率曲线。

满足 P-Ⅲ型曲线约束条件的理论频率曲线参数见表 1。

表 1　理论频率曲线参数

站名	龙门			潼关			华县		
序列类别	年最大 3 日输沙量	年最大 10 日输沙量	年输沙量	年最大 3 日输沙量	年最大 10 日输沙量	年输沙量	年最大 3 日输沙量	年最大 10 日输沙量	年输沙量
序列长(a)	53	53	53	45	45	45	59	59	59
C_v	0.81	0.82	0.72	1.13	0.84	0.59	0.85	0.88	0.69
C_s/C_v	2.2	2.3	2.5	2.2	2.3	2.5	2.3	2.2	2.3
$K_{最小}$	0.135 6	0.153 6	0.276 4	0.108 9	0.137 3	0.324 1	0.146 7	0.128 5	0.142 2

3.2　曲线拟合程度

对于一个样本序列 $x_i(i=1，2，\cdots，n)$，其经验点据是指 x_i 从大到小排序后第 j 项样本值 x_j 的概率，计算式为：$j/(n+1)$。若样本序列的实际分布服从假设分布，则排序后观测值 x_j 与其经验频率对应于假设分布曲线上的理论值 y_j 之间存在近似的线型关系[4]。据此，可根据排序后的观测值与假设分布的理论值之间的相关系数，对样本序列分布与假设分布的符合程度进行判断。相关系数 r 的计算公式为

$$r=\frac{\sum_{j=1}^{n}(x_j-\overline{x})(y_j-\overline{y})}{\sqrt{\sum_{j=1}^{n}(x_j-\overline{x})^2\sum_{j=1}^{n}(y_j-\overline{y})^2}} \tag{6}$$

式中：x_j 和 $\overline{x}$ 分别为排序后的观测值和观测样本的均值；y_j 和 $\overline{y}$ 分别为假设分布相应于 x_j 的理论值和均值。本次分析中，y_j 采用三次样条插值从理论频率曲线上插值得出。相关系数统计见表 2。

表 2　观测值与对应理论频值的相关系数

站名	龙门			潼关			华县		
序列类别	年最大3 日输沙量	年最大 10 日输沙量	年输沙量	年最大3 日输沙量	年最大 10 日输沙量	年输沙量	年最大3 日输沙量	年最大 10 日输沙量	年输沙量
相关系数	0.990 3	0.987 8	0.993 9	0.953 9	0.993 8	0.995 7	0.992 3	0.981 4	0.995 4

从表 2 中可以看出，在 9 个相关系数中，有 6 个大于 0.99，而最小的也大于 0.95，说明观测值与理论值的对应关系良好。

为了更好地掌握观测值与对应 P-Ⅲ型曲线的理论值之间的差异，对排序后经验频率大于 50%的点据之间的相对差进行了计算。计算公式为

$$w=\left|\frac{x_j-y_j}{x_j}\right|\times 100\% \tag{7}$$

计算结果见表 3。

表 3　经验频率大于 50%的观测值与理论值的相对差统计

站名	龙门			潼关			华县		
序列类别	年最大3日输沙量	年最大10日输沙量	年输沙量	年最大3日输沙量	年最大10日输沙量	年输沙量	年最大3日输沙量	年最大10日输沙量	年输沙量
数据个数	26	26	26	22	22	22	29	29	29
最大相对差(%)	17.84	17.89	12.72	56.17	18.93	9.05	13.83	19.94	16.41
>20%的个数	0	0	0	8	0	0	0	0	0
10%～20%的个数	8	11	4	8	4	0	4	12	5
最小相对差(%)	0.31	2.17	0.06	4.32	0.06	0.31	0.09	0.84	0.03
平均相对差(%)	8.19	9.23	5.20	20.92	6.07	4.11	5.86	9.99	4.55

从相对差值的计算结果来看，只有潼关年最大 3 日输沙量的平均相对差大于 20% ，其余均未超过 10%；最大相对差大于 20%的也只有潼关的年最大 3 日输沙量，达到了 56.17%。总体来看，除潼关年最大 3 日输沙量的拟合相差较大外，其余序列的差值均可接受；各序列中，年输沙量的拟合最好，平均相对差最小，且相差超过 10%的比例也最小。

潼关年最大 3 日输沙量序列相对差大的原因是进行理论曲线适配时，为了满足 P-Ⅲ型曲线的约束条件，将 C_s/C_v 的倍比由根据离差平方和最小原则优选的 3.7 调到了 2.2，使曲线偏离中部点据较多造成的。从表 1、表 2 中的数据来看，该序列最小模比系数最小，相关系数也最小。而最小模比系数、C_s/C_v 的倍比数、观测值与理论值的相关系数及其相对偏差，这几者之间是存在紧密联系的。最小模比系数小，说明序列的最大与最小值相差较大，使频率曲线形状愈接近 L 形，曲线头部上翘，C_s 较大，也就是 C_s/C_v 的倍比数大；而为了满足 P-Ⅲ型分布的约束条件，必须将 C_s/C_v 的倍比数调小，以使曲线通过最小点据，满足 $K_{最小} \geqslant a_0/\bar{x}$ ，这样就必然造成曲线与点据间的相关性下降，点据与理论值的相差扩大。

4　结　论

根据上述分析，可以认为：

(1)黄河中游的泥沙序列，总体来看，对于 P-Ⅲ型曲线是适应的，可以将 P-Ⅲ型曲线作为黄河泥沙序列的理论频率曲线。

(2)在用 P-Ⅲ型分布建立泥沙频率曲线时，必须考虑 P-Ⅲ型分布的约束条件，不仅要考虑照顾曲线上中部的点据，也必须考虑曲线下部的点据，以尽量满足约束条件。一般情况下，为了使曲线下部的理论值不出现负值，C_s/C_v 的倍比数应大于或等于 2.0。

(3)对于类似于潼关站年最大 3 日输沙量的序列，在进行频率曲线适配时，也不能为了仅满足约束条件，而将 C_s/C_v 的倍比数降的太小，造成观测点据与理论点据相差太大，失去了理论频率的实际应用价值。如何进行适线，应根据建立频率曲线的目的，全面权衡约束条件与经验点据之间的矛盾，必要时曲线可不必一定通过最小的点据。

参考文献

[1] 倪晋仁，王兆印，王光谦. 江河泥沙灾害形成机理及其防治研究. 中国科学基金，1996,5

[2] 柏绍光，傅骅. P-Ⅲ型线型统计参数的适应性分析. 水电能源科学，2001，19(1)

[3] 叶守泽. 水文水利计算. 北京：中国水利水电出版社，1992

[4] 冯国章，王双银.河流枯水流量特征研究.自然资源学报，1995，10(2)

黄河中游水沙关系分析

金　鑫[1]　张全良[2]　郝振纯[1]　任　伟[2]　滕　翔[2]

(1. 河海大学水资源环境学院　南京　210098；
2. 黄河水利委员会防汛办公室　郑州　450003)

摘要　本文从建立水沙频率分布曲线入手，分析了黄河中游的水沙频率之间的关系，给出了一定泥沙频率条件下所对应的洪水发生的频率范围，对年径流量和输沙量的组合进行了量化，并对1965~2002年的水沙组合进行了确定，最后提出了有待于进一步研究的问题。

关键词　黄河中游　泥沙频率　水沙关系　水沙组合

1　分析水沙关系的意义

黄河在作为一条灾害频发、水资源短缺、泥沙含量极大、治理难度极高的河流的同时，也是整个黄河流域近 70 万 km^2 区域内人民生活和工农业生产的主要水源，维持黄河的健康生命，对于整个黄河流域来说极其重要。黄河治理之难，难在泥沙。水少沙多，水沙异源，水沙关系不协调是造成黄河问题的根源。为实现“堤防不决口，河道不断流，水质不超标，河床不抬高”的黄河管理目标，解决泥沙问题是关键，而黄河的泥沙有 90%产生于中游，对黄河进行水沙调控的关键也在中游。为此，进行黄河中游水沙关系的分析研究，掌握相同洪水频率条件下泥沙的频率范围和相同频率泥沙条件下洪水的频率范围[1]，为利用天然水沙过程进行黄河的水沙调控提供技术支持有着重要的现实意义。

2　分析的途径

选取对黄河调水调沙较为关键的黄河中游龙门、潼关和华县 3 个水文站的水沙序列资料进行分析。首先建立年最大 3 日洪量、最大 10 日洪量和年径流量序列以及年最大 3 日输沙量、最大 10 日输沙量和年输沙量序列的频率曲线；然后在水沙序列中找出分别对应于最大洪水量的输沙量和对应于最大输沙量的洪水量，并对其也建立频率曲线，此频率为在出现年最大 3 日、10 日洪量(或输沙量)的条件下的 3 日、10 日输沙量(或洪量)的频率。最后分析洪量(沙量)频率与对应沙量(洪量)频率之间的关系，给出不同频率范围洪量(沙量)与沙量(洪量)的对应频率范围，并通过年径流量和输沙量的频率分析，对水沙组合的界定进行量化。

3　水沙频率曲线的建立

本次研究采用在我国水文频率计算中使用最为广泛的 P-Ⅲ型曲线建立水沙序列的理论频率曲线。

P-Ⅲ型曲线是一条一端有限一端无限的不对称单峰、正偏曲线，其概率密度函数为

$$f(x)=\frac{\beta^{\alpha}}{\Gamma(\alpha)}(x-a_0)^{\alpha-1}\,\mathrm{e}^{-\beta(x-a_0)} \tag{1}$$

式中：$\Gamma(\alpha)$为α的伽玛函数；α、β、a_0为三个参数。

三个参数确定后，该密度函数随之确定。可以推证，这三个参数与总体的三个统计参数具有下列关系：

$$\alpha=\frac{4}{C_s^2} \tag{2}$$

$$\beta=\frac{2}{\bar{x}C_vC_s} \tag{3}$$

$$a_0=\bar{x}\left(1-\frac{2C_v}{C_s}\right) \tag{4}$$

根据实测资料，以数学期望公式点绘经验频率曲线，先用矩法根据样本系列初步计算$\bar{x}$及C_v，对于C_s，由于资料系列均小于100年，由资料直接根据矩法公式进行计算的抽样误差太大[2]，因此在计算中C_s采用C_v的倍比形式给出(一般采用0.5的倍数)，为了使曲线下部的理论值不出现负值，C_s/C_v的倍比数应大于或等于2.0。利用最小二乘原理对理论频率的参数进行优选，即在可能的理论频率曲线中，优选出理论值与实测值的偏差平方和最小的曲线作为初步适配的理论曲线，然后按照C_s/C_v的倍比数、C_v、$\bar{x}$的顺序适当进行调整，最后得到与经验点据配合较好、符合P-Ⅲ型频率曲线适线原则的理论频率曲线。理论频率曲线建立完成后，各实测数据所对应的理论频率采用三次样条插值从理论曲线上得到。

本次频率计算的资料分别为：龙门站从1934~2002年的水沙对应序列，共53年；潼关站从1936~2002年的水沙序列，共45年；华县站从1935~2002年，共59年。

4　水沙关系分析

4.1　水沙频率相关关系

对水量(沙量)和与之相对应的沙量(水量)的频率进行线性相关系数的计算，以反映水沙之间的相关程度。水沙频率相关系数见表1。

总体来看，水沙对应序列频率没有出现反相关，全部为正相关关系，说明水沙关系并不是完全不协调。从各个水沙对应序列的频率相关系数来看，输沙量–对应洪量的频率相关性要好于洪量–对应输沙量频率的相关性，而年径流量–年输沙量频率的相关性又好于其他对应序列的相关性，这也正反映了黄河水沙异源的特点。由于黄河泥沙主要来源于中游，而水来源于上游，华县站的泥沙主要来源于泾河，水主要来自渭河，当产水区的水量一定时，产沙区的大沙同时也伴随着产沙区的大水，使得沙–水对应关系较好；当产沙区的沙量(同时伴随着水量)一定时，产水区的大水，而不一定产生大沙，使得水–沙关系相对较差。年水–沙对应关系较好的原因，也是由产沙区大水大沙、小水小沙造成的。

表 1　水沙对应频率线性相关系数

站名	年最大 3 日洪量–对应输沙量	年最大 3 日输沙量–对应洪量	年最大 10 日洪量–对应输沙量	年最大 10 日输沙量–对应洪量	年径流量–年输沙量
龙门	0.443 4	0.683 0	0.238 7	0.485 1	0.580 5
潼关	0.289 6	0.487 4	0.430 7	0.437 2	0.614 7
华县	0.395 3	0.521 3	0.450 7	0.466 9	0.504 7

各站年最大 3 日输沙量与其对应洪量之间的频率相关性均好于年最大 10 日输沙量与其对应洪量之间的频率相关性，反映出黄河中游水沙过程历时较短的特点；而最大 3 日、10 日洪量与对应输沙量频率相关关系之间不具有上述关系，又与一般洪水过程历时相对长于泥沙过程历时有关。

4.2　同频率水沙对应范围

将小于频率 30%的 3 日、10 日最大输沙量与其所对应的 3 日、10 日洪量的频率范围进行列表分析，结果见表 2。表中频率差为洪量与沙量频率相减后的绝对值。

表 2　输沙量频率小于 30%的对应洪量频率范围　(%)

<table>
<tr><td colspan="3">站　名</td><td colspan="2">龙门</td><td colspan="2">潼关</td><td colspan="2">华县</td></tr>
<tr><td colspan="3">输沙量频率类别</td><td>最大 3 日</td><td>最大 10 日</td><td>最大 3 日</td><td>最大 10 日</td><td>最大 3 日</td><td>最大 10 日</td></tr>
<tr><td rowspan="9">输沙量频率</td><td rowspan="3">≤10%</td><td>对应洪量频率范围</td><td>3.36～38.67</td><td>1.74～54.46</td><td>2.02～14.17</td><td>3.46～45.58</td><td>4.89～33.03</td><td>9.31～46.55</td></tr>
<tr><td>输沙量与洪量频率最大差</td><td>35.25</td><td>50.82</td><td>11.04</td><td>38.16</td><td>25.49</td><td>36.67</td></tr>
<tr><td>输沙量与洪量频率平均差</td><td>11.27</td><td>22.56</td><td>5.55</td><td>19.59</td><td>11.67</td><td>19.46</td></tr>
<tr><td rowspan="3">10%～20%</td><td>对应洪量频率范围</td><td>13.50～64.06</td><td>14.4～60.26</td><td>12.87 36.31</td><td>14.50～21.81</td><td>2.63～42.46</td><td>8.09～64.15</td></tr>
<tr><td>输沙量与洪量频率最大差</td><td>52.53</td><td>44.8</td><td>26.06</td><td>6.64</td><td>27.23</td><td>44.46</td></tr>
<tr><td>输沙量与洪量频率平均差</td><td>12.20</td><td>19.19</td><td>14.13</td><td>6.21</td><td>14.68</td><td>20.40</td></tr>
<tr><td rowspan="3">20%～30%</td><td>对应洪量频率范围</td><td>6.31～69.54</td><td>47.44</td><td>16.46～67.97</td><td>36.58～59.84</td><td>12.78～65.62</td><td>2.27～69.46</td></tr>
<tr><td>输沙量与洪量频率最大差</td><td>47.15</td><td>17.69</td><td>40.56</td><td>33.72</td><td>37.49</td><td>39.26</td></tr>
<tr><td>输沙量与洪量频率平均差</td><td>19.71</td><td>17.69</td><td>18.56</td><td>26.23</td><td>16.69</td><td>19.41</td></tr>
</table>

从表 2 中的统计结果看，各站年最大 3 日输沙量频率小于 10%的输沙量与洪水量的对应均好于输沙量频率在 10%～20%之间与洪水量的对应，10%～20%之间的又好于 20%～30%之间的；而最大 10 日输沙量与对应洪水量的频率对应没有这一特点，这也与表 1 中各对应频率相关性分析的结果相符。

4.3　水沙丰平枯组合界定

在黄河问题的研究中，历来有丰水丰沙、丰水枯沙、枯水丰沙等的说法，但具体多大的水与多大的沙组合才是丰水丰沙、丰水枯沙、枯水丰沙，尚需一个具体的量化标准。在此，本文尝试以所建立的水沙频率曲线为依据，将 3 站的年径流量和输沙量分别划分为丰、平、枯3个等级，对水沙的丰、平、枯组合进行确定。本次按照频率小于等于30%、30%~70%、大于等于70%进行年径流量和输沙量的丰、平、枯划分。各站水沙丰、平、枯划分的数据见表3。

表3 水沙丰、平、枯对应数据

站名	径流量(亿 m^3)			输沙量(亿 t)		
	丰	平	枯	丰	平	枯
龙门	≥316.60	316.60~216.61	≤216.61	≥9.342	9.342~4.265	≤4.265
潼关	≥388.50	388.50~268.20	≤268.20	≥12.150	12.150~6.419	≤6.419
华县	≥85.34	85.34~48.23	≤48.23	≥3.980	3.980~2.012	≤2.012

对3站1965~2002年共38年的水沙组合进行划分，结果见表4。

表4 各站水沙组合年份统计

站名	丰水丰沙	丰水平沙	丰水枯沙	平水丰沙	平水平沙	平水枯沙	枯水丰沙	枯水平沙	枯水枯沙
龙门	1967	1968 1975 1976 1979 1981 1989	1983	1966 1970 1971 1977	1972 1973 1974 1978 1982 1985 1990 1994 1995	1965 1984 1986	1969	1988 1992 1996 1998	1980 1987 1991 1993 1997 1999 2000 2001 2002
潼关	1966 1967 1968 1975	1976 1981 1984 1985 1989		1970 1971 1973 1977 1978 1988 1994	1969 1974 1979 1990	1965 1972 1980 1982 1983 1986 1993		1992 1995 1996 1998	1987 1991 1997 1999 2000 2001 2002
华县	1966 1968 1970 1984 1988	1967 1975 1981 1983		1973 1978 1992	1969 1976 1980 1985 1990	1965 1974 1982 1987 1989 1993	1977 1996	1979 1991 1994 1995 1999 2002	1971 1972 1986 1997 1998 2000 2001

从水沙组合情况来看，对水沙调控相对最为有利的丰水枯沙年只有龙门站1983年1年，对水沙调控最为不利的枯水丰沙年分别为龙门站1969年和华县站1977、1996年；对水沙调控相对较为有利的丰水平沙、平水枯沙的年数与相对较为不利的平水丰沙、枯水平沙的年数大致相当，分别为：龙门站丰水平沙和平水枯沙共9年，平水丰沙和枯水平沙共8年；潼关站丰水平沙和平水枯沙共12年，平水丰沙和枯水平沙共11年；华县站丰水平沙和平水枯沙共10年，平水丰沙和枯水平沙共9年。水沙组合的另一个特点是，各站的枯水枯沙年份大部分出现在1990年后，龙门的9个枯水枯沙年有7个，潼关的7个枯水枯沙年中有6个，华县的7个枯水枯沙年有5个在1990年以后；龙门和潼关2站从1999~2002年的4年全部为枯水枯沙年。

5 存在问题

(1)本文所建立的水沙频率曲线是对实测资料进行的，而水沙过程进行还原后的频率分布关系如何尚不清楚。未进行水沙序列还原计算的原因是，洪水过程已有进行还原的方法，而泥沙的还原计算方法还有待研究，就目前的条件而言，还无法得到可靠的泥沙还原资料。但对于黄河的治理来说，用实测资料进行的分析计算仍具有实际意义。

(2)对频率分布进行的分析，仅是从水沙在河道中所表现的一个现象进行的，如能与产汇沙和产汇流的机理研究有机结合，掌握从降水到水沙演进的整个过程，将更有助于水沙关系的研究。

(3)在水沙对应频率的建立和分析中尚有一些难以准确表述的概念。如最大时段洪水量(输沙量)所对应的输沙量(洪水量)频率与最大时段输沙量(洪水量)频率之间是怎样的关系，对应的输沙量(洪水量)在全部样本中的频率如何计算等问题。

(4)对于水沙调控来说，仅有水沙对应频率的关系是不够的，而应与水流挟沙能力、挟沙量的分析计算结合，在今后的研究中应开展此方面的研究。

参考文献

[1] 张金良. 黄河水库水沙联合调度问题研究：[博士论文]. 天津：天津大学，2004

[2] 叶守泽. 水文水利计算. 北京：中国水利水电出版社，1992

基于多库优化调度的人工塑造异重流原型试验研究
——以2006年小浪底水库成功塑造异重流排沙为例

张金良[1]　练继建[2]　万　毅[2]

(1. 黄河水利委员会防汛办公室　郑州　450003；
2. 天津大学建筑工程学院　天津　300072)

摘要　异重流排沙是水库蓄水阶段主要的排沙方式。科学地利用自然水沙条件，结合梯级水库联合调度技术来塑造异重流排沙，是实现水库"蓄清排浑"的新手段，它对于黄河这种多泥沙河流上的水库意义尤为重大。2004年开始，黄委开始在小浪底水库进行大规模的人工塑造异重流排沙的原型试验，取得了宝贵的原始资料。2006年6月调水调沙运行后期，黄委调度部门面对复杂的条件，利用多库联合调度和水流衔接的技术，优化万家寨、三门峡、小浪底水库的调度运行，最终在小浪底成功塑造人工异重流排沙出库。此次异重流的排沙比达到历次人工异重流的最大值，实际观测到的异重流过程有其独特的特点，证明了调度的科学性。该次试验成果对今后的排沙运行有重要的参考意义，在理论上也有很高的研究价值。

关键词　调水调沙　梯级水库　优化调度　人工异重流　排沙比

1　前　言

黄河是举世闻名的多泥沙河流，下游河道宽浅散乱。由于来水偏少，主槽过流能力曾一度萎缩，防汛形势严重恶化。自2002年6月黄河小浪底水库首次调水调沙试验以来，至2006年7月共进行了五次下游调水调沙，并且已经由试验转入了正常生产运行。这几次调水调沙总的效果是很好的，通过人造洪水的冲刷，黄河下游主河槽行洪能力已经由试验初期的不足2 000 m^3/s提高到这次调水调沙后的3 500 m^3/s以上。黄委调度和科研、设计部门从2004年开始，尝试在调水调沙末期通过多库联合调度塑造人工异重流来达到水库多排沙、改善库底淤积形态的目的。通过黄委防办的多方协调和精细调度，2006年的人工异重流排沙试验取得巨大成功，出库含沙量和排沙比均达到历史最高值，几项重要指标在很大程度上突破了前两次试验，其独特的运行规律对理论研究产生了新的要求，进一步深化了运行人员和科研人员对异重流的认识。

2　试验预案和遇到的问题

人工塑造异重流排沙的主要原理是：利用梯级水库的水量调蓄能力和调沙能力进行科学调度，使上游水库下泄的水流冲刷沙源形成高含沙水流进入下一级水库，当入库流量和含沙量达到一定条件时，挟沙水流会潜入到下游水库清水下形成异重流，浑水层在自身重力和后续水流推力的作用下在库底向坝前推进，最终通过排沙洞排沙出库。在一定的河道比降下，异重流排沙能否成功，与异重流的流量、含沙量、后续动力以及潜入推进的距离都有直接的关系。2004 和 2005 年，黄委已经成功实现了两次人工异重流的塑造，排沙比分别为 10.10%和 4.40%。按照预案，本次调水调沙后期方案是采用万家寨、三门峡、小浪底三库联合调度，进行水流“接力”来塑造人工异重流，即在小浪底达到水位 227 m(汛限水位为 225 m)的时机下，三门峡水库加大流量(3 500 ~ 4 400 m^3/s，1 天)下泄，冲刷小浪底库尾的泥沙形成异重流，在三门峡敞泄接近空库的时候由上游万家寨下泄的水流(1 200 m^3/s，3 天)冲刷三门峡库底，形成异重流的后续动力，最终从小浪底的排沙洞排沙出库。但在实际调度运行中，先后出现了以下几个不利因素。

第一，万家寨枢纽遭遇山西省迎峰度夏电力紧缺的局面，连续发电调峰运行造成水库水位持续下降，剩余可调水量无法保证按照预案在规定时间以连续 3 天 1 200 m^3/s 平均下泄流量来冲刷三门峡水库。与预案相比，异重流的后续动力严重不足，势必影响异重流的形成和出库。

第二，三门峡水库库区内修建有控导工程，是防止库岸坍塌的。在往年防洪运用期间，由于三门峡水位快速下落，曾造成这些工程失稳垮塌，经济损失较大。为了使这些工程在本次三门峡库水位迅速下降过程中不失稳，要求必须在敞泄前将三门峡水位降至 316 m，因而提前加大了三门峡的流量。这样势必对小浪底库尾的沙源进行无效冲刷，降低了将来异重流形成时的入库含沙量，不利于异重流的潜入和推进。

第三，一场三门峡至花园口区间的降雨过程加大了小浪底的入库流量，使小浪底的对接库水位比方案偏高 2 m，而小浪底在此期间必须执行稳定的调水调沙流量，不能增加出库流量。这样增加了清水深度和异重流的推进行程，不利于异重流顺利排沙出库。但同时，这场降雨使黄河及其支流的基流普遍增大，对中游冲刷三门峡的水量起到了一定的补充作用。

以上因素对异重流调度的影响如表 1 所示。

表 1　异重流调度的主要影响因素和指标特性

影响因素	万家寨		三门峡		小浪底	河道基流	降水预测
主要参数	可调水量 V_w	下泄流量 Q_w	坝上水位 H_s	泄洪过程 $T,Q_s(t)$	对接水位 H_x	潼关流量 Q_f	产流过程 $Q_p(t)$
参数特性	持续减少	可控	需降低	可控	降低缓慢	趋于稳定	产流较少
对应指标	后续动力		含沙量	流量	推进距离	后续动力	综合指标
影响趋势	不利	—	不利	—	不利	不利	有利
决策要求	紧急	紧急	紧急	紧急	非紧急	非紧急	非紧急

3　多库优化调度过程和效果

面对后续动力不足、入库含沙量减小以及推进距离变大等不利条件，调度部门沉着应对，科学决策，对多个可控指标下的组合方案进行了分析、模拟和优化，最终形成调度指令。

对于万家寨水库，在其即将泄空之前果断抓住时机，经过与山西电力部门和防汛部门的多方协调，争取到约 700 万 m^3 的库容，形成了一天日均 800 m^3/s 的流量。该流量进入中游河段后，调度部门利用沿途水文站点加强报汛，确保追踪该流量过程，实现精细调度。同时联系水调局，协调沿途引水流量。

对于三门峡水库的泄流时机的把握，主要调度原则是尽量不影响泄流前的发电生产运行，在精确计算流达时间的条件下作到空库迎峰，不提前不错后，准确对接。对于泄流过程的设计，防办与库区管理局密切联系，根据库区工程的设计条件和主要隐患，参照往年出现的问题进行了优化，首先缓慢降低坝前水位，中期采用阶梯式流量递增，后期采用敞泄的分阶段方式缓解工程失稳的压力，同时达到大流量冲刷小浪底以及自身“晾库底”冲刷的双重效果。

主要调令如下：

(1)6 月 21 日 8 时至 6 月 22 日 8 时，万家寨水库按日均 800 m^3 控泄。

(2)6 月 21 日 16 时至 25 日 8 时三门峡库水位缓慢降至 316 m；

6 月 25 日 12 时起，按 3 500 m^3/s 均匀下泄；

25 日 16 时起，按 3 800 m^3/s 均匀下泄；

25 日 20 时起，按 4 100 m^3/s 均匀下泄；

26 日 0 时起，按 4 400 m^3/s 均匀下泄。

当下泄能力小于 4 400 m^3/s 时按敞泄运用。

(3)在此期间小浪底水库保持 3 700 m^3/s 均匀下泄，排沙洞保持全开出流。

为确保各工程枢纽单位坚决执行调令，实际水流演进过程能与优化设计方案完全一致，调度工作人员进行了大量扎实细致的工作，同时要求中游各主要的水文站和气象站全力投入对水情与雨情的监视。

各工程枢纽坚决按调令执行，实现了黄河流量的精细调度和三库水量衔接，最终在后续流量持续偏小的情况下成功塑造异重流，并以高含沙量排沙出库。主要调令过程和实测数据如表 2 和图 1 所示。

表 2　2006 年人工塑造异重流排沙效果简表

河堤水文站(库区内，距小浪底坝 64 km)		小浪底水文站(小浪底坝下 4km)			
时间	含沙量(kg/m³)	时间	含沙量(kg/m³)	时间	含沙量(kg/m³)
25 日 8 时	51.2	26 日 10:00	0.5	28 日 02:00	32.1
26 日 8 时	45.7	26 日 12:00	1	28 日 04:00	26.7
27 日 12 时	83.1	26 日 14:00	1.38	28 日 06:00	20.0
27 日 18 时	88.1	26 日 15:00	0.86	28 日 08:00	16.6
		26 日 16:00	1.02	28 日 10:00	15.7
		27 日 8:00	0.67	28 日 12:00	11.3
		27 日 11:00	9.51	28 日 14:00	15.0
		27 日 13:00	24.8	28 日 16:00	12.3
		27 日 14:00	33.5	28 日 20:00	9.83
		27 日 19:00	58.7	28 日 23:30	1.11
		27 日 20:00	49.6	29 日 00:00	0.73
		28 日 00:00	26.4		

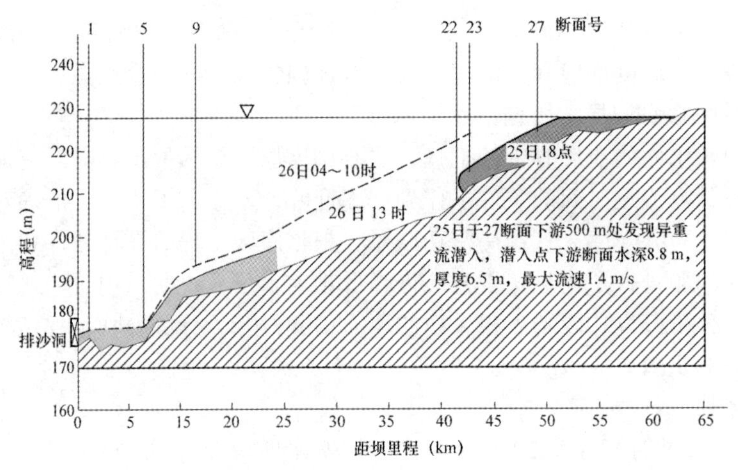

(a)6 月 25～26 日中午演进过程

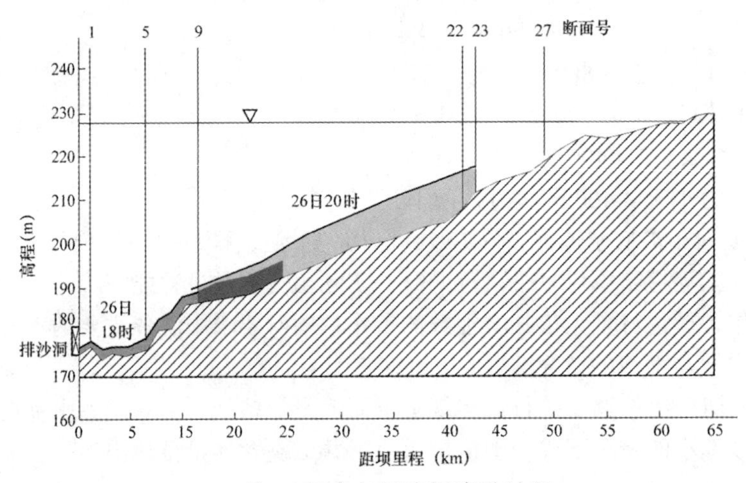

(b)6 月 26 日中午至晚间演进过程

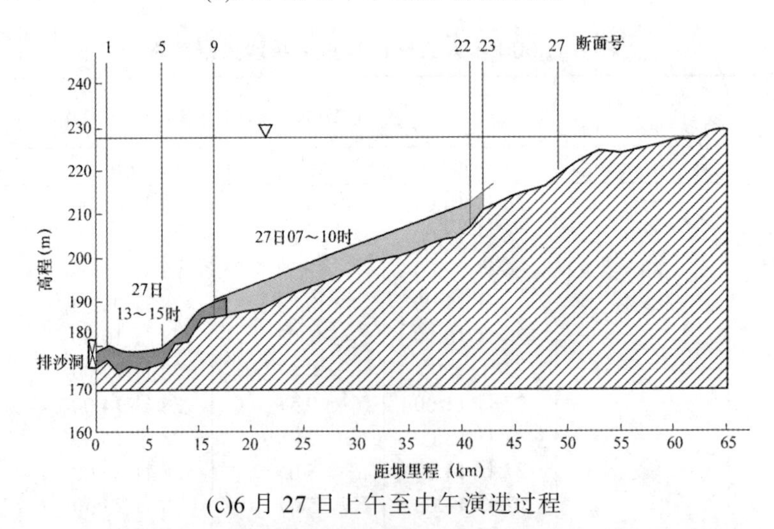

(c)6 月 27 日上午至中午演进过程

图 1　小浪底水库 2006 年人工异重流演进过程

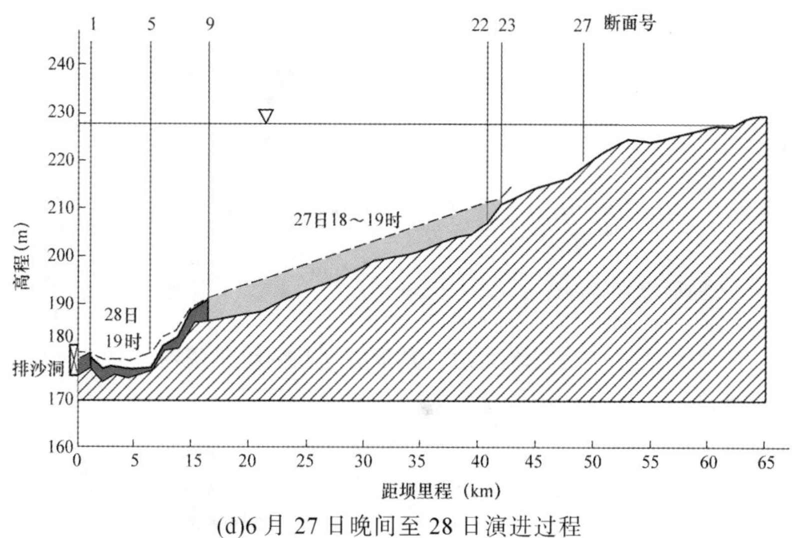

(d)6 月 27 日晚间至 28 日演进过程

续图 1

6 月 25 日 14 时 30 分，小浪底库区形成异重流在距坝 44 km 成功潜入。26 日 0 时 30 分,小浪底水库异重流开始出库,27 日 18 时 48 分,小浪底站含沙量最大达 59.0 kg/m^3。根据报汛资料计算，此次人工塑造异重流，小浪底水库共排沙 841 万 t，三门峡水库从 6 月 26 日 10:00 开始排沙到 28 日 8:00 为止，共排沙 2 350 万 t，最大含沙量为 276 kg/m^3。由此本次小浪底水库异重流排沙比为 35.8%。

4 异重流过程描述和分析

根据黄委水文局测船在小浪底库区的观测结果，把上面几个主要断面的浑水厚度、流速随时间变化的趋势用曲线拟合作定性分析，如图 2～图 5 所示。

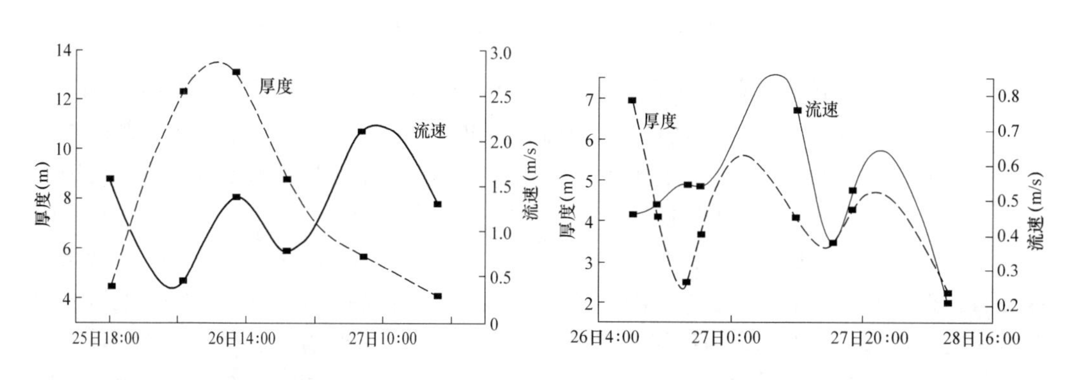

图 2　22 断面厚度与流速变化曲线

图 3　9 断面厚度与流速变化

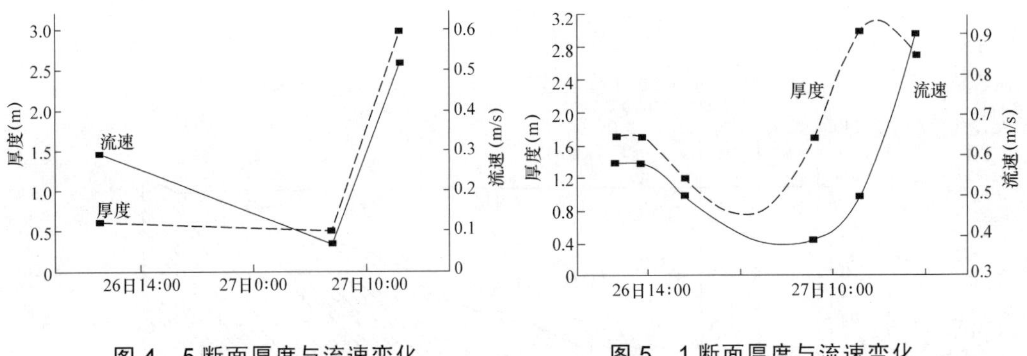

图 4　5 断面厚度与流速变化　　　　图 5　1 断面厚度与流速变化

根据三门峡水文站、小浪底水文站在异重流期间的报汛资料，将两库在异重流期间的出库水沙序列进行比较，如图 6 所示。

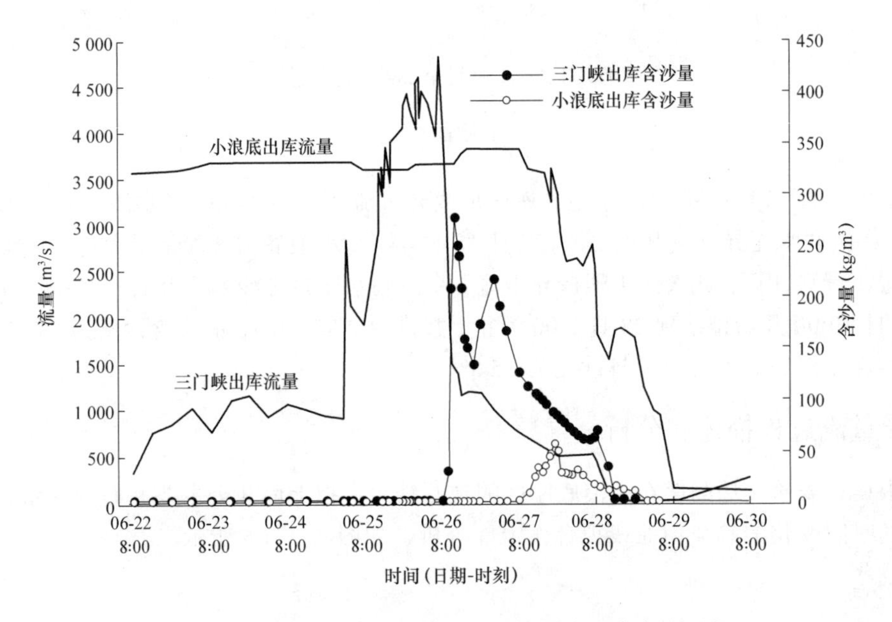

图 6　2006 年人工塑造异重流期间两库出库水沙过程

从图形上可以看出，本次异重流是由多股不同能量的异重流构成的。从图 2 和图 3 中可以看出，22 断面、9 断面两个上游断面的异重流呈现“三峰”特性，图 4 和图 5 所示的 5 断面和 1 断面两个下游断面则呈现“双峰”。说明本次异重流试验形成了成因不同的多股异重流。其原因可以根据图 6 三门峡站出库水文特性进行说明。首先，25 日 2:00 三门峡站曾出现 2 850 m^3/s 的洪峰，但洪量并不大。25 日 12 时三门峡开始正式调水调沙运行，按 3 500 m^3/s 起塑造人工洪峰过程，大流量一直持续到 26 日 11:00。然后三门峡水库空库迎峰，与万家寨下泄流量成功对接，出库含沙量两小时内突增至 276 kg/m^3。这三个流量与含沙量迥异的出库过程是形成小浪底水库上游 22 断面、9 断面异重流流速变化的主因。

小浪底出库含沙量的突变过程是这次异重流最为突出的特点之一。自 26 日 10 时起，小浪底水文站开始观测到含沙量的细微变化，直至 27 日 8 时，出库含沙量一直保持在 1 kg/m^3 左右，在此期间坝下观测可见小浪底排沙洞有浑水排出。至 27 日 11 时突增到 9 kg/m^3，此后在 10 小时内持续增加至 58.7 kg/m^3，换算到排沙洞的最大含沙量应在 145 kg/m^3 左右(对应排沙洞流量 1 408 m^3/s)。将三门峡出库含沙量变化趋势与小浪底进行比对，可以发现二者在趋势上表现一致。

从时间特征值上分析，两站第一个沙峰出现的时间间隔 31 个小时，小于三门峡第一个洪峰形成至小浪底浑水出库的时间(约为 36 小时)。本次小流量高含沙的异重流比大流量低含沙的异重流推进速度要快，这是第一个显著的特点。第二，异重流形态的完整性好，输沙率高。如图 7 所示，两库输沙率变化过程有很高的相似性，其相关系数达 0.62，证明异重流在推进时保持了很高的完整性。可以从图形上看出，高含沙异重流在含沙量变化趋势上保持稳定，据估算，三门峡出库的高含沙过程平均含沙量为 123.6 kg/m^3，而小浪底排沙洞的高含沙过程平均含沙量为 78 kg/m^3，同时段对应的底孔排沙比约为 65%。高含沙过程为什么能以这样完整的形态和高排沙比顺利出库，是今后需要重点研究的问题。

笔者基于长期基层工作中对三门峡、小浪底水库水沙运行情况的了解，加上以往的一些调度实践经验，就本次异重流中出现的独特现象提出自己的综合分析如下：

(1)前一阶段的异重流流场作用。小浪底水库是一个典型的河道型水库，见图 8 所示的卫星图片。水库有几个较大的支岔，它们会对异重流向坝前推进产生不利的影响，使异重流倒灌“盲肠”河道产生淤积。本次异重流形成过程主要分为两个阶段，前一阶段形成的流量较大、比重相对较轻的异重流在推进至这些突然变宽的河段时，将在支流倒灌扩散和损耗，形成有利于后面异重流沿主河道方向推进的流场，使后续的异重流在流场的牵引下顺利沿主槽达到坝前并潜入排沙洞，达到高效输沙的目的。

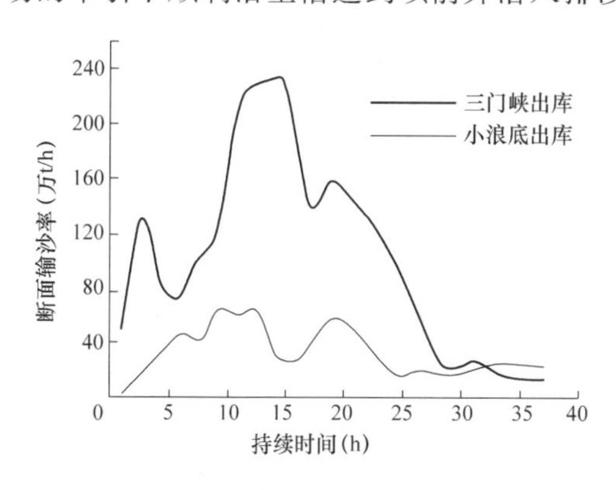

图 7 两库输沙率变化过程对比

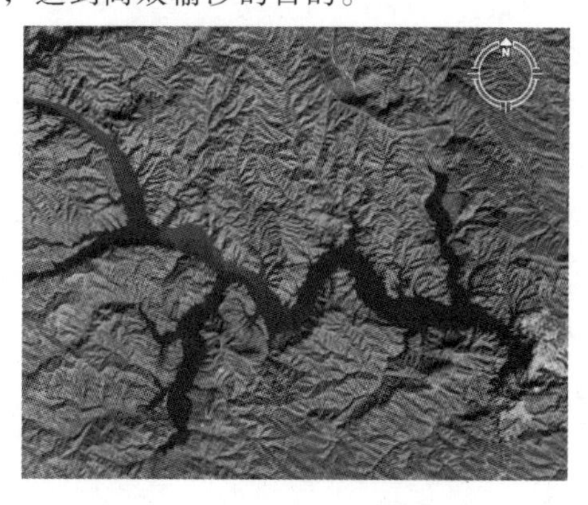
图 8 小浪底河道性水库卫星图片

(2)前一个异重流的浮力作用。从物理原理上讲，异重流是由于密度差形成的。浑水挟沙形成异重流潜入清水层以下后，在浮力和阻力的左右下会不断地分选所挟的泥沙。较大的颗粒在这种作用下会不断沉积，异重流所能带走的是较小的颗粒。但如果潜入的水体是浑水，则浮力变大，后面的异重流作为整体可以挟带更多的泥沙向前推进。

(3)高含沙水流本身的特性。由于黄河自身特殊的水沙条件，在本次人工异重流试验过程中，三门峡出库的含沙量达到 200 kg/m^3 以上，远高于常规水库所形成的异重流密度。这种高含沙水流在河道中的水动力学特性和通常的清水水流是不一样的。它表现为挟沙能力强，对河床塑造能力强等特点，这种水流潜入水库库底形成异重流以后，其结构和动力学特性也和常规研究的“烟雾状”“飘散状”的异重流有很大区别，表现为稳定的结构和推进速度。这些特性也是造成其排沙特殊现象的重要原因。

5 结 语

黄河治河史上第三次人工塑造异重流的决策过程是充满挑战的，它对黄委防办的调度水平是一次真实的考量。调度部门的工作人员面对复杂的条件，坚持利用多库联合调度和水流衔接的技术，在诸多不利的条件下优化万家寨、三门峡、小浪底水库的调度运行，最终在小浪底成功塑造人工异重流排沙出库。此次异重流的排沙比达到历次人工异重流的最大值，实际观测到的异重流过程有其独特而鲜明的特点。本文对异重流过程和特性进行了分析研究工作，证明了调度决策的科学性。该次试验成果对今后的排沙运行有重要的参考意义，在理论上也有很高的研究价值。

建立黄河中游泥沙频率曲线的可行性初步研究

金　鑫[1]　张金良[2]　郝振纯[1]　滕　翔[2]

(1. 河海大学水资源环境学院　210098　南京；
2. 黄河水利委员会防汛办公室　450003　郑州)

摘要　本文扼要指出了建立黄河泥沙频率的必要性，并通过对黄河中游部分连续泥沙观测序列的独立同分布性的检验，验证了建立黄河中游泥沙频率曲线的可行性。指出在建立泥沙频率曲线时应充分考虑人为因素对序列独立同分布性的影响，建议对泥沙序列的还原计算方法进行研究。

关键词　泥沙频率曲线　可行性　相互独立　同分布　黄河中游

1　建立黄河中游泥沙频率曲线的必要性

黄河是世界闻名的多泥沙河流，其管理的主要难题在于泥沙的处理，黄河除了与其他多沙河流一样存在水库淤积、下游河道游荡等问题外，又具有其他多沙河流所没有的问题[1]：下游河槽萎缩严重，排洪能力持续下降；“二级悬河”迅速发展，使得横河、斜河、滚河发生的几率大大增加，加大了黄河下游堤防冲决的危险。为实现“堤防不决口，河道不断流，水质不超标，河床不抬高”的黄河管理目标，解决泥沙问题是关键，需要采取多种措施，进行综合治理，其中调水调沙是重要手段之一。调水调沙的基本原理是通过合理调度运用黄河干支流水库，有效控制和调节天然水沙过程，使不协调的水沙关系变为协调的，从而减少水库与下游河道的淤积[2]。2002 年 7 月，黄委利用三门峡和小浪底两水库进行了黄河首次调水调沙试验。结合 2003 年黄河秋汛洪水，为实现黄河调水调沙效果的最优化，又利用三门峡、小浪底及支流故县和陆浑 4 座水库进行了“四库联合调度”的第二次调水调沙试验。根据黄河水库、河道泥沙的研究进展，于 2004 年进行了以万家寨、三门峡、小浪底三水库联合调度，人工塑造异重流，并辅以人工扰动泥沙的黄河第三次调水调沙试验。三次调水调沙试验获得了圆满成功，取得了丰硕的试验成果，同时对黄河水沙规律也有了进一步的认识和提高。但塑造协调的水沙关系，就必须对中游的水沙过程和水沙关系有较为准确的预测、分析和掌握。

河流泥沙作为水文现象中的一个重要过程，是否可以按照洪水及径流等其他过程一样建立相应的频率分布曲线，对掌握河流泥沙的分布规律及围绕河流泥沙开展的治理工作具有重要作用。对于黄河而言，建立泥沙频率曲线具有更为现实的意义[3]：通过研究泥沙与洪水的关系，解释黄河丰水丰沙、丰水枯沙、枯水丰沙、枯水枯沙年份出现的数学含义，即上述自然现象的出现是洪水频率和泥沙频率的不同组合所形成的，进而通过泥沙频率与洪水频率的组合，确定河道可能的时段最大、最小淤积量，以及预估场次洪水中可能出现的极端情况，预估可能出现的冲淤量、水位以及洪水演进时间等量值范围。

建立泥沙频率曲线的可行性，决定于泥沙序列是否具有像洪水径流等其他水文过程一样，序列中的各项相互独立，且来自于同一总体，服从同一分布。黄河泥沙主要来自于中游地区，据统计，黄河中游的来沙量占整个黄河的90%。据此，本文利用笔者目前所掌握的黄河中游干支流的8个水文站的泥沙观测资料进行年最大含沙量的独立同分布验证，以期为下一步建立适宜的黄河中游泥沙频率曲线，进而分析洪水与泥沙的关系打下基础。

2 独立同分布检验

2.1 资料选择

进行水文序列的独立同分布验证，必须要求观测样本序列的连续及准确。目前所掌握的黄河中游各站的连续泥沙观测资料见表1。

表1 黄河中游泥沙资料情况

站名	头道拐	龙门	潼关	花园口	河津	洑头	华县	黑石关
河流	黄河	黄河	黄河	黄河	汾河	洛河	渭河	伊洛河
起止年份	1962～2000	1960～2000	1965～2002	1962～2002	1960～2002	1933～1989	1960～2002	1950～2002
序列长(a)	39	41	38	41	43	57	43	53

在年鉴中，洑头站1943～1949年的年最大含沙量均标明为“欠准资料”，因此洑头站参加验证计算的序列为1950～1989年，共40年。

2.2 独立性检验

由于河流泥沙的总体未知，只能通过对实测泥沙序列中各项之间的相关性，即泥沙序列的自相关性进行检验，以判别其是否具有独立性。河流泥沙可以看做是一阶自回归序列[4]，即泥沙序列中的各项只与前一项有关，其一阶自相关系数的计算公式为

$$r=\frac{\sum_{i=1}^{n-1}(x_i-\overline{x})(x_{i+1}-\overline{x})}{\sum_{i=1}^{n}(x_i-\overline{x})^2} \tag{1}$$

式中：r为自相关系数；n为资料序列长度；$\overline{x}$为序列的均值；x_i为第i年的最大含沙量，kg/m^3，i=1，2，…，n。

在小样本时，由式(1)所得的相关系数是有偏差的，其偏差可用下式进行修正：

$$r'=(r+1/n)/(1-4/n) \tag{2}$$

$$U_r=r'\sqrt{n-1} \tag{3}$$

r'可视为总体相关系数的渐近无偏估计值，对r'进行相关检验，即检验r'和零的差异是否显著。构造统计量。

由于统计量U_r渐近服从标准正态分布，据此对r'进行检验[5]。选择显著性水平

a=0.05，则 $U_{a/2}$=1.96，若$|U_r|<U_{a/2}$，则 r'与零无显著性差异，序列中的各项相互独立。

计算结果详见表 2。

表 2　独立性及同分布检验计算成果

站名	独立性检验				同分布检验					是否独立同分布
	相关系数 r	修正相关系数 r'	统计量 $\|U_r\|$	是否通过独立性检验	最优分割点 τ_0	分割年份	秩和 W	统计量 $\|U_r\|$	是否通过同分布检验	
头道拐	–0.290	–0.295	1.819	是	30	1991	187	0.233	是	是
龙门	0.170	0.215	1.360	是	12	1971	311	1.691	是	是
潼关	0.055	0.091	0.555	是	14	1978	296	1.201	是	是
花园口	0.082	0.118	0.749	是	26	1990	286	2.301	否	否
河津	0.344	0.405	2.532	否	22	1981	257	4.981	否	否
洑头	0.047	0.089	0.499	是	25	1974	239	1.914	是	是
华县	0.159	0.201	1.303	是	34	1993	258	1.791	是	是
黑石关	0.480	0.539	3.888	否	38	1987	121	5.608	否	否

2.3　同分布检验

序列中的各项若不属于同一分布，则至少具有两个分布不同的样本序列。将原序列分割为两个样本序列 x_1，x_2，…，x_τ及 $x_{\tau+1}$，$x_{\tau+2}$，…，x_n，假定前一个样本的边际分布为 $F_1(x)$，后一个样本的边际分布为 $F_2(x)$。如果在时间点τ前后边际分布无变化，则 $F_1(x)$与 $F_2(x)$同分布[4]。

2.3.1　样本序列分割

采用有序聚类分析法[6]对样本序列进行分割。该方法在不打乱原序列次序的前提下，寻求最优的分割点，使同类之间的离差平方和较小，而类与类之间的离差平方和较大。对于序列 x_t(t=1，2，…，n)，最优二分割的方法如下：

设可能的分割点为τ(1≤τ≤n–1)，则分割前后的离差平方和为

$$V_\tau=\sum_{i=1}^{\tau}\left(x_i-\overline{x}_\tau\right)^2 \tag{4}$$

$$V_{n-\tau}=\sum_{i=\tau+1}^{\tau}\left(x_i-\overline{x}_{n-\tau}\right)^2 \tag{5}$$

其中

$$\overline{x}_\tau=\frac{1}{\tau}\sum_{i=1}^{\tau}x_i$$

$$\overline{x}_{n-\tau}=\frac{1}{n-\tau}\sum_{i=\tau+1}^{n}x_i$$

总的离差平方和为

$$S_n(\tau)=V_\tau+V_{n-\tau} \tag{6}$$

最小的 $S_n(\tau)$所对应的τ即为最可能的分割点，记为τ_0。

2.3.2 分割样本的分布检验

采用秩和检验法[7]进行分割样本的分布检验。

将两个样本的数据按大小次序排列并统一编号，规定每个数据在排列中所对应的序数为该数的秩。容量小的样本各数据的秩和记为 W，构造服从标准正态分布的统计量。

$$U_W=\frac{W-\dfrac{n_1(n+1)}{2}}{\sqrt{\dfrac{n_1 n_2(n+1)}{12}}} \tag{7}$$

式中：n_1代表小样本容量，$n_1+n_2=n$。

选择显著性水平 $a=0.05$，则 $U_{a/2}=1.96$，若$|U_W|<u_{\alpha/2}$，则接受原假设：$F_1(x)=F_2(x)$，即分割点前后两个样本来自于同一总体，服从同一分布。

计算结果见表 2。

3 检验结果分析

从检验结果看，参加检验的 8 个站的年最大含沙量序列，有 6 个通过了独立性检验，5 个通过了同分布检验。未通过独立性检验的河津、黑石关均未通过同分布的检验，花园口通过了独立性检验，但未通过同分布检验；而同分布检验合格的 5 个站，全部通过了独立性的检验，即 5 站的泥沙序列中各项相互独立，服从同一分布。

在全部 8 个站中，4 个干流站全部通过独立性检验，而同分布检验只有花园口未通过；在 4 个支流站中，华县和洑头均通过了独立同分布检验，而河津、黑石关既未通过独立性检验，也未通过同分布检验。

花园口站的样本分割点为 1990 年，该站 1990 年前的序列(含 1990 年)均值为 161，1990 年后为 246，相对差达到 52.8%(绝对差占小均值的比例)，河津在分割点(1981 年)前后的均值相对差为 188.3%，黑石关在分割点(1987 年)前后的均值相对差为 273.5%。在通过独立同分布检验的 5 个站中，在分割点前后的均值相对差最大的为 44.0%，最小的为 13.0%。序列分割点前后的样本均值相对差虽不是独立同分布的判别条件，但可从一定程度上反映出原序列中分割点前后的样本的不同。

上述各站泥沙序列的独立同分布检验均是在未考虑上游水库等水利工程及流域面上的水保措施对泥沙序列的影响的前提下进行的。以泥沙序列独立性和同分布性最差的黑石关为例，该站是伊洛河的控制站，而在其上游两大支流——洛河和伊河上分别建有故县和陆浑两座大型水库，经对 1950～2002 年的洪水序列进行检验，其既不独立，也不同分布，只是样本分割点与泥沙序列不同。从此也可看出，水利工程不仅对泥沙序列的独立同分布性有影响，而且也影响洪水序列的独立同分布性。河津和花园口的情况与黑石关类似。而通过检验的 5 个站，其上游的水利工程要么相距较远，要么规模较小，对这些站的泥沙序列影响不大。因此，如能像洪水及径流等水文序列那样，对泥沙序列进行还原计算，则泥沙序列的独立性和同分布性能够保证。

4 结 论

(1)根据黄河中游各站的来水来沙情况判断，对黄河调水调沙塑造协调水沙关系影响最大的是潼关、龙门和华县 3 站，这 3 站的年最大含沙量序列均通过了独立同分布检验。因此，建立该 3 站的泥沙频率曲线，对其洪水与泥沙的不同频率组合及相关关系进行分析，可以初步满足黄河调水调沙塑造协调水沙关系的需要。

(2)泥沙序列的独立同分布性在水利工程等人为因素影响不大的前提下是能够保证的。因此，建立泥沙序列的频率分布曲线是可行的。

(3)建立泥沙频率分布曲线前，应该进行必要的独立同分布检验。因为，并不是所有的泥沙序列均具有独立同分布性。

(4)对于水利工程及水保措施对泥沙序列的影响要充分考虑，并分析其影响的大小，必要时应进行泥沙序列的还原计算。

(5)水利工程等人为因素对泥沙的影响远较对洪水径流的影响复杂，如何进行泥沙序列的还原计算尚需进行深入的研究。

参考文献

[1] 张金良. 黄河水库水沙联合调度问题研究: [博士论文]. 天津：天津大学，2004

[2] 水利部黄河水利委员会. 黄河首次调水调沙试验. 郑州：黄河水利出版社，2003

[3] 张金良，郜国明. 关于建立黄河泥沙频率曲线问题的探讨. 人民黄河，2003,25(12)

[4] 丁晶，邓育仁. 随机水文学. 成都：成都科技大学出版社，1988

[5] 中国科学院计算中心概率统计组. 概率统计计算. 北京：科学出版社，1979

[6] 丁晶. 洪水时间序列干扰点的统计推估. 武汉水利水电学院学报, 1986(5)

[7] 马逢时，等. 应用概率统计. 北京：高等教育出版社，1989

2006年汛期小浪底水库异重流调度试验

张法中　魏向阳　柴成果　祝　杰

(黄河水利委员会　郑州　450003)

摘要　小浪底水库运用初期，水库排沙以异重流排沙方式为主。根据国家防总批复的近期黄河中下游洪水调度方案精神，对于黄河中游发生的含沙量低、量级较小、频次较高的一般性洪水，充分利用异重流排沙的特点，在下游河道基本不淤积的前提下尽量多排沙。在2006年8月和9月探索了“间歇式”和“渐进式”控制小浪底水库出库含沙量的小流量异重流调度试验。试验取得了小浪底水库减淤、下游河道基本不淤积的预期效果，为今后汛期调度小浪底水库积累了经验。

关键词　试验　异重流　调度　小浪底水库　黄河

2006年8月2～7日和9月1～8日，黄委结合洪水处理开展了两次小浪底水库异重流调度试验，试验前，编制了试验方案；试验中，精细调度；试验后，开展了后评估。试验取得了小浪底水库减淤、下游河道基本不淤积的预期效果。现将有关情况分述如下。

1　洪水概况

1.1　8月洪水

7月27～31日，晋陕区间、泾渭河、龙三间大部分地区降中到大雨，局部地区暴雨。受降雨影响，皇甫川黄甫站7月27日15时36分，洪峰流量1 500 m^3/s，最大含沙量1 180 kg/m^3；7月31日皇甫川、三川河、无定河、大理河、清涧河等多条支流也相继发生洪水。随支流洪水汇入，龙门水文站7月28日～8月2日出现了连续的洪水过程，8月1日3时54分，最大洪峰流量2 480 m^3/s，最大含沙量82.0 kg/m^3(8月1日16时)；径流量4.325亿m^3，输沙量1 011万t，2日5时42分，洪峰流量1 780 m^3/s，3日8时，最大含沙量31.0 kg/m^3(见图1、图2)。8月1～6日，小花间没有洪水过程发生，伊洛河黑石关站流量在50～135 m^3/s之间，沁河武陟站流量在16～27 m^3/s之间。

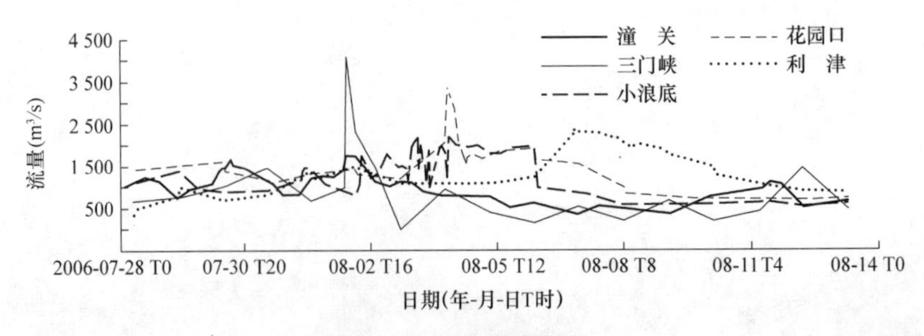

图1　多站流量过程线

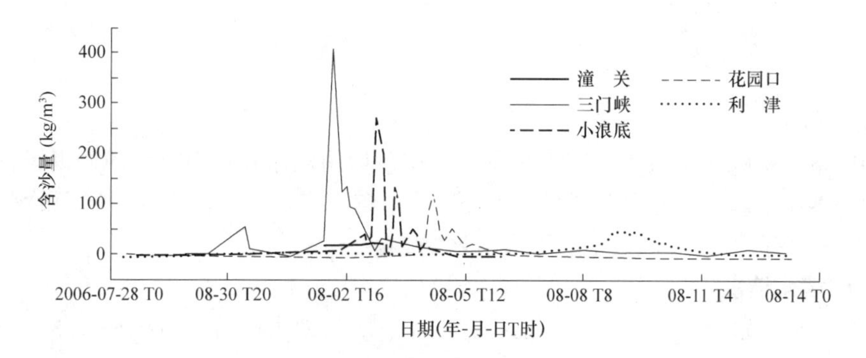

图 2　多站含沙量过程线

1.2　9 月洪水

2006 年 8 月 24 ~ 25 日、27 ~ 30 日，受冷暖空气的共同作用，黄河中游有两次明显的降雨过程，晋陕区间、泾渭河、三花区间大部分地区降小到中雨，局部地区大雨，个别站大到暴雨，29 日湫水河林家坪站日雨量 100.4 mm。受降雨影响，25 日湫水河、清涧河，30 日三川河、无定河、渭河等多条支流相继发生洪水。受支流洪水影响，龙门水文站 8 月 31 日 3 时 30 分，出现洪峰流量 3 250 m^3/s、最大含沙量 148 kg/m^3 的洪水过程；潼关水文站 9 月 1 日 1 时，洪峰流量 2 630 m^3/s，最大含沙量 58.3 kg/m^3(8 月 28 日 8 时)(见图 3、图 4)。三花区间没有产生明显的洪水过程，其中武陟站、黑石关站最大流量分别为 102 m^3/s 和 79.2 m^3/s。

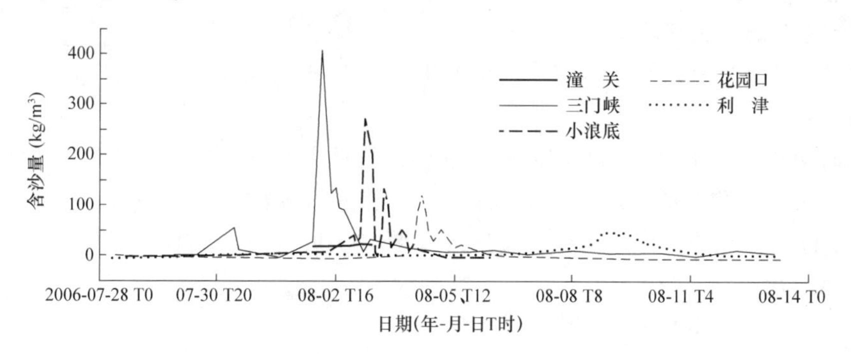

图 3　多站流量过程线

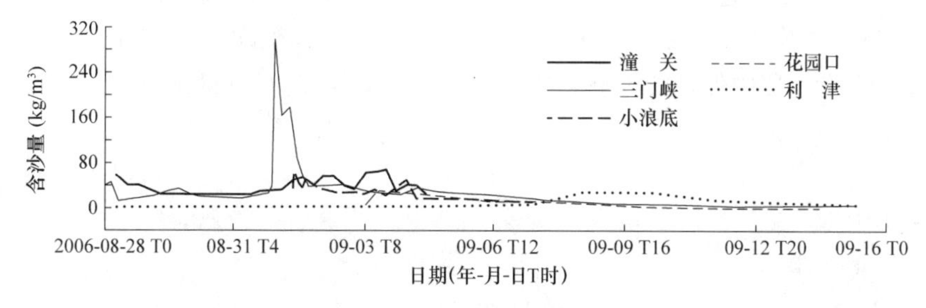

图 4　多站含沙量过程线

2 试验目标及方案

2.1 试验目标

(1)探索、实践小浪底水库在中小洪水时排沙运用规律和拦粗排细的调度运行方式。

(2)探索小浪底水库异重流排沙情况下，使下游河道不发生淤积或少淤积的水沙运行规律，积累水库、河道综合减淤的调度经验。

2.2 水库蓄水情况

两次试验开始时，三门峡、小浪底、陆浑、故县四水库蓄水情况见表1。

表1 水库蓄水现状

水库名	8月1日8时		8月31日8时	
	水位(m)	库容(亿 m^3)	水位(m)	库容(亿 m^3)
三门峡	304.88	0.519 0	305.00	0.529 0
小浪底	224.86	19.96	227.94	22.92
陆浑	311.78	3.861	310.91	3.647
故县	519.53	4.050	517.01	3.740

2.3 调度方案

2.3.1 第一次试验

2.3.1.1 三门峡水库调度

8月2日3时开始敞泄运用，当潼关站流量小于1 500 m^3/s 后逐步向305 m回蓄。

2.3.1.2 小浪底水库调度

为防止小浪底水库坝前淤积面抬升过高，同时防止洪水在下游河道演进时发生较大变形，尽量使下游河道不发生淤积或少淤积，自3日8时起小浪底水库按4 h充分排沙和6 h不排沙交替调度方式运用，流量按日平均2 000 m^3/s 控制，时间为3天。

2.3.2 第二次试验

2.3.2.1 三门峡水库调度

8月31日23时开始敞泄运用，当潼关站流量小于1 500 m^3/s 后逐步向305 m回蓄。

2.3.2.2 小浪底水库调度

从9月1日12时起按日平均流量1 000 m^3/s 控泄运用，泄流过程中保持1个排沙洞全开，不足流量以发电机组调整；从9月3日12时至5日12时按日平均流量1 500 m^3/s 控泄运用，泄流过程中保持2个排沙洞全开，不足流量以发电机组调整。

3 水库调度情况

3.1 第一次试验

3.1.1 三门峡水库

8月2日2时以前，由于潼关站流量小于1 500 m^3/s，三门峡水库按不超过305 m运用，期间最大下泄流量1 460 m^3/s，最大含沙量62.0 kg/m^3。2日2时潼关站流量1 450 m^3/s，并且继续上涨，2 日 2 时 30 分，三门峡水库开始敞泄运用，三门峡水库库水位 304.96 m，蓄水量 0.526 0 亿 m^3，至 3 日 0 时，库水位降至 290.26 m。敞泄期间三门峡最大下泄流量 4 090 m^3/s(2 日 3 时 30 分)，最大含沙量 454 kg/m^3(2 日 8 时)。

8 月 2 日 20 时，潼关站流量为 1 100 m^3/s 并将继续回落，3 日 2 时，三门峡水库按不超过 305 m 回蓄运用，至 4 日 8 时，库水位回蓄至 304.73 m，蓄水量 0.506 0 亿 m^3。8 月 1 日 8 时至 6 日 8 时，三门峡水库共下泄水量 3.483 亿 m^3、沙量 3 779 万 t。

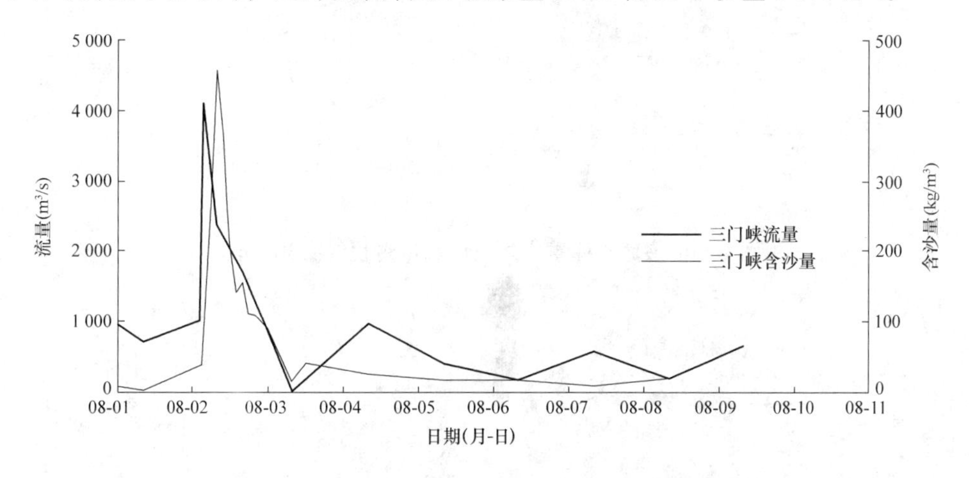

图 5　三门峡水库流量、含沙量过程线(2006 年)

3.1.2　小浪底水库

8 月 3 日 12 时以前按不超过 225 m 敞泄排沙运用，3 日 12 时以后按 6 h 不排沙和 4 h 排沙交替运用，日均流量控制 2 000 m^3/s。具体调度过程：3 日 12 ~ 18 时不排沙，3 日 18 ~ 22 时排沙；3 日 22 ~ 4 日 4 时不排沙，4 日 4 ~ 8 时排沙，4 日 8 ~ 10 时不排沙；4 日 10 时以后，由于出库沙量较小，按充分排沙运用至 6 日 12 时；6 日 12 时以后，向 225 m 回蓄运用，回蓄过程最小流量不低于 300 m^3/s。

小浪底站 2 ~ 6 日日平均流量分别为 1 400 m^3/s、1 640 m^3/s、1 950 m^3/s、1 950 m^3/s、890 m^3/s，日平均含沙量分别为 0.991 kg/m^3、95.8 kg/m^3、20.9 kg/m^3、2.75 kg/m^3、2.12 kg/m^3。

8 月 2 日 8 时，小浪底库水位 224.82 m，蓄水量 19.92 亿 m^3，3 日 8 时，小浪底库水位蓄 225 m，蓄水量 20.08 亿 m^3，至 6 日 12 时降至 222.17 m，蓄水量 17.74 亿 m^3。3 日 8 时 ~ 6 日 12 时小浪底水库共下泄水量 4.980 亿 m^3，补水 2.34 亿 m^3。

小浪底水库蓄量及库水位过程线见图 6。

3.2　第二次试验

3.2.1　三门峡水库

三门峡水库 8 月 31 日 23 时起按敞泄运用，敞泄期间三门峡出库最大流量 4 860 m^3/s，出库最大含沙量 297 kg/m^3；自 9 月 1 日 15 时按蓄水位不超过 305 m 回蓄运用。

三门峡水库出库流量、沙量过程线见图 7。

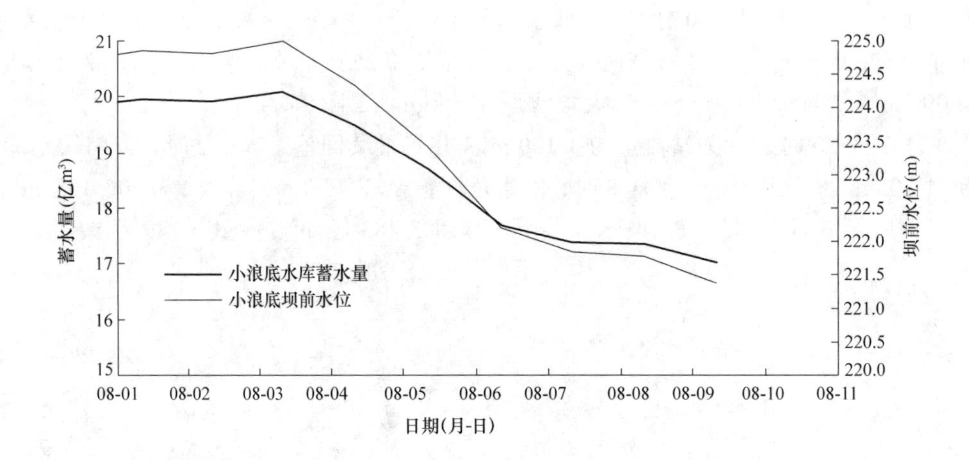

图 6　小浪底水库蓄水量及库水位过程线(2006 年)

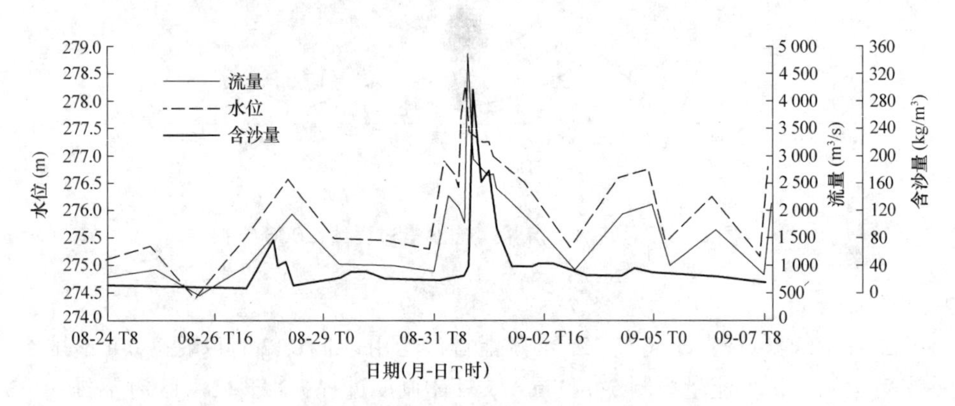

图 7　三门峡水库出库水位流量、沙量过程线(2006 年)

3.2.2　小浪底水库

9 月 1 日 12 时起按日平均流量 1 000 m^3/s 控泄运用，保持 1 个排沙洞全开；9 月 3 日 12 时至 6 日 12 时按日平均流量 1 500 m^3/s 控泄运用，保持 2 个排沙洞全开。7 日 11 时起，按日均流量 400 m^3/s、最小瞬时流量不小于 200 m^3/s 控泄。

小浪底水库出库水位、流量及含沙量过程线见图 8。

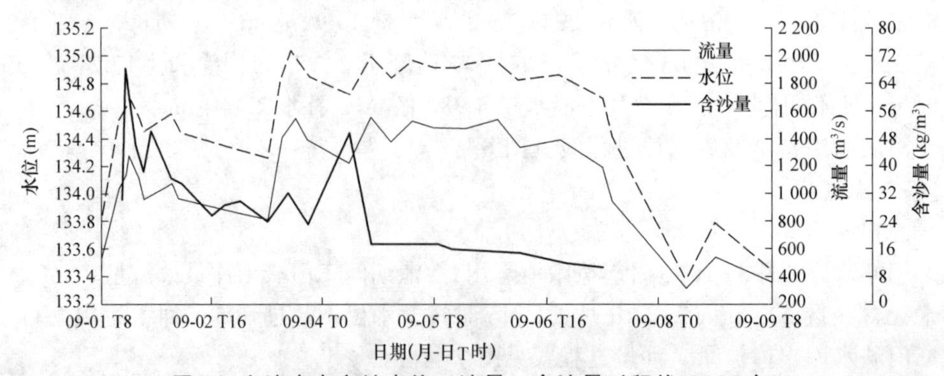

图 8　小浪底水文站水位、流量、含沙量过程线(2006 年)

4 试验结果分析

4.1 异重流的排沙情况

两次小浪底水库异重流主要是三门峡水库敞泄排沙形成的高含沙水流所致，潼关以上来水提供后续动力。两次试验小浪底出库水量较小，分别为 6.861 亿 m^3、7.417 亿 m^3，平均流量分别为 1 670 m^3/s、1 070 m^3/s，最大流量分别为 2 230 m^3/s、1 570 m^3/s；两次试验均实现异重流排沙出库且排沙比较大，第一次试验三门峡出库沙量 3 779 万 t，小浪底出库沙量 2 200 万 t，水库排沙比为 58.2%；第二次试验三门峡出库沙量 5 187 万 t，小浪底出库沙量 1 515 万 t，水库排沙比为 29.2%。

4.2 下游洪水过程分析

第一次试验，由于小浪底水库泄放的细颗粒高含沙洪水过程，洪水在小花间演进过程中变形增值，但控制洪水演进变形在主槽平滩流量允许范围内。小浪底站最大流量 2 230 m^3/s，最大含沙量 303 kg/m^3，花园口站 8 月 4 日 9 时 18 分，最大流量 3 360 m^3/s，4 日 17 时 6 分，最大含沙量 138 kg/m^3，洪峰增值 50.7%。洪水在花园口站以下基本正常(见图 1、图 2)。

第二次试验，小浪底站最大流量 1 570 m^3/s，最大含沙量 66.9 kg/m^3。洪水在下游演进正常(见图 3、图 4)。

2006 年汛期异重流调度试验情况见表 2、表 3。

表 2　2006 年汛期异重流调度试验情况统计

(单位：流量 m^3/s；含沙量 kg/m^3)

站名	2006 年 8 月洪水				2006 年 9 月洪水			
	平均流量	平均含沙量	最大流量	最大含沙量	平均流量	平均含沙量	最大流量	最大含沙量
三门峡	1 120	180	4 090	454	1 730	48.7	4 860	297
小浪底	1 670	104	2 230	303	1 070	20.6	1 570	66.9
花园口	2 030	91.8	3 360	138	1 250	15.1	1 650	31.3
夹河滩	2 030	84.6	3 030	89.8	1 220	14.5	1 650	24.1
高村	2 000	85.4	2 700	73.9	1 280	16.1	1 700	29.4
孙口	1 890	84.4	2 780	72.7	1 260	17.4	1 600	32.6
艾山	2 410	75.4	2 630	61.1	1 380	16.3	1 810	28.5
泺口	2 320	72.5	2 600	58.2	1 270	16.5	1 700	28.5
利津	2 350	66.8	2 380	59.2	1 320	18.1	1 660	28.9

4.3 下游河道冲淤分析

两次试验通过间断排沙或控制排沙洞开启数量，控制出库含沙量，并与控泄流量相结合，控制出库水沙过程，提高输沙用水效率。两次试验下游河道实现总体少淤或不淤，第一次试验输沙入海量为 2 005 万 t，下游河道淤积 195 万 t，淤积沙量占小浪底出库沙量的 8.9%；第二次试验输沙入海量为 1 648 万 t，下游河道实现总体冲刷 119 万 t。两次试验淤积和冲刷的河段也相对比较有利，主要淤积部位均在平滩流量较大的花园口以上河段，而平滩流量较小的卡口河段都发生了明显的冲刷。

表 3　2006 年汛期异重流调度试验情况统计

站名	2006 年 8 月洪水				2006 年 9 月洪水			
	历时 (d)	径流量 (亿 m^3)	输沙量 (万 t)	河段冲淤量 (万 t)	历时 (d)	径流量 (亿 m^3)	输沙量 (万 t)	河段冲淤量 (万 t)
小浪底	5	6.861	2 200		8	7.417	1 515	
黑石关	5	0.348 6			8	0.409		
武陟	5	0.106 4			8	0.520 5		
小黑武	5	7.319	2 200		8	8.346 5	1 529	
花园口	5	7.321	1 630	570	8	8.638	1 305	224
夹河滩	5	7.769	1 813	–183	8	8.453	1 222	83
高村	5	7.379	1 637	176	8	8.871	1 431	–209
孙口	5	7.773	2 269	–632	8	8.683	1 515	–84
艾山	5	7.635	1 990	279	8	9.559	1 559	–44
泺口	5	7.875	2 075	–85	8	8.753	1 444	115
利津	5	7.648	2 005	70	8	9.099	1 648	–204
小—利				195				–119

5　认识与建议

(1)黄河中游每年都会发生一次或多次较高含沙量的小量级洪水，洪水总量不够一次调水调沙，按照国家防总批复的近期黄河中下游洪水调度方案，如泄放可能会淤积下游河道，或存放在小浪底水库，则会加重小浪底水库淤积。两次小流量异重流调度试验均成功实现了小浪底水库减淤与下游河道少淤或不淤的目标，丰富了水库减淤手段，也丰富了调水调沙模式，对于小浪底水库减淤、延长水库使用寿命意义重大。

(2)黄委过去对 397 场洪水研究表明，花园口洪水流量在 800 ~ 2 600 m^3/s 期间时，会发生“冲河南、淤山东”的不利局面。但这两次试验花园口平均流量分别为 2 030 m^3/s 和 1 250 m^3/s，尤其是第二次试验，最大流量为 1 650 m^3/s，但实现下游总体基本不淤，淤积河段也主要发生在花园口以上。主要原因是小浪底水库异重流排沙出库的泥沙颗粒级配较细。因此，应加强不同泥沙颗粒级配对下游河道输沙能力的影响研究，重新论证细颗粒泥沙条件下的水沙调控指标。

(3)从 2004 ~ 2006 年汛前调水调沙期间的异重流人工塑造和 2004 年以来汛期异重流的调度实践可以看出三门峡水库对于小浪底水库减淤的重要作用。汛前调水调沙期间，三门峡水库承上启下，提供沙源与动力；汛期，三门峡水库在洪水到来之前维持不超过 305 m 运用，不但可提供 0.5 亿 m^3 左右的调沙库容，使上游来沙在坝前分选，利于细沙出库在小浪底水库形成异重流，而且通过调度，遇上游来水时适时敞泄，加大流量，提供沙源和动力，利于洪水在小浪底水库形成异重流并排沙出库。因此，从有利于小浪底水库减淤、延长水库使用寿命看，三门峡水库汛期在洪水到来之前维持不超过 305 m 运用十分必要。

(4)“73・8”、“77・8”、“92・8”高含沙洪水在小浪底至下游的演进中均出现了变形增值，而小浪底水库运用以后，“04・8”、“05・7”、“06・8”三次细颗粒较小量级的高含沙洪水也出现类似现象，而且洪峰增值幅度更大，这三次洪水在下游演进过程中所表现的特性也有许多相似之处。对于小浪底水库运用初期来说，异重流排沙是主要的排沙方式，细颗粒高含沙洪水也可能会多次发生,洪水变形增值也可能会多次发生。因此，必须高度重视高含沙洪水在下游演进过程中变形增值给防汛工作带来的影响，加强高含沙水流运动机理研究及监测、预报工作。

(5)高含沙洪水在下游演进过程中易变形增值虽然给防汛工作带来很大影响，但高含沙洪水尤其是细颗粒含量较大的高含沙洪水输沙入海比例很高，此类洪水有利于输沙入海。因此，在洪水调度中，如何尽量避免洪水变形带来的影响，又尽量多地输沙入海成为关键。在第一次试验中，采用小浪底水库充分排沙与不排沙交替进行、适当控制下泄流量的调度方式，使洪水变形增值后花园口的洪峰流量小于目前的下游主槽最小平滩流量，且使 91.1%的沙量入海，取得了较好效果，为今后研究高含沙洪水的调度积累了经验。

小浪底水库出库高含沙洪水特性初步分析

张法中　魏向阳　张格诚　李永亮

(黄河水利委员会　郑州　450003)

摘要　小浪底水库2001年建成投运以来，库区多次形成异重流，在2004～2006年汛期水库调度中利用异重流特性多次排沙出库，出库高含沙洪水向下游演进过程中在花园口以上发生洪峰变形，原因主要是细颗粒泥沙含量较大，细颗粒高含沙水流比前期清水水流阻力小，使其流速大大快于前期的槽蓄水流的流速，在演进的过程中，不断“挤压”峰前的清水和部分前期槽蓄量，形成叠加，这种叠加的速度和流量增值远大于洪峰的坦化削减，从而使花园口站出现的洪峰流量增大。分析影响因素，采取有效应对措施，对于小浪底水库拦沙初期调度运用与下游防洪具有重要的意义。

关键词　洪水演进　高含沙　调度　小浪底水库　黄河

2004年8月、2005年7月、2006年8月，小浪底水库进行了3次水库异重流高含沙排沙调度运用，其下游出现了3次高含沙洪水过程。小浪底站最大含沙量分别为343 kg/m^3、152 kg/m^3、303 kg/m^3。3次高含沙洪水在下游演进过程中出现许多相似的特性，分析这3次水库异重流调度实践和高含沙洪水在下游的演进特性对于小浪底水库拦沙初期调度运用与下游防洪具有重要的意义。

1　洪水概况

1.1　“04·8”洪水

2004年8月21日，黄河中游出现强降雨过程。受此影响，黄河干流和泾、渭河干支流相继形成洪水过程。黄河吴堡站22日17时54分洪峰流量2 740 m^3/s；龙门站23日11时42分洪峰流量1 940 m^3/s,含沙量为85 kg/m^3;22日14时,潼关站洪峰流量2 040 m^3/s，含沙量为442 kg/m^3。8月22～30日三门峡水库出现了最大流量2 960 m^3/s，最大含沙量542 kg/m^{3}的泄洪过程。8月22日14时～30日12时小浪底水库进行异重流排沙运用，黄河下游8月22～30日产生一次明显的洪水过程。其中，小浪底最大洪峰流量为2 690 m^3/s，花园口站最大洪峰流量为3 990 m^3/s(见图1)。

1.2　“05·7”洪水

2005年7月1～3日，晋陕区间、泾渭河、北洛河普降中雨，部分地区大到暴雨或大暴雨。潼关7月3～9日出现了明显的洪水过程，7月5日6时洪峰流量1 890 m^3/s，7月4日17时最大含沙量183 kg/m^3。三门峡站7月4日11时最大流量2 860 m^3/s，7月5日12时最大含沙量301 kg/m^3。小浪底站7月4～10日实行异重流排沙调度，下游形成了一次高含沙洪水过程，小浪底站最大流量2 510 m^3/s，花园口站洪峰流量3 610 m^3/s(见图2)。

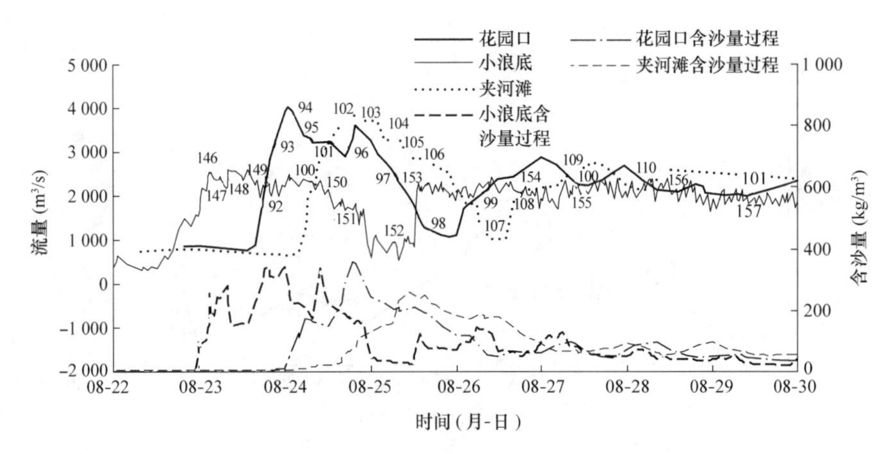

图 1 "04·8"洪水小浪底、花园口、夹河滩三站流量、含沙量过程线

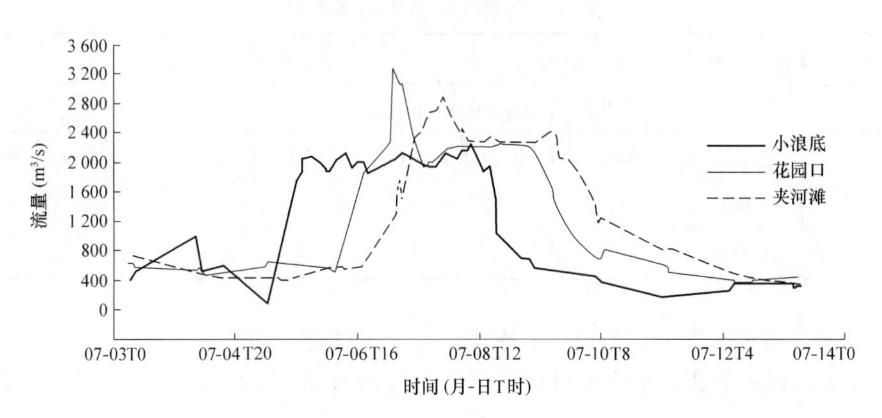

图 2 "05·7"洪水小浪底、花园口、夹河滩三站流量过程线

1.3 "06·8"洪水

2006 年 7 月 27~31 日，晋陕区间、泾渭河、龙门—三门峡之间大部分地区降中到大雨，局部地区暴雨，其中高家堡、丁家沟、华县站的日降水量分别为 84.0 mm、70.8 mm、65.2 mm。受降雨影响，7 月 27 ~ 31 日该区域皇甫川、三川河、无定河、大理河、清涧河、秃尾河等多条支流相继发生洪水。受支流洪水影响，潼关水文站 8 月 1 日 8 时 ~ 6 日 8 时，出现连续洪水过程，2 日 5 时 42 分，洪峰流量 1 780 m³/s，3 日 8 时,最大含沙量 31.0 kg/m³。8 月 2 日 2 时三门峡水库敞泄运用，8 月 2 ~ 7 日小浪底水库实行异重流排沙调度，下游形成了一次高含沙洪水过程，小浪底最大流量 2 380 m³/s, 花园口最大洪峰流量 3 360 m³/s(见图 3)。

2 洪水特性分析

(1) "04·8"、"05·7"、"06·8"均为三门峡水库敞泄形成的高含沙水流在小浪底水库形成异重流并排沙出库所致，属于洪水量级较小的细颗粒高含沙洪水。3 次洪水小浪底最大流量分别为 2 690 m³/s、2 380 m³/s、2 230 m³/s。最大含沙量分别为 343 kg/m³、152 kg/m³、303 kg/m³；洪水过程中日平均颗粒级配中数粒径大多在在 0.01 mm 以下(见表 1)。

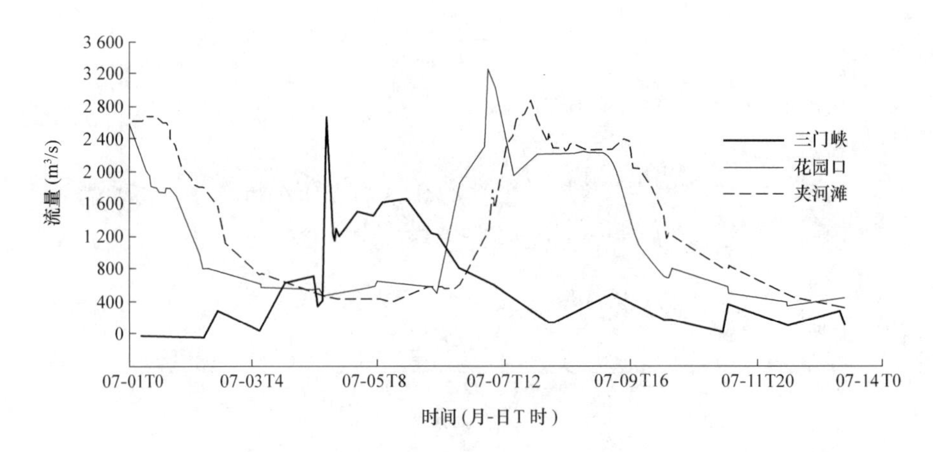

图 3　“05·7”洪水小浪底、花园口、夹河滩三站流量过程线

表 1　小浪底站洪水情况统计

洪水	最大流量 (m^3/s)	最大含沙量 (kg/m^3)	颗粒级配		
			≤0.008 mm(%)	中数粒径(mm)	平均粒径(mm)
“04·8”	2 690	343	38.8 ~ 67.0	0.005 ~ 0.012	0.009 ~ 0.029
“05·7”	2 380	152	49.55 ~ 59.9	0.008	0.015
“06·8”	2 230	303	50.7 ~ 59.2	0.006	0.011

(2)由于入库水量较小，为提高水库排沙比，保证有足够的水量输沙入海，3 次洪水小浪底水库均补水下泄，水库的排沙比较大，分别为 86.1%、45.7%和 58.2%(见表 2)。

表 2　水库出库水沙量统计

(单位：水量 亿 m^3；沙量 亿 t)

洪水	三门峡出库水量	三门峡出库沙量	小浪底出库水量	小浪底出库沙量	小浪底水库补水量	小浪底水库排沙比(%)
“04·8”	9.22	1.66	13.59	1.43	4.37	86.1
“05·7”	4.87	0.81	7.76	0.37	2.89	45.7
“06·8”	3.48	0.38	6.87	0.22	3.39	58.2

(3)洪水均在小浪底至花园口的演进过程中出现变形，造成洪峰增值且增值幅度较大、增幅接近。3 次洪水花园口站最大流量 3 990 m^3/s、3 640 m^3/s、3 360 m^3/s，洪峰增值分别为 1 300 m^3/s、1 340 m^3/s、1 130 m^3/s，增幅分别为 48.3%、52.9%、50.7%(见表 3)。

(4)洪水在花园口以下演进基本正常，但洪峰与沙峰的衰减幅度较一般洪水略偏小；小浪底站沙峰与洪峰之间时间接近，但花园口以下，沙峰滞后于洪峰。

(5)洪水过程输沙入海比例较大，下游河道淤积量较小。3 次洪水利津输沙量占小浪底沙量的比例分别为 90.8%、91.9%、91.1%，下游河道淤积量分别为 0.13 亿 t、0.03 亿 t、0.019 5 亿 t，淤积比分别 9.1%、8.1%、8.9%(见表 4)。

表 3 "04·8"、"05·7"、"06·8"洪水情况统计

(单位：流量 m^3/s；含沙量 kg/m^3)

洪水	三门峡		小浪底		花园口			利津	
	最大流量	最大含沙量	最大流量	最大含沙量	最大流量	最大含沙量	洪峰增值(%)	最大流量	最大含沙量
"04·8"	2 960	542	2 690	343	3 990	359	48.3	3 200	146
"05·7"	2 970	301	2 380	152	3 640	87	52.9	2 920	55.9
"06·8"	4 090	454	2 230	303	3 360	138	50.7	2 380	59.2

表 4 "04·8"、"05·7"、"06·8"洪水情况统计

站名	"04·8"洪水				"05·7"洪水				"06·8"洪水			
	历时(d)	径流量(亿 m^3)	输沙量(亿 t)	河段冲淤量(亿 t)	历时(d)	径流量(亿 m^3)	输沙量(亿 t)	河段冲淤量(亿 t)	历时(d)	径流量(亿 m^3)	输沙量(亿 t)	河段冲淤量(亿 t)
小浪底	9.5	13.67	1.42		9.88	8.59	0.37		5	6.861	0.220 0	
花园口	9.5	16.66	1.53	−0.11	9.88	10.31	0.32	0.05	5	7.321	0.163 0	0.057 0
夹河滩	9.5	16.66	1.41	0.12	9.88	10.43	0.32	0	5	7.769	0.181 3	−0.018 3
高村	9.5	16.40	1.40	0.01	9.88	10.06	0.30	0.02	5	7.379	0.163 7	0.017 6
孙口	9.5	15.52	1.31	0.09	9.88	9.65	0.32	−0.02	5	7.773	0.226 9	−0.063 2
艾山	9.5	19.77	1.49	−0.18	9.88	11.40	0.30	0.02	5	7.635	0.199 0	0.027 9
泺口	9.5	19.03	1.38	0.11	9.88	11.68	0.31	−0.01	5	7.875	0.207 5	−0.008 5
利津	9.5	19.30	1.29	0.09	9.88	11.83	0.34	−0.03	5	7.648	0.200 5	0.007 0
小—利				0.13				0.03				0.019 5
利/小(%)			90.8				91.9				91.1	

3 洪水特性原因初析

3.1 洪峰增值及淤积表现原因分析

在天然河流中，因含沙浓度和泥沙颗粒级配的不同，高含沙水流可以区分为两相流和伪一相流两种类型。前者是指洪水泥沙颗粒组成较粗，含沙浓度大，但细颗粒的含量不多的洪水，这类洪水除黏性增大外，其运动机理与通常的挟沙水流并无本质的不同。对于伪一相流的高含沙水流，由于细颗粒含量较多，水流的黏性较前者大得多，是具有很高宾汉剪切力的浑水，足以支托粗颗粒使之不下沉，洪水沿程不分选或分选较小，这种情况下，全部粗细泥沙颗粒均匀混合而成的另一种流体浑水的流动，而不再是水流挟带泥沙的运动。这种水流也具有易于长距离输送的特点。

3 次洪水中的泥沙颗粒组成较细，小浪底、花园口站细颗粒泥沙($D<0.01$ mm)的泥沙占 60%左右，沿程分选较小，洪水黏性极大，在 2004 年 8 月 24 日的小浪底—花园口区间洪水调查时也发现，在一些河段的浅滩区发现被群众称为"水拉丝"的水面流线。

根据洪水泥沙颗粒组成和沿程分选表现看，这 3 次洪水应属伪一相流高含沙水流。

分析花园口洪峰流量沿程增大的原因，认为是多方面因素共同作用的结果。主要原因是当水流流经冲积河流并形成不同的床面形态时，由于高含沙水流中沙垄高度较小，形状平缓圆滑；也由于在清水水流中作推移运动的粗颗粒在高含沙水流中易于转化成悬移运动，使得细颗粒高含沙水流比前期清水水流阻力较小，使其流速大大快于前期的槽蓄水流的流速，在演进的过程中，不断“挤压”峰前的清水和部分前期槽蓄量，形成叠加，这种叠加的速度和流量增值远大于洪峰的坦化削减，从而使花园口站出现的洪峰流量增大。造成花园口洪峰增值的水量主要由两部分组成，即前期槽蓄水量和小浪底洪水峰前部分沿程挤压所积蓄的水量。

由于这 3 次高含沙洪水基本不出槽，使洪水在下游行进的过程中，水流紊动性不易减弱，易于高含沙洪水的长距离输送，同时也使洪峰的传播速度基本正常。细颗粒沙量比重大和洪水基本不出槽也是这 3 次洪水过程中下游河道淤积较小的主要原因。

3.2 小浪底水库异重流排沙比较大的原因分析

影响小浪底水库异重流排沙比的因素很多，如入库水沙过程、库区地形、库水位、库区淤积形态、浑水水库及水库孔洞开启状态等。分析这 3 次洪水小浪底水库异重流排沙比较大的原因，前期浑水水库和库水位较低的影响是重要的因素。

“04・8”、“05・7”、“06・8”3 次洪水过程中小浪底水库异重流运行中的库水位变化范围分别是 222.26 ~ 224.89 m、224.06 ~ 225.25 m、221.83 ~ 225.0 m。

3 次洪水之前 20 天内，小浪底水库入库沙量分别为 2 000 万 t、2 300 万 t、4 300 万 t 左右，“04・8”、“06・8”洪水前小浪底水库均在坝前监测到浑水水库存在；“05・7”洪水之前虽没有进行监测，但由于 6 月 26 ~ 27 日三门峡水库敞泄排沙运用(2005 年汛前调水调沙期间，距离本次洪水一周左右)，小浪底水库虽有异重流排沙出库，但由于后续动力不足，出库沙量较小，所以小浪底水库浑水水库也应该存在。

4 认识与建议

(1)“73・8”、“77・8”、“92・8”高含沙洪水在小浪底至下游的演进中均出现了变形增值，而小浪底水库运用以后，“04・8”、“05・7”、“06・8”3 次细颗粒较小量级的高含沙洪水也出现类似现象，而且洪峰增值幅度更大，这 3 次洪水在下游演进过程中所表现的特性也有许多相似之处。对于小浪底水库运用初期来说，异重流排沙是主要的排沙方式之一，细颗粒高含沙洪水也可能会多次发生,洪水变形增值也可能会多次发生。

(2)高含沙洪水在下游演进过程中变形增值所带来的危害是非常严重的。若小浪底水库泄放的高含沙洪水量级在下游主槽过流能力以下，但由于洪峰变形增值，花园口的洪峰流量可能超过下游主槽平滩流量，下游滩区将遭受淹没损失。同时，高含沙洪水有时还具有很强的造床功能，河床冲淤变化剧烈，河势易发生变化，给防汛工作增加难度。因此，必须高度重视高含沙洪水在下游演进过程中变形增值给防汛工作带来的影响。

(3)高含沙洪水在下游演进过程中易变形增值虽然给防汛工作带来很大影响，但高含沙洪水尤其是细颗粒含量较大的高含沙洪水输沙入海比例很高，此类洪水有利于输沙入海。因此，在洪水调度中，如何尽量避免洪水变形带来的影响，又尽量多地输沙入海成为关键。在小浪底水库调度中，应适当控制含沙量和下泄流量过程，使洪水变形增值后花园口的洪峰流量小于目前的下游主槽最小平滩流量，并且使尽量多的沙量入海。这 3 次洪水调度实践，为今后研究高含沙洪水的调度积累了经验。

(4)加强对汛期小浪底水库异重流监测和预报。目前对汛前人工塑造的小浪底水库异重流监测比较完善，汛期异重流运行监测资料较少，对研究小浪底水库异重流运行规律和小浪底水库异重流的调度不利。同时，坝前浑水水库的大小直接影响出库含沙量的大小。因此，应加强汛期小浪底水库异重流和坝前浑水水库形成等监测工作。

(5)加强对高含沙洪水的监测与预报工作。我们现在的水文监测可满足于一般洪水，但对研究高含沙洪水是不够的。高含沙洪水在河道的演进过程中，由于其容重、黏性、水流的紊动结构的特点，河道经常发生强烈的变化和断面形态的调整，容易形成水位陡涨陡落和洪峰增值现象。因此，需要进一步加强对高含沙洪水演进机理及规律的专项研究,为洪水预报、调度提供更好的技术支持。

参考文献

[1] 钱宁. 高含沙水流运动. 北京：清华大学出版社，1989

[2] 中国水利学会泥沙专业委员会. 泥沙手册. 北京：中国环境科学出版社，1992

[3] 王昌杰，等. 河流动力学. 北京：人民交通出版社，2001

小浪底水库异重流演进时间计算分析

徐小华[1]　管　辉[2]　魏　军[1]

(1. 黄河水利委员会　郑州　450003；2. 黄委河南水文水资源局　郑州　450004)

摘要　本文主要分析了小浪底水库异重流持续运动、到达坝前的条件及到达坝前的时间推算。

关键词　小浪底水库　异重流　演进时间

1　异重流持续运动的条件

理论和实测资料均表明，影响异重流持续运行的因素包括水沙条件及边界条件，具体可分列如下：

(1)洪峰持续时间。若入库洪峰持续时间短，则异重流持续时间也短。当上游流量减小，不能为异重流运行提供足够的后续能量，则异重流就会逐渐停止而消失。

(2)进库输沙率。进库输沙率对异重流的影响最大。在一般情况下，进库输沙率大产生的异重流强度亦大，即异重流有较大的初始速度及运行速度。

(3)地形条件影响。异重流通过局部地形变化较为强烈的地方，将损失部分能量。若库区地形复杂，如扩大、弯道、支流等，使异重流能量不断损失，甚至不能继续向前运动。

(4)库底比降。异重流运行速度同库底比降有较大的关系，库底比降大，则异重流运行速度大，反之亦然。

(5)水库闸门提升高度。水库闸门提升高度和过水大小对近坝段水流阻力有影响，对坝附近异重流运行影响较大。

2　异重流到达坝前的条件

异重流能否运行至坝前除与上述持续运动各项因素有关外，还受库水位和泥沙颗粒级配影响。为预估异重流是否能够到达坝前，收集了小浪底水库 2001～2005 年上游不同来水来沙条件下异重流到达坝前附近消失的临界资料，并点绘关系。由于库区地形和比降变化不大，异重流能否到达坝前主要与上游河段输沙率和库区平均水深关系最为密切。采用坝前主槽水深的 1/2 与上游输沙率建立关系，初步认为输沙率与水深为指数关系(见公式(1)，关系图见图 1)。

$$Q_s = 0.42\,e^{0.12[(Z-Z_{底})/2]} \tag{1}$$

式中：Q_s 为三门峡或河堤水沙因子站输沙率，t/s；Z 为小浪底水库坝前水位，m；$Z_{底}$ 为小浪底水库坝前河底高程，m。

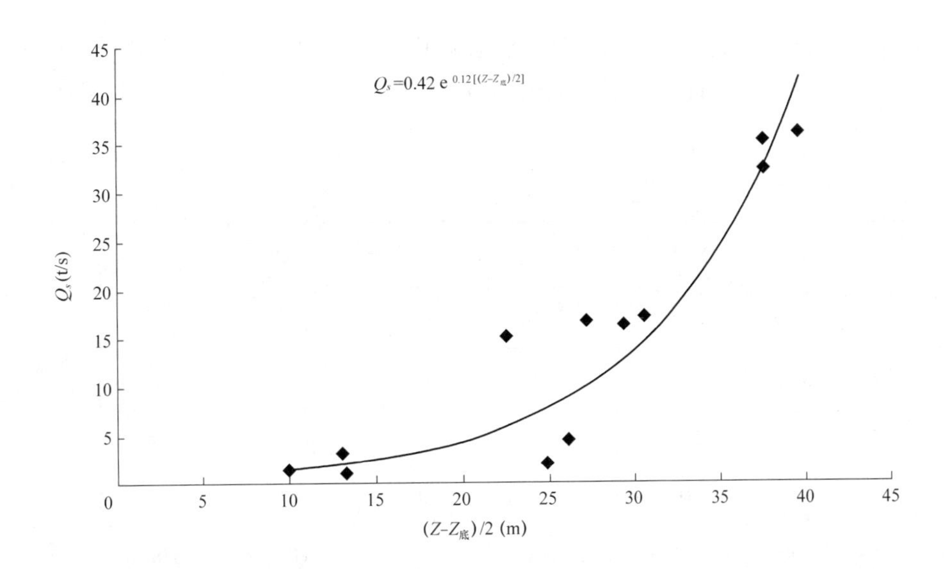

图 1　Q_s 与 $(Z-Z_底)/2$ 关系

或与输沙率同断面流量乘积、水深关系，采用指数趋势线进行拟合，得到表达式为公式(2)，关系图见图 2。

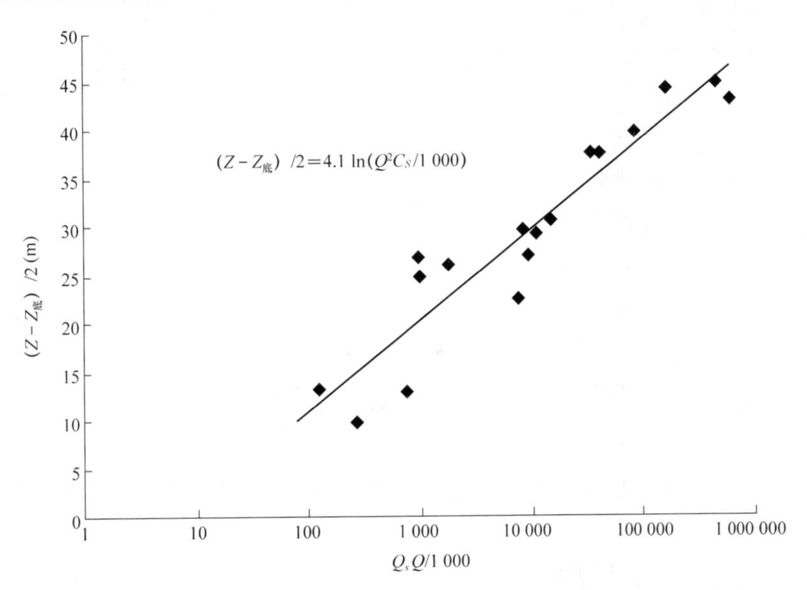

图 2　$(Z-Z_底)/2$ 与 $Q_sQ/1\ 000$ 关系图

$$(Z-Z_{底})/2=4.1\ln(Q^2C_s/1\,000)-7.9=4.1\ln(Q_sQ/1\,000)-7.9 \tag{2}$$

式中：Q_s 为三门峡或河堤水沙因子站输沙率，t/s；Q 为三门峡或河堤水沙因子站流量，m^3/s；C_s 为三门峡或河堤水沙因子站断面平均含沙量，kg/m^3；Z 为小浪底水库坝前水位，m；$Z_{底}$ 为小浪底水库坝前河底高程，m。

由以上任一计算公式，只要知道坝前水位和坝前主槽河底高程(暂用 175 m)，当上游来水来沙值大于计算值，即判定异重流会运行至坝前，否则中途消失。表 1 为异重流中途消失计算表。

表 1　异重流中途消失计算

时间(年-月-日 T 时)	三门峡流量(m^3/s)	三门峡含沙量(kg/m^3)	库水位(m)	坝前异重流厚度(m)	公式计算输沙率 Q(t/s)	实测输沙率 Q(t/s)	判断消失
2002-06-24	672	24.0	233.84	0	14.3	16.1	否
2003-10-01T9	1 030	15.0	254.25	0	48.8	15.4	是
2004-07-12T8	426	10.0	227.26	0	9.66	4.26	是
2004-09-06T8	500	4.0	224.70	0	8.28	2.00	是

根据公式(2)分别计算出水位 245 m、235 m、215 m 时的最小流量和含沙量及绘制的关系图，见图 3。

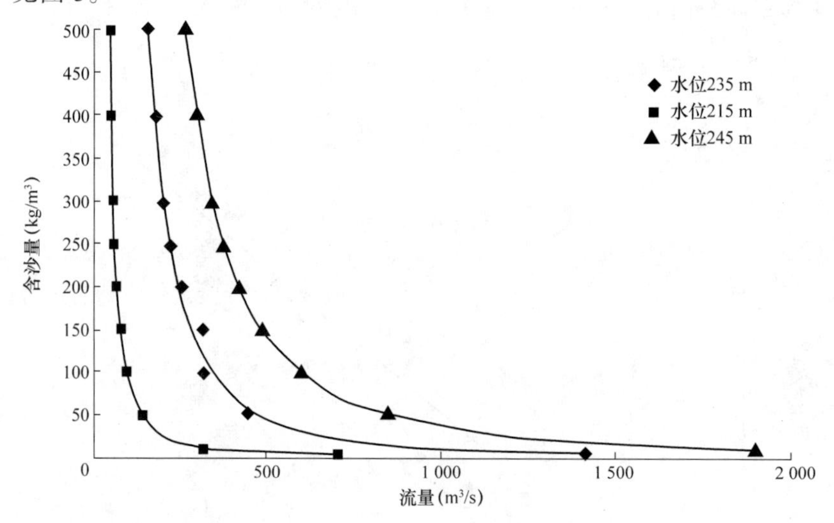

图 3　水位 245 m、235 m、215 m 时的最小流量和含沙量及绘制的关系图

3　异重流到达坝前的推算时间

当三门峡水库下泄洪水，运行到小浪底水库坝前时间为 $T_{总}$，时间包括在上游段自然河道运行时间(即运行至异重流潜入点时间)T_1 和潜入点起至坝前时间 T_2。

$$T_{总} = T_1 + T_2 \tag{3}$$

设潜入点到坝前的距离为 L，自然河道平均流速为 V(m/s)，则由三门峡至小浪底大坝 129 km 由下式计算出 T_1：

$$T_1=\frac{129-L}{V} \tag{4}$$

异重流的运行速度主要由上游来水来沙和水库边界条件决定。来水流量大小、含沙量高低及泥沙颗粒级配组成，库中水深、水温、河床坡降，闸门开启大小都会对异重流的运行速度造成影响。根据韩其为提出的公式如下：

$$T_2=\frac{cL}{(QC_sJ)^{\frac{1}{3}}} \tag{5}$$

我们认为，异重流运行速度和能否到达坝前与上游来水来沙大小，以及水沙峰是否一致和闸门出水孔位置及提升高度有关。根据实测资料，分别计算出水沙峰基本一致(适用于自然洪水)和水峰在前、沙峰在后(适用于调水调沙，三门峡水库先放清水后放浑水)的计算公式。

(1)水沙峰一致经验公式：

$$T_{总}=\frac{129-L}{3.6V}+\frac{1.70L}{((3Q_{三}+Q_{小})/4\cdot C_s^{0.8}\cdot J)^{\frac{1}{3}}} \tag{6}$$

(2)水峰在前、沙峰在后：

$$T_{总}=\frac{129-L}{3.6V}+\frac{2.65L}{((3Q_{三}+Q_{小})/4\cdot C_s^{0.8}\cdot J)^{\frac{1}{3}}} \tag{7}$$

式中：$Q_{三}$为三门峡站流量，m³/s；$Q_{小}$为小浪底站流量，m³/s；C_s为三门峡至河堤站河段平均含沙量(kg/m³)或直接用河堤站含沙量；J为异重流河段平均河床坡降(‱)；L为异重流潜入点至坝前距离，km。

由于水深是影响异重流运行时间的关键参数，所以为便于计算，采用某一专用断面水深代替异重流潜入点距离，将公式中的后半部分中的L换成水深。现以HH17断面水深进行分析计算得出综合系数水沙峰一致取2.93，水峰在前、沙峰在后取4.58，计算结果见表2和表3(计算平均时间为用距离和水深两种方法的平均值)。

表2　异重流实际运行时间与计算时间比较(水沙峰一致)

(单位：流量 Q m³/s；含沙量 C_s kg/m³)

三门峡					比降(‱)	距离(km)	桐树岭		实际总时间 $T_{总}$ (h)	按距离计算 $LT_{总}$ (h)	按HH17水深计算 $HT_{总}$ (h)	计算平均 $T_{总}$ (h)	时间误差(h)
时间(年-月-日)	时间(时：分)	三门峡流量	小浪底流量	平均含沙量			时间(年-月-日)	时间(时：分)					
2001-08-20	2:00	700	150	244.0	8	53	2001-8-21	8:00	30	32.1	25.3	28.7	1.3
2002-06-24	6:00	3 990	636	24.8	6	78.5	2002-6-26	8:00	50	48.4	51.1	49.7	0.3

续表 2

（单位：流量 Q m³/s；含沙量 C_s kg/m³）

三门峡					比降(‰)	距离(km)	桐树岭		实际总时间 $T_总$ (h)	按距离计算 $LT_总$ (h)	按 HH17 水深计算 $HT_总$ (h)	计算平均 $T_总$ (h)	时间误差(h)
时间(年-月-日)	时间(时：分)	三门峡流量	小浪底流量	平均含沙量			时间(年-月-日)	时间(时：分)					
2002-07-06	3:00	2 190	2 750	355.0	6	77.3	2002-07-07	9:10	30.2	27.6	28.7	28.1	2.1
2002-07-07	21:48	3 780	2 600	153.0	6	76	2002-07-09	6:30	32.7	28.9	30.1	29.5	3.2
2003-08-01	14:12	1 970	916	297.8	6	60	2003-08-02	15:00	24.8	26.2	24.2	25.2	–0.4
2003-08-27	0:36	3 140	228	135.5	6	74	2003-08-28	8:00	31.4	32.5	30.1	31.3	0.1
2003-10-03	3:00	4 300	1 200	69.9	6	94	2003-10-04	16:00	37	41.6	46.0	43.8	–6.8
2004-08-22	3:00	2 960	993	154.0	8	46.2	2004-08-23	2:00	23	21.3	22.5	21.9	1.1
2004-07-07	14:06	5 130	2 630	35.5	8	56	2004-07-08	19:20	29.3	27.5	30.1	28.8	0.5
2004-07-07	18:00	3 920	2 630	68.2	8	56	2004-07-08	19:20	25.3	25.7	28.1	26.9	–1.6
2005-08-20	19:00	2 000	300	200.0	6	53	2005-08-21	18:30	23.5	27.4	26.0	26.7	–0.3

表 3　异重流实际运行时间与计算时间比较(水峰在前、沙峰在后)

（单位：流量 Q m³/s；含沙量 C_s kg/m³）

三门峡				平均含沙量	比降(‰)	距离(km)	桐树岭		$T_总$ (h)	$LT_总$ (h)	$HT_总$ (h)	计算平均 $T_总$ (h)	时间误差(h)
时间(年-月-日)	时间(时:分)	三门峡流量	小浪底流量				时间(年-月-日)	时间(时:分)					
2003-07-18	16:00	813	150	375	6	60	2003-07-20	22:00	54	54.6	45.1	49.8	4.2
2005-06-28	0:00	1 470	3 000	225	6	53	2005-06-29	15:00	39	40.4	39.9	40.2	–1.2
2005-07-04	14:00	1 570	400	280	6	45	2005-07-06	2:00	36	37.1	39.5	38.3	–2.3
2005-09-22	13:30	3 600	300	230	5	65	2005-09-24	12:00	46.5	43.0	51.2	47.1	–0.6

从计算结果来看，在水沙峰一致的情况下，大部分时间误差都在 5 h 以下，最大时间误差为 6.8 h；对于水峰在前、沙峰在后的情况，除个别外，大部分计算时间与实际运行时间误差都在 5%左右。计算时间和异重流实际运行到坝前的时间符合较好。

4　结　语

根据不同水沙条件，分取不同计算参数，得到相应的小浪底水库异重流运行到坝前的演进时间与实际情况比较符合。但随着水库运用方式的调整，及库区边界条件的改变，异重流各种特性也会发生相应的变化。进一步开展异重流监测及各项研究仍然十分必要。

参考文献

[1] 韩其为. 水库淤积. 北京：科学出版社，2003

[2] 水利部黄河水利委员会. 黄河首次调水调沙试验. 郑州：黄河水利出版社, 2003

[3] 侯素珍，焦恩泽，林秀芝，等. 小浪底水库异重流运动特征分析. 2002

2006 年调水调沙期间小浪底库区异重流分析

徐建华　董明军　李晓宇　胡跃斌

(黄河水利委员会水文局　郑州　450004)

摘要　2006 年调水调沙期间小浪底库区人工塑造异重流具有入库水量较小、潜入点比较靠下、异重流演进速度快和排沙比较高等特点，这与三门峡水库和小浪底水库适宜的调度密不可分。提出人工塑造异重流至少要有 5.5 亿 m^3 入库水量和 2 000 t 入库细泥沙量，小浪底库区坝前水位宜低于 230 m，异重流期间入库流量应大于 3000 m^3/s，小浪底水库下泄流量也宜维持在 3 700 m^3/s 左右，形成"前拉后推"的有利局面，同时排沙洞也应提前开启，有利于提高异重流的排沙比。

关键词　异重流　分析　小浪底　库区　2006

为了尽可能地延长小浪底水库拦沙库容的淤积年限，应充分利用异重流能挟带大量泥沙在水库中演进的规律来排泄入库泥沙，这是减少水库淤积、延长水库寿命的一条重要途径。特别是像黄河这样的多沙河流，在库区产生异重流的机会较多，只要调度适当，异重流排沙效果是明显的。在 2001 ~ 2006 年小浪底库区异重流中，除了由三门峡水库下泄中游洪水泥沙自然形成的异重流外，一般还可通过万家寨、三门峡和小浪底三库联合调度来人工塑造异重流。

在编制 2006 年调水调沙预案时，参照以往经验，拟采用三库联调，人工塑造异重流。但由于山西电网出现夏季用电高峰，要求万家寨水库承担迎峰度夏的发电任务，致使万家寨水库在最后关头退出。在缺乏后续动力的不利条件下，通过三门峡和小浪底两库联调，在小浪底水库成功塑造了异重流，并将 706 万 t 泥沙送出小浪底水库，排沙比达到 30.8%。

1　2006 年异重流情况

2006 年调水调沙期间的异重流过程开始于 6 月 25 日，至 6 月 29 日结束。根据三门峡水库的下泄方式，可将整个异重流过程分为 3 个阶段，即形成阶段、加强阶段、消亡阶段。第一阶段，25 日 1 时 30 分三门峡水库开始加大流量下泄清水，见图 1，随着三门峡下泄流量的增加，下泄水流对沿程河道及小浪底水库库尾淤积产生冲刷，致使含沙量增加，6 月 25 时 9 时 42 分在 HH27 断面下游 200 m 监测到异重流潜入现象，自下泄流量增加至异重流潜入时间间隔约 8 h。此后，潜入点在 HH27 断面至 HH24 断面之间摆动，距离小浪底坝前最近时位于 HH24 断面上游 500 m。第二阶段，三门峡水库拉沙下泄，26 日 12 时出现含沙量峰值 318 kg/m^3，此时因为下泄流量、含沙量均较大，使已形成的异重流得到加强。第三阶段，26 日 7 时后三门峡下泄流量、含沙量相继开始减少，异重流开始衰退直至消亡。异重流自潜入后历时 15.5 h 运行至坝前，演进速度约 0.77 m/s。由于 25 日小浪底水库排沙洞已基本打开，故异重流出库较为顺利。本次异重流，小浪底站含沙量最大为 53.7 kg/m^3，三门峡水库出库沙量 2 296 万 t，小浪底水库异重流排沙 706 万 t，排沙比达 30.8%。2006 年异重流过程见图 1。

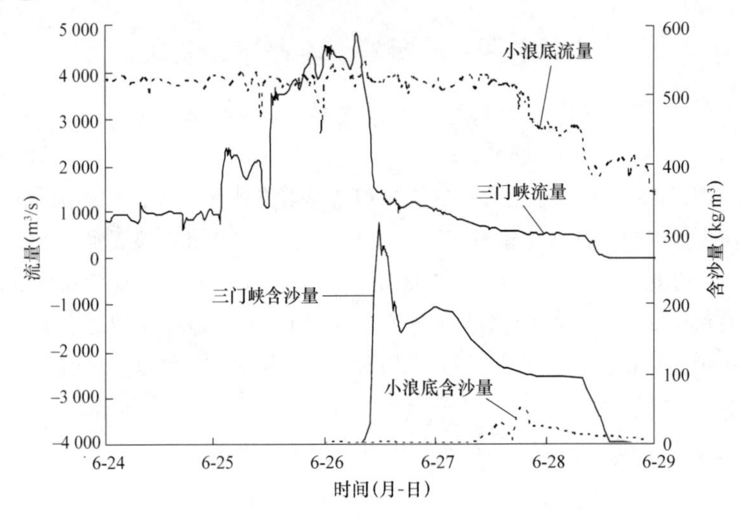

图 1　2006 年异重流过程

2　异重流主要特点

由于黄河调水调沙安排小浪底水库提前泄水，以及三门峡水库适宜的泄流调度，使本次在小浪底库区形成的异重流与过去的异重流相比有新的特点：靠三门峡单库有限的水量通过适宜的泄流调度，在小浪底库区成功形成异重流；由于小浪底水库提前泄水，库水位降低，加上排沙洞完全开启，使排沙比较高。研究中将本次异重流的主要参数与 2001～2005 年有较完整资料的异重流进行对比，见表 1、表 2，从中归纳出本次异重流具有以下 5 个特点。

(1)三门峡水库适宜的泄流调度有利于异重流的形成；

(2)在小浪底库区所统计的异重流中本次入库水量相对较小；

(3)异重流潜入点位置比较靠近坝前；

(4)异重流演进速度快；

(5)在小浪底库区人工塑造异重流中排沙比最高。

3　异重流特点形成分析

3.1　三门峡水库适宜的泄流调度有利于异重流的形成

在 2004 年和 2005 年两次调水调沙期人工塑造的异重流，均是通过万家寨、三门峡和小浪底三库联和调度，成功塑造了小浪底水库异重流并排沙出库。由于万家寨水库的退出，本次异重流仅由三门峡和小浪底两库联合调度。

表 1　2001～2006 年异重流潜入及演进参数统计

年份	次数	潜入发生时间(月-日)	形成原因	潜入点距坝里程(km)	潜入时坝前水深(m)	潜入点至坝前库底比降(%)	演进时间(h)	演进速度(m/s)	潜入点泥沙组成		
									<0.01 mm (%)	≥0.05 mm (%)	中值粒径(mm)
2001	1	08-20	洪水	52.29	56.1	0.46	29	0.50	缺测	缺测	缺测
2002	1	07-06	洪水	63.26	56.5	0.62	30	0.59	缺测	缺测	缺测
2003	1	08-01	洪水	60.96	45.1	0.53	29	0.57	缺测	缺测	缺测
	2	08-27	洪水	67.99	缺测	缺测	36	0.52	缺测	缺测	缺测
2004	1	07-05	人造	58.51	55.8	0.83	67.8	0.24	31.6	11.3	0.020
2005	1	06-27	人造	41.1	55.2	0.92	45.5	0.25	46.0	8.0	0.012
	2	缺测	缺测	缺测	缺测	缺测	缺测	缺测	缺测	缺测	缺测
2006	1	06-25	人造	43	52.1	1.00	15.5	0.77	39.6	6.7	0.015

表 2　2001～2006 年异重流水沙量参数统计

年份	次数	入库水沙量					出库水沙量			排沙比(%)
		径流		泥沙	小浪底站浑水过程(h)	80%水量对应的最短历时(h)	径流		泥沙	
		Q_m (m^3/s)	W (亿 m^3)	W_s (万 t)			Q_m (m^3/s)	W (亿 m^3)	W_s (万 t)	
2001	1	2 900	9.50	19 953	249	195	513	1.54	941	4.7
2002	1	3 780	7.70	17 818	172	75	3 250	14.6	1 771	9.9
2003	1	2 210	7.80	8 403	202	137	1 260	1.95	119	1.4
	2	3 260	42.8	35 715	462	缺测	1 930	16.2	7 709	21.6
2004	1	5 110	6.70	4 323	64	9.2	3 020	6.2	427	9.9
2005	1	4 420	3.90	4 448	53	无法计算	3 370	4.12	223	5.0
	2	2 980	4.04	7 037	124	缺测	2 530	7.73	3 142	44.6
2006	1	4 830	5.36	2 296	63	27	4 200	8.29	706	30.8

三门峡水库 6 月 25 日 12 时以前下泄流量一般在 900 m^3/s 左右，6 月 25 日 12 时后猛增到 3 500 m^3/s，并逐渐增大到 4 400 m^3/s。强大的泄流动力，又加上小浪底水库提前泄流，使库区水位较低。这种强大的泄流动力冲刷小浪底水库库尾泥沙形成高含沙量水流，于 26 日 9 时在小浪底库区 HH27 断面下游 200 m(距坝 44 km)发现有异重流潜入点。库区异重流形成之后，三门峡水库进一步加大泄量，并排沙运用，出库高含沙量水流使小浪底水库异重流进一步加强。说明对三门峡水库进行适宜的泄流调度是可以成功塑造异重流的。

3.2　在小浪底库区所统计异重流中本次入库水量相对较小

小浪底库区能否人工塑造异重流并运行到坝前排出，而且获得较高的排沙比需要多少水量的问题是相当复杂的，需要长久的研究与探索。根据可统计的历年异重流水沙参数测验资料统计(见表 2)，本次异重流入库水量为 5.36 亿 m^3，仅大于 2005 年两次异重流入库水量，是历次异重流入库水量比较小的一次。

3.3 异重流潜入点位置比较靠近坝前

从表 1 中看出，在测验资料可以统计比较的异重流中，本次异重流潜入点比较靠近坝前。由于靠近坝前，异重流运行距离短。其原因一是小浪底水库在这之前已经进行了 15 天的调水调沙下泄，库区水位已降落 25 m(潜入点出现时坝前水位已降至 229.75 m)，二是库区尾部的泥沙淤积，同水位下库区回水缩短，使得本次异重流潜入点靠近坝前，因而异重流运行距离短。

3.4 异重流演进速度快

3.4.1 本次异重流演进速度的影响因素分析

从表 1 中看出，2001 ~ 2006 年小浪底库区可统计计算的异重流中，本次异重流运行速度快，潜入点至坝前平均演进速度达到 0.77 m/s，其原因是多方面的：一方面，异重流潜入点靠下，减少了演进过程中的能量损失；另一方面，汛前库尾淤积大量泥沙，使得潜入点以下河道比降加大，达到了 1 ‰，是历年异重流潜入点以下最大的，这有利于异重流的演进。

3.4.2 异重流演进速度关系浅析

异重流潜入点到坝前的演进速度受诸多因素影响，如入库水量多、流量大对异重流有强大的推动力；异重流含沙量高有利于异重流的稳定；潜入时坝前水深大会增加异重流的演进阻力；库底比降大有利于异重流向前推进等。

入库水量(W)与入库平均流量($\overline{Q}$)的乘积作为自变量反映了异重流的推动条件。总水量大但流量小，对异重流的推动作用就小；反之，流量大但总水量小，持续时间就不长，对异重流的演进也不利。借用美国土壤流失通用方程中侵蚀指标($P \cdot I_{30}$——P 为次降雨总量、I_{30} 为次降雨中最大 30 min 雨强)的概念，用 $W\overline{Q}$ 作为异重流演进的推动力指标。为了消除长时间小流量的影响，W 和 $\overline{Q}$ 取 80%入库水量及其 80%水量最短时间内的平均流量。一般认为库底比降对异重流的演进应有正函数关系，但由于实际资料限制，暂无法对库底比降进行分析，以前三个自变量与流速建立经验关系为

$$v = 5.62 \cdot 10^{10} \cdot \left(W \cdot \overline{Q}\right)^{0.633} \cdot S^{0.658} \cdot H^{-6.77} \tag{1}$$

式中：v 为潜入点到坝前演进速度，m/s；W 为三门峡出库 80%的水量，亿 m^3；T 为三门峡放水 80%水量所对应的最短时间，h；H 为潜入点形成时坝前水深，m；$\overline{Q}=W/T$。

流速实测值与计算值比较见图 2，这一经验关系式中反映各因素对流速影响的逻辑关系是合理的，但因资料太少，关系式中的指数和系数可随着资料的积累而进一步优化。根据对演进速度的预测，可为排沙洞的开启调度服务。

3.5 在小浪底库区人工塑造异重流中排沙比较高

2001 ~ 2006 年，几乎每年都有异重流的泥沙排出水库，但各年排沙比差异较大。

2001 年 8 月 10 日，库区形成异重流，但小浪底水库处于蓄水阶段，排沙洞只有部分短时开启，因而排沙比较小，为 4.7%。

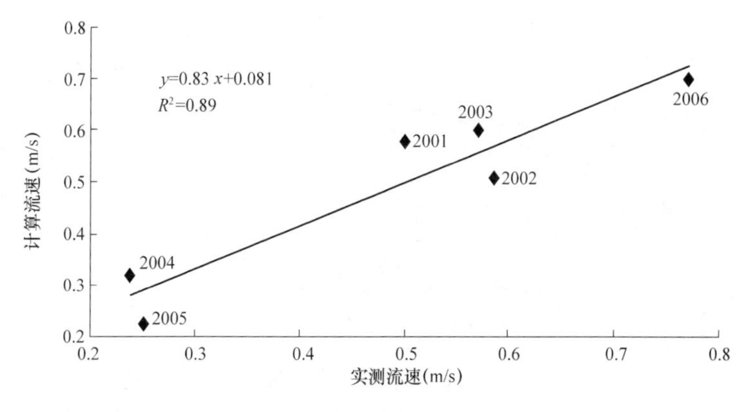

图 2　流速实测值与计算值比较

2002 年 7 月 6 日，库区形成异重流，但小浪底水库为了形成坝前铺垫防渗，排沙不多，排沙比为 9.9%。

2003 年 8 月 1 日，库区形成异重流，因不在调水调沙期，基本没有排沙；8 月 27 日形成异重流，9 月 6～18 日开展了第二次调水调沙试验，借此机会，小浪底水库部分排沙洞开放，排沙比较高，达 21.6%。

2004 年 7 月 7 日，库区出现异重流，虽出库前后三条排沙洞一直处于开启状态，但排沙比并不大，为 9.9%。这次异重流潜入点的细泥沙含量仅占 31.6%，是三次人工塑造异重流中细颗粒泥沙含量最低的一次(见表 1)，细泥沙含量偏低不利于异重流稳定；同时，水库水位高，潜入点离大坝距离远，受库区沿程河势变化及支流的影响，能量损失较大，演进速度慢，故排沙比较小。

2005 年可计算排沙比的异重流有两次，第一次为 6 月 27 日出现的异重流，排沙比只有 5.0%，这次异重流入库总水量较小，只有 3.9 亿 m^3，属异重流后续动力不够。第二次是 7 月 5 日因渭河来水、三门峡水库敞泄形成了异重流，本次异重流排沙比高达 44.6%，这次异重流排沙比高，与上次异重流部分浑水在本次出库有关，因而不具有代表性。

2006 年 6 月 25 日形成的异重流，因潜入点靠下，异重流在库区运行速度快，潜入点到坝前平均演进速度达 0.77 m/s。同时，坝前库底高程接近排沙洞洞底高程，再加之排沙洞提前开启和排沙洞开启时间较长等因素，使得本次排沙比是小浪底库区人工塑造异重流以来较高的一次。

韩其为的研究结果表明，排沙比与库底比降关系密切(见图 3)，根据 2006 年 6 月 25 日异重流潜入点至坝前的库底比降为 1‰，由排沙比和库底比降的相关关系估算出本次异重流排沙比应为 26%，而实际排沙比达到了 30.8%，高出了估算值。这与三门峡水库和小浪底水库的合理调度，以及小浪底水库排沙洞的适时开启是密切相关的。

4　结论与建议

4.1　结　论

4.1.1　人工塑造异重流主要与入库水沙过程密切相关

2004 年和 2005 年人工塑造异重流是因万家寨、三门峡和小浪底三库联调成功的。

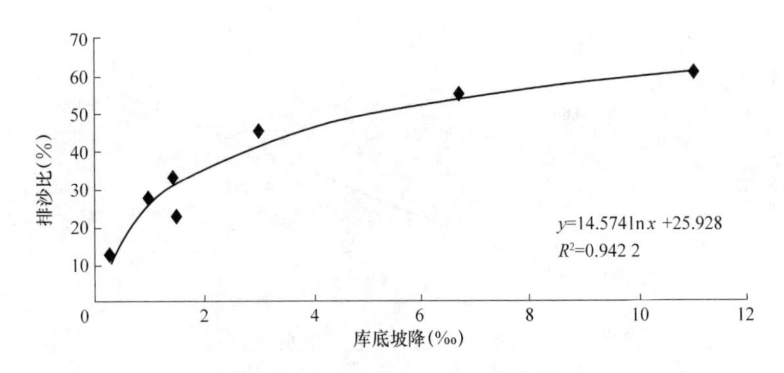

图 3　水库异重流排沙比与库底坡降关系图

(根据韩其为《水库淤积》P_{106}资料点绘)

实际上小浪底库区异重流能否形成，主要与入库水沙过程密切相关，只要三门峡水库有足够的水量，并以适宜的过程在合适的时机下泄就能形成异重流。总结 2005 年 6 月 27 日的异重流，虽然入库水量为 3.87 亿 m^3，比本次异重流入库水量少，但排沙比也很小(5.4%)，说明后续动力不够，我们也不希望大量在库区淤积异重流挟带的泥沙。今年的排沙比高达 30.8%，与后续动力有保证密切相关。因此，建议今后在小浪底库区开展人工塑造异重流应在入库总水量大于 5.5 亿 m^3 的情况下进行；当异重流形成后，三门峡水库出库流量应保持在 3 000 m^3/s 以上，小浪底水库下泄流量维持在 3 700 m^3/s 以上，以保证异重流有“前拉后推”的动力而快速通过库区；同时，三门峡水库下泄的泥沙是细泥沙，有利于异重流的形成和维持(如 2004 年异重流的第一阶段在 HH05 断面附近消失，与泥沙太粗有关)，根据今年小浪底库区异重流情况，要求三门峡水库下泄泥沙不小于 2 000 万 t。

4.1.2　库区水位偏低，有利于异重流的演进

从三次人工塑造异重流的演进来看，本次速度较快。除了后续入库动力的因素强外，库区水位低、潜入点靠下、距大坝近也是重要因素，当然潜入点以下河道比降大也是有利于异重流演进的。总结 2006 年的成功经验，人工塑造异重流期间，小浪底水库坝前水位应控制在 230 m 以下。

4.1.3　小浪底排沙洞的适时开启有利于异重流排沙出库

从本次异重流来看，6 月 25 日 9 时在 HH27 下游 200 m 潜入后，6 月 26 日 0 时 30 分开始出库，6 月 25 日三条排沙洞已基本开启，使异重流排沙顺畅，对提高排沙比是有促进作用的。鉴于 2006 年的情况，在可能预估演进情况时，排沙洞至少应提前一天全部打开，这对异重流的演进和提高排沙比都是有益的。

当然，异重流的形成、演进与排沙受诸多因素相互影响，本次的分析成果还是在一种比较孤立的、片面的、静止的和有限的条件下得出的，随着资料的积累和分析的深入，其指标将更丰富、更准确。

4.2　建　议

(1)小浪底库区异重流的观测，对了解异重流的演进过程是基本满足的，但作为科学研究，还应加强异重流测验工作。小浪底库区异重流是高含沙河流上异重流观测、研究

的“天然”实验室，又由于小浪底水库以上有三门峡水库和万家寨水库，人工塑造异重流的机会较多，为此建议设立小浪底库区异重流观测与研究项目组，对高含沙河流异重流的形成、演进和排沙比等有关科学问题进行更深入的研究，为认识高含沙河流异重流的产生、演进等规律做出黄河人应有的贡献。

(2)应对异重流测验投入必要的设施设备，并积极研发能够满足水库异重流测验要求的新仪器和计算机软件，为缩短测验历时、提高测验精度、降低劳动强度服务，确保小浪底水库异重流的测验更上一个台阶。

参考文献

[1] 水利部黄河水利委员会. 黄河首次调水调沙试验. 郑州: 黄河水利出版社, 2003

[2] 美国土壤保持协会. 土壤侵蚀预报与控制. 窦葆璋译. 北京: 科学出版社，1975

[3] 金争平，等. 黄河皇甫川流域土壤侵蚀系统模型和治理模式. 北京：海洋出版社，1992

[4] 韩其为. 水库泥沙. 北京：科学出版社，2003

小浪底库区异重流潜入点判别条件的讨论

徐建华　李晓宇　李树森

(黄河水利委员会水文局　郑州　450004)

摘要　回顾范家骅模拟异重流潜入试验的机理、结论和意义；针对生产单位处处以范家骅试验所得的弗劳德数为指标来判别小浪底库区异重流潜入条件的问题，进行理论分析和实测数据验证，提出小浪底库区异重流不能适用该弗劳德数指标。

关键词　异重流　潜入条件　弗劳德数　小浪底　水槽试验

泥沙淤积是影响水库寿命的重大难题，在黄河这样的高含沙河流显得更为突出。探索异重流在水库中的演进，掌握异重流排沙规律，是减少水库淤积、延长水库寿命的一条重要途径。小浪底水库位于黄河中游最后一个峡谷出口处，是承上启下控制黄河下游水沙的关键性工程，在2002～2006年调水调沙实践中，一直将人工塑造异重流为小浪底水库减淤作为一项重要的内容。小浪底异重流一般通过三门峡水库下泄高含沙水流，或下泄大流量清水冲刷小浪底库尾淤积泥沙两种方法塑造，而讨论异重流的潜入条件，是成功塑造人工异重流所不可或缺的，不仅具有理论价值，也具有生产意义。

1　异重流潜入条件及判定指标

当挟沙水流进入水库壅水段之后，由于沿程水深不断增加，其流速及含沙量分布从明流状态逐渐发生变化，水流最大流速由接近水面向库底转移，当水流流速减小到一定值时，浑水开始下潜并且沿库底向前运行而形成异重流。异重流形成的标志是异重流潜入的现象，在异重流的潜入点附近有大量柴草、树枝等漂浮物，可明显看到潜入点附近水面形成一个巨大的漩涡，夹杂着枯枝、树根不停地翻腾，清浑水波浪翻花，分界明显。潜入点的出现标志着异重流的形成。

弗劳德数表现了水流的惯性力和重力的对比关系，众多学者通过对潜入点处的弗劳德数进行讨论来判别异重流的形成。其中，最为著名的是1957年范家骅等的水槽试验，该试验对异重流潜入条件的描述如下：从明流过渡到异重流，其交界面是不连续的。从异重流潜入点附近清浑水交界面曲线可以发现，交界面处有一拐点(见图1)，拐点的位置则在潜入点的下游。在异重流突变处，交界面$\frac{\mathrm{d}h}{\mathrm{d}x}$变大，可以认为在$\frac{\mathrm{d}h}{\mathrm{d}x}\to-\infty$处，相当于明流中缓流转入急流的临界状态。引入潜入点的修正弗劳德数(Fr)，它代表惯性力与重力比值，当$Fr>1$时为急流，当$Fr<1$时为缓流。若拐点处水深、流速分别为h_k和v_k，该断面$Fr^2=\frac{v_k^2}{\frac{\Delta\gamma}{\gamma_m}gh_k}=1$，而潜入点的水深$h_0>h_k$，因此$Fr^2=\frac{v_0^2}{\frac{\Delta\gamma}{\gamma_m}gh_0}<1$。范家骅水槽试

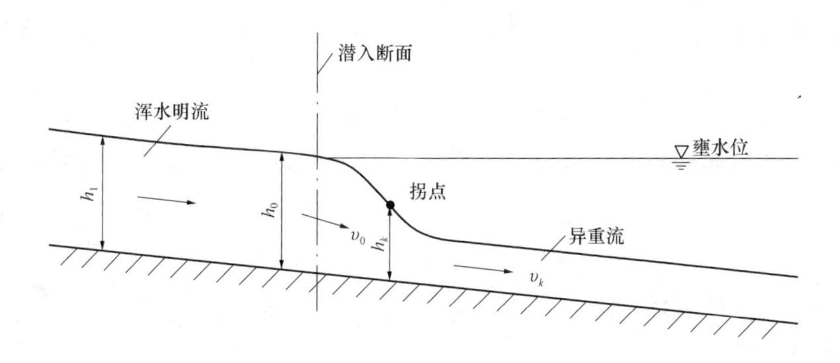

图 1 异重流潜入示意图

验得到异重流潜入条件关系式为

$$Fr^2 = \frac{v_0^2}{\frac{\Delta\gamma}{\gamma_m} g h_0} = 0.6 \text{ 或 } Fr = \frac{v_0}{\sqrt{\frac{\Delta\gamma}{\gamma_m} g h_0}} = 0.78 \tag{1}$$

式中：h_0 为异重流潜入点处水深；v_0 为潜入点处平均流速；γ、γ_m 分别为清水容重、浑水容重，γ_m=1 100+0.622·C_s，C_s 为水的含沙量(kg/m^3)；$\Delta\gamma$ 为浑水容重与清水容重差，$\Delta\gamma = \gamma_m - \gamma$；$g$ 为重力加速度。

从式(1)中可以看出，异重流潜入位置主要与该处水深、流速和含沙量因素有关。

后来，有许多学者的研究也基本上采用了范家骅试验对于潜入条件的表述，同时，官厅水库、刘家峡水库的洮河支流和三门峡水库等的相关文献均表明潜入点的 $Fr^2 = 0.6$。

异重流潜入条件是由物理模型试验得到的重要参数，具有重要的理论意义和实践价值：

(1)它在对于异重流潜入的机理研究具有开拓性的意义，为后人提供了可以借鉴的研究方向和思路；同时，在进行模型试验时，可以潜入点处 Fr 数作为指标来配置试验的水沙条件。

(2)作为异重流潜入的判定条件，它可以适用于低含沙量水流形成的水库异重流，根据一些实测资料的验证，说明它在一定范围内具有代表性。

(3)在异重流观测工作中，可应用潜入条件关系式初步估算潜入点可能出现的地点，便于提前布置观测工作。

2 潜入条件判别式在小浪底水库的适用性讨论

在以往的小浪底库区异重流研究中，通常应用公式(1)对异重流潜入条件进行判别，在一些成果和应用中，也往往人为地将 Fr^2 的计算结果向 0.6 靠近。然而，能否将其直接套用于小浪底水库的异重流，本研究将结合理论分析和实测资料两方面对此进行讨论。

小浪底库区的异重流属于高含沙异重流，其流体特征属于非牛顿流体，而通常采用宾汉流体模型进行描述，这与范家骅试验的一般挟沙水流所适用的基础是不同的。1984

年曹如轩经过水槽试验发现，高含沙异重流潜入断面的阻力系数λ_p与有效雷诺数 Re_p有如下关系：

(1)对于低含沙水流，流态属于紊流阻力平方区，λ_p与 Re_p无关，$\lambda_p \approx 0.2$。

(2)对于高含沙非均质流或流量大的均质流，其流态处于紊流过渡区，λ_p与 Re_p有经验关系：$\lambda_p = \dfrac{3}{Re_p^{0.31}}$。

(3)对于高含沙均质流，流态处于层流区，λ_p与 Re_p有经验关系：$\lambda_p = \dfrac{K_p}{Re_p}$，其中 K_p平均值为 150。

试验得出结论，弗劳德数随含沙量的增大而变小。在低含沙量水流(<40 kg/m^3)情况下，流态一般处于紊流阻力平方区，此时与范家骅试验所描述情况相接近，异重流潜入点附近 Fr^2接近 0.6；随着含沙量的增大，流体的黏性随之增大，流态发生改变，Fr^2较 0.6 明显减小。同时，试验得出了新的经验关系，当含沙量在 10 ~ 30 kg/m^{3}时，$Fr^2 = 0.56 \sim 0.3$；当含沙量在 100 ~ 360 kg/m^{3}时，$Fr^2=0.16 \sim 0.04$。在 1992 年出版的《泥沙手册》中采纳了曹如轩的研究结果。

在小浪底水库 2001 ~ 2006 年所观测到的异重流中，含沙量 C_s基本都大于 40 kg/m^3，见表 1，与范家骅试验所描述的流态不同；同时，采用表 1 中的实测资料对潜入点处的 Fr 数进行了验证，Fr^2 的分布也较为分散，说明小浪底库区的异重流不能简单地套用公式(1)的判别方法。

还须看到，公式(1)中的 v_0、h_0、γ_m均是指潜入点附近上游浑水明流的流速、水深和含沙量等，由于潜入点附近水流紊乱，漂浮物多，测验船只很难靠近，一般在潜入点下游水流比较平稳的地方进行测验；另外，我们认为潜入“点”是一种物理理想状况，实际的潜入是发生在一个河段内，其位置在不断摆动，且水流紊乱，无法确定其特征代表点。因此，用潜入点下游测得的有关数据代入公式(1)本身就是一种近似借用，又由于测得的流速偏小，计算的弗劳德数也会变小，见表 1。不管用浑水深或总水深对应的数据计算，均反映出 Fr^2 较小，将表中的弗劳德数与潜入点附近异重流含沙量点绘相关图，由于测点位置不稳定，关系比较离散(见图 2)，但也表明弗劳德数随含沙量增大而减小，与曹如轩试验的结论基本一致。

3 结 论

由于小浪底水库泥沙的特殊性，形成的异重流属高含沙异重流，与范家骅水槽试验中所描述的异重流在流态上不同；又由于测验条件的限制，近几年对于库区异重流潜入点的有关测验被迫在其下游附近进行，故用潜入点下游附近的实测数据来计算弗劳德数与公式(1)的基础是不一致的；此外，潜入点的位置摆动、水流紊乱，无法确定特征值代表点。因此，判别公式尚不能直接套用于小浪底库区的异重流，故在进行潜入条件分析时，Fr^2 的计算结果不必硬向 0.6 靠近。范家骅试验的意义在于提供了一条值得借鉴的模拟水库异重流的方法，而并非一个可以处处套用的指标。

表 1　2001～2006 年异重流潜入点附近弗劳德数计算

测验日期(年-月-日)	浑水厚度 h_0 (m)	总水深 h_0 (m)	v (m/s)	C_s (kg/m³)	$\frac{\Delta\gamma}{\gamma'}$	按浑水厚度计算		按总水深计算	
						$\sqrt{\frac{\Delta\gamma}{\gamma'}gh_0}$ (m/s)	Fr^2	$\sqrt{\frac{\Delta\gamma}{\gamma'}gh_0}$ (m/s)	Fr^2
2001-08-24	3.2	3.8	0.98	141.0	0.082	1.60	0.38	1.74	0.32
2001-09-03	2.7	6.2	0.27	57.4	0.035	0.96	0.08	1.46	0.03
2002-07-15	4.0	6.2	0.19	4.0	0.003	0.31	0.37	0.39	0.24
2003-08-02	5.0	7.0	0.92	169.0	0.096	2.17	0.18	2.57	0.13
2003-08-02	4.2	6.5	1.06	83.1	0.050	1.43	0.55	1.78	0.35
2003-08-04	4.7	6.9	0.92	53.4	0.033	1.23	0.56	1.48	0.38
2003-08-27	4.8	7.9	0.65	46.6	0.029	1.16	0.31	1.49	0.19
2004-07-06	6.1	7.6	1.35	75.0	0.045	1.64	0.68	1.83	0.54
2004-07-06	3.4	5.7	1.07	94.0	0.056	1.37	0.61	1.77	0.37
2004-07-08	6.3	11.8	1.26	62.3	0.038	1.53	0.68	2.09	0.36
2004-07-08	8.0	12.8	0.95	135.0	0.078	2.48	0.15	3.14	0.09
2004-07-09	5.1	9.4	0.95	57.8	0.035	1.33	0.51	1.80	0.28
2004-07-10	4.0	6.0	0.59	49.3	0.030	1.09	0.29	1.33	0.20
2005-06-29	2.9	3.6	0.70	46.7	0.029	0.90	0.60	1.00	0.49
2005-06-29	5.0	5.1	0.57	51.9	0.032	1.24	0.21	1.26	0.21
2006-06-25	5.6	10.3	0.66	27.6	0.017	0.97	0.46	1.31	0.25
2006-06-25	6.6	8.8	1.00	34.0	0.021	1.17	0.74	1.35	0.55
2006-06-28	4.0	6.0	0.40	34.8	0.022	0.91	0.19	1.12	0.13

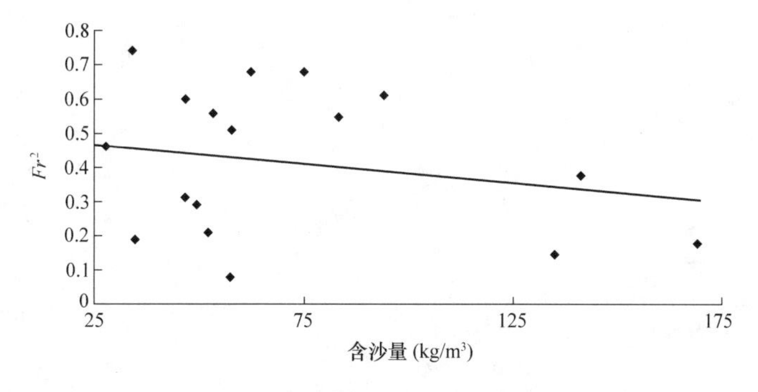

图 2　小浪底库区异重流潜入点附近弗劳德数与含沙量关系

现阶段，受客观条件的限制使潜入点处的测验资料缺乏，尚无法推求潜入条件的实际指标，在生产实践过程中仍只能通过观察到潜入的现象来确认异重流的产生。相信随着异重流测验技术的发展和理论分析的深入，对小浪底异重流潜入条件的分析将更为清楚，更为科学。

参考文献

[1] 范家骅. 异重流的研究与应用. 北京：水利电力出版社, 1959
[2] 钱宁，万兆惠. 泥沙运动力学. 北京：科学出版社, 1983
[3] 韩其为. 水库泥沙. 北京：科学出版社, 2003
[4] 蒲乃达，苏风玉，涨瑞佟. 刘家峡、盐锅峡水库泥沙的几个问题. 见：河流泥沙国际学术讨论会论文集. 北京：光华出版社, 1980
[5] 焦恩泽. 黄河水库泥沙. 郑州：黄河水利出版社，2004
[6] 水利部黄河水利委员会. 黄河首次调水调沙试验. 郑州： 黄河水利出版社, 2003
[7] 曹如轩，任晓枫，卢文新. 泥沙研究. 北京：水利电力出版社，1984
[8] 中国水利学会泥沙专业委员会. 泥沙手册. 北京：中国环境科学出版社, 1992

黄河小浪底水库异重流测验简述

董明军　赵书华　吴幸华　李树森

(河南水文水资源局　郑州　450004)

摘要　异重流排沙是水库排沙减淤的重要技术措施，从 2001 年开始小浪底水库异重流测验已进行 6 年。从断面布设、测验组织、测验方法等方面介绍了小浪底水库异重流测验情况。

关键词　小浪底水库　异重流　测验

利用异重流排沙是减少水库淤积、延长水库寿命的一条重要途径，研究小浪底水库异重流的发生条件、发展过程、运行速度、挟沙能力、对支流河口淤积的影响以及到达坝前的时机，为小浪底水库在异重流期间排沙和开展最大排沙量及最优排沙时段的预报服务，是开展水库异重流测验的主要目的。

2001～2006 年，河南水文水资源局连续进行了 13 次异重流测验，在异重流的测验、资料整编等方面积累了较为丰富的经验，初步掌握了小浪底水库异重流的基本规律，为小浪底水库利用异重流进行运用提供了优质的服务。本文从断面布设、测验组织、测验方法等方面介绍了小浪底水库异重流测验情况。

1　异重流测验断面布设情况

1.1　库区水文、水位站网布设

水文、水位站网布设情况见表 1。

表 1　小浪底库区水文、水位站网一览

序号	站名	设立时间(年·月)	距坝里程(km)	设站目的	主要测验项目	说明
1	河堤水文实验站	1997.7	64.82	观测库尾水沙变化过程	水位、流量、含沙量、输沙率、颗分等	
2	桐树岭水文实验站	1997.7	1.32	观测坝前水沙变化过程	水位、流量、含沙量、输沙率、颗分等	
3	尖坪水位站	1998.7	111.02	观测库水位变化过程	水位	
4	白浪水位站	1998.7	93.20	观测库水位变化过程	水位	
5	五福涧水位站	1998.7	77.28	观测库水位变化过程	水位	
6	麻峪水位站	1998.7	43.75	观测库水位变化过程	水位	2005 年撤销
7	陈家岭水位站	1998.7	22.10	观测库水位变化过程	水位	
8	西庄水位站	1998.7	16.69	观测库水位变化过程	水位	

小浪底水库库区设有河堤、桐树岭两个水文实验站及尖坪、白浪、五福涧、麻峪、陈家岭、西庄等6个水位站，其中河堤、桐树岭水文实验站为库区水沙因子站。

1.2 异重流测验断面布设

异重流测验断面的布设的原则是能够掌握异重流各水文要素在库区内不同断面上(包括支流河口)横向、垂向分布规律及沿程、逐时变化过程，为异重流规律的分析研究提供符合精度要求、详尽的实测资料。异重流测验断面一般设在潜入点附近、坝前以及两者之前地形有显著变化的河段。

异重流测验断面分为固定断面和辅助断面，固定断面采用横断面法与主流线法相结合的方法，辅助断面采用主流线法。

历年异重流测验断面布设情况、距坝里程见表2、表3。

表2 历年异重流测验断面布设情况

年份	固定断面	辅助断面	说明
2001	HH09、HH17、HH21、HH29	潜入点以下奇数断面	当回水末端低于河堤因子断面时，则河堤断面改为河道断面测验
2002	桐树岭、HH09、HH21、河堤	HH05、HH17、HH29、潜入点	
2003	桐树岭、HH09、HH34、河堤	坝前断面、HH05、HH13、HH17、HH29、沇西河口	
2004	桐树岭、HH09、HH13、HH29、河堤	坝前、HH05、HH17、沇西河口、潜入点	
2005	桐树岭、HH09、潜入点下游、河堤	坝前、HH05、HH17、沇西河口、潜入点	
2006	桐树岭、HH09、潜入点下游	HH05、HH13、HH17、潜入点	

表3 历年异重流测验断面距坝里程

断面名称	距坝里程(km)	断面名称	距坝里程(km)	断面名称	距坝里程(km)
410	0.41	HH21	33.48	HH32	53.44
HH01	1.32	HH23	37.55	HH33	55.05
HH03	3.34	HH25	41.10	HH34	57.00
HH05	6.54	HH27	44.53	HH37	63.82
HH09	11.42	HH28	46.20	沇西河口	55.74
HH13	20.35	HH29	48.00		
HH17	27.19	HH31	51.78		

2 异重流测验情况

2.1 测验目的

小浪底水库异重流测验包括以下三方面的目的：

(1)研究异重流的形成条件。测定在特定来水、来沙条件下，异重流潜入的时间、地点及其附近流速和含沙量的垂向、横向分布以及泥沙组成。

(2)研究异重流持续运动的条件。测定异重流各要素的沿程变化及其过程，探讨异重流持续运动的规律和进库水文、泥沙要素、边界条件，掌握异重流从潜入到运行至坝前的时间，为水库调度提供决策依据。

(3)研究异重流的排沙效率。掌握入库水、沙过程以及异重流排沙时出库水、沙变化过程，探讨异重流的排沙效率。

2.2 异重流测验项目

主要测验项目：异重流的厚度、流速、含沙量、泥沙颗粒级配、水位、水深、水温等。

辅助测验项目：异重流的流向、水面现象、天气情况等。

2.3 异重流测次控制

异重流测验次数以能控制异重流的潜入、稳定和消失三个阶段测验断面水、沙变化过程为原则，每个阶段不少于1次，如异重流持续时间较长，还应增加测次。测验方法是采用断面法与主流线法相结合，在异重流的发生和增强阶段，固定断面完成每天一次的横断面法测验，同时各断面完成不少于一天3次的主流线法测验；在异重流的维持阶段，固定断面完成每天一次的横断面断面法测验，同时各断面完成不少于一天2次的主流线法测验；在异重流的消失阶段，辅助断面停止测验，固定断面只进行主流线法测验。

2.4 测验组织情况

小浪底水库异重流测验分以下三个阶段：

(1)前期准备。拟定测验方案，对异重流测验使用的设施、设备进行维修、改造或更新，设置各测验断面标、牌，准备各种图、表。

(2)测验实施。根据任务书及测验方案进行异重流测验。

(3)资料整编。对异重流测验资料进行校核、输入、计算及图表绘制，分析异重流潜入、稳定、消失阶段各断面异重流水沙变化过程以及异重流排沙效率计算。

2.5 测验方法

小浪底水库异重流采用横断面法、主流线法进行测验：

(1)横断面法。在测验断面上布设 5～7 条垂线施测异重流，测验内容为该断面上异重流流速、含沙量、厚度等水文要素的纵向和横向分布，以掌握其在断面上随时间、沿程的变化。

(2)主流线法。在测验断面主槽位置布设1条或3条测验垂线进行异重流测验，目的是掌握异重流流速、含沙量厚度等各水文要素在库区内沿程纵向及随时间变化过程。

2.6 异重流测验仪器

(1)断面和测验垂线定位。采用 Thales6502 型 GPS 或莱卡 TC1800 型全站仪设置断面标志牌，左右岸各设有2个标志牌，并测得各标志牌的起点距。测验时用 Thales6502 型 GPS 断面定位或者采用 Ls206 型激光测距仪观测标志牌定位。

(2)测深。采用安装有水面河底信号装置的铅鱼测深，或者采用 Bathy-DF500 双频回声测深仪和 320B/P 双频回声测深仪施测水深。

(3)流速。采用铅鱼悬挂流速仪，流速大时采用 Ls25-3 型高速流速仪，流速小时采用 Ls78 型低速流速仪。

(4)泥沙取样、处理及级配分析。取样采用铅鱼悬挂2仓手拉式采样器，后又采用河南水文水资源局新研制成功的四仓遥控采样器，大大提高了测验效率。采用置换法进行泥沙处理。泥沙颗粒级配采用马尔文激光粒度分析仪。

(5)清浑水界面探测。采用用铅鱼悬挂河南水文水资源局所研制的 SQH-2 型清浑水界面探测器，当含沙量达到 1 kg/m^{3}时，界面探测器报警。

2.7 异重流测验程序

根据入库水沙过程和拟定好的测验方案，及时把测船布置到测验断面，按以下程序进行每条垂线的观测：

(1)潜入点的观测。回水末端测验人员应严密监测潜入情况，应及时发现漂浮物等异重流潜入情况、及时进行测验。

(2)测船定位。当测船锚定在测验断面上后，即可测起点距。采用 Ls206 型激光测距仪测得起点距与标志牌间距离；或者采用 Thales6502 型 GPS 直读起点距。

(3)界面测定、水深测量。采用铅鱼或双频回声测深仪测深，测 3 次取平均值作为垂线水深。在测深的过程中采用清浑水界面探测器确定清浑水交界面。

(4)流速、含沙量测点的确定。根据异重流底部流速为零处水深和清浑水交界面确定垂线异重流厚度，垂线上的测点分布要求能够反映出异重流层内的流速和含沙量梯度变化。界面以上的清水部分按 0.2、0.8 两点施测流速，自界面向下一般布设 5 ~ 7 个测点进行流速和含沙量的测定。

(5)流速测量、泥沙取样。确定垂线测点分布后即可进行测速、取样及水温和其他观测项目的测验。

3 异重流资料校核、整编

异重流测验内业人员每天要对收集的外业测验资料进行校核，确保在 24 h 内完成 3 遍校核，并录入数据，同时对资料合理性进行分析并及时反馈给外业测验人员。异重流结束后，按异重流测验任务书进行资料整编，成果提交形式如表 4 所示。

表 4 异重流测验提交成果

序号	成 果 名 称
1	黄河小浪底水库异重流测验成果表
2	流速、含沙量、泥沙粒径等值线图
3	各断面异重流主流线变化过程图
4	每日异重流沿程变化过程图
5	异重流固定断面分布图
6	水位、水温、流量、输沙率测验等原始记载簿
7	异重流期间进出库水文要素摘录表
8	异重流期间库区水位站水位摘录表
9	小浪底水库逐日平均水位表
10	各固定断面流量估算统计表
11	异重流测验分析报告

4 存在的主要问题

(1)研制开发新仪器和计算软件。应对异重流测验投入必要的设施设备，并积极研发能够满足水库异重流测验要求的新仪器和计算机软件，为缩短测验历时、提高测验精度、降低劳动强度服务，确保小浪底水库异重流的测验更上一个台阶。

(2)异重流边界确定困难。横断面测验最主要的目的是能够获得流速、含沙量、泥沙粒径沿断面方向的分布情况，达到能够计算出该断面上的异重流流量、输沙率的目的。但由于仪器、设备因素影响，异重流横向分布边界点的确定非常困难，从而确定异重流各水文要素在横向上的分布规律、定量分析异重流流量及输沙量在一个断面上的变化过程及异重流沿程输沙量的增减情况是非常困难的。

(3)异重流夜间测验困难。由于无照明设备，夜间不能施测异重流，当异重流发生在夜间时无法准确掌握异重流到达各个断面的时间,对于研究异重流的运行规律极为不利。

(4)需增设水位站。2005 年麻峪水位站因故被撤销，导致在陈家岭站至河堤站长达 40 km 的河段内没有水位观测资料，根据现有人工塑造异重流调度方案，河堤及其以下超过 10 km 将为自然河道,但是异重流潜入点往往位于此区间,在潜入点下游直至 HH17 断面缩窄河段是研究异重流形成、演进的关键河段，由于缺乏水位观测，该区段水位插补存在困难，不利于异重流规律的分析研究。

(5)更新测验设施设备。由于数年未对异重流测验投入足够资金，不能及时对异重流测验设施、设备进行维修、更新，在 2006 年异重流测验过程中，虽然在测验现场常驻两名机电维修人员，但是仍然无法应付频繁出现的各种故障，影响异重流测验时机及资料的获取。

参考文献

[1] 水利部. 水库水文泥沙观测试行办法. 北京：水利水电出版社，1990

小浪底水库异重流测验站网分析评价

吉俊峰　胡跃斌　赵新生

(黄河水利委员会水文局　郑州　450004)

摘要　介绍了小浪底水库异重流测验站网的布设情况，并对目前的站网布设进行了分析评价，认为：①合理的异重流测验站网可以更好地服务于小浪底水库调度；②现有站网及测验项目基本满足异重流分析的要求；③随着水库运用方式和边界条件等的改变，现有站网布局以及监测站点测验项目需要进行必要的调整；④异重流测验中相关问题的解决可以有效提高异重流测验质量。最后，提出了小浪底水库异重流测验站网的调整方案与优化建议。

关键词　小浪底水库　异重流　站网　黄河

水文站网的调整，是水文站网管理工作的主要内容之一。在使用水文资料解决生产、科研问题的实践中，随着经济水平、科学技术、测验手段日益提高和对水文规律的认识不断加深，需要定期或适时分析检验站网存在的问题，进行站网调整。小浪底水库异重流测验成果是水库水沙调度的重要依据，完整的异重流测验站网是保证测验成果质量的基础。小浪底水库自 2001 年开展异重流测验以来，已经连续 6 年测验了 10 余次异重流过程，取得了大量的成果和丰富的经验，同时也发现了站网建设的不尽完善，需要进行必要的调整，以利于水库的科学调度运行。

1　小浪底水库异重流测验站网布设情况

小浪底水库异重流测验站网基于水库水文泥沙监测站网，主要由进出库水沙控制站、库区水位站、水沙因子站、库区淤积断面、异重流监测断面等组成。

1.1　库区基本水文站

小浪底库区基本水文站网分布情况是：黄河干流三门峡水文站为水库的进库水沙控制站，小浪底水文站为水库的出库水沙控制站，库区支流有皋落、桥头、石寺水文站。库区支流上的 3 处水文站属于区域代表水文站，控制了库区最大的 3 条支流。小浪底库区水文、水位站基本信息见表 1。

1.2　库区水位站

全库区布设水位站 8 处，其中黄河干流 7 处，支流 1 处，共同构成库区水位控制网。库区水位站按其功能可分为：坝前水位站、常年回水区水位站和变动回水区水位站等 3 种类型。水位站基本信息见表 1。

1.3　水沙因子站

为了解水库蓄水后水文泥沙要素的分布和变化情况，布设两处水沙因子观测站，一处为桐树岭水沙因子站，距坝 1.51 km；另一处为河堤水沙因子站，在距坝 63.82 km 处的河堤村，距黄淤 38 断面下游 1 010 m。

表 1　小浪底库区水文、水位站一览表

河名	站名	站别	距坝里程(km)	设立日期(年-月)	河名	站名	站别	距坝里程(km)	设立日期(年-月)
黄河	三门峡(七)	水文	123.41	1974-01	黄河	坝前	水文	1.51	1997-07
黄河	尖坪	水位	111.02	1998-07	黄河	小浪底(二)	水文	坝下 3.90	1991-09
黄河	白浪	水位	93.20	1998-07	亳清河	皋落	水文	89.6	1996-06
黄河	五福涧	水位	77.28	1998-07	西阳河	桥头	水文	52.5	1996-06
黄河	河堤	水文	64.83	1997-07	畛水	石寺	水文	38.1	1996-06
黄河	麻峪	水位	44.10	1997-07	畛水	西庄	水位	21.45	1998-07
黄河	陈家岭	水位	22.43	1997-07					

水沙因子站的测验项目主要有水位、流速、水深、含沙量、泥沙颗粒级配、异重流层有关因子(厚度、宽度、流速、含沙量、泥沙粒度等)。当河堤站断面为自然河道时增加流量和输沙率测验。

1.4　库区淤积断面

小浪底库区布设 174 个淤积测验断面，其中干流设 56 个，平均间距为 2.20 km。以距坝 69.39 km 为界，上库段 54.02 km 布设 16 个断面，平均间距为 3.38 km；下库段 69.39 km 设 40 个断面，平均间距为 1.73 km。两岸一二级支流 40 条，测验河段长 180.94 km，共布设断面 118 个，平均断面间距 1.53 km。其中，左岸 21 条支流布设断面 65 个；右岸 11 条支流(畛水除外)布设断面 28 个；畛水河干支流 8 条布设断面 25 个，控制河长 43.59 km，平均间距为 1.74 km。

1.5　异重流测验断面

异重流测验断面系借用部分淤积测验断面，包括横断面法测验断面和主流线法测验断面。根据当年异重流特点和测验设施配备情况，异重流测验断面数一般为 8 ~ 20 个。

2　现有站网分析评价

异重流是多沙河流水库泥沙输移的主要形式，对异重流的监测可以为水库的科学调度提供依据，使水库充分利用异重流产生理想的淤积形态，同时形成和谐的出库水沙关系，尽可能多地排沙出库并输沙入海。同时还可以为探讨水库水文泥沙运动规律、验证工程设计、确保工程安全运行、水库建成后调水调沙运用及水库运行规律科学研究提供基本资料和科学依据。

2.1　库区基本水文站

三门峡水文站和小浪底水文站断面稳定，控制良好，水位流量关系线和单沙断沙关系线多为单一线。

作为区域代表水文站，八里胡同(东洋河)、仓头(畛水)和垣曲(亳清河)水文站自 20 世纪 50 ~ 60 年代即开始水文观测，在小浪底水库蓄水运用后，3 站向上迁移并分别更名为桥头、石寺水文站和皋落水文站，资料年限长，系列性好。

2.2 库区水位站

干流的五福涧、河堤、麻峪、陈家岭、桐树岭(坝前)水位站控制库段约 80 km，五福涧、河堤、麻峪 3 处水位站主要控制水库的变动库尾水位，桐树岭(坝前)水位站则控制坝前水位，陈家岭水位站位于水库中段。西庄水位站位于库区下段最大支流畛水河上，主要控制或代表了库区众多支流沟汊的水位。

由于小浪底水库既是多年调节水库，又是一个河道型水库，干流水位对水库库容变化(本底一致的情况下)响应比较灵敏。从蓄水运行的几年实践分析，其干流水位站可以控制水库水位的变化过程，尤其是控制变动回水末端的水位站，考虑河道比降后的布设密度满足精度要求。

小浪底水库库区支流沟汊众多，支流库容占总库容的 42.2%。目前，在流域面积大于 400 km^2 的 4 条支流上，仅在畛水河布设一西庄水位站。根据小浪底水库的运用原则，运用库水位将分阶段逐步抬高，意味着支流回水段将逐渐加长。由于支流库水位对库容变化的响应一般是滞后的，位于水库中段左岸的东洋河(西阳河)、位于水库中上段左岸的亳清河等较大支流都需要在其变动回水范围内布设水位站，以控制库区支流水位变化。

2.3 水沙因子站

桐树岭水沙因子站主要控制水库坝前水沙因子变化情况，位置适中，观测项目满足水库调度运行要求。

河堤水沙因子站主要控制水库变动回水末端水沙因子变化情况。由于小浪底水库特殊的地形特性和复杂的水沙条件，处于回水末端的库尾段经常大冲大淤、左右摆动，因岸边严重淤塞而致水位观测时间延误、因测船搁浅或抵抗不了急流而错失测验时机等情况时有发生。

事实上，目前小浪底水库汛限水位 225 m，回水末端在黄淤 28 断面上下，河堤断面汛期基本上属于河道站，失去了水库水沙因子站的作用。

2.4 淤积测验断面

水库淤积测验方法主要有地形法和断面法。地形法测量虽然精度较高，但历时长、成本高，出成果慢。断面法简捷方便，能较快完成任务，但断面法存在断面代表性问题，即新布设的淤积监测断面应有一定的数量，且地形具有较好的代表性。小浪底水库地形特殊，支流库容占 42.2%，要达到规范要求精度，需要布设大量的干支流淤积测量断面。

小浪底水库淤积测量在断面的选择设立时就考虑了河道的展宽、缩窄、弯道、顺直以及较大支流汇入等特征河段和特殊地形的控制，库区淤积测验一般在每年的汛前汛后各一次。从已经开展的测量成果分析，库区淤积断面能够满足了解水库淤积情势等要求。然而，断面布设及原始库容测量至今已历经 9 年，水库已经淤积了 20 亿 m^3 左右的泥沙，现有断面的代表性发生了变化。根据水库河道测量的有关技术要求，需要对水库目前的本底库容开展地形法库容测量，优化断面布设的数量和位置，提高断面法的测验精度，满足库容变化时水库淤积测量的要求。

2.5 异重流监测断面

异重流测验布设的断面借用了包括从潜入点到黄淤 1 断面之间的部分淤积断面，这些断面主要布设在对库区地形有代表性的河段，如展宽、缩窄、弯道、顺直以及较大支流汇入等特征河段，能够完整控制异重流产生、发展、衰退及消亡过程，正确反映异重流各要素沿程变化情况。如在黄淤 17 断面流速的明显增大以及在黄淤 29 断面异重流厚度由薄而厚再变薄等测验资料充分证明，断面布设可以满足对异重流的监测要求。

异重流测验方法采用横断面法和主流线法相结合。在充分考虑人员及设备的现实情况及满足对异重流测验要求的前提下，在部分断面用横断面法监测异重流各因子的横向分布及其在断面上随时间变化情况，同时在部分断面利用主流线法自异重流潜入点至坝前，监测各因子沿主槽随时间的变化过程，从而较好地监测了异重流各因子沿横向及纵向的变化过程。

分析异重流实测资料，认为横断面法和主流线法相结合的测验方法是切实可行有效的，异重流测验断面布设基本上控制了异重流的宽度、厚度、流速及含沙量的梯度变化，较好地控制了异重流横向、垂向、纵向的演变规律。

坝前浑水水库及坝前漏斗的测验对水库调度和合理利用异重流意义明显。主要依据的坝前 3 个断面和桐树岭水沙因子站断面对坝前浑水水库及坝前漏斗的测验略嫌密度不够，需要增加断面(临时的和固定的)。

3 站网调整意见

3.1 水位站

根据小浪底水库支流库容大、支流库水位对库容变化的响应一般滞后等特点，按照控制较大支流、左右岸平衡设置等原则，需要在亳清河和东洋河各增加 1 处水位站，其他较大支流按左右岸平衡以及满足水库水位测验需求的原则适当增加 2～4 处水位站。

3.2 水沙因子站

3.2.1 河堤站位置

河堤水沙因子站处于变动回水的末端，水库运用以来，处于回水末端的库尾段经常处于大冲大淤、左右摆动的剧烈变动中，断面于 2004 年下迁后仍不能完全适应水库特殊的地形特性和复杂的水沙条件。

由于小浪底水库现阶段汛期水位控制在 225 m 左右，决定了其回水末端应该是在黄淤 28 断面附近(距坝 47 km 左右)。黄淤 28 断面两岸均为稳定的山体，组成比较稳定，250 m 高程断面宽 1 050 m，275 m 高程水面宽 1 200 m，建议将河堤水沙因子站测验断面迁移至此。

河堤站仍保留，以观测水位和含沙量为主，作为异重流形成前的预报站。当水库淤积面太高，断面流态变为水库站后恢复原测验项目。

3.2.2 测验项目调整

河堤水沙因子站测验断面如果属于河道断面，则在流量测验的时候减少输沙率测验频次，日常的含沙量测验可以采用水边一线一点(0.6)法。

桐树岭水沙因子站减少流速测验，增加含沙量及颗粒级配测验。加强异重流层内部水沙因子的测验，断面上仅选择 1～2 条垂线测验近底部的流速及含沙量。

3.3 水库异重流测验断面

3.3.1 横断面法测验断面

保持河堤和桐树岭两处水沙因子测验断面作为水库异重流横断面法测验断面，同时，选择八里胡同与桐树岭之间的黄淤 13 断面或黄淤 9 断面为 1 处水库异重流横断面法测验断面，不再增加其他横断面法测验断面。

3.3.2 主流线法测验断面

依托淤积测验断面，增加异重流主流线法测验断面数。

3.3.3 异重流层测验项目

(1)减少含沙量及泥沙颗粒级配测验任务，可按异重流层内相对厚度的 0.2 和 0.8 两点测沙取样。

(2)减少异重流层内流速测点数量，可按异重流层内相对厚度的 0.2、0.6 和 0.8 三点测速。

(3)增加同时主流线法异重流测验频次，测验项目以异重流厚度和浑水面高程为主。

3.3.4 坝前浑水水库测验

考虑增加 1~2 个辅助断面测验坝前浑水水库的有关信息，包括浑水水面高程、浑水厚度、浑水层含沙量和泥沙颗粒级配分布等。

3.4 水库淤积测验断面

随着水库运用时间的增长，坝前淤积发展到一定程度，需要加强坝前漏斗形状的监测。适时增加坝前淤积测验断面，监测坝前漏斗发展情势。

小浪底水库已经淤积了近 20 亿 m^3 的泥沙，现有断面的代表性发生了变化，应该抓紧开展地形法库容测量，调整现有断面，提高断面法的测验精度。

3.5 其他问题

(1)水位站的标准化建设和安全保障措施。水库区水位站大多因陋就简，实行委托观测。由于移民搬迁以及水库蓄水变化造成的库岸崩塌等不稳定因素，水位观测困难。

(2)异重流测验断面建设。在总结经验的基础上，应尽可能地把异重流测验断面固定下来，并加强断面桩点和标牌等水位观测设施的建设。

(3)河堤水沙因子站测船更新。由于处于变动回水范围内，对测船的型式、动力等生产能力和附属的生活条件都有特殊的要求，特别是在关键的水情期间，既要满足生产，又要保证安全。现有的测船已多次维修，也经历过多次重大险情，需要更新。

(4)异重流测验质量保障。异重流的潜入点区、运动行程中的特殊地形区、异重流的清浑水界面附近等都有紊流或负流速情况，目前还没有合适的流向测验设备。另外，水库中测船的稳定定位、库底及异重流层底的界定标准、水库异重流测验规范化等问题都需要进行专门的研究。

4 结 论

(1)合理的异重流测验站网可以更好地服务于小浪底水库调度。

(2)现有站网及测验项目基本满足异重流分析的需求。

(3)随着水库运用方式和边界条件等的改变，现有站网布局以及监测站点测验项目需要进行必要的调整。

(4)异重流测验中相关问题的解决可以有效提高异重流测验质量。

小浪底水库异重流测验

胡跃斌　管　辉　刘　炜　吉俊峰

(黄河水利委员会水文局　郑州　450004)

摘要　本文系统介绍了小浪底水库运用后历年库区冲淤和库区水文泥沙测验站网布设情况；详细论述了异重流测验的目的、观测任务、测验方法、测验方案、测验设施与设备和异重流测验的技术要求；简要总结了小浪底水库历次异重流形成的条件、潜入点位置及传播时间、流速和含沙量的沿程分布、历次异重流的排沙比等基本规律和基本情况；结合小浪底水库异重流测验中存在的问题，提出了改进异重流测验方法、提高测验精度的建议。

关键词　小浪底水库　异重流　测验

1　小浪底水库概况

小浪底水利枢纽位于河南省洛阳市以北 40 km 黄河中游最后一段峡谷的出口处，上距三门峡水文站 124.6 km，下距郑州花园口水文站 128 km，控制流域面积 69.4 万 km^2，占黄河流域面积的 92.3%，控制黄河近 100%的泥沙。

1.1　小浪底水库自然地理特征

小浪底水库形态为狭长的河道型，库区干流河段属峡谷型山区河流，沿黄河干流两岸山势陡峭，河段总体呈上窄下宽趋势，自三门峡水文站(正常蓄水位回水末端)至黄河 38 断面全长 58.58 km，河宽 210 ~ 800 m，比降 1.19‰。黄河 38 ~ 19 断面有板涧河、涧河、亳清河、沇西河等支流加入，275 m 水位时水面最宽达到 2 780 m。黄河 17 断面上下为约 4 km 长的八里胡同河段，该河段为全库区最狭窄河段，275 m 水位时河宽仅 330 ~ 590 m，河道顺直，两岸为陡峻直立的石山，河堤至八里胡同河段比降为 1.14‰。八里胡同出口至大坝段 275 m 水位时河宽为 1 080 ~ 2 750 m，河段比降为 0.98‰。库区河道地形的收缩、扩展、弯道等变化影响入库洪水和泥沙运动及变化。

小浪底库区属土石山区，沟壑纵横，支流众多，且支流流域面积小，河长短，比降大。自三门峡水库至小浪底水库区间流域面积 5 734 km^2。较大的支流有 40 多条，其中大峪河、煤窑沟、畛水河、石井河、东洋河、西阳河、芮村河、沇西河、亳清河等 12 条支流库容均大于 1 亿 m^3。小浪底水库原设计 275 m 水位时原始库容为 126.5 亿 m^3，1997 年 10 月实测断面法库容为 127.58 亿 m^3，其中黄河干流库容为 74.91 亿 m^3，支流库容 52.67 亿 m^3，支流库容占总库容的 41.3%。

1.2　小浪底水库截流前水沙特征

三门峡水文站为小浪底水库的入库站，1919 年 7 月 ~ 2000 年多年平均实测径流量为 389 亿 m^3，输沙量为 13.15 亿 t，平均含沙量为 33.8 kg/m^3；最大年水量为 685.3 亿

m^3(1964 年)，最大输沙量为 39.1 亿 t(1933 年)，最大含沙量为 911 kg/m^3(1977 年 8 月 7 日)，最大洪峰流量为 22 000 m^3/s(1933 年 8 月 10 日)。小浪底水库运用前进出库水沙特征值见表 1。

表 1　小浪底水库水文泥沙特征值

站名	项目	最高或最大	发生时间(年-月-日)	最低或最小	发生时间(年-月-日)	多年平均
三门峡站(1919～2000 年)	流量(m^3/s)	22 000	1933-08-10	0	1960-09-15	1 234
	含沙量(kg/m^3)	911	1977-08-07	0	1960-09-15	33.8
	年总水量(亿 m^3)	685.3	1964	135	1997	389
	年总沙量(亿 t)	39.1	1933	1.15	1961	13.15
	年降水量(mm)	938.3	1938	311.9	1997	561.7
小浪底站(1952～2000 年)	流量(m^3/s)	17 000	1958-07-17	3.69	1974-08-02	1 167
	含沙量(kg/m^3)	941	1977-08-07	0	1968-06-11	31.0
	年总水量(亿 m^3)	716.5	1964	135.1	1997	367.9
	年总沙量(亿 t)	29.8	1958	0.042	2000	11.4
	年降水量(mm)	1 053.6	1964	288.1	1997	625.83

注：(1)年均降水量为陕县站 1931～1959 年(25 年)和三门峡站 1960～2000 年(41 年)的 66 年平均值。
(2)气温为陕县站 1934～1943 年、1946 年、1950～1954 年和三门峡气象台 1957～1986 年观测资料统计。
(3)蒸发量为陕县站 1934～1959 年和三门峡站 1960～1961 年、1974～2000 年计 48 年观测资料统计，未乘换算系数。
(4)小浪底 1952～1954 年资料为借用八里胡同站资料。

小浪底库区支流较多，支流库容占总库容的比例较大。小浪底库区较大支流特征统计见表 2。

表 2　小浪底库区较大支流特征统计

河名	距坝里程(km)	河道长度(km)	流域面积(km^2)	河道比降(‰)	275 m 水位回水长度(km)	历史调查最大洪水(m^3/s)
大峪河	4.23	55	258	10	12.26	3 000
畛水	17.03	53.7	431	5.6	18.84	4 286
石井河	21.68	22	140	12	9.67	2 200
东洋河	29.10	60	571	9.2	10.25	2 530
西阳河	39.38	53	404	10.6	8.53	2 360
沇西河	54.57	72	576	12	6.44	3 000～5 000
亳清河	56.95	52	647	7.2	6.35	4 420

1.3　小浪底水库基本特征

1.3.1　小浪底工程特点

(1)要求枢纽建筑物在低水位条件下能宣泄较大流量高含沙水流。为满足小浪底枢纽最重要的防洪和减淤要求，在规划的总库容中预留 75.5 亿 m^{3}拦沙库容，以取得下游河床在 20 年内不淤积抬高的减淤效果，要求能长期保存其余 51 亿 m^{3}有效兴利库容。因此，小浪底水利枢纽在低水位时能宣泄较大流量进行冲沙，在正常死水位 230 m 时，枢纽总泄量不低于 8 000 m^3/s；在非常死水位 220 m 时，泄量不低于 7 000 m^3/s。

(2)工程泥沙的特殊处理。小浪底水利枢纽年均输沙量 13.15 亿 t，平均含沙量为 33.8 kg/m^3，最大实测含沙量达 941 kg/m^3，在大江大河中输沙量之大和含沙量之高可谓世界之最。因此，对工程泥沙问题须给予特殊的关注。如泄水洞的防淤堵问题，水工建筑物的流道、闸门门槽以及水轮发电机组等结构物的防磨损和防冲蚀破坏问题等。

(3)水库运用调度要求。为了全面满足水库防洪、防凌、减淤、供水、灌溉和发电综合利用的要求，研究制定系统的水库运用调度方案，以保证下列目标的实现：保证水库长期有效库容 51 亿 m^3，其中 40.5 亿 m^{3}为防洪库容，10.5 亿 m^{3}为调水调沙库容。水库分阶段抬高水位运用，初期控制汛期运用水位 205 m，随后逐渐抬高汛期运用水位至 254 m，直到形成高滩深槽水库。

1.3.2 水库各种特征水位

小浪底坝址天然河道河底最低点高程 127 m，100 m^3/s 流量时水位 133.5 m，小浪底枢纽坝顶高程 281 m，最大坝高 154 m，坝轴线长 1 667 m。水库设计正常蓄水位 275 m(回水至三门峡水文站断面)，正常死水位 230 m，非常死水位 220 m，主汛期限制水位 254 m，设计千年一遇洪水位 274 m，校核洪水位(万年一遇)275 m，初始运用起调水位 205 m。

1.4 小浪底水库淤积概况

1.4.1 库容变化情况

1997 年在小浪底库区施测第一次加密断面法原始库容，高程 275 m 以下库容为 127.58 亿 m^3，1999 年水库截流以前施测 275 m 以下加密断面法库容，库容量为 127.46 亿 m^3。到 2006 年 4 月，小浪底水库实测库容为 109.3 亿 m^3，全库区共淤积泥沙 18.26 亿 m^3。小浪底库区历年库容变化情况见表 3。

表 3　小浪底水库历年库容变化统计

年份	干流库容(亿 m^3)	总库容(亿 m^3)	年际淤积量(亿 m^3)	累计淤积量(亿 m^3)
1997	74.91	127.58		
1998	74.82	127.49	0.09	0.09
1999	74.78	127.46	0.03	0.12
2000	74.31	126.95	0.51	0.63
2001	70.70	123.13	3.82	4.45
2002	68.20	120.26	2.87	7.32
2003	66.23	118.01	2.25	9.57
2004	61.60	113.21	4.79	14.37
2005	61.74	112.73	0.47	14.83
2006	59.00	109.30	3.43	18.26

1.4.2 库区冲淤量变化情况

小浪底水库 1997 年 11 月截流，1999 年 10 月开始蓄水运用，经分析、统计，自 1997 年水库截流至 2006 年 4 月，库区冲淤量在空间和时间上的变化情况见表 4。

表 4 小浪底水库历年干、支流冲淤量统计 (单位：亿 m^3)

时段	干流	左岸支流	右岸支流	冲淤量
1997 年汛前～1998 年汛前	0.09	0.00	0.00	0.09
1998 年汛前～1999 年汛前	0.04	0.01	–0.02	0.03
1999 年汛前～2000 年汛前	0.47	0.04	0.00	0.51
2000 年汛前～2001 年汛前	3.61	0.09	0.12	3.82
2001 年汛前～2002 年汛前	2.50	0.14	0.23	2.87
2002 年汛前～2003 年汛前	1.97	0.22	0.06	2.25
2003 年汛前～2004 年汛前	4.62	0.13	0.04	4.79
2004 年汛前～2005 年汛前	–0.19	0.40	0.26	0.47
2005 年汛前～2006 年汛前	2.74	0.40	0.24	3.43
1997 年汛前～2006 年汛前	15.90	1.43	0.91	18.26

1997 年汛前～2000 年汛前，库区淤积量很小，只有 5 100 万 m^3。2000 年汛期库区淤积量急剧增大，年淤积总量达 3.82 亿 m^3，而且 95%的淤积发生在干流，支流淤积量仅 0.21 亿 m^3。

2001 年库区淤积量略小于 2000 年，但支流淤积量有所增大。库区总淤积量为 2.87 亿 m^3，支流淤积量 0.37 亿 m^3，占总淤积量的 12.9%。2002 年库区淤积量为 2.25 亿 m^3，支流淤积量为 0.38 亿 m^3，占总淤积量的 16.8%。

2003 年 5 月～2004 年 5 月，由于水库汛期运用水位较高，加上上游三门峡水库畅泄运用，大量泥沙进入小浪底库区并且主要淤积在干流，干流淤积量为 4.62 亿 m^3，占库区总淤积量的 96%。

2004 年 5 月～2005 年 4 月，通过第三次调水调沙试验期间的调度运用，小浪底库区不利的淤积形态得到了有效的调整，设计淤积平衡线以上被占用的库容得到全部恢复。调水调沙试验结束后，由于“04·8”洪水的作用，干流发生了较为明显的冲刷，支流则略有淤积。2004 年 5 月～2005 年 4 月，小浪底水库整体淤积量很小，共计 0.47 亿 m^3，其中干流和上年度相比表现为略冲，冲刷量 0.19 亿 m^3，支流共淤积 0.66 亿 m^3。

2005 年 4 月～2006 年 4 月，小浪底水库共淤积 3.36 亿 m^3，淤积主要发生在干流中上部，干流淤积量达到 2.74 亿 m^3，占总淤积量的 82%；支流淤积 0.62 亿 m^3，占总淤积量的 18%。值的注意的是，干流的淤积形态接近 2004 年汛前的水平，干流冲淤量集中在中上部，河底高程明显抬高。

1997 年 6 月～2006 年 4 月，小浪底库区共淤积泥沙 18.26 亿 m^3，其中干流淤积 15.90 亿 m^3，占总淤积量的 87.1%，支流淤积 2.34 亿 m^3，占总淤积量的 12.9%。

2　库区水文泥沙测验站网

小浪底水库水文泥沙站网主要有进库站(三门峡站)、出库站(小浪底站)、库区3个代表性水文站、45个雨量站、8处库区水位站、174个淤积断面、9处异重流测验断面、库区中部和坝前两处水沙因子站等组成。

2.1　库区水文站

2.1.1　库区基本水文站

小浪底库区黄河干流原有三门峡、小浪底水文站，支流有东洋河的八里胡同、畛水的仓头和亳清河的垣曲区域代表水文站。支流3站总控制面积1 440 km^2，占三小间(三门峡—小浪底)流域面积的25.1%。大坝截流后，随着坝前水位的抬高，库区3个支流站的测验河段受到库区回水的淹没和顶托，为此，在枢纽工程截流前(1996年)3站分别上迁。

亳清河垣曲站1996年6月上迁29.9 km，设立亳清河皋落水文站。1996年6月东洋河八里胡同站停测，并在西阳河设桥头水文站。畛水仓头站上迁24.4 km设石寺水文站。3站迁站后其控制面积减为580 km^2，仅占区间总面积5 734 km^{2}的10.1%。小浪底水文站原测验断面位于大坝轴线上，1991年10月小浪底站下迁3.9 km，下迁后具有基本水文站和出库专用站功能。小浪底水库蓄水后正常蓄水位275 m回水至三门峡测流断面，三门峡仍为基本水文站，并兼有小浪底水库入库专用站功能。

2.1.2　库区水位站

小浪底库区共布设水位站8处，其中黄河干流7处，支流1处，共同构成库区水位控制网。

库区水位站按其功能可分为坝前水位站、常年回水区水位站和变动回水区水位站等3种类型。

坝前水位站是反映水库蓄水量变化、淹没范围、水库防洪能力，推算水库下泄流量和水库调度运用的依据。坝前水位站布设在距坝1.51 km的桐树岭，以避开跌水影响。

常年回水区水位站主要用于观测水库蓄水水面线、研究洪水在库内的传播、回水曲线、风壅水面变化等。计在常年回水区干流设五福涧(距坝77.28 km)、河堤(距坝64.83 km)、麻峪(距坝44.10 km)、陈家岭(距坝22.43 km)及支流畛水西庄(距坝20.72 km)等5处水位站。

变动回水区水位，主要用于了解回水曲线的转折变化(包括糙率和动库容的变化)、库区末端冲淤及对周围库岸的浸没和淹没的影响。

小浪底水库变动回水区虽然距离不长，但水位变化迅速，水面比降大，在近40 km的河段内水位变幅达24 m之多。按照《水库水文泥沙观测试行办法》“在变动回水区段内，不宜少于3个水位站”的规定，在白浪(距坝93.20 km)、尖坪(距坝111.02 km)设两处水位站。最大变动回水区末端水位可利用三门峡水文站水位共同构成变动回水区水位站网。各水位站距坝里程见表5。

2.1.3　水力泥沙因子站

为收集水库蓄水后的库区水力泥沙的运动输移情况、异重流运动和到达坝前水力泥

表 5　小浪底库区水文、水位站一览表

河　名	站　名	站　别	距坝里程(km)	设立及观测日期(年-月)
黄　河	三门峡(七)	水文	123.41	1974-01
黄　河	尖　坪	水位	111.02	1998-07
黄　河	白　浪	水位	93.20	1998-07
黄　河	五福涧	水位	77.28	1998-07
黄　河	河　堤	水文	64.83	1997-07
黄　河	麻　峪	水位	44.10	1997-07
黄　河	陈家岭	水位	22.43	1997-07
黄　河	坝　前	水文	1.51	1997-07
黄　河	小浪底(二)	水文	坝下 3.90	1991-09
亳清河	皋　落	水文	89.6	1996-06
西阳河	桥　头	水文	52.5	1996-06
畛　水	石　寺	水文	38.1	1996-06
畛　水	西　庄	水位	20.72	1998-07

沙分布与排沙关系等，在库区布设两处水力泥沙因子观测断面，一处在坝前 1.51 km 处，另一处在距坝 64.83 km 处的南村。

坝前水力泥沙因子断面测验，主要是观测坝前各级水位情况下和不同泄水条件下的流速、含沙量纵横向分布资料，以便掌握坝前局部水流泥沙运动形态和边界条件变化的关系，作为优化调水、调沙、发电运行方案的科学依据。

河堤水力泥沙因子断面是小浪底水库变动回水区内的水文泥沙测验站。主要任务是：在回水影响和变动回水影响过程中观测水沙纵横向变化，控制通过断面的悬移质泥沙过程变化和泥沙颗粒级配变化，为分析研究水库的冲淤规律和异重流及其成因关系提供资料。

水库蓄水运用后，库区水沙因子测验的时间主要在每年汛期(6 ~ 10 月)。非汛期三门峡水库主要以排泄清水为主，因子站进行监测。若非汛期三门峡水库进行排沙运用，则根据上游水情安排进行测验。

坝前水力泥沙因子测验项目有水位、大断面、流速、流向、含沙量、河床质、水温等项目。垂线测速、取沙点布设均应以 6 点法为基础，以控制流速和含沙量梯度变化。清浑水交界面和流速转折点均应增加测点。

河堤水力泥沙因子测验项目基本和坝前因子断面相同，如果库区水位下降，河堤断面表现为自然河道的水流状态，增加悬移质输沙率测验，其观测次数、垂线数、测点数均同坝前水力泥沙因子断面的测验要求。另外还要求施测三线三点的单样含沙量，以控制含沙量变化过程。

2.2　库区淤积断面

2.2.1　断面布设的方法和密度

小浪底水库淤积断面按一次性布设，分期实施。为使断面布设达到其测算的库容与地形法所计算的各级运用水位下的库容误差不超过 5%，以正确反映冲淤数量、分布和形态变化。结合小浪底水库周边支流支沟地形实际情况，具体布设方法和原则如下：所设断面必须控制水库平面和纵向的转折变化，断面方向应大体垂直于 200 ~ 275 m 水位的地形等高线走向，断面的数量与疏密度应满足库容和淤积量的精度要求。

遵照上述原则，小浪底库区布设断面 174 个，其中干流布设 56 个，平均间距为 2.20 km。以黄河 40 断面为界，上段河长 54.02 km 布设 16 个断面，平均间距为 3.38 km；下半库段 69.38 km 布设 40 个断面，平均间距为 1.73 km。在 28 条一级支流和 12 条二级支流共布设淤积断面 118 个，控制河段长 179.76 km，平均断面间距为 1.52 km。

淤积断面测验内容包括淤积断面起点距、高程测量、库底淤积泥沙测取和颗粒级配分析。

2.2.2 小浪底水库淤积断面河宽特征值

根据 1997 年 10 月实测淤积断面图(见图 1)确定淤积断面特征值位置。从图 1 可以看出，各断面主河槽一般在 200 ~ 300 m，275 m 高程河宽河堤以上及八里胡同河段一般在 300 ~ 700 m，河堤至八里胡同上口及八里胡同以下一般在 1 000 ~ 3 000 m 之间。

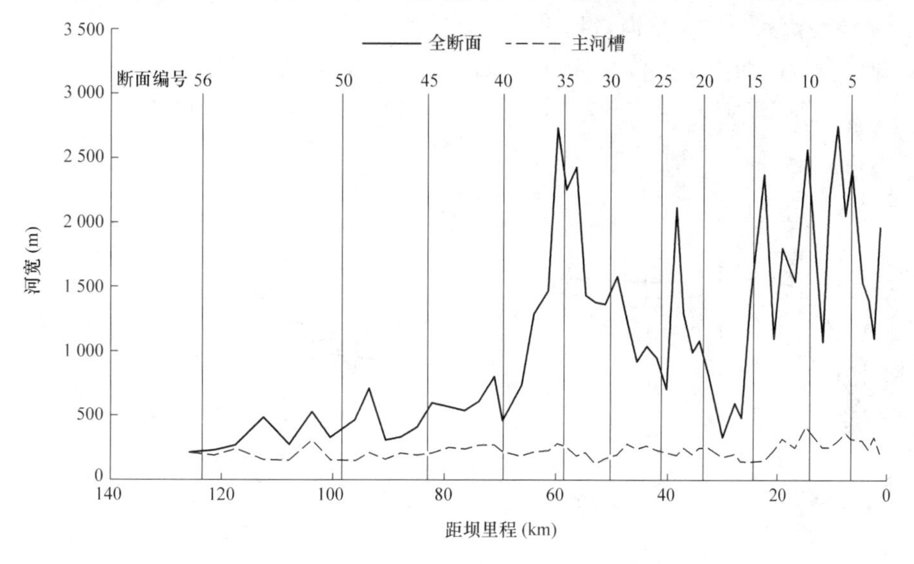

图 1 小浪底水库干流淤积断面河宽沿程分布图

2.3 库区异重流测验断面

对处于蓄水状态的多沙河流水库来说，异重流是一种常见的水沙运动形式，在小浪底水库拦沙运用初期，利用异重流排沙是减少水库淤积、改善水库淤积形态、进行调水调沙的主要手段之一。

小浪底水库地形复杂、库区支流众多、入库水沙条件多变、库水位变幅较大，导致异重流的潜入点变化范围大，异重流运行规律复杂，排沙特性特殊。因此，水库异重流的测验十分重要。

小浪底水库异重流测验开始于 2001 年，随着测验经验的积累和研究工作的深入，为更好地观测异重流，测验断面也在不断地调整和增加。

2001 年布设断面较多，在发生异重流的河段奇数断面上设测量标志，进行不等次数的测量。

2002 年汛前根据小浪底水库的地形和异重流测验的要求，总结了 2001 年异重流测验的经验，对异重流测验断面进行了调整。在库区共布设测验断面 8 个，其中固定断面 5 个，分别是 HH37(河堤)、HH21、HH17、HH09、HH01(桐树岭)断面；辅助断面 4 个，分别是潜入点下游及 HH29、HH13、HH05 断面。

为了解异重流在坝前的变化情况，2003 年在坝前 410 m 处增加了一个辅助测验断面，同时为了解异重流在支流河口的倒灌情况，在沇西河口增加了一处辅助断面。调整后的异重流测验断面 10 个，其中固定断面数量 4 个，分别是 HH01(桐树岭)、HH09、HH29 断面和 HH37(河堤)断面，固定断面采用全断面测验与主流线法相结合的测验方法施测异重流；辅助断面 6 个，分别是坝前断面(距坝 410 m)、HH05、HH13、HH17、HH29 断面及沇西河口和潜入点下游断面，辅助断面采用主流线法施测异重流。当回水末端位于河堤断面以下时，则河堤断面改为河道断面测验，并以 HH13 断面替代 HH29 断面作为固定断面进行全断面测验。

2004 年在沇西河、西阳河口均设了测验断面。

目前的异重流断面布设情况见图 2 和表 6。

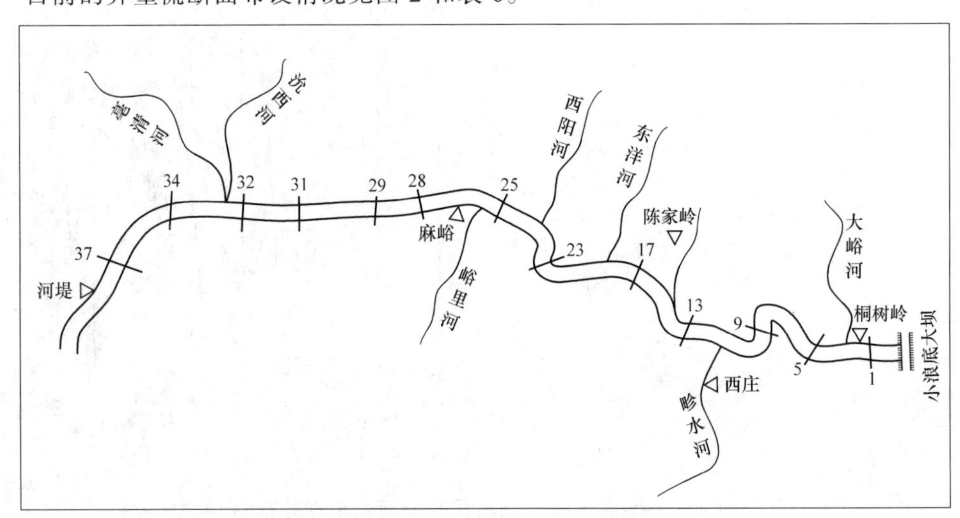

图 2　异重流测验固定断面布设示意图

表 6　2005 年异重流测验断面布设情况一览

断面号	距坝里程(km)	断面性质	断面号	距坝里程(km)	断面性质
坝前	0.41	辅助	HH17	27.19	辅助
桐树岭	1.32	固定	HH29	48.00	辅助
HH05	6.54	辅助	HH34	57.46	固定(潜入点)
HH09	11.42	固定	HH37	63.82	固定
HH13	20.35	辅助	YX01		支流

3　库区异重流测验

3.1　测验任务及要求

小浪底水库异重流观测的主要任务是在小浪底水库出现异重流时，对异重流各种水文要素的垂线分布、横向分布及沿程变化进行观测。为研究小浪底水库异重流的产生条件、潜入点位置的变化规律、异重流形成后在库区的运行规律和不同强度异重流的排沙效果积累宝贵的实测数据，为优化水库调度方案、开展水库水沙规律研究提供依据。

3.2　测验项目

异重流观测的项目包括异重流的厚度、宽度、发生河段长度，异重流发生河段沿程水位、水深、水温、流速、含沙量、泥沙颗粒级配的变化以及泄水建筑物开启等情况。

3.3　测验方法

3.3.1　测次安排

以三门峡水文站的实测流量、含沙量为控制条件，根据小浪底水库当时的运用情况，由黄委水文局根据实时水情确定测次安排及开始时间。测次安排以能控制异重流的潜入、运行和消失三个阶段的水、沙变化过程为原则。异重流潜入、增强阶段多测，运行过程中可减少测次。

3.3.2　测验方案

3.3.2.1　异重流形成阶段监测

根据水情预报和当时的库区水位，预估异重流潜入的地点，测验船只人员提前到达各测验断面待命并注意观测断面处的水流现象。靠近预估潜入点的测船在回水末端附近进行巡测、监控。

为确定异重流到达各断面的时间，利用清浑水界面探测仪或浑水测深仪连续监测清、浑水面的变化。

如异重流发生在白天，要严密监测异重流前峰到达本断面的时间，异重流前峰过后，立即开始主流线测验。当下一断面施测异重流前峰时，上游各断面应与之进行同步观测，测验时间由现场指挥人员协调指挥。按此方法观测一直到异重流前峰运行到坝前断面为止，各断面完成同步观测后，异重流形成阶段测验结束。

若异重流发生在夜晚，在条件允许情况下尽量按上述要求进行观测，是否安排测验则由现场指挥人员根据具体情况决定。

西阳河河口监测根据相临上断面的观测情况，适时安排本断面的监测工作。

3.3.2.2　异重流增强阶段监测

本阶段是指异重流前峰运行至坝前到异重流峰顶运行至坝前这一时段。

各固定断面除完成每天1次的固定时间的测量外，还完成主流线定时测量任务；辅助断面以完成定时测验为主。固定断面监测在上午同步进行，主流线监测按照统一的时段要求安排监测。

本阶段要加强异重流洪峰的跟踪监测，当入库洪水以异重流的方式通过各监测断面时，根据测验调度指挥部的安排，所有监测断面要密切注意异重流过程在本断面的变化情况，记录洪峰到达本断面的确切时间，用主流线法施测洪峰到达时刻各水文要素的垂线分布情况，直到峰顶运行到坝前后结束峰顶跟踪测量。

白天一般每 4 h 测量一次主流线，如果异重流的峰顶在夜间经过本监测断面，在条件允许情况下尽量掌握经过时间，并尽可能安排测量。涨峰段的断面定时测验仍按要求进行。

3.3.2.3　异重流维持阶段监测

本阶段是指异重流峰顶到达坝前后，异重流现象明显减弱的阶段。

洪峰到达坝前后，异重流一般要维持一段时间，期间各固定断面仍要完成每天 1 次的固定断面测量，各断面的定时观测则由现场指挥人员根据当时的水情统一安排。

3.3.2.4　异重流消失阶段测验

本阶段是指异重流洪峰过程基本结束，异重流强度已明显减弱但还在继续。此阶段辅助断面停止观测，保留固定断面观测并只测主流线。

3.4　测验技术要求

3.4.1　水位观测

小浪底水库库区共设有 8 个水位观测站，基本上控制了水库水位的涨落过程，异重流测验各断面水位资料根据回水范围内各水位站的同时水位资料按距离插补求得。

由于异重流期间库区水位降幅较大、下降速度较快，异重流测验期间各水位站进行加密观测。水位日变化小于 1.00 m 时，每日观测 4 次(2:00、8:00、14:00、20:00)；水位日变化大于 1.00 m 时，每 2 h 观测 1 次；水位涨落率大于 0.15 m/h 时，每 1 h 观测 1 次，以确保满足异重流测验水位计算的需要。

3.4.2　垂线、测点布设及颗分留样

固定断面采用横断面法与主流线法相结合的测验方法，辅助断面采用主流线法测验。横断面法要求在固定断面布设 5 ~ 7 条垂线(垂线布设以能够控制异重流在监测断面的厚度、宽度及流速、含沙量等要素横向分布为原则)，主流线法要求在断面主流区布置 1 ~ 3 条垂线(垂线位置每次应大致接近)；垂线上测点分布以能控制异重流厚度层内的流速、含沙量的梯度变化为原则，要求清水层 2 ~ 3 个测点，清浑水交界面附近 3 ~ 4 个测点，异重流层内均匀布设 3 ~ 6 个测点，垂线上的每个测沙点均需实测流速，并对异重流层内的沙样有选择性地作颗粒级配分析。

3.4.3　流速、含沙量、水深及起点距测验

(1)流速测验。流速采用重铅鱼悬挂流速仪进行测验，流向测验采用细钢丝绳悬吊小重物(用水温计替代)，在不同流向层内测得最小偏角时的水深，然后取两流向相反的相邻测点水深值的算术平均值，作为流向变化的分界点，流向朝向大坝方向(下游)为正值，相反为负值。

(2)泥沙测验。采用铅鱼悬挂两仓横式采样器进行取样并加测水温，泥沙处理采用电子天平称重，用置换法推求含沙量；颗粒分析采用激光粒度分析仪处理。

(3)水深测验。各断面统一采用 100 kg 重铅鱼测深，铅鱼外形有两种，HH01 断面和坝前断面为同一条测船，铅鱼外形偏大，其他 8 个断面 5 条机船所用铅鱼型号相同，外形稍小。铅鱼底部均安装河底信号自动判断河底，每条垂线均施测两次水深，取其平均值。

(4)起点距测验。采用激光测距仪量测船到断面标牌之间的距离，然后计算起点距，潜入点位置确定采用 GPS 定位的方式。

3.5 测验设施和设备

3.5.1 断面设施

小浪底水库异重流测验共布设断面 10 处，固定断面 4 处、辅助断面 6 处。每个断面设断面标志牌 4 个(每岸 2 个)，断面控制桩 6 个。断面标志牌的坐标由断面端点桩引测，预先通过计算获得断面起点距，用于测船的定位和导航；断面控制桩的坐标和水准数据由所在断面的端点桩引测获得，用于异重流测验时断面标志牌的校核和引测异重流测验的测时水位。

3.5.2 测验设备

3.5.2.1 测船

小浪底库区异重流测验共动用测船 9 艘。其中自有水文测船 5 艘，租用民船 4 艘并经过改装。每个固定断面配备 1 艘测船进行全断面测量，每个辅助断面配备 1 艘测船进行主流线测量。具体配备方案如下：河堤水沙因子断面 1 艘(回归 2 号)，桐树岭水沙因子断面 1 艘(回归 1 号)，昆仑号(回归 3 号)施测潜入点兼做生活基地，小浪底 007 号快艇作为异重流测验指挥调度船。此外从小浪底水文站上运小型铁壳船 1 艘、租借民船 4 艘，经改装并安装测验设备后作为其他监测断面的测验用船。测验调度船负责各测船调度与后勤保障。

3.5.2.2 测验设备

(1)定位设备。采用 Thales6502 型 GPS 或莱卡 TC1800 型全站仪设置断面标志牌，左右岸各设有 2 个标志牌，并测得各标志牌的起点距。测验时用 Thales6502 型 GPS 断面定位或者采用 Ls206 型激光测距仪观测距标志牌距离并计算起点距。

(2)测深设备。各测船采用浑水测深仪或统一规格的重铅鱼测深设备，测深仪采用(Bathy-DF500 双频回声测深仪)，铅鱼测深设备有两种，HH01 断面和坝前断面为同一条测船，由于断面水深较大，铅鱼外形稍大，其他 8 个断面所用铅鱼型号相同，外形稍小。铅鱼底部均安装河底信号自动判断河底，每条垂线均施测两次水深取其平均值。

(3)测速设备。异重流流速和流向采用铅鱼悬挂流速仪进行测验，根据流速大小的不同，分别采用 LS25-1 型和 LS78 型流速仪。流向测验采用细钢丝绳悬吊小重物(用水温计替代)，在不同流向层内测得最小偏角时的水深，然后取两流向相反的相邻测点水深值的算术平均值，作为流向变化的分界点。

(4)测沙设备。采用铅鱼悬挂两仓横式采样器进行取样并加测水温，泥沙处理采用电子天平称重，用置换法推求含沙量；颗粒分析采用激光粒度分析仪处理。

3.6 资料整编及测验成果

异重流测验分为内、外业两个小组，内业测验人员每天对收集的外业测验资料进行校核，确保在 24 h 内完成 3 遍校核，同时对资料合理性进行分析并及时反馈给外业测验人员。异重流结束后，黄委水文局即组织技术人员按异重流测验任务书对资料进行整编，成果提交形式如表 7 所示。

表 7　异重流测验提交成果

序号	成　果　名　称
1	黄河小浪底水库异重流测验成果表
2	流速、含沙量、泥沙粒径等值线图
3	各断面异重流主流线变化过程图
4	每日异重流沿程变化过程图
5	异重流固定断面分布图
6	水位、水温、流量、输沙率测验等原始记载簿
7	异重流期间进出库水文要素摘录表
8	异重流期间库区水位站水位摘录表
9	小浪底水库逐日平均水位表
10	各固定断面流量估算统计表
11	异重流测验分析报告

4　小浪底水库异重流运动的基本规律

4.1　历年异重流测验情况

小浪底水库自 1999 年开始蓄水运用，2001 年开始异重流测验，到目前已连续观测 6 年、共 13 次异重流过程。

2001 年三门峡水库分别在 8 月 20 ~ 25 日和 8 月 25 日 ~ 9 月 7 日两次下泄洪水拉沙，在小浪底水库形成了连续的异重流过程。该年异重流潜入点在 HH29 断面和 HH39 断面之间(距坝 46.2 ~ 64.8 km)，测验断面布设在 HH01 ~ HH37 之间的奇数断面，全长 63.82 km，测验方法选择主流线法与横断面法相结合的方式，以主流线法为主。2001 年异重流过程实测到的最大测点流速为 3.00 m/s，最大异重流厚度 20.3 m。最大垂线平均流速 1.93 m/s，最大垂线平均含沙量 198 kg/m^3，最大垂线平均泥沙颗粒中数粒径 D_{50} 为 0.014 mm。

2002 年小浪底水库仅出现一次较强异重流现象，从 7 月 4 日开始，到 7 月 13 日结束，历时 9 天。潜入点的位置在 HH43 ~ HH41 断面(距坝 77.4 ~ 77.2 km)之间变化。根据 2001 年异重流测验的经验，整个异重流测验过程选择了具有较好代表性和能够控制异重流变化过程的 4 个固定测验断面(HH01、HH09、HH21、HH37)和 4 个辅助测验断面(HH05、HH17、HH29、潜入点)，固定断面按全断面法施测水沙要素变化，辅助断面用主流三线法进行施测。测得最大测点流速为 3.36 m/s，最大垂线平均流速 1.83 m/s，最大异重流厚度 17.9 m，最大垂线平均含沙量 197 kg/m^3，最大垂线平均 D_{50} 为 0.021 mm。

2003 年 8 月 2 ~ 8 日和 8 月 27 日 ~ 9 月 16 日，小浪底水库出现了两次异重流过程，第一次异重流的潜入点在 HH36 断面(距坝 60.13 km)附近，第二次潜入点在 HH39 断面(距大坝 67.99 km)附近。2003 年对异重流测验断面进行了调整，分别设 4 个固定断面(桐树岭、HH09、HH34 和河堤断面)和 6 个辅助断面(坝前断面、HH05、HH13、HH17、HH29、沇西河河口)。测验方法选择主流线法与横断面法相结合的方式，坝前辅助断面和沇西河口断面采用主流三线法观测。测得最大测点流速为 2.53 m/s，最大垂线平均流速 1.53 m/s，最大异重流厚度 20.5 m，最大垂线平均含沙量 244 kg/m^3，最大垂线平均 D_{50} 为 0.016 mm。

2004 年在第三次调水调沙试验期间进行了人工塑造异重流的尝试。第一阶段利用三门峡水库清水下泄冲刷小浪底库区尾部三角洲泥沙人工塑造异重流，7 月 5 日 1 号洪峰演进至 HH35 断面(距坝约 58.51 km)附近，浑水开始下潜形成异重流并沿库底向坝前运行；万家寨水库泄水进入三门峡水库之后，三门峡水库加大下泄流量，第二阶段三门峡水库泄空排沙阶段开始。7 月 7 日异重流潜入点在 HH30～HH31 断面之间，7 月 8 日上午潜入点回退到 HH33～HH34 断面之间，并于 8 日 13 时 50 分开始排出库外。2004 年异重流测验布置了桐树岭、HH09、潜入点下游、河堤等 4 个固定测验断面，坝前、HH05、HH17、沇西河口、潜入点 5 个主流线测验断面。测得最大测点流速为 2.78 m/s，最大垂线平均流速 1.35 m/s，最大异重流厚度 11.2 m，最大垂线平均含沙量 404 kg/m^3，最大垂线平均 D_{50} 为 0.025 mm。

2005 年 6 月 27 日～7 月 1 日和 7 月 5～9 日，小浪底水库出现了两次异重流过程，由于三门峡出库流量的变化，引起小浪底水库库区水位的变化，潜入点的位置在异重流过程中也不断变化，变化范围在 HH25～HH32 断面之间。2005 年异重流测验断面为桐树岭、HH09、潜入点下游、河堤等 5 个横断面测验断面，坝前、HH05、HH17、沇西河口、潜入点 5 个主流线测验断面。测得最大测点流速为 1.56 m/s，最大垂线平均流速 0.98 m/s，最大异重流厚度 16.0 m，最大垂线平均含沙量 176 kg/m^3，最大垂线平均 D_{50} 为 0.021 mm。

2006 年调水调沙运用期间，在小浪底水库成功地塑造了人工异重流。6 月 25 日 12 时三门峡水库开始加大泄量，6 月 26 日 7 时 12 分到达峰顶，最大流量为 4 830 m^3/s，26 日 7 时开始下泄流量迅速减小，至 28 日 14 时流量减小为 9.11 m^3/s。6 月 26 日 10 时三门峡水库开始拉沙，含沙量为 31.4 kg/m^3，26 日 12 时含沙量达到最大，沙峰含沙量 318 kg/m^3，此后含沙量稍有降低。6 月 25 日人工塑造异重流开始时，小浪底坝上水位已降至 229.75 m，29 日 8 时异重流结束时小浪底水库坝上水位为 224.61 m。2006 年异重流潜入点的位置在 HH27～HH24 断面变化。异重流测验的固定断面有 HH01(桐树岭)、HH09、河堤断面和潜入点下游断面，采用横断面测验与主流线法相结合的测验方法；辅助断面有 HH05、HH13、HH17、潜入点，采用主流线法测验。当回水末端低于河堤因子断面时，则河堤断面改为河道断面测验。在测验过程中，根据潜入点位置的变化情况，还在 HH23、HH25、HH28、HH31、HH32 等断面进行了巡测。2006 年实测最大测点流速为 2.10 m/s，最大垂线平均流速 1.05 m/s，最大异重流厚度 19.0 m，最大垂线平均含沙量 198 kg/m^3，最大垂线平均 D_{50} 为 0.021 mm。

4.2 小浪底水库异重流运动的基本规律

4.2.1 异重流的形成条件

异重流潜入的现象是异重流开始形成的标志，对于小浪底水库来说由高含沙水流形成具有工程意义的异重流必须具备以下几个条件：

(1)水库回水末端以上的天然河道必须具有足够大的高含沙水流条件，形成这样的高含沙水流可以是三门峡水库出库的高含沙洪水，也可以是三门峡水库出库清水冲刷小浪底水库尾部的河道形成的高含沙洪水；

(2)要控制小浪底水库回水末端的位置，使得异重流形成后尽量避免因倒灌支流、水面突然扩散和弯曲的库段等大量损失异重流动能的不利条件,并尽量缩短异重流的流程；

(3)三门峡水库的出库洪水峰型的控制，根据实测资料分析，先小后大的洪水过程更有利于小浪底水库异重流的形成和持续发展，达到多排沙的目的；

(4)当三门峡水库以上无高含沙洪水、三门峡水库出库为清水时，小浪底水库尾部回水末端以上河道内淤积的泥沙，是小浪底水库异重流形成的主要沙源。

4.2.2 异重流的潜入及传播时间

小浪底水库异重流潜入点的位置，取决于发生入库洪水时水库的运用水位，一般情况下，异重流的潜入点发生在水库变动回水末端下游的水深突然变化处。在水库运用初期，相同水位的变动回水末端随着库区淤积的增加有逐渐向下游发展的趋势。如 1999 年 225 m 的回水末端在 HH46 断面附近，而 2006 年则在 HH31 断面附近，向坝前推进了近 37 km。

根据小浪底水库特殊的库区形态，结合不同入库水沙条件和当年的淤积形态，通过科学的水库调度运用控制异重流发生时的库区水位来控制异重流潜入的位置，可以合理地安排入库泥沙的淤积部位，有选择地确定水库调度以排沙为主还是以改善库区淤积形态为主，最大限度地利用异重流的输沙特性，达到水库排沙或改善库区淤积形态的目的。小浪底水库历年异重流潜入及传播时间见表 8。

表 8 2001～2006 年异重流主要特征统计

年份	次数	形成原因	潜入点			到达坝前时间	传播时间(h)	演进速度(m/s)
			时间	位置	距坝里程(km)			
2001	1	中游洪水	8月20日10时	HH31断面附近	52.29	8月21日15时	29	0.50
2002	1	三门峡运用+中游洪水	7月6日2时	HH37断面附近	63.26	7月7日8时	30	0.59
2003	1	三门峡运用+中游洪水	8月1日14时	HH36断面附近	60.96	8月2日19时	29	0.57
	2	中游洪水	8月27日3时	HH39断面	67.99	8月28日15时	36	0.52
2004	1	人工塑造异重流	7月5日18时	HH35断面附近	58.51	7月8日13.8时	67.8	0.24
2005	1	人工塑造异重流	6月27日18.5时	HH25断面附近	41.1	6月29日16时	45.5	0.25
2006	1	人工塑造异重流	6月25日9时	HH27断面下游200 m	43	6月26日0.5时	15.5	0.77

异重流从潜入到传播到坝前时间的长短，除和入库水沙过程的强弱有关外，还和异重流潜入的位置有关。在小浪底水库人工塑造异重流并达到排沙出库的目的，应尽量降低水库的运用水位，使异重流潜入点的位置在 HH30 断面以下，避免异重流形成后在沇西河等支流河口处发生倒灌而损失能量，影响异重流的传播速度。同时，根据以往实测

资料分析，入库水沙过程的形状对异重流形成后的传播速度也有较大的影响。

4.2.3 异重流流速和含沙量的沿程变化

异重流在运行过程中会发生能量损失，包括沿程损失及局部损失。由于支流倒灌、局部地形的扩大或收缩、弯道等因素的影响，异重流的局部损失在小浪底库区表现得较为显著。异重流总是处于超饱和输沙状态，在运行过程中由于受阻力损失，流速逐渐变小，泥沙沿程发生淤积，交界面的掺混及清水的析出等，均可使异重流流层的流量逐渐减小，其动能也相应减小，流速的表现也是沿程变小。流速沿程变化受制于地形的改变，如位于八里胡同库段的 HH17 断面狭窄，水流由位能转化为动能，异重流流速明显增大，而在坝前一定范围受浑水水库的影响，各断面流速均较小。总体看来，流速沿程总的趋势是逐渐减小。异重流中含沙量对流速有直接的影响，在异重流中流速和含沙量是两个相互影响、相互制约、相互依存的因素。实测资料表明，一般情况下异重流的平均流速呈沿程递减的趋势。而含沙量的变化不尽相同，在异重流相对稳定的河段平均含沙量沿程递减，当库区地形发生变化(如比降增大、断面收缩等情况)异重流的含沙量也会发生不同程度的增加。

4.2.4 异重流的排沙效率

利用异重流排沙是小浪底水库运用初期水库减淤的一个重要手段，但由于异重流的形成和运行规律比较复杂，不同成因的异重流在不同调度方式的影响下其排沙效率也不相同，表 9 是 2001 年以来调水调沙期间历次实测异重流的排沙情况。

表 9　小浪底水库历年异重流排沙情况统计表

年份	次数	形成原因	入库水沙量				出库水沙量				排沙比
			径流		泥沙		径流		泥沙		
			Q_m (m)	W (亿 m³)	S_m (kg/m³)	W_s (万 t)	Q_m (m)	W (亿 m³)	S_m (kg/m³)	W_s (万 t)	
2001	1	中游洪水	2 900	9.5	536	19 953	513	1.54	198	941	4.7
2002	1	拉沙下泄，中游洪水	3 780	7.7	517	17 818	3 250	14.6	99.4	1 771	9.9
2003	1	拉沙下泄，中游洪水	2 210	7.8	916	8 403	1 260	1.95	3.6	119	1.4
	2	中游洪水	3 260	42.8	474	35 715	1 930	16.2	149	7 709	21.6
2004	1	人造清水拉沙	5 110	6.7	442	4 323	3 020	6.2	12	427	9.9
2005	1	人造清水，拉沙	4 420	3.9	349	4 448	3 370	4.12	11	223	5.0
	2	人造清水，拉沙	2 980	4.23	325	7 082	2 530	7.84	138	3 142	44.4
2006	1	人造清水，拉沙	4 830	5.36	318	2 296	4 200	9.88	53.7	706	30.8

从表 9 可以看出，2003 年以前，因水库运用和调水调沙试验的需要，在异重流期间多采用拦沙运用方式，异重流的排沙比一般都在 10%以下。2003 年以后，对异重流的利用多以排沙为主，异重流的排沙比有明显的提高。

2004 年 7 月 7 日的异重流过程，由于水库运用水位较高，潜入点离大坝距离远，受库区沿程河势变化及支流的影响，能量损失较大。虽然 3 条排沙洞一直处于开启状态，但排沙比并不大，小浪底水文站实测最大含沙量为 13.3kg/m^3，历时只有 3 天。这次异重流潜入点的细泥沙含量仅占 31.6%，是三次人工塑造异重流中细颗粒泥沙含量最低的一次。

2005 年实测的异重流过程有两次，第一次为 6 月 27 日出现的人工塑造异重流过程，这次异重流入库总水量较小(3.9 亿 m^3)，因异重流后续动力不够，同时坝前断面库底较深，异重流排出爬高也要消耗能量，排沙比只有 5.0%。第二次是 7 月 5 日因渭河来水三门峡水库敞泄运用形成的异重流过程，本次异重流排沙比高达 44.4%，这次异重流排沙比高，与上次异重流部分浑水在本次出库有关，因而不具有代表性。

2006 年 6 月 25 日在小浪底水库人工塑造成功异重流过程，由于三门峡水库改变了出库洪水过程的形式，同时因小浪底水库运用水位较低，潜入点比较靠近大坝，异重流在库区运行速度快，潜入点到坝前平均演进速度达 0.77 m/s。同时，坝前库底高程接近排沙洞底高程，再加之排沙洞提前开启和排沙洞开启时间较长等因素，使得本次排沙比是小浪底库区人工塑造异重流以来较高的一次。

5 认识及存在的问题

5.1 几点认识

5.1.1 异重流在水沙联合调度中具有重要作用

异重流在自然界中不仅非常普遍而且是一种复杂的现象，其形成和运动的影响因素很多。研究异重流的目的在于了解其运动规律并加以有效利用。对多沙河流处于蓄水状态的水库而言，异重流排沙是一种值得重视的防淤或减淤措施。利用异重流能挟带大量泥沙而不与清水相混合的规律排沙出库，可以在保持一定水头的条件下，达到既能蓄水又能排沙，延长水库寿命的目的。

一般挟沙水流进入水库壅水段之后，由于过水断面面积的增加，流速降低，挟沙力大幅度降低，水流中所挟带的粗颗粒泥沙由于水力的分选作用而沉降，较细泥沙因其沉速小，尚能保持悬浮状态流向下游，遇到适合的条件便可以潜入形成异重流。其水流仍具有二相紊流特性，沿程要发生泥沙水力分选，因此异重流所挟带的泥沙颗粒一般情况下很细，可以起到拦粗排细的作用，合理使用水库拦沙容积，多拦对下游不利的粗沙而少拦细沙，充分发挥水库的拦沙减淤效益。

5.1.2 提高小浪底水库异重流的排沙效率的条件

要使异重流形成后能够持续运行并排沙出库，必须满足一定的条件，影响异重流持续运行的因素包括以下水沙条件及边界条件。

5.1.2.1 合适的入库洪水过程

小浪底水库异重流的形成，依赖三门峡水库的出库水沙过程，根据实测资料分析，三门峡的出库水沙过程的总量和峰型对异重流的形成与持续运行具有较大的影响，一般情况下，进库流量、含沙量大，产生异重流的强度较大，使异重流有较大的初速度，因而异重流运行速度快，能在较短时间内到达坝前。此外，在水沙总量一样的前提下，改变洪峰过程的形状也会提高异重流的排沙效率。

5.1.2.2　控制异重流潜入点的位置

异重流潜入后，其运行所经过库段的边界条件对异重流的运行和变化有很大的影响。若库区地形复杂，如水面扩大或收缩、弯道和支流等，使异重流能量不断损失，甚至不能继续向前运动。同时，异重流运行速度同库底比降有较大的关系，库底比降大，则异重流运行速度大，异重流排沙时间也长，反之亦然。

异重流潜入点的位置一般发生在水库变动回水末端的下游。因此，通过控制水库的坝前水位可以控制异重流的潜入点位置，避开上述不利的地形条件，提高异重流的排沙效率。

对于小浪底水库来说，除利用异重流排沙外，还可以通过控制潜入点的位置，利用异重流的输沙特性，改变水库不利的淤积形态，使局部库段突出的淤积形态得以调整。

5.1.2.3　适时调整小浪底水库的调度方案

异重流排沙将是小浪底水库今后运行中一种重要的排沙方式。由于小浪底库区平面形态十分复杂，水库异重流排沙既有普遍性又有特殊性。因此，应该在对小浪底水库异重流观测资料系统分析的基础上，了解异重流发生、运行及排沙规律，加强异重流的原型观测，进一步优化小浪底水库调水调沙运用方式。根据当年库区的淤积形态和上游水沙情况，合理地控制异重流潜入时的坝前水位变化；根据异重流的传播情况，适时调整泄水、排沙孔洞的组合，增加异重流的排沙效率。

5.2　存在的问题

通过几年来小浪底水库异重流测验的实施和对其变化规律的分析研究，在异重流试验观测中仍存在有一些问题有待解决，主要有以下几个方面：

(1)异重流边界的确定。全断面测验最主要的目的是能够获得流速、含沙量、泥沙粒径沿断面方向的分布情况，达到能够计算出该断面上的异重流流量、输沙率的目的。但由于仪器、设备因素影响，异重流横向分布边界点的确定非常困难，从而无法确定异重流各水文要素在横向上的分布规律，无法定量分析异重流流量、输沙量在一个断面上的变化过程及异重流沿程输沙量的增减情况。

(2)异重流夜间测验。由于无照明设备，夜间不能施测异重流，当异重流发生在夜间时无法准确掌握异重流到达各个断面的时间，对于研究异重流的运行规律极为不利。

(3)异重流测验设备更新、维护困难。由于数年来未对异重流测验投入专项资金，不能及时对异重流测验设施、设备进行维修、更新，主要反映在测船、定位和测深设备方面。在 2006 年异重流测验过程中，虽然在测验现场常驻两名机电维修人员，但由于测验设施设备问题较多，仍然无法应付频繁出现的各种故障，直接影响了异重流测验时机及资料的获取。

(4)水位观测。2005 年麻峪水位站因故被撤销，导致在陈家岭站至河堤站长达 40 km 的河段内没有水位观测资料，根据现有人工塑造异重流调度方案，河堤及其以下超过 10 km 将为自然河道，但是异重流潜入点往往位于此区间，在潜入点下游直至 HH17 断面缩窄河段是研究异重流形成、演进的关键河段，由于缺乏水位观测，该区段水位插补存在困难，不利于异重流规律的分析研究。

5.3 建 议

小浪底水库投入运用以来，在洪水期均发生了异重流排沙过程，而且异重流排沙将是小浪底水库今后运行中一种重要的排沙方式。由于小浪底库区平面形态十分复杂，水库异重流排沙既有普遍性又有特殊性。通过对小浪底水库异重流观测资料的系统分析，了解异重流发生、运行及排沙规律，对进一步优化小浪底水库调水调沙运用方式及水库联合调度，甚至对泥沙学科的发展均具有重大意义。

对小浪底水库异重流输沙规律的认识基于原型资料的观测。受洪水历时、观测技术和测验经费等因素的制约,目前的原型观测资料仍不能满足水库调度和科学研究的需要，因此优化异重流的观测项目及观测内容是十分必要的。总结以往的异重流观测情况，建议加强或改进以下项目的观测：

(1)异重流潜入点观测。异重流潜入条件是进行多沙河流水库数值模拟的判别条件。国内外对异重流潜入条件的研究有 3 种途径，即野外观测、实验室试验及理论分析，而野外观测是最直接可信的。因此，需要开发、购置必要的测验设施和设备，开展对异重流潜入点处水力条件的观测工作，为开展异重流规律的基础研究提供丰富的数据资料。

(2)异重流倒灌支流的观测。小浪底水库支流原始库容约占总库容的 1/3，支流库容能否充分利用将直接影响小浪底水库对黄河下游的拦沙减淤效益。据统计分析，支流来沙量与干流相比可忽略不计，所以支流淤积量大小及淤积形态取决于干流倒灌支流的沙量。据小浪底水库运用初期模型试验结果分析，当干流异重流经过支流沟口时，仍然以异重流的形式倒灌支流，支流异重流溯河而上，流速较为缓慢，挟带的泥沙则几乎全部沉积在支流内，使支流河床不断淤积抬升。倒灌支流的沙量多少取决于干支流交汇处水力泥沙条件、干支流的夹角及干流主流方位等。加强对支流异重流倒灌的观测，可深化对支流异重流运动规律的认识，为数学模型提供物理图形，进而为优化水库调度方式提供支持条件。

(3)地形控制断面观测。小浪底库区平面形态十分复杂，包括弯道及断面扩大及缩小，均使异重流在经过这些局部库段时产生能量损失。因此，在典型部位布设观测断面进行观测，不仅可定量给出异重流通过局部库段时的能量损失，而且可建立计算方法为数学模型服务。

(4)浑水水库泥沙沉降过程观测。水库形成浑水水库后，水中悬浮着大量的细颗粒泥沙，由于其沉降速度十分缓慢，对水库排沙历时及水下地形观测均产生一定的影响。应在浑水水库中适当布设断面，跟踪观测含沙量分布，掌握浑水水库的泥沙沉降过程，为实现该部分泥沙资源化研究提供数据支持。

(5)各泄水洞分流分沙比观测。当小浪底水库为异重流排沙时，水库坝前并非均质流。在清浑水交界面上下分别为清水及含沙水流，不同高程泄水洞下泄水流的含沙量差别很大。通过对异重流期间不同泄水洞排沙效果的观测，可以优化水库调度运用方案，减少排沙时的弃水量，提高水流的排沙效率。

(6)开展异重流的预估和预报研究。小浪底水库异重流的形成，主要动力条件是三门峡水库出库的洪峰和含沙量过程。如果三门峡水库清水下泄，则泥沙条件主要依靠小浪底水库尾部泥沙的沿程加入来实现。因此，通过调整小浪底库区站网，控制三门峡水库出库水沙过程和小浪底水库尾部泥沙加入情况，结合当年的水库淤积形态和当时的坝前水位，可以预估潜入点的位置，确定异重流测验的开始时间。异重流潜入后，结合对异重流运动规律的分析成果，预估下游断面异重流运行过程，可减少测验的盲目性，获得更有价值的资料。

研究不同流量及异重流传播时间意义重大。尤其是水资源短缺的情况下更为重要。根据水文泥沙预报和异重流传播时间分析，当异重流运行到坝前时，及时开启高程较低的泄流设施，利用异重流排沙，不仅可以有效利用水资源和水库拦沙容积，还可减少水库和下游河道的淤积。

小浪底水库异重流演进规律分析

李世举　胡跃斌

(黄河水利委员会水文局　郑州　450004)

摘要　本文对小浪底水库异重流的形成条件和演进过程中的厚度、流速、含沙量、D_{50}、洪峰传播等要素进行了分析，还分析了八里胡同河段对异重流演进的影响程度；率定了异重流洪峰演进的经验关系；阐述了异重流与烂泥层水沙交换的机理、影响因子及沿程变化规律。

关键词　水库　异重流　演进

1　水库概况

小浪底水库位于洛阳市以北黄河中游最后一段峡谷的出口处。上距三门峡水库 130 km，是黄河干流三门峡以下唯一能取得较大库容的控制性工程，它处在承上启下控制下游水沙量的关键部位，以防洪、防凌、减淤为主，兼顾供水、发电。小浪底水库属于典型的河道型水库，上窄下宽，最窄处不足 300 m，最宽约为 1 000 m，其中距大坝 26 km、长约 4 km 的八里胡同河段最窄，河宽仅 200 ~ 300 m。库区内支流众多，各级支流约 50 余条，且支流面积小、河长短、比降大。为观测水库淤积变化，建库初期，在水库主河道和支流分别设置了若干观测断面，由坝前向库尾编号，主河道断面编号为“黄淤 i(i 为编号)”，支流断面编号为“支 i(i 为编号)”。库区内主河道弯道较多，对异重流的纵向发展具有较大影响。

2　异重流的形成

三门峡水库下泄的含沙水流进入小浪底水库后形成的异重流从潜入点开始，在潜入点区上游较远处，其流速和含沙量的垂直分布表现为普通明渠流；在潜入点附近，水深会明显增大，从流速的垂直分布上显示，最大流速向库底移动；而潜入点位置是浑水潜入库底的地方，此处存在明显的清浑水分界线，分界线附近存有大量的漂浮聚集物，并伴有泥沙翻出水面的现象，出现浑水旋涡，此处水深也进一步加大，水面流速和含沙量接近于零；潜入点区附近，含沙量的零点位置也从水面向库底方向移动，出现明显的清浑水界面，界面以下形成异重流，界面以上清水形成纵向环流(见图 1)。

小浪底水库异重流从潜入点区潜入库底向前演进过程中，重力作用明显减小，惯性力作用相对增大，在潜入点附近的弗劳德数 Fr'一般小于 0.6。2003 年 8 月 3 日小浪底水库异重流潜入点区的 Fr'值为 0.48，8 月 4 日为 0.646。当水深过小、流速过大或含沙量过低，都不会产生异重流。同时，根据 Fr'值还可以判断异重流潜入点的位置或范围。2001 年异重流潜入点距大坝 59.4 km，2002 年距大坝 77.48 km，2003 年两次异重流潜入点分

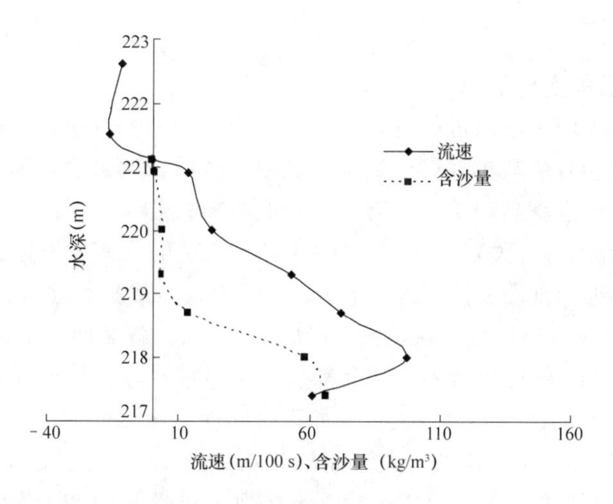

图 1　异重流潜入点下游附近流速、含沙量垂直分布(2003 年 8 月 3 日黄淤 34 断面)

别距大坝 60.13 km 和 67.99 km。在确定的库水位和底坡比降条件下，如果含沙水流入库流量大，则潜入点会下移，反之则上移；如果来水含沙量大，则潜入点会上移，反之则下移。

3　异重流在库区内的演进

3.1　异重流厚度沿程变化规律

异重流在潜入点进入库底后随着在纵向上的运动与传播，其厚度会有所变化，其变化受地形影响较大。小浪底水库异重流在八里胡同以上区段时，断面较宽，厚度较小；进入八里胡同区段(距大坝 26 ~ 30 km 范围)，断面较窄，异重流厚度增大，出八里胡同后，其厚度又有所减小。到达坝前区范围内，在泄流闸门关闭状态下，会出现异重流的壅高，先充满坝前最深位置，然后向上游发展，以致清浑水交界面趋于水平(9 月 1 日)(见图 2)；在开闸状态，异重流会随着排出库外而厚度变薄。

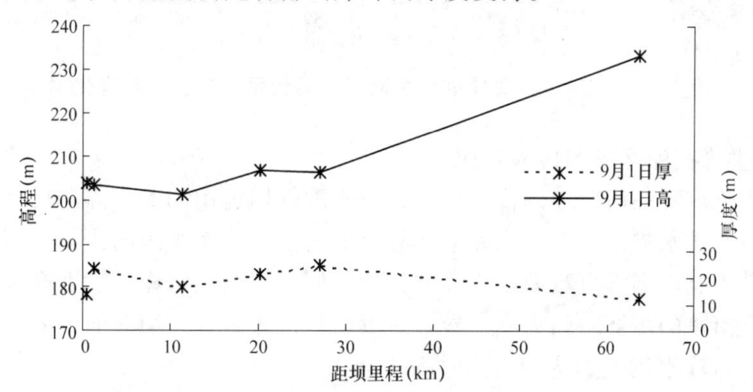

图 2　2003 年 9 月 1 日异重流厚度及清浑水界面高程沿程分布图

异重流在水库内演进时，主流位置主要沿原河槽变化，在主流区表现为流速大、含沙量高和粒径较粗。小浪底水库异重流在八里胡同以上，主流有时会分为两股或多股，进入八里胡同河段汇成一股，出八里胡同后向两侧扩散并以主河槽为主流，到坝前区后形成浑水水库。

3.2 异重流流速沿程变化规律

异重流从潜入点向坝前演进的过程中，一般表现为潜入点附近流速较大，随着纵向距离的增加，流速会有所减小并趋于稳定。到坝前区后，如果泄流闸门关闭，则异重流的动能转为势能，产生壅高现象，而流速则降低为零；若泄流闸门开启，则异重流流速会适当增大(与泄流流量有关)。在演进途中，异重流层的流速受地形影响较为明显，当断面宽度较小或在缩窄地段，其流速会增大，在断面较宽或扩大地段，其流速就会减小。

2003 年的两次异重流过程，从黄淤 34 断面至坝前，各断面的最大流速除在黄淤 17 断面(距大坝 27.19 km)出现递增外，其余都呈现为递减趋势。其中黄淤 05 断面(距大坝 6.54 km)至黄淤 01 断面递减幅度较大，其原因是断面的增宽和河床比降明显减小，第一次异重流在坝前和黄淤 01 断面的最大流速都在 0.2 m/s 以下，且大部分时间流速为零，是由于泄流闸门未开启的缘故。第二次异重流在坝前和黄淤 01 断面的流速有所增大，最大流速在 0.2 ~ 0.4 m/s 之间，是由于泄流闸门开启放水的缘故。黄淤 17 断面位于八里胡同河段的中间，断面相对较窄，异重流层流速较大(如图 3)。

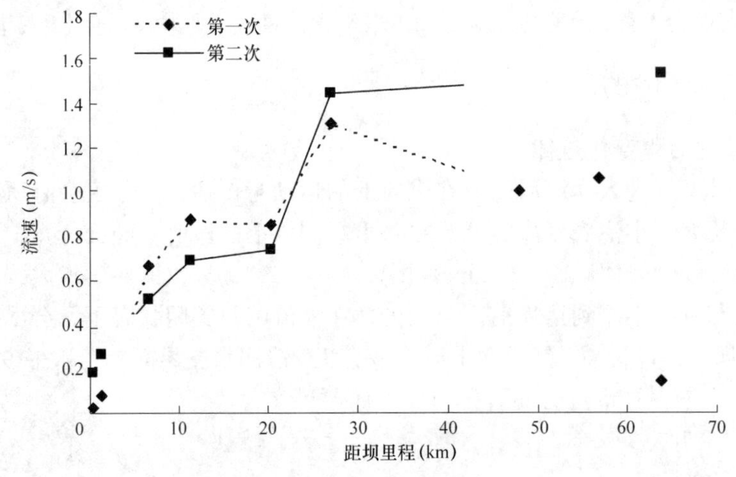

图 3 2003 年两次异重流主流一线最大平均流速沿程变化

3.3 异重流洪峰在库区内的传播规律

分析异重流洪峰在库区内的传播规律，对水库管理运用和泄水排沙具有重要意义。三门峡水库下泄洪水进入小浪底水库形成异重流后演进到大坝跟前，要经历潜入点以上的明渠流和潜入点以下异重流两个阶段的传播。假设三门峡水库下泄洪峰从三门峡站至异重流潜入点河段的传播时间为 t_1，异重流洪峰从潜入点到达坝前的传播时间为 t_2，那么，三门峡下泄浑水洪峰到达坝前的时间应为 $T= t_1+ t_2$。

由于小浪底水库大坝距三门峡水库大坝距离为 130 km，假设发生异重流时潜入点位置到大坝距离为 L(一般可用由库水位推求出的回水长度替代)，三门峡水库下泄洪峰在明渠河段的平均传播速度为 V，则

$$t_1=(130-L)/V \tag{1}$$

t_2 的大小主要受来水洪峰、含沙量、水库回水长度、库底比降等多种因素的影响，

通过对小浪底水库异重流 2001～2003 年的实测资料进行分析后，找到传播时间 t_2 与影响传播速度的主要因素之间的经验关系。下面是对小浪底水库已取得的 4 次异重流过程实测资料进行分析并建立的相关关系(见图 4)。

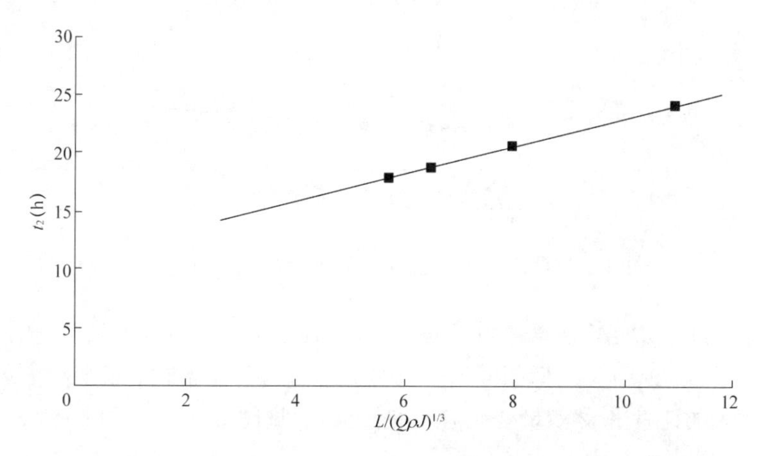

图 4 小浪底水库异重流洪峰传播历时经验关系线

经率定后得到如下经验关系式：

$$t_2 = \frac{1.21L}{(Q_m \cdot \rho_m \cdot J)^{\frac{1}{3}}} + 10.91 \tag{2}$$

故

$$T = \frac{130 - L}{V} + \frac{1.21L}{(Q_m \cdot \rho_m \cdot J)^{\frac{1}{3}}} + 10.91 \tag{3}$$

式中：T 为三门峡站浑水洪峰到达小浪底水库坝前区的传播历时，h；V 为明渠流河段洪峰传播速度，km/h；Q_m 为三门峡站洪峰流量，m^3/s；ρ_m 为三门峡站洪水沙峰含沙量，kg/m^3；L 为异重流发生时小浪底水库回水长度，km；J 为异重流发生时小浪底水库库底纵向比降。

3.4 含沙量及 D_{50} 沿程变化

小浪底水库异重流在演进过程中，沿程各监测断面的最大垂线平均含沙量变化具有较好的规律性。通过对 2003 年实测资料分析后可以看出，第一次异重流从潜入点黄淤 34 断面至黄淤 29 断面(距大坝 48 km)之间含沙量明显减小，但到黄淤 17 断面(距大坝 27.19 km)又明显增大，到黄淤 13 断面(距大坝 20.35 km)达到最大(339 kg/m^3)，该断面以下，其含沙量逐步减小，到坝前断面测得有流速的浑水层最大垂线平均含沙量仅为 125 kg/m^3。中途出现含沙量增大的原因，是黄淤 17 断面处于八里胡同河段中部，黄淤 13 断面位于八里胡同河段出口，此河段内断面宽度明显缩窄，异重流层流速增大，水流挟沙能力也增大，河段内前期淤沙被冲起后进入异重流层；第二次异重流过程，其含沙量沿程逐渐减小，黄淤 13 断面以下受开闸放水影响，异重流层含沙量逐渐增大，黄淤 01 断面为最大(157 kg/m^3)(见图 5)。

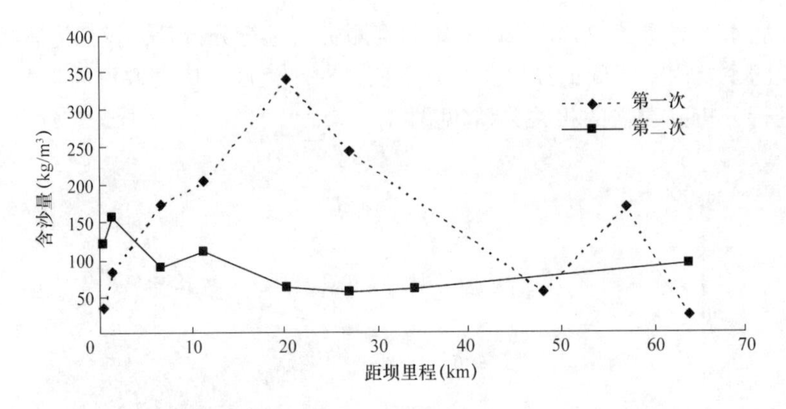

图 5　2003 年两次异重流主流一线最大平均含沙量沿程变化

最大主流一线平均 D_{50} 在潜入点至黄淤 29 断面之间沿程减小，在黄淤 17 和黄淤 13 断面间又有所增大，说明在八里胡同河段部分床沙进入异重流层，粗颗粒数量有所增加，此特征与该河段的流速和含沙量变化趋势是一致的(见图 6)。

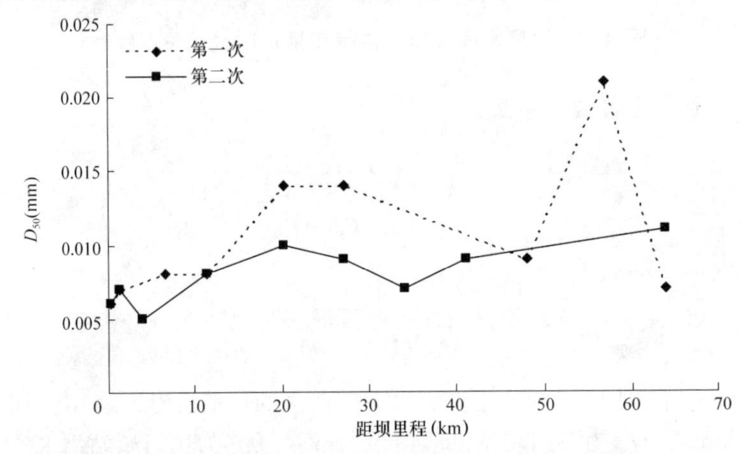

图 6　2003 年两次异重流主流一线最大平均 D_{50} 沿程变化

4　异重流与烂泥层间的水沙交换

在小浪底水库异重流发生期间，异重流层下的局部或大部分区域，往往存在一种既不同于异重流，又有别于河床质的高含沙水层。它的特征如下：一方面含沙量很高，泥沙处于悬浮状态，不像河床质那样沉积在河底，从含沙量垂直分布上与异重流层没有明显的突变增大，而是渐变增大；另一方面，该层高含沙水体的流速为零，处于不流动状态，即具有悬浮与停滞的特点，我们叫它“烂泥层”。

在大坝没有开闸放水状态，烂泥层在沿程各断面的最大厚度呈现为从上到下递增的趋势，坝前区为最厚，2003 年最大值达到 22.1 m，潜入点附近基本没有悬滞层的存在。这是由于异重流在潜入点附近能量较大，其挟沙能力也较强，随着沿程能量的衰减，异重流无法挟带更多的泥沙向前运动，但由于泥沙颗粒较细，沉降速度较缓慢，故形成了特有的烂泥层。同时由于大坝没有开闸放水排沙，坝前区异重流的动能完全为零，成为静态浑水层，形同一个浑水水库，待开闸放水时排出库外，2003 年排沙结束时厚度降到不足 2.2 m。

从烂泥层厚度的变化过程来看(见图 7)，在坝前区和八里胡同以上河段，一般表现为前期较薄，后期明显增厚。但在八里胡同河段，由于河道窄深，前期流速较小时，会出现烂泥层；后期异重流流速增大，烂泥层被融入到异重流层向下游演进，成为异重流的一部分。烂泥层厚度在断面上的横向分布与流速分布成反比，流速大的主流部分烂泥层较薄，流速小的非主流部分则相对较厚。

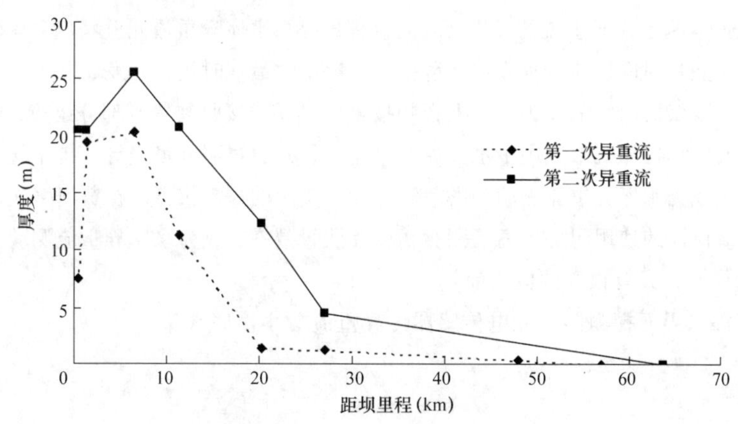

图 7　2003 年各断面主流一线烂泥层最大厚度沿程变化

5 结　语

(1)通过对小浪底水库异重流在演进过程中厚度、流速、含沙量和 D_{50} 的变化分析可知，入库洪水的水沙量及库区地形对异重流的演进影响较大。在八里胡同窄河段，异重流厚度及流速虽有所增大，但异重流动能或流量则有所减小，使部分泥沙淤积在八里胡同以上的库尾区段。

(2)本文率定了异重流洪峰演进的数学经验关系，对小浪底水库利用异重流排沙时机的确定具有重要参考价值。

(3)通过对异重流与烂泥层水沙交换机理的分析可知，在八里胡同以上至异重流潜入点范围内，适度加大异重流的动能，增加异重流强度，是减少小浪底水库库尾泥沙淤积的有效方法。

“清浑水界面探测器”工作原理及使用方法

王庆中　朱素会　李树森

(河南水文水资源局　郑州　450004)

摘要　为快速监测水库异重流的发生、发展过程，提高水库异重流测验精度，减轻人们的劳动强度，缩短测量时间，抓住水库“蓄清排浑”运用的最佳时机，开发研制了光电式清浑水界面探测器。该仪器由水下探头和船上音频报警信号无线接收装置两部分组成，主要是把光学、电学、液压和机械技术应用于水文泥沙测验中，并通过耐环境设计、抗干扰设计和可靠性设计，使之成为水库异重流测验中的一种方便、实用的探测仪器。在黄河多次调水调沙试验中表明，该仪器的使用明显提高了测验精度和测量效率，成为水库异重流测验工作中不可缺少的理想仪器，具有很好的应用前景。

关键词　清浑水界面探测器　光电传感器　异重流　小浪底水库

1　概　述

“清浑水界面探测器”是针对黄河小浪底水库异重流测验中的实际生产问题研制的，是黄委水文局科技基金资助项目，由黄委河南水文水资源局承担，于2003年5月完成，并在2004年正式投入异重流测验的生产实践中，本设备已成为快速监测小浪底水库异重流的前锋线和清浑水界面的专用仪器。黄河水少沙多，是一条举世闻名的多沙河流。水库异重流是多沙河道水库特有的现象，黄河小浪底水库属于典型的河道型水库，上窄下宽，处于基本承接流域全部来沙的特殊位置，更具有发生异重流现象的自然条件。

小浪底水库从 2001 年出现了异重流，刚开始进行异重流测验时，测验条件很差，没有专门的测验工具，也没有测验经验可供参考，对异重流的运行规律更是知之甚少。为准确、及时测到异重流，只好靠人来打拼，测验人员吃住在船上，监守在每个断面，采用估计法采样，并用多次试探的方法来探测跟踪异重流测验，用“试错法”判断清浑水界面和浑水层的厚度，该方法测量精度低，测量历时长，测一条垂线需一个多小时，测一个断面需 6~7 个小时，一天下来人们都是精疲力尽，容易延误水库“蓄清排浑”运用的最佳时机。“清浑水界面探测器”的使用改变了过去用“试错法”采样、目测判断清浑水界面位置的落后状况。

2　“清浑水界面探测器”的组成结构与工作原理

“清浑水界面探测器”由水下探头和船上音频报警信号无线接收装置两部分组成。其中，水下(包括电池组、密封电源开关)探头主要由远红外光发射电路、远红外光接收电路、10 s 定时电路、1.2kHz 信号发射和功放输出电路组成。船上音频报警信号无线接收装置由音频接收功放、喇叭等构成。水下光电传感器经过光学处理、机械加工、水下密封等技术措施，制成水下光电探头。水下电池组经过水密封措施，将高能可充电池装在铅鱼肚子里，为光电探头提供电源。水下密封电源开关经过液压密封措施加工成在 1.5 MPa 水压下工作的二位电源开关。水下发射系统采取了密封措施，保证正常工作，接收机置于船上，还具备了防雨功能。

当水下探头在清水中时，远红外光能够在水中通过，光强鉴别电路输出关闭，船上接收装置无信号，喇叭不响；当探头进入到含沙量大于 1.0 kg/m^3 的浑水中时，远红外光被泥沙遮挡，光强鉴别电路输出打开，输出 1.2 kHz 音频信号，通过悬索和水体回路发送到船上，船上接收装置接收到 1.2 kHz 音频信号后放大输出，喇叭发出报警声响，表明已探测到浑水层，10 s 后电路定时自动关闭 1.2 kHz 音频信号输出，进入待机状态，节约电能并让出信号的传输通道；当探头由浑水层提升到含沙量小于 1.0 kg/m^3 的清水中时，定时电路自动恢复为初始状态。

3 “清浑水界面探测器”的主要技术指标

其主要技术指标如下：

(1)水下密封仓，耐水压 1.5 MPa，实用工作水深 100 m 以内；

(2)红外线光电传感器对含沙量的探测灵敏度为 1.0 kg/m^3；

(3)内置 12 V 镍氢可充电源，充一次电可用 2 ~ 3 天；

(4)报警定时 10 s 后待机，待机电流 20 mA；

(5)界面探测准确度为 3 ~ 5 cm；

(6)适应环境温度为–10 ~ 45℃。

4 “清浑水界面探测器”在水库异重流测验中的使用方法

在水库异重流测验时，可用 100 kg 铅鱼携带光电探头深入水中。具体做法如下。

(1)探测器侧向固定在铅鱼的立翼上，光学探头位于下方，接线端子朝铅鱼后方，探测器平面距铅鱼立翼水平距离 40 ~ 50 mm，用两条 M8 × 80 的不锈钢螺栓(随机)固定(见图 1)。铅鱼与悬吊索连接处用尼龙套管进行绝缘，铅鱼体作为水下极板，悬吊索与发射线相连。在铅鱼测深的过程中遇到含沙量大于 1.0 kg/m^3 的浑水层时，经红外线光电传感器鉴别后可产生矩形波交流信号，通过水下无线信号传输通道产生界面报警信号，当听到扩音机喇叭发出报警声响时，说明铅鱼已经进入浑水层，停止下放，此时计米器显示的深度就是清水层深度。在获得界面的位置深度信息同时可在该测点采取水样。

(2)电源开关应固定在铅鱼立翼上，根据现场条件为方便操作可固定在左侧或右侧。固定时需在铅鱼立翼上钻两个 ϕ6 mm 孔，用随机附件 M6 × 20 螺栓固定，其红色“开”字应处于正向，开关引线应顺流向(见图 2)。

(3)“清浑水界面探测器”的接线方法：①黄色线为信号发射线，接铅鱼绝缘子上部悬索。②蓝色线为内部电路负极，黑色线为电源负极，将蓝色线与黑色线接通后再接于铅鱼的金属立翼上，构成发射电路的接地极。③用水银开关控制内部电源的正极，红色线与棕色线分别接于水银开关的两端；当开关处于“开”位置时，电路处于工作状态。

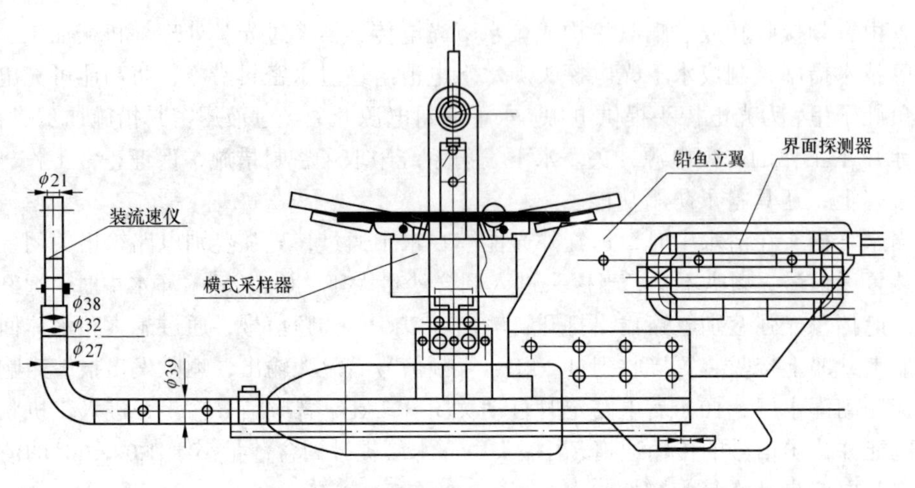

图 1　探测器固定位置示意图

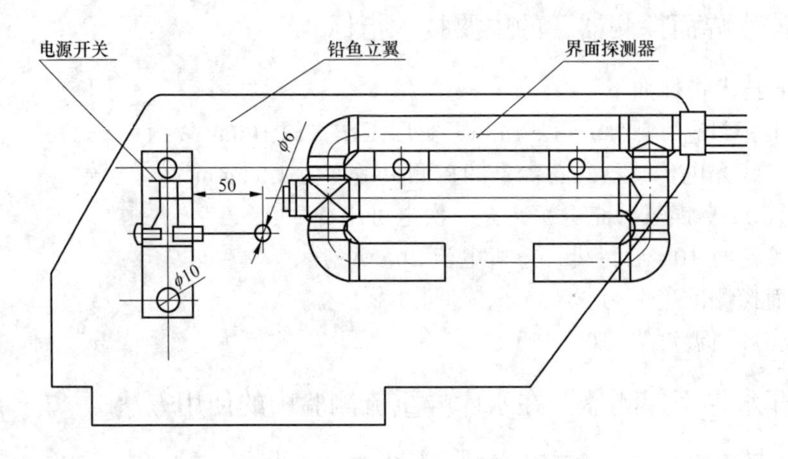

图 2　电源开关固定位置示意图

不测验时及时将开关断开(见图 3)。也可以不用水银开关，工作时将红色与棕色导线连接并用绝缘胶布包好，工作结束后将红色线与棕色线拆开，用绝缘胶布包好红色线头，防止漏电和短路。

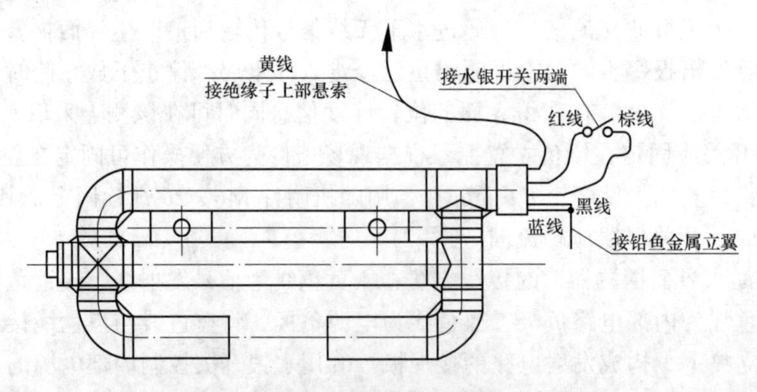

图 3　界面探测器的接线方法示意图

(4)接收机接线方法：接收机的输入线一条与船体良好接通；另一条接水极板，极板一般用ϕ8 mm钢丝绳，入水长度约2.0 m并与船体绝缘。

(5)电源充电方法。当电源电压低于10.0 V时，需要及时进行充电。充电时，需要把接线端子上的5根导线全部解开，取出红色线头此为电源正极，黑色线头为电源负极。将充电器的正极(红色夹子)接红色导线；将充电器的负极(黑色夹子)接黑色导线(其他线头用胶布包住，防止线头与铅鱼体及船体接触造成短路现象)。

正常充电时，选用0.25 A挡充电2～4 h；要特别注意电源极性不可接错。特殊情况下也可选用1.0 A挡充电1～2 h。充电时要检查充电器和电源是否发热，防止过充电损坏电源。

充一次电可以正常工作 2～3 天，缺电时将影响正常工作。“清浑水界面探测器”从2003年8、9月份小浪底水库两次较大的异重流测验至今，进行了连续、大量的生产作业，仪器性能稳定可靠，具有很强的环境适应性。

5 结 语

该仪器是为解决小浪底水库异重流测验过程中探测清浑水界面而研制的，具有针对性，为水库异重流的跟踪监测提供了有效的技术手段。重要的是把光学、电学、液压和机械技术应用于水文泥沙测验中，并通过耐环境设计、抗干扰设计和可靠性设计，使之成为水库异重流测验中一种方便、实用的探测仪器，也为今后研制泥沙自动检测系统奠定了基础。

参考文献

[1] 江鑫. BK56型楼道延时灯开关原理与检修. 家庭电子，2004(4)

[2] 施良驹. 集成电路应用集锦. 北京：电子工业出版社，1988

水库异重流厚度的确定方法

赵书华　董明军　吴幸华

(河南水文水资源局　郑州　450004)

摘要　异重流厚度是异重流观测项目的主要内容，本文分析介绍了通过测定水库清浑水交界面的深度来确定异重流厚度的方法，并通过实践经验阐述了在测验方面应注意的问题。

关键词　异重流　界面　分界点　厚度

1　概　述

水库异重流是黄河等高含沙河流特有的一种水流形态，指含沙水流进入库区后遇到清水，由于密度差而潜入清水下面形成一股浑水流，并沿河底向坝前行进的现象。掌握异重流演进规律，可以在异重流到达水库坝前时，打开冲沙闸门，将高含沙浑水排出库外，减少水库淤积。异重流观测项目主要有厚度、流速 、含沙量、泥沙颗粒级配、水位、水深、水温和异重流宽度等，异重流厚度是异重流现象表现强弱的标志性数据之一。

2　近年来小浪底水库异重流厚度测验状况

小浪底水库自 1999 年开始蓄水运用，2001 年开始异重流测验，到目前已连续观测 6 年共 13 次异重流过程，各年出现异重流最大厚度及分布见表 1。

表 1　2001～2006 年年异重流最大厚度特征值统计

年份	年最大异重流厚度(m)	最大厚度出现断面
2001	20.3	HH09
2002	17.9	HH21
2003	20.5	坝前 410 m
2004	11.2	HH29
2005	9.7	HH25
2006	19.0	HH22

3　异重流厚度确定方法

从清浑水交界面，到异重流底部流速为零处之间为异重流厚度。

由于异重流在运行过程中与上层清水会有掺混作用，界面附近会存在一定厚度含沙量较小的浑水，这种清浑水相互掺混的区域属于掺混层，还不属于异重流层，故需要以一定含沙量作为异重流层的判定标准。根据研究成果和异重流测验经验，小浪底水库异重流以清浑水相接处含沙量在 3 ~ 5 kg/m^3 为上分界面判断标准。

下界面一般以异重流底部的“0”流速位置来确定，称其为库底。在底部软泥层较薄(小于 0.5 m)或没有软泥层的断面，测验不到“0”流速，个别垂线上最大测点流速甚至出现在近底部，此类断面以铅鱼所测水深处作为库底；对于软泥层较厚的断面，以“0”流速位置作为库底。

以下介绍确定异重流厚度的两种方法。

3.1 图形内插法

小浪底水库从 2001 年开始出现异重流，在异重流观测初期，异重流厚度的确定方法是根据垂线观测到的数据，分别画出流速在垂线分布和含沙量在垂线分布套绘图。根据含沙量分布在图上区分清浑水分界面(含沙量 3 ~ 5 kg/m^3 处)，其相应水位即异重流的上界面水位；清浑水分界面与流速曲线的交叉点(“0”流速)为异重流的下界面水位；两水位之间的厚度即异重流的厚度，如图 1 所示。

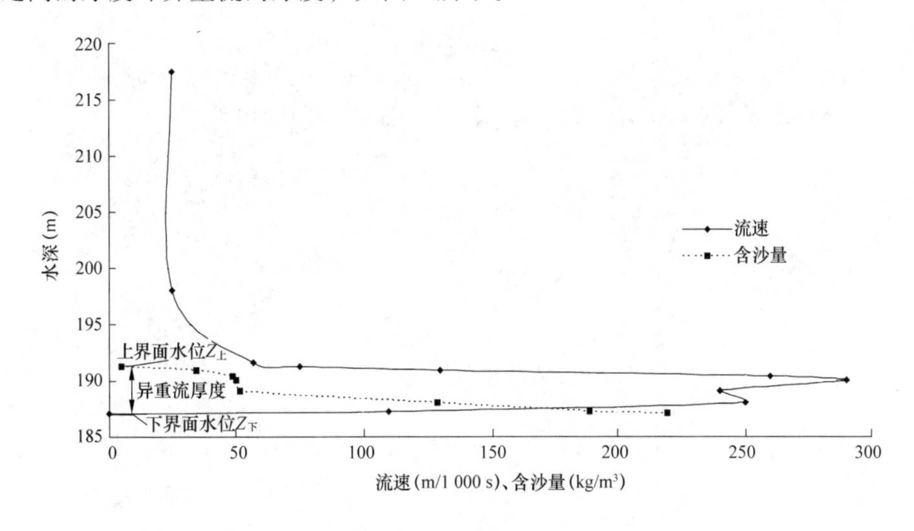

图 1　异重流含沙量和流速分布

3.2 数据内插法

根据实测数据，在整编中插补出清浑水分界面的含沙量为 5 kg/m^3 或 3 kg/m^3 的水深作为清浑水界面的水深，这一水深以下属于异重流层，该水深为异重流的上界面 $Z_上$。

以“0”流速或库底作为异重流的底部。若库底存在流速，则以库底作为异重流的底部，否则以垂线近库底流速为零的测点或插补出此水深作为异重流的下界面 $Z_下$。

上、下界面的差值即异重流的厚度 $H_厚=Z_上-Z_下$。

4 认　识

4.1 测验精度

异重流在潜入点区形成之后，有一个加强的过程，其厚度会由薄变厚，清浑水界面也会不断上升，随着上游来水来沙量的增大，异重流在潜入点区以下的区域的厚度会达到最大值，之后厚度与界面高程会随着来水的减少而降低。其变化特点给测验带来一定的难度，误差也随之增大，根据目前的方法和手段直接影响到控制异重流的过程变化。

出现误差的原因，一是布设的断面较少，二是测点位置还未能全面控制异重流流速、含沙量纵向的转折变化。测验规范介绍的测速、取样方法，是根据自然河流的一般分布规律，通过大量的试验研究确定的，但与异重流的垂向分布特点不相适应。

就一次异重流测验而言，在黄河来水和河床形态变化不大的情况下，突变层厚度因上、下层流速的差异和水流紊动情况不同而有所不同。为了控制流速、含沙量的转折变化，应根据垂线分布的实际情况，合理布设测点。

4.2 含沙量与流速突变

根据水力学的原理，泥沙的运动要有一定启动流速，所以含沙量的突变在流速上应该有相应的表现。就测验而言，流速比含沙量更快捷和简便，提高流速的测验密度比含沙量更可行。所以，以研究异重流形态下流速与含沙量之间的关系，从而通过流速分布来确定异重流的厚度。

参考文献

[1] 水利部. 水库水文泥沙观测试行办法. 北京：水利水电出版社, 1980

四仓遥控悬移质采样器在水库异重流测验中的应用

王庆中　朱素会　李树森

(河南水文水资源局　郑州　450004)

摘要　目前黄河上传统的泥沙采样方法仍是手持悬杆式采样器，这在深水采样时操作困难，工作效率低，并且危险，已不能适应水库深水泥沙采样。“四仓遥控悬移质采样器”就是针对黄河小浪底水库异重流测验中存在的泥沙采样难题而开发研制的深水取沙工具。该项目主要解决了两个难题：耐水压2MPa的水下“机电液组件”和水下“四路遥控开关”电路，为今后解决测深、测速、测流向等提供了有效的技术途径。该仪器操作简便、安全，工作效率高，劳动强度小，2004年以来，在黄河多次调水调沙期人工塑造的异重流测验中，各项技术指标均能满足设计要求。该项目填补了我国深水高含沙水流条件下的多仓无线遥控悬移质有效采样工具的空白。

关键词　悬移质采样器　异重流测验　泥沙取样　四仓遥控

1　概　述

“四仓遥控悬移质采样器”是针对黄河小浪底水库异重流测验中存在的测验难题而开发研制的深水取沙工具。“四仓遥控悬移质采样器”是黄河防汛科技项目，由黄委河南水文水资源局承担并于2004年6月完成。

小浪底水库发生异重流时，根据潜入点的位置，一般布置有10个左右的测验断面，出动6条测验船只，每条测船要负责两个以上断面的测验工作，每个测验断面平均都布置有6～8条垂线，每条垂线根据不同水深布置6～10个测沙点。异重流测验，泥沙取样是关键，目前黄河上传统的泥沙采样方法主要是以手持悬杆式采样器为主，不适应水库深水采样，若把采样器安装在铅鱼上，改用手拉式或锤击式用于水库异重流测验，采用这种测验工具取样，一个点取完后，拉上来倒出水样，再放下去测取第二个测沙点，一条垂线测完需很长时间，测验人员的工作量、劳动强度都很大，这种传统的测验方法远远不能适应水库泥沙测验。为提高工作效率，技术人员经过改进，研制了手拉式双仓采样器，虽解决了部分问题，但手拉开关可靠性不高。

为解决这些实际问题，2004年河南水文水资源局技术人员在局领导的大力支持下，结合自己在异重流测验中的工作经验，研制出“四仓遥控悬移质采样器”。该成果由水下电动采样器和水上遥控器两部分组成。采样仓为1 000 mL容积，电动机构为特制的“机—电—液”一体化器件，可在100 m水深和600 kg/m^{3}含沙量的环境条件下可靠工作；也可应用于600 m跨度的水文缆道遥控取沙。遥控器采用单片机编码和交流信号载波技术制成多路遥控开关，并有效利用“电场”理论解决了悬索交流载波技术难题。采样器可在铅鱼吊板两侧对称安装 2 只或 4 只。设计有快速装卸机构，安装快捷，使用方便。

“四仓遥控悬移质采样器”可用于水库含沙量采样，也可用于水文缆道的含沙量采样。该装置与手拉式采样器相比，具有操作简便、安全可靠，无线遥控，可实现一条垂线多个(1 ~ 4 个)不同水深的采样。如果一次能采取 4 个水样，一条测沙垂线，最多下两次铅鱼就完成了测验，快速高效，大大缩短了测验历时，极大地提高了工作效率。

2 “四仓遥控悬移质采样器”的基本组成

全套装置包括遥控发射器、遥控接收器、水下电源和采样仓 4 个部分，各部分分别介绍如下。

2.1 遥控发射器

遥控发射器的外形和各部分的名称及内部各部件布局如图 1 所示。

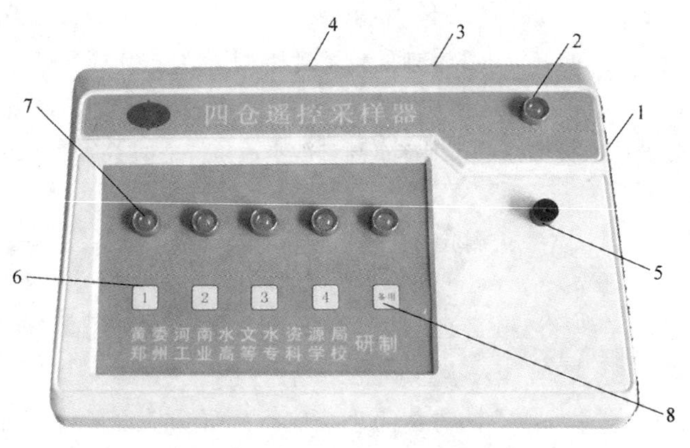

1.电源开关　　5.蜂鸣器

2.电源指示灯　　6.遥控按键

3.发射线插口　　7.采样仓状态指示灯

4.12V 充电电源插孔　　8.复位按钮

图 1 遥控发射器外形

2.2 摇控接收器

遥控接收器的外形和各部分的名称如图 2 所示。各引线功能用颜色作区分。

红线：12V 电源正极；黑线：12V 电源负极(接铅鱼)；黄线：信号发射/接收线；棕线：1#电磁铁；橙线：2#电磁铁；蓝线：3#电磁铁；绿线：4#电磁铁。

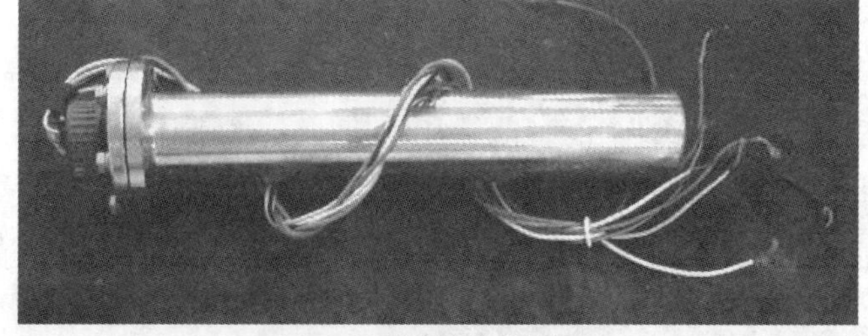

图 2 遥控接收器外形

2.3 水下电源

水下 12V DC 电源如图 3 所示，共有两根引出线，红线为电源正极，黑线为电源负极。

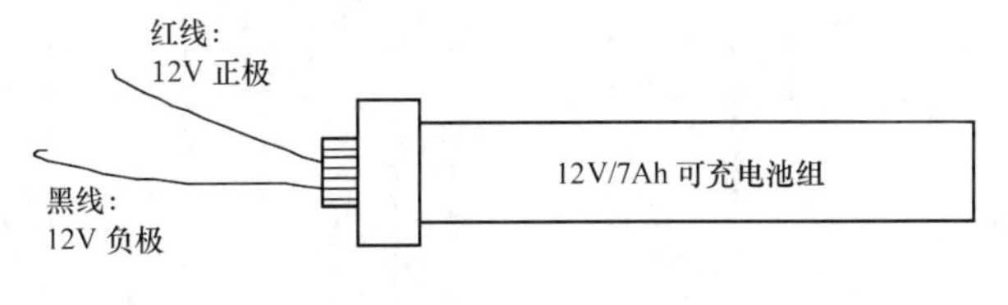

图 3 水下电源外形

2.4 采样器、水下极板支架

采样器的安装如图 4 所示。采样仓为圆筒状结构，仓盖可以绕轴旋转，两个仓门之间装有拉力弹簧，打开仓盖时需人工同时将其撑开。在水下需要关闭时由电磁铁牵引将其关闭。其中：电磁铁固定在水下极板支架上；采样仓为活动结构，可以根据需要挂到水下极板支架上，也可从支架上取下来倒出水样。水下极板支架结构如图 4 所示。分上、下两层，每层可对称安装两个采样器，共安装 4 个采样器，它既是悬挂采样器的支架，又作为水下电极板使用。吊板上部的吊装孔安装有绝缘子，用于将钢丝绳悬索与吊板之间形成电气隔离；吊板下部的孔用于连接铅鱼，电源密封筒装在铅鱼肚子内。

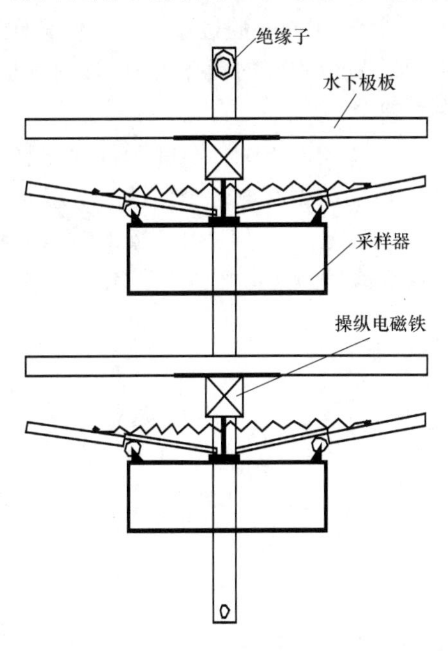

图 4 水下极板支架结构

3 电路工作原理

3.1 系统电路逻辑结构

系统以 89C2051 单片微型计算机为核心构成控制电路，分为遥控发射器、水下遥控接收器两部分，系统硬件逻辑框图如图 5 所示。

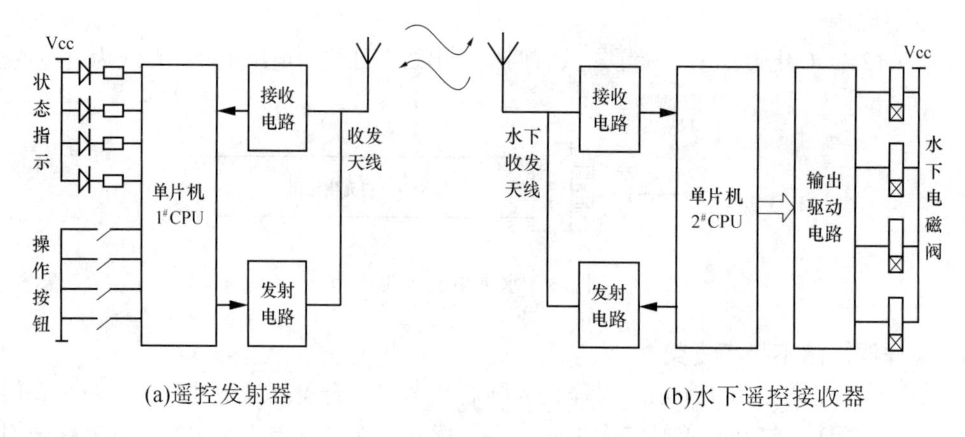

图 5　系统硬件逻辑框图

在遥控发射器部分，通过 1#单片机 CPU 将 4 个按钮的状态进行编码，并转换为一定频率的数字信号，通过发射电路发射到水下的遥控接收器。

水下遥控接收器安装在水下的一个密封腔内，接收线获得的信号经接收电路放大检波后送 2#单片机 CPU 解码，解码信号经过处理驱动继电器动作，接通水下电磁铁的工作电源，使其产生拉力 70N、行程 10 mm 的机械动作而使采样器关闭。同时将动作结果以编码的形式发回水上遥控器，置位相应的状态指示，以监视采样器在水下的工作状态。

3.2　遥控发射器电路工作原理

遥控发射器电路原理如图 6 所示。SB1 ~ SB4 为 4 个采样器的遥控按键，SB5 是复位按键，单片机通过读取 P1 口的数据获取各个按键的状态，然后对这 8 位二进制数进行曼彻斯特编码，转换为数字信号。例如 SB1 按下时得到的数据为 8 位二进制数 00000001(见图 6)，转换为数字信号的波形如图 7 所示。

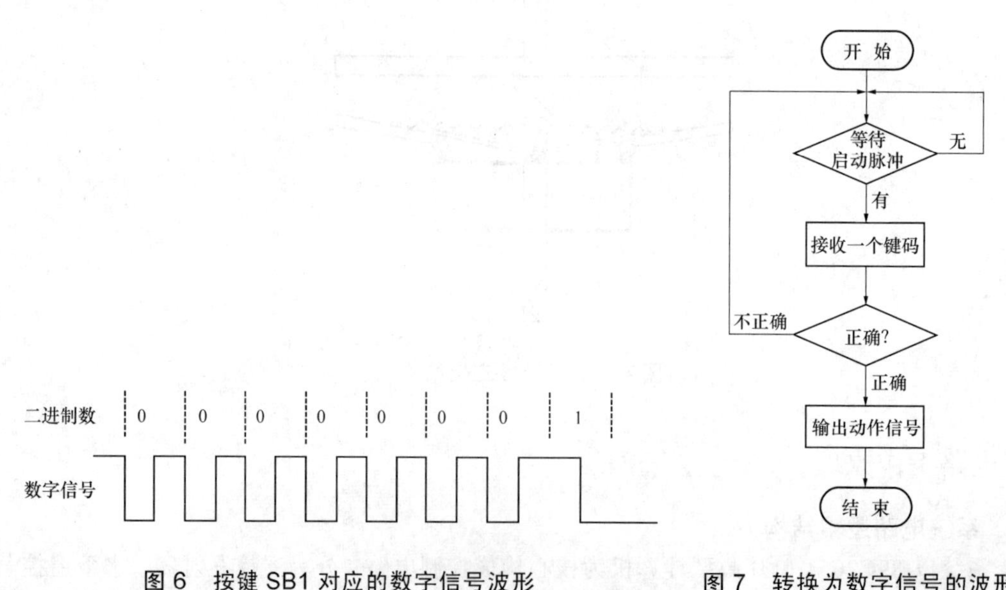

图 6　按键 SB1 对应的数字信号波形

图 7　转换为数字信号的波形

系统采用 38kHz 的载波信号，用上述编码数字信号 AM 调制后，从 P3.1 端输出。38 kHz 的 AM 信号再经过三极管 V11 进行电压放大，V12、V13 推挽功率放大后，输出到发射电极上。

3.3 遥控接收器电路工作原理

遥控接收器中电阻 R4、二极管 VD6 和 VD7 构成输入限幅电路，电感 L1 和电容 C5 构成输入带通滤波器，其谐振频率为

$$f_0=1/2L \cdot C \approx 38\ \text{kHz}$$

该电路可有效抑制干扰，保证有较高的信号接收灵敏度。滤波后的信号送接收头进行放大检波，还原为数字信号并输入到单片机的 P1.0 端，由单片机对其进行解码。解码后的 8 位二进制数经过 P3 口输出，经反相器 U3(4069)反相和 U4(ULN2003A)驱动后，控制继电器 KA1 ~ KA 4 的动作。

4 适应范围

(1)江、河、水库淡水水域的含沙量采样；

(2)在海区采样需用电缆控制；

(3)在水文测量船(钢质)上遥控采样作业；

(4)水文缆道上遥控采样作业。

5 主要技术指标

(1)控仓数：4 个；

(2)样仓容积：1 000 mL；

(3)悬移质含沙量：$<800\ \text{kg/m}^3$；

(4)适用淡水水深：100 m；

(5)适应水文缆道跨度：<800 m；

(6)电源：发射器用 12V/2.3Ah 蓄电池，空载电流≤100 mA；接收器用 12V/7.0Ah 蓄电池，空载电流≤20 mA。

6 在水库异重流测验中的应用方法

在水库进行异重流测验时，应先将四仓遥控采样器安装到测验铅鱼上。

该四仓遥控采样器整体安装结构如图 8 所示。其中遥控发射器安放在水文测量船上，遥控接收器和水下电源固定在铅鱼上，水下极板经过绝缘子悬挂在钢丝悬索的下端，铅鱼吊挂在水下极板下方，采样器挂于水下极板的支架上，利用水文绞车的拖动实现铅鱼的升降。

(1)将采样遥控发射器放置在水文测量船上的适当位置；把红色电极连接到铅鱼吊杆的支撑滑轮上，黑色电极(接地极)连接到测量船的船体上(若不是金属船壳接地极，需与螺旋桨电气连接)。

(2)将水下遥控接收器和 12V 水下电源固定在铅鱼的适当位置；电源的红线与遥控接收器的红线相连，电源的黑线与水下遥控接收器的黑线相连接后再连接到铅鱼体水极板上。

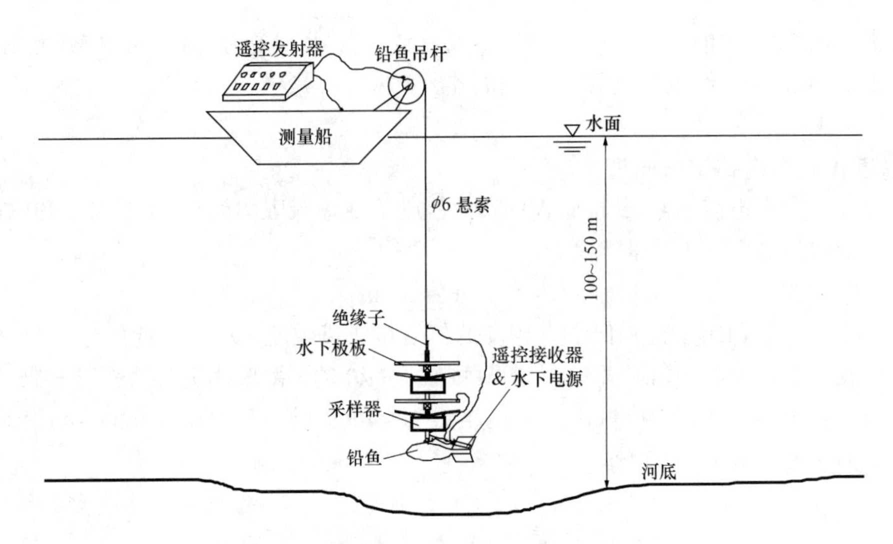

图 8　四仓遥控采样器整体安装结构

(3)黄线为信号接收/发射天线，与钢丝绳悬索相连接。

(4)其余连线为控制线，按颜色相同的导线进行连接并用绝缘胶布包好线头。棕线接 1#电磁铁线圈，橙线接 2#电磁铁线圈，绿线接 3#电磁铁线圈，蓝线接 4#电磁铁线圈。

(5)连线接头处用电气绝缘胶布包好，以防止短路和漏电。

(6)将采样器逐个挂到支架上，打开仓门，然后将铅鱼和采样器架徐徐放入水中。

(7)将采样器下降到预定深度，打开采样遥控发射器电源开关，按一下某编号的采样控制按钮，蜂鸣器发出“嘀……”声，对应的状态指示灯点亮，表明采样器已经关闭。如果状态指示灯不亮，说明控制无效，应检查有关接线，排除故障。

7　结　语

“四仓遥控悬移质采样器”的研制成功，为水库异重流测验提供了有效的泥沙采样工具。该项目主要解决了两个难题：耐水压 2 MPa 的水下“机电液组件”和水下“四路遥控开关”电路，填补了我国深水高含沙水流条件下的多仓无线遥控悬移质有效采样工具的空白，为今后解决测深、测速、测流向等提供了有效的技术途径。

《水库异重流测验整编技术规程》编写方法与思路

李世举　罗荣华

(黄河水利委员会水文局　郑州　450004)

摘要　本文对《水库异重流测验整编技术规程》编写的原则、方法和主要内容进行了详细介绍。规程内容包括规定条文、附录和条文说明三部分，其中规定条文共有 6 章 180 条。该规程充分体现了目前水库异重流管理与研究的要求，是第一部水库异重流测验的专用规程，具有较大的应用价值。

关键词　水库异重流　测验　整编　规程

1　编写的背景与意义

1.1　编写的背景

多沙河流上大中型水库发生异重流是常见的一种水流现象，也是水库泥沙运动的主要形式。利用异重流排沙是多沙河流水库减淤运行的主要方式之一，做好水库异重流测验，是多沙河流治理中的重要基础工作。

我国从 20 世纪 50 年代以来进行异重流测验的水库为数不少，并取得了比较成熟而丰富的经验。最早开展异重流测验的是官厅水库，其次是三门峡水库，而且测验规模较大。其他水库有黄河刘家峡水库；甘肃的东峡水库、巴家嘴水库；山西的汾河水库、恒山水库、镇子梁水库；陕西的冯家山水库、黑松林水库、游河水库；河北的岗南水库、洗马林水库、张家湾水库；内蒙古的红领巾水库、红山水库等。近年来，在黄河小浪底水库亦开展了大规模的异重流测验。

多年来，为了统一水库测验整编技术标准，确保资料质量，先后编有《官厅水库观测规范》、《三门峡水库测验规范》(黄委会，1960)、《水库测验与整编技术暂行规定》(水利电力部，1966)、《水库水文泥沙观测试行办法》(水利部，1979)、《异重流测验整编细则》及有关补充规定(三门峡水库管理局，1962)等，其中都包含有水库异重流测验与整编方面的内容。但随着科学技术的进步、水库泥沙研究的深入及测验经验的丰富，原有的规范、办法等已不能完全适应现阶段的需求。在近年来开展的水库异重流测验工作中发现，观测的内容、方法和标准都存在有不一致性的现象，对观测结果也造成了一定影响，科研及生产管理部门在使用异重流资料时存在很大的不便。因此，为满足水库异重流测验工作的需要，编制统一而完整的《水库异重流测验整编技术规程》，作为水库异重流测验技术标准的执行依据。

1.2　编写的意义

新编《水库异重流测验整编技术规程》(以下简称《规程》)，将改变以往老规程过时、不能满足新时期水库异重流研究和调水调沙运行管理的局面，使今后的水库异重流测验在新技术、新方法的条件下更加规范化、程序化。同时，《规程》将吸收几十年来的科研成果，充分考虑目前及今后水库运用管理和科研工作的要求，实现依据《规程》观测到的资料能够全面地为异重流排沙研究、水库运行管理提供优质服务，开展为水库异重流数字化模拟和建设“数字水库”提供高水平的原型观测资料。

2 编写的目标、原则与思路

2.1 编写的目标

《规程》编写的目标是依据水库异重流研究目标和水库调水调沙运行管理目标而确定的。

首先，要具有广泛的适用性。虽然这次《规程》编写的基础是立足于多年积累的北方水库异重流的观测成果与经验，特别是近几年对黄河小浪底水库异重流开展的大规模、全方位的原型观测所积累的经验和成果，但也充分考虑了其他区域水库异重流的共同特点和测验需求，力争使《规程》适用于国内各种类型水库的异重流测验与资料整编。

其次，要具有较强的可操作性。以往各种老规范中对水库异重流测验与资料整编的要求偏低，操作程序相对比较粗放，测验要素主次不很明确，要素取舍弹性较大，在具体操作时难以按统一标准去进行测验部署；同时老规范中缺少近年来陆续投产的新仪器、新设备的要求与标准。所以，《规程》突出了水库异重流测验的完整性、测验要素的主次之分和测验程序的可操作性，纳入了新技术、新仪器和新设备在水库异重流测验中的应用范围与标准。

再次，实现水库异重流测验满足现代科研与生产管理的需要，这也是《规程》编写的最终目标。《规程》可以有效地指导水库异重流的测验部署、测验操作和资料整编，实现较好地、全面地、系统地收集水库异重流资料，以满足今后一个时期的生产与科学研究需要。

2.2 编写的原则

在《规程》的编写过程中，遵循了以下几项原则：

(1)严格遵照国家行业标准《水利水电技术标准编写规定》(SL01－97)的要求进行编写。

(2)《规程》属于黄河水利委员会专业标准，主要为指导黄河流域水库异重流测验服务。但编写内容充分考虑到其他流域水库异重流测验的需要，力争达到行业标准的编写要求。

(3)《规程》规定的测验内容能够反映水库异重流的形成条件、边界条件和运动变化规律，真实反映水库异重流各水力要素之间的关系。

(4)《规程》中的操作程序与方法要求要标准化，精度要求要切合生产实际，做到与仪器设备的标准相一致。

(5)坚持原则性与灵活性相结合，技术要求尽量从严，方法选择可在规定范围内由异重流测验组织者根据现场情况灵活掌握。

(6)在内容尽量全面的基础上，要突出实用性和可操作性。

(7)做到概念清晰、逻辑关系正确、结构层次严谨、文意条理明晰、语言表述简明扼要。

2.3 编写的思路

《规程》编写的思路是以水库异重流的基本概念和基本理论为基础，从近年来对黄河小浪底水库异重流的大规模测验积累起来的资料、科研成果和生产实际的需要出发，依据异重流的形成机理和运动变化规律，确定水库异重流的测验项目、内容、方法和具体标准，达到异重流测验成果的完整性和可靠性。

同时，在编写过程中，充分考虑了以往有关水库异重流测验整编规范、规定、方法、细则等技术文件的编写情况，容纳了现行水文泥沙和水库观测等有关规范的基本内容，吸取了国内及国外关于水库异重流的科研成果。

3 《规程》的结构与内容

3.1 结构与布局

按照《水利水电技术标准编写规定》的要求，《规程》分为规定条文、附录和条文说明三部分来进行编写。

规定条文共有6章，分别为总则、异重流测验部署、异重流测验项目及技术要求、泥沙水样处理与颗粒级配分析、异重流测验记载与资料整理和异重流资料整编。

附录为测验整编图表格式和填制说明，又分为综合说明、测验整编表簿名称和格式、表格填制说明三个部分。

条文说明与规定条文相对应，也分为6章内容，分别对规定条文中的重要条款进行更深入的解释与说明，对各种测验方法的应用作了进一步的阐述，对常用仪器设备明确了比测要求和误差矫正的方法。

3.2 主要内容

3.2.1 总则部分

总则共有7条，重点提出了水库异重流测验的总体目标和内容：一是观测异重流形成的边界条件，主要有异重流潜入时间和地点及其流速、水深、含沙量等水沙要素；二是异重流运动的观测，主要测定异重流厚度、流速、含沙量等各要素的沿程变化及其在各断面的变化过程；三是浑水水库水面高程、面积、体积、含沙量等要素的变化过程；四是异重流排沙效果的观测。

另外，还对异重流水力泥沙因子测验的空间分布及过程控制、测验的组织部署、仪器与测具、质量保证措施等提出了基本的要求。

3.2.2 异重流测验部署

此部分共有10节42条，分别对异重流观测断面布设、测验方法、潜入点观测、过程观测、沿程观测、横向分布测验、浑水水库观测、排沙观测、测验部署及测次布置等10个方面提出了具体的标准和要求，使测验部署根据需要对各项观测的组合既有整体性又有独立性。

《规程》提出异重流测验断面的布设，能够合理控制异重流潜入点、坝前区和沿程的运动变化规律。除一般布设原则外，要求在潜入点上、下游附近和三角洲顶点及前坡处要布设断面，有异重流倒灌的较大支流要布设支流断面。对于所设断面，可按照重要程度不同分为主要断面和辅助断面，不同类型的断面其测验方法的要求也不尽相同。

对于水库异重流的测验方法，《规程》提出了主流线法 、横断面法和巡测法三种。主流线法的测验垂线少，历时也较短，主要用来控制异重流在某断面的变化过程；横断面法的测验垂线多，可以用来控制各种水沙因子在横断面上的分布；巡测法主要是为弥补没有布设固定垂线或固定断面不易控制的局部地段而进行的补充性测验，作业方法可采用主流线法、横断面法和拍摄影像、绘图及文字描述等辅助手段。

对于潜入点的观测，明确了潜入点位置的判别和潜入点水深的估算方法，提出了潜入点垂线布设和测次安排的具体要求。

过程观测，要求在断面上用主流线法或横断面法按时段施测异重流从发生到消失各阶段的异重流厚度、流速、含沙量等要素随时间的变化过程。

沿程观测，主要是收集异重流在库底运动规律变化的信息资料，要求自潜入点至坝前之间选择若干断面，用主流线法或横断面法在各断面按时段同时进行异重流流速、含沙量等因素的测验。

异重流的横向分布测验，要求采用横断面法，垂线布设数量要能够控制地形转折点和异重流厚度转折点，并且主流部分垂线要求与主流线法的垂线位置相一致。

《规程》要求浑水水库测验要根据坝前区清浑水交界面的高低和浑水的分布范围布设测验断面及确定垂线的条数，测定浑水沉降和垂线含沙量变化，有流速时测定流速。掌握浑水水库升降特性和沉降规律。

异重流排沙效率与排沙量测验要求由出库站承担，同时要求坝前的异重流观测应适当加密断面和垂线，以观测坝前异重流的变化和爬高现象。

《规程》要求测验部署可按照测验目的采用 3 种方式：一是综合性测验，范围自潜入点附近到坝前，对潜入点、沿程、过程、横向分布、排沙、浑水水库等各项进行观测；二是专项性测验，根据具体的生产要求、科研课题或特定专题的需要组织对异重流开展某方面的观测；三是简易性测验，主要是在少数典型断面开展的一般了解性监测。

异重流测次的安排，一般来讲，对于新建水库，在前几年内应尽可能对每次异重流过程进行施测。在取得一定的经验和较多的资料积累之后，可以根据洪水大小和特性有针对性地安排测次。对于具体生产和科研的专项观测，可另设测次。《规程》中给出了各种情况下的测次要求。

3.2.3 异重流测验项目及技术要求

此部分共有 10 节 51 条，分别提出了测验项目、垂线测时水位观测、水道断面测量、垂线定位测深、垂线含沙量测验、垂线流速测验、流向测验、水温观测、输沙率测验和其他项目观测等 10 个方面的内容及具体的技术标准。

测验项目中要求一般异重流测验要施测测时水位、水道断面、垂线定位与测深、流速、含沙量、异重流厚度与宽度、泥沙颗粒级配、水温等 8 项，其他项目有异重流流向观测等 4 项。

对于测时水位的观测是指在测验断面上进行主流线法或横断面法测验时所观测的水位。《规程》规定了测时水位的观测条件和平均水位的计算方法，提出了引测水位所用仪器的限差标准。

水道断面测量主要是为了分析异重流发生前后的冲淤变化。规定了大断面测量的时机选择、最少垂线数目和水深测量的要求，明确了软泥面库底的确定标准。

为避免测船漂移造成的异重流测验误差，《规程》要求测船在进行垂线测验时应实施抛锚固定船位，规定了定位误差范围，并要求垂线要素测验完成后复测船位。

对于垂线含沙量测验，在布设取样点时要求充分考虑清浑水交界面判定的需要，应能够控制含沙量的梯度变化，交界面和库底附近的取样点应适当加密，并推荐使用多挂仓悬移质采样器。《规程》中还分析了含沙量测验的误差来源与控制方法。

《规程》规定异重流层垂线流速测点的布设应与含沙量取样点一致。必要时清水层可适当布设流速测点，以便计算清水流量。测验过程中力求测船稳定，控制漂移速度，减小漂移距离，提高测验精度。

由于水库异重流层与上部清水层的流向往往是相反的，作为辅助观测项目，《规程》要求在测验垂线测点流速时必须同时观测流向，以区分顺流与逆流的分界点；同时还要观测流向偏角，以便订正测验误差。

清、浑水层水温观测同样属于辅助观测项目，要求使用深水温度计分别在清水层和异重流层测定水温。

《规程》要求异重流输沙率测验一般要选在控制条件良好的断面，并在横向分布测验的基础上进行。垂线不足时，可以适当增加测速、取样或测深垂线。测次可以安排在异重流的峰前、峰顶或峰后。异重流输沙率测验误差来源有多方面，但左右流动边界的确定误差影响相对较大。

其他项目观测主要包括风向、风力、天气状况、潜入点飘浮物种类及分布范围等要素的观测。

3.2.4　泥沙水样处理与颗粒级配分析

此部分共分 2 节 6 条，分别对泥沙水样处理和泥沙颗粒级配分析作出了相关规定。

异重流水样一般可以选择使用置换法或烘干法进行处理，《规程》中提出了使用两种方法时外业测验取样应满足的最小沙重。

考虑到异重流泥沙主要是由较细颗粒的黏土和粉沙组成的，《规程》提出了颗粒级配测定的相应方法有吸管法、消光法和激光衍射法，明确吸管法和消光法应按照《河流泥沙颗粒分析规程》执行，激光衍射法参照黄河水利委员会水文局编发的《激光粒度仪投产应用技术规定(试行)》执行。选样原则应根据异重流过程变化情况和含沙量垂线分布情况选取有代表性的测次，留样作颗粒级配分析。

3.2.5　异重流测验记载与资料整理

该部分共分为 6 节 30 条，其内容有一般规定、资料整理、异重流厚度的确定、异重流垂线平均流速的计算、异重流垂线平均含沙量的计算和异重流流量与输沙率的计算。

一般规定和资料整理部分，主要是对异重流测验现场记载方法作了较为详细的规定，明确了原始资料整理的内容和项目，规定了资料计算与整理的工作程序和要求。

对于异重流厚度，《规程》确定为浑水水面含沙量突变处(即清浑水交界面)到浑水层下部流速为零处的深度，明确了异重流厚度的测验方法，并规定现场测验的异重流厚度数据不能作为最后数据，只能作为测点布设的依据，异重流厚度需作内业分析订正后才能确定。

异重流层的垂线平均流速采用水深加权法计算，并规定了测点流向偏角改正的标准与方法。交界面流速和“0”流速及其水深可由垂线分布图查得。

异重流层的垂线平均含沙量采用水深和流速加权法计算，交界面和异重流底部的含沙量也可在垂线分布图上查得，含沙量与流速测点位置不一致时要求进行插补。

异重流流量和输沙率的计算原理与明渠水流相同，只是要考虑异重流的特殊性，计算时首先要确定异重流的流动边界、断面输沙范围和边界含沙量。

3.2.6 异重流资料整编

资料整编部分有6节44条，内容为一般规定、合理性检查、在站整编、综合审查、复审验收和资料存储。其中包含了资料整编的5个阶段，每一阶段的工作内容和要求也不相同。

第一阶段是对异重流测验成果的合理性分析与检查。内容包括流速垂线分布、含沙量垂线分布、异重流厚度与宽度、异重流流量与输沙率、泥沙颗粒级配及测时水位等。要求过程资料要有连续性、沿程资料要有同步性、相关资料要有配套性、因果资料要有相应性、考证资料要有可靠性。

第二阶段是在站整编阶段。一般由测验承担单位负责完成，要求在每次外业测验结束后立即进行，以便及时发现问题，改善测验。其成果要求各类图表完整、内容与规格满足刊印要求，并编制资料整编说明书。

第三阶段是综合审查阶段。《规程》明确规定综合审查的内容是异重流测验原始资料和在站整编成果的部分内容，抽查量一般不能少于20%，并提出了具体的审查程序和方法，要求编写综合审查说明书。

第四阶段为复审验收阶段。主要工作是对综合审查的数据文件及成果进行全面的检查，复审验收期间应抽查10%以上的原始资料，使各类整编成果达到专册刊印标准，并编写专册刊印说明书。最后进行复审验收总结，对整编成果作出质量评价，对存在问题及今后的异重流测验工作提出改进意见。

第五阶段为资料存储阶段。《规程》要求整编单位、复审验收单位应分别负责存储所辖范围内的原始资料和整编成果，并且应在综合审查、复审验收的年度内完成存储。存储介质要有两种以上，其中必须包括纸介质的存储。

4 《规程》的主要特点

《规程》与以往所执行的水库异重流规范、规定等相比较，具有以下几方面的特点：

(1)将水库异重流测验从其他规范中独立出来，具有专用性的特点。以往关于水库异重流测验的规定与标准，在规范中是作为水库泥沙测验的一部分内容出现，其地位难以提到一定的高度。《规程》充分体现了异重流测验在水库运用与管理中的重要性。

(2)具有较好的完整性和系统性。此次《规程》的编写，在以往各类有关规范的基础上，新增加了异重流的流量、输沙率测验和浑水水库的观测方法与要求，进一步明确了异重流资料整编的5个阶段，强化了资料整理、整编、存储和刊印的基本要求，使整个水库异重流从测验到资料整编成为一个系统的整体。

(3)纳入了新技术、新仪器、新设备在异重流测验中的应用。主要表现在增加了 GPS、全站仪、激光测距仪、双频回声测深仪、振动式悬移质测沙仪、激光粒度分析仪等先进仪器在异重流测验中的应用方法和要求。

(4)吸收了几十年来对水库异重流的研究成果，特别是归纳了近年来对黄河小浪底水库异重流变化规律、监测方法和测验仪器设备等方面的研究成果，使《规程》的内容更充实，能够更好地满足今后科研与生产管理的需要。

5 结 语

《规程》的整个编写过程，是在黄河水利委员会有关单位和部门的大力支持下完成的，是对近年来小浪底水库异重流测验工作的一次总结，也是对今后水库异重流研究的一种探索，在实际工作中具有一定的应用价值。

异重流资料整编浅析

董明军　赵书华　吴幸华　黄先玲

(河南水文水资源局　郑州　450004)

摘要　异重流排沙是水库排沙减淤的重要技术措施，异重流整编成果是进行异重流运动规律分析研究的重要依据；介绍了异重流整编的方法以及提交成果的形式。

关键词　小浪底水库　异重流　整编

异重流排沙是水库排沙减淤的重要技术措施，黄河水利委员会从 2001 年开始通过科学调配进、出库水沙过程在小浪底水库成功塑造异重流，初步掌握了异重流运动规律，为利用异重流实现有利库形塑造、排沙减淤积累了宝贵经验。但是对于异重流运动规律的认识仍有待加强，异重流整编成果是进行异重流运动规律分析研究的重要依据。本文介绍了异重流资料的整编方法及整编成果的形式，希望能够对异重流规律分析研究有所帮助。

1　原始数据内业整理

异重流资料整编首先是原始数据内业整理，包括外业测验数据的校核、异重流测次编号、泥沙数据处理、数据录入等。

1.1　原始数据校核

按规范要求，外业测验数据首先应进行初校、复校，校核应保证做到如下几点：

(1)测船信息、流速仪编号及公式、标牌编号及起点距等无误。

(2)垂线起点距、流速计算及测点深无误。

(3)其他应填项目齐全。

1.2　异重流测次编号

异重流测验往往布置数个测验断面，根据异重流演进情况，每个断面要进行数次异重流测验，每个测次的测验方法、垂线数目有所不同。为有效管理异重流测验数据，需要对异重流进行编号。

1.2.1　编号原则

异重流数据按断面进行组织、管理，编号的目的是确保同一断面内不同垂线编号唯一且含意明确、易懂。异重流垂线编号按测验方法、测次编号、垂线编号的次序进行。

测次编号：按异重流测验时间的先后顺序进行编号。同一断面横断面法与主流线法测次各自独立编号，横断面法的数条垂线中应选择 1 条垂线按主流线的序列进行编号，如横 3-3(主 2)。

垂线编号：按一次异重流测次内各条垂线的起点距顺序编号。

1.2.2 编号示例

横 3-1：第三次横断面法测验的第一条垂线。假设此次横断面法共布设 5 条垂线，则编号为横 3-1、横 3-2 直至横 3-5。

横 3-3(主 2)：横 3-3 意义同上，但此垂线兼作主流线。主流线异重流特征是研究异重流沿程变化规律的重要依据，故每次横断面法测次的数条垂线中都要找出一条作为主流线用于分析、研究异重流运动规律。

主 4-2：第四次主流线的第二条垂线。此测次为主流三线，三条垂线的编号从主 4-1 至主 4-3。

主 5：第五次主流法测验，此测次为主流一线。

1.3 泥沙处理、颗粒级配分析

泥沙处理、颗粒级配分析根据有关水文规范进行。

1.4 数据录入

经过原始数据校核、异重流垂线编号后即可进行数据输入。异重流数据按不同断面分别进行组织、管理，同一断面的异重流数据按测次(测验时间)的先后录入，若测次相同，则按垂线起点距大小录入。原始数据录入格式见表 1。

表 1 异重流测验数据录入格式

施测时间				水位(m)	断面名称	垂线号	起点距(m)	水深(m)	浑水厚度(m)	测点深(m)	测点		
月	日	起 时:分	止 时:分								流速(m/s)	含沙量(kg/m³)	流向(°)
6	25	14:30	15:30	229.34	HH25	主 1	430	8.8	6.6	0.30	–0.48		
										1.20	–0.39		
										1.50	–0.29	1.31	
										2.00	–0.16	2.81	
										3.00	0.14	9.56	

2 异重流垂线特征计算

在异重流资料整编时需要完成异重流垂线特征的计算，包括水位插补，异重流厚度计算，异重流层平均流速、平均含沙量、中数粒径等。

2.1 水位插补

异重流测验中布置的断面位置往往没有水位观测设施，为此需要插补各断面不同测次每条垂线的水位，用以确定清浑水界面、库底的高程。

异重流各条测验垂线的水位按距离采用上、下游水位站同时观测水位进行插补。

2.2 异重流层的确定

2.2.1 清浑水界面高程 $Z_{界}$的确定

由于异重流在运行过程中与上层清水会有掺混作用，界面附近会存在一定厚度含沙量较小的浑水，这一掺混层应不属于异重流层，故需要以一定含沙量作为异重流层的判定标准。根据研究成果和异重流测验经验，在整编中插补出含沙量为 3 kg/m^3 的水深作为清浑水界面的水深，这一水深以下属于异重流层。

2.2.2 异重流底部高程 $Z_{底}$的确定

以流速为零或库底作为异重流的底部。若库底存在流速，则以库底作为异重流的底部，否则以垂线近库底流速为零的测点或插补出此水深作为异重流的底部，其高程为异重流底部高程 $Z_{底}$。

2.2.3 异重流厚度 $H_{异}$的确定

异重流的厚度是清浑水界面至异重流底部的高度，这一范围称为异重流层，异重流层厚度是衡量异重流强弱变化的重要参数。

$$H_{异}=Z_{底}-Z_{界} \tag{1}$$

2.3 异重流层平均流速

异重流层平均流速 $\overline{v}_{异}$ 的计算采用水深加权计算，公式如下：

$$\overline{v}_{异}=\frac{\sum_{i=1}^{n}v_i\Delta H_i}{2H_{异}} \tag{2}$$

式中：i 为测点序号，序号 1 为界面位置，序号 n 为异重流层底部；v_i 为异重流层测点流速；ΔH_i 为 v_i 对应的水深，若 i=1，则 $\Delta H_i=H_2-H_1$，若 $i=n$，则 $\Delta H_i=H_n-H_{n-1}$，否则 $\Delta H_i=H_{n+1}-H_{n-1}$；$H_{异}$为垂线上异重流层的厚度。

若界面或异重流底部为插补所得，则其流速、含沙量、水深亦为插值所得。

2.4 异重流层平均含沙量

异重流层平均含沙量 $\overline{C_{s异}}$ 的计算采用水深、流速加权计算，公式如下：

$$\overline{C_{s异}}=\frac{\sum_{i=1}^{n}C_{si}v_i\Delta H_i}{2H_{异}\overline{v}_{异}} \tag{3}$$

式中：C_{si} 为第 i 个测点的含沙量。

2.5 中数粒径计算

异重流层各粒径级沙重百分比 $P_{j异}$的计算采用水深、流速、含沙量加权计算，公式如下：

$$P_{j异}=\frac{\sum_{i=1}^{n}P_{ij}C_{si}v_i\Delta H_i}{\sum_{i=1}^{n}C_{si}v_i\Delta H_i} \tag{4}$$

式中：P_{ij} 为第 i 个测点第 j 个粒径级沙重百分比。

异重流层各粒径级沙重百分比计算出来后，50%所对应的粒径即为异重流层的中数粒径 $D_{50异}$。

3 异重流提交成果

经过内业资料整理、泥沙处理、数据录入、垂线特征值计算以及成果校核和审查，就完成了异重流资料整编。异重流资料整编需提交如下成果。

3.1 异重流测验成果表

异重流测验成果表内容包括垂线施测时间、水位、垂线号、起点距、测点数据、颗粒级配等数据。异重流测验成果表格式见表 2。

表 2(1) 异重流测验成果表

施测时间				水位(m)	断面名称	垂线号	起点距(m)	水深(m)	异厚(m)	测点深(m)	测点		
月	日	起	止								流速(m/s)	含沙量(kg/m³)	流向(°)
		时:分	时:分										

表 2(2) 异重流测验成果表

小于某粒径(mm)沙重百分比(%)											中数粒径(mm)	平均粒径(mm)	水温(℃)
0.002	0.004	0.008	0.016	0.031	0.062	0.125	0.25	0.50	1.0	2.0			

3.2 异重流测验特征一览表

异重流测验特征一览表包括每条异重流垂线除测点数据以外的所有信息，主要是汇总异重流各测次、各垂线的特征值。异重流测验特征一览表见表 3。

表 3(1) 异重流测验特征一览表

断面	月	日	开始时间	结束时间	垂线号	起点距(m)	水位(m)	水深(m)	界面高程(m)	异底高程(m)

表 3(2) 异重流测验特征一览表

异重流层特征值					中数粒径(mm)	平均粒径(mm)	水温(℃)	备注
厚度(m)	平均流速(m/s)	平均含沙量(kg/m³)	最大流速(m/s)	最大含沙量(kg/m³)				

3.3 异重流流速、含沙量、中数粒径等值线图

异重流流速、含沙量、中数粒径等要素的横向分布是研究异重流在库区内运行规律的一个重要内容。在异重流资料整编阶段，需要绘制出各个断面各次横断面法流速、含

沙量、中数粒径的等值线图，等值线图可采用 Surfer 绘制。等值线图示例见图 1。

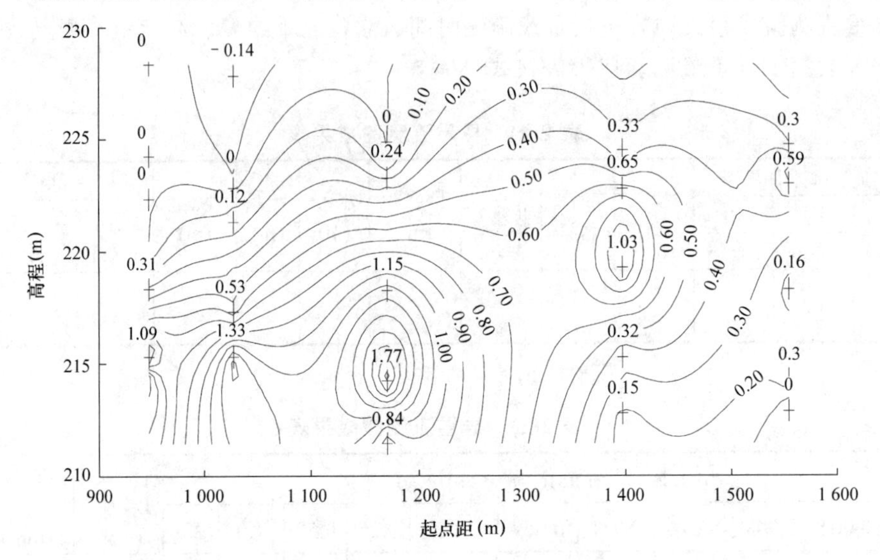

图 1　2006 年 6 月 28 日 HH09 断面流速等值线

3.4　各断面主流线变化过程图

为研究某测验断面异重流流速、含沙量、厚度等特值的变化过程，需要绘制各异重流测验断面主流线变化过程图。内容包括主流线异重流层平均流速、平均含沙量、中数粒径、厚度、界面高程变化过程。主流线变化过程图示例见图 2。

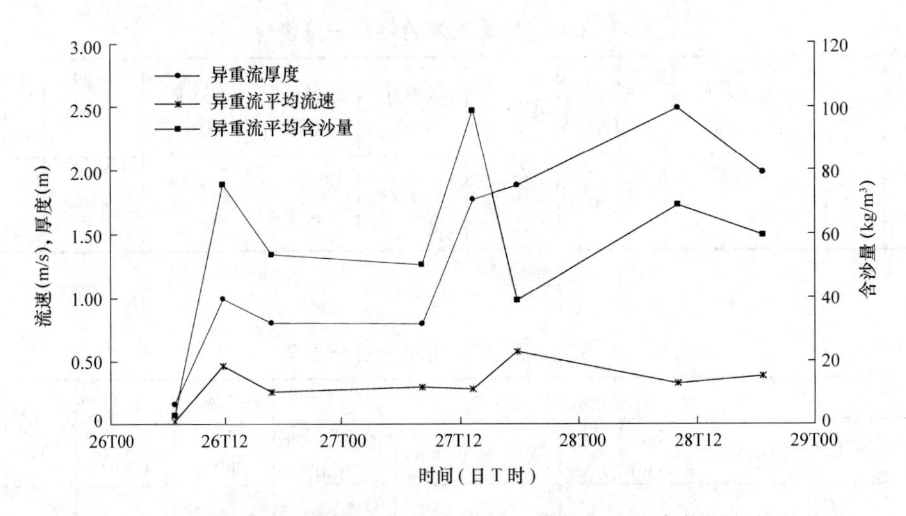

图 2　2006 年 6 月异重流测验 HH01 断面主流线变化过程图

3.5　逐日沿程异重流变化过程图

为研究在形成、稳定、消亡等各个阶段异重流在各个断面的变化过程，需要绘制异重流期间各日沿程流速、含沙量、厚度等特值的变化过程图。逐日沿程异重流变化过程图示例见图 3。

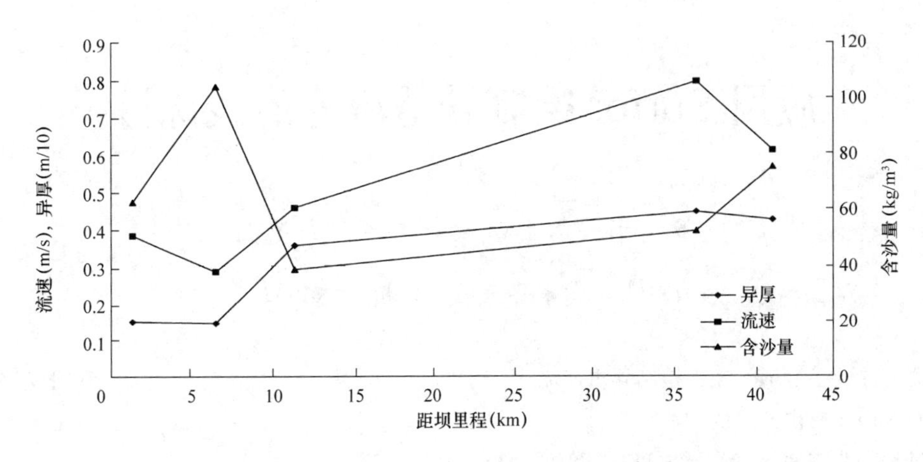

图 3　2006 年 6 月 27 日异重流沿程变化

3.6　其他应提交的成果

包括异重流测验期间进出库水文要素摘录表、库区水位站水位摘录表、小浪底水库逐日平均水位表以及测验断面布设图等有关资料。

4　结　语

异重流测验资料整编有别于河道站等水文资料整编。本文结合工作实践，简要描述了异重流资料整编的方法及提交成果的形式，希望能够对异重流规律的分析、研究有所帮助。

参考文献

[1] 水利部. 水库水文泥沙观测试行办法. 北京：水利水电出版社，1990

应用 Surfer 绘制异重流等值线探讨

董明军　赵书华　吴幸华　李圣山

(河南水文水资源局　郑州　450004)

摘要　介绍了 Surfer 软件绘制异重流流速、含沙量、中数粒径等要素等值线以及利用 VB6.0 进行 Surfer 二次开发的方法。

关键词　小浪底水库　异重流　等值线　Surfer

异重流流速、含沙量、中数粒径等要素的横向分布是研究异重流在库区内运行规律的一个重要内容。作者根据几年来参与小浪底水库异重流测验、资料整理、分析研究的体会，对利用 Surfer 软件绘制异重流各要素等值线作一些探讨，以期对小浪底水库异重流规律的分析、研究起到一定的作用。

1　Surfer 绘图软件简介

Surfer 绘图软件是 Golden Software 公司研制的基于 Windows 系列操作系统的插值绘图软件，可用于处理离散点资料、格点资料，主要用于等值线图(Contours Map)的绘制，也可用于绘制 Post Map、Classed Post Map、Vector Map 等形式的图形，可添加研究区域的部分地理信息、在资料点上显示标注等。Surfer 采用传统的 Windows 界面，操作简单，同时它还可通过 Visual Basic 等编程语言将其强大的功能嵌入到用户开发的系统中。Surfer 能够快速、简便地将数据转换为等值线图，从而为异重流的资料整编、分析研究提供帮助。

2　数据准备

Surfer 可用于绘制流速、含沙量、中数粒径等异重流要素的等值线图，但需要将流速、含沙量、中数粒径等要素的数据文件转换成 Surfer 认识的 grd 网格文件格式，才能绘制等值线。

在异重流资料整编、分析研究中主要绘制横断面法测验中各要素的等值线图。在一次异重流横断面法测验中，可能布设数条垂线，每条垂线施测数个测点。假设 X 为某一垂线的起点距，Y 为某一流速、含沙量或中数粒径测点的高程，Z 为(X，Y)处的流速、含沙量或中数粒径的数值。将这些数据保存在文件 test.dat 中，其中第一列是 X 坐标，第二列是 Y 坐标，第三列是(X，Y)上的值 Z，即完成异重流要素等值线绘制的数据准备。

3　等值线的绘制

3.1　将生成的流速、含沙量或中数粒径等数据文件转换为网格文件 grd

打开菜单“Grid/Data...”，在“Open”对话框中选择生成的异重流数据文件 test.dat。

这会打开“Grid Data”对话框，在“Data Columns”中选择要进行 Gid 的网格数据(*X*、*Y* 坐标)以及格点上的值(*Z* 列)。选择好坐标 *X*、*Y* 和 *Z* 值后，在“Griding Method”中选择一种插值方法，则在 Grid 的过程中，Surfer 会自动进行插值计算，生成更密网格的数据。在“Output Grid File”中输入输出文件名 test.grd，然后在“Grid Line Geometry”中设置网格点数。这里需要注意的是，当 *X* 和 *Y* 的数值相差很大时，这里显示的最大值与最小值可能有错误(即与原始数据不同)，这是 Surfer 软件本身的问题，遇到这种情况，必须手动改正这种错误，即输入正确的最大值与最小值。由于异重流流速、含沙量测点布置是不均匀的，所以必须选择插值。点“Ok”，画图所需要的网格文件 test.grd 就生成了。

3.2 绘制等值线

打开菜单“Map/Contours Map/New Contours Map”，在“Open”对话框中选择刚才输出的 grd 文件，如 test.grd，点“Ok”，等值线图就画完了。

3.3 添加测点标注

打开菜单“Map/Post Map/New Post Map…”，在“Open”对话框中选择刚才生成的 test.dat，即可在等值线上加入标注。

4 等值线的设置

Surfer 界面由两部分组成，左侧为 Object Manager，包括两个 Map 对象，一个是 Contours Map，即为所绘制的流速、含沙量、中数粒径等要素的等值，一个是 Post Map，可用于标注测点流速、含沙量、中数粒径。为了让所绘制的流速、含沙量、中数粒径等要素的等值线显示美观，能够准确、清晰地表达出异重流在横断面方向上的分布，需要对等值线图进行设置。

4.1 等值线的设置

在 Object Manager 的 “Contours”上双击或点击右键，出现“Map：Contours Properities”对话框，可设置等值线的最大值、最小值和等值线间的间距，等值线的线型、颜色，等值线是否显示，等值线标注的字体、位置，等值线的纵、横坐标比例等。通过调节此项可以使等高线分布均匀，清晰、美观，便于分析研究异重流各要素在横向上的分布规律。

4.2 测点标注的设置

添加 Post Map 后默认是不显示测点标注的，需要进行设置。方法是在 Object Manager 的“Post”上双击或单击右键，出现 “Map：Post Properities”对话框，可对测点标注所在列(此处选 C 列，此列代表的是流速、含沙量、中数粒径等)标注符号、标注字体、标注频率等进行设置。

5 等值线图示例

经过以上步骤，即可方便、快捷地绘制出清晰、美观的异重流流速、含沙量、中数粒径等要素的等值线图。图 1 为采用 Surfer 绘制的 2006 年某一断面流速等值线图。

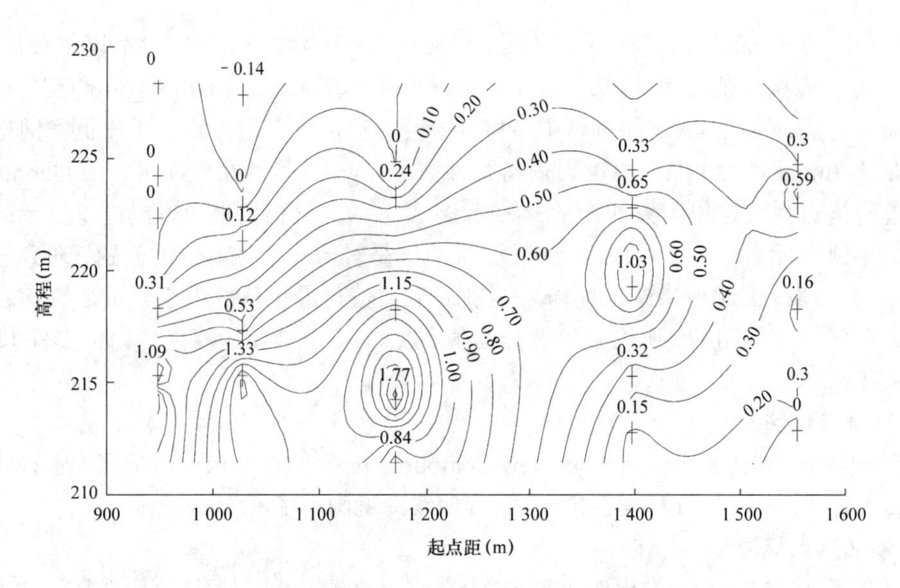

图 1　小浪底水库 2006 年 6 月 28 日 HH09 断面流速等值线

6　用 Visual Basic 6.0 开发异重流等值线绘制程序

Surfer 具有很强的二次开发能力，可以方便地利用 Visual Basic 等面向对象的编程语言进行开发，以提高工作效率。

```
Dim ObjSurfer As Surfer.Application
On Error Resume Next
Set ObjSurfer = GetObject("surfer.application")
If Err.Number Then
    Set ObjSurfer = CreateObject("surfer.application")
    Err.Clear
End If
ObjSurfer.GridData DataFile:="d:\test.dat", outgrid:="d:\test.grd"   '输出网格文件
Dim objPlot As Surfer.IPlotDocument
Set objPlot = ObjSurfer.Documents.Add(1)
Dim objMapFrame As Surfer.IMapFrame
Set objMapFrame = objPlot.Shapes.AddContourMap("d:\test.grd")   '生成等值线
Dim objContour As Surfer.IContourMap
Set objContour = objMapFrame.Overlays(1)
objContour.SmoothContours = srfConSmoothMed   '平滑等值线
Set objMapFrame = objPlot.Shapes.AddPostMap("d:\test.dat")   '添加标注
objPlot.Selection.OverlayMaps '将图形重叠在一起成为一张新图
objPlot.Export "d:\test.dxf"   '输出为 autocad 文件，作进一步处理
ObjSurfer.Quit 退出 Surfer
```

以上程序在 VB6.0 和 Surfer8.0 环境下通过。

7 结　语

在 2006 年异重流测验资料整理及分析研究中成功应用 Surfer8.0 进行了流速、含沙量、中数粒径等要素的等值线图绘制，取得了较好的效果，但仍存在如下问题：

(1)Surfer 对中文支持不好，坐标轴的标注及标题显示为乱码。为显示正确，需在 Autocad 中进行处理。

(2)在异重流测验中，含沙量测点集中于异重流层，由于部分断面异重流厚度较小，纵、横坐标悬殊，所以等值线过于集中，不利于对异重流横向分布规律的分析研究。

(3)无 Surfer 控件,编程时只能将生成的等值线图转换为图形文件用 Picture Box 等图形控件显示，不易在应用程序中对等值线进行设置。

潮洪异重流河段设计水位计算方法研究

李世举　周建伟

(黄河水利委员会水文局　郑州　450004)

摘要　对于河流入海口的感潮河段，潮洪异重流条件下设计水位及其相应频率的组合计算方法较为复杂。本文根据感潮河段异重流的组合方式，提出了利用相关法计算潮洪异重流水位和组合频率的计算方法，具有较高的应用价值。

关键词　感潮河段　潮洪组合　异重流　设计水位

1　问题的提出

河流入海口河段一般都存在着长度不等的感潮河段，河段内水流既受到内陆径流的影响，又受到外海潮汐侵入的影响，是非常复杂的淡咸水异重流，在河道高程较低情况下，外海潮汐侵入的影响不是仅限于河口区域，而是自河口沿河道随潮上溯到很远的距离，一般来讲，从潮区界一直到河口的河段都为感潮河段。在该河段修建跨河路桥、引水设施和防洪工程中，设计水位的计算不同于一般的内陆河流。

由于感潮河段水流属于径流和潮流作用下的异重流，所以在计算该河段的设计水位时，首先要考虑潮洪异重流状态下的组合水位计算方法，其次要考虑如何计算潮洪异重流组合水位的相应频率。从目前来讲，河口段潮洪异重流组合设计水位的计算方法多种多样，但大部分都存在数学模型复杂和结果精度较低的问题。本文从感潮河段淡咸水异重流的基本规律和概率理论出发，提出了一种简单有效的计算方法。

2　计算原理

2.1　潮洪异重流组合水位计算原理

对于感潮河段，河道上游来水属于淡水，潮水则属于咸水，两种不同密度的水体相遇后会形成异重流，其混合方式一般可分为 3 种：一是咸、淡水之间有明显的分层现象，淡水在咸水上面下泄入海，海水在淡水下沿河道上溯，这种情况多在径流作用强、潮流作用弱的情况下发生；二是咸水与淡水无明显的交界面，但底层和面层的含盐度仍有显著的区别，水平方向和垂直方向都有密度梯度存在，这种情况多发生在径流作用和潮流作用都较强的河口区；三是咸、淡水充分混合，在垂直方向上几乎不存在密度梯度，而水平方向却有明显的梯度，这种情况多发生在强潮河口。3 种组合都会形成盐水楔异重流，垂直流速分布会发生较大的变化，水位也会有不同程度的升高。

根据河口异重流的组合形式，对于感潮河段某一确定的计算断面，假设上游洪水在不受潮流影响条件下移植到该断面的过水面积为 S'，在受潮水影响时，水位壅高，实际

过水面积为 S，那么可以得到以下比值：

$$K=(S-S')/S \tag{1}$$

K 值的变化受上游洪水的大小和河口区潮位高低的影响，故可用以下函数表示：

$$K=f(Q，H) \tag{2}$$

式中：Q 为洪水流量；H 为河口区潮位；f 为某种函数形式。

当 Q 一定时，K 值将随着潮位 H 的增大而增大；当潮位 H 一定时，K 值会随着洪水流量 Q 的增大而减小。因此，我们可以建立以洪水流量 Q(或者水位 Z)为参数的 $K—H$ 的相关关系，即

$$K=f(H) \quad (Q\text{ 作为参数，为不同量级的洪水流量}) \tag{3}$$

这样，可以建立起感潮河段洪水与潮位之间的相关关系。

利用以上关系，可以在已知上游洪水和河口区潮位的条件下，计算出感潮河段某一确定计算断面的潮洪组合异重流的实际过水面积：

$$S=S'/(1-K) \tag{4}$$

然后在该断面的水位—面积关系线上可以推求出相应的水位，即为潮洪异重流的组合水位。

2.2 潮洪异重流组合水位频率计算原理

这里假设需要推求感潮河段某一断面的设计水位 z 的频率，该断面水位 Z 为河口区潮位 H 和上游洪水在该断面的影响水位 H'的函数，根据概率论原理可得到以下关系：

$$P\{Z\geqslant z\}=\iint\limits_{Z\geqslant g(h,p)} f(h,h')\,\mathrm{d}h\,\mathrm{d}h' \tag{5}$$

式中：$f(h，h')$为随机变量 H 和 H'的联合密度函数；z、h 和 h'分别为随机变量 Z、H 和 H'的具体取值；$z=g(h，h')$为变量 z、h 和 h'的函数关系。

假设 $f_1(h)$和 $f_2(h')$分别为随机变量 H、H'的密度函数，可以得到如下形式：

$$\begin{aligned}P\{Z\geqslant z\}&=\iint\limits_{Z\geqslant g(h,h')} f(h,h')\,\mathrm{d}h\,\mathrm{d}h'\\&=\iint\limits_{Z\geqslant g(h,h')} f_1(h)f_2(h')\,\mathrm{d}h\,\mathrm{d}h'\\&=\int_0^{\infty} f_1(h)\left[\int_0^{h'=w(z,h)} f_2(h')\,\mathrm{d}h'\right]\mathrm{d}h\\&=\int_0^{\infty} f_1(h)\,\mathrm{d}F_2[w(z,h)]=\int_0^{\infty} F_2[w(z,h)]\,\mathrm{d}F_1(h)\end{aligned} \tag{6}$$

其离散化形式为

$$P\{Z\geqslant z\}=\sum_{i=1}^{n} F_2[w(z,h_i)]\Delta F_1(h_i) \tag{7}$$

式中：$w(z，h)$为从 $g(h，h')$中解出的 h' 值；$F_1(h)$和 $F_2(h')$分别为随机变量 H、H'的分布函数。

3 方法与步骤

根据以上潮洪异重流组合水位及频率的计算原理，我们可以得到潮洪异重流组合水位及频率计算的方法与步骤如下：

(1)选取感潮河段距计算断面较近的水文站、河流上游较近距离但不受潮水影响的水文站和河口区不受洪水影响的潮位站的历年实测资料(其中包含有一定时段的 3 站同步观测资料)。

(2)分别计算并绘制出上游水文站和河口区潮位站的年最高水位频率曲线。

(3)按照大、中、小洪水和高、中、低潮位多种组合的原则，选取若干次洪水 3 站同步水位观测资料。这里假设将上游水文站的水位换算到感潮河段选定水文站后为 H'。

(4)实测感潮河段选定水文站大断面，并绘制出该段面的水位—面积关系曲线。

(5)用 H' 值在水位—面积关系曲线上推求出相应的面积 S'；在感潮河段选定水文站的水位过程线上查找出与上游站水位 H'相对应的水位 Z，并由 Z 值在水位—面积关系曲线上推求出相应的实际过水面积 S。

(6)计算 K 值，$K=(S-S')/S$。

(7)在河口区潮位站潮位过程线上查找出与上游站水位 H'、感潮河段水位站水位 Z 相对应的潮位 H。

(8)重复步骤(5)至步骤(7)，建立起 $K—H$ 的经验关系曲线(当关系不好时，可以 Q 为参数分级建立)。

(9)给定感潮河段选定水文站一个潮洪组合水位 z_1，并在水位面积曲线上查得相应的过水面积 s_1。

(10)由大到小给出一组河口区潮位站可能出现的潮位值 h_1，h_2，…，h_n，在其频率曲线上查出相应频率 $p_1(h_1), p_1(h_2), \ldots, p_1(h_n)$，计算相邻的频率增量 $\Delta p_1(h_1)=p_1(h_2)-p_1(h_1)$，$\Delta p_1(h_2)=p_1(h_3)-p_1(h_2)$，…，$\Delta p_1(h_{n-1})=p_1(h_n)-p_1(h_{n-1})$。

(11)根据给出的河口区潮位站可能出现的潮位值 h_1，在 $K—H$ 经验关系曲线上查出其相应值 k_1，并计算出潮水影响增加面积 $\Delta s_1=k_1 s_1$；然后再计算出洪水不受潮水影响条件下的过水面积 $s_1'=s_1-\Delta s_1$。

(12)根据计算出的 s_1'，在水位—面积曲线上推算出相应的不受潮水影响条件下的洪水位 h_1'，再根据感潮河段选定水文站与上游水文站的平均水面高程差(或河道比降)计算出上游站的相应水位 z_1'。

(13)根据计算出的上游站水位 z_1'，在其频率曲线上可以查出相应的频率 $p_2(z_n')$。这样，一组 h_i 就可以得到一组 $p_2(z_1')$，$p_2(z_2')$，…，$p_2(z_n')$。

(14)计算每组乘积 $p_2(z_2')\times\Delta p_1(h_1)$，$p_2(z_2')\times\Delta p_1(h_2)$，…，$p_2(z_n')\times\Delta p_1(h_n)$。

(15)计算感潮河段选定水文站水位 z_1 出现的概率 $P\{Z\geqslant z_1\}$，即 $P\{Z\geqslant z_1\}=F(z_1)=p_2(z_1')\times\Delta p_1(h_1)+p_2(z_2')\times\Delta p_1(h_2)+\cdots+p_2(z_n')\times\Delta p_1(h_n)$。

(16)给出 m 个感潮河段选定水文站的水位值 z_1，z_2，…，z_m，重复步骤(9)至步骤(15)，可以得到感潮河段选定水文站的潮洪异重流组合水位的频率曲线，由此可以得到该水文站断面任一频率下的潮洪异重流组合设计水位。然后，再利用水面比降或高程差换算到计算断面的设计水位。

潮洪异重流组合设计水位频率的计算精度受 H 取值的间隔影响较大，间隔越小，n 值越大，计算精度就越高，当 n 值大到一定数值时结果将趋于稳定。

4 计算实例

徒骇河发源于河南省南乐县，流域面积 13 902 km²，在山东省沾化县境内入海，沾化电厂计划再建 2×660 MW 机组工程，利用徒骇河下游感潮河段海水作为电厂的循环冷却水源。电厂取水口距入海口约 60 km，取水口下游 2 000 m 处的富国水文站(作为选定水文站)，取水口上游 30 km 的堡集水文站处于非感潮河段，东风港潮位站位于入海口水域。确定电厂取水口断面为计算断面，要求推算出该断面不同频率下的潮洪异重流组合设计水位。

按照以上方法与步骤，首先计算出堡集站年最高水位频率曲线和东风港站年最高潮位频率曲线(图略)。然后根据堡集、富国、东风港 3 站的同步水位观测资料和富国站的实测大断面资料，建立起富国站断面 K 值与东风港站潮位 H 的相关关系(见图 1)，结果分为大中洪水和小洪水两条线。如果点群分布较散乱，考虑潮水对洪水的最大影响程度，取其外包线较为适宜。

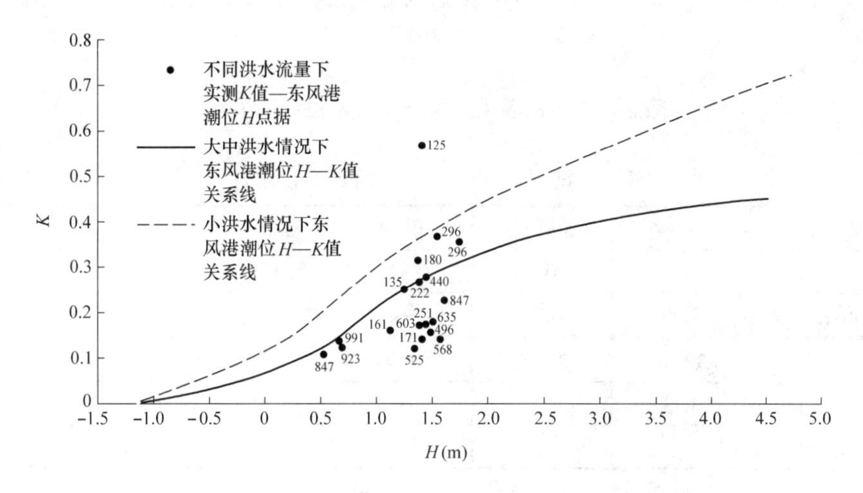

图 1　富国站断面 K 值与东风港站潮位 H 的相关关系

表 1　富国站潮洪异重流组合水位频率计算成果

频率(%)	0.38	1.06	4.65	5.81	13.54	43.8	59.9	79.3
给定水位(m)	6.4	6.0	5.6	5.2	4.8	4.4	4.0	3.6

按照步骤(9)至步骤(16)，给定富国站一组水位 z_1，z_2，…，z_m，计算富国站某一给定水位 z_i 的频率 $P(Z \geqslant z_i)$ (见表 1)。根据表 1 中数据绘制出富国站潮洪异重流组合水位频率曲线(见图 2)。

从富国站潮洪异重流组合水位频率曲线上可以查出富国站各设计频率下的潮洪异重流组合设计水位(见表 2)。

根据取水口计算断面与富国站断面间的水面高程差，由富国站潮洪异重流组合设计水位换算得到取水口计算段面的潮洪异重流组合设计水位(见表 3)。

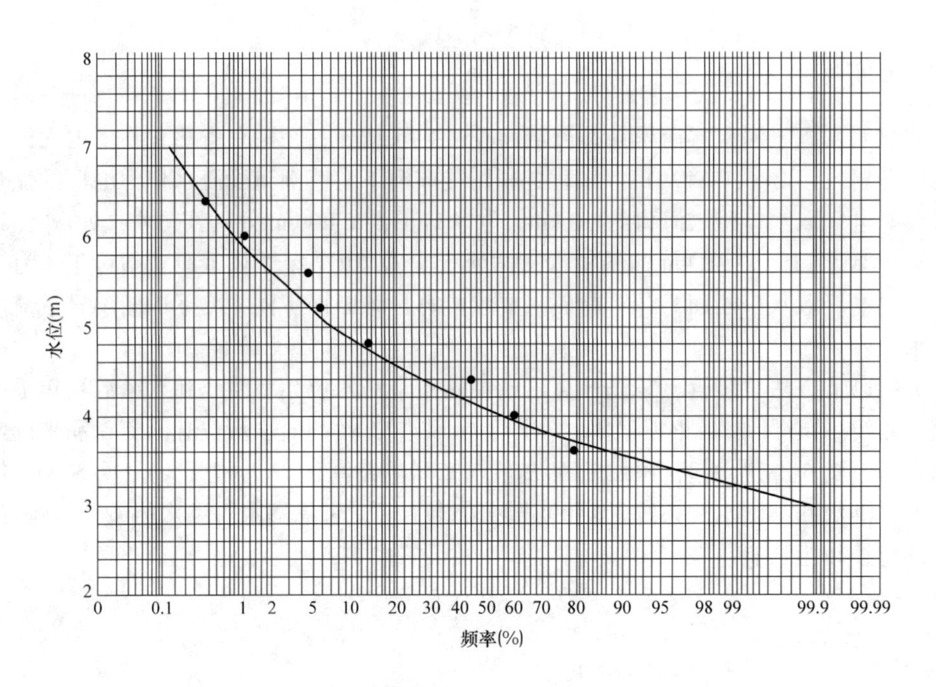

图2 富国站潮洪异重流组合水位频率曲线

表2 富国站潮洪异重流组合设计水位

重现期 T	1 000年	500年	300年	200年	100年	50年
设计 P(%)	0.1	0.2	0.333	0.5	1	2
设计值(m)	7.09	6.72	6.48	6.26	5.93	5.58
重现期 T	30年	20年	10年	5年	2年	
设计 P(%)	3.33	5	10	20	50	
设计值(m)	5.34	5.15	4.85	4.54	4.06	

表3 取水口计算断面潮洪异重流组合设计水位

重现期 T	1 000年	500年	300年	200年	100年	50年
设计 P(%)	0.1	0.2	0.333	0.5	1	2
设计值(m)	7.22	6.85	6.61	6.39	6.06	5.71
重现期 T	30年	20年	10年	5年	2年	
设计 P(%)	3.33	5	10	20	50	
设计值(m)	5.47	5.28	4.98	4.67	4.19	

5 结 语

本文提出的潮洪异重流组合水位计算方法简单易行，计算精度高，可靠性较强，但要求有一定时期的同步观测资料；潮洪异重流组合水位频率计算方法具有较充分的概率论依据。计算成果为一合成频率曲线，与一般的频率曲线形式相一致，结果使用直观方便。在山东沾化电厂扩建工程取水口设计中，运用该方法计算该河段的潮洪异重流组合设计水位，结果合理，精度较高。

黄河下游高含沙洪水异常现象概述

马　骏　许珂艳　狄艳艳

(黄河水利委员会水文局　郑州　450004)

摘要　自1950年以来，黄河中下游发生高含沙洪水30余次，而发生洪峰流量沿程明显增大现象的洪水就有10次，且有9次发生在小浪底至花园口区间，特别是小浪底水库调水调沙运用以来，已连续3年出现异常现象。本文在分析各次异常洪水情况的基础下，提出了高含沙洪水的定义，初步研究了洪水洪峰流量加大的成因，对科学合理地制定高含沙洪水防洪调度方案，维持黄河健康生命，具有重要的现实意义。

关键词　黄河下游　高含沙洪水　洪峰流量　异常现象

黄河中下游经常出现高含沙洪水，据统计，1950～2006年，黄河下游共发生最大含沙量大于300 kg/m^{3}的高含沙洪水约30次，而发生洪峰流量沿程明显增大异常现象的洪水就有10次，除1977年8月7日高含沙洪水在龙门—潼关区间发生异常现象外，有9次发生在小浪底—花园口区间，特别是小浪底水库调水调沙运用以来，已连续3年出现高含沙异常洪水现象，且洪水沿程增大的相对幅度较大(花园口洪峰流量相对小黑武的洪峰流量)。

在目前黄河水沙关系不断恶化、下游平滩流量仍然较低、“二级悬河”形势十分严峻的情况下，进行黄河下游高含沙洪水异常现象研究，总结以往高含沙洪水演进过程中发生的异常现象，研究高含沙洪水流量沿程增大的机理，对于科学合理地制定高含沙洪水防洪调度方案，充分利用小浪底水库调水调沙，尽快扩大下游主槽过流能力，充分发挥下游河道输送泥沙的巨大潜力，延缓小浪底水库的淤积速度，避免下游防洪被动局面，维持黄河健康生命，具有重要的现实意义。

1　高含沙异常洪水概况

1.1　黄河“73·8”洪水

1973年8月底泾河上游涨水，经三门峡水库调蓄，小浪底站30日0时洪峰流量3 630 m^3/s，最大含沙量为28日19时的512 kg/m^3；花园口站30日22时洪峰流量5 020 m^3/s，最大含沙量为29日18时的449 kg/m^3；夹河滩站9月1日7.7时洪峰流量4 990 m^3/s，最大含沙量为9月3日15.9时的456 kg/m^3。

该次洪水花园口站洪峰流量比上游站大，伊洛河和沁河的相应流量总和仅为 80 m^3/s，花园口站洪峰流量比小浪底偏大 1 300 m^3/s 左右。洪水在小浪底—夹河滩河段传播时间长，其中小浪底—花园口洪水传播时间为22 h，花园口—夹河滩传播时间33.7 h，均长于正常洪水的传播时间。

1.2 黄河“77·8”洪水

1977 年 8 月受降雨影响，晋陕区间、泾渭洛河涨水，三门峡水库调洪运用，小浪底站 7 日 21 时洪峰流量 10 100 m^3/s，最大含沙量为 7 日 20 时的 941 kg/m^3；花园口站 8 日 12.8 时洪峰流量 10 800 m^3/s，8 日 13 时最大含沙量 437 kg/m^3；夹河滩站 9 日 4 时洪峰流量 8 000 m^3/s；艾山站 11 日 0.1 时洪峰流量 4 600 m^3/s，洪水到达利津站后洪峰流量为 4 130 m^3/s。

此次洪水花园口站洪峰流量略大于上站洪峰流量。洪水出三门峡以后峰形较瘦，在由小浪底向花园口演进过程中，洪峰流量加大 700 m^3/s。下游部分河段洪水漫滩，洪峰削减较大，此次洪水夹河滩测流断面上游右岸附近生产堤决口，出现漫滩现象，使夹河滩站洪峰流量削减为 8 000 m^3/s，洪峰削减率为 25.9%；该洪水到达高村站时，洪峰已削减为 10 日 5 时的 5 060 m^3/s，洪峰削减率为 36.8%，花园口—利津洪峰削减率达 61.8%。下游洪水水位沿程变化剧烈，由于此次洪水为高含沙水流，洪水在出小浪底后，在赵沟—夹河滩区间水位出现不同程度的陡涨陡落的现象，其中以武陟驾部的水位变化最明显，在涨水过程中，首先在 6 h 内水位突降 0.95 m，后又在 1.5 h 中猛升 2.84 m。在下游与此相距约 45 km 的花园口水文站，洪水涨至流量 6 180 m^3/s，相应水位 92.02 m 时，突然在 8 h 内流量削减为 4 600 m^3/s，相应水位 91.77 m，然后流量又在 4.7 h 内回涨到 10 800 m^3/s，相应水位 92.95 m。这种水位、流量陡落陡涨的现象，与小浪底的洪水过程不相适应。传播时间基本正常，根据计算，花园口—高村洪水传播时间为 40.2 h，高村—利津为 47.8 h，花园口—利津洪水传播时间共计为 88 h。

1.3 黄河“92·8”洪水

1992 年 8 月受降雨影响，晋陕区间、泾渭洛河涨水，三门峡水库调洪运用，15 日 15.7 时小浪底站洪峰流量 4 550 m^3/s，最大含沙量为 15 日 14 时的 534 kg/m^3；16 日 19 时花园口站洪峰流量 6 430 m^3/s，最大含沙量为 16 日 2 时的 454 kg/m^3；18 日 4 时夹河滩站洪峰流量 4 510 m^3/s，最大含沙量为 16 日 19.5 时的 238 kg/m^3；19 日 2 时高村站洪峰流量 4 100 m^3/s。

洪水的特点是水位表现高，本次洪水花园口站均出现了设站以来的最高水位。8 月 16 日 18 时，黄河花园口站流量仅为 6 410 m^3/s，但相应水位却高达 94.33 m，为该站设站以来的最高水位，超过 1982 年最高水位 0.34 m。含沙量高，沙峰出现时间比洪峰早，而且黄河下游多数站沙峰先于洪峰出现，其中花园口站沙峰先于洪峰 17 h 出现。洪峰传播时间大大延长，由于高含沙水流、洪水漫滩及河道萎缩等诸多因素影响，黄河下游小浪底—高村区间各河段洪峰传播时间分别为 28.3 h、33 h、22 h，均远远超过正常传播时间。花园口站洪峰流量比上游站大，8 月 15 日 15.7 时，小浪底站洪峰流量 4 550 m^3/s，在区间基本无加水的情况下，花园口站 16 日 19 时洪峰流量增大至 6 430 m^3/s。

1.4 黄河“04·8”洪水

2002 年黄河首次调水调沙试验后，于 2004 年 8 月 6 日 8 时至 9 月 18 日 20 时实行了黄河第三次调水调沙运用，小浪底水库最大下泄流量 2 590 m^3/s，最大含沙量 352 kg/m^3；受黄河小浪底水库泄流的影响，黄河下游自 8 月 22 日至 30 日产生一次明显的洪水过程，其中，花园口站最大流量 4 100 m^3/s，最大含沙量 394 kg/m^3；利津站最大流量

3 190 m^3/s，最大含沙量 145 kg/m^3。此期间，小浪底—花园口区间基本无降雨，区间支流来水很少，伊洛河黑石关水文站流量约 130 m^3/s，沁河武陟水文站来水约 60 m^3/s。但花园口水文站于 24 日 0 时却出现 4 100 m^3/s 的洪峰流量，最高水位为 93.31 m，24 日 22 时最大含沙量为 394 kg/m^3。见表 1。

表 1　2004 年 8 月洪水期间小浪底以下主要水文站洪水特征值

站　名	洪峰流量 (m^3/s)	峰现时间 (月-日 T 时)	最高水位 (m)	最大含沙量 (kg/m^3)	沙峰时间 (月-日 T 时)	传播时间 (h)
小浪底	2 590	08-23T2.9	35.88	352	08-24T0	
花园口	4 100	08-24T0	93.31	394	08-24T22	21.1
夹河滩	3 830	08-24T22	76.73	270	08-25T11	22
高　村	3 840	08-25T6.5	63.10	227	08-26T4	8.5
孙　口	3 880	08-25T20.6	48.93	167	08-27T4	13.1
艾　山	3 650	08-26T2.4	41.69	178	08-27T8	6.8
泺　口	3 330	08-26T14.9	30.96	146	08-28T16	12.5
利　津	3 190	08-27T7.1	13.5	145	08-29T10	16.2

该次洪水水位表现偏低，沿程漫滩不明显。含沙量高，沙峰时间明显滞后于洪峰，小浪底最大含沙量 352 kg/m^3。花园口站最大含沙量 394 kg/m^3，时间滞后洪峰 22 h；夹河滩站最大含沙量 270 kg/m^3,时间滞后洪峰 13 h。洪峰在小浪底—花园口区间明显加大，此次洪水伊洛河加水甚少，洪水出小浪底至花园口，不但没有削减，洪峰流量反加大。该次洪水无论是在洪峰和传播时间上，在花园口以下河段均表现正常。

1.5　黄河“05 · 7”洪水

2005 年 7 月上旬，黄河发生一次高含沙洪水，小浪底最大流量 2 380 m^3/s、最大含沙量 152 kg/m^3，传播到花园口站洪峰流量 3 640 m^3/s、最大含沙量 87 kg/m^3。见表 2。扣除区间加水 60 m^3/s 后，洪峰比小浪底增大 1 200 m^3/s，增大达 50%。

表 2　2005 年 7 月洪水期间小浪底以下主要水文站洪水特征值

站　名	洪峰流量 (m^3/s)	峰现时间 (月-日 T 时)	最高水位 (m)	最大含沙量 (kg/m^3)	沙峰时间 (月-日 T 时)	传播时间 (h)
小浪底	2 380	07-06T12	135.87	152	07-06T10	
花园口	3 640	07-07T5.4	92.62	87	07-07T14	17.4
夹河滩	3 210	07-07T23.2	76.58	70	07-08T8	17.8
高　村	2 730	07-08T13.2	62.43	67.5	07-09T0	14
孙　口	2 800	07-08T20	48.37	66.3	07-10T8	6.8
艾　山	3 050	07-09T8	41.14	59.4	07-10T4	12
泺　口	2 900	07-09T16	30.31	60.5	07-10T20	8
利　津	2 920	07-10T20	13.20	55.9	07-11T18	28

小浪底水文站从 7 月 5 日 20 时至 8 日 12 时，流量持续大于 2 000 m^3/s。在不到 3 天时间内，6 日 12 时、7 日 8 时和 8 日 9.4 时，分别出现两次流量为 2 380 m^3/s 和一次流量为 2 510 m^3/s 的洪峰。第一次洪峰演进到花园口时产生了增值现象。

值得注意的是，花园口“05·7”洪水属于偏低含沙量的小水过程，流量仍有沿程如此大的增值；“05·7”洪水后期，花园口河道左岸冲刷、右岸出现淤积。

1.6 黄河“06·8”洪水

2006年三门峡水库于8月2日3时开始敞泄排沙运用，三门峡站2日3.5时出现最大流量4 090 m^3/s，2日8时出现最大含沙量454 kg/m^3，2日10时三门峡水库水位降至292 m以下，至3日8时回蓄至300.69 m。

小浪底水库进行异重流试验方案，为防止坝前淤积面抬升过高，同时尽量使下游河道不发生淤积或少淤积，小浪底水库从8月3日12时开始按4 h排沙和6 h不排沙交替调度运行，6日12时结束，出库流量按日平均2 000 m^3/s控制，时间为3天，共有7次4 h排沙。

该次洪水期间小浪底以下主要水文站洪水特征值见表3。

表3 2006年8月洪水期间小浪底以下主要水文站洪水特征值

站 名	洪峰流量(m^3/s)	峰现时间(月-日 T时)	最高水位(m)	最大含沙量(kg/m^3)	沙峰时间(月-日 T时)	传播时间(h)
小浪底	2 230	08-03T17.7	135.5	303	08-03T9.5	
花园口	3 360	08-04T9.3	92.74	138	08-04T17.1	15.6
夹河滩	3 030	08-05T2	75.49	89.8	08-05T12	16.7
高 村	2 700	08-05T12.5	62.2	73.9	08-06T4	10.5
孙 口	2 780	08-05T23.3	47.94	72.7	08-07T0	10.8
艾 山	2 630	08-06T7.4	40.54	61.1	08-7T10.33	8.1
泺 口	2 600	08-06T14	29.79	58.2	08-08T2	6.6
利 津	2 380	08-07T5.7	12.72	59.2	08-09T2	15.7

2 高含沙洪水定义和分析

高含沙是造成黄河下游特殊洪水的根本原因，河床的冲淤变化、水位的陡涨陡落、洪水波的异常变形、洪峰流量的加大等特殊水情的出现，均直接或间接受洪水含沙量的影响。来水来沙特性直接影响着断面的冲淤变化。

洪水的来水来沙条件可由上游站涨水段的平均来沙系数$\bar{K}_s$来反映，即：

$$\bar{K}_s=\bar{\rho}/\bar{Q}$$

式中：$\bar{\rho}$为上游站洪水起涨点至峰顶的平均含沙量，kg/m^3；$\bar{Q}$为上游站从起涨点至峰顶的平均流量，m^3/s；$\bar{K}_s$为平均来沙系数，$kg\cdot s/m^6$。

高含沙洪水的确定标准：$\bar{K}_s \geqslant 0.05$[1]。

历史上小浪底—花园口河段有8年9次洪水满足该条件，有5次发生了下游站洪峰比上游大的现象，但“70·8”、“71·7”、“77·7”、“88·8”洪水没发生异常(见表4～表6)。所以，高含沙洪水洪峰在花园口站加大的情况并不是一个独立个别的现象。而近两年的调水调沙受小浪底水库影响，洪水是一个平稳下泄而不是一个自然洪水过程，平均流量值较大，所以2005年7月洪水不满足上述条件。

表 4　花园口站高含沙洪水洪峰加大情况统计表

序号	洪水	来水来沙系数	洪峰加大洪水
1	“70·8”	0.11	
2	“71·7”	0.08	
3	“73·8”	0.13	是
4	“77·7”	0.05	
5	“77·8”	0.10	是
6	“88·8”	0.05	
7	“92·8”	0.12	是
8	“04·8”	0.08	是
9	“05·7”	0.04	是
10	“06·8”	0.06	是

3　洪水洪峰流量加大成因分析

高含沙洪水挟带的泥沙主要来自粗泥沙来源区，峰形尖瘦，洪峰流量不大，沙峰历时较短，泥沙中数粒径随含沙量的增大而变粗。

高含沙易造成黄河下游特殊水情，是花园口站洪峰加大的根本原因。从高含沙水流的输沙特性、泥沙粒径组成、大型水利枢纽的影响等不同角度考虑，高含沙水流的分类也不同，对河道冲淤变化的影响程度也不尽相同。

高含沙洪水连续发生、河道有冲淤或漫滩变化等，是形成洪峰增值的重要前提。

异常现象大都发生在小浪底—花园口的主要原因是：①三门峡—花园口河段是峡谷型河道向游荡型河道过渡的河段；②高含沙洪水对本河段河床调整塑造较为强烈，是首当其冲的河段；③小浪底水库下泄的水、沙组合尚不稳定；④水沙条件和河床边界尚不适应等。

据此可以认为异常现象发生的主要原因包括：①漫滩洪水归槽的直接原因为主；②由于泥沙的强烈冲淤作用；③水流阻力减小，流速增加；④高含沙洪水，尤其是沙峰滞后的情况。

再就是洪水有可能前期主槽淤积，滩区进水(即峰前漫滩)，在主槽强烈冲刷后，漫滩水迅速回归主槽，从而加大洪峰流量。

4　小　结

高含沙水流在演进过程中易出现流量沿程增大的异常现象，以及沙峰滞后于洪峰、峰形变异、水位陡涨猛降等特殊水情。

洪水在花园口以下河道演进基本正常，花园口洪峰流量加大现象在黄河上并不是绝无仅有的。

小浪底水库调节影响，高含沙洪水是花园口站洪峰加大的根本原因。

近年来出现了低含沙小水流过程仍有流量沿程明显增值的情况。

表 5　几次异常洪水特征值

洪号	站名	洪水涨率	洪峰流量 (m^3/s)	峰现时间 (日 T 时)	最大含沙量 (kg/m^3)	出现时间 (日 T 时)	洪峰传播时间 (h)	沙峰传播时间 (h)	涨洪段水量(亿 m^3)	涨洪段沙量(亿 t)	次洪水量 (亿 m^3)	次洪沙量 (亿 t)
1973.8	小浪底	0.96	3 630	30T0:00	512	28T19:00			3.89	1.38	8.2	2.4
	花园口	0.95	5 020	30T22:00	449	29T18:00	22	23	4.47	0.49	9.42	0.82
1977.8	小浪底	0.69	10 100	7T21:00	941	7T20:00			4.96	1.75	20.94	7.54
	花园口	0.57	10 800	8T12:50	437	8T13:00	15.8	17	6.33	0.46	22.59	5.88
1992.8	小浪底	0.90	4 550	15T15:40	534	15T14:00			14.12	2.74	21.36	5.9
	花园口	0.81	6 430	16T19:00	454	16T2:00	27.3	12	15.63	3.37	23.79	4.34
2004.8	小浪底	0.68	2 590	23T2:00	352	24T0:00			0.6	0.021 7	3.95	0.85
	花园口	0.55	4 150	24T1:00	394	24T22:00	23	22	0.99	0.007 8	4.94	0.86
2005.7	小浪底	0.76	2 380	6T12	152	6T10			1.82	0.069 5	7.74	0.380 4
	花园口	0.53	3 640	7T5:24	87	7T14	17.4	28	1.53	0.021	8.83	0.306 1
2006.8	小浪底	0.68	2 230	3T17:42	303	3T9:30			1.83	0.127 1	6.87	0.221 8
	花园口	0.52	3 360	4T9:18:00	138	4T17:06	15.6	31.6	1.69	0.005 5	7.32	0.159 7

注：来水来沙系数为小浪底站洪水起涨站到峰顶的平均含沙量/洪水起涨点至峰顶的平均流量；
洪水涨率为峰前 12 h 平均流量/洪峰流量；花园口 2004.8 为实况值。

表 6　几次洪水特征值

洪号	站名	峰型系数	最大流量 (m^3/s)	峰现时间 (日 T 时)	最大含沙量 (kg/m^3)	出现时间 (日 T 时)	洪峰传播时间 (h)	沙峰传播时间 (h)	涨洪段水量(亿 m^3)	涨洪段沙量(亿 t)	次洪量 (亿 m^3)	次洪沙量 (亿 t)
1970.8	小浪底	0.92	4 580	4T17:20	602	6T04:00	25.7	5.5	2.578	1.000	7.581	3.232
	花园口	0.85	4 960	5T19:00	320	6T09:30			3.617	0.534	8.258	1.793
1971.7	小浪底	0.91	4 640	27T17:20	700	27T12:00	26.3	31.7	4.452	1.026	9.800	2.235
	花园口	0.85	5 040	28T19:40	192	28T19:40			5.193	0.649	9.482	1.351
1977.7	小浪底	0.90	8 100	8T15:30	535	9T08:00	27.5	22.0	6.003	0.914	15.630	5.186
	花园口	0.88	8 100	9T19:00	546	10T06:00			9.596	1.701	21.010	5.644
1988.8	小浪底	0.92	5 750	8T08:00	216	9T08:00	17.8	–8.2	6.866	1.024	11.560	1.956
	花园口	0.77	6 160	9T01:50	144	8T23:50			9.247	0.703	15.330	1.367

注：1. 洪水过程根据输沙率过程确定；

2. 峰型系数为峰前 12 h 平均流量/洪峰流量；

3. 1988 年洪水小浪底有多个沙峰，第一个沙峰出现在 7 日 8 时，含沙量为 199 kg/m^3，若以此计算则沙峰传播时间为 39.8 h，第二个沙峰出现在 8 日 0 时，含沙量为 212 kg/m^3，若以此计算则沙峰传播时间为 23.8 h。

小浪底水库异重流水文要素变化分析

管　辉　徐小华　李庆金

(河南水文水资源局　郑州　450004)

摘要　水库异重流具有明显的非恒定流特性，其流速、含沙量、厚度、界面高度等在沿程和同一断面不同时刻都在变化，并与进库洪峰具有相似的非恒定变化过程特征。本文主要分析了小浪底水库异重流的流速、含沙量、泥沙粒径等水文要素的时空变化规律。

关键词　小浪底　异重流　水文要素　分析

小浪底水库异重流监测，从 2001 年开始至 2006 年已连续开展 6 年，积累了较丰富异重流测验资料，为开展异重流运行规律和各水文要素分析工作打下了良好基础。2001 年汛前根据小浪底水库的地形和异重流测验的要求,在库区共布设 22 个异重流测验断面(从淤积测验 HH01 至 HH43 断面，逢奇数布设异重流测验断面)。异重流的测验内容有异重流层厚度、宽度、发生河段长度以及异重流沿程水位、水深、水温、流速、含沙量、泥沙颗粒级配等。以后逐年调整，至 2006 年测验断面布设如表 1 和图 1 所示。

表 1　2006 年异重流测验断面布设情况一览表

断面号	距坝里程(km)	断面性质	断面号	距坝里程(km)	断面性质
坝前	0.41	辅助	HH17	27.19	辅助
HH01	1.32	固定	HH29	48.00	辅助
HH05	6.54	辅助	HH37	63.82	固定
HH09	11.42	固定	潜入点		跟踪
HH13	20.35	辅助	XY02		支流西阳河辅助

1　小浪底水库异重流流速、含沙量垂向和横向分布特征

1.1　异重流流速、含沙量垂线分布

水库异重流是清浑水因为比重的差异而发生的相对运动，各水流能保持其原来面目，不因交界面上的紊动作用而混淆成一体。一般来说，异重流流速分布交界面上下明显不同，交界面以上流速较小，交界面以下流速较大，最大流速在异重流层的相对位置不稳定。根据小浪底水库历年实测资料点绘流速含沙量垂线分布分析，发现在水库上段测点最大流速位置偏下，最大流速测点接近于河底，如图 2 所示。在坝前段，由于受小浪底水库泄水影响，最大测点也接近于河底，如在桐树岭断面，水面高程为 232.06 m 时，最大测点分布在水库高程 181.21 ~ 183.19 m 之间，如图 3 所示。

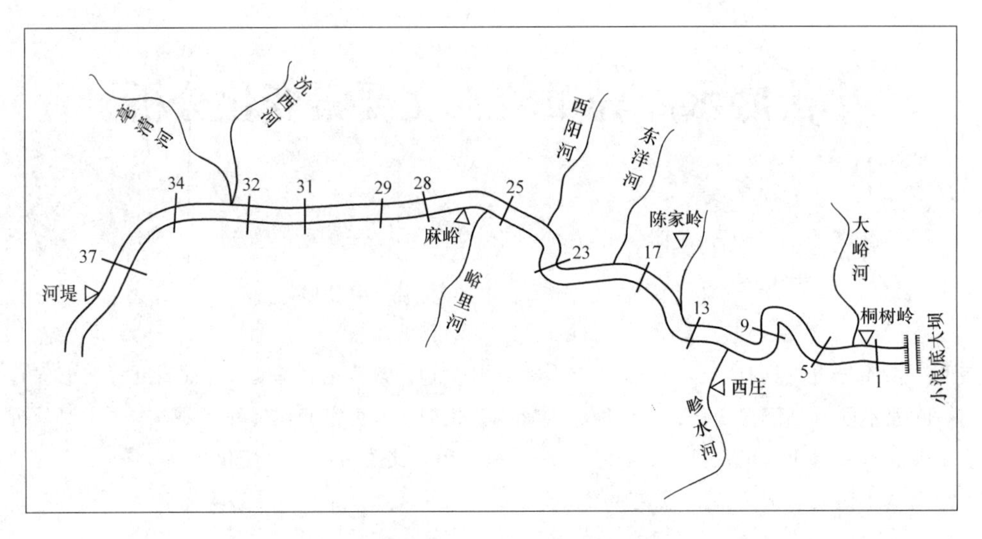

图 1　异重流测验断面布设示意图

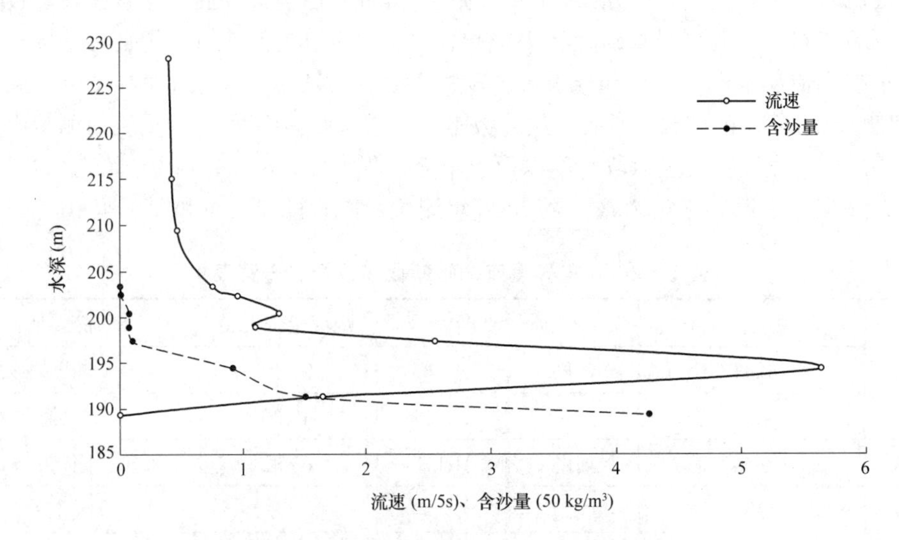

图 2　异重流流速、含沙量垂向分布图

(HH13，主 3 起点距:729，时间:2003 年 8 月 29 日 15:12～15:48，水位:234.33m)

异重流含沙量的垂线分布存在明显的转折拐点，转折拐点位于交界面附近，交界面以下含沙量分布较均匀。

1.2　异重流流速、含沙量横向分布

小浪底水库异重流流速、含沙量横向分布见图 4～图 6，异重流流速横向分布受河道地形变化和横断面形态的影响。通过对小浪底水库历年实测异重流资料分析可知，在较宽的横断面上流速分布不均匀，主河槽流速大，断面两侧或一侧流速较小，常有一部分区域流速极微弱或接近于零，如图 4 所示的 HH09 断面横 4 流速等值线图；在顺直河段主流流速区位于中间，如图 5 所示的 HH29 断面横 3 等值线图；在弯道段则主流流速区位于凹岸边。

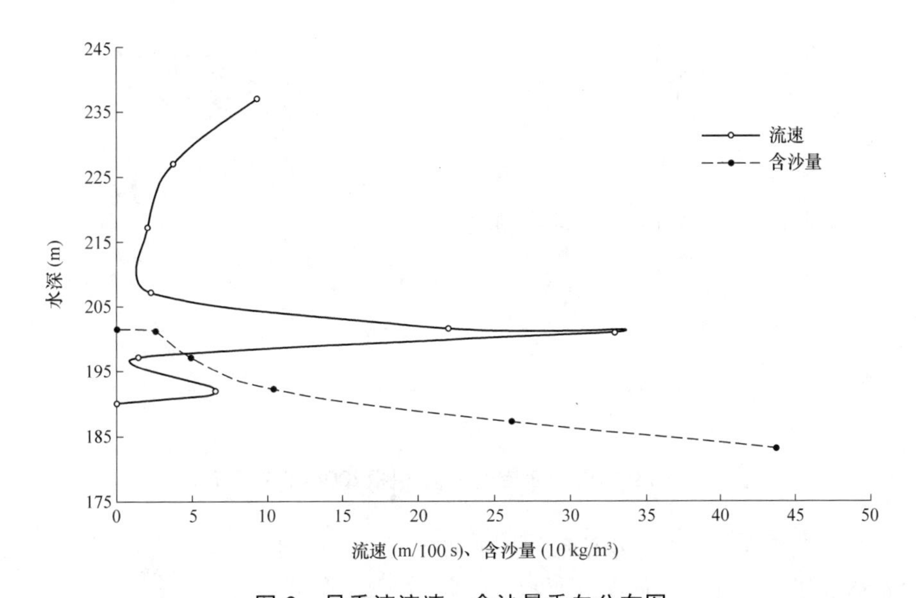

图 3　异重流流速、含沙量垂向分布图

(桐树岭，横 5-2(主 5)起点距:1 280，时间:2003 年 8 月 31 日 10:50～11:30，水位:237.14 m)

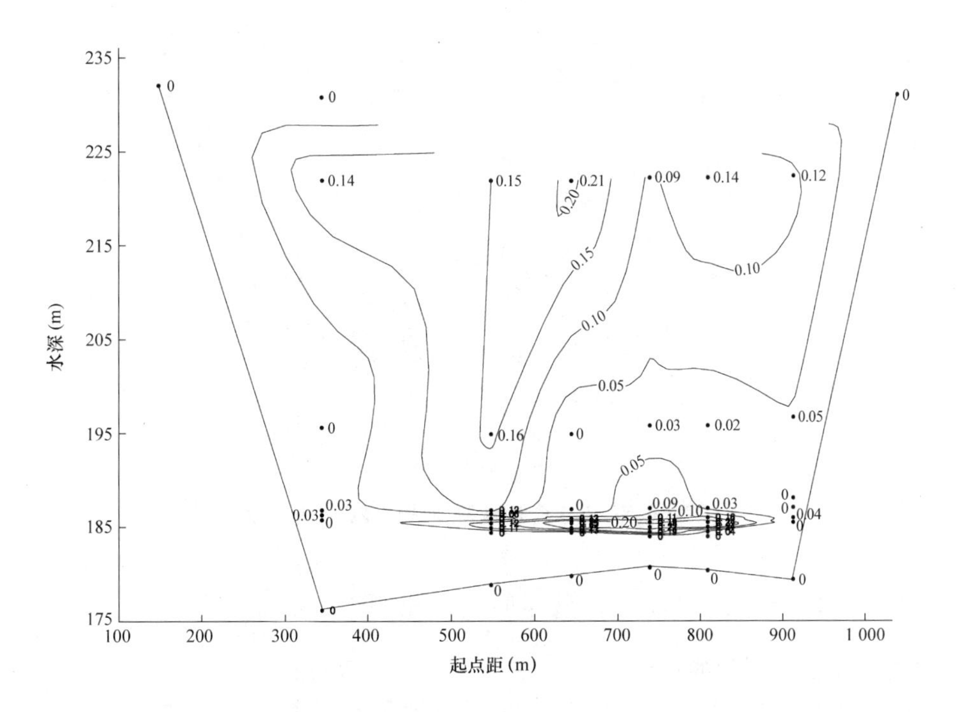

图 4　HH09 断面横 4 流速等值线图(2004 年 7 月 10 日)

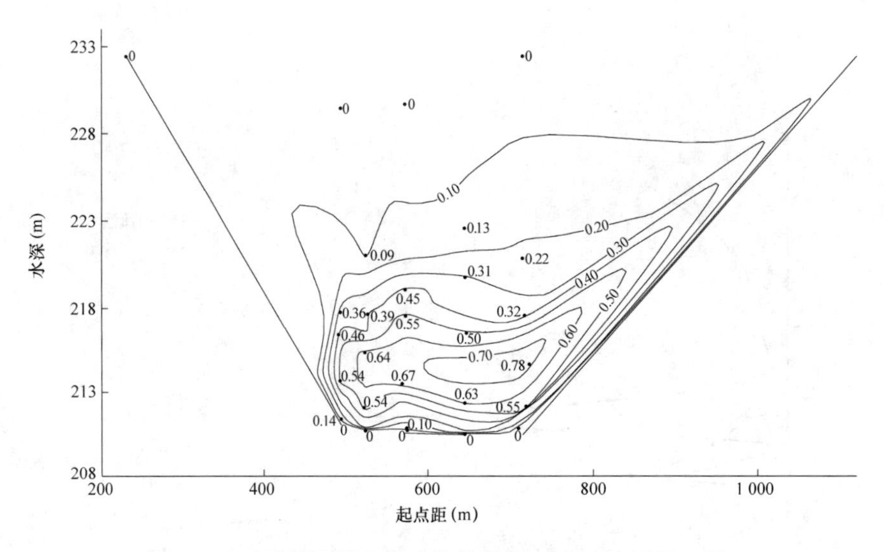

图 5　HH29 断面横 3 流速等值线图(2004 年 7 月 7 日)

从含沙量的横向分布图，小浪底水库异重流含沙量横向分布较均匀，可看出主流区的含沙量略大于边流速区，如图 6 所示。

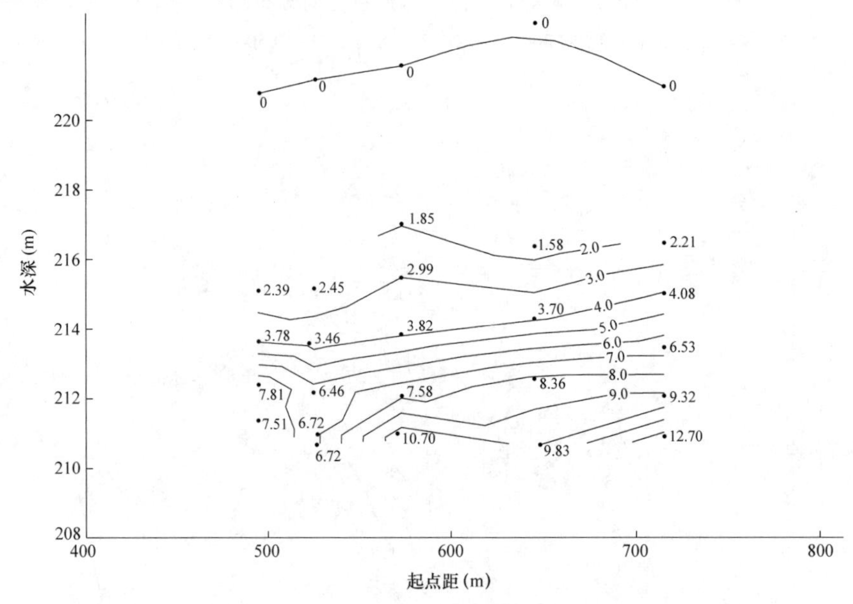

图 6　HH29 断面横 3 含沙量等值线图(2004 年 7 月 7 日)

2　小浪底水库异重流流速、含沙量随时间的变化

2.1　异重流流速随时间的变化

如从 2005 年 6 月 27 日 ~ 7 月 2 日实测资料分析表明(见图 7)，各断面异重流层流速有起涨、峰顶、持平和衰减的过程。HH23 断面最大平均流速达到 0.98 m/s(2005 年 6 月 28 日 18:32)，此时异重流刚刚产生，HH23 断面距潜入点(HH25 断面)距离仅为 4 km，此时异重流

动能较大，异重流推进速度较快。6 月 30 日各断面流速达到峰顶，7 月 2 日趋近于零。

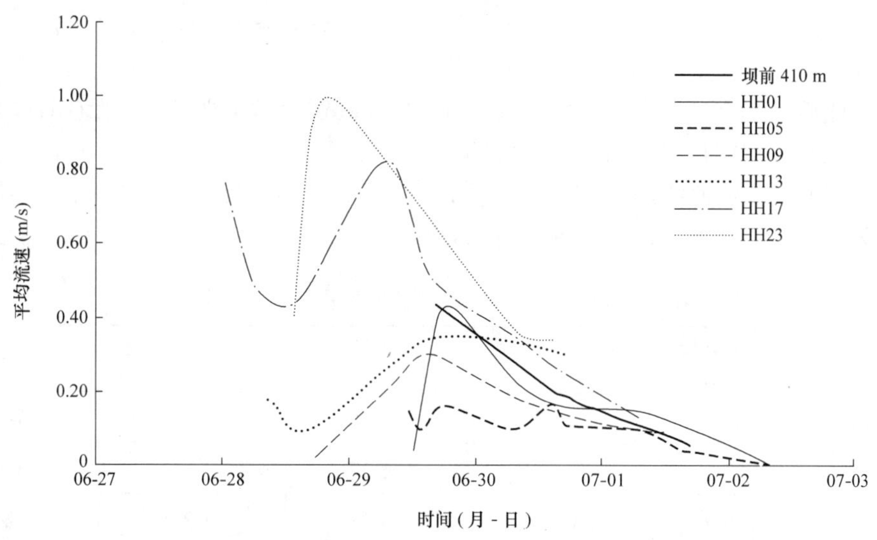

图 7　各断面主流线异重流层平均流速变化过程图

2.2　异重流含沙量随时间的变化

异重流层含沙量随时间的变化同流速相似，也有起涨、峰顶和衰退段。异得流起涨价段，由于水沙掺混层较厚，平均含沙量较小。峰顶或稳定期，清浑水界面分明，平均含沙量高，以后逐渐衰减直至消失。如图 8 所示。

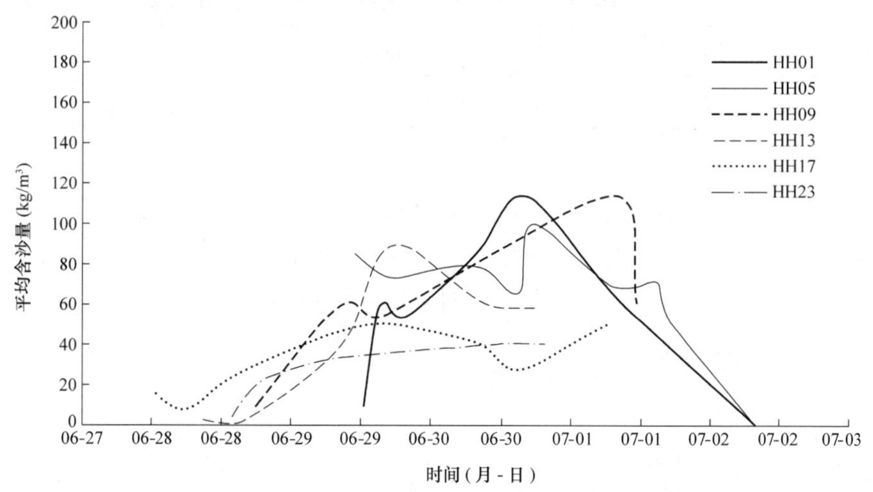

图 8　2005 年 6 月 27 日～7 月 3 日各断面主流线异重流层平均含沙量变化过程图

3　小浪底水库异重流流速、含沙量沿程变化

3.1　异重流流速沿程变化

3.1.1　异重流最大流速沿程变化

异重流区上游段水深小，水流受到的阻力小，一般上游段流速大于下游段。遇特殊

边界条件，流速变化较大。如库区异重流最大测点流速常出现在 HH17 断面，该断面上游为狭窄段，下游为扩散段，水流势能转化为动能，异致流速增大。如 2006 年 6 月 25 日 9 时在 HH27 断面下游 200 m 发现异重流潜入，25 日 10 时 HH26 断面最大测点流速 1.48 m/s，此后异重流迅速向下游推进，运行速度呈递减趋势。但遇狭窄河段(HH17 断面)，流速有增大趋势。HH17 断面以下又逐渐减小。

从各断面最大流速统计表(见表 2)中可以看出，本次异重流各断面流速较大，最大测点流速为 2.10 m，最大垂线平均流速为 1.05 m。

表 2　2006 年 6 月异重流各断面最大流速统计

断面名称	距坝里程 (km)	最大平均流速 (m/s)	日期 (月-日)	最大测点流速 (m/s)	日期 (月-日)
HH26	43.0	0.66	06-25	1.48	06-25
HH25	41.1	0.61	06-27	1.13	06-27
HH24	39.5	0.76	06-28	1.22	06-28
HH23	37.5	1.04	06-25	1.22	06-28
HH22	36.3	1.05	06-26	1.77	06-26
HH17	27.2	0.93	06-26	2.10	06-27
HH13	20.4	0.38	06-26	1.66	06-26
HH09	11.4	0.57	06-27	0.64	06-26
HH05	6.54	0.37	06-27	0.94	06-27
HH01	1.32	0.70	06-27	0.90	06-27

3.1.2　异重流平均流速沿程变化

异重流平均流速受沿程河势、断面形态影响较大，沿程呈递减趋势。过水面积大的河段流速较小，如图 9 所示距坝 5～20 km 河段过水面积大，流速小，流速比较稳定。在距坝 30 km 以上河段和近坝段，异重流过水断面面积小，流速大。

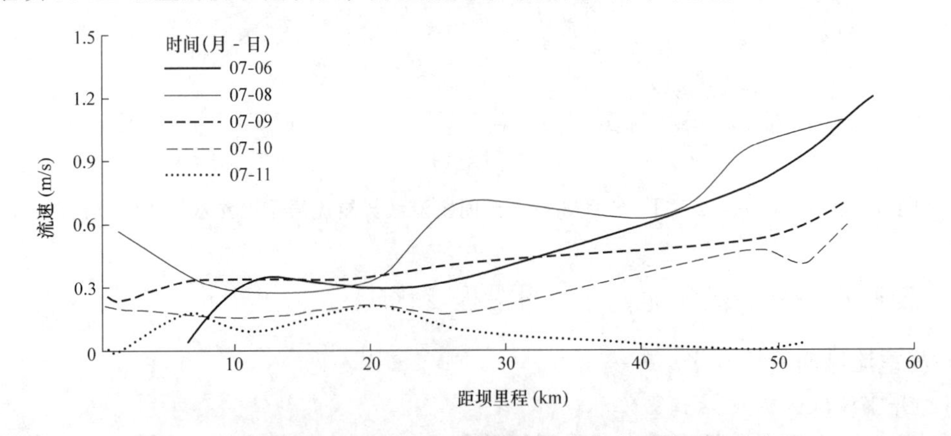

图 9　2006 年 7 月 6～11 日异重流平均流速同时沿程分布图

3.2 异重流含沙量沿程变化

影响异重流含沙量的变化因素较多，当地形条件一定，主要受上游来水来沙和水库泄流条件影响较大。从 2005 年 6 月 28 ~ 7 月 1 日平均含沙量沿程变化图(见图 10)中可以看出，本次异重流能够到达坝前，在异重流产生初期，浑水向下游推进时与清水掺混较多，含沙量呈沿程递减趋势，如 6 月 28 日含沙量沿程表现为逐渐减小，在异重流稳定阶段，HH09 断面以上河段平均含沙量表现为沿程递增，HH09 断面(距坝 11.4 km)以下表现为沿程递减。

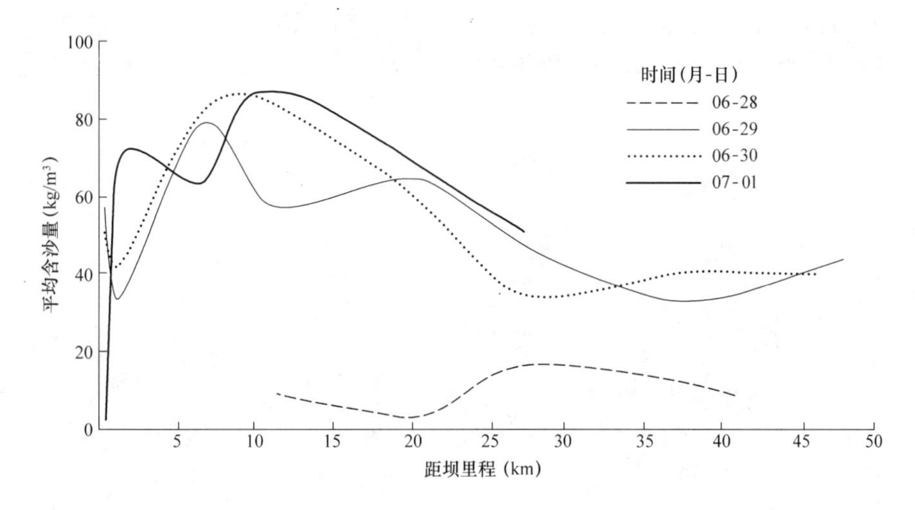

图 10　2005 年 6 月 27 日～7 月 1 日异重流平均含沙量沿程变化图

当上游来水来沙量较小，后续动力不足，异重流会在中途消失。如 2006 年 7 月 6 日 HH17 断面含沙量较大是因为第一次异重流沙峰通过该断面，而 7 月 7 日该断面含沙量较小因为第一次异重流沙峰消失，第二次异重流沙峰尚未到达该断面。两次异重流过程第一次异重流含沙量明显小于第二次异重流含沙量，见图 11。

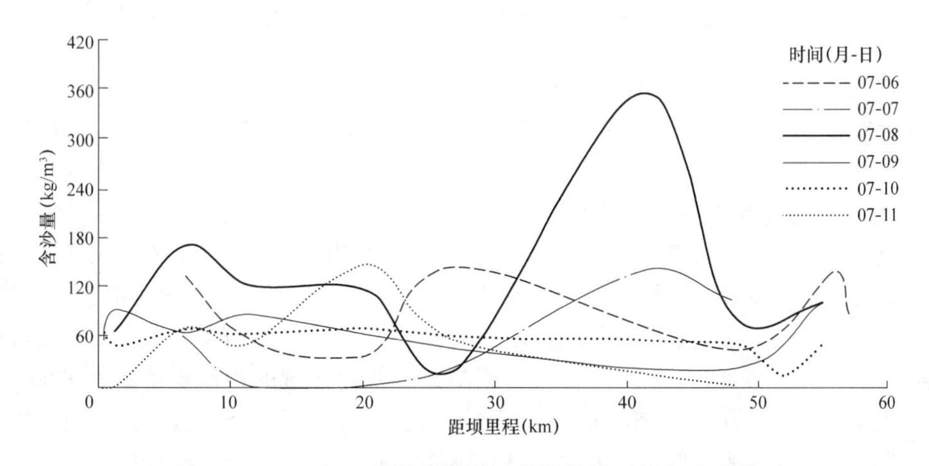

图 11　2006 年 7 月异重流平均含沙量同时沿程分布图

4 异重流层泥沙中值粒径的变化

4.1 泥沙中数粒径 D_{50} 横向分布

4.1.1 潜入点泥沙中数粒径 D_{50} 横向分布

在潜入点附近，由于入库水流挟带的大量粗颗粒泥沙尚未因水库静水摩阻影响流速减小而沉积，所以泥沙粒径较粗。潜入点河段泥沙中数粒径横向分布极不均匀。如 2006 年 6 月 26 日，潜入点位于 HH22、HH23 断面附近，两断面中数粒径 D_{50} 横向分布形态基本相同，断面右侧含沙量较大，泥沙粒径较粗，且沿断面方向上泥沙粒径极不均匀，最大中数粒径为 0.024 mm，最小中数粒径为 0.008 mm，这与潜入点特性是相吻合的(见图 12)。

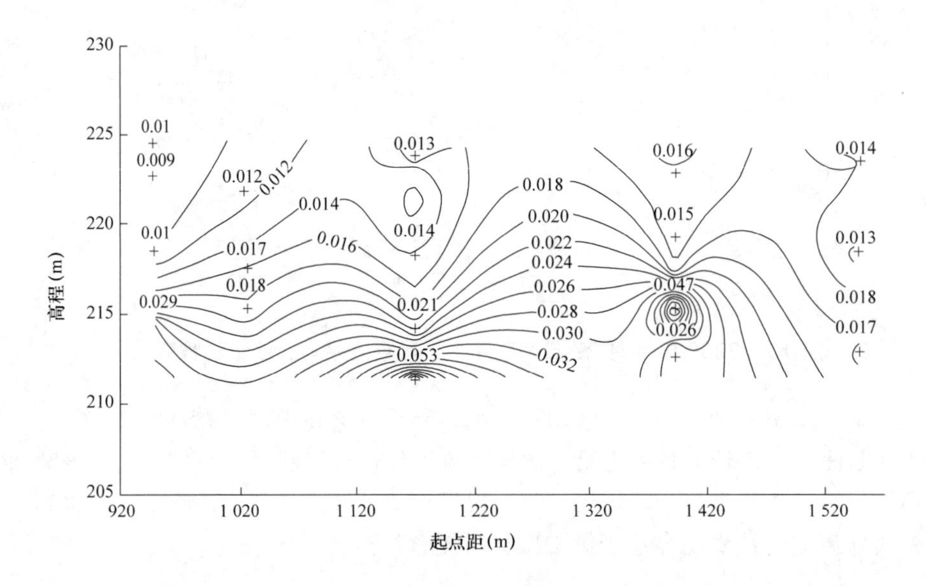

图 12　2006 年 6 月 26 日 HH23 断面横 1 中数粒径等值线图

4.1.2 坝前断面泥沙中数粒径 D_{50} 横向分布

坝前断面的泥沙较细，中数粒径常在 0.004 ~ 0.007 mm 之间，且横向分布均匀(见图 13)。

4.2 异重流泥沙中数粒径沿程变化

异重流泥沙中数粒径变化与异重流的流速有着密切的关系，异重流的流速大，挟沙能力强，其含沙量也较高，相对的中数粒径也较大。随着异重流的演进，能量不断减小，挟沙能力也会逐步减弱，颗粒较粗的泥沙会沿程沉积下来。从 2004 年 7 月实测异重流中数粒径沿程变化可以看出，中数粒径沿程逐渐减小，坝前区域的中数粒径基本在 0.010mm 以下，说明经冲刷库尾三角洲的粗颗粒泥沙在演进过程中，急剧拣选，大量粗颗粒泥沙落淤在潜入点下游河段，而较细的泥沙只有小部分沉积，大部分经长距离输送排出库外，如图 14 所示。

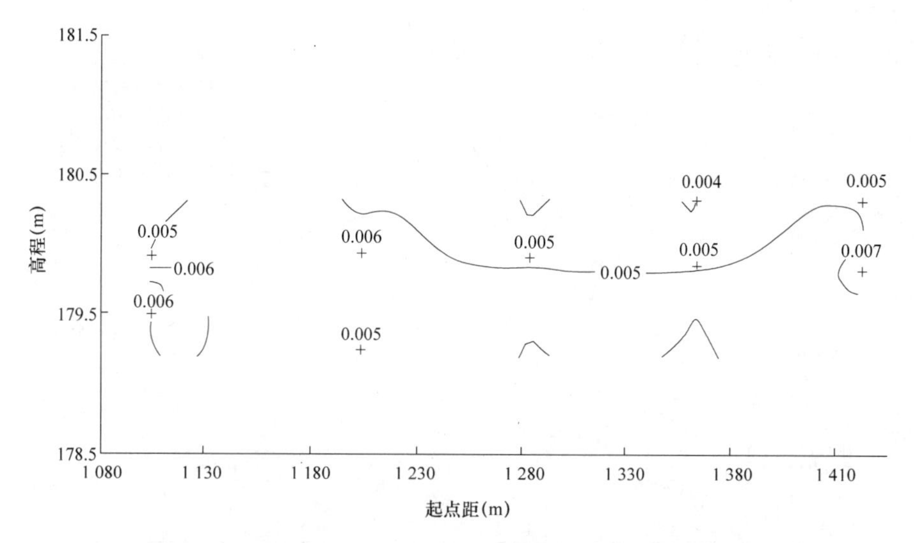

图 13 2006 年 6 月 26 日桐树岭横 3 中数粒径等值线图

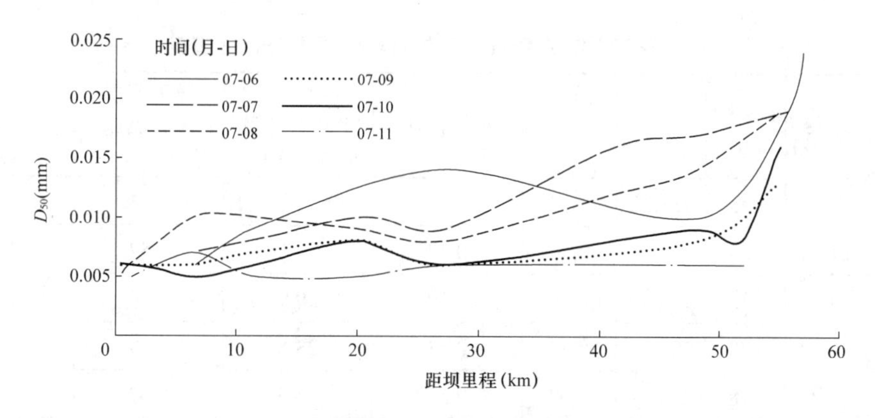

图 14 异重流中数粒径同时沿程分布图

4.3 异重流中数粒径 D_{50} 在各断面随时间的变化

图 15 反映了主流线平均 D_{50} 随时间变化过程。可以看出 D_{50} 与流速、含沙量、厚度一样，同样受入库水沙影响，如 2006 年 6 月 27 日各断面有一个明显增粗的过程，28 日开始逐渐减小。

5 异重流厚度的变化

5.1 各断面异重流厚度随时间的变化

2004 年 7 月 4 ~ 12 日实测异重流的资料证明，异重流厚度与流速、含沙量和进库洪水具有同步的变化过程，见表 3、图 16、图 17。

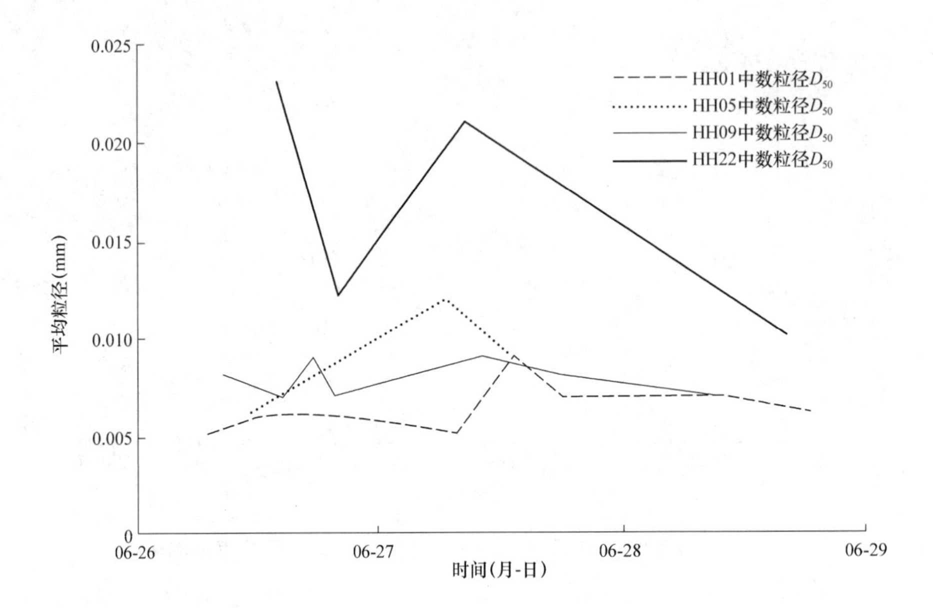

图 15　2006 年 6 月 26～29 日各断面主流线平均 D_{50} 变化过程图

表 3　2004 年 7 月 HH17 断面部分异重流特征值表

日期(月-日)	时间(时:分)	起点距(m)	水位(m)	异重流厚度(m)	异重流层平均流速(m/s)	异重流层平均含沙量(kg/m³)	异重流层最大流速(m/s)	异重流层最大含沙量(kg/m³)
07-06	5:30	445	233.22	4.39	0.50	229	1.05	447
07-06	14:18	423	233.11	2.19	0.47	54.6	0.57	150
07-06	19:18	435	233.09	0.69	0.19	59.9	0.24	106
07-07	7:36	378	232.98	0.38	0.13	23.8	0.19	456
07-08	5:36	378	233.31	4.07	0.53	15.6	0.67	91.8
07-08	11:36	383	233.04	8.0	0.88	33.3	1.94	140
07-08	18:00	410	232.77	8.6	0.87	28.0	1.55	84.0
07-09	5:48	428	232.27	5.8	0.41	38.4	0.73	86.1
07-09	17:48	428	231.63	4.04	0.42	51.1	0.69	61.3
07-10	6:12	392	231.01	2.46	0.14	53.0	0.18	64.7
07-10	14:12	382	230.59	1.48	0.21	65.8	0.30	70.0
07-11	8:06	368	229.30	1.38	0.12	50.5	0.30	161
07-11	12:30	341	228.84	1.27	0.071	57.3	0.098	142

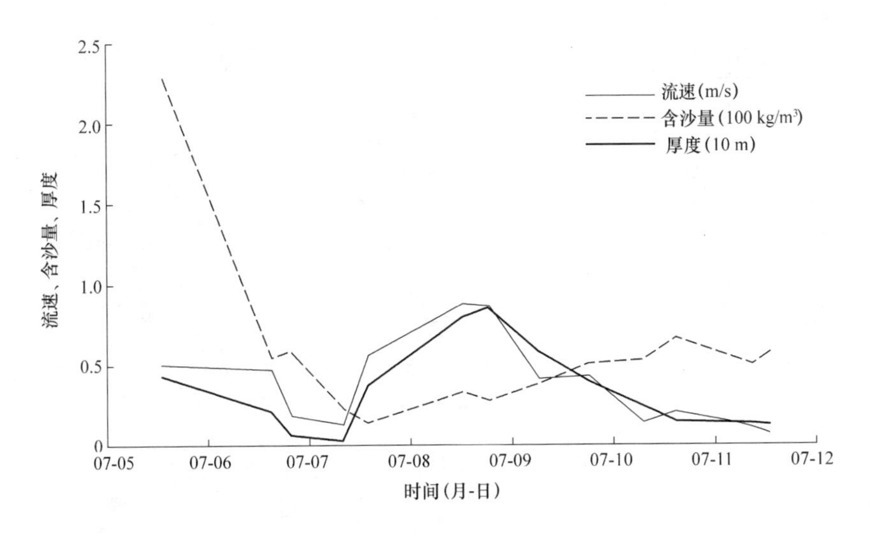

图 16　小浪底水库 2004 年 7 月 HH17 断面异重流流速、含沙量、厚度过程线

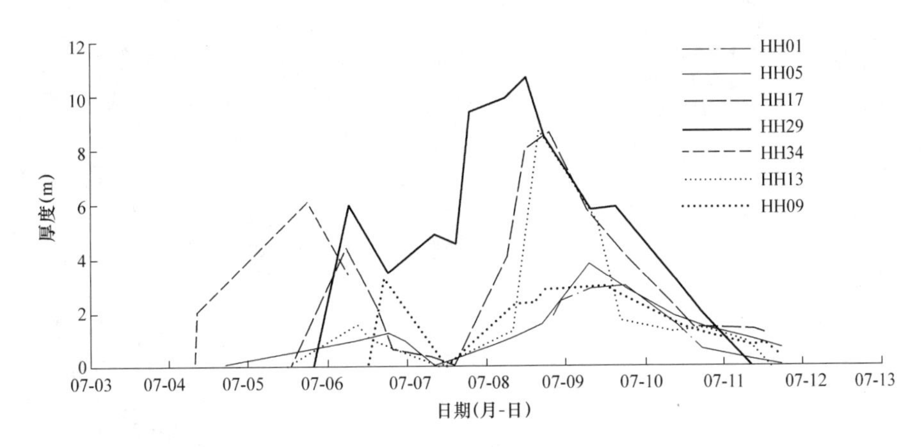

图 17　2004 年 7 月各断面异重流厚度过程线图

5.2　异重流厚度沿程变化

异重流的厚度沿程变化表现为潜入点区域厚度较大，随着纵向距离的增加，厚度逐渐降低，但距离越长，越趋于稳定，如此次异重流厚度在距坝 50 km 附近较厚，距坝 50 ~ 20 km 逐渐降低，在坝前 15 km 处基本趋于稳定。如图 18 所示。

6　异重流在支流河口的表现

水库上游干流来水来沙产生的异重流在支流河口会产生倒灌现象，由于进入支流后异重流能量沿程衰减，在河口区异重流挟带泥沙淤积，导致支流河口河床局部高程抬高，使得支流水量宣泄不畅。小浪底水库支流众多，大的支流有沇西河、西阳河、东洋河等，在支流河口进行异重流观测，对研究异重流对支流河口区淤积的影响程度及其对异重流沿程演进规律有着重要的意义。图 19 为支流河口异重流流速、含沙量垂线分布典型图。

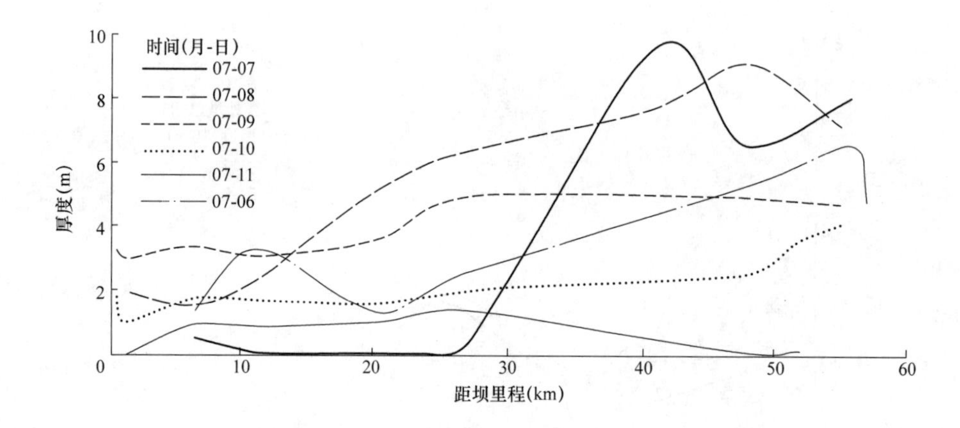

图 18　2004 年 7 月异重流厚度同时沿程分布图

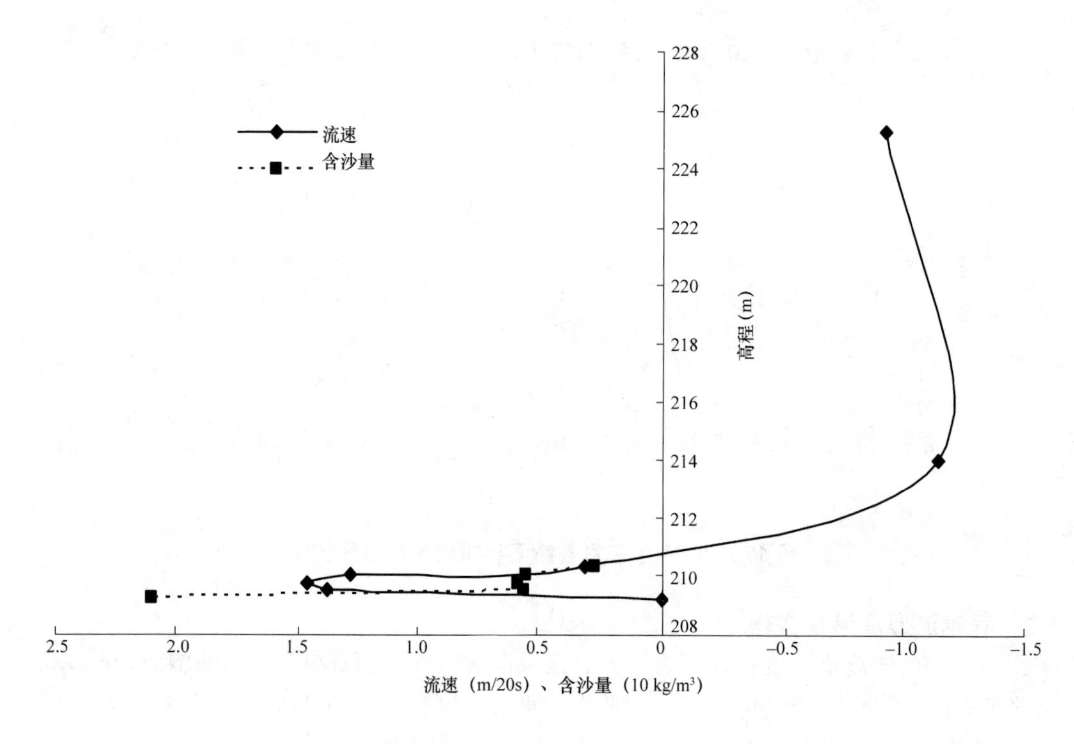

图 19　西阳河口主 2 流速、含沙量垂线分布图

(起点距: 508 m，时间:2005 年 6 月 28 日 12:25 ~ 13:10，水位:229.02 m)

6.1　流速、含沙量垂线分布

受异重流倒灌及支流顶托影响，支流河口与干流异重流流速在垂线方向上的分布有着很大的不同，异重流流速在干流上较少出现负流速(流向为水库上游的为负流速)，在支流河口，垂线方向上存在流向相反的两层甚至多层，底部异重流层向支流上游流动，而上部清水则向下游水库方向流动。

在垂线方向上流速有两个极大值，第一个极大值位于异重流界面上方，靠近界面，其流向为正，向下游水库方向流动。第二个极大值位于异重流层，其流向为负，向水库支流上游流动。

支流河口含沙量垂线分布与干流分布基本相同，最大值靠近河床底部，但一般是向支流上游方向流动。

6.2 支流河口异重流变化规律

受库区异重流和支流来水的相互作用，支流河口区流速分布较不稳定，流速、含沙量变化较大，主要表现为以下几点：

(1)流速较小。这是由于异重流在支流河口倒灌时受支流来水顶托，能量损耗较大。2003 年 8 月 2 日沇西河口最大实测流速为 0.46 m/s，而同时间 HH34 断面最大实测流速达到 1.77 m/s，HH29 断面最大实测流速 1.57 m/s。2005 年 6 月 28 日西阳河口最大实测流速为 0.56 m/s，HH23 断面最大实测流速 1.15 m/s。

(2)异重流流速与含沙量变化同步性较好，这一点可以从图 20 看出。

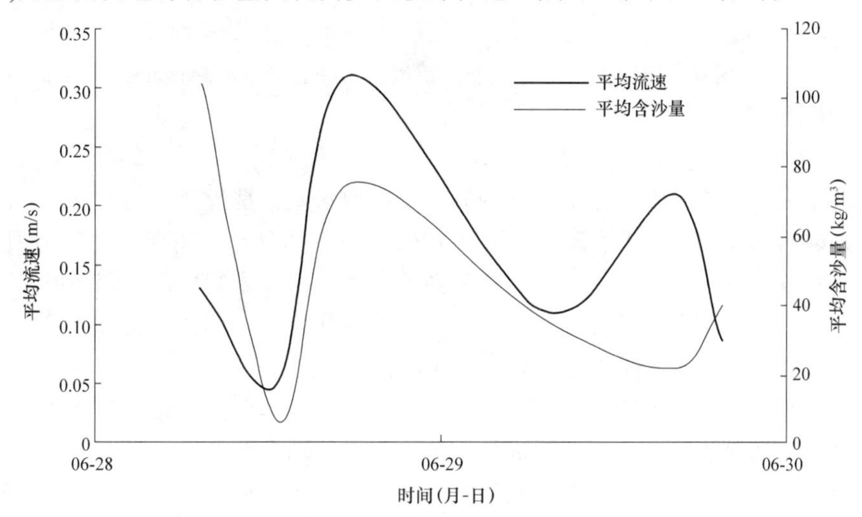

图 20 西阳河口主流一线平均流速、平均含沙量变化过程图

7 结 语

异重流运行速度、含沙量、厚度与上游水沙峰及河道形态有对应关系，一般水库上游段流速大于下游段流速。当来水来沙有足够动力推进异重流层运行，异重流厚度沿程变化较小，动力不足，厚度沿程衰减，甚至消失。

异重流层泥沙粒径沿程呈减小趋势，粗颗粒泥沙沿程淤积。

支流河口在异重流出现期间出现泥沙倒灌，清水向下游运行，下层浑水向上游流动。

参考文献

[1] 韩其为. 水库淤积. 北京：科学出版社，2003

[2] 水利部黄河水利委员会. 黄河首次调水调沙试验. 郑州：黄河水利出版社，2003

三门峡水库利用库水位骤降与桃汛洪峰形成“冲刷型异重流”的机理

杜殿勖

(黄河水利科学研究院　郑州　450003)

摘要　利用水库水位短时间大幅度下降与桃汛洪峰共同作用，强烈冲刷库区前期淤积泥沙，调整淤积分布，产生高含沙量沙峰，形成“冲刷型异重流”，出库沙量多，排沙比大，耗水量少。“冲刷型异重流”潜入和形成条件，沿程持续运动规律，排沙出库粒径组成等基本与洪峰型异重流相同。

关键词　水库水位骤降　桃汛洪峰　冲刷型异重流　洪峰型异重流沿程冲刷　溯源冲刷　异重流排沙

三门峡水库是万里黄河干流上兴建的第一座巨型水库，是治理开发黄河的一次重大实践，自1960年9月15日开始蓄水运用至1962年3月为蓄水运用期，蓄水后库区泥沙淤积严重，有93%的来沙淤积在库内，库容急剧损失，淤积末端出现“翘尾巴”现象，淤积速度和淤积部位都超出预计。1962年2月水电部决定并经国务院批准，水库的运用方式由“蓄水拦沙”改为“滞洪排沙”汛期闸门全开敞泄。水库于3月20日闸门全部敞开泄流，库水位急剧骤降，在此期间正值桃汛洪峰入库，库首淤积泥沙剧烈冲刷，形成高含沙量洪峰输送至水库壅水区，形成异重流，为了区别天然洪峰发生的异重流为“洪峰型异重流”，兹将水库水位降落和桃汛洪峰冲刷形成的异重流，称之为“冲刷型异重流”。这是黄河干流三门峡水库首次发生的独具特色的科学实践成果之一。

1　水库淤积形态及淤积物组成特征

三门峡水库于1960年9月15日至1962年3月18日为蓄水运用，1961年汛期最高库水位 332.53 m，汛期平均库水位 324.03 m，水库水位变幅不大，汛期进库沙量集中为10.82亿t，潼关以下库区淤积9.68亿m^3，泥沙堆积形成明显的三角洲，淤积三角洲顶点距坝60~70 km，顶点高程为315~317 m。三角洲洲面为下凹型曲线，洲面比降由上游至下游逐渐变小，尾坡段比降为2.14‱，顶坡段为1.6‱~2.0‱，前坡段为4.34‱~9‱。三角洲各段河床淤积物中值粒径 D_{50}变化，尾坡段为0.016~0.06 mm，顶坡段为0.03~0.04 mm，前坡段及异重流过渡段为0.01~0.03 mm。异重流挟带的泥沙粒径为0.025~0.03 mm。

2　库水位骤降和桃汛洪峰变化过程

三门峡水库非汛期天然来水来沙，不会出现明显的洪峰和沙峰，且泥沙颗粒组成较粗，不可能产生“洪峰型异重流”，而由于水库改为“滞洪排沙”，水库水位大幅度骤降，1962 年 2 月 17 日库水位最高达 327.93 m，3 月 20 日闸门全部敞开泄流，至 3 月 29 日库水位急剧降至 307.40 m，水位下降 20.53 m，库水位低于三角洲顶点，顶坡段及前坡段脱离壅水影响，恢复天然河道，3 月 28 日至 4 月 6 日发生桃汛洪峰，最大洪峰流量为 2 060 m^3/s，平均流量为 1 344 m^3/s，洪峰持续 10 天总水量为 11.6 亿 m^3，桃峰过后库水位继续急剧下降，在距坝 55 km 以上的三角洲面及前坡段产生强烈的沿程冲刷和溯源冲刷，冲刷前期淤积的大量细颗粒泥沙，形成高含沙量水流，进入壅水区潜入库底形成“冲刷型异重流”抵达坝前，有一部分排沙出库。

3 “冲刷型异重流”形成的条件

综上分析认为，形成“冲刷型异重流”持续运动的必要条件如下：

(1)被冲刷的库段河床淤积泥沙组成应有足够数量的细颗粒泥沙($d<0.025$ mm)，这部分细颗粒泥沙是形成异重流之源，是发生异重流的必要条件，如 1962 年 4 月 9 日至 4 月 22 日和 5 月 16 日至 6 月 17 日从河床冲起的细颗粒泥沙，占出库泥沙的 52%和 72%。

(2)水库水位降落是引起河床冲刷的必要条件，水位降落率是冲刷强度的重要条件之一，根据实测冲刷“冲刷型异重流”资料点绘库水位降落率($\Delta H/\Delta t$)与进出库排沙比($Q_{S三}/Q_{S潼}$)关系图(说明：ΔH 为库水位下降值，m；Δt 为库水位下降时间，d；$Q_{S三}$为三门峡站输沙率，t/s；$Q_{S潼}$为潼关站输沙率 t/s)，从图中可知，库水位降落率与排沙比成正比变化，当水位降落率 1.0 m/d 时排沙比约为 100%，当水位降落率 0.2 m/d 时排沙比约为 20%，需要说明的是，这一关系中隐含了流量、河床比降等因素。

(3)流量是形成“冲刷型异重流”必要的水流动力因素，在水库水位降落时期，入库流量应满足一定数值，而且，还需要持续一定的时间，即具有足够的后续动力，是保证异重流持续运动抵达坝前并排沙出库的必要条件。河床产生沿程冲刷与溯源冲刷速度与数量，除与流量成正比关系外，还与比降成正比。根据这一概念建立经验冲刷关系式：

$$Q_{S出}=250Q^2J^2$$

式中：$Q_{S出}$为冲刷段下游断面输沙率，t/s；J 为比降，采用应有的比值；Q 为进入冲刷段的流量，m^3/s。

这里特别提出的是，当库水位降至低于三角洲顶点的前坡段，比降突然由 2.14‱增大为 4‱ ~ 9‱，常出现跌水现象，溯源冲刷非常剧烈，因而优化调节入库洪峰流量与库水位下降过程对接的最佳时机，是塑造“冲刷型异重流”冲刷效果最好的技术关键。上述三个条件是相互依赖、不可分割的。

4 “冲刷型异重流”持续运动的特性

从“冲刷型异重流”流速、含沙量及泥沙粒径 d_{90} 垂线分布沿程变化图显示，其沿程分布变化特征由非恒定流逐渐变为恒定流。异重流挟带的泥沙粒径 d_{90} 为 0.025 ~ 0.030 mm。点绘弗劳德数从潜入断面至坝前各断面沿程变化，从中展示“冲刷型异重流”和“洪峰型异重流”两者修正弗劳德沿程变化由大逐渐变小，总的变化趋势基本一致。当修正弗劳德数为 0.2 左右时基本稳定，也证明了沿程变化由非恒定流逐渐变为恒定流。综观上述，“冲刷型异重流”与“洪峰型异重流”持续运动规律基本一致。

5 “冲刷型异重流”排沙

“冲刷型异重流”是在入库未出现明显的洪峰、沙峰、泥沙组成较粗的情况下，由于库水位大幅度下降和桃汛洪峰共同作用冲刷三角洲淤积的细颗粒泥沙形成沙峰，随水流挟带至壅水区潜入库底面形成的异重流，一般说来其出库排沙比大于 100%，如 1962 年 3 月 20 日至 4 月 8 日排沙比为 120%，3 月 26 日至 27 日排沙比为 320%。

排沙出库泥沙粒径 d_{90} 为 0.025 ~ 0.03 mm。

6 结 语

(1)三门峡水库利用降低库水位和桃汛洪峰形成“冲刷型异重流”的实践经验证明，当洪峰入库前库水位应降至低于三角洲顶点高程以下的前坡段，在桃汛洪峰入库过程中产生沿程冲刷和溯源冲刷，特别是在前坡段前期淤积的大量细泥沙，且由于比降突然增大，产生跌水曲线，发生剧烈的溯源冲刷，两者共同作用冲刷发展速度快，冲刷泥沙数量大，冲刷排沙效果显著。

(2)据分析初步认为，“冲刷型异重流”发生的潜入现象、判别数、发生的条件，沿程持续运动规律、排沙出库泥沙粒径组成等方面，基本与“洪峰型异重流”相同。

(3)根据三门峡水库“冲刷型异重流”形成的实践经验，小浪底水库目前的“人工塑造异重流”是利用万家寨和三门峡水库调节形成洪峰，冲刷三门峡和小浪底库区前期淤积的泥沙造成沙峰，其最好的时机是在洪峰进入小浪底水库前，把小浪底水库水位降得低一些，最好降至三角洲顶点以下库段，这时，沿程冲刷和溯源冲刷的速度快，冲刷的泥沙数量多，排沙的效果好，可节约水资源，损失电能少。因此，合理优化联合调度三个水库，是技术的难点和关键。

水库异重流研究综述

林秀芝[1,2]　王　平[1,2]

(1. 黄河水利科学研究院　郑州　450003；
2. 河海大学　南京　210098)

摘要　本文对以往水库异重流研究成果进行了较为详细的归纳、总结。从异重流潜入条件、运行阻力、持续条件、挟沙能力和输沙规律、淤积和输沙问题以及高含沙异重流等有关方面，给出各家的研究条件和研究成果，并提出今后异重流需要继续深入研究的问题，为有效利用异重流提供参考。

关键词　异重流　潜入条件　运行阻力　持续条件　挟沙能力　输沙规律　高含沙异重流

1　引　言

有关异重流的研究，早在 19 世纪末期，始于欧洲[1]。1935 年美国米德湖发生异重流，然而由于观测资料不系统，项目不全，难以进行系统分析。

我国官厅水库于 1953 年发生异重流，并建立了观测队伍，于 1955 年正式设置水库泥沙观测实验站，进行项目齐全的异重流观测工作。之后，红山、三门峡、刘家峡、巴家嘴、冯家山、碧口、恒山、汾河等水库均发生了异重流，也都作了观测，其中巴家嘴、刘家峡和冯家山三个水库的观测资料较为完整。1956 年北京水利水电科学研究院，在室内进行了水槽试验研究，首次得到了异重流潜入点和阻力计算公式，得到广泛应用。西北水科所、黄河水科院在 1980 年之后相继进行了高含沙异重流试验，对高含沙量异重流提出新的认识[2]。近期，黄科院在小浪底水库运用方式研究中成功地模拟了异重流，清华大学在异重流数学模拟和水槽试验方面也做了不少研究工作。黄委在小浪底水库调水调沙期间也多次成功地塑造了异重流，这些均给今后研究异重流打下了良好的基础。

异重流是两种或两种以上的流体互相接触，在重率有一定的差异时，如果其中一种流体沿着交界面的方向运动，在交界面以及其他特殊的局部处所，虽然不同流体间可能有一定程度的掺混现象发生，但就整个来说，在运动过程中不同流体不会出现全局性的掺混现象，这种运动就叫异重流。对泥沙异重流而言，当挟沙水流与清水相遇时，由于前者的比重比后者大，在条件适合时，挟沙水流就会潜入清水底部继续向前流动，形成异重流，所以异重流又是泥沙运动的一种特殊形式。

异重流是自然界中常见的一种现象，是许多部门所共同关心的课题。有关异重流前人做了很多研究工作。由于研究手段、研究方法、研究对象以及研究的侧重点等不同，对异重流的潜入、运动和排沙特性等还缺乏统一认识。为了摸清异重流运动规律并加以有效利用，需要对前人的研究成果进行认真的归纳和总结。在此基础上，找出以前研究成果的不足和缺陷，指出今后研究的方向，为更加深入地研究和利用异重流提供参考。

2 已有的研究成果评述

2.1 关于异重流的潜入条件

异重流潜入后，水深变化迅速，异重流的水面线出现一个拐点(见图 1)，在该拐点处的交界面比降 dh/ds 较大，近似地认为，dh/ds→∞，这相当于明流中缓流转入急流的临界状态。因此，在该点应满足 $V_k \Big/ \sqrt{\dfrac{\Delta r}{r_m} g h_k} = 1$。由于潜入点在拐点以上，其水深 h_0 大于 h_k，故在潜入点处 $v_0 \Big/ \sqrt{\dfrac{\Delta\gamma}{\gamma_m} g h_0} < 1$。根据中国水科院范家骅室内水槽试验资料[3]，得到该点满足

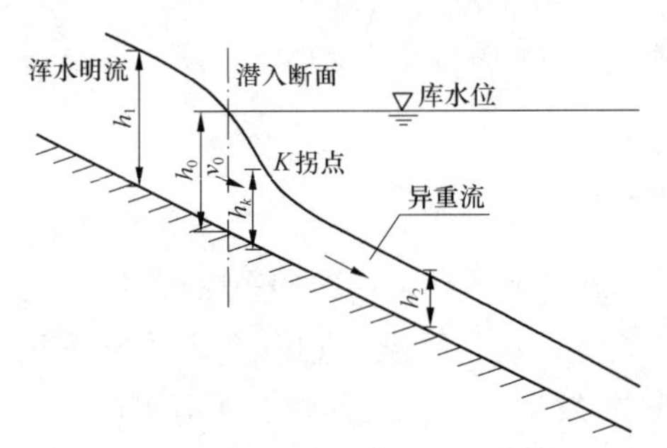

图 1 水库异重流潜入处交界面示意图

$$Fr^2 = v_0^2 \Big/ \frac{\Delta\gamma}{\gamma_m} g h_0 = 0.6 \qquad Fr = v_0 \Big/ \sqrt{\frac{\Delta\gamma}{\gamma_m} g h_0} = 0.78 \tag{1}$$

式中：h_0 为异重流潜入点处水深，m；v_0 为潜入点处平均流速，m/s；γ_m 为浑水重率，γ_m=1 000+0.622S，kg/m^3；$\Delta\gamma$为清浑水容重差$\Delta\gamma = \gamma_m - \gamma$，$\gamma$为清水容重。

式(1)在官厅、三门峡、刘家峡、红山、冯家山、小浪底等水库实测资料以及黄科院、南科院和西北水科所等做的水槽试验或模型试验中得到印证，从而说明式(1)比较成熟并得到推广和应用。

若引进潜入点单宽流量 q=$v_0 \cdot h_0$后，由式(1)导出异重流潜入点临界水深计算公式为

$$h_0 = 1.186 q^{2/3} \left(\frac{\Delta\gamma}{\gamma_m} g \right)^{-1/3}$$

韩其为[4]考虑当含沙量较低(如 S<50 ~ 80 kg/m^3)和γ_s=2 700 kg/m^3 时，将 $\dfrac{\Delta\gamma}{\gamma_m}$ 简化为 0.000 63S 后，得到 $h_0 = 6.46 q^{2/3} S^{-1/3}$。由此较为明显地看出，$q$ 愈大或 S 愈小，h_0 愈大，因而潜入点就下移；反之，则潜入点上提。

另外，日本学者芦田和男[5]将异重流潜入点处的水流简化，在坡度为零的条件下，求得异重流潜入点处的水深计算公式：

$$H_p = \frac{1}{2}(\sqrt{8Fr'^2+1}-1)h' \tag{2}$$

式中：H_p为异重流潜入点处的水深，m；Fr'为浑水弗氏数；h'为异重流厚度，m。

焦恩泽[6]考虑了一定的坡度流路之后，并考虑了动黏滞系数 v、床面相对糙度 k_s，最后将公式(2)改写为 $H_p = 0.365q^{2/3}\left(\frac{\Delta\gamma}{\gamma_m}gJ\right)^{-1/3}$，式中 q 为单宽流量($m^3/(s \cdot m)$)，J 为潜入点附近的能坡。

朱鹏程[7]从异重流受力情况，列出了异重流产生前后在断面上的作用力，从与进出断面的动量改变率的关系出发，推导出与芦田和男一样的异重流潜入点临界水深判别公式：$h_k = q^{2/3}\left(\frac{\Delta\gamma}{\gamma_m}g\right)^{-1/3}$。

由于实际中平坡并不存在，所以芦田和男和朱鹏程的平坡异重流潜入临界水深计算公式在实际中并不常用。

黄科院李书霞、张俊华等[8]根据 2001 ~ 2003 年小浪底水库异重流实测资料分析，得出小浪底水库异重流产生的水沙条件为：入库流量一般应不小于 300 m^3/s。当流量大于 800 m^3/s 时，相应入库含沙量约为 10 kg/m^3；当入库流量约为 300 m^3/s 时，要求水流含沙量约为 50 kg/m^3；当流量介于 300 ~ 800 m^3/s 之间时，水流含沙量可随流量的增加而减小，两者之间的关系可表达为 $S_{入} \geq 74-0.08Q_{入}$。

2.2 关于异重流的运行阻力

异重流在运动过程中受到的阻力应包括沿程阻力和因地形突变引起的局部阻力损失。属于渐变流范围内的阻力损失叫沿程损失，此时水流的流线的曲率影响可忽略不计；而有局部改变的地方，流线的曲率很大和有不连续处，则产生局部的损失(如异重流潜入处、水流断面突然扩大和缩窄段、弯道处和支流入口处等)。

关于异重流沿程阻力损失应包括床面阻力、边壁阻力和清浑水交界面阻力共同组成的综合阻力。因此，异重流运动方程和能量方程中的阻力系数，应是异重流接触面的平均阻力系数λ_m。范家骅[3]从异重流不恒定流运动方程出发，假定在近似恒定情况下，推导出异重流接触面平均阻力系数计算公式：

$$\lambda_m = 8\frac{R'}{h'}\frac{\frac{\Delta\gamma}{\gamma'}gh'}{v^2}\left[J_0 - \frac{\mathrm{d}h'}{\mathrm{d}s}\left(1-\frac{v'^2}{\frac{\Delta\gamma}{\gamma'}gh'}\right)\right] \tag{3}$$

式中：J_0为河底比降；$\frac{\mathrm{d}h'}{\mathrm{d}s}$为异重流厚度沿程变化；$R'$、$v'$、$h'$分别为异重流水力半径、流速和厚度。

范家骅的室内异重流试验表明[3]，异重流在“紊流”范围内，接触面平均阻力系数λ_m同雷诺数无关，平均值为 0.025。同时通过明渠流试验，用式$\lambda_0 = 8gRJ_0/v^2$计算砖砌水泥涂面的水槽底部和边壁的阻力系数，平均值为 0.02，从而进一步求得异重流清浑水交界面阻力系数平均值为 0.005[6]。官厅水库异重流实测资料计算沿程平均阻力系数为 0.018 5～0.029 9，平均值为 0.023[5]。小浪底水库不同测次异重流沿程综合阻力系数λ_m平均为 0.022～0.029[8～9]。

局部损失在水槽试验和实际水库异重流观测资料中都有表现。已有研究成果，大多是对这种现象的描述，定量计算的较少。水利水电科学研究院河渠研究所曾对突然扩大、突然收缩及经过一个弯道三种条件下的局部损失问题进行了分析[3]。如令没有进入局部变化地区以前的异重流流速为U_1'，厚度为h_1'，密度为ρ_1'，清浑水密度差为$\Delta\rho_1$，宽度为B_1，则在通过突然扩大段、突然收缩段及弯段以后的异重流厚度h_2'可分别以下式计算：

通过突然扩大段

$$\frac{U_1'^2}{\frac{\Delta\rho_1}{\rho_1'}gh_1'} = \frac{1-\left(\frac{h_2'}{h_1'}\right)^2}{2\left(\frac{h_1'}{h_2'}\frac{B_1}{B_2}-1\right)\frac{B_1}{B_2}} \tag{4}$$

通过突然收缩段

$$\frac{U_1'^2}{\frac{\Delta\rho_1}{\rho_1'}gh_1'} = \frac{1-\left(\frac{h_2'}{h_1'}\right)^2}{2\left(\frac{h_1'}{h_2}-\frac{B_1}{B_2}\right)} \tag{5}$$

通过弯段

$$\frac{U_1'^2}{\frac{\Delta\rho_1}{\rho_1'}gh_1'} = \frac{1-\left(\frac{h_2'}{h_1'}\right)^2}{2\left(\frac{h_1'}{h_2}-1\right)} \tag{6}$$

知道了经过局部变化地区以后的异重流厚度，就可以根据非均匀流方程算出异重流的密度ρ_2'。从上下游的密度差，可以大致估算通过这样一个局部变化地区，异重流所挟带的泥沙中有多少会沉淀下来[1]。

上述局部损失也可以用局部损失系数λ_L来表示，其定义是[1]：

$$\lambda_L = \frac{h_f}{\dfrac{U'^2}{2\dfrac{\Delta p'}{p'}g}} \tag{7}$$

其中，h_f为经过局部变化地区以后所损失的水头。图 2 为经过一个弯段及突然扩大段以后局部损失系数与单宽流量间的关系。

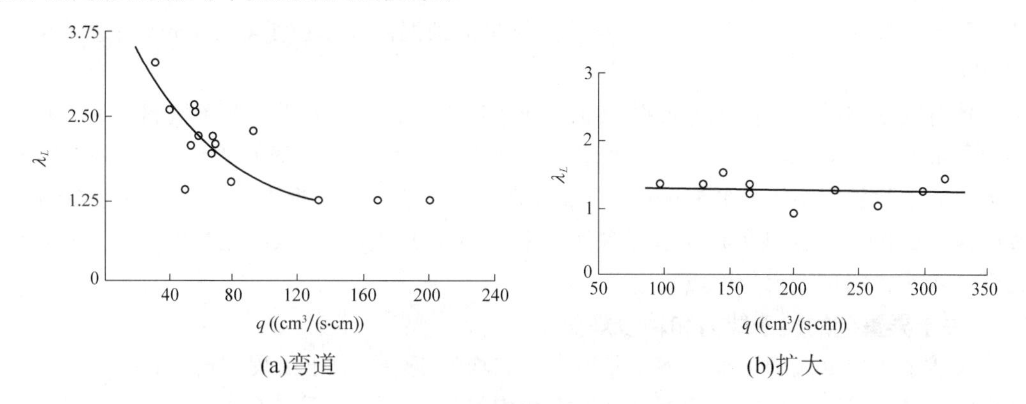

图 2　异重流的局部损失系数

2.3　关于异重流的持续条件

异重流的持续条件指异重流形成以后能够持续保持运动，到达坝前的必要条件。异重流发生之后，如要持续运动，需要具备以下几个条件：

(1)需要有一定的持续入库浑水流量。异重流持续运动的最基本条件是要有一定的持续入库流量，以便推着整个异重流前进。流量大，产生异重流的强度大、速度大，能在较短时间内运行到坝前。

(2)洪峰持续时间必须大于异重流运动至坝址的历时，否则异重流就不能排出。异重流持续的时间主要取决于洪峰的持续时间，但异重流运动到坝前的时间还取决于它的流速和流程。一般根据潜入点至洪水过程线计算，取其涨峰和落峰的转折点的时间作为异重流发生的起止时间，如图 3 中的 t_1 和 t_3，并以 t_2 作为异重流前峰到达坝前的时间。

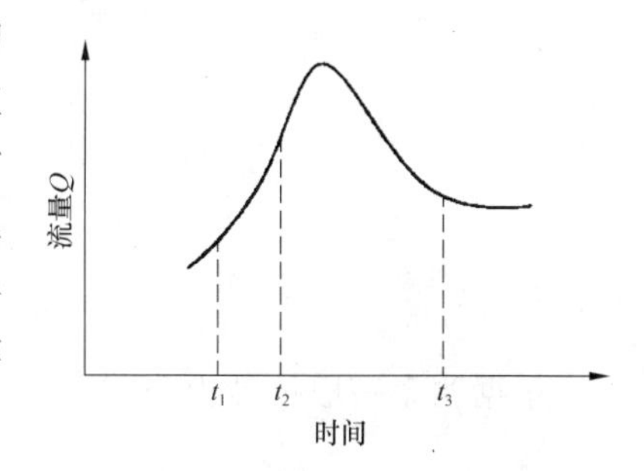

图 3　水库异重流持续时间

从潜入点运行到坝址的时间为：$\Delta T_{1\text{-}2}=t_2-t_1$；异重流在坝址的持续时间为：$\Delta T_{2\text{-}3}=t_3-t_2$。若潜入点到坝址的距离为 L，异重流平均速度为 v，则$\Delta T_{1\text{-}2}=L/v$，由此可得 $\Delta T_{2-3}=t_3-t_1-L/v$。异重流能否运行到坝前，要看 t_3-t_1 是否大于 L/v。若运用水位高，异重流流速小，洪峰的持续时间(t_3-t_1)又不够长，则有可能 $t_3-t_1<L/v$，异重流前峰到不了坝前。中小型水库因回水短，异重流流速较大，一般的洪水常能发生异重流，并能到达坝前。

(3)需要一定的含沙量，且细颗粒含量要占一定比例。

(4)要求库区地形变化不大，支流较少，沿程异重流损失较小。异重流通过地形局部变化的地方，将损失一部分能量。如果开始的异重流流速就很小，经过扩大段或弯道段的局部损失，流速会变得更小，甚至不能向前运动。

(5)需要有一定的库底比降。异重流运动速度同库底比降关系较大，异重流在比降较大的库底形成时，其运动速度相对较快，容易持续运行至坝前；反之，就不容易持续。

黄科院杜殿勖、刘海凌[10]根据三门峡水库实测资料分析，归纳得出三门峡水库异重流洪峰可能持续到达坝前的水沙条件为：①流量上涨至 1 000 ~ 1 500 m^3/s，并持续上涨；②进库含沙量大于 30 kg/m^3；③异重流所能挟带的细泥沙粒径小于 0.025 mm 占总沙量的30%以上。

黄科院李书霞、张俊华等根据 2001~2003 年小浪底水库异重流实测资料分析，得出小浪底水库异重流持续运行至坝前的水沙条件为：入库洪水过程在满足一定历时且悬移质泥沙的中数粒径小于 0.025 mm 的沙重百分数约为 50%的前提下，若入库流量 500 m^3/s ≤$Q_入$<2 000 m^3/s，且满足相应入库含沙量$S_入$≥280–0.12$Q_入$；若入库流量大于 2 000 m^3/s，且满足入库含沙量 $S_入$>40 kg/m^3。

2.4 关于异重流的挟沙能力和输沙规律

天然水库异重流的运动，多是非恒定、非均匀流。但由于沿程的槽蓄和阻力作用，异重流经过一定距离后，会逐渐接近恒定和均匀状态。为了研究方便，一般假定异重流进库一段时间后，处于恒定和均匀状态。根据异重流非恒定流运动方程，导出恒定均匀条件下异重流运动方程式为

$$v^2 = \frac{8}{\lambda_m}\frac{\Delta\gamma}{\gamma'}ghJ_0 \tag{8}$$

根据异重流连续性方程 $q = vh$ 与式(8)联解，导出异重流流速和厚度计算公式如下：

$$v = \sqrt[3]{\left(\frac{8}{\lambda_m}\right)\frac{\Delta\gamma}{\gamma'}gqJ_0} \tag{9}$$

$$h = \sqrt[3]{\left(\frac{\lambda_m}{8}\right)\frac{q^2}{\frac{\Delta\gamma}{\gamma'}gJ_0}} \tag{10}$$

根据明渠一般挟沙力公式[11]：$S_* = k\left(\frac{v^3}{gh\omega}\right)^m$，最后导出异重流挟沙能力公式为

$$S_* = k\left(\frac{8}{\lambda_m}\frac{\Delta\gamma}{\gamma'}\frac{qJ_0}{h\omega}\right)^m \tag{11}$$

泥水异重流是群体运动和群体沉速，用ω_s表示异重流群体沉速，ω_s与单颗粒泥沙在清水中沉速关系采用式 $\frac{\omega_s}{\omega_0} = e^{-6.72S_V}$ [12]，式中 S_V 为体积含沙量，并将异重流流速计算式式(9)和厚度计算式式(10)代入式(11)中，整理后得出异重流挟沙力的另一种表达公式[13]：

$$S_* = k'\left\{\left(\frac{\Delta\gamma}{\gamma'}\right)^{4/3}\frac{q^{1/3}J_0^{4/3}\mathrm{e}^{6.72S_V}}{\omega_0}\right\}^m \tag{12}$$

当 $m\to1$ 时，水库异重流挟沙力与入库单宽流量、含沙量、库底比降、浑水容重及单颗粒沉速有以下关系式：

$$S_* \propto \left(\frac{\Delta\gamma}{\gamma'}\right)^{4/3}\frac{q^{1/3}J_0^{4/3}\mathrm{e}^{6.72S_V}}{\omega_0} \tag{13}$$

式(13)表明，水库异重流挟沙力与入库单宽流量、含沙量和库底比降成正比关系，与入库泥沙单颗粒沉速成反比关系。

韩其为[4]考虑当含沙量 S 不是很大时，$\frac{\Delta\gamma}{\gamma_m}=\frac{0.63S}{\gamma_0}=0.000\,63S$，通过整理得到异重流挟沙力公式：

$$S_* = 0.049\,5\frac{qJ_0}{\omega h}S \tag{14}$$

由此可见，在其他条件相同时挟沙能力与含沙量成正比，这就是当含沙量不很大时异重流多来多排的理论根据。

韩其为[4]又根据不平衡输沙原理，以及官厅、三门峡、红山、刘家峡等水库异重流实测资料，导出当含沙量 S=1 ~ 50 kg/m^3 时，S_*=(0.038 7 ~ 0.028 3)S。这说明水库异重流的挟沙能力远低于含沙量，属于较强烈的超饱和输沙。这正是除非含沙量很高时，水库异重流总是淤积的道理。

水库异重流输沙规律与明渠流的根本不同，在准均匀流情况下，含沙量与挟沙能力的紧密联系，不是含沙量向挟沙能力调整，而是挟沙能力向含沙量调整。含沙量向挟沙能力调整，要通过冲淤来实现，调整的速度慢；挟沙能力向含沙量调整，通过改变流速来实现，调整的速度快。因此，水库准均匀异重流输沙是一种特殊的不平衡输沙，一方面它是超饱和的，另一方面它又与挟沙能力密切相关，由本断面的水力泥沙因素唯一决定[4]。

另外，韩其为还认为，异重流的不平衡输沙规律在本质上与明渠流是一样的，因此可用明渠流不平衡含沙量和级配沿程变化计算，因超饱和，故简化公式[4]。

$$S = S_i\sum_{k=1}^{n}P_{4,k,i}\exp\left(-\frac{\alpha L}{L_k}\right) \tag{15}$$

$$P_{4,k} = P_{4,k,i}(1-\lambda)^{\left[\left(\frac{\omega_k}{\omega_\phi}\right)^m-1\right]} \tag{16}$$

式中：S_i 为进口断面含沙量；S 为出口断面含沙量；$P_{4,k,i}$ 为进口断面异重流级配百分数；$P_{4,k}$ 为出口断面异重流级配百分数；α 为饱和系数，在异重流计算中，可取 α=0.25；L 为进出口断面之间的距离，$L=\frac{q}{\omega}$，K 组粒径为 L_k；λ为淤积百分数；ω_k 和 ω_ϕ分别为 K 组粒径泥沙的沉速和中值沉速，后者用试算法确定。

韩其为利用上述关系式，采用α=0.25，利用红山水库、官厅水库、三门峡水库等异重流资料分别计算了异重流出库含沙量及级配，结果与实测资料基本符合。

最近，黄科院[8]利用2001~2003年小浪底水库异重流观测资料对韩其为计算公式(11)和式(12)进行了率定，结果也认为该式基本可以用来计算小浪底水库异重流的排沙比。

清华大学王光谦、周建军等通过水槽试验和二维数学模型计算结果得出结论[14]：①异重流在沿程淤积的同时，含沙量沿程变化不大，这种情况说明异重流淤积主要是通过减小异重流流量的方法实现的；②异重流的沿程淤积厚度是逐渐减小的，在同一点上，泥沙的淤积厚度随时间的增长而增大。但是，从计算结果来看，泥沙的淤积厚度随时间增长而增大的速率减小并不明显，这说明异重流的泥沙淤积与明渠水流的泥沙淤积是不同的，异重流的泥沙淤积不像明渠水流那样能够到达冲淤平衡状态，计算结果显示，随着异重流淤积的发展，异重流的交界面不断上升，底面坡度不断加大，上层清水厚度不断减小。他们认为造成这种现象的主要原因是：异重流中，泥沙的存在是造成上、下层水体比重差的根本原因，是形成异重流的前提条件，造成异重流运动的能量来源就是异重流的含沙量，在异重流泥沙淤积的同时，异重流运动的能量也要相应地减少，清水要随着析出，异重流的流量减小，所以异重流淤积不能走向冲淤平衡，而只能是导致泥沙异重流本身的消失。

2.5 关于异重流的淤积和排沙问题

2.5.1 异重流的淤积

异重流的淤积有多种不同的情况：有流量沿程损失甚至异重流停滞后产生的淤积；有在异重流运动过程中的超饱和输沙时发生的淤积；还有异重流运动到坝前泄水建筑物没有及时开启，浑水无法排出库外引起的淤积。

从官厅水库1956~1957年实测资料分析计算可以看出[4]，形成异重流后的异重流的流量较之进库断面流量要明显较少，一般要损失14%~77.5%，平均损失48.6%，相应输沙率要损失44%~92%，平均损失75.8%。输沙率损失比流量损失大，其原因是泥沙大量淤积。

异重流因超饱和输沙时发生沿程淤积时，因其泥沙颗粒细、沉速小，恢复饱和速度却很缓慢，从而使异重流在运动过程中的淤积沿程较均匀。至于沿程淤积多少，与异重流的强弱(进库流量大小)和含沙量的多少以及运行距离的长短有关[4]。

水库异重流的淤积形态以在回水末端淤积形成三角洲淤积为主。

2.5.2 异重流排沙

水库浑水异重流形成之后，由于潜入库底过水面积缩小，在同流量下流速反而较明流为大，因而便于将泥沙向下游输送，有利于排沙。异重流排沙效果与水库的长短、形状、库底比降、来水来沙量的大小以及坝前泄流设施高程和调度情况有关。据统计，不同的水库其平均排沙比也不相同(见表1)；同一个水库，不同的入库水沙条件和调度方式，其排沙比也相差很大。一般来说，当泄流设施开启恰当时，若库底比降大，壅水长度短，水库为河道型或峡谷型，入库流量大，含沙量高，洪峰持续时间长，则排沙效率高；反之，则排沙效率低。

表 1　国内外 16 座异重流排沙水库特征值、排沙比统计[6]

编号	水库名称	所在国家	坝高(m)	库容(亿 m³)	流域面积(km²)	河道比降(‱)	回水长度(km)	泥沙粒径(mm)		含沙量(kg/m³)		排沙比(%)	测量年份	资料来源
								进库	出库	进库	出库			
1	米德湖	美国	183	—	434 000	10	110 ~ 185	—	0.001 6	32.2	—	2.5	1935	《异重流》，钱宁等编著，水利出版社，1957
2	三门峡	中国	106	96.0	688 421	3.5	136	0.034	—	56	—	25.7 ~ 35	1960 ~ 1964	三门峡水库泥沙问题研究，张启舜、龙毓骞
3	冈察斯	美国	51	—	19 000	15	37	—	—	—	54	15 ~ 30	1939 ~ 1944	《异重流》，钱宁等编著，水利出版社，1957
4	爱勒芬贝脱	美国	—	—	—	0.89	64	黏土	—	31.9	—	2 ~ 3	1933	《异重流》，钱宁等编著，水利出版社，1957
5	戴克索玛湖	美国	—	31	—	—	80	0.01	0.004	12 ~ 36.5	10 ~ 24	小于 15	1951	《异重流》，钱宁等编著，水利出版社，1957
6	红山	中国	31	25.6	24 486	6.0	34	0.02	—	44	—	0.49 ~ 11.0	1961 ~ 1974	《黄河泥沙研究报告选编》(第二册)，1975
7	官厅	中国	45	22.7	43 500	16	20	0.025	0.005	12 ~ 132	21 ~ 75	25	1953 ~ 1956	碧口电站泥沙总结初稿，余厚政，1981.11
8	汾河	中国	60	7.0	5 268	34.7	15	—	—	44	—	11.2 ~ 20.8	1973 ~ 1974	
9	碧口	中国	101	5.21	26 000	30	36.5	0.044	—	最大 227	—	18 ~ 44	1976 ~ 1980	
10	冯家山	中国	73	3.89	3 232	38.5	18.5	0.02	0.013 6	最大 604	—	20.8	1975 ~ 1980	冯家山水库异重流排沙初步总结，1981.3

续表 1

编号	水库名称	所在国家	坝高(m)	库容(亿 m³)	流域面积(km^2)	河道比降(‱)	回水长度(km)	泥沙粒径(mm)		含沙量(kg/m^3)		排沙比(%)	测量年份	资料来源
								进库	出库	进库	出库			
11	依利—艾姆达	中国	61	1.56	—	30	(20)	—	—	120	81	45	1953 ~ 1955	《异重流》，钱宁等编著，水利出版社，1957
12	刘家峡(洮河)	中国	147	1.14	30 200	25 ~ 100	20	0.023	0.016 ~ 0.03	最大 400	—	47.4	1969 ~ 1980	黄河刘家峡水电站水库泥沙设计与现状，吴孝仁，1982.3
13	小河口	中国	41	0.33	—	—	4.0	—	0.026 ~ 0.065	—	—	最大 95	1976	《黄河泥沙研究报告选编》(第三册)，1976
14	恒山	中国	69	0.133	169	290	2.0	0.011 ~ 0.058	—	—	—	36.6 ~ 100	1968 ~ 1978	山西省恒山水库空库排沙及高浓度异重流排沙初步总结，郭志刚、甄有忠、荣志军，1979
15	黑松林	中国	45.5	0.086	370	110	3.0	d<0.035	—	—	—	61.2 ~ 91	1962 ~ 1972	《水库泥沙报告汇编》，1972
16	小浪底	中国	150	127	694 000	11	126	d<0.025 百分比为 20% ~ 90%	0.003 ~ 0.01	5 ~ 450	—	0.3 ~ 35	2001 ~ 2005	小浪底水库异重流实测资料分析

焦恩泽[6]根据国内外一些有异重流排沙的水库资料，点绘库底坡度与排沙比的关系，如图 4 所示。图 4 中对于每座水库是用多次洪水排沙比的平均值与库底坡度建立的关系。从图 4 中可以看出，排沙比 $\eta=(W_{so}/W_{si})$ 与库底坡度关系较好。其中 W_{s0}、W_{si} 分别为出库沙量与进库沙量。

从很多水库排出的异重流得知，异重流出库的泥沙组成都小于 0.01 mm。因此，也可以用产生异重流的相应进库洪水中的泥沙组成颗粒小于 0.01 mm 的百分比作为排沙比的百分数。焦恩泽[6]根据收集到的官厅、三门峡和闹德海三水库的实测资料，建立排沙比与进库泥沙组成 $d<0.01$ mm 百分比的关系，如图 5 所示。图 5 中官厅水库分别为 3 种情况：一是敞泄排沙；二是部分闸门开启，意味着出现浑水水库，只排出一部分泥沙，因此进库 $d<0.01$ mm 百分比大于排沙比；三是闸门全部开启。

以上只是粗略估算不同水库异重流排沙的经验关系图。实际上水库异重流排沙是个非常复杂的问题，受多种因素影响。同一水库，在适当的开启泄流设施的情况下，不同的入库水沙条件其异重流的形成、运行条件就大不相同，因此其排沙比也不同；相同的入库水沙条件，不同的运用水位，水库回水长度不同，异重流的潜入点和运行到坝前的距离也有差别，其排沙比也会不同。

2.6 关于高含沙异重流

由于一般含沙水流和高含沙水流的运动特性不同，因此由此而产生的异重流特性也不相同。由于目前人们对一般含沙水流和高含沙水流的具体划分标准比较模糊，因此实际应用中关于高含沙异重流和一般低含沙量异重流的区分也比较少，研究成果不多。只有曹如轩[15~17]和焦恩泽[6]对高含沙异重流的形成与持续条件以及阻力和输沙特性进行过研究，他们以水槽试验为主，利用巴家嘴水库实测资料验证。研究发现低含沙异重流的潜入条件式(1)已不再适用，而是随着含沙量的增加，异重流潜入点处的修正弗氏数有明显减小的趋势。当体积含沙量 $S_V>0.1$ 时，修正弗氏数 Fr 下降到 0.3 以下[6]。

3 需要继续研究的问题

异重流的研究虽然已历时很久，取得了很多研究成果，仍然不能满足生产的需求，尚有许多问题需要继续开展观测、研究。

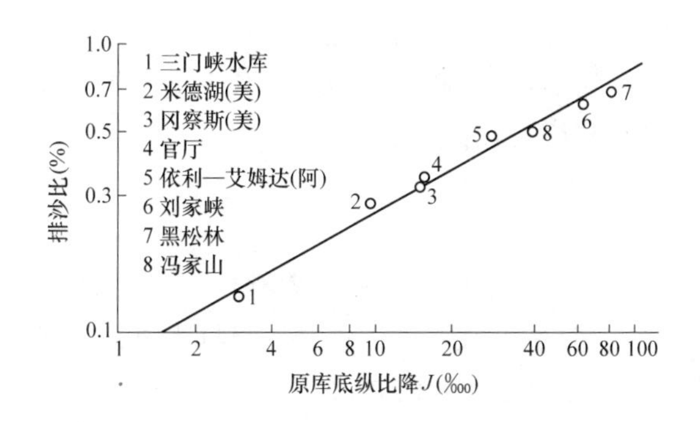

图 4 多次洪峰异重流平均排沙比经验关系

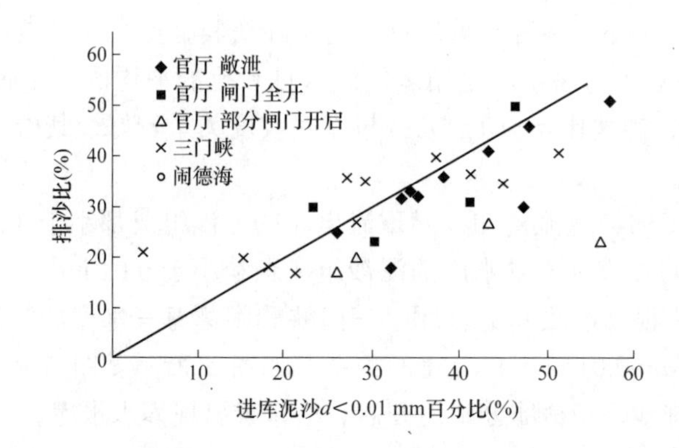

图 5 水库进库泥沙 d<0.01 mm 百分数与排沙比关系

异重流与清水交界面的确定问题。以往的研究，多以目测确定，有的在流速最大点附近确定交界面，有的将垂线流速等于 0.6 倍的最大流速点定为清浑水交界面。当流速较大或靠近潜入点时，下层的异重流与清水发生掺混，有时难以判断。有的以含沙量突变处附近作为清浑水交界面。小浪底水库采用量化方法，用含沙量为 5.0 kg/m^3 作为交界面，虽然用起来方便，但是只用含沙量很小值作为交界面划分，显然有些“硬性”规定。

(1)异重流流速、含沙量垂线分布的数学表达方法问题。异重流流速过去有些论文中用数值解，水槽试验均给出一些数学表达式，然而，由于存在不够合理的现象，没有得到推广，也没有野外实测资料的印证，异重流流速、含沙量垂线分布公式仍然是空白。

(2)一般含沙量的异重流与高含沙量异重流如何区别？两者的共性与特殊性的判别如何表达？两者有无“过渡区”等问题都需要深入研究。

(3)异重流流量、输沙量的计算问题。目前只有官厅水库的资料，可以用来粗估异重流流量和输沙量，然而没有给出数学表达式。

(4)异重流所挟带的绝大部分是冲泻质，冲泻质存在输沙能力，冲泻质又被认为可以“一泻千里”，然而异重流又出现沿程淤积。如何解释，都需要研究。

(5)异重流运动的持续和排沙问题。异重流的持续和排沙问题非常复杂。在同一个水库条件下，影响异重流持续的条件很多，有入库流量、含沙量大小及持续时间，有水库蓄水位的高低，还有水库河道边界条件等，各因素对异重流持续时间的影响程度如何？哪些是主要因素？哪些是次要因素？都需要深入研究。

(6)异重流自产生到排沙出库的全程计算方法、数学模拟等均应抓紧研究，以便为古贤、碛口等水库异重流应用提供设计依据。

4 结 语

异重流的研究成果很多，本文基本上把过去有代表性的研究成果进行了归纳和总结，给出了主要研究结论。但是，由于时间仓促，资料所限，可能还有许多研究成果没有总结到，提出的研究问题也只是个人的看法，可能还有许多需要研究的问题没有及时发现，有待以后在工作中不断总结。

致谢：本文的完成得到焦恩泽高工的指导，在此深表感谢。

参考文献

[1] 钱宁，万兆惠. 泥沙运动力学. 北京：科学出版社，1983

[2] 焦恩泽. 水库异重流问题研究与应用. 郑州：1986

[3] 范家骅，等. 异重流的研究和应用. 北京：水利电力出版社，1959

[4] 韩其为. 水库淤积. 北京：科学出版社，2003

[5] 芦田和男. 贮水池密度的潜入点水深的推定. 见：第 15 回自然灾害科学总会论文集. 1987

[6] 焦恩泽. 黄河水库泥沙. 郑州：黄河水利出版社，2004

[7] 朱鹏程. 异重流的形成与衰减. 水利学报，1981(5)

[8] 李书霞，张俊华，等. 小浪底水库塑造异重流技术给调度方案. 水利学报，2006(5)

[9] 侯素珍，焦恩泽，林秀芝，等. 小浪底水库异重流运动特征分析. 泥沙研究，2004(5)

[10] 杜殿勖，刘海凌. 三门峡水库异重流运动和排沙规律分析. 黄科技 SJ-2003-60(N31)

[11] 谢鉴衡，等. 河流泥沙工程学(上册). 北京：水利水电出版社，1983

[12] 焦恩泽，林斌文. 黄河大型水库淤积问题. 见：黄科所科学研究论文集(第二集). 郑州：河南科学技术出版社，1990

[13] 林秀芝，等. 小浪底水库异重流输沙能力初步分析. 见：第 16 届全国水动力学研讨会论文集. 北京：海洋出版社，2002

[14] 王光谦，周建军，等. 二维泥沙异重流运动的数学模拟. 应用基础与工程科学学报，2000(1)

[15] 曹如轩. 高含沙异重流的形成与持续条件分析. 泥沙研究，1984(2)

[16] 曹如轩，等. 高含沙异重流阻力规律的研究. 见：第二次河流泥沙国际学术讨论会论文集. 1983

[17] 曹如轩，任晓枫. 高含沙异重流的输沙特性. 人民黄河，1984(6)

小浪底水库异重流排沙的主要影响因素分析

孙赞盈　曲少军　汪　峰　彭　红

(黄河水利科学研究院　郑州　450003)

摘要　造成小浪底水库异重流运行和排沙特点的主要原因有三，一是小浪底水库的库底比降显著大于三门峡水库，二是小浪底水库具有比三门峡水库明显窄深的横断面形态，三是小浪底水库入库的水沙条件和三门峡水库蓄水来沙期有显著不同。小浪底水库和三门峡水库在纵比降以及横断面两方面的差别并没有随着拦沙年份的增加而发生定性上的变化。通过与三门峡水库对比分析的方法，认为小浪底水库的异重流运行速度和可能的排沙潜力要明显大于三门峡水库；分析计算了小浪底水库投入运用以来排沙比最大的三次洪水，其结果也说明在一定条件下，小浪底水库异重流排沙确实可以达到较高的排沙比。

关键词　水库异重流　排沙比　比降　等面积河相系数　小浪底水库　三门峡水库

1　水库异重流研究概况

小浪底水库自 1999 年 10 月投入运用以来，几乎每年都有不同程度的异重流发生。侯素珍十分详细地分析了 2001 年小浪底水库异重流，包括分析了异重流的形成条件、异重流的水沙因子变化、异重流的阻力规律等；张俊华、李书霞和马怀宝等分析了 2002 年以后的小浪底水库异重流资料。分析得到主要结论有：①范家骅等人根据实验室资料得出的异重流的潜入条件判别式仍适用于小浪底水库；②小浪底水库异重流的阻力规律和其他水库基本一致。

水文观测部门利用自己掌握的第一手资料，对小浪底水库异重流作了分析研究，如李世举对 2003 年小浪底水库异重流的施测方法、异重流在库区的演进和含沙量及其组成变化、异重流在支流沇西河口的扩散作了详细的描述和初步分析，对 2001 年、2002 年和 2003 年异重流的演进速度作了较深入的分析，并得到了估算异重流运行时间的数学表达式。

2　小浪底水库的来水来沙特点

三门峡水库的异重流主要受天然洪水影响，而小浪底则不同。受三门峡水库“蓄清排浑”运用影响，小浪底水库入库的含沙量比三门峡水库的高得多。

图 1 所示是三门峡水库 1960 ~ 1964 年蓄水拦沙期和小浪底水库蓄水拦沙期形成异重流的几场洪水的入库洪峰时段平均含沙量和平均流量的关系。其中三门峡水库的资料来自杜殿勖的研究报告，而小浪底水库的则是李世举的分析结果。从图 1 可看到，相同的流量，小浪底水库的含沙量明显大于三门峡水库。

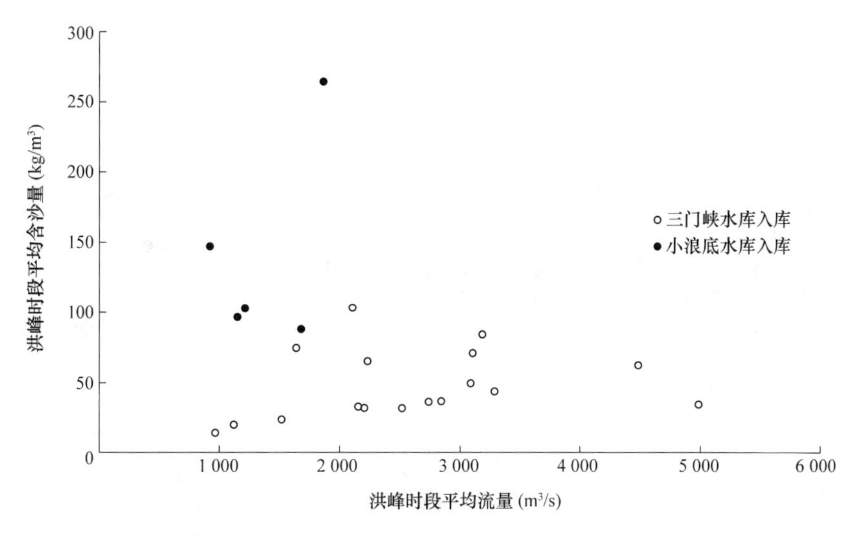

图 1　小浪底水库和三门峡水库来水来沙条件比较

3　小浪底水库的地形特点

小浪底水库和三门峡水库的地形条件差别也很大。图 2 是小浪底水库和三门峡水库蓄水拦沙开始的纵剖面和横断面图。比较小浪底水库和三门峡水库的地形特点，发现在纵剖面上，小浪底水库的纵比降要明显大于三门峡水库的；在横断面上，小浪底水库明显比三门峡水库的窄深。图 3 是三门峡水库 1964 年和小浪底水库 2006 年的纵剖面和横断面比较，可见，即使在多年淤积后，小浪底水库的纵比降仍然比三门峡水库的大、横断面比三门峡水库的窄深。

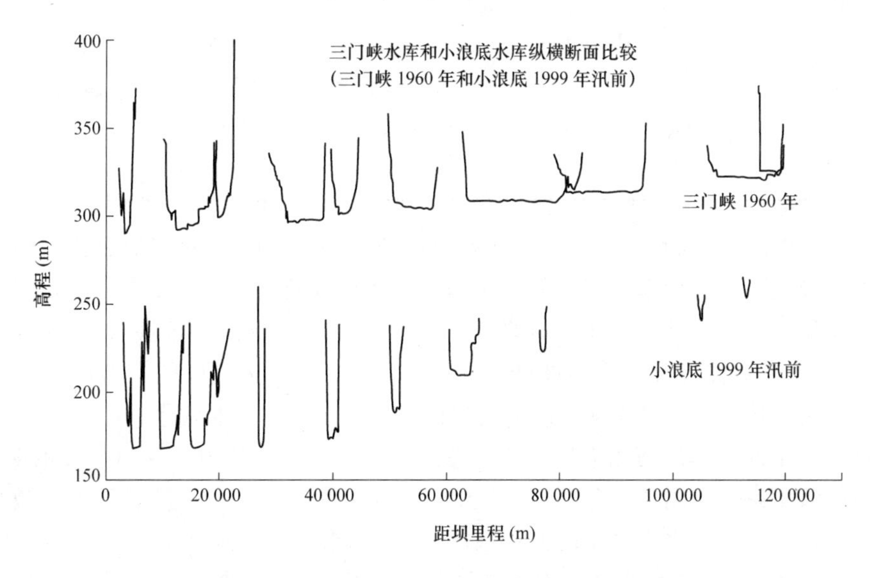

图 2　水库蓄水开始时期的纵剖面和横断面

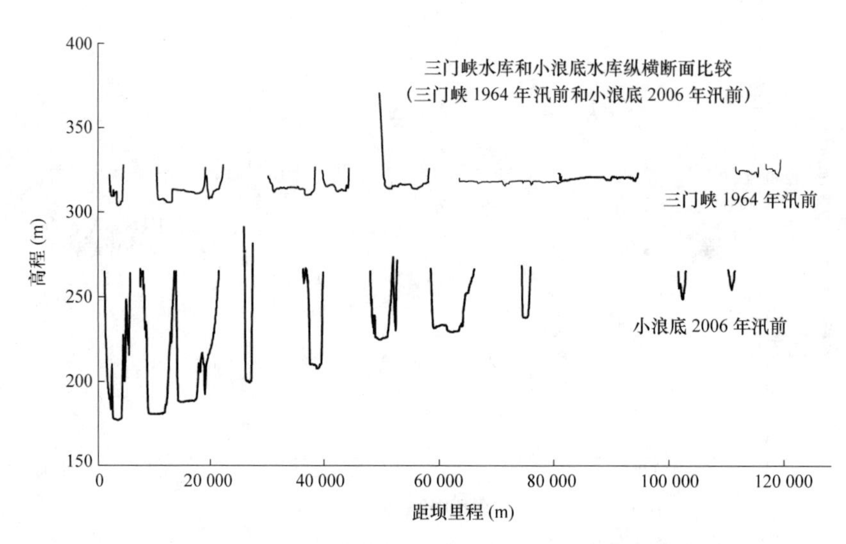

图 3　三门峡水库 1964 年和小浪底水库 2006 年纵剖面和横断面

表 1 所示是三门峡水库和小浪底水库蓄水拦沙前、蓄水拦沙不同时期纵比降的比较。起始地形小浪底水库的比降为 11‱，三门峡水库的比降是 3.5‱，前者是后者的 3 倍多；在蓄水拦沙 2 年后，小浪底水库的比降为 7.73‱，仍是三门峡水库 2.61‱的近 3 倍。

表 1　三门峡水库和小浪底水库纵比降比较

蓄水年数	三门峡水库				小浪底水库			
	时间	纵比降(‱)			时间	纵比降(‱)		
		0 ~ 60 km	60 ~ 130 km	库区		0 ~ 60 km	60 ~ 130 km	库区
0	1960 年汛前	3.72		1.29	2000 年汛前	8.63		
1	1961 年汛前	3.01	2.58	2.77	2001 年汛前	7.11	9.23	8.23
2	1962 年汛前	2.94	2.34	2.61	2002 年汛前	6.06	9.22	7.73
3	1963 年汛前	1.89	2.02	1.96	2003 年汛前	5.48	9.32	7.50
					2006 年汛前	9.25	6.51	7.76

为说明小浪底水库和三门峡水库库区横断面形态的差别，计算了等面积 1 500 m^2 的河相系数。采用等面积计算河相系数，为的是二者具有相同的比较基础。图 4 所示是二水库的等面积河相系数沿程变化的对照。可以十分明显地看到，小浪底水库 2006 年汛前和三门峡水库 1964 年相比，距坝 40 km 的河段以下的大部分河段的河相系数为 13，二者总的来说比较接近；距坝 40 km 以上的河段的河相系数差别非常大，其中距坝 40 ~ 65 km 的河段，小浪底水库的河相系数为 2.9 ~ 35，而三门峡水库的为 20 ~ 109.5，距坝 65 km 以上的河段河相系数差别也十分明显，其中小浪底水库的为 2 ~ 5，不但河相系数小，而且变幅也小，而三门峡水库最小的河相系数也达到 15.9。小浪底水库和三门峡水库的纵剖面和横断面形态的差异，主要是原始地形条件的影响。截至 2005 年汛后，在小浪底水库累计已经淤积了 17.82 亿 m^3 的情况下，小浪底库区的河道横断面形态仍然比三门峡水

库窄深得多。

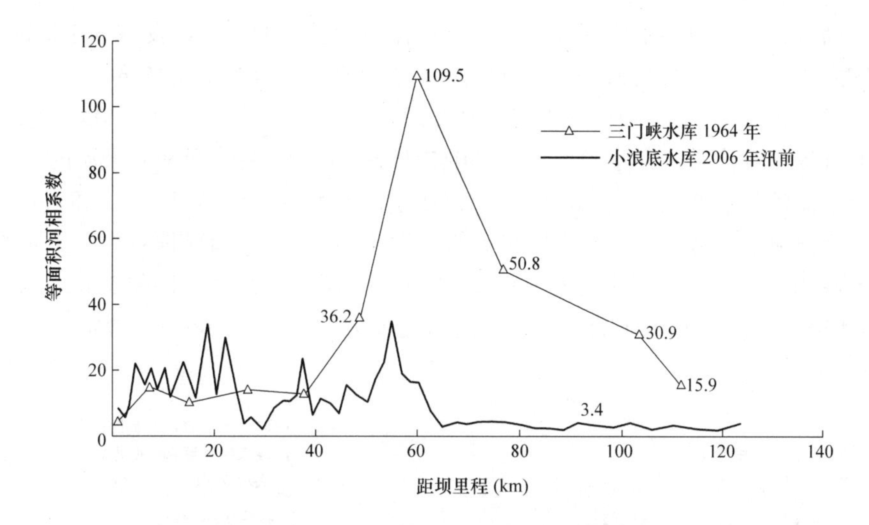

图 4　小浪底水库和三门峡水库等面积河相系数沿程对比

小浪底水库较陡的库区比降和相对窄深的横断面形态，必然有利于异重流的运动。在其他条件相同的条件下，小浪底水库异重流的运行速度和排沙比必然和三门峡水库的明显不同。

4　水库异重流的潜入条件

从明流过渡到异重流，其交界面是不连续的。从异重流潜入点附近清浑水交界面曲线可以发现交界面处有一拐点，拐点的位置在潜入点的下游。在异重流突变处，交界面的 $\frac{\mathrm{d}h}{\mathrm{d}x}$ 趋于负无穷处，相当于明流中缓流转入急流的临界状态，该点处水深和流速分别为 h_k、v_k,该断面的修正弗劳德数为 $\frac{v_k^2}{\frac{\Delta\gamma}{\gamma_m}gh_k}=1$，而潜入点的水深 $h_0>h_k$，因此 $\frac{v_k^2}{\frac{\Delta\gamma}{\gamma_m}gh_k}<1$，范家骅等在水槽内进行潜入条件的试验，得到异重流潜入条件关系为

$$Fr=\frac{v_0}{\sqrt{\frac{\Delta\gamma}{\gamma_m}gh_0}}=0.78$$

式中：h_0 为异重流潜入点处水深；v_0 为潜入点处平均流速；γ 、γ_m 分别为清水容重、浑水容重，$\gamma_m=1\,000+0.622\,6S(\mathrm{kg/m^3})$，$S$ 为水的含沙量；$\Delta\gamma=\gamma_m-\gamma$；$g$ 为重力加速度。

已有的关于小浪底水库异重流的研究成果表明，上述关于异重流的判别表达式，基本上仍适用于小浪底水库。

5 水库异重流运行速度

5.1 小浪底水库异重流实测运行速度

杜殿勖分析了三门峡水库的异重流的入库流量和传播的关系，发现异重流的传播速度随着入库流量的增加有所增加，但总的来说传播速度在 0.17 ~ 0.26 m/s 之间，变幅不大；李世举分析了小浪底水库 2001 年 8 月 22 日、2002 年 7 月 21 日、2003 年 8 月 2 日和27日的4场异重流洪水在小浪底库区的演进情况，根据传播时间和异重流的传播距离，计算出异重流的传播速度。这几场洪水小浪底水库异重流的传播速度在 0.8 ~ 1.1 m/s 之间。将杜殿勖和李世举的分析研究成果点绘于图 5，可以十分明显地看到，相同的流量，小浪底水库的异重流的运行速度为 0.9 m/s，而三门峡水库的为 0.1 ~ 0.3 m/s，前者是后者的 3 ~ 4 倍，即小浪底水库的异重流的运行速度大大快于三门峡水库的。

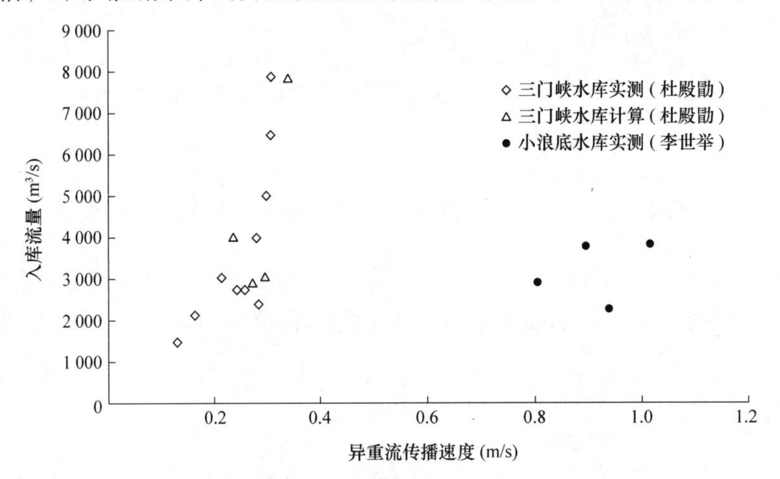

图 5 异重流传播速度和入库流量关系

5.2 水库异重流运行速度计算方法研究

影响异重流运行速度的因素是多方面的，有流量的大小、含沙量的高低、断面形态的深浅以及纵比降的陡缓。根据异重流的运动方程，考虑恒定流的情形，得到异重流的运行速度为

$$v=\sqrt{\frac{8\Delta\gamma}{\lambda'\gamma_m}\cdot gRJ} \tag{1}$$

为消除式(1)中的 R，由 $Q=Av=RBV$ 得：

$$R=\frac{Q}{Bv} \tag{2}$$

将式(2)代入式(1)中得：

$$v=\sqrt{\frac{8\Delta\gamma}{\lambda'\gamma_m}\cdot g\frac{Q}{Bv}J} \tag{3}$$

将式(3)两边同乘以 $\sqrt{v}$，得

$$v^{3/2}=\left(\frac{8\Delta\gamma}{\lambda'\gamma_m}\cdot g\frac{Q}{B}J\right)^{1/2}$$

$$v^3=\frac{8\Delta\gamma}{\lambda'\gamma_m}\cdot g\frac{Q}{B}J$$

于是

$$v=\sqrt[3]{\frac{8\Delta\gamma}{\lambda'\gamma_m}\cdot g\frac{Q}{B}J}$$

即为异重流流速计算公式。

如将 $\frac{\Delta\gamma}{\gamma_m}=\frac{0.622\,6S}{1\,000+0.622\,6S}$ 代入上式，则有：

$$v=\sqrt[3]{\frac{4.981S}{\lambda_m\left(1\,000+0.622\,6S\right)}\cdot g\frac{Q}{B}J}$$

若取 $\lambda_m=0.025$，则有：

$$v=\sqrt[3]{\frac{4.981S}{25+0.015\,6S}\cdot g\frac{Q}{B}J}$$

式中的 S 为含沙量，单位为 kg/m^3。取 g=9.8 m/s^2，则有：

$$v=\sqrt[3]{\frac{48.81S}{25+0.015\,6S}\cdot\frac{Q}{B}J}$$

而 $QS=1\,000\,Q_s$，于是有：

$$v=\sqrt[3]{\frac{48\,810Q_s}{25+0.015\,6S}\cdot\frac{J}{B}}$$

$$v=36.55\sqrt[3]{\frac{q_sJ}{25+0.0\,15\,6\,S}}$$

q_s 为单宽输沙率，t/(s·m)。

简单地说，异重流的运行速度取决于单宽输沙率和库底比降。而单宽输沙率则是输沙率和断面形态的函数，因此异重流的运行速度受入库含沙量、库区的断面形态和纵比降影响。入库的输沙率越大，异重流的运行速度越大，相同的输沙率，断面形态越窄深、库区的纵比降越大，异重流的运行速度越大。

小浪底水库的异重流的运行速度平均是三门峡水库的 3～4 倍，主要原因是水沙条件和库区纵比降和横断面形态不同。

我们已经建立了小浪底水库异重流的运行速度的简化计算方法。关于小浪底异重流

的运行速度的定量计算结果的可靠性，有赖于其中的参数率定，这是正在研究的问题。

6 小浪底水库异重流排沙效率研究

6.1 实测小浪底水库异重流排沙效率分析

影响异重流排沙效率的因素除了包括影响运行速度的因素(流量、含沙量、断面形态以及纵比降)外，水库的运用方式也很重要。

小浪底水库蓄水拦沙以来，发生异重流的场次很多，但排沙出库的次数不多，这一方面和异重流没有运行到坝前有关，另一方面也和水库闸门没有及时开启或闸门相对异重流的垂直位置太高有关，因此不应简单地依据实测异重流的排沙量和来水来沙条件、纵比降和横断面形态建立关系。

小浪底水库运用以来，排沙量最大、效率最高的是“04·8”、“05·7”洪水和“06·8”洪水。分析这几场洪水的排沙效率，对于客观认识小浪底水库的异重流排沙效率具有重要意义。

6.1.1 “04·8”洪水

2004 年 8 月，黄河中游渭河和北洛河发生了一场高含沙洪水，其中洑头站 8 月 21 日 11 时出现最高含沙量 770 kg/m^3(但流量很小，不到 400 m^3/s)，渭河华县站 8 月 21 日出现最大含沙量 695 m^3/s(对应流量 770 m^3/s)，这场洪水从处于敞泄运用的三门峡水库经过的时候发生冲刷，出库形成了一场最大流量 2 960 m^3/s、最大含沙量 542 kg/m^3 的高含沙洪水过程。该次洪水 100 kg/m^3 以上含沙量持续时间 3.1 天，出库水量 9.22 亿 m^3、沙量 1.66 亿 t。

该期间小浪底水库存在浑水水库，坝前浑水面在 191 ~ 203 m 之间变化；小浪底水库的库水位在 218.63 ~ 224.89 m 间变化；受入库高含沙洪水、前期浑水水库，以及入库水流在库区三角洲明流段冲刷的影响，小浪底水库出库含沙量也很高。从 8 月 22 日 8 时到 31 日 20 时，小浪底出库的最大流量为 2 690 m^3/s，出库最大含沙量为 346 kg/m^3。其中在第三天，为减小花园口洪峰流量，预防下游大范围漫滩，小浪底水库下泄流量控制在 1 000 m^3/s 以下约 12 h，使得 9 天洪水过程变为第一阶段历时约 3 天，第二阶段历时约 6 天的两个较为明显的洪峰过程。第一阶段是从 8 月 22 日 8 时至 25 日 8 时的 3 天(72 h)，第二阶段是 8 月 25 日 8 时至 31 日 8 时的 6 天(144 h)。两阶段小浪底水库出库水量分别为 4.39 亿 m^3 和 9.2 亿 m^3，分别占该次洪水总水量的 32%和 68%，第一阶段洪峰流量、含沙量都较高，第二阶段洪峰流量和含沙量都较低。两阶段的最大含沙量分别为 346 kg/m^3 和 156 kg/m^3。两阶段的沙量分别是 0.83 亿 t 和 0.6 亿 t,分别占总排沙量的 58%和 42%。两阶段的平均含沙量分别为 189 kg/m^3 和 65 kg/m^3。该次洪水期间，含沙量大于 100 kg/m^3 的时间约 1.83 天(44 h)，小浪底水库补水约 4.7 亿 m^3，水库出库水量 13.59 亿 m^3、沙量 1.43 亿 t，平均含沙量 105 kg/m^3，水库的排沙比为 89%。“04·8”洪水出库的水沙过程见图 6 和表 2。

“04·8”洪水在 9.5 天(228 h)内，小浪底入库沙量为 1.65 亿 t，出库沙量为 1.43 亿 t，排沙比高达 86%。其实，即使不考虑浑水水库，“04·8”洪水的排沙比也比较高，为了说明这个问题，图 7 给出了小浪底入库自 8 月 26 日开始往前直到 7 月 7 日(出现含沙量

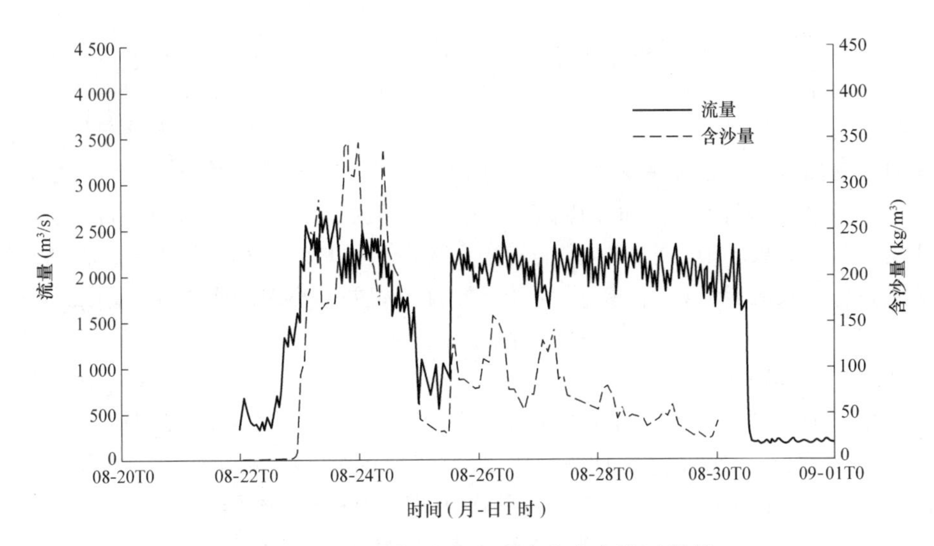

图 6 "04·8"洪水小浪底出库水沙过程线

表 2 "04·8"洪水小浪底水沙特征统计

项目		径流量(亿 m^3)	输沙量(亿 t)	历时(h)	平均流量(m^3/s)	平均含沙量(kg/m^3)	最大流量(m^3/s)	最大含沙量(kg/m^3)
三门峡		9.22	1.66	228	1 123	180	2 960	542
小浪底	第一阶段	4.39	0.83	72	1 696	189	2 690	346
	第二阶段	9.2	0.6	144	1 775	65	2 430	156
	合计	13.59	1.43	216	1 748	105	2 690	346

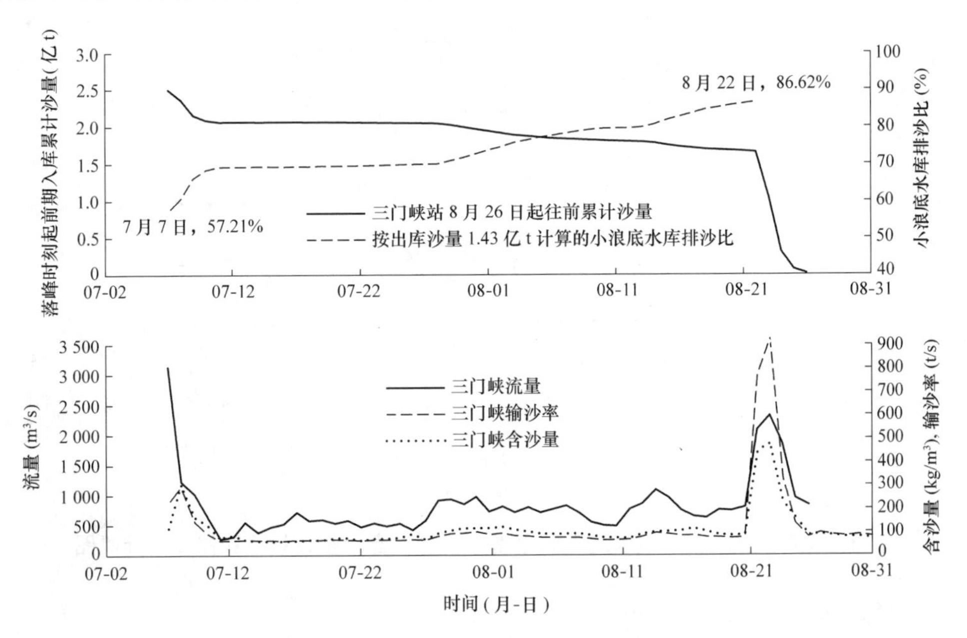

图 7 "04·8"洪水排沙比计算图

为 0 的时刻)之间的累计输沙量，并以小浪底出库沙量为 1.43 亿 t，计算累计沙量对应的小浪底水库的排沙比。可以看到，随着计算时段的加长，计算的水库排沙比逐渐减小，尽管如此，7 月 7 日 ~ 8 月 26 日长达 51 天的排沙比仍高达 57.2%，而 7 月 7 日之前的很长时间内，三门峡水库出库基本为清水，小浪底水库不存在浑水水库。

"04·8" 洪水在小浪底水库的输移说明，在小浪底水库当时的边界条件下，在当时的泥沙级配下，如果小浪底前期入库的有一定含沙量的长时间小流量水流，在遇到后期的较大的高含沙水流后，相当一部分泥沙会被排出库外。小浪底水库在一定条件下的排沙比是比较高的。

6.1.2 "05·7" 洪水

主要受上游渭河来水和三门峡水库敞泄排沙影响，2005 年 7 月 5 日小浪底水库出现 2005 年的第二次异重流。7 月 5 日 7.8 时，异重流到达距坝 11.4 km 的 HH09 断面，其最大水深为 41.3 m，最大流速为 0.15 m/s，浑水厚度为 0.6 m；12 时，异重流到达距坝 1.3 km 的 HH01 断面，测得最大水深为 42 m，最大流速为 0.3 m/s，浑水厚度为 0.5 m；18 时，随着小浪底水库排沙洞的开启，异重流被排出水库。小浪底出库最大流量为 2 300 m^3/s(起涨阶段)、最大含沙量为 152 kg/m^3。根据实时水情资料估算，小浪底出库 3 天的径流量为 5.4 亿 m^3，自起涨起历时 9.88 天的径流量为 8.59 亿 m^3。由于该次洪水起涨阶段和落水阶段小浪底站的实测含沙量数据较少，因此估算小浪底站的出库沙量在 0.32 亿 ~ 0.41 亿 t 之间，这样，此次异重流小浪底水库的排沙比为 48.5% ~ 62.1%。进入黄河下游的这场洪水称为 "05·7" 洪水。小浪底水库进出库流量、含沙量过程线和排沙比计算图见图 8。

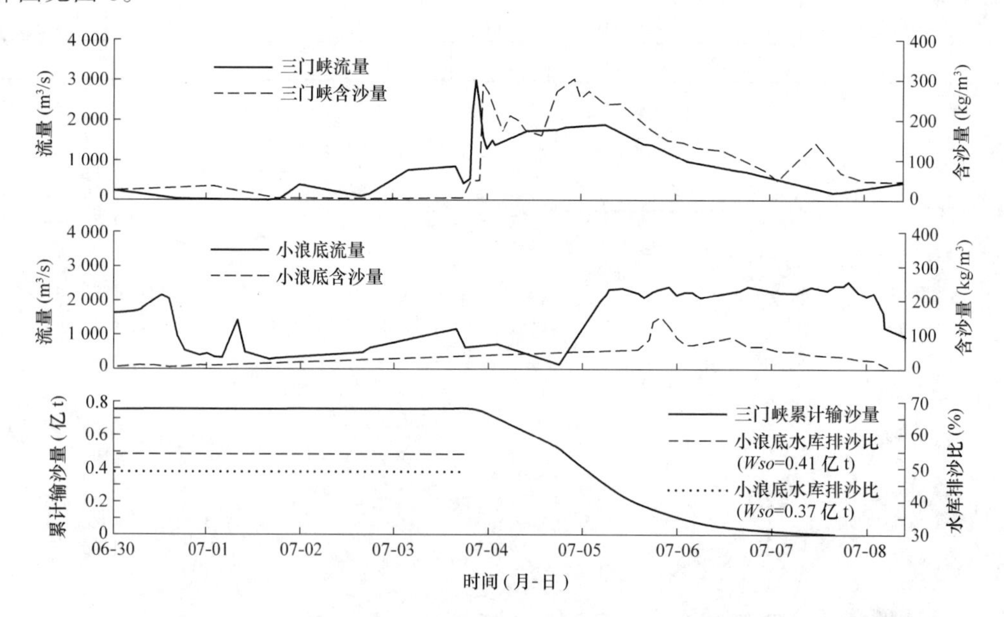

图 8 "05·7" 洪水小浪底水库进出库流量、含沙量过程线和排沙比计算图

6.1.3 "06·8" 洪水

受黄河中游干流来水影响，8 月 2 日三门峡水库入库潼关站发生流量超过 1 500 m^3/s

的流量，达到了三门峡水库泄空冲刷的来水条件，三门峡水库在 8 月 2 日凌晨 3 时左右开始敞泄排沙，敞泄排沙的历时达 17 h，出库最大流量达到 4 090 m^3/s，最大含沙量达 454 kg/m^3。

三门峡泄空冲刷产生的高含沙水流在小浪底水库发生了异重流。异重流排沙的出库(小浪底水文站)最高含沙量达 303 kg/m^3。该场洪水小浪底水库的进出库水沙过程线见图 9。它在黄河下游小浪底—花园口区间演进过程中发生了流量沿程增大现象，故称其为“06 · 8”洪水。

这场洪水的排沙效率较高，按表 3 统计计算，此次异重流进、出库的沙量分别为 3 344 万 t 和 2 064 万 t，排沙比 61.7%。如果按逆时序计算此次洪水的排沙比(见图 9)，将此次洪水小浪底水库入库的历时向前延长 20 天，延长到 7 月 22 日，计算的小浪底水库的排沙比仍达到 37%。

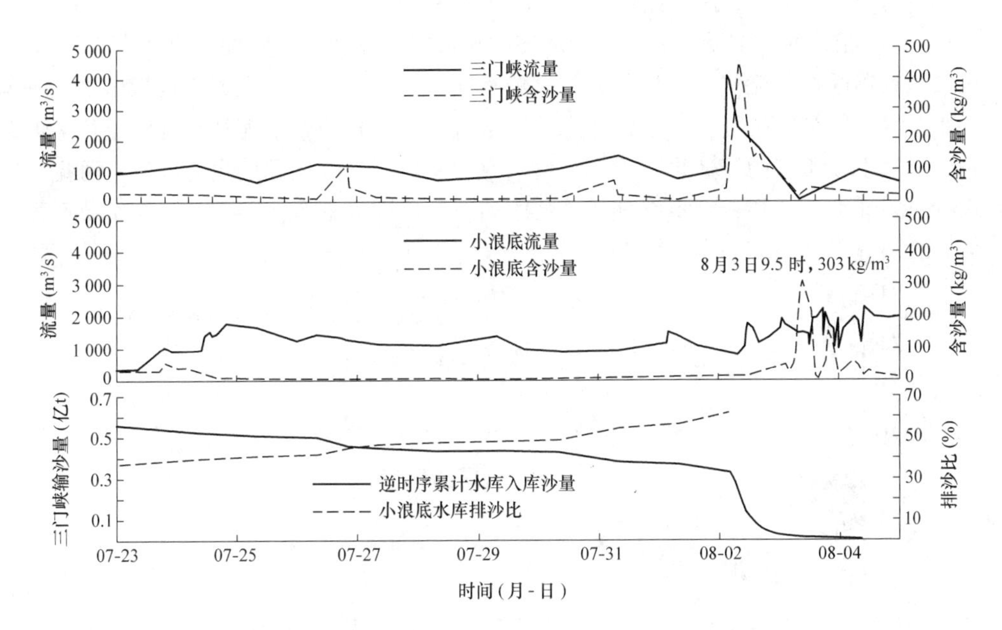

图 9 “06 · 8”洪水小浪底进、出库水沙过程线

表 3 “06 · 8”洪水小浪底进、出库沙量统计

项目	开始时间	结束时间	历时 (h)	径流量 (亿 m^3)	输沙量 (亿 t)	Q_{cp} (m^3/s)	S_{cp} (kg/m^3)	$S_{\max}$ (kg/m^3)	出现时间
入库	2 日 3 时	4 日 8 时	53	2.06	0.334 4	1 081	162	454	2 日 8 时
出库	2 日 12 时	4 日 14 时	50	2.94	0.206 4	1 635	70	303	3 日 9.5 时

6.2 水库异重流的排沙效率研究

在水库异重流的排沙量研究方面，以范家骅提出的分段演算的计算方法使用较多。范家骅提出的方法简述如下。

范家骅等考虑异重流中挟带的粒径与水流紊动流速 v' 成正比，即

$$\frac{v'}{\omega}=常数$$

并设 $\frac{v}{\omega}=$常数，采用三门峡水库异重流实测资料点绘 v 和 d_{90} 的关系，v 和 d_{90} 基本上是一次方关系，但由于考虑的因素太少，点群比较分散。这一方法被一些著作引用和工程规划设计中采用。根据这一关系，当已知异重流流速 v 和泥沙级配时，可从 v 和 d_{90} 关系线求得异重流中可能挟带泥沙的 d_{90} 值，即可推算异重流含沙量的沿程变化。

范家骅提出的异重流分段演算的方法，在数学上较为严密，定性上基本合理，但在定量上却存在明显问题。异重流分段演算的一个重要环节是，假定流速和 d_{90} 的关系是线性的，即认为在异重流的演进过程中，流速是引起含沙量降低和泥沙级配变细的唯一原因。然而，事实上不总是这样。对包括小浪底水库 2002 年和 2004 年在内的异重流的垂线 d_{90} 和垂线流速的关系作了点绘，但限于篇幅仅给出了 2002 年的资料(见图 10)。从图 10 看，小浪底水库异重流的 d_{90} 和流速的点群关系是非常散乱的。小浪底水库 2001 年和 2003 年的异重流资料同样如此。有关水库异重流的一些研究成果也指出了这一问题，认为将 d_{90} 和流速建立关系，考虑的因素过少，并且很细的泥沙在含沙量很高的时候的沉速很小，所需的流速也将很小，但一直没有纠正这一问题的更好办法。可见，在泥沙级配的计算上，在找到更合理的方法之前，分段演算的方法的定量计算结果可能是不可靠的。

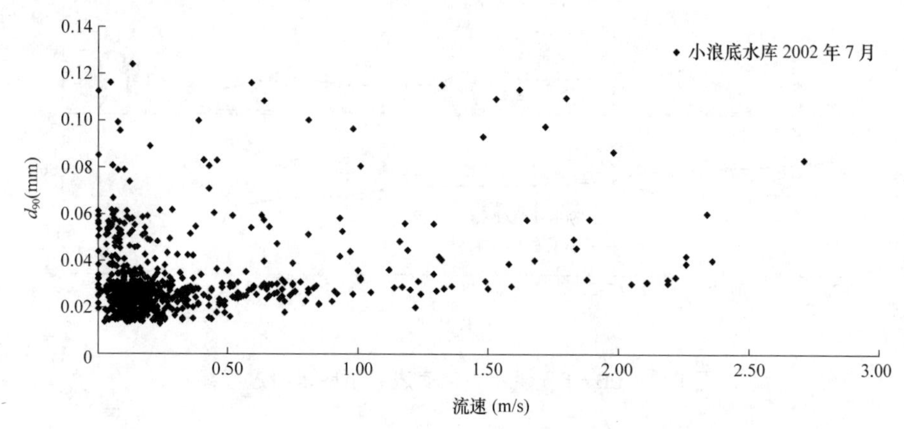

图 10　小浪底水库异重流 d_{90} 与流速关系

异重流在潜入清水后，不恒定性和非均匀性比较明显。但随着异重流的运行，经过一段时间以后，它会逐渐接近恒定流和均匀流。为了简化问题，可将异重流作为均匀流和恒定流考虑。对于天然水库的实际情况，通常异重流的交界面的宽度远大于水深，水力半径可用平均水深代替，则异重流流速公式为

$$u=\left[\frac{8}{\lambda_m}\frac{\Delta\gamma}{\gamma'}gqJ_0\right]^{\frac{1}{3}}$$

侯素珍根据上式及武水挟沙能力公式：

$$S_* = K\left(\frac{u^3}{gh\omega_0}\right)^m$$

最终得到输沙能力计算式为

$$q_s = K'\frac{\Delta\gamma}{\gamma'}\frac{q^2 J_0 \mathrm{e}^{6.72S_V}}{h\omega_0}$$

根据小浪底水库 2001 年的实测资料，率定综合系数 K 为 370，指数 m 为 0.63。小浪底水库异重流的输沙能力可按下式计算：

$$q_s = 370\left(\frac{\Delta\gamma}{\gamma'}\frac{q^2 J_0 e^{6.72S_V}}{h\omega_0}\right)^{0.63}$$

上式仍较为复杂，应适当简化。上式中的 $\frac{\Delta\gamma}{\gamma'}$ 和 S_V 均是含沙量的函数，令 $\left(\frac{\Delta\gamma \mathrm{e}^{6.72S_V}}{\gamma'}\right)^{0.63}$ 为 K_s，由于 K_s 中的含沙量分别位于系数和指数，从数学上难以进一步简化，于是点绘 K_s 和含沙量的关系(见图 11)，可以看到 K_s 和 S 大体上呈线性关系。即

$$K_s = 0.001\,8\mathrm{S}$$

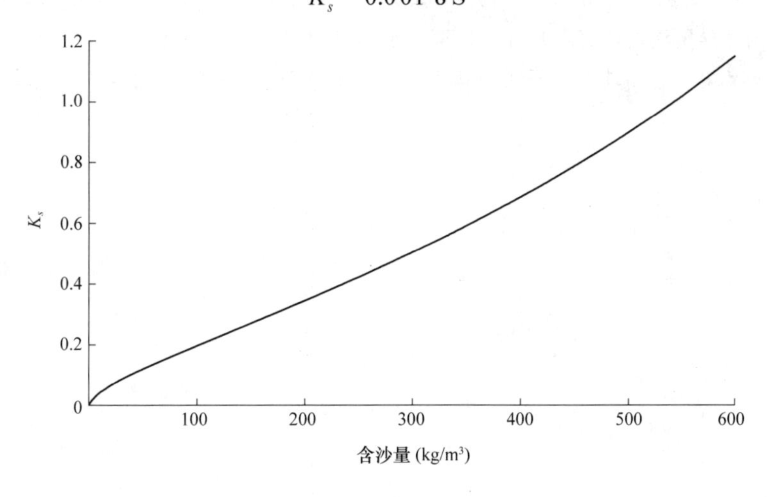

图 11　K_s 和 S 关系

这样，输沙能力公式就可简化为

$$q_s = 0.67\frac{J_0^{0.63}}{h^{0.63}\omega_0^{0.63}}q^{1.26}S$$

关于小浪底水库异重流排沙比的计算，公式中的系数还需要进一步分析。

7　结　语

(1)异重流运行速度和排沙量的主要影响因素有库区比降、库底的横断面形态、入库

的来水来沙条件以及水库运用方式。

(2)在影响异重流的小浪底水库运行速度和排沙量的三大因素中，小浪底水库的库底比降大和横断面形态窄深，以及小浪底水库的含沙量高或输沙率大，是小浪底水库异重流运行速度快和排沙比大的重要原因。

(3)小浪底水库运用以来发生的三场排沙比较高的异重流排沙分析结果，说明在一定条件下，小浪底水库可以达到较高的排沙比。

(4)小浪底水库异重流运行速度和输沙能力公式中的系数和指数需要进一步研究；水库异重流演进过程中输沙能力变化和泥沙细化的机理还需要进一步研究；前期浑水水库的存在对异重流排沙有明显影响，小浪底水库浑水水库形成的机理很值得研究。

(5)鉴于小浪底水库具有较大的异重流排沙效率，并且异重流在黄河下游河道基本上能够多来多排，为延缓水库淤积，水库应尽可能多地排泄异重流。

参考文献

[1] 侯素珍.小浪底水库异重流特性研究：[硕士学位论文]. 西安：西安理工大学，2003.3

[2] 马怀宝，李书霞. 2002 年黄河调水调沙试验期小浪底库区实测异重流资料分析. 2002.12

[3] 李书霞，张俊华. 2004 年黄河调水调沙小浪底水库异重流排沙设计. 黄河水利科学研究院，2004.6

[4] 李世举，董明军，赵书华，等. 2003 年小浪底水库异重流测验分析. 河南水文水资源局，2003.12

[5] 范家骅，等. 异重流的研究与应用. 北京：水利电力出版社，1959

[6] 杜殿勖，刘海凌. 三门峡水库异重流运动和排沙规律分析. 黄河水利科学研究院，2000.1

小浪底水库浑液面沉降初步研究

李　涛　张俊华　王艳平

(黄河水利科学研究院　郑州　450003)

摘要　本文统计整理了 2001～2003 年小浪底桐树岭水沙因子站的实测资料，利用 Roberts 经验公式和 Kynch 公式，进行了小浪底浑水水库浑液面浑水厚度和沉降时间计算。计算结果与实测资料对比表明，利用 Roberts 经验公式计算的浑水厚度比用 Kynch 公式计算的更接近实际。

关键词　小浪底　浑水水库　沉降

1 引　言

含沙水流入库并以异重流的形式运行至坝前时，由于水库没有开闸泄流，或者即使泄流，但其泄量小于异重流流量，则继之而来的超过泄量的异重流，受大坝的阻挡形成涌波反射，速度较低时形成长波，速度更低时长波消失，异重流的动能转换为势能，浑水厚度不断加大，在坝前段即形成浑水水库❶。随着时间的推移，清浑水交界面不断升高，且逐渐向上游延伸。浑水水库是相应于水库异重流问题研究的一种特殊现象。

高含沙浑水中大部分泥沙以很慢的速度群体下沉，异重流停止后，由于浑水水库的存在，水库可在相当长的时间内保持较高含沙量排沙，该时段内的排沙即为浑水水库排沙。若仅从排沙耗水率的角度考虑，浑水水库排沙可较异重流排沙低得多。例如刘家峡水库异重流排沙耗水率为 7.6～361 m^3/t❷，官厅水库为 15～200 m^3/t❸，而浑水水库一般为 1.5～10 m^3/t[2]。因此，开展浑水水库排沙研究，在流域来水偏枯的情况，尤其是水资源利用异常紧张的黄河流域具有更加特别的现实意义。对黄河小浪底水库而言，利用浑水水库的特点，更有利于优化出库水沙组合。

浑水水库内清浑水界面(以下简称浑液面)沉降速度、含沙量和粒径分布规律等，是研究计算浑水水库极为重要的几项指标。本文拟对小浪底浑水水库浑液面沉降速度进行初步探讨。

2 小浪底浑液面变化过程分析

清浑水交界面的界定问题历来就是一个引起较多争议的问题。部分学者根据浑液面的性质，认为浑液面处的流速为 0。采用 v=0 处的位置作为清浑水交界面即浑液面。

---

❶ 朱春耀，索玉秀，李来厚，等. 汾河水库异重流排沙初步分析. 山西省汾河水库管理局，1986

❷ 陕西水科所，陕西省黑松林水库管理应用方法初步分析，1965

❸ 刘家峡电厂等，刘家峡水库挑河异重流观测及排沙效果分析报告，1977

也有学者使用对含沙量分布积分形式，采用积分上限位置作为清浑水交界面。

黄委水文部门在水库异重流的实测资料整编中，根据实际情况采用 5 kg/m^3 含沙量作为清浑水交界面即浑液面。本文以该方法界定浑液面。

对 2001～2003 年小浪底桐树岭水沙因子站的实测资料进行整理，取固定起点距的水沙因子作为浑水水库的代表因子。以浑水厚度为纵坐标、时间为横坐标得到浑液面随时间变化图。图 1、图 2 及图 3 分别为 2001 年、2002 年及 2003 年浑液面随时间变化图。由库区清浑水交界面沿程变化可以知道，浑水水库的范围基本在距坝约 30 km 以内。

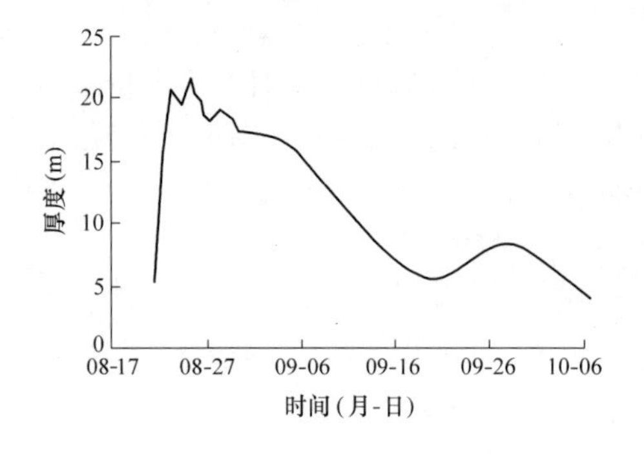

图 1　2001 年浑液面随时间变化图

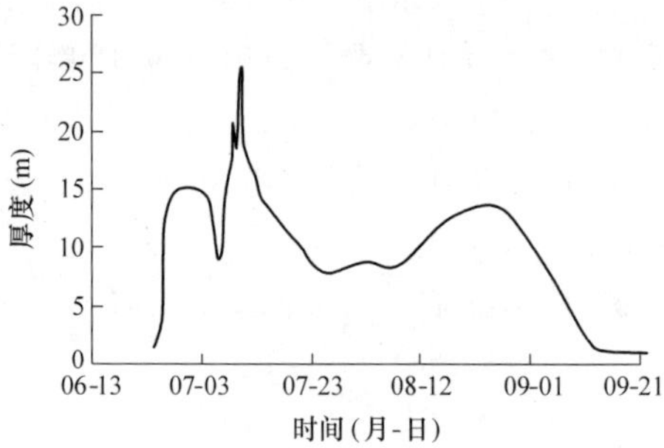

图 2　2002 年浑液面随时间变化图

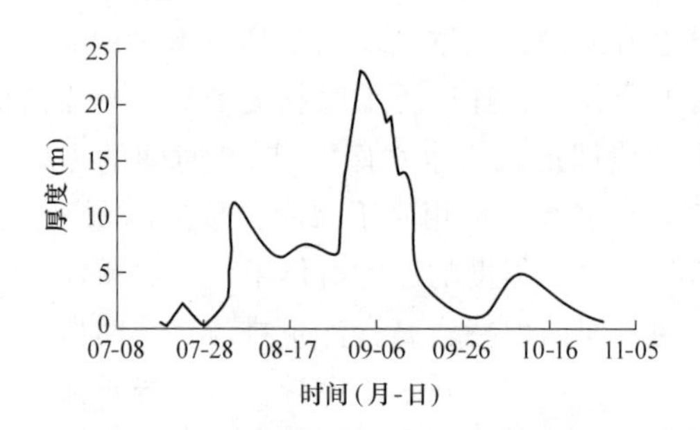

图 3　2003 年浑液面随时间变化图

2001 年浑水水库首次出现在 8 月 21 日[1]，在 8 月 25 日浑液面厚度达到最大值。随着时间的推移，由于出库流量小于入库流量，库水位增加，但浑液面高程随泥沙的沉降不断降低，浑水含沙量不断增加。

2002 年小浪底库区[2]分别于 6 月下旬和 7 月上旬形成了两次较明显的异重流输沙过程。6 月下旬形成的异重流运行至坝前时，由于排沙底孔未打开，逐渐形成浑水水库，且沉降速度极为缓慢，至 7 月 4 日调水调沙试验开始时，排沙洞闸门打开，立即有浑水排泄出库，此时明流洞下泄清水。随着浑水下泄，浑液面逐渐降低。7 月 6～8 日洪水入库后再次形成异重流。7 月 8 日以后入库流量、含沙量相对减小较多，库水位下降较快，随着时间的推移，浑液面高程也随泥沙的沉降不断降低，浑水含沙量不断增加。7 月 21 日之后至 8 月 8 日期间为压缩沉降，表现出浑液面的沉降速度进一步减小。8 月 26 日，

[1] 张俊华，陈书奎，李书霞，等. 2001 年小浪底水库验证试验. 黄河水利科学研究院，2003.3

[2] 李书霞，张俊华，陈书奎，等. 2002 年小浪底水库运用及库区水沙运动特性分析报告.黄河水利科学研究院，2003.5

浑液面高程又明显抬升，主要是由于三门峡水库排沙，同时小浪底水库为满足下游用水，调水调沙试验结束后，仍然补水运用，库水位降幅较大，三角洲洲体向下推移，部分较细颗粒的泥沙被输移至浑水水库范围内。

2003 年坝前浑水水库❶与 2001 年类似，首先出现在 7 月 21 日，于 8 月 2 日再次形成，第二次异重流到达坝前之后，清浑水交界面在前期浑水水库的基础上，再一次迅速抬升，浑水体积和厚度均迅速增加，浑水水库沉降极其缓慢。

图 1 ~ 图 2 中浑液面在接近自由沉降的条件下(上游的补充及出库浑水可略而不计)，其变化曲线形式符合浑水的沉降规律[3~6]，即浑液面在初始阶段下降较快，达到临界点后，沉降速度变缓。

3 小浪底水库浑液面沉降计算及分析

3.1 浑液面沉降公式

3.1.1 Kynch 公式

Kynch[7]从最基本的假设出发 $u=u(S)$，应用连续性方程得出一个浓度不连续降以一个速度上升的认识。Kynch 认为在某一时刻在浑液面下的含沙量可以由沉降曲线所决定。假定静沉中某浓度层的沉速仅是局部周围含沙量的函数，可以得出：

$$S_0 H_0 = S_2 H_2 \tag{1}$$

式中：H_0 为浑液面的初始高度；S_0 为浑液面的初始含沙量；S_2 为任意时刻 t_2 的含沙量；H_2 为任意时刻 t_2 的高度。

3.1.2 Roberts 公式

根据高浓度黏性泥沙的静止沉降高度的 Roberts 经验公式[8]，浑液面的高度公式可以表述如下：

$$H = \left(H_0 - H_\infty\right) e^{-\left(\frac{1}{S_0 H_0}\right)\left(\frac{S}{S_0}\right)t} + H_\infty \tag{2}$$

式中：H、H_0、H_∞ 分别为浑液面的高度、初始浑液面最大高度、t(h)时刻的界面高度；S_0 为 H_0 时对应的浑液面以下平均含沙量；S 取 H 对应的式(1)计算的浑液面以下平均含沙量 S_2。

3.2 浑液面沉降计算

利用 2001 ~ 2003 年小浪底浑水水库厚度、含沙量和时间统计结果，对式(1)进行了验证计算，浑水厚度计算结果与实测结果点绘于图 4。对式(2)也进行了验证计算，浑水厚度与沉降时间的计算结果与实测结果分别点绘于图 5(a)及图 5(b)。

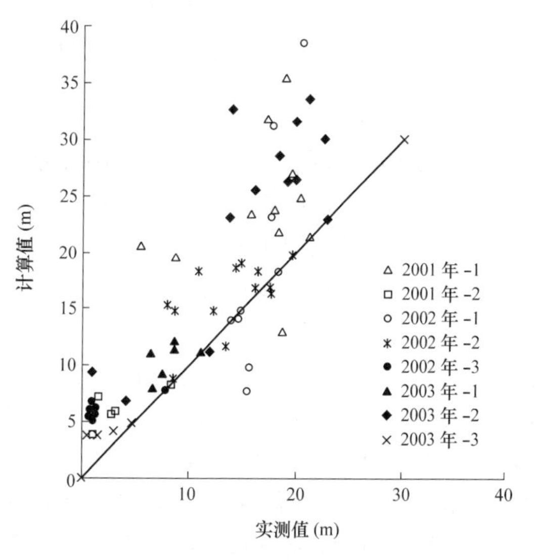

图 4　式（1）计算值与实测值比较图

---

❶ 李书霞，马怀宝. 2003 年小浪底水库运用及库区水沙运动特性分析报告. 黄河水利科学研究院，2004.5

计算时段按照图 1、图 2、图 3 中的曲线根据三门峡站入库和小浪底站出库实际情况，划分不同的浑水水库沉降时段进行计算。2001 年按 2 个沉降时段计算，分别为 2001 年–1、2001 年–2；2002 年按 3 个沉降时段计算，分别为 2002 年–1、2002 年–2、2002 年–3；2003 年按 3 个沉降时段计算，分别为 2003 年–1、2003 年–2、2003 年–3。其中，在计算浑水厚度时根据小浪底水库的实际情况 H_∞暂取 1 m，在计算沉降时间时 2001 年、2002 年、2003 年 H_∞按实测浑水厚度最小值分别暂取计算时段内最小值，单位为 m；以浑液面最高即浑水厚度最大时取为 H_0，单位为 m，对应平均含沙量取为 S_0，单位为 kg/m^3。t 为沉降历时，单位为 h。

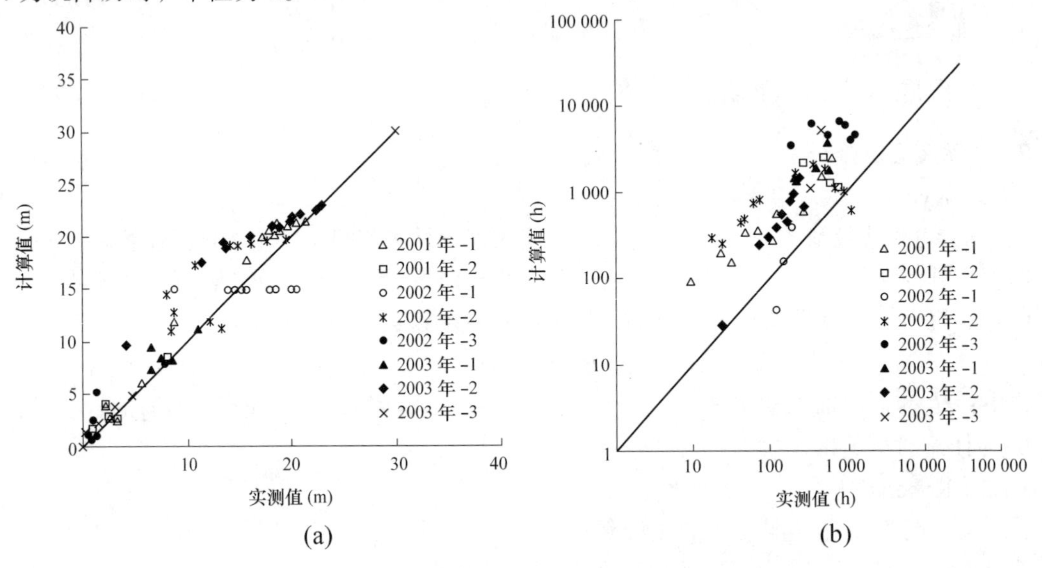

图 5　式(2)计算值与实测值比较

3.3　成果分析

从图 4 中可以看出，利用式(1)进行浑水厚度计算，计算结果较接近实测结果，但点据散乱，这说明在浑液面沉降过程中，式(1)不能够详细描述其变化过程。利用式(1)可以在一条沉降曲线求得不同含沙量时此含沙量界面层的等速段沉速，为计算提供了较为简捷的途径。此法虽减少了大量的工作量，但没有考虑动水与静水的差别，而且只适宜于无进出口变化的封闭空间。

从图 5 中可以看出，利用式(2)，浑水厚度计算，计算结果非常接近实测结果，沉降时间的计算结果较实测结果为大。浑水厚度计算值在沉降时段内较为准确，而沉降时间的计算值在历时较短时相对准确。随着历时的增长，库区内来流、排沙情况等其他因素对浑水水库的浑液面造成影响，从而导致计算产生误差。

比较这两种方法，式(2)计算结果较式(1)准确，在预测浑水水库初始沉降阶段的浑水厚度问题时比较可靠。在预测浑液面的历时时，考虑来水来沙条件、泄水建筑物启闭方式、进出库水量等影响，确定单个沉降过程，准确划分沉降时段比较关键。其他的影响表现在浑水体积的增减，以及由于水流运动引起的对泥沙形成的网状絮体的破坏，这些影响因素使浑液面沉降特性更具有多变性和复杂性。

4 结 语

小浪底水库实测资料表明，水库浑液面在接近自由沉降的条件下，其变化曲线形式符合浑水的沉降规律，基本上可利用 Roberts 经验公式描述其沉降过程，在使用过程中，要排除入流及泄流等因素的影响。下阶段应进一步提高计算分析精度，同时研究浑水水库含沙量和粒径分布规律，为优化出库水沙组合服务。

参考文献

[1] 钱宁，万兆惠. 泥沙运动力学. 北京：科学出版社，1983

[2] 陈景梁，付国岩，赵克玉.浑水水库排沙的数学模型及物理模型试验研究. 泥沙研究，1988(3):77 ~ 86

[3] 张瑞瑾，谢鉴衡，等. 河流泥沙动力学.北京：水利电力出版社，1989

[4] Yalin M S. Mechanics of Sediment Transport. Pergamon Press，1972

[5] 张红武，江恩惠，等.黄河高含沙洪水模型的相似率. 郑州：河南科学技术出版社，1994

[6] 沙玉清. 泥沙运动力学引论. 北京：中国工业出版社，1965

[7] G.J.Kynch, A Theory of Sedimentation. The Faraday Society, 1952(48)：166 ~ 176

[8] Roberts E .J. Thickening-Art or Science? Mining engineering，1949,1 (3):61 ~ 64

三门峡水库在汛期黄河调水调沙中的重要作用及建议

张冠军　王海军　王育杰　王宏耀

(三门峡水利枢纽管理局　三门峡　472000)

摘要　2002～2006年连续进行了三次黄河调水调沙试验和两次生产运行,三门峡水库以不同方式参与黄河调水调沙运用，通过合理控制运用三门峡水库，直接、有效地控制了小浪底入库水沙过程，为小浪底水库异重流的形成、运行和库区淤积分布改善以及出库水沙过程符合黄河调水调沙设计指标创造了有利条件,顺利完成黄河调水调沙运用任务。在黄河调水调沙进而在维持黄河健康生命方面，三门峡水库具有不可替代的重要地位和作用。

关键词　淤积　异重流　调水调沙　作用　三门峡水库

1　前　言

众所周知，黄河水少、沙多、水沙不平衡。20世纪90年代以来，黄河水沙不协调关系日趋显著，黄河下游河道淤积问题日益突出，河床普遍抬高，“二级悬河”形势相当严峻。黄河调水调沙试验，正是在“原型黄河”这一新的历史条件下通过调度手段人为调控骨干水库水沙过程，寻求最大限度地恢复黄河下游河道过洪能力以及延长小浪底水库淤积库容使用年限的新措施。

三门峡水库处于黄河中游下段，对黄河中游洪水起着重要的控制作用，对黄河中下游河段的泥沙起着显著的调节作用，直接控制着小浪底入库水沙过程，能人工影响小浪底库区异重流的形成、运行和消亡过程，对小浪底库区泥沙淤积分布形态的改善乃至小浪底出库含沙量过程等有重要影响。2002～2006年连续进行了三次黄河调水调沙试验和两次生产运行等实践表明，三门峡水库以不同方式参与黄河调水调沙运用，通过合理控制运用三门峡水库，直接、有效地控制了小浪底入库水沙过程，为小浪底水库异重流的形成、运行和库区淤积分布改善以及出库水沙过程科学控制创造了前提条件，在维持黄河健康生命等方面，三门峡水库具有不可替代的重要地位和作用。

2　三门峡水库水沙调节特点与能力

从1973年11月起，三门峡水库按“蓄清排浑”运用方式进行控制运用，非汛期适当抬高水位兴利，汛期降低水位泄洪排沙，将非汛期淤积在库内的泥沙调节至汛期洪水过程集中下泄，以实现年度或年际间冲淤平衡。

三门峡水库汛期洪水排沙期间，不但要将洪水自身挟带的泥沙排出库外，还要将非汛期淤积在库内的泥沙排出，一般条件下，洪水期间三门峡水库的排沙比都大于100%，有时可达130%以上。从汛期洪水排沙情况看，其他条件相同时，洪峰或洪量越大，排沙比越大；排沙运用水位越低，排沙比越大；前期淤积量越大或汛期第一次排沙，排沙比越大，反之则排沙比越小。

三门峡水库在汛期洪水过程即降低水位排沙初期，潼关至坫埼河段呈沿程冲刷特点，北村(黄淤 22 断面)至坝前河段呈溯源冲刷特点(溯源冲刷有时可达大禹渡至坫埼河段)。随着洪水过程的延续，沿程冲刷不断向下游发展，溯源冲刷不断向上游发展，在某一河段沿程冲刷和溯源冲刷相衔接，使潼关以下库段全面冲刷。溯源冲刷与沿程冲刷的发展程度和规模，与汛期洪水量级、持续时间、排沙水位、河道边界条件及前期淤积状态等有关。

三门峡水库汛限水位 305 m 以下库容为 0.4 亿～0.9 亿 m^3，相对而言，该库对水量的调节能力较弱，但从实际情况看，对小浪底水库入库流量的调节和有关指标的控制仍然不容忽视。

另一方面，三门峡水库汛期洪水过程排沙能力很强，与前期累计淤积量、敞泄排沙流量级别、排沙次数及历时等有很大关系，一般净排沙量为 0.3 亿～1.0 亿 t，出库水沙过程对小浪底库区的泥沙输移、异重流运行、淤积部位改善等起着十分重要的作用，对小浪底水库泥沙调节影响较大。

3　三门峡水库参与黄河调水调沙的几种重要形式

3.1　与干流小浪底水库联合调水调沙

2002 年 7 月 4～15 日，针对黄河中游出现的中小洪水，黄委开展了首次黄河调水调沙试验，通过对三门峡、小浪底两库联合调控将小浪底出库水沙过程调节为协调的水沙关系进入黄河下游河道，使黄河下游河道实现冲刷，恢复河槽过洪能力。

试验期间，7 月 4 日 23 时黄河龙门水文站出现洪峰流量为 4 600 m^3/s 的洪水，最大含沙量达 790 kg/m^3，小北干流河段发生了局部“揭河底”现象。三门峡水库合理调控运用对小浪底出库水沙控制发挥了重要作用，三门峡水库调控共分五个阶段：

第一阶段(3 日 0 时～5 日 20 时)：控制库水位 305 m 按进出库平衡运用。该时段平均库水位 304.79 m，平均出库流量 831 m^3/s。

第二阶段(5 日 20 时～6 日 20 时)：洪水入库后，5 日 20 时水库开始进行泄洪排沙控制运用，控制最低排沙水位 300 m、库水位降速不大于 0.5 m/h，时段实际平均库水位 300.45 m，平均出库流量 2 300 m^3/s，最大出库含沙量 507 kg/m^3。6 日，小浪底水库上游距大坝 64.83 km 处的河堤水文站监测到小浪底库区形成异重流。异重流的出现与含沙量的增加，对正在进行的黄河首次调水调沙试验而言，有可能使小浪底出库水沙指标超过设计值。

第三阶段(6 日 20 时～7 日 11 时)：为合理控制小浪底入库含沙量、间接减小小浪底出库含沙量，三门峡水库进行了控制运用，最高滞洪水位不超过 305 m，水位到达 305 m 后，加大下泄流量，逐步降至 300 m。该时段控制运用，有效地阻断了小浪底库区异重流传播的后续动力，使异重流既能运行至小浪底水库坝前，又避免了在其库尾形成大量淤积，保证了小浪底出库水沙达到设计要求。

第四阶段(7 日 11 时～9 日 11 时)：从 7 日 11 时起，三门峡出库流量按 800 m^3/s 控泄，20 时库水位升至 305 m，之后按库水位不大于 0.5 m/h 降速降低库水位，控制最低运用水位 300 m。该时段控制运用，进一步削弱了小浪底库区异重流传播后续能量，确保了小浪底水库后期出库含沙量仍然符合试验要求。

第五阶段(9 日 11 时～15 日 8 时)：9 日 11 时，三门峡水库停止敞泄，恢复正常运用，控制最小出库流量不小于 300 m^3/s。

黄河首次调水调沙试验三门峡入出库水沙过程见图 1。

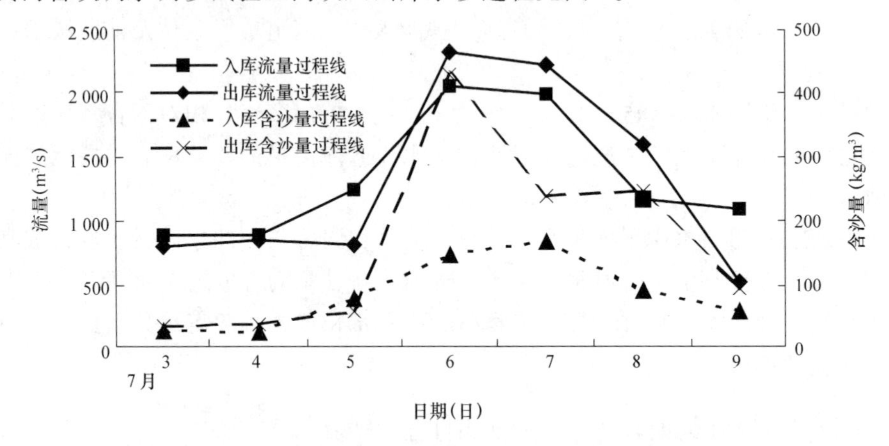

图 1　黄河首次调水调沙试验三门峡入出库水沙过程

黄河首次调水调沙试验期间，第二、三、四阶段是三门峡水库进行控制运用的重点。三次从 305 m 降至 300 m 进行泄洪排沙控制运用，两次由 300 m 升至 305 m 运用，控制库水位降速不大于 0.5 m/h，且最低运用水位为 300 m，流量 1 500 m^3/s 以上的过程持续时间为 38 h，含沙量 200 kg/m^3 以上的过程持续时间为 39 h。三门峡水库不但直接、有效地控制了小浪底入库水沙过程，为小浪底水库异重流的形成、运行和库区淤积分布改善创造了条件，而且在一定程度上间接地控制了该库出库含沙量过程，使其出库水沙(流量、含沙量)过程满足试验指标。

3.2　与干流小浪底水库及支流故县、陆浑水库联合调水调沙

2003 年 9 月 6～18 日进行了黄河第二次调水调沙试验，该试验是针对黄河中游干支流洪水首次实施“四库水沙联合调度”，即利用三门峡、小浪底水库把中游洪水调控为挟沙量较高的“浑水”，然后再利用伊洛河故县与陆浑水库、沁河的清水对“浑水”进行稀释，共同输送泥沙入海。

该次试验前及试验期间，三门峡水库运用分三个阶段：

第一阶段(8 月 26 日～9 月 6 日 9 时)：三门峡水库出现了最大洪峰流量为 3 150 m^3/s(8 月 31 日 10 时)的入库洪水过程。为满足试验指标控制要求，为小浪底水库提供足够的水沙量，同时充分利用洪水冲沙，加大黄河潼关段河道冲刷，三门峡水库单库调水调沙，进行敞泄运用，泄洪排沙。高含沙洪水进入小浪底水库后形成异重流，并通过异重流形式将细颗粒泥沙输送到小浪底坝前，小浪底水库泄水建筑物闸前淤积面高程在 9 月 5 日达到 182.8 m，接近实施防淤堵排沙运用的 183 m 条件，坝前浑水层厚度达 22.2 m。

第二阶段(9 月 6 日 9 时～10 日 22 时)：9 月 6 日 9 时，黄河第二次调水调沙试验正

式开始。三门峡最大入库洪峰流量为 3 200 m^3/s(9 月 9 日 7 时 06 分)，水库继续泄洪排沙，为小浪底库区异重流向坝前运行并出库提供后续水沙动力，并降低三门峡水库后续来水滞洪水位。该阶段三门峡平均出库流量 2 910 m^3/s，平均出库含沙量为 40 kg/m^3，实现了小浪底水库异重流排沙和浑水水库排沙。

第三阶段(9 月 10 日 22 时～18 日 18 时)：9 月 10 日 22 时，三门峡水库逐步回蓄至 305 m 水位控制运用。在回蓄过程中，控制出库流量不小于 100 m^3/s。该阶段，三门峡平均出库流量为 1 690 m^3/s，使小浪底入库水沙过程中的流量、含沙量相应减小，实现了小浪底水库浑水水库排沙。

黄河第二次调水调沙试验三门峡入出库水沙过程见图 2。

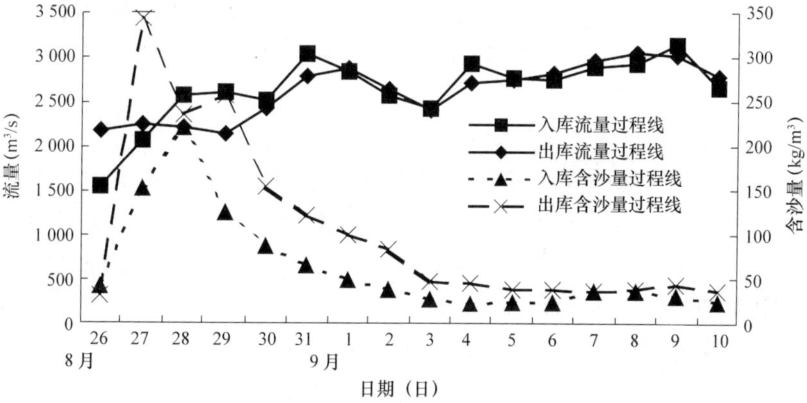

图 2　黄河第二次调水调沙试验三门峡入出库水沙过程

黄河第二次调水调沙试验中，9 月 6～18 日，三门峡水库向小浪底水库输送水量 24.27 亿 m^3，不仅满足了小浪底调水调沙水量 18.25 亿 m^3，还使其库水位由 246.1 m(9 月 6 日 8 时)升至 249.07 m(18 日 20 时)。三门峡水库运用直接在小浪底库区形成异重流以及浑水水库，实现了小浪底水库异重流排沙和浑水水库排沙，进而间接满足花园口站“浑水”与“清水”对接试验指标。

3.3　与“上库”万家寨水库和“下库”小浪底水库联合调水调沙

2004 年 6 月 19 日～7 月 13 日进行了黄河第三次调水调沙试验，即在黄河干流没有发生洪水的情况下，利用 2004 年汛前水库汛限水位以上的蓄水，通过对万家寨、三门峡、小浪底三个水库的联合调度运用，在小浪底库区人工塑造异重流，并辅以在小浪底库区淤积三角洲和黄河下游河道卡口段人工扰沙，使小浪底库区及黄河下游河道达到减淤和冲刷的目的。

三门峡水库运用分为四个阶段：

第一阶段(6 月 19 日～7 月 5 日 15 时)：控制三门峡库水位接近 318 m，确保小浪底水库下泄清水，同时为后续调水调沙运用储蓄水量。至 7 月 5 日 8 时，三门峡库水位为 317.81 m，蓄水量为 4.88 亿 m^3。

第二阶段(7 月 5 日 15 时～ 7 日 8 时)：三门峡出库流量按照 2 000 m^3/s 控泄，利用三门峡水库下泄的人造清水洪峰强烈冲刷小浪底库尾的淤积三角洲，并辅以人工扰沙，最大限度地冲刷占用长期有效库容的淤积泥沙，合理调整三角洲淤积形态，使冲刷泥沙以异重流形式在小浪底库区向坝前运动。

第三阶段(7 月 7 日 8 时 ~ 10 日 13 时)：7 日 8 时，万家寨水库下泄的 1 200 m^3/s 水流与三门峡库水位降至 310.3 m 时实现对接(设计对接水位为 310 m)，此后逐步加大三门峡出库流量，当达到 4 500 m^3/s 后，按敞泄运用；10 日 13 时，水库恢复汛期正常运用。该阶段最大出库流量 5 130 m^3/s，800 m^3/s 以上的时间累计达 29 h；7 日 14 时三门峡出库水流变浑，含沙量由 0 增加到 11 kg/m^3，最大出库含沙量 368 kg/m^3，含沙量超过 100 kg/m^3 以上的时间持续 28 h，并在小浪底水库形成后续异重流。三门峡水库调节的高含沙水流产生的强大后续水流动力，在运行 24h 左右到达小浪底坝前将小浪底水库异重流推出库外。8 日 13 时 50 分小浪底出库由清变浑，标志着异重流排沙出库。

第四阶段(7 月 10 日 13 时 ~ 13 日 8 时)：三门峡水库按照汛期不超过 305 m 控制运用。

黄河第三次调水调沙试验三门峡入出库水沙过程见图 3。

黄河第三次调水调沙试验，三门峡水库共下泄水量 6.55 亿 m^3(其中清水 3.25 亿 m^3，浑水 3.3 亿 m^3)，排沙 0.424 亿 t，浑水平均含沙量 128 kg/m^3。第二、三阶段是三门峡水库运用的关键，也是本次调水调沙试验的重点。本次试验，小浪底水库尾部淤积三角洲顶点由距坝 70 km 下移至距坝 47 km，三角洲洲面下降 4 m 左右，冲刷小浪底库区淤积三角洲泥沙 1.329 亿 m^3，设计淤积平衡纵剖面以上淤积的 3 850 万 m^3 泥沙全部冲刷消除，小浪底库尾淤积形态得到合理调整；在小浪底水库形成异重流后，通过三门峡水库调节的高含沙水流形成强大的后续水沙动力，将异重流推移至坝前并排沙出库，小浪底水库异重流排沙由 8 日 13 时 50 分持续到 11 日 22 时，历时约 80 h，异重流排沙 0.043 7 亿 t。

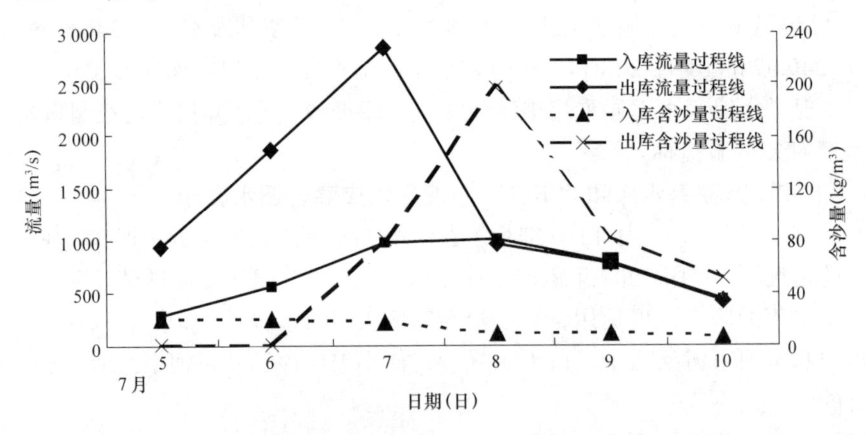

图 3　黄河第三次调水调沙试验三门峡入出库水沙过程

在经过 2002 ~ 2004 年三次调水调沙试验后，2005 年调水调沙转入生产运行。分别于 2005 年汛前和 2006 年汛前进行了调水调沙生产运行，均采用万家寨、三门峡、小浪底三库联合调度的运用模式，并取得良好效果。

4 三门峡水库在汛期黄河调水调沙中的重要作用和意义

2002年以来，黄委已经进行了数次黄河调水调沙试验，并使三门峡、小浪底水库逐步转入常规调水调沙生产运行，采用了三种调水调沙模式，虽然每一种模式的目标、来水来沙条件及采用的方法与措施各不相同。但是，实践表明，现行三门峡水库汛期平水少沙过程控制库水位按不超过305 m运用具有重要的现实意义，对黄河中下游水沙过程的重要调控作用不可或缺，主要体现在以下几个方面：

(1)三门峡水库能够直接控制小浪底入库水沙过程。小浪底水库异重流排沙和库区减淤必须以三门峡水库配合运用为前提，三门峡与小浪底水库联合运用塑造出小浪底水库异重流是黄河调水调沙必不可少的一个重要环节,并对小浪底出库水沙过程有间接影响。

(2)三门峡水库可以有效改善小浪底库区淤积分布。三门峡水库控制运用改善了小浪底水库自然淤积形成的不利形态，使淤积泥沙下移至坝前甚至排出库外，在小浪底水库拦沙初期和中期，保证一部分库容可长期重复利用，延长小浪底水库的使用寿命。

(3)在上库(万家寨)、中库(三门峡)、下库(小浪底)联合调水调沙中，三门峡水库起承上启下作用，水库合理运用对水沙过程的精确对接具有十分重要的作用。

可以预测，若整个汛期三门峡水库实行无控制敞泄排沙运用，会对黄河中下游水沙过程的调控造成如下负面影响：

(1)三门峡出库与小浪底入库水沙过程为自由状态即得不到人为有效控制，不但使小浪底水库的异重流形成、发展和消亡过程无法控制，而且有可能使小浪底水库出库含沙量或水沙过程超出期望值，使黄河下游出现不利的水沙过程，进而会在黄河河道产生淤积或不冲刷等负面影响。

(2)三门峡水库出库“小水带大沙”过程，对小浪底库区形成的不利淤积形态得不到人为的有效改善，不能最大程度地促进小浪底库区淤沙向下输移甚至排出库外，对小浪底水库拦沙初中期保持一部分可长期重复利用库容和延长小浪底水库的使用年限十分不利。

(3)在黄河中游干流骨干水库联合调水调沙过程中，失去三门峡水库承上启下调控作用，相距超过1 100 km的上库(万家寨)与下库(小浪底)之间，不但水沙过程无法实现精确对接，而且有关指标也难以达到期望值。

总之，汛期三门峡水库对黄河中下游水沙过程的调控作用不可或缺。

5 有关三门峡水库汛期运用的几点建议

实践与分析表明，三门峡水库现行汛期平水少沙过程控制库水位按不超过305 m运用具有一定的科学性，若整个汛期水库在平水少沙条件下也实行无控制敞泄运用，不但排沙效果甚差、浪费天然水能资源，而且会对黄河中下游水沙过程的调控造成诸多负面影响。因此，建议汛期三门峡水库运用方案建议从如下方案中选取：

(1)“主汛期敞泄＋其余时间洪敞”方案。即主汛期(7月21～8月10日)开启三门峡水库所有泄流设施进行敞泄运用；其余时段，当入库流量超过1 500 m^3/s时进行敞泄即“洪敞”，平水期控制最高库水位不超过汛限水位305 m。

(2)“流量标准—含沙量标准”双重敞泄方案。汛期，除当入库流量超过 1 500 m^3/s 进行敞泄外，当入库流量小于 1 500 m^3/s(即平水过程)但入库含沙量超过 80 m^3/s(即大沙过程)时，根据实际情况和黄河防总要求适时开启所有泄流设施进行敞泄运用；其余时段，控制最高库水位不超过汛限水位 305 m。

(3)“累计淤积量—冲刷时间控制”敞泄方案。即在 9 月 15 日以前，当入库流量超过 1 500 m^3/s 时(即洪水过程)，开启所有泄流设施进行敞泄运用；平水期控制库水位不超过 305 m。

在 9 月 15 日以后，当本年度累计淤积量超过 0.3 亿 t，开启所有泄流设施敞泄运用 5 ~ 7 天；当本年度累计淤积量为 0 ~ 0.3 亿 t，进行敞泄运用 3 ~ 5 天；当本年度累计冲刷量为 0 ~ 0.3 亿 t，遇入库流量超过 1 200 m^3/s 来水过程仍敞泄运用 3 天；当本年度累计冲刷量超过 0.3 亿 t，仍按入库流量超过 1 500 m^3/s 进行敞泄方式运用。

黄河第三次调水调沙试验人工异重流方案设计与实施

刘继祥　万占伟　张厚军　安催花　李世滢

(黄河勘测规划设计有限公司　郑州　450003)

摘要　本文通过对人工塑造异重流流量，万家寨、三门峡和小浪底三水库对接时机等关键技术问题的研究分析，提出成功塑造异重流的各项技术指标，为第三次调水调沙试验人工塑造异重流调度提供科学依据。7月5日至7月12日，通过联合调度万家寨、三门峡和小浪底三水库，在小浪底库区成功地塑造出异重流，并实现了异重流排沙出库，试验达到预期的目标。

关键词　黄河　调水调沙试验　人工异重流　方案

1　试验背景

2003年秋汛期间，黄河水利委员会考虑防洪减灾及洪水资源化等综合因素有计划地调蓄了洪水，小浪底水库运用水位较高，截至2004年6月19日，万家寨、三门峡、小浪底三库蓄水量之和为68.18亿m^3，汛限水位以上蓄水39.33亿m^3。国家防洪法规定，水库在汛期来临时必须降至汛限水位以下运行。结合水库的蓄水情况和黄河下游面临的防洪问题，黄河水利委员会决定于6月19日开展黄河第三次调水调沙试验。

考虑到20世纪80年代中期以来黄河的来水来沙特性，为了寻求小浪底水库拦沙初期在黄河中游无洪水发生时排沙的一种新途径，本次试验在深入分析水沙运动规律，总结前两次调水调沙试验技术的基础上，提出通过调度黄河干流万家寨、三门峡，小浪底水库蓄水，在小浪底库区塑造人工异重流，进行干流水库群水沙联合调度的调水调沙试验模式。

2　人工异重流的方案框架

2.1　人工异重流总体思路

根据试验目标，确定本次人工塑造异重流的总体思路为，首先泄放小浪底水库汛限水位以上蓄水，继续冲刷下游河槽；在小浪底库水位降到淤积三角洲以下适当时机，以较大流量泄放三门峡水库蓄水，冲刷小浪底库区淤积三角洲，在三角洲以下的回水区形成人工异重流并排沙出库；待三门峡水库蓄水泄完后，使万完寨水库泄放的水流与之对接，继续冲刷三门峡、小浪底水库淤积的泥沙，使人工异重流得以保持。

2.2　成功塑造人工异重流的关键技术问题

从异重流的形成和持续运行条件分析，要想成功地塑造出小浪底库区异重流并排出库外，需要研究以下关键技术问题：①人工塑造异重流开始时机；②万家寨水库下泄水量和三门峡水库蓄水位对接；③三门峡水库下泄流量大小及其过程；④小浪底库尾淤积三角洲的冲刷恢复含沙量和泥沙颗粒级配的预测。

3 关键技术指标的确定

3.1 人工塑造异重流开始时机

黄河第三次调水调沙试验开始时，小浪底库水位约为 250 m，调水调沙结束时库水位应降至 225 m。由 2004 年 5 月小浪底库区淤积纵剖面(见图 1)可以看出，调水调沙期间水库回水末端在距坝 61 ~ 77 km 范围内变动。当小浪底库水位降至 235 m 左右时，库尾淤积三角洲顶点高出水面约 20 m，回水末端以上库段淤积纵比降 5‱，淤积三角洲前坡段比降 20‱，此时，三门峡水库开始泄放大流量过程塑造异重流，水流将会在该河段发生强烈冲刷，形成较高含沙水流潜入小浪底库区形成异重流。若三门峡泄放大流量过程时小浪底库水位过高，则三门峡大流量有效冲刷库段较短，大流量水流挟带泥沙量将会降低；若三门峡泄放大流量过程时小浪底库水位过低，虽然有利于异重流塑造，但水库预留调水调沙水量较少，形成的异重流大流量排沙出库的历时将会缩短，不利于水库及下游河道减淤。综合考虑，在小浪底水库降至 235 m 左右时开始塑造人工异重流较为适宜。

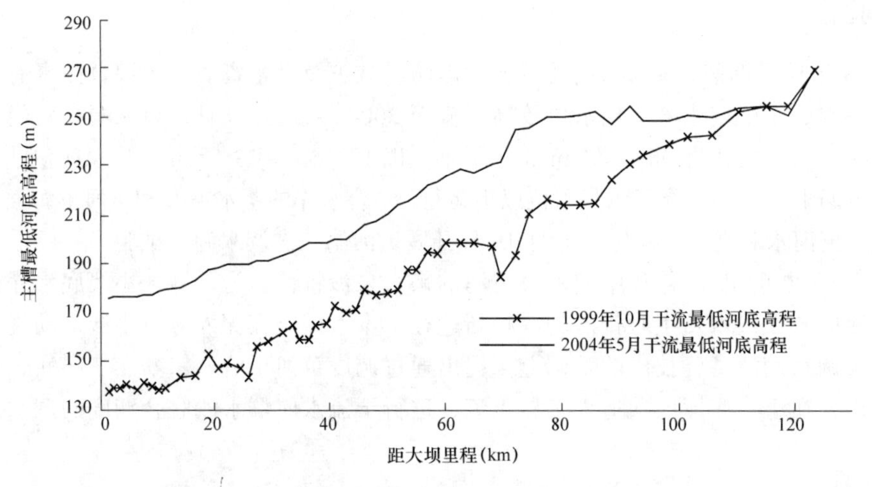

图 1 小浪底水库干流主槽最低河底高程沿程变化

3.2 三门峡水库下泄流量大小及其过程

三门峡水库下泄流量大小及过程对于冲刷小浪底库尾淤积三角洲，形成较高含沙水流在库区塑造异重流并保证异重流持续运行有很大影响。为了比较分析三门峡水库不同下泄流量对异重流塑造的影响，计算分析了调水调沙期间小浪底库水位降至 235 m 时，三门峡水库分别控制 2 000、2 500 m^3/s 流量下泄方案。计算结果表明，三门峡控制下泄 2 000、2 500 m^3/s 流量时，大流量均在小浪底库尾淤积三角洲段发生了强烈冲刷，冲刷恢复含沙量可达 100 ~ 150 kg/m^3，水库异重流排沙量 2 000 m^3/s 流量与 2 500 m^3/s 流量相差不大，但 2 000 m^3/s 流量时异重流持续排沙时间比泄放 2 500 m^3/s 流量时增加 2 天；另一方面，三门峡下泄 2 500 m^3/s 流量与小浪底控制下泄流量(2 600 m^3/s)接近，异重流实际运用中有可能在一定范围内扩散而部分形成浑水水库，降低水库排沙效果，这些因素在计算过程中往往难以反映。从水库排沙方面考虑三门峡水库下泄 2 000 m^3/s 流量方案较为稳妥。

根据 2004 年汛前实测断面资料分析，小浪底库区设计淤积平衡纵剖面以上淤积库段实测各断面的淤积宽度在 150 ~ 400 m，三门峡水库下泄 2 000 m^3/s 流量塑造人工异重流时，根据冲刷宽度计算公式 $B = 38.6Q^{0.31}$ 得该河段河槽冲刷宽度为 407 m，超过实际淤积宽度，可以将库区设计淤积纵剖面以上淤积物冲走，并且不会保留两岸边滩，达到改善库区淤积形态的目的。

由于人工塑造异重流在治黄史上尚属首次，按目前的认识，还存在某些环节的不确定性。建议水库实时调度中根据监测出的异重流产生及运行情况，决定维持或逐渐加大流量，即采用"先小后大"的流量过程，这对于异重流的形成及持续运行有利。

3.3 万家寨水库下泄流量及与三门峡水库对接时机分析

根据万家寨水库蓄水情况和工程运行工况，并考虑发电等因素，确定万家寨水库按 1 200 m^3/s 流量连续下泄。

为保证小浪底库区异重流能够形成并顺利排沙出库，万家寨水库与三门峡水库对接考虑两个原则，一是要有效利用万家寨水库的来水，通过三门峡水库将其有效调节成 2 000 m^3/s 以上流量下泄，使两库水量能有机结合起来，以保证小浪底库区异重流持续运行；二是万家寨水库泄水进入三门峡水库回水区时，三门峡库水位应尽量低，使三门峡水库尽量多地排出泥沙，为小浪底水库异重流提供泥沙来源及后续动力。

为了方案比较，根据实时调度情况，结合 7 月 2 日水情预报结果，计算分析了 7 月 2 日万家寨水库开始以 1 200 m^3/s 下泄、三门峡水库 7 月 5 ~ 7 日开始加大流量下泄方案，各方案万家寨水库泄水分别与三门峡水库在 309 m、315 m 和 317 m 对接。计算成果见表 1。

从有效利用万家寨水库下泄水量看，三个方案在小浪底水库异重流形成和运行期间，三门峡水库可以将万家寨水库 1 200 m^3/s 流量下泄的 3.1 亿 m^3 水调节为 2 000 m^3/s 流量下泄，没有水量的浪费。

从三门峡水库排沙看，主要排沙期均为 2 天，三门峡水库下泄大流量期间，三个方案水库排沙总量分别为 0.27 亿 t、0.20 亿 t 和 0.18 亿 t。考虑到三门峡水库大流量泄放的，最后一天排出的沙量无法从小浪底水库排出库外，仅起到维持前期小浪底水库异重流的作用，因此对小浪底库区异重流起主要作用的是倒数第二天三门峡水库排出的沙量，三个方案分别为 0.066 亿 t、0.006 8 亿 t 和 0.004 亿 t，方案 1 明显多于其他两个方案。因此，方案 1 无论从排沙总量上还是从为小浪底库区人工异重流提供有效泥沙来源上讲都是最优的。万家寨水库下泄水流与三门峡水库对接水位应控制在 310 m 左右。

3.4 人工异重流持续运行条件分析

黄河水利科学研究院根据小浪底水库 2001 年以来实测资料，分析异重流的持续运行条件为：流量 2 000 m^3/s 时，相应含沙量 40 kg/m^3，悬移质泥沙中小于 0.025 mm 的细沙百分数约 50%。

表 1　万家寨、三门峡两水库对接时机分析计算成果

日期	万家寨水库			潼关流量 (m^3/s)	三门峡(方案 1)		三门峡(方案 2)		三门峡(方案 3)	
	入库流量 (m^3/s)	出库流量 (m^3/s)	时段初水位(m)		出库流量 (m^3/s)	时段初水位(m)	出库流量 (m^3/s)	时段初水位(m)	出库流量 (m^3/s)	时段初水位(m)
02		1 200								
03	100	1 200	972.30	630	450	317.48	450	317.48	450	317.48
04	100	1 200	967.84	580	350	317.71	350	317.71	350	317.71
05	100	540	962.66	500	500/2 000	318.00	500	318.00	500	318.00
06	100	100	959.99	750	2 000	315.86	2 000	318.00	750	318.00
07	100	100	959.99	1 100	2 000	312.86	2 000	316.28	2 000	318.00
08	100	100	959.99	1 350	2 000	308.70	2 000	314.51	2 000	316.83
09	100	100	959.99	1 250	2 000	303.34	2 000	312.69	2 000	315.76
10	100	100	959.99	800	800	298.01	1 938	309.29	2 000	314.15
11	100	100	959.99	500	500	298.01	500	298.01	1 688	309.57
12	100	100	959.99	500	500	298.01	500	298.01	500	298.01
洪水期间三门峡出库沙量				总沙量	0.27 亿 t		0.20 亿 t		0.18 亿 t	
				最后一天	0.15 亿 t		0.17 亿 t		0.14 亿 t	
				倒数第二天	0.066 亿 t		0.006 8 亿 t		0.004 0 亿 t	

在小浪底库水位降至 235 m，三门峡水库以 2 000 m^3/s 流量下泄时，由于小浪底库尾河道窄深，水流将产生强烈的冲刷，水流在 235 m 以上约 50 km 的库段内，经过冲刷调整，含沙量基本恢复饱和。根据计算结果，库区回水末端附近，含沙量将达 100 kg/m^3 以上。以上分析计算表明，异重流持续运动要求的含沙量条件可以满足。

由于小浪底库区异重流持续运动所要求的悬移质泥沙含量主要由回水末端以上库段冲刷来补给，因此根据小浪底库区 225 m 和 235 m 以上库段的淤积物级配来估算形成人工异重流的悬沙级配。根据分析计算，库区 235 m 以上(HH42 ~ HH50 断面)淤积物平均级配为：细沙 37.2%，中沙 40.4%，粗沙 22.4%；225m 以上(HH36 ~ HH50 断面)淤积物平均级配为：细沙 48.4%，中沙 34.6%，粗沙 17.0%。由此说明，小浪底库水位在 225 ~ 235 m 之间时，悬沙中细沙百分数在 37.2% ~ 48.4%之间，与异重流持续运动所要求的悬沙级配条件也比较接近。

根据以上分析，异重流持续运动的三个条件中，水流条件和含沙量条件可以满足，级配条件基本满足，考虑到水流进入小浪底水库回水区时含沙量较高等因素，综合分析，认为本次试验人工异重流基本可以塑造。

4　异重流排沙计算

计算初始条件：三门峡库水位 318 m，相应蓄水 4.15 亿 m^3；小浪底库水位 235 m，相应蓄水 36.16 亿 m^3，超汛限水位(225 m)蓄水 11.47 亿 m^3。对小浪底库水位达到 235 m 和 232 m 时三门峡水库开始加大下泄流量两个方案分别进行了计算。方案计算时假定万家寨至三门峡区间水流的演进坦化以与区间来水相抵，至潼关时流量仍为 1 200 m^3/s。

三门峡水库及小浪底水库回水区冲淤采用黄河勘测规划设计有限公司的水文水动力学模型进行计算，小浪底水库回水区以上库段冲刷计算采用了以下多种方法进行了比较。

方法 1 为多变量的敞泄排沙计算式：

$$Q_{s出}=1.15a\frac{S_{入}^{0.79}(Q_{出}\cdot i)^{1.24}}{\omega_0^{0.45}} \tag{1}$$

其中

$$a=f(\sum \Delta V_s,\ \Delta h),\quad \Delta h=(H_i-H_{i-1})-k(h_i-h_{i-1})$$

式中：$Q_{s出}$ 为出库输沙率，t/s；$Q_{出}$ 为出库流量，m^3/s；$S_{入}$ 为入库含沙量，kg/m^3；a 为敞泄排沙系数；i 为水面比降；ω_0 为泥沙群体沉速，m/s；$\sum \Delta V_s$ 为前期河床累计冲淤量，m^3；H_i 为本时段库水位，m；H_{i-1} 为上时段库水位，m；h_i 本时段坝前水深，m；h_{i-1} 为上时段坝前水深，m；k 为坝前河道水深与库区河道正常水深的比值，根据水库实测资料，一般 k 值取 1.2；Δh 为坝前河底升降幅度，m。敞泄排沙系数 a，反映前期河床累计冲淤量 $\sum \Delta V_s$ 和坝前河底升降幅度 Δh 对敞泄排沙强度的影响。

方法 2 为考虑主要因素的敞泄排沙计算式：

$$Q_{s出}=K\left(\frac{S}{Q}\right)_{入}^{0.7}(qi)^2 \tag{2}$$

式中：q 为单宽流量，$m^3/(s\cdot m)$，K 为敞泄排沙系数；其余符号含义同前。

方法 3 采用清华大学敞泄排沙计算公式：

$$Q_{s出}=K\frac{Q^{1.6}i^{1.2}}{B^{0.6}} \tag{3}$$

式中：$Q_{s出}$ 为出库输沙率，t/s；i 为平均水面比降；B 为冲刷宽度，m，$B=38.6Q^{0.31}$。系数 K 的取值变化大，对于一般抗冲性淤积物的冲刷，平均 K=300。

经计算比较，方法 3 计算的成果接近于三种计算方法的平均值，采用该方法计算。

根据主要冲刷库段 2003 年汛后实测床沙质级配，计算河段平均情况，由于回水末端以上库段溯源冲刷强度较大，悬沙主要从河床中补给，可根据床沙级配概化得出回水末端悬沙级配，概化的悬沙比床沙略细。

根据以上原则和方法计算，三门峡水库及小浪底水库排沙结果见表 2。

由计算结果可以看出，小浪底水库库水位在 235 m 时，三门峡水库加大流量下泄，初期，水库基本不排沙，当库水位下降至 310 m 以下时，万家寨水库泄水到达三门峡水库，冲刷库区，出库含沙量突然增加至 51.9 kg/m^3 和 70.6 kg/m^3。三门峡水库以 2 000 m^3/s 流量下泄，冲刷小浪底库区上段，根据计算结果，含沙量恢复在 90 ~ 112 kg/m^3 之间，在冲刷初期，由于冲刷强度比较大，含沙量恢复达到 100 kg/m^3 以上。该方案三门峡水库出库沙量 0.194 亿 t，小浪底水库回水区上段冲刷 0.569 亿 t，异重流期间小浪底水库出库平均含沙量 24.43 kg/m^3，水库排沙比 28.8%。

小浪底水库在水位 232 m 时，三门峡加大流量下泄方案，三门峡水库排沙过程与 235 m 方案相差不大，三门峡水库出库沙量 0.194 亿 t，小浪底水库回水区上段冲刷 0.635 亿 t，异重流期间小浪底水库出库平均含沙量 27.2 kg/m^3，水库排沙比 29.5%，从库区淤积

表 2　人工塑造异重流期间三门峡、小浪底两水库计算成果

日期	三门峡水库					小浪底水库			
在小浪底库水位降至 235m 时，三门峡水库以 2 000 m^3/s 流量下泄方案									
	潼关流量(m^3/s)	出库流量(m^3/s)	出库含沙量(kg/m^3)	日初蓄水量(亿 m^3)	时段初水位(m)	回水末端含沙量(kg/m^3)	出库流量(m^3/s)	出库含沙量(kg/m^3)	时段初水位(m)
05	300	2 000	0.31	4.15	318.0	112.2	2 600	25.81	235.00
06	300	2 000	0.52	2.68	315.5	93.5	2 600	21.58	234.43
07	1 200	2 000	51.94	1.21	310.1	123.9	2 600	28.68	234.03
08	1 200	1 690	70.64	0.52	304.3	132.2	2 600	21.63	233.62
在小浪底库水位降至 232 m 时，三门峡水库以 2 000 m^3/s 流量下泄方案									
日期	三门峡水库					小浪底水库			
	潼关流量(m^3/s)	出库流量(m^3/s)	出库含沙量(kg/m^3)	日初蓄水量(亿 m^3)	时段初水位(m)	回水末端含沙量(kg/m^3)	出库流量(m^3/s)	出库含沙量(kg/m^3)	时段初水位(m)
05	300	2 000	0.31	4.15	318.0	123.5	2 600	29.06	232.00
06	300	2 000	0.52	2.68	315.5	96.2	2 600	22.70	231.37
07	1 200	2 000	51.94	1.21	310.1	143.7	2 600	34.03	230.93
08	1 200	1 690	70.64	0.52	304.3	137.6	2 600	23.03	230.50

注：本表与表 1 计算方案采用的水库边界条件不同，因此潼关流量过程不同。

三角洲冲刷及小浪底水库排沙情况来看较 235 m 方案稍优，然而 235 m 方案小浪底水库从异重流形成至库水位降至 225 m 的时间较 232 m 方案长 2 天左右，有利于下游河道的冲刷，考虑后期水资源利用等因素，建议小浪底水库降至 235 m 时，三门峡下泄 2 000 m^3/s 塑造人工异重流。

5　人工异重流方案实施结果分析

根据异重流设计方案，7 月 5 日 15 时，三门峡水库开始按 2 000 m^3/s 流量下泄，小浪底水库淤积三角洲发生强烈冲刷，库水位 235 m 回水末端附近的河堤站(距坝约 65.0 km)含沙量达 36 ~ 120 kg/m^3，与方案计算成果相近，7 月 5 日 18 时 30 分，异重流在库区 HH34 断面(距坝约 57.0 km)处潜入库底，并持续向坝前推进。

7 月 7 日 8 时，万家寨水库下泄的 1 200 m^3/s 的水流在三门峡库水位降至 310.3 m 时到达，与之成功对接后冲刷三门峡库区淤积的泥沙，三门峡水库开始加大泄水流量排沙，14 时至 20 时出库含沙量由 2.19 kg/m^3 迅速增加至 446 kg/m^3，较高含沙量洪水继续冲刷小浪底库区淤积三角洲，并形成异重流的后续动力推动异重流向小浪底坝前运动。7 月 8 日 13 时 50 分，小浪底库区异重流排沙出库，排沙洞水流平均含沙量约 70 kg/m^3，7 月 9 日 2 时，异重流沙峰出库，出库含沙量 12.8 kg/m^3，浑水持续历时 75.6 h。至此，首次人工异重流塑造获得圆满成功。

小浪底水库人工塑造异重流期间，小浪底库水位尾部淤积三角洲顶点由距坝 70 km 下移至距坝 47 km，冲刷淤积三角洲泥沙 1.38 亿 m^3，库尾淤积部位得到了合理调整。

6 结 论

(1)黄河第三次调水调沙试验在深入分析水沙运动规律，总结调水调沙经验的基础上，提出通过科学利用黄河干流万家寨、三门峡、小浪底三水库蓄水，在小浪底库区塑造人工异重流的思路，开创了依靠水库蓄水进行干流水库群水沙联合调度的新的调水调沙模式。

(2)根据异重流研究成果及黄河水沙规律的认识，科学合理地论证了人工异重流形成过程及排沙出库的各项技术指标，为人工异重流实时调度提供了科学依据。试验结果表明，小浪底库水位降至 235 m 时，三门峡水库泄放的 2 000 m^3/s 流量水流在小浪底库区尾部段发生强烈冲刷，回水末端附近河堤站含沙量达 120 kg/m^3，并形成异重流潜入库区。随着三门峡水库接近泄空，万家寨水库的来水继续冲刷三门峡库区和小浪底库区三角洲，持续为异重流提供动力条件，实现了异重流排沙出库。本次试验人工塑造异重流时期，小浪底库水位 235 m 回水区以上库段冲刷泥沙达 1.38 亿 m^3，河底高程平均下降 20 m 左右。与方案设计指标相近。

(3)人工塑造异重流试验及其所得到的各项技术指标为小浪底水库的排沙提供了一条新的途径。水库群的水沙联合调度在黄河治理开发中具有广阔的应用前景，但其中仍有许多关键技术问题有待进一步探索研究。

参考文献

[1] 李国英，等. 黄河第三次调水调沙试验. 黄河水利委员会，2004.9

黄河小浪底水库异重流研究及探讨

郭选英　安催花　李世滢　付　健

(黄河勘测规划设计有限公司　郑州　450003)

摘要　本文提出了小浪底水库异重流研究的意义。通过分析总结黄河小浪底水库 2001 年、2002 年异重流排沙、沿程分选、传播等特性，取得了认识，从测验、分析、应用的不同阶段提出了小浪底水库异重流研究的问题和建议。

关键词　小浪底水库　异重流　跟踪研究　应用

1　研究的重要性和意义

水库异重流一般是指一定浓度的含沙水流进入水库蓄水体，沿河床在水库底部向坝前运行的一种特殊的含沙水流流动现象。这种特殊的含沙水流运动为水库排沙运用方式的制定、水库排沙建筑物设计方案的确定提供了思路和条件。

泥沙问题是黄河难治的症结所在，“维持黄河健康生命”，实现河床不抬高，治理黄河泥沙是当前十分紧迫的任务。如何利用异重流将粗泥沙拦在库内，排出利于黄河下游排泄的细泥沙，充分提高小浪底水库拦沙库容的利用效率，是小浪底水库运用方式研究的重要任务之一。

如何利用异重流在水资源缺乏的情况下，特别是在清水资源缺乏的情况下，将泥沙排出库外，留住清水资源，保住水库有效库容，这是多沙及高含沙河流缺水地区水库迫切需要解决的问题，也是小浪底水库在用水要求与排沙要求相矛盾的情况下迫切需要解决的问题。

2000 年华北地区旱情严重，天津用水告急，需实施“引黄济津”紧急调水，黄河防办根据黄河水情，征得国家防办同意后，在黄河水资源紧缺的条件下实现了“引黄济津”。小浪底水库于 2000 年 7 月 6 日开始蓄水，至 10 月 13 日蓄水 41.4 亿 m^3。从 2000 年 10 月 13 日开始至 2001 年 2 月 2 日向天津送水。据分析，2000 年 7～10 月入库沙量 3.16 亿 t，7 月 10 日最大含沙量 281 kg/m^3，水库曾于 7 月 11～24 日和 8 月 21～29 日两次排沙，排沙比分别为 12.5%和 2.56%。在水库蓄水条件下利用异重流和浑水水库排泄了一定的泥沙。

如何通过合理调度增加异重流排沙比(本文以下所说排沙比均为以沙量计算的排沙比)和细泥沙排出率，实现泥沙的有效排出，目前虽然做了大量工作，但还有待于进一步研究。

2　异重流关键问题研究与认识

对小浪底水库 2001 年、2002 年异重流进行跟踪研究后得出下列主要认识。

2.1 排沙比

2001 年、2002 年异重流排沙比小，见表 1，排沙比最大为 16%。主要是因为 2001 年为形成坝前铺盖和 2002 年调水调沙试验目的的特殊要求限制了异重流排沙。

表 1 小浪底水库排沙情况

时段 (年·月·日)	入库				出库				排沙比 (%)
	水量 (亿 m^3)	流量 (m^3/s)	沙量 (亿 t)	含沙量 (kg/m^3)	水量 (亿 m^3)	流量 (m^3/s)	沙量 (亿 t)	含沙量 (kg/m^3)	
2001.08.21 ~ 09.17			1.856				0.171		9.2
2002.06.20 ~ 07.15	21.25	946	2.857	134.4	35.87	1 597	0.328	9.14	11.5
2002.07.04 ~ 09	7.20	1 388	1.740	241.8	13.68	2 639	0.279	20.4	16.0

2.2 泥沙沿程分选

统计分析异重流时期主流线垂线平均中数粒径沿程变化(见表 2)，得出：①当入库泥沙级配较粗时，垂线平均中数粒径沿程减小，有一定变化幅度；②当入库泥沙级配较细时，垂线平均中数粒径沿程变化不大。如 2002 年 7 月 7 日、8 日入库泥沙级配相对粗些，d<0.016 mm 的泥沙体积百分数为 28.3% ~ 30.4%，经水库落淤，出库泥沙粒径变细，d<0.016 mm 的泥沙体积百分数提高为 76% ~ 76.4%；d>0.062 mm 的泥沙体积百分数由 24.1% ~ 27.7%减为 2.5% ~ 3.1%。又如 7 月 11 日，入库泥沙粒径小于 0.016 mm 的泥沙体积百分数为 79.2%，经水库调节仅提高为 85.2%；d>0.062 mm 的泥沙体积百分数仅由 3%减为 1.1%，变化不大，这是因为入库泥沙太细，沿程分选落淤不明显。这一研究成果为水库异重流时期拦粗排细的实现提供了条件，但是如何将粗沙淤积在所期望的库段，并尽可能多地将利于下游排泄的细泥沙排出库外，这是有待进一步深入研究的问题、难题。

表 2 入、出库小于某粒径体积百分数变化 (%)

项目	粒径级	2001 年 8 月 21 ~ 22 日	2002 年		
			7 月 7 日	7 月 8 日	7 月 11 日
入库	d<0.016 mm	24.5	30.4	28.3	79.2
	d>0.062 mm	28.1	24.1	27.7	3
出库	d<0.016 mm	82.3	76.4	76	85.2
	d>0.062 mm	1.2	2.5	3.1	1.1

2.3 传播时间

由于水库的水位、来水流量、含沙量不同，异重流的潜入位置和传播速度不同，异重流传播到坝前的时间不同，因此异重流的排沙时机难以确定。同时，由于异重流测验方法还相对传统落后，对已发生的异重流传播时间也只能是粗略估算，精度较差。经分析，2001 年 8 月 21 日异重流从潜入至到达坝前约需 26 h；2002 年异重流传播时间(见表 3、表 4)为 28 ~ 152 h 不等。表 3、表 4 分别为采用异重流演进法和流速法计算所得

2002 年小浪底水库异重流传播时间。

异重流传播时间的不确定性，给掌握异重流的排沙时机、排沙量和细沙的排沙量等问题带来了较大的困难。

表 3　2002 年 7 月小浪底水库调水调沙期异重流传播时间分析(异重流演进法)

项　目		7月7日上午		7月7日下午		7月8日下午		7月9日下午		7月10日上午		7月11日下午		7月12日下午		7月13日上午	
流量(m^3/s)		2 830		1 170		1 580		372		1 010		764		364		171	
断面名称	距坝(km)	主流流速(m/s)	传播时间(h)	主流流速(m/s)	传播时间(h)	主流流速(m/s)	传播时间(h)	主流流速(m/s)	传播时间(h)	主流流速(m/s)	传播时间(h)	主流流速(m/s)	传播时间(h)	主流流速(m/s)	传播时间(h)	主流流速(m/s)	传播时间(h)
三门峡	126	3.14		2.5		2.85		1.61		2.52		2.17		1.43		1.25	
			4.3		5.4		4.7		8		5.4		6.9		10.5		12
潜入点	77.38 (72.16)	1.48		1.01										0.48			
			2.0				2.1		3				1.9		3.4		4.3
河　堤	65.21	1.86			9.8	1.64		1.02			39.4	1.02		0.65		0.45	
			3.0				3.9		5				5.8		8.4		12.7
29	49.02	1.12		0.59		0.64		0.81		0.2		0.52		0.42		0.26	
					5.3		5.5		7		19.2		10.5		10.7		18.3
21	35.54		5.1	0.81		0.71		0.21		0.19		0.19		0.28		0.15	
					1.9		2.2		6		8.4		10		8.4		13.9
17	27.8	1.19		1.49		1.29		0.54		0.32		0.24		0.23		0.16	
							6.1		14		19		23.5		24.8		33.1
9	11.72					0.18		0.1		0.15		0.14		0.13		0.11	
			11.2		8.9		8.9		13		13.6		10.2		12.8		16.2
5	6.57					0.14		0.12		0.06		0.14		0.093		0.067	
							10.4		15		19.6		15.5		20.6		21.7
桐树岭	1.34	0.12		0.16		0.14		0.077		0.088		0.047		0.048		0.061	
			3.1		2.3		2.7		5		4.2		7.9		7.8		
坝址	0																
合计			28.77		33.7		43.8		71		99.5		84.4		107.4		139.1

2.4 其　他

研究发现，泄水建筑物开启对异重流水沙因子在坝前的分布有影响。2002 年 7 月 11 日入库流量 822 m^3/s，含沙量为 28.8 kg/m^3，小流量、低含沙水流潜入形成异重流。当天没有开启排沙洞，仅开启 1～3 号明流洞(其进口底坎高程分别为 195 m、209 m、225 m)和 1 号、3 号、4 号、6 号机组(进口底坎高程分别为 195 m、195 m、195 m、190 m)，库水位较高，为 230.35 m。因此，距坝较远的断面异重流运行稳定，流速垂线分布符合异重流典型流速垂线分布规律。坝前一段范围内，受各泄水建筑物孔口出流的影响，即当异重流到达坝前，与坝面相碰后，因动能转化为势能而壅高，再则孔口附近集中出流形成低压区，对异重流有抽吸作用。以上两个原因，使各孔口都具有上、下极限吸出高度，所以坝前自水面以下 0.2 m(高程 230.4 m)到 185.44 m 均具有流速，高程 195 m 及其以上泄量大，表现流速也偏大，195 m 以下流速较小。流速的垂线分布不完全符合底层异重流的水面流速为负值、最大流速接近河底的基本规律，与底层异重流流速、含沙量的垂线分布均有不同程度的改变。

表 4　2002 年 7 月小浪底水库调水调沙期异重流传播时间分析(流速法)

<table>
<tr><th colspan="2">项　目</th><th colspan="2">7月7日
上午</th><th colspan="2">7月7日
下午</th><th colspan="2">7月8日
下午</th><th colspan="2">7月9日
下午</th><th colspan="2">7月10日
上午</th><th colspan="2">7月11日
下午</th><th colspan="2">7月12日
下午</th><th colspan="2">7月13日
上午</th></tr>
<tr><td colspan="2">流量(m^3/s)</td><td colspan="2">2 830</td><td colspan="2">1 170</td><td colspan="2">1 580</td><td colspan="2">372</td><td colspan="2">1 010</td><td colspan="2">764</td><td colspan="2">364</td><td colspan="2">171</td></tr>
<tr><td>断面
名称</td><td>距坝
(km)</td><td>主流
流速
(m/s)</td><td>传播
时间
(h)</td><td>主流
流速
(m/s)</td><td>传播
时间
(h)</td><td>主流
流速
(m/s)</td><td>传播
时间
(h)</td><td>主流
流速
(m/s)</td><td>传播
时间
(h)</td><td>主流
流速
(m/s)</td><td>传播
时间
(h)</td><td>主流
流速
(m/s)</td><td>传播
时间
(h)</td><td>主流
流速
(m/s)</td><td>传播
时间
(h)</td><td>主流
流速
(m/s)</td><td>传播
时间
(h)</td></tr>
<tr><td rowspan="2">三门峡</td><td rowspan="2">126</td><td rowspan="2">2.61</td><td></td><td rowspan="2">1.69</td><td></td><td rowspan="2">1.97</td><td></td><td rowspan="2">0.92</td><td></td><td rowspan="2">1.58</td><td></td><td rowspan="2">1.38</td><td></td><td rowspan="2">0.91</td><td></td><td rowspan="2">0.61</td><td></td></tr>
<tr><td rowspan="2">5.2</td><td rowspan="2">8.0</td><td rowspan="2">6.9</td><td rowspan="2">15</td><td rowspan="2">8.5</td><td rowspan="2">10.8</td><td rowspan="2">16.4</td><td rowspan="2">24.5</td></tr>
<tr><td rowspan="2">潜入点</td><td rowspan="2">77.38
(72.16)</td><td rowspan="2">1.48</td><td rowspan="2">1.01</td><td rowspan="2"></td><td rowspan="2"></td><td rowspan="2">1.01*</td><td rowspan="2"></td><td rowspan="2">0.48</td><td rowspan="2"></td></tr>
<tr><td rowspan="2">2.0</td><td rowspan="4">9.8</td><td rowspan="2">2.1</td><td rowspan="2">3</td><td rowspan="2">3.3</td><td rowspan="2">1.9</td><td rowspan="2">3.4</td><td rowspan="2">4.3</td></tr>
<tr><td rowspan="2">河堤</td><td rowspan="2">65.21</td><td rowspan="2">1.86</td><td rowspan="2"></td><td rowspan="2">1.64</td><td rowspan="2">1.02</td><td rowspan="2">1.01*</td><td rowspan="2">1.02</td><td rowspan="2">0.65</td><td rowspan="2">0.45</td></tr>
<tr><td rowspan="2">3.0</td><td rowspan="2">3.9</td><td rowspan="2">5</td><td rowspan="2">10.9</td><td rowspan="2">5.8</td><td rowspan="2">8.4</td><td rowspan="2">12.7</td></tr>
<tr><td rowspan="2">29</td><td rowspan="2">49.02</td><td rowspan="2">1.12</td><td rowspan="2">0.59</td><td rowspan="2">0.64</td><td rowspan="2">0.81</td><td rowspan="2">0.2</td><td rowspan="2">0.52</td><td rowspan="2">0.42</td><td rowspan="2">0.26</td></tr>
<tr><td rowspan="4">5.1</td><td rowspan="2">5.3</td><td rowspan="2">5.5</td><td rowspan="2">7</td><td rowspan="2">19.2</td><td rowspan="2">10.5</td><td rowspan="2">10.7</td><td rowspan="2">18.3</td></tr>
<tr><td rowspan="2">21</td><td rowspan="2">35.54</td><td rowspan="2"></td><td rowspan="2">0.81</td><td rowspan="2">0.71</td><td rowspan="2">0.21</td><td rowspan="2">0.19</td><td rowspan="2">0.19</td><td rowspan="2">0.28</td><td rowspan="2">0.15</td></tr>
<tr><td rowspan="2">1.9</td><td rowspan="2">2.2</td><td rowspan="2">6</td><td rowspan="2">8.4</td><td rowspan="2">10</td><td rowspan="2">8.4</td><td rowspan="2">13.9</td></tr>
<tr><td rowspan="2">17</td><td rowspan="2">27.8</td><td rowspan="2">1.19</td><td rowspan="2">1.49</td><td rowspan="2">1.29</td><td rowspan="2">0.54</td><td rowspan="2">0.32</td><td rowspan="2">0.24</td><td rowspan="2">0.23</td><td rowspan="2">0.16</td></tr>
<tr><td rowspan="6">11.2</td><td rowspan="6">8.9</td><td rowspan="2">6.1</td><td rowspan="2">14</td><td rowspan="2">19</td><td rowspan="2">23.5</td><td rowspan="2">24.8</td><td rowspan="2">33.1</td></tr>
<tr><td rowspan="2">9</td><td rowspan="2">11.72</td><td rowspan="2"></td><td rowspan="2"></td><td rowspan="2">0.18</td><td rowspan="2">0.1</td><td rowspan="2">0.15</td><td rowspan="2">0.14</td><td rowspan="2">0.13</td><td rowspan="2">0.11</td></tr>
<tr><td rowspan="2">8.9</td><td rowspan="2">13</td><td rowspan="2">13.6</td><td rowspan="2">10.2</td><td rowspan="2">12.8</td><td rowspan="2">16.2</td></tr>
<tr><td rowspan="2">5</td><td rowspan="2">6.57</td><td rowspan="2"></td><td rowspan="2"></td><td rowspan="2">0.14</td><td rowspan="2">0.12</td><td rowspan="2">0.06</td><td rowspan="2">0.14</td><td rowspan="2">0.093</td><td rowspan="2">0.067</td></tr>
<tr><td rowspan="2">10.4</td><td rowspan="2">15</td><td rowspan="2">19.6</td><td rowspan="2">15.5</td><td rowspan="2">20.6</td><td rowspan="2">21.7</td></tr>
<tr><td rowspan="2">桐树岭</td><td rowspan="2">1.34</td><td rowspan="2">0.12</td><td rowspan="2">0.16</td><td rowspan="2">0.14</td><td rowspan="2">0.077</td><td rowspan="2">0.088</td><td rowspan="2">0.047</td><td rowspan="2">0.048</td><td rowspan="2">0.061</td></tr>
<tr><td rowspan="2">3.1</td><td rowspan="2">2.3</td><td rowspan="2">2.7</td><td rowspan="2">5</td><td rowspan="2">4.2</td><td rowspan="2">7.9</td><td rowspan="2">7.8</td><td rowspan="3"></td></tr>
<tr><td rowspan="2">坝址</td><td rowspan="2">0</td><td rowspan="2"></td><td rowspan="2"></td><td rowspan="2"></td><td rowspan="2"></td><td rowspan="2"></td><td rowspan="2"></td><td rowspan="2"></td><td rowspan="2"></td></tr>
<tr><td></td><td></td><td></td><td></td><td></td><td></td><td></td></tr>
<tr><td>合计</td><td></td><td></td><td>29.64</td><td></td><td>36.29</td><td></td><td>46.0</td><td></td><td>78.0</td><td></td><td>102.7</td><td></td><td>88.4</td><td></td><td>113.4</td><td></td><td>151.7</td></tr>
</table>

7 月 11 日沿程水沙因子垂线分布形式除了与使用的泄流建筑物有关外，还与浑水水库有关，在浑水水库形成过程中，随着浑水面的上升，从上游下来的异重流沿着浑水密度相同的层面流动，形成中层异重流，成为浑水水库和异重流的复杂流态。这种情况还有待进一步研究。

另外，异重流的持续和后续能量的给予都是尚未明确回答、需要深入研究的课题。

3　存在的问题及改进建议

3.1　存在的问题

测验人员在进行异重流测验时采用了加密测验断面、增加测验次数等多种方法，同时对测验手段、设备进行研究改进，为研究提供了大量的、丰富的测验数据，使异重流研究成果取得了相当大的进展。但是研究过程中发现，与其他行业和领域高科技迅速发展的现状相比，当前的测验手段相对落后，目前的测验还是采用人工测船，这种测验方式存在着扰流、测点稀少、不能同时施测、安全系数小等缺点，给异重流的研究带来了很大的困难。

3.2　改进建议

(1)当前，科学技术的迅速发展已经为研究工作提供了有力支持，例如计算机可视化系统、遥感技术远红外探测技术、回声探测技术、核磁共振技术等，如何利用这些基础科学的发明，研制一套水沙运动自动测报及水沙运动演进可视化应用操作系统，是应用领域的科技工作者应该完成的。

(2)进一步研究异重流泥沙排泄出库后在下游的运动与排泄问题。

参考文献

[1] 钱宁，范家骅，等. 异重流. 北京：水利出版社，1957

[2] 范家骅，等. 异重流的研究和应用. 北京：水利电力出版社，1960

[3] 夏震寰，等. 水库泥沙. 北京：水利电力出版社，1979

小浪底水库浑水水库排沙模拟方法初步探讨

付　健[1]　毛继新[2]

(1. 黄河勘测规划设计有限公司　郑州　450003；
2. 中国水利水电科学研究院　北京　100044)

摘要　本文在水库一维泥沙数学模型中引入孔口出流的概念，将库区分层计算，初步探讨了小浪底水库浑水水库排沙的计算原理和计算方法，发展了水库异重流运动的模拟技术。值得说明的是，本模拟计算方法仅为探讨阶段，还不成熟，尚需作进一步研究。

关键词　异重流　浑水水库　模拟方法

1　前　言

水库蓄水期，由于水库水位较高，挟带大量泥沙的水流进入水库后，较粗泥沙首先淤积，较细泥沙随水流继续前进。在运行过程中，由于其重度大于水库中的清水，在一定的条件下，这种浑水水流可能在一定的位置潜入库底，以异重流的形式向前运动。如果洪水来量较大，且能够持续一定的时间，库底又有足够的坡降，异重流则可能运行到坝前。此时如果及时打开水库的底孔闸门，异重流就可以排出库外。对于不能及时排出库外的异重流，将在水库坝前段向上扬起，悬浮在水库中，形成浑水水库。由于浑水水库中泥沙均为细颗粒，沉积的速度很慢，可以在水库中持续一定的时间，此时开启排沙孔洞，将可以利用浑水水库排沙使水库增加排沙时间，多排沙出库。

小浪底水库在实际调度过程，2001 年和 2003 年均有上述现象发生，见图 1 和图 2。

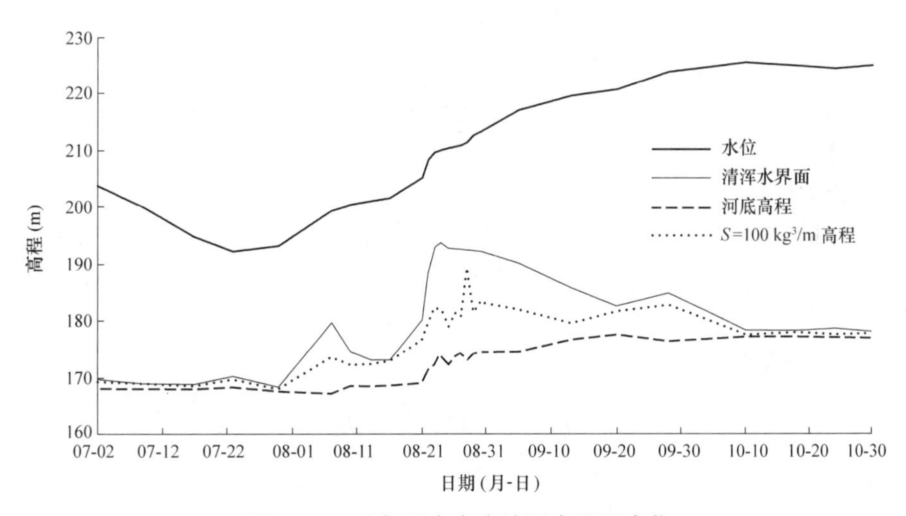

图 1　2001 年浑水水库清浑水界面变化

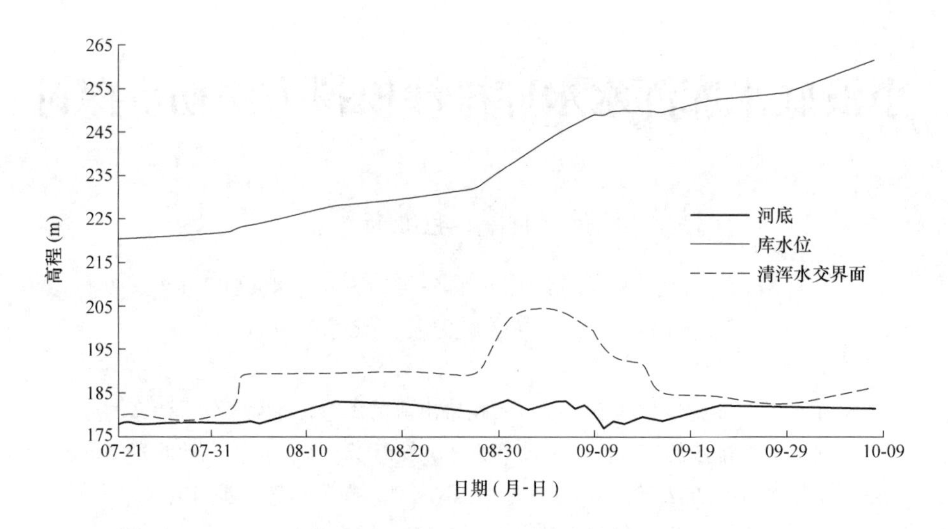

图 2　2003 年浑水水库清浑水交界面变化

由图 1 和图 2 可知，水库发生异重流后，没有排出水库的细颗粒泥沙并非很快淤积在库底，而是较长一段时间内悬浮在水库中形成浑水水库。在以往的异重流的模拟过程中，在一个计算周期内，没能排出水库的泥沙均沉积到水库库底，没考虑细颗粒泥沙长时间悬浮在水库中的现象。因此，我们在原基础上，进一步分析研究了当小浪底水库形成浑水水库时的模拟技术。

2　异重流计算

2.1　潜入条件

在以往工作中，根据已有水库资料，曾得到了异重流一般潜入条件为

$$h = \max(h_0, h_n)$$

其中，$h_0 = \left(\dfrac{Q^2}{0.6\eta_g gB^2}\right)^{\frac{1}{3}}$，$h_n = \left(\dfrac{fQ^2}{8J_0\eta_g gB^2}\right)^{\frac{1}{3}}$。

以上各式中，Q、B、J_0、η_g、f 分别为异重流流量、异重流宽度、河底比降、重力修正系数和阻力系数。

2.2　异重流的计算

一般计算异重流的水力参数是采用均匀流方程，存在的问题是，当河道宽窄相间、变化较大时，计算的水面线跌荡起伏，而且当河底出现负坡时，就不能继续计算。故需采用非均匀流运动方程来计算浑水水面，具体计算方法如下。

潜入后第一个断面水深：

$$h_1' = \frac{1}{2}\left(\sqrt{1+8Fr_0^2}-1\right)h_0$$

下标 0 代表潜入点。

潜入后其余断面均按非均匀异重流运动方程计算,该方程形式与一般明流相同，只是

以 η_g 对重力加速度进行了修正。

异重流淤积计算与明流计算相同，分组挟沙力计算暂不考虑河床补给的影响。异重流运行到坝前，将产生一定的爬高，一般爬高值在 8 ~ 10 m，若坝前淤积面加爬高尚不超过最低出口高程，则出库水流含沙量为 0。

2.3 浑水水库的模拟

为了更好地模拟库区水流泥沙运用，根据水库近几年来的运用情况，在韩其为院士的指导下，我们进行了小浪底水库形成浑水水库后水库排沙的模拟分析。计算原理和方法如下：

(1)首先将坝前一定范围内河段看做一个单元，根据孔口出流的计算原理，将这个单元分层进行浑水水库排沙计算(见图 3)，分别计算每一层水体的体积、分组沙量、含沙量等。

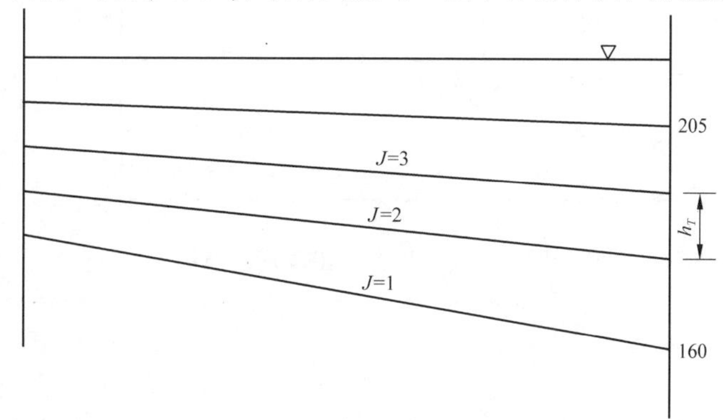

图 3　浑水水库分层示意

(2)计算各粒径组的沉速，求每层含沙量。

沉速为

$$\omega_k=\begin{cases}\dfrac{\gamma_s-\gamma_0}{18\mu_0}d_k^{\ 2} & (d_k<0.1\,\text{mm})\\(\lg S_a+3.79)^2+(\lg\varphi-5.77)^2=39 & (0.1\,\text{mm}\leqslant d_k\leqslant 1.5\,\text{mm})\end{cases}$$

每组沙沉降距离为

$$L_k=\omega_k\cdot \mathrm{d}T$$

根据沉降距离计算每层浑水中剩余各分组沙沙量。

(3)孔口出流计算。克拉亚(A.Caraya)研究孔口出流得出孔口吸出高度(见图 4)的计算公式为

$$h_L=K\left[\frac{\rho Q^2}{\rho'\eta_g g}\right]^{\frac{1}{3}}$$

式中：K 为系数，根据范家骅试验取 K=0.68 ~ 0.85；ρ为清水密度；ρ'为浑水密度；η_g 为重力修正系数，$\eta_g=\dfrac{\rho'-\rho}{\rho}$。

(4)出库泥沙计算。判断每一浑水层的高程和孔口出流的上、下边界的范围，由此计算每一层浑水分组沙出库沙量。

(5)计算每一浑水层剩余的沙量及含沙量。

(6)计算进入此河段每一层的沙量。

(7)计算每层现有的沙量。

(8)进入第二天，重新分层，计算每层沙量。

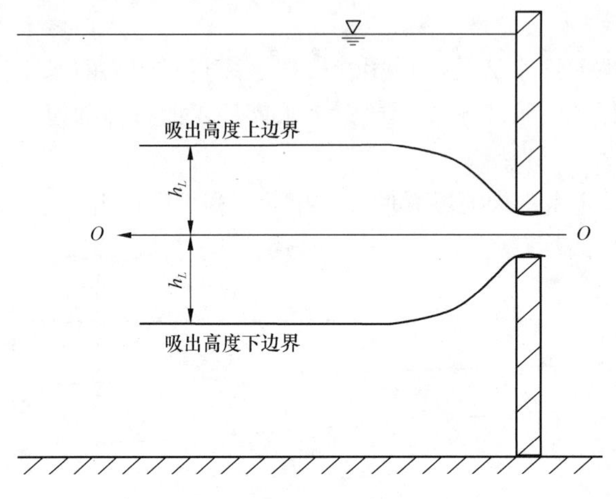

图 4　孔口出流吸出高度示意图

3　计算实例

根据以上的计算方法，我们对小浪底水库 2001 年和 2003 年两次库区形成浑水水库排沙的实例进行了计算。计算的出库含沙量与实测的出库含沙量对比见图 5 和图 6。

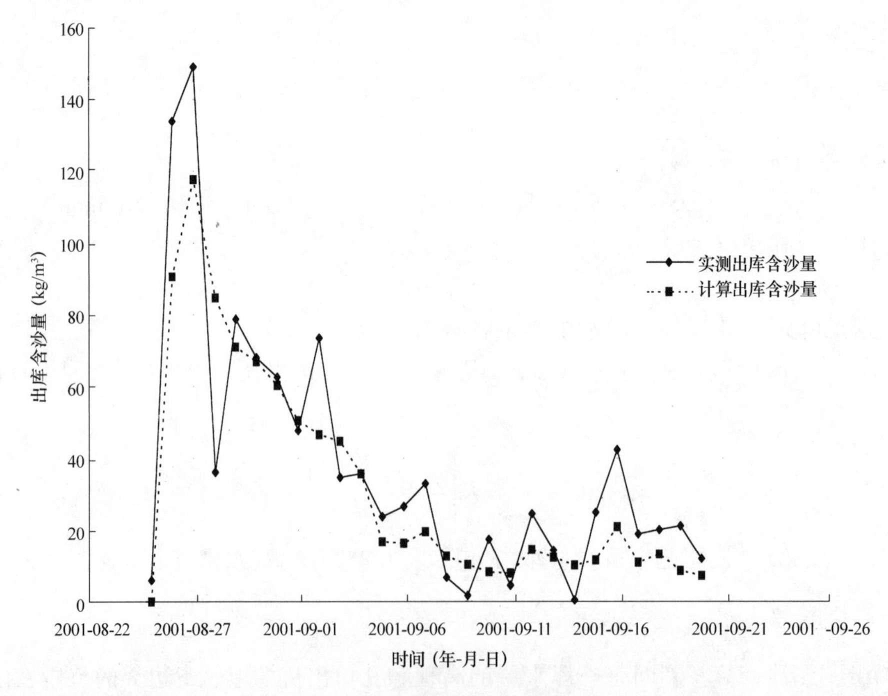

图 5　2001 年小浪底水库浑水水库排沙量计算值与实测值比较

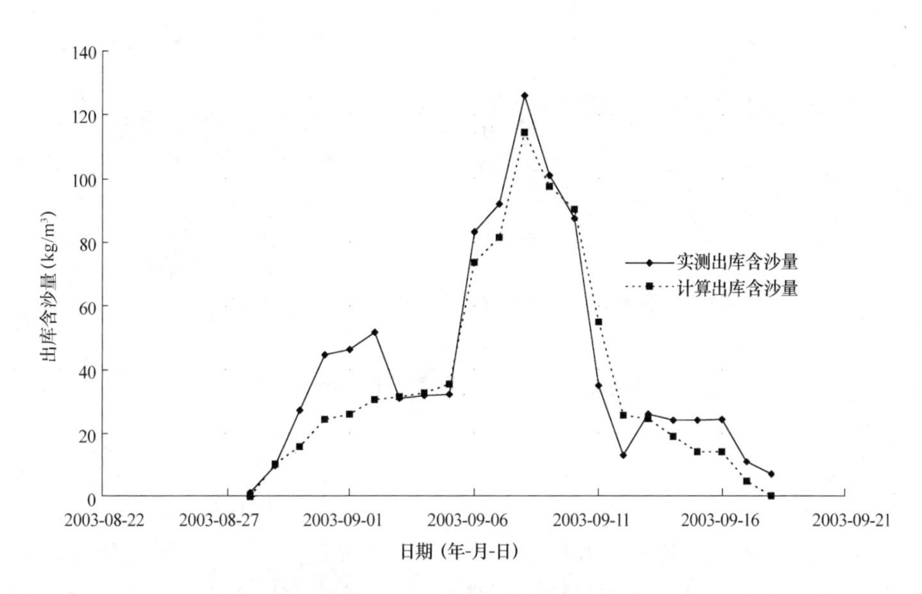

图 6　2001 年小浪底水库浑水水库排沙出库含沙量计算值与实测值比较

由图 5 和图 6 可以看出，小浪底水库形成浑水水库排沙后，采用上述计算方法得出的出库含沙量过程基本合理。

4　结　论

本文在一维模型中引入了孔口出流的概念，将库区分层计算，初步探讨了小浪底水库浑水水库排沙的计算原理和计算方法，经过实例计算基本可行，为将来服务于生产奠定了基础。值得说明的是，本模拟计算方法仅为探讨阶段，还不成熟，尚需作进一步研究。

本文在研究过程中得到了中国水利水电科学研究院韩其为院士的指导，在此特表示感谢。

参考文献

[1] 韩其为. 水库淤积. 北京：科学出版社，2003

[2] 张瑞瑾. 河流泥沙动力学(第 2 版). 北京：中国水利水电出版社，1998

潮流河段港池异重流淤积量的分析与估算

陈雄波

(黄河勘测规划设计有限公司　郑州　450003)

摘要　本文对潮流河段港地异重流的淤积量进行了分析与估算，介绍了三种淤积方式的计算方法，并用实例进行了计算分析。

关键词　潮流河段　异重流　淤积量

在已建成的挖入式港池或盲肠河段，如泰州引江河口门区、武汉钢铁公司青山运河、葛洲坝三江引航道、上海宝钢成品码头等都发生了泥沙淤积。因此，预估港池淤积速率是一项十分有意义的工作。在总淤积量中，异重流淤积是否存在，如果存在，其在总淤积量中所占比例为多少，有多种说法。而潮流河段是否有异重流淤积，一直是工程界有争议的问题。工程界已经公认，感潮河段的挖入式港池，因涨落潮的作用，主河道与港池交界的口门处有交换进出的水流，这股水流无疑使港池形成异重流的可能性减小。如青山运河的模型试验表明，当口门内有 5 m^3/s 的水流下泄时，淤积量仅为无水下泄对应值的 1/6。故有人认为潮流河道难以形成稳定的异重流。但也有人认为潮流河段建港口后不但能形成异重流，而且异重流淤积占总淤积量的比重很大，达 40%以上。从实测资料看，1985 年 5 月、8 月、12 月宝钢码头港池 B_2 处，实测落潮流速在 0.04 ~ 0.09 m/s 时将发生异重流。新港三号码头在 1963 年曾直接观测到异重流现象。镇江大港河口开挖后，第一年汛期一根垂线含沙量分布，在近底层有一股泥流。又在宝钢成品码头观察到，转流前后口门垂线上存在表、底层的反向水流。因此，应首先分析潮流河段的具体情况，看是否有异重流形成的条件，再进行有关的计算。

1　异重流的形成

在我国，由于很多河流的含沙量较高且泥沙颗粒较细，往往能在盲肠河段和多沙河流的水库内形成异重流。流体之间重度的差异是产生异重流的根本原因。浑水一侧的压力大于清水一侧的压力，必然促使浑水向清水一侧流动。从水面向河底，随着水深的增加压力逐渐加大，因此浑水以潜入的形式向清水底部流动，这就是浑水异重流产生的物理图像。

异重流与一般挟沙水流相比，在含沙量垂线分布上都是呈现出下大上小这一特征。一般泥沙在水流中同时受重力作用和水体紊动掺混作用，根据 Fick 定律，底部含沙量必须比上面的大。而异重流形成时，水体紊动掺混作用微弱，它受的主要力的作用是重力和由于重度差引起的压力。如果交界面处流体速度较大而导致水体交换充分，异重流是无法形成的。另外，泥沙颗粒粗到一定程度时，在重力作用下不会跟随流体运动。

一般通航河流沿岸的挖入式港池或盲肠河段，口门附近的形式可分为如图 1 所表示的(a)、(b)、(c)三种。对于底部有固定边壁的(a)型港池，如果港池纵向长度与口门宽度大致差别不大的话，港池大部分面积将有回流，内部水流的三维性强，混掺剧烈，异重流淤积比重应不大；对于(b)运河型，仅在口门附近局部地区存在回流，如果运河内流速小的话，其总淤积量中异重流应占绝大部分，且淤积沿程分布较为均匀，并且是较粗的颗粒先沉积下来，这一点已经被武钢青山运河实测资料及其防淤减淤实践措施所证实；(c)型是(a)、(b)两种的组合形式，根据上面分析，引航道内异重流淤积将比港池内严重。

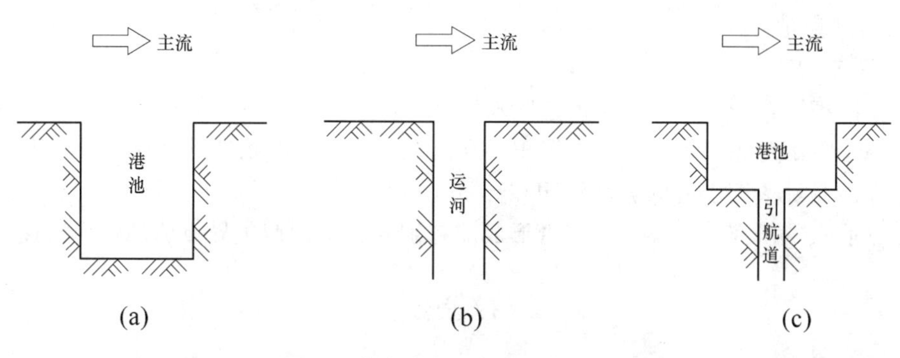

图 1　港池或盲肠河段口门形式

2　三种淤积方式淤积量的计算公式

2.1　回流淤积

内河港口的回流淤积很早就开始引起人们的关注。在研究葛洲坝三江航道的回流淤积时，谢鉴衡等根据泥沙扩散理论，通过系统观察和大量的实测资料分析，导出了估算回流淤积率的公式[1]：

$$G_{回} = \phi P_{>d} vShl\sqrt{\frac{2B}{2B+3l}} \tag{1}$$

式中：$G_{回}$ 为回流淤积率；ϕ为综合系数，取 0.006 9；B 为大江平均河宽；l 为主流与回流交界面长度；v 为主流断面平均流速；S 为交界面平均含沙量；h 为交界面平均水深；$P_{>d}$ 为悬沙中粒径大于某一临界粒径占全部沙样的百分数，计算葛洲坝工程时取为 0.02 mm。

此后有人继续研究了此问题，从理论上证实了该公式的合理性，并认为临界粒径与主流流速等有关，其公式为[1, 2]

$$d = 0.069\left(\frac{vh}{\upsilon}\right)^{0.05}\left(\frac{v^2}{gB}\right)^{0.27} \tag{2}$$

从力学机理上分析，临界粒径即回流淤积物粒配曲线中的拐点粒径，表明回流区悬移质中那些大于拐点粒径的粗颗粒是淤积物中多有的。在仅有回流存在的情况下，那些小于拐点粒径的细颗粒泥沙是淤积物中少有的，虽有部分存在于淤积物中，用于填充粗颗粒泥沙的空隙，但绝大部分细颗粒泥沙对回流来讲，相当于冲泻质，在随回流运转的过程中，逐渐被转移到回流区以外，回流对这部分泥沙仅起转运站作用。如果应用文献[2]所提出的"回流饱和挟沙力"概念，则这种力学机制更易理解：由于回流具有一定的饱和挟沙力，且泥沙的粒径是影响回流挟沙力的一个关键因素，回流对粗颗粒泥沙的挟沙力较小，而对细颗粒泥沙的挟沙力较大，临界粒径正好反映了回流对粒径大于 $P_{>d}$ 的泥沙的挟沙力很小这一物理机制。以上分析已经完全被试验观测到的回流对悬沙分选作用所证实[2]。进行回流淤积计算时，可以先由式(2)算出临界粒径，得到 $P_{>d}$，然后再由式(1)得出淤积量。

2.2 异重流淤积

主流区细颗粒泥沙运动与水流的跟随性好，进入港池以后，虽不易在回流作用下落淤，但易于随涨落潮流动力因子下沉积，在满足一定的水沙条件下可形成异重流，所以细颗粒泥沙是涨落潮引起的悬沙淤积和异重流淤积的泥沙来源。

根据前人的研究，按异重流能否形成的判别式，得到产生异重流的临界流速 v_e[3]：

$$v_e = 0.78\sqrt{\frac{\Delta\rho}{\rho}gh} \tag{3}$$

式中：ρ 为清水的密度；$\Delta\rho$ 为清、浑水的密度差。当流速 $v>v_e$ 时不可能有异重流发生。在 $v<v_e$ 时，港池内含沙量较主流的含沙量小，在港池与主流的交界面形成密度差，当水流及泥沙满足一定条件时，由于港外水流含沙量高，产生的压力大于港内含沙量低的水体，在这压力差的作用下并达到一定数值时，外部含沙量高的水流将沿港池底部潜入形成异重流。由于异重流流速小，挟沙能力下降，泥沙沿程淤积。这就是异重流淤积。

异重流的输沙量公式为[3]

$$G = lh'(v'-v_1)s't \tag{4}$$

式中：l 为主、回流交界面长度；h'为进口断面异重流高度，一般为港池水深 h 的 0.5～0.68 倍，本次计算时取为 0.6 h；s'为进口断面异重流含沙量，在本次计算中为粒径小于公式(2)所得出的临界粒径的百分数；t 为产生异重流淤积的时间；v_1'为口门的出流流速；v'为进口断面异重流流速，按下面公式计算：

$$v' = 0.42\sqrt{\frac{\Delta\rho}{\rho}gh} \tag{5}$$

当异重流至港池边壁时，遇边壁上壅，上壅水体将沿港池上层流向港外，形成循环。这一过程有人称为边壁对异重流的反射。按水槽试验表明[2]：混掺区的范围基本上不随主流流速和水深的变化而变化，具有稳定的范围边界。混掺区自口门前壁为顶点，向外、向内近似以直线扩散，向内扩散的斜率大。实际的主、回流交界面并非盲肠口门几何交界面，而是要偏向盲肠口门内侧，与口门几何交界面的夹角约为 1.5°。故挖入式港池回流中心线与其纵向轴线的交角也为 1.5°。根据文献[2]的研究，在与主流接近正交的情况下，回流充分发展的港池其回流长度与港池口门宽度相等。在图 2 中，$AC=BC=OC$，OD 与 OC 的夹角为 1.5°。

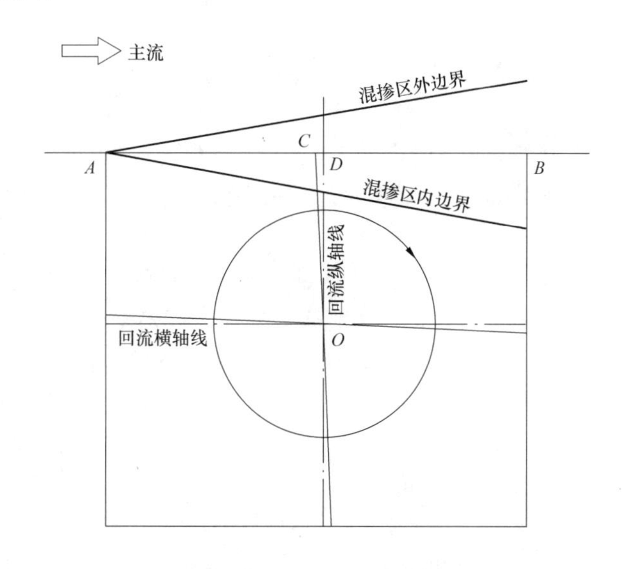

图 2　挖入式港池的混掺区与回流流线

按简化考虑，流速分布为沿断面的均匀分布，则口门出流流速与进流流速有如下关系：

$$v_1 = \frac{DB}{DA}v' = \frac{\frac{l}{2} - \frac{l}{2}\tan 1.5^\circ}{\frac{l}{2} + \frac{l}{2}\tan 1.5^\circ}v' \approx 0.949v' \tag{6}$$

计算时先根据式(3)得到产生异重流的临界流速，从而可以获得产生异重流淤积的时间；再由式(5)～式(6)得到 v'和 v_1。

2.3　涨落潮引起的悬沙淤积

感潮河段涨落潮引起的悬沙淤积，目前还没有公认的、成熟的计算方法。比较普遍应用的方法是：将复杂的非恒定水流输沙过程进行简化，计算不同涨落潮潮位时的主流含沙量、港区面积、潮位的变化率等，然后进行积分计算。该方法不但较复杂，而且会引入泥沙落淤几率(或称恢复饱和系数) α，而 α 是一个随涨落潮潮位、含沙量而变的非恒定值，需要用大量试验资料加以确定，并且一地的泥沙落淤几率并不能推广应用到异地，所以该方法使用不太方便。

在海岸修建港口时，为了防止港区泥沙淤积，进行了大量的研究。河口海岸地区泥沙运动的物理机制中，波浪和水流(潮流)分别扮演着不同的角色。波浪是使泥沙颗粒失稳、起动和悬扬的主要因子。此时，水流，哪怕是流速很小的水流对泥沙的输移则起到了重要的作用[4]。基于这样的物理图像，在感潮河段计算涨落潮引起的悬沙淤积时，径流是使泥沙颗粒悬浮的动力因子，潮汐动力因子则推动着泥沙的输送和沉积。所以，可以用海岸工程的回淤计算公式来计算涨落潮引起的悬沙淤积。

刘家驹 1980 年首次提出了淤泥质海岸航道回淤计算方法，后来又进行了改进，并得到了许多实测资料的验证，他提出的挖入式港池泥沙回淤公式为：

$$P = \frac{K_0 S' \omega t}{\gamma}\{1-\left(\frac{d_1}{d_2}\right)^3 \exp[\frac{1}{2}\left(\frac{A}{A_0}\right)^{\frac{1}{3}}]\} \tag{7}$$

其中：K_0=0.17；d_1、d_2分别为滩面水深和航道水深；A、A_0分别为浅滩面积和港区面积；ω为细颗粒泥沙在咸水中的絮凝沉降速度；γ为泥沙的干容重；S'为细颗粒泥沙的含沙量。

在感潮河段潮流界以内，细颗粒泥沙是难以絮凝沉降的。采用类比的办法，认为在非咸水时ω取为黏性泥沙的沉降速度，一般认为当泥沙颗粒粒径 d=0.01 mm 时重力作用已经比黏结力作用小得多，所以相应 S'为 d<0.01 mm 的黏性泥沙的含沙量。经过这样处理后用式(7)来计算涨落潮引起的悬沙淤积量，该公式的计算结果为淤积厚度。

3 计算实例

在长江下游福姜沙河段，福姜沙南汊建有张家港船闸。它位于张家港疏港航道的申张线上，与长江交接处是江苏省苏南水上进出口重要的通道之一。张家港船闸口门左侧避风港，1993 年 5 月进行了大量开挖，形成挖入式港池，受进出闸水流影响很小，可作为本文验证计算实例。

计算时将一年内分为汛期和非汛期，来水来沙量采用大通站多年平均值，下游潮形为中潮。汛期 5 ~ 10 月平均流量为 41 000 m^3/s，含沙量为 0.628 kg/m^3，中潮巫山港站平均潮位 3.38 m(吴淞基面，下同)，共 184 天；非汛期流量为 16 530 m^3/s，含沙量为 0.199 kg/m^3，中潮平均潮位 2.83 m，共 181 天。福姜沙南汊分流比采用 1989 ~ 1994 年 5 次测量的平均值，为 19.94%，泥沙颗粒的干容重，一般长江中下游近岸表层沙在 1.05 ~ 1.2 t/m^3之间，按泰州引江河口门淤沙的平均值为 γ=1.14 t/m^3(洪大林，张恩和，2000)。

悬移质泥沙的级配曲线，没有收集到该段近期实测资料，在其上游大约 100 km 处长江镇江段 2000 年 8 月水文测量时，在南岸近岸边测取两个测点的颗粒级配，见表 1。

表 1 悬移质颗粒级配成果

垂线号	相对水深	小于该粒径(mm)颗粒占全体沙样的百分数(%)						
		0.004	0.006	0.008	0.01	0.06	0.125	0.25
1	0.6h	57.5	65.8	77.2	87.4	98.2	99.7	100
2	0.6h	54.0	62.2	75.9	84.2	93.6	99.7	100

考虑长江下游的悬沙绝大部分是过境沙，这段距离内级配不应有大的变化，计算时认为本河段的悬沙级配也如表 1 所示。以下将计算汛期港池的回淤量。

3.1 汛期回流淤积量

福姜沙南汊主流河宽 B=930 m，汛期 3.38 m 潮位下面积为 11 560 m^2，非汛期 2.83 m 潮位下面积为 11 044 m^2，主流与港区交界面长度 l=94.5 m；港池面积 11 200 m^2，底高程采用计算时段内的平均值为–0.95 m，故汛期平均水深 h=4.33 m(张幸农等，1997)。

汛期主流平均速度：

$$v = \frac{41\,000 \times 19.94\%}{11\,560} = 0.707\ (\text{m/s})$$

由公式(2)：

$$d = 0.069\left(\frac{vh}{\upsilon}\right)^{0.05}\left(\frac{v^2}{gB}\right)^{0.27} = 0.069 \times \left(\frac{0.707 \times 4.33}{1.0 \times 10^{-6}}\right)^{0.05} \times \left(\frac{0.707^2}{9.8 \times 930}\right)^{0.27} \approx 0.010(\text{mm})$$

查表 1 得：$P_{>d}$=0.142

由公式(1)：

$$G_{回} = 0.006\,9 \times 0.142 \times 0.707 \times 0.628 \times 4.33 \times 94.5 \times \sqrt{\frac{2 \times 930}{2 \times 930 + 3 \times 94.5}} = 0.166(\text{kg/s})$$

淤积方量：

$$\frac{0.166 \times 184 \times 86\,400}{1140} \approx 2\,315(\text{m}^3) \tag{8}$$

3.2 汛期异重流淤积

汛期粒径小于公式(2)所得出的临界粒径的百分数 $P_{>d}$ =0.858，故异重流计算时采用的含沙量为 0.539 kg/m³，则浑水密度为 1 000.336 kg/m³。

异重流能够产生的最大流速：

$$v_e = 0.78\sqrt{\frac{\Delta\rho}{\rho}gh} = 0.78 \times \sqrt{\frac{0.336}{1\,000} \times 9.8 \times 4.33} = 0.093(\text{m/s})$$

本河段处在长江潮区界的尾端，1994 年 8 月福姜沙实测水文资料表明：洪季大、中潮的情况下存在涨潮流，涨潮流速一般小于 0.5 m/s，涨潮时边滩先涨。具体对港池外的水流而言，在一个潮周期内，由于水位的两涨两落，会有一段时间处在转流区，此时流速近似为零，会有异重流产生。根据实测水文资料，流速小于 0.093 m/s 的时间很短，每天在半小时左右。

根据式(4)：

$$G = 94.5 \times 0.6 \times 4.33 \times 0.051 \times 0.42 \times \sqrt{\frac{0.336}{1000} \times 9.8 \times 4.33} \times 0.539 \times 1\,800 \times 184 \approx 112\,000(\text{kg})$$

淤积方量：

$$\frac{112\,000}{1140} \approx 98(\text{m}^3) \tag{9}$$

3.3 汛期涨落潮引起的悬沙淤积

据分析，只有粒径 d<0.01 mm 的细颗粒泥沙才能随涨落潮淤积于港池内。所以

$$S' = 0.858 \times 0.628 = 0.539(\text{kg/m}^3)$$

在使用式(7)时，由于港区内无浅滩，所以含 d_1、d_2 和 A、A_0 的项均取为 1。ω 为对应 0.01 mm 的泥沙的在 20℃时的沉降速度 0.006 24 cm/s。

根据式(7)：

$$P=\frac{0.17\times0.539\times0.00624\times86\ 400\times184}{100\times1\ 140}=0.079\ 7(\mathrm{m})$$

淤积方量：

$$0.079\ 7\times11\ 200=893(\mathrm{m}^3) \tag{10}$$

根据(8)~(10)，即可算得汛期的淤积方量为 3 306 m^3。

3.4 非汛期淤积量

同样道理可以求出非汛期港池的淤积量。在涨落潮引起的悬沙淤积时 ω 为对应 0.01 mm 的泥沙在 10℃时的沉降速度，能产生异重流的时间仍按每天半小时计算。利用非汛期来水、来沙的平均情况和下游中潮时的潮位，计算出回流淤积量为 752 m^3，涨落潮引起的悬沙落淤量为 215 m^3，异重流产生的淤积量为 8 m^3。故非汛期的淤积方量为 975 m^3。

3.5 计算结果的对比与分析

将汛期与非汛期得到的淤积量相加，就得到全年的淤积量，计算得出在一年内淤积总量为 4 281 m^3。

该区域的实际情况是：在 1993 年 5 月疏浚后，1993 年 5 月 ~ 1997 年 4 月实际回淤量在 16 000 ~ 17 000 m^3，多年平均淤积量为 4 200 m^3 左右。可见计算值与实测值相当符合，表明本次计算张家港船闸避风港港池淤积量比较合理。

本次计算异重流淤积总共为 106 m^3，占全年淤积量的 2.5%。显然，潮流河段港池异重流淤积占淤积总量的比重很小。认为感潮河道港池内异重流淤积占总淤积量的比重达 40%以上的观点，对长江江苏段来说可能性不大。

4 结 论

在确定港池异重流淤积是否发生时，应根据主流断面上的流速和含沙量情况作出判断；异重流的淤积量与主流流速、含沙量、发生时间密切相关，可根据有关公式进行计算；港池异重流淤积占淤积总量的比重较小。认为感潮河道港池内异重流淤积占总淤积量的比重达 40%以上的观点，至少对长江江苏段来说可能性不大。

当然，感潮河段挖入式港池淤积问题是十分复杂的，泥沙运动过程中同时受 3 种动力因素的影响，理论上不应当被完全分割开来；挖入式港池港区内往往有旱季引水、洪涝时排水的任务，进出的水流会破坏回流淤积和异重流淤积，这种运行方式下的回淤量更难以估算。所以，潮流河段港池淤积应进一步加以研究。

参考文献

[1] 谢鉴衡，殷瑞兰. 低水头枢纽引航道泥沙问题. 见：第二次国际泥沙学术讨论会论文集. 北京：光华出版社，1983

[2] 刘青泉. 盲肠河段回流区及主回流过渡区的水沙运动规律：[博士学位论文]. 武汉：武汉水利电力大学，1993.4

[3] 张瑞瑾. 河流动力学. 北京：中国工业出版社，1961

[4] 黄胜，卢启苗. 河口动力学. 北京：中国水利水电出版社，1995

第四部分　会议发言

王崇浩教授发言

（中国水利水电科学研究院）

我代表中国水利水电科学研究院的范家骅教授，就他关于异重流的一些观点向大家做一个汇报。

说到调节水库，一般都会考虑和水库淤积有关的问题。一个是三角洲上游影响的问题。异重流淤积影响和水库可持续运行的方式，包括排沙洞、进水口、进沙等问题。

汇报主要分三个部分。

一、水库异重流及异重流排沙

水库异重流是高含沙河流的特有现象，在异重流的运行过程当中，有一部分泥沙淤积到水库库底，在坝前部分形成了异重流的壅水。在异重流的概化图当中我们有四个问题：一是异重流的形成和怎么潜入的；二是异重流的运动等；三是异重流的淤积；四是异重流的排沙。

1. 异重流的形成

经过试验和一些观测资料得到异重流潜入点的判别数是 0.78。这个值在非高含沙时在设计中可以使用，经不少学者和现场资料证明与验证，包括小浪底的实测资料。

这里需要说明的是异重流的发生条件，以前用官厅水库资料认为只有含沙量较大时异重流可以发生，这种概念把发生和持续运动条件混淆了。实际上含沙量很小时也可以发生潜入异重流。例如长江葛洲坝引航道等出现的异重流。

可以认为形成异重流的条件主要是密度的差别，在一历时长、流量大的洪水中，只要挟带密度比较大的泥沙时，就可以产生异重流。

2. 异重流的运动

在洪水演进过程当中，水库的异重流是一个不恒定的流动，在水槽中也观察到了不恒定性。

异重流在运动中沿程清水与异重流有掺混，根据水槽试验观察到异重流流量沿程减少。

我们得出的阻力是在 0.025 ~ 0.030 之间。

异重流持续运动的条件，除了潜入以外还应该满足以下三点。

(1)进库洪峰流量的延续，流量的延续是保持异重流连续的首要条件，对于一定大小的水库，要求一定大小的洪峰才能使异重流运动，直到坝址。在水槽内观察到如果异重流运动时，一旦上游停止进入流量，异重流流速很快减小乃至停止运动。

(2)进库洪水的洪量。

(3)水库地形的影响，水库底部地形局部变化(扩大段、收缩段、弯道等)的地方，都将使异重流损失能量，减低异重流流速，从而降低异重流的挟沙能力。水库的底部比降也是影响异重流运动的一个因素。

3. 异重流的淤积

异重流沿程淤积到粒径沿程变小的过程。

异重流沿程淤积导致了泥沙粒径变细。

4. 异重流的排沙

如果能够合理有效地利用异重流排沙，可以很好地排除水库泥沙。1953～1960 年官厅水库测到异重流在 50 次以上,统计在泄水闸门开启时排沙量占进入沙峰沙量的 25%～30%。

问题是：①如何确定异重流流到坝址上的泥沙数量，而这些泥沙数量能否排出库外？②异重流的排沙时间如何确定。

范家骅教授提出了关于异重流出库沙量的概化图形方法。水库形成异重流以后，假定异重流在经过坝底部分时可以畅通无阻地流动，如果考虑到沿程的流量和异重流的掺混现象(流量掺混系数、沙量掺混系数)，得到一个异重流排沙量的计算公式。

刚才讲的图形概化法是比较粗略的，第二种方法考虑含沙量沿程变化的异重流出库沙量近似计算法。

假定一个洪峰带来的沙量，一部分淤积在三角洲，一部分排出，得出一个异重流排沙量的计算公式。关键是如何确定异重流到达坝址前的含沙量。

二、异重流淤积对工程的影响

这一部分主要是说明异重流淤积对各类工程造成的影响非常大。国内外很多水库受坝前异重流淤积的影响造成了孔口淤死，需要重挖老孔，甚至另打新孔。

所以异重流的淤积对工程造成了很大影响，国内也有类似的实例。刘家峡水库建设在黄河干流的库区，当时没有建造合适的排沙洞，造成了大量的泥沙进入电厂的进水口。官厅水库也是因为妫水河淤堵，使水库有效库容不能得到有效利用。

异重流淤积对工程造成的影响，还体现在另外一个方面，就是排沙口和电厂进水口的淤堵情况。根据范教授的研究，他提出了异重流在隧洞里面运行过程的计算公式。

三、异重流孔口出流

在第一部分已经讲到异重流的运行情况，能不能流到下游跟排沙口的设置有很大的关系。

(1)异重流孔口泄流的参数。

(2)异重流孔口出流时的出流含沙量计算方法。

(3)关于孔口设置与水库坝址选择的认识。对于水电站进水口以下的排沙孔口位置的设计，进水口和垂直壁上的排沙孔口的距离应大于极限吸出高度 h_l。如果排沙孔为底孔则水电站进水口应放在底孔，即其垂直距离应大于泄出层厚度 d。

关于水库或水电站泄沙孔口的设计，需要从保持水库长期使用所需满足的条件进行综合考虑，在多沙河流上修建水库时在规划和设计阶段，需要重视孔口的布置，除泄量大小和孔口高程的确定外，还需同时考虑有关坝址位置的选择与水库运作方式诸问题；

因为在一定孔口的位置和泄量，以及来水及来沙条件，其运行方式将决定库内淤积量及分布，运行水位决定泥沙三角洲延伸的地点、库内泥沙的分布和水库下游河道的冲淤过程。

现举三门峡水库为例，以说明运作方式的重要性。运行方式下的坝前水位的高程，决定泥沙三角洲的淤积及其向上游延伸，而潼关控制断面，因处在三角洲范围内，故造成潼关断面高程的抬高，从而导致渭河下游的淤积，造成灾难。

安催花教授发言

(黄河勘测规划设计有限公司)

下面我从生产实践的角度和大家探讨泥沙异重流在工程实践和水库调度中的运用问题。

泥沙异重流目前在工程当中得到了一定程度的运用，主要包括在水库的规划设计、水库调度、河口输沙、减少船闸引航道淤积、控制沉沙池中异重流发生、控制引水含沙量等方面。

下面从规划设计、小浪底水库调度、河口输沙和其他这四个方面汇报。

一、在水库规划设计中的运用

异重流特性，应用于水库各个阶段的工作中。

第一，库区的水流泥沙运动特性。

库区水流有两种流态，一种是壅水流态，另一种是均匀流态。在水库的初期，一般都是壅水流态。在壅水流态下有壅水明流、异重流和浑水水库三种输沙流态。

第二，在水库运用方式设计中的运用。

水利枢纽工程为了发挥综合利用效益，初期一般要求水库有一个最低运用水位，这样在初期运行时水库不可避免地有一定的蓄水体，若该蓄水体足够大，挟沙浑水进入这样的蓄水体，并含有足够的细沙浓度，将会形成异重流，在这个时期水库运用方式的制定应充分考虑异重流的输沙特性，充分发挥水库的综合利用效益。

这个时期尤其是在黄河多泥沙河流的水库上，是发挥水库综合利用效益的最佳时期，水库运用方式的制定要抓住机遇，最大限度地发挥水库综合利用效益。

在小浪底水库运用方式研究阶段，异重流输沙特性的认识，对运用方式决策起到了关键性的作用。如在起始运行水位的确定上，一部分专家认为应该是满足发电要求的条件下，水位越低越好，原因是要满足更好的拦粗排细效果。但是小浪底水库设计，要求发电最低运用水位为 205 m，205 m 以下的原始库容为 17.1 亿 m^3，决定了小浪底水库初期库区主要为异重流输沙流态,起始运行水位的高低对异重流拦粗排细效果的影响较小。

当时对这个问题我们联合多家进行了研究，进行了各种数学模型的计算。在这种情况下，达成了共识，促进了方案的决策。随着工作的不断深入，我感觉异重流输沙流态为主的情况下，水库怎样更好地提高淤粗排细效果还需要进一步研究。

刚才听到介绍冯家山水库异重流的最大排沙比可以达到百分之八十多，深有感触。怎么样提高水库异重流的排沙比，延长拦沙库容的使用年限，充分发挥拦沙减淤效益，是古贤等特大型水库需要进一步研究的问题。

另外，在古贤水利枢纽项目建议书阶段，根据对异重流规律的认识，拟定的古贤水库减淤运用方式为：水库运用初期拦粗排细运用，水库主要以异重流排沙，同时，结合中游来水来沙，联合调度三门峡和小浪底水库在小浪底库区塑造异重流。水库拦沙后期古贤水库与三门峡、小浪底联合调水调沙运用，适时蓄水或利用天然来水冲刷黄河下游和小浪底库区，并尽量保持小浪底水库调水调沙库容；一旦遇合适的水沙条件，适时排泄库区淤积的泥沙，尽量延长水库拦沙运用年限。

第三，在枢纽水工建筑物布置中的运用。利用异重流特性，合理布置排沙底孔，减少坝前淤积和过机泥沙，这是水利枢纽工程设计中根据其枢纽特性要考虑的问题。如刘家峡水库，其泥沙问题主要是由洮河所致，利用异重流排泄洮河泥沙是缓解洮河库区与坝前段淤积及电站泥沙问题的主要途径之一。当然，有效解决库区和坝区泥沙问题，枢纽布置不仅要考虑，还要考虑其他流态。

二、在小浪底水库调度中的运用

1. 自然洪水异重流调度与利用

小浪底水库入库天然洪水多来自北干流和泾、渭、洛河，洪水含沙量较大。上游来的洪水进入库区后，只要水库有一定的蓄水量，就能产生异重流，此时，利用异重流输移及排沙规律，合理启闭小浪底水利枢纽不同的泄水孔洞，即可实现水库调度的多目标化。

(1)利用异重流形成坝前铺盖，刚才防办的张主任做了详细的介绍。2000 年前后，对库区异重流进行了有效利用，使异重流运行至坝前淤积形成坝前天然铺盖，解决了渗漏问题，取得了很好的效果。

(2)利用异重流形成的浑水水库排沙，减少淤积。主要表现在，前一时期如果小流量形成异重流，排出去对下游河道造成不利影响，甚至造成下游河道淤积，那么怎样通过调度形成浑水水库，相机利用后期的大流量把泥沙排到下游，实现水库、河道两方面的减淤目标。

(3)通过对异重流调度满足调水调沙调控指标的要求。小浪底水库的目标是防洪减淤为主，综合利用。在不同时期，不同情况下，对调度有不同要求。最近一个时期黄委在这一方面进行了较多的工作，过去我们对水库的调节，主要通过调水为主来调沙，通过启闭泄水孔口来实现含沙量的控制，近期取得了一些新的成果。

(4)小浪底水库拦沙初期水库泥沙主要以异重流形式(包括浑水水库)排出，因此当中游发生高含沙洪水时，可根据异重流演进和塑造黄河下游协调的水沙关系的要求，联合调度三门峡水库，充分利用异重流输移规律，尽可能多地排泄库区泥沙，以减少库区淤积，延长拦沙库容使用年限。

2. 人工异重流塑造及利用

黄河第三次调水调沙试验和 2005 年、2006 年调水调沙生产运行，都是在黄河中游不发生洪水的情况下，通过联合调度万家寨、三门峡和小浪底水库，充分利用万家寨、三门峡水库汛限水位以上的蓄水，冲刷三门峡非汛期淤积的泥沙和堆积在小浪底库区尾部段的泥沙，在小浪底库区塑造异重流并排沙出库，实现小浪底水库排沙及调整库尾淤积形态的目标。

三、在河口输沙方面的运用

目前我们做了一些工作，实际上还有很多问题需要进一步研究。

1. 河口异重流的输沙效果

关于河口输沙效果，黄委、中国水科院和清华大学联合完成的《引用海水冲刷黄河下游河槽研究》中，曾请中国水科院根据建立的平面二维模型，探讨了河口异重流输沙效果，将其结果与非异重流模式计算结果进行了对比。

由此可以看出，异重流输沙能力比较强，如果以异重流的形式向外输沙的话，排沙比明显增加。而且异重流一旦形成就沿着三角洲的坡降方向向前，向左右两侧输移，虽然受到潮汐动力的干扰，但基本上还是以潜入点为中心向外输移、扩散。异重流输沙能力强于通常挟沙水流的输沙能力，所以含沙量浓度向周围衰减的幅度就比较小。

异重流在输移过程中，泥沙也不断落淤，异重流的水深也逐渐减小，淤积厚度也由大到小，但衰减幅度相对较小，绝对值也比非异重流小。

清华大学开展的黄河口异重流概化模型试验结果也表明，黄河口产生异重流的机遇增加，排入外海的沙量有所增大。

2. 应用研究

在应用研究上，我们做了一些初步的工作。

异重流对排沙是很有利的。关键是在潮汐动力作用下如何增加异重流的输沙机遇。

对于黄河口，海水密度比淡水大，形成异重流首先要求浑水密度要大于海水密度。而海水的密度取决于温度、含盐度等。

在实施引海水冲刷方案的情况下，入海的浑水可划分为三种情况：天然河水挟带泥沙所形成的浑水，简称为淡浑水；主要由咸海水挟带泥沙形成的浑水，简称为咸浑水；咸、淡混合后挟带泥沙形成的咸淡浑水。三种浑水因密度不同，潜入生成异重流的条件是不同的。

研究表明，对于淡浑水含沙量至少要大于 32 kg/m^3 才有可能产生异重流，异重流形成并能维持住，则所需淡水含沙量为 45 ~ 50 kg/m^3。对咸浑水，形成异重流最低含沙量应在 15 ~ 20 kg/m^3，比相应淡浑水含沙量低。至于咸淡浑水，要视混合比例而定，情况更复杂一些。清华大学开展的黄河口异重流概化模型试验表明，咸浑水含沙量达到 5 kg/m^3 即可形成稳定的异重流。数学模型计算分析和概化模型试验研究表明，由于海水容重较淡水密度大，淡浑水入海后形成异重流的含沙量为 40 ~ 50 kg/m^3，而咸浑水的含沙量仅需 15 ~ 20 kg/m^3(清华大学概化模型试验结果仅需 5 kg/m^3)。因此，引海水冲刷后，入海泥沙更容易以异重流的形式排入深海，从而减少拦门沙的淤积量而增大排往深海的沙量。研究结果表明，异重流的推移距离将在 1.5 km 以上，形成异重流后排沙比可提高20%左右，使口门附近的泥沙淤积量相对减少，淤积范围扩大，从而对减缓口门的淤积延伸是有利的。

四、在其他方面的应用

(1)利用异重流特性，合理布置引水闸底板高程，减少引水含沙量。如泾惠渠渠首在这方面进行了研究，利用异重流含沙量沿垂线分布特性，合理改建渠首工程，减少引水含沙量。

(2)利用异重流特性，控制异重流在沉沙池中的产生，减少出池水流含沙量。沉沙池中产生异重流，沉沙池的沉沙效果将不能有效地发挥，增加引水含沙量，因此工程实践中需要控制沉沙池中产生异重流，使泥沙充分地沉积在沉沙池，以减少引水含沙量。

(3)通过分析船闸引航道异重流运动特性，研究破除船闸引航道异重流泥沙淤积。船闸引航道异重流泥沙淤积是重要的工程泥沙问题，在长江葛洲坝和三峡水利枢纽工程中都出现过，利用异重流特性破除船闸引航道异重流泥沙淤积，有重要的现实意义。我的介绍就到这里，提出两个问题。一个是在水库异重流研究中，如何在异重流输沙流态下提高库区淤粗排细的效果？希望大家更多地研究，为枢纽的规划设计提供支持。另外就是在黄河口增加输往深海的泥沙方面还需要进一步的研究。

我的汇报完了，谢谢大家！

王光谦教授发言

(清华大学)

我的这个报告是对前面发言的一个补充。

今天讲一下异重流的基本方程，从异重流运动的概化图说起，一般是两层，上层是水流下层是异重流，实际上在运动当中是三层水流，如刚才焦恩泽教授在录像中说明的，实际当中有一个过渡层。

从三维的方程可以导出一维和二维的方程。床面条件就是泥沙的冲淤变化。一般方程都假设适用层流运动，我的看法，层流是不够的，因为不是一个纯的层流。它在静压条件下是可以简化的，包括交界面的摩阻和底面的摩阻，还可以假设异重流密度不变、冲淤平衡，不与上层水体进行质量交换，不考虑动量扩散及垂向速度分布，这个时候方程也可以简化求解。

我们做了二维数学模型的模拟，结果没有拿来。刚才我用了一个水槽的试验，只是验证一下这个方程能不能用。

关于异重流的研究，我们是从水库异重流开始的。今天大家也看到了，以观测为主，总结经验，最后为生产服务，这个方法是对的。其他研究领域，包括河口盐水异重流、海底火山坍塌引发的异重流、温排水异重流等，这几个领域在理论上都要比我们好一些。

刚才王万战说国外的水槽研究，那是一个本科生的试验，在一个小水槽里放点盐，但是机理做得很好。我们这个领域太工程了，别的领域理论偏重于工程做得很好。我觉得水库异重流的理论工作要加强，最重要的问题，就是抓住异重流运动的界面，要把这个规律搞清楚就可以了。我们现在没有给出交界面的方程，如果是一个分层流的话，应该有一个完整的理论上的描述。还有就是界面的作用力，界面的水流状态，究竟是层流还是紊流，一定会有扩散的东西。如果把界面的规律研究清楚了，包括界面的形状、描述的方程，它的稳定性、扩散、阻力研究透的话，我觉得异重流最根本的理论体系就建立起来了。

刚才给大家演示的是假设界面不扩散，也可以进行一些研究。

另外就是我为黄委会对小浪底水库异重流的应用和关注感到高兴。我们国家对异重流的研究在六七十年代是一个高潮，从生产、机理到现象观测提出了一整套的成果，我们现在的研究基本上没有超过过去。后来的研究都是一点一点的，没有往下做。可能是小浪底水库没建好，异重流研究也没有什么用处，现在的小浪底水库应用是一定要弄清楚这件事的，这可能是异重流研究的一个黄金时代到来了。下面我们也会紧跟着黄委会的要求做下去。

我们有一个 64 m 长、1.2 m 宽的大水槽，1993 年做过试验。后来就没有用过了。设备不错，以后围绕着异重流的研究工作可以做一些试验。

王兴奎教授发言

(清华大学)

我简单汇报一下有关“异重流试验研究设计”方面的初步设想。我在 1993 年做过一个试验，后来做了一个黄河口概化的模型试验。试验采用我们研究所 64 m 长、1.2 m 宽的水槽。上面一个蓄水池，下面是泥浆搅拌池，上面有一个恒定供浆箱，沿程布设自动监测浓度的浓度仪，随时监测浓度的变化。在水槽的旁边水平方向布置了摄像机，一个计算机控制 16 个摄像机同步地监测，摄像机不动，把整个异重流运动的时空变化过程完全记录下来。摄像机经过标定，异重流的厚度、下面淤积厚度、清浑水界面层高度的数据都可以自动判读出来。

另外还可以加示踪的颜料，通过 PIV 或 PTV 算法计算流速，当然这个流速只能测到边壁，但是也可以反映出一些基本的运动规律。我们的设想是在恒定加沙、恒定出流的情况下，异重流可以维持多久。只要掌握了所有这些现象及其过程，下一步的机理分析就应该有基础了，进一步为数学模型计算提供基本参数，为生产、应用提供参考。

这是试验的一些基本思路，试验中可以调试的参数包括水槽底坡、进口流量和含沙浓度以及泥沙粒径四个参数。测量的项目包括沿程水位、速度、潜入点位置、异重流沿程厚度和异重流的淤积过程。有了这些参数，对异重流会有进一步的深入认识。

测量仪器方面需要浓度仪、水位计、流速仪、摄录像系统。

预期取得的成果可以获得异重流形成条件(潜入点特性)、运动规律等。

窦希萍教授发言

(南京水利科学研究院)

很高兴有机会参加这次异重流学术研讨会。为了研究利用高含沙异重流排沙的可能性，1993 年南京水利科学研究院在小浪底模型上进行了试验，研究在高滩深槽条件下形成高含沙异重流的条件、形成高含沙异重流的指标和形成高含沙异重流的预测方法。现将主要情况介绍如下。

南京水利科学研究院的小浪底模型的范围上起大峪河口，下至枢纽工程。模型为比尺 1∶80 的正态模型。模型沙为电木粉。模型模拟天然河段长约 4 000 m，模型长约 50 m。

一、试验条件

试验是在模型中已经形成 254 m 高程的高滩和蓄水位为 231 m 时下切出的深槽基础上进行的。坝上游形成相对平衡的高滩深槽后，蓄水位分别由 230 m 和 245 m 上升高。共进行了三组试验。

第一组试验：在完成 21 年系列试验后，分四步将蓄水位由 230 m 升高至 254 m，这四次的试验流量分别为 500、1 000、2 500、4 500 m^3/s，蓄水位分别为 236、242、250、254 m。

第二组试验：在已形成高滩深槽条件下完成蓄水位 230 m 的平衡试验后，一步升至 245 m，并在 245 m 水位下进行流量分别为 2 500 m^3/s 和 4 500 m^3/s 的试验。

第三组试验：在完成水位 230 m 的平衡试验后，一步升至 245 m，其流量分别为 2 500 m^3/s 和 4 500 m^3/s 试验。

二、流速和含沙量沿垂线分布

从试验中可以看到，在枢纽上游已形成高滩深槽条件下，升高水位后，滩地一般仍不过水，只是深槽中水位升高，水深和过水面积增大。在这种条件下，试验中仍能看到水流从模型进口沿深槽向下游流动一段距离后即潜入水下，水面呈静止或微弱流动状态。这说明在蓄水位升高一定幅度后，在进水塔上游深槽中仍能形成异重流。在不同的深槽初始地形、流量和含沙量组合下，潜入点的位置也有较大的变化。如蓄水位升高后水深和过水面积大、流量小而含沙量高时，潜入点的位置就靠近上游；反之，潜入点的位置就靠近下游，甚至在进水塔附近。潜入点的位置还与蓄水位稳定时间有关，随着水位稳定时间的增长，深槽的淤积量增大，水深和过水面积减小，潜入点也逐步向下游移动，但在较短的时间内，其移动的距离还是很小的。在潜入点以上，流速和含沙量沿垂线分布均符合明流规律，在潜入点以下，其分布规律具有异重流的明显特征。

试验资料表明，深槽中异重流的最大流速与该处的水深和含沙量有密切关系，一般说来，异重流的流速与浑水和清水容重差值、异重流厚度、比降及阻力系数有关，即

$$V_1 = C_1\sqrt{\frac{\gamma' - \gamma}{\gamma} gH_1 i_1}$$

式中：γ' 和 γ 分别是浑水和清水容重；V_1、C_1、H_1 和 i_1 分别为异重流的流速、无尺度谢才系数、厚度和比降。

由于异重流厚度与全部水深间以及在平均流速与最大流速间在大漏斗段存在一定关系，C_1 和 i_1 在大漏斗的变化又不大，均可近似视为常值，故在大漏斗段深槽中形成高浓度异重流后，异重流的最大流速应与修正弗氏数有关。点绘试验数据，可见大漏斗段异重流的最大流速和修正弗氏数 Fr' 之间确实存在着良好关系。

在所进行的 8 个组次的试验中，在进水塔前均形成了异重流，其最大流速点均位于下部，距河底仅 10 ~ 15 m。

三、高含沙异重流的形成条件

根据试验中得到的异重流潜入点位置，可以求出各潜入点附近过水断面的面积和水深，并根据流量求出断面平均流速。点绘各潜入点断面的平均流速与 $\sqrt{\frac{\gamma' - \gamma}{\gamma} gH}$ 的关系，可得

$$V = 0.1\sqrt{\frac{\gamma' - \gamma}{\gamma} gH}$$

由此式可知，高含沙异重流潜入点附近的修正弗氏数 Fr' 为

$$Fr' = \frac{V}{\sqrt{\frac{\gamma' - \gamma}{\gamma} gH}} = 0.1$$

这是高含沙异重流形成条件的指标。

由此可以看出：

当 $Fr' > 0.1$ 时，无高含沙异重流；

当 $Fr' \approx 0.1$ 时，高含沙异重流下潜；

当 $Fr' \leqslant 0.1$ 时，有高含沙异重流。

从试验可得高含沙异重流潜入点位置与 Fr' 的关系

$$Fr' = 0.1(\frac{x_0}{x})^{0.28}$$

式中：x_0=650 m，为潜入点所在断面距进水塔右侧的距离；x 为潜入点距进水塔右侧的距离，m。上式可改写为

$$x = (\frac{0.1}{Fr'})^{25/7} x_0$$

因此，可根据修正弗氏数 Fr' 确定高含沙异重流潜入点距进水塔的距离。

上述表明，小浪底上游漏斗段能否形成高含沙异重流，完全取决于修正弗氏数 Fr' 的大小。在给定的流量和含沙量条件下，过水面积越大，断面平均流速越小和平均水深越

大，Fr' 值越小，越容易形成异重流。这说明蓄水位升得越高，越容易形成异重流。因此，采用高含沙异重流排沙时，需要将水库的蓄水位升高。如已知地形情况，则可从试验中分别得到的某一断面过水面积和平均水深随水位的变化曲线，求得这个断面的修正弗氏数 Fr'。根据修正弗氏数 Fr' 可以判断该断面有无异重流，如有可求出潜入点位置。如无异重流，则可提高蓄水位或减小流量以减小 Fr'，从而形成高含沙异重流所必须升高的蓄水位或泄流量。

这主要是 90 年代做的一些工作，简单向大家汇报一下。谢谢！

谈广鸣教授发言

(武汉大学水电学院)

有幸参加这个学术讨论会，我主要谈两点。

最近几十年，我们国家对水库异重流的研究水平在国际上应该说是领先的，一个是我们有生产需求，再一个我们积累了大量的实测资料，包括当时的官厅水库、巴家嘴水库和现在的小浪底水库，小浪底水库我们做到了人工干预，也比较理想，这在国外也是很少的。最近几年研究异重流的技术手段主要还集中在资料分析、水槽试验或概化模型试验。水槽试验受到了一定的影响，因为它的边壁和实际的河道是不一样的。概化模型试验因为成本限制做的不是很多。下一阶段我的建议是黄委会应该重点进行攻关研究，围绕异重流持续运行条件建立比较理想的准三维数学模型。

异重流严格来说是一个非恒定的力学过程，而且是水下浮力流动。它的数学模型的建立相对来说比较复杂，平衡都要考虑，即质量平衡、力学平衡、动量平衡和能量平衡都要考虑。所以我建议在黄科院找两三个水沙科学、力学、数学都比较好的博士们具体研究，其思路是：

(1)平面二维和剖面二维模型有机结合。

(2)先研究自然情况下的异重流，再研究人工干预下的异重流。包括上游利用水库群人工制造洪峰，再利用其产生的异重流，而在下游考虑出口坝前闸门的开启，因为异重流持续运动条件除了流量、含沙量和地形等条件外，与闸门开启也有关。

这种数学模型的建立相对来说是比较复杂的，但是根据我今天听的对异重流的认识和目前国内积累的一些经验，我估计在今后的 3～5 年之内，如果集中攻关的话应该是可以建立一个比较有用的、可以用于将来中下游水沙调控的水库异重流持续运行准三维数学模型。

在建立数学模式的过程当中还可以进一步带动异重流的研究，产生一些新的规律性的认识。

方春明教授发言

(中国水利水电科学研究院)

我主要介绍一下我们做的异重流教学模式的情况。

一、异重流运动理论研究

实际上异重流运动理论我们做的也不多。

另外一个方面就是异重流潜入点水深，应该大于形成的异重流的水深，如果不满足这个条件的话实际上是不能潜入的。异重流问题又分为陡坡异重流和缓坡异重流。

二、一维泥沙异重流的数学模型

在此之前我们一般用的是一维异重流数学模型。异重流潜入点的判别方式，这个就不再过多介绍了。

这里我重点介绍一下立面二维数学模型，它的特点就是通过建立和求解立面二维密度差水流运动方程，模拟异重流的产生过程和运动规律，不需要经验判断。

适用范围，可用于浑水异重流问题，盐水入侵等问题都可以应用，我们的模型已经运用到了几项工程当中。

我们的模型上游边界给定流速沿水深分布，下游边界给定净水压力分布，河底边界流速为零。

模拟情况包括：潜入点附近流场的示意图、潜入点水深计算值与试验值的比较、水流紊动扩散系数对入潜条件的影响、河底比降对潜入条件的影响。

三、异重流数学模型在工程上的应用

1. 刘家峡水库

主要包括：刘家峡水库的工程应用情况、计算倒灌异重流流场图。

2. 向家坝水库

主要包括：向家坝水库非典型异重流、异重流潜入附近含沙量分布、计算异重流排沙比。

3. 三峡水库引航道

主要包括：三峡工程临时引航道、上引航道异重流计算含沙量分布、上引航道不同年份异重流淤积过程、计算含沙量与实测含沙量比较、计算淤积量与实测结果比较、下引航道计算与观测淤积分布、水深和含沙量对异重流淤积的影响。

李世滢教授发言

(黄河勘测规划设计有限公司)

今天召开异重流问题学术讨论会，会上领导、专家的发言开阔了异重流的研究思路，我认为很好。因时间关系，我简单谈几点认识。

第一，我非常同意清华大学王光谦教授的看法，即通过小浪底水库的调度运用和今天召开的异重流问题学术讨论会，应把异重流基本规律和应用的研究推向新的、更高的阶段。

第二，异重流基本规律和应用的研究在小浪底水库的调度运用中意义重大。在拦沙初期蓄水体大，库区是以异重流和浑水水库输沙流态为主。在拦沙后期库区也可能产生异重流和浑水水库，因为小浪底水利枢纽的开发目标是以防洪(防凌)、减淤为主，兼顾供水、灌溉、发电、除害兴利、综合利用；另外，2006年7月国务院颁发的《黄河水量调度条例》总则第三条规定："实施黄河水量调度，应当首先满足城乡居民生活用水的需要，合理安排农业、工业、生态环境用水，防止黄河断流。"小浪底水库在防止黄河下游河道断流方面具有重要作用，所以，拦沙后期在确保黄河下游河道防洪减淤的前提下，一般情况水库或多或少要有一定的蓄水，这就为水库产生异重流准备了基本条件。在正常运用期，坝前漏斗区也可以形成异重流，1990年黄委设计院委托南京水利科学研究院窦国仁教授主持，在1∶80大比尺正态整体泥沙模型上，开展了高含沙异重流问题的研究。异重流试验是在模型中已经形成254 m高程的高滩和蓄水位为230 m时下切出的深槽基础上进行的，模型上起大峪河口，下至枢纽工程，天然河段长约 3 500 m。试验表明，在小浪底枢纽上游已形成高滩深槽的条件下，通过对蓄水位的升高，在深槽中仍能形成高含沙异重流，其潜入点的位置与蓄水位升高值、流量和含沙量有关，水位升得愈多，流量愈小，含沙量愈大，则异重流的潜入点愈靠近上游，反之则愈靠近下游。另外，1989年7月7日至14日黄委设计院涂启华教授主持在三门峡水库进行日调节模拟试验，试验表明，8天中有5天形成异重流，其中流量为1 500 m^3/s、蓄水量0.44亿m^3和流量为2 660 m^3/s、蓄水量0.7亿m^3都可以形成异重流，且泥沙尤其粗泥沙集中在底部，相对水深0.8以上含沙量小且泥沙细，减少了过机泥沙尤其是粗泥沙。因此，小浪底水库充分利用异重流的规律服务于生产是非常必要的，也是可能的。

第三，2004、2005、2006年三次人工塑造异重流成功，都排沙出库了。人工塑造异重流是在水资源缺乏的情况下，争取利用异重流多排沙的措施之一，但由于万家寨、三门峡水库调节能力有限，使异重流后续动力不够足，造成出库沙量不多、含沙量不够高。所以，尽快修建古贤水库，联合调水调沙，为争取水库多排沙、减少河道淤积且降低潼关河底高程创造有利条件。因此，在中游构建以古贤、小浪底水库为骨干的水沙调控体系是十分必要和迫切的。

第四，提几点建议：建议加强浑水水库输沙规律和效果的研究，充分利用小浪底水利枢纽泄水建筑物布置的特点(低位排沙、高位排污、中间发电)合理、高效排沙；建议利用三条黄河联动加强小浪底水库异重流倒灌支流淤积和降低库水位冲刷时支流的冲淤及形态变化研究；建议进一步研究粗沙高含沙异重流在库区的输移规律；建议发生典型水沙过程时，尽可能地在小浪底水库坝前相应各泄流建筑物进口高程位置取得相应的含沙量和泥沙颗粒级配资料，否则不好回答电站过机含沙量和泥沙颗粒级配等生产问题。同时建议修建古贤等水利枢纽时，应争取在各泄流建筑物进口设置取水沙样品设施，从而取得完整的水沙资料，以便满足生产和科研的需要。

以上认识仅供参考。

熊贵枢教授发言

(黄河水利委员会水文局)

这次学术讨论会的目的，是千方百计地减少小浪底水库的淤积。我感到只谈异重流，不谈黄河下游的淤积状况，不谈小浪底水库的初期运用就有些欠缺。因此，我谈一下黄河下游和小浪底水库下游的情况。通过比较小浪底水库和三门峡水库初期运用的资料，我感觉小浪底水库的淤积状况比较严重。我分析的时段，小浪底水库为 1999 年 10 月~2005 年 10 月，三门峡水库为 1960 年 10 月~1966 年 10 月。比较结果如下表：

距离开始运用时间	小浪底	2000.10	2001.10	2002.10	2003.11	2004.10	2005.10
	三门峡	1961.10	1962.10	1963.10	1964.10	1965.10	1966.10
累积入库沙量（亿 t）	小浪底	3.57	6.509	10.987	18.755	21.43	25.468
	三门峡	14.417	23.771	35.608	65.00	70.67	99.668
累积出库沙量（亿 t）	小浪底	0.013	0.742	1.495	2.625	2.729	5.489
	三门峡	1.162 5	3.9965	10.506	21.226	33.132	52.143
出库沙量/入库沙量	小浪底	0	0.11	0.14	0.14	0.13	0.22
	三门峡	0.080 6	0.168 1	0.295 1	0.326 6	0.469	0.523
水库累积淤积量（亿 t）	小浪底	8.525	11.271 9	17.62	19.15	22.92	22.95
	三门峡	17.76	25.27	32.47	56.14	48.93	62.42
下游累积冲刷量（亿 t）	小浪底	1.155	2.246	3.945	9.001	10.87	12.87
	三门峡	13.99	18.29	22.48	26.91	24.18	21.525
下游累积减淤量（亿 t/年）	小浪底	4.67	7.62	15.3	15.85	16.95	15.21
	三门峡	12.09	18.71	23.32	39.1	29.08	37.79
淤积减淤比	小浪底	1.826	1.54	1.15	1.21	1.352	1.508
	三门峡	1.469	1.35	1.39	1.435	1.68	1.651

两库初期运用（头 6 年）的水沙条件是不一样的。

入库沙量：三门峡为 99.7 亿 t，小浪底为 25.5 亿 t，三门峡是小浪底的 3 倍。

水库拦沙量：三门峡为 62.4 亿 t，小浪底为 23 亿 t，三门峡是小浪底的 1.7 倍。

水库排沙比：三门峡为 0.523，小浪底为 0.22，三门峡是小浪底的 1.4 倍。

下游河道冲刷量：三门峡为 20.2 亿 t，小浪底为 12.45 亿 t，三门峡比小浪底多冲刷 62%的泥沙。

水库拦沙减淤比：三门峡六年平均为 1.651，小浪底为 1.508。小浪底初期运用时逢枯水小沙期，三门峡时逢中水中沙期，小浪底的排沙比远小于三门峡，小浪底的拦沙减淤比理应比三门峡小一些。但小浪底水库实际的拦沙减淤比，比设计书中设计的 1.3 还大。

小浪底 80%的入库泥沙都拦在库里，三门峡只有 50%的泥沙拦在库里，两者的差异关键是初期运用方式不同。

三门峡水库的初期运用，经历了很大的曲折。三门峡水库截流至 1961 年底共淤积泥沙 19.1 亿 t，下泄泥沙仅 1.12 亿 t。水库淤积速度比原设计快得多，到 1962 年 3 月 19

日，国务院决定三门峡水库的运用方式由“蓄水拦沙”改为“防洪排沙”（后改称“滞洪排沙”）运用，汛期 12 孔闸门全部敞开泄流。1964 年治黄会议决定三门峡水库实施“两洞四管”改建方案，即将四条发电钢管改建为泄流管道，增建两条排沙洞。1966 年 7 月“四管”投入运用，1967 年 8 月 12 日 1 号排沙洞投入运用，1968 年 8 月 16 日 2 号排沙洞投入运用。至此，三门峡水库 315 m 水位的泄流能力由 3 080 m^3/s 提高到 6 000 m^3/s，水库排沙比由 55%提高到 80.5%，潼关以下由淤积转为冲刷。1970 年 10 月 8 个施工导流底孔也全部打开，三门峡淤积减轻。1973 年 12 月 26 日改建后第一台机组并网发电。

2000~2005 年，小浪底入库的总沙量是 25.47 亿 t，而进库的泥沙只有 22%排出水库以外。低于长江三峡水库初期运用 40%以上的排沙比。三门峡水库要减少淤积需花很大力气改建泄流孔洞，小浪底水库不需要改建工程，只是改变操作，这一点小浪底和三门峡是完全不同的。

黄河中下游干流水库的利用方式往往都是防洪、减淤、工农业用水、发电。但是，一不小心发电就会超过减淤，小浪底现在就面临着这样的情况。

自小浪底水库运用迄今，入库沙量不大。如果入库沙量平均达到 16 亿 t，应该做好对策。目的是下游河道的冲刷要更多一些。

还有一个问题就是黄河下游的问题还很严重。2005 年我收集了下游 8 个水文站系统的水位流量资料，研究了下游同流量水位的变化。研究比较的结果是，1919~1949 年黄河下游的河床抬高不多，30 年大体抬高 1.5 m 左右的样子。从 1949~2003 年，花园口一带抬高 2~3 m，泺口利津抬高了 5~6 m。从新中国成立到现在每年抬高 0.1 m。小浪底水库淤积满以后，等不到 50 年下游河道还会继续上升。

这个问题是一个非常大的危险，可能现在在座的人受到的影响不大，但是对我们子子孙孙的影响还是很大的。

最后我讲几句话，要处理黄河这么多的泥沙，异重流排沙仅仅是一个小手术，很多水库设计书中拟定的异重流排沙是 9%左右。异重流排沙也是有前提的，若水库的运用方式是敞泄，库内不一定形成异重流，无法利用异重流排沙；如果水库蓄水，异重流形成以后不开闸门，也是无法利用异重流排沙的。

韩其为教授发言

(中国工程院院士
中国水利水电科学研究院)

关于异重流的研究成果，在我的《水库淤积》一书里面已经全面介绍。最近没有做新的工作，所以没有论文参加这次会议。

参加今天的会议我想谈几点看法。

一、取得的成就

最近的调水调沙，黄委会对异重流做了不少工作。在工程泥沙方面取得了比较大的成就，表现在：

(1)由于采取了一些措施，小浪底水库的排沙比大于一般蓄水水库。一般蓄水水库的排沙比都不到30%。这次会议的报告材料当中，提到了国内和国外的一些水库，一般排沙比也都不超过30%。从第一天的报告当中一共有7次排沙，中间有3次大于30%。

其中的一份资料好像是达到了 114%，这个可能不全是异重流，而是有浑水水库的作用，因为异重流排沙一般到不了100%。

(2)调水调沙中采取了人造异重流的措施，做了几次总的来说效果是好的，这也是一个很大的成绩。

(3)异重流排沙，泥沙比较细获得的排沙比就比较高，流到下游河道的沙如果很细的话，不仅不会淤积还会有所冲刷。

另外，在异重流研究方面，包括实际资料分析、物理模型和数学模型研究，都取得一些进展。特别是小浪底水库异重流的资料分析做的比较详尽，我感到这一点是特别重要的。当然里面也有一些不足，一些资料缺乏系统的概括。比如说异重流潜入以后含沙量沿程怎么变，出库是多少，倒灌的情况和淤积的情况是怎么样的，到下游河道以后含沙量是怎么沿程变化？就是说缺乏一个成套的东西。这点不足，我相信以后会逐步解决。

二、几点看法

对几个问题的讨论，这次报告提出了一些问题，有的也相互矛盾，我提几点看法：

(1)关于潜入条件的问题。潜入条件大部分都是用范家骅提出的修正弗劳德数Fr^2=0.6，这个公式在理论上没有什么问题。但是不足的就是没有考虑异重流转为均匀流的问题。异重流潜入后其流动趋于均匀流，如果坡度比较陡的话，按潜入条件就够了，否则坡度缓，要潜入既要满足潜入的条件，也要满足均匀流的条件。坡度急缓的分界值，大体是1.8‰。这次有的提出来异重流受坡降的影响，还提到了高含沙异重流也要受层流的影响。昨天我把均匀流条件引申了一下，同时考虑层流得到了一个判据，可以概括各种影响，潜入条件可表述为

$$Fr^2=\begin{cases}0.6\lambda_k/\lambda\ (J_0 \geqslant J_k = 1.8\%) \\ 0.6\lambda_k/\lambda\ (J_0/J_k)\ \ (J_0 < J_k = 1.8\%)\end{cases}$$

其中，λ_k 为异重流紊流运动的阻力系数，大体上为 0.025；λ 为异重流实际运行的阻力系数；$J_k \approx 1.8‰$；J_0 为异重流运行的实际底坡。由上式可见，当为缓坡时，潜入点的 Fr^2 与底坡有关；由于 $J_0/J<1$，故 $Fr^2<0.6$；并且底坡愈小，Fr^2 也愈小。当为高含沙层流异重流时，$\lambda_k/\lambda<1$，故 $Fr^2<0.6$。

(2)关于异重流流量散失，是值得研究的。小浪底水库是一个峡谷型的水库，支流比较多，支流倒灌进去以后是要减少相当流量的。另外就是泥沙沉降以后吸出清水，也减少流量，好处是总沙量不变，清水的含沙量加大了。另一方面，开阔河段的两岸缓流区也会潜入一部分异重流。这些都导致流量散失，减少异重流含沙量。

(3)关于异重流的挟沙能力问题，这次会议也有一些不同的结果。一个是范家骅得出的公式，把大于一定粒径的泥沙去掉，其他小于这个粒径的泥沙就可以流动。我和张俊华看法相同，就是异重流挟沙能力规律与明流一致。后者是有理论根据的，而且得到实际资料支持。以前我将范家骅教授的关系，进一步引申出 $v/\omega=kJ_0$，这也反映了一定的输沙规律。所以经验关系也值得推敲。

有的报告对不平衡输沙采用我们的公式进行分析，恢复饱和系数修正后与实际差不多。需再增加一些资料，这方面的资料还比较少。

(4)在浑水水库排沙这方面研究较欠缺，尤其是进库的含沙量几公斤，出去的含沙量几百公斤，这显然不是异重流的含沙量，是浑水水库冲出来的含沙量。浑水水库的条件是比较稳定的。例如丹江口水库一般是在洪水来了以后在水库中段沉下来，经过两三个月以后，含沙量就达到四五百公斤。横断内淤积面水平，纵向有一定坡度。或者是一种高含沙异重流，或者是水下浆河。浑水水库并不是很复杂。到底浑水水库有多厚、含沙量有多大，应尽可能利用来排沙。特别是细颗粒泥沙，有可能在较小流量(例如 1 500 m^3/s)下泄至河口。

三、今后必须加强异重流的研究

最近 20 年，我们国家在异重流方面做的工作比较少，基本上还是 80 年代的水平，总体上没有超过《水库淤积》的水平。当然刚才说的调水调沙是工程方面的进展，但是在理论的研究上还比较缺乏。昨天曹教授也讲了，用的是 80 年代的试验。所以我感觉关于异重流，必须加强研究。目前泥沙运动理论研究开展很少，是一个普遍问题。这首先是目前大环境造成的，另一方面我感到研究人员也应发挥本身的积极性。记得 20 世纪 70、80 年代由黄河泥沙协调小组召开了数次全国泥沙研究学术会议，交流了很多研究成果。其实，那个时候要搞运动。星期天都被占用了，晚上还要开会，但是大家还是挤出时间来做研究。现在除受市场经济冲击，其他条件都是很好的，咱们的研究人员的业余时间应该是不少的。晚上有时间，周末有两天，应该是可以抽不少时间的。我认为研究人员应该有责任心和兴趣，兴趣是很重要的。像我做的一个研究，前后 10 年，都是在文化大革命利用业余时间进行理论的研究。一方面领导要重视，另外研究人员也要尽可能地多挤一点时间。按照现在的情况，要想安排一些研究项目，要想在经费、时间上都得到长期支持是比较难的。要想做深入的研究必须要保证时间，就必须自己来挤。

这是我的一点看法。如果黄委会要安排 1～2 人长期从事异重流研究，我想 5 年以后就会有系统的突破。当然在水库异重流方面，现在也有有利条件。一个是国家投入经费多了，另外，异重流的研究我们还是有基础的。从国际上看，我们在异重流的水力学方面有差距，但是在水库泥沙、水库浑水异重流泥沙运动和输沙规律方面，我们并不落后，另外就是异重流积累的实际资料很多。还有就是将来水库的利用发展趋势的需要，像小浪底水库、三峡水库都需要异重流的成果。

所以，进行这方面的研究，有利条件也还是不少的。

四、几点建议

关于今后研究内容我就不多说了，现在提出如下三点建议：

(1)对浑水水库研究要加强。

(2)有一个统一的安排，各单位要分工合作，由专业人员来协调，这样才能形成一个真正的整体。最好能够定下几个人在一段时间内专门做这方面的工作。

(3)在可能条件下，有效利用外单位的优势开展合作研究，在理论上有所创新，必须在别人的基础上创新。

徐林柱教授发言

(国家防汛抗旱总指挥部办公室)

异重流问题我非常外行，昨天听了一天，今天又听了熊贵枢和韩其为院士的讲话。大家都是专家，黄河问题与其他大河不同，必须要考虑泥沙问题。而且黄河无论是从调度和治理的角度来看，泥沙都是要面对解决的。比如黄河下游存在的二级悬河问题和潼关、三门峡水库的问题，都和泥沙有关。

在调度上黄委会这两年搞了一些工作。在国家防总制订了这么多大江大河的调度方案，唯一把泥沙作为调度方案考虑要素的，恐怕也只有黄河这一条河。研究黄河的问题必须要考虑泥沙。

另外 2003 年的秋汛大家也都经历过，本来水不大，洪峰流量可能多一些。为什么小浪底最后蓄了那么高，按照小浪底的调度来说，考虑使用寿命问题这些水是不应该拦的。但是这些水又是不能不拦的，比如下游的生产堤决口，按说生产堤是不应该决口的。但是一天之内胡锦涛总书记、温家宝总理等三个领导批示，毕竟黄河下游还有 180 多万人。我们现在强调和谐社会，如果作为黄河的治理不考虑这些人的话，这些人也要求正常的生存条件。但是另外一方面，小浪底是黄河下游的一张“王牌”，很多老专家、老领导对小浪底关注程度都是很高的，都是怕最后一张“王牌”过早地淤掉了。这两年的淤积并不大。

将来小浪底的调度必须考虑这个问题，在没有泥沙的情况下小水怎么解决，需要考虑一下。为了堵生产堤，最后小浪底还是灌了两天。很多问题都是没有办法的，我说了这么多想要说明的无非是，黄河问题要重视泥沙问题。

这次的会议还是非常重要的，无论是对小浪底水库的使用寿命问题，还是下游河道的减淤都是很有好处的，我认为这项工作还是很有必要的。

赵伯良教授发言

(黄河水利委员会水文局)

治理黄河工作已进入了新的历史发展时期，从过去以防洪为主时期，进入到以“四个不”(堤防不决口、河道不断流、防染不超标、河床不抬高)的总要求，我也常想下游河床不抬高是很难做到的。这十多年黄河的情况我也不太清楚。现在有利条件增多了，今年要庆祝人民治理黄河 60 年。同时不利的条件也增多了，自然环境条件恶化了。

今天在这里讨论研究水库异重流的问题，是历史发展的需要。怎样利用好水库异重流这个“法宝”，方方面面需要做很多的、坚持不懈的研究工作。原型观测是其他方方面面，如物理模型、数学模型、调度应用等方面研究的基础。

我听了牛占同志的发言，感到很兴奋。因为测验的实际情况很多我都不知道，昨天他讲的我很多都不知道。这个项目有些东西和我想象的是相同的，我感到很高兴。

昨天他说相关的技术标准马上要出台了，我感到很高兴。工作没有规范性的东西是不行的，没有办法统一，没有办法保证必要的完善性。马上要出台一个技术标准，是十分重要也是必要的。在总结经验的基础上制定技术标准，一定要具有科学性和适用性。有标准并不限制新的思路、设想。昨天谈到监测的方法，如跟踪龙头，想了很多的办法。我们基层的工作也是很难、很辛苦的，有的时候是拼着性命得来的。

我认为这个标准的制定要很好地把关，我们国家制定行业标准都是三番五次经过有关专家的讨论研究之后，才能够批准的。当然标准有国家的、地区的、行业的，也有各个部门的，都是不一样的。

这个标准不约束新的想法的出现，但是也不能没有。既然马上就要出台了，我给一些同志提议，制定这个标准的时候也很需要大家的意见。标准现在是由黄委会制定的，那就是黄委会的标准，但是黄河不仅仅是一个小浪底水库，还有其他的水库。希望考虑到将来发展的需要，制订一个共同的标准。

希望有关部门对这个标准的最后出台把好关，我的意思就是能够在现有的条件下，制定得比较科学，有一定的水平，有利于今后指导水库异重流的观测、研究，也有利于资料信息发挥更好的作用。

再一个是讲到水库异重流的“法宝”，怎么样利用这个“法宝”有两个层面的要求，一个层面是怎么样更好地排沙减淤，改善库区的形态，延长水库寿命。这个层面的作用，不管是天然的、人造的、高含沙、低含沙的水库异重流，可以不受限制地加以利用。

异重流的泥沙颗粒绝大多数都是细颗粒，细颗粒很有利冲刷河床，挟沙能力比较强。前三次的试验挟沙效果不是很理想，这是我们为了满足不抬高所做的努力。

小浪底水库异重流的应用，一定要与改善下游河道泥沙淤积的问题相结合，这样才能发挥水库异重流最好的效用。当然这个要求要想做到也是很难的，难在黄河上的致命问题不是沙多，而是水少。有的北方河流持续的断流，有的干涸了，有的成了季节性的河流。这些问题要想解决很难，过去说“黄河之水天上来”，现在老天爷也不帮忙，怎么办？我们能不能像前三次那样调水调沙冲刷下游的河床，需不需要？我个人认为是需要的，如果不冲刷，河床还会再往上抬。怎么样达到“河床不抬高”的目标？我们起码要朝这方面努力，但是致命的难点是水太少。怎么办？水的问题我想不出好办法，只能勒紧裤腰带，对维持黄河生命的水有保障，在桃汛和伏汛前搞两次人造异重流。谁都想多利用水，谁都想多发点电，这是没有办法的办法。怎么算这个账，这个问题我有一个想法，经过中央的分配，保持黄河健康的生命水，不要把黄河的“养命水”克扣掉。要下决心把水用在实处，当然用水是要讲效率的，这个账要算好。

还有一个问题就是第三次调水调沙，我看到报告当中是这么说的：以沙量平衡法计量为准。这个“沙量平衡法”就是20世纪50年代搞的，方法叫输沙率法。但是这个方法的问题和断面法来比较有很多的文章，结果差别很大，定性都不一样，长系列的比较，发现输沙率法偏离实际达到了令人不敢想象的程度。一比较两者的差别很大。

输沙率法的不科学性问题早已暴露出来，现在我们改成沙量平衡法，实际没有任何改变，平衡法从名称上看没有什么问题，利用上下断面悬移质输沙量来确定河段冲淤变量，这种方法到底对不对？我认为不正确。这个问题应该予以重视，彻底弄清楚，作一个正确结论。

还一个问题就是这次调水调沙报告当中提出的意见，我们几十年颗分级配是用重量百分比来表示的，现在用体积百分比来表示。如果是在层流区范围以内还是可以的，但是超出这个范围以外，就不是那么回事了，这个工作不知道现在做得怎么样。

我看到的报告里面是这样提出建议的，希望这个问题解决一下。

黄自强教授发言

(黄河水利委员会)

我谈一些看法和建议。

黄委关心异重流的问题主要是两个。一个是小浪底水库的排沙，减少库区淤积，延长水库使用寿命；另一个是调水调沙的应用。这几年的调水调沙中，我们重视异重流的应用和研究，取得了很多的成果。通过一天多的会议，听了很多专家的报告和发言，我有这么一个感觉。作为黄委咱们应该是把重点放在应用上。从目前来看，异重流的理论研究就其水平而言，还没有突破原来五六十年代的水平。近年来只是在形成条件的细化研究、分类特征等方面有了新的进展，几位专家的介绍就是对于潜入条件的弗劳德数变化规律、异重流运动边界影响变化等方面做了更细化的研究。

(1)黄委总结以前调水调沙当中异重流现象，或者对今后的异重流研究也好，应该以现存的理论研究为基础，不应当在机理的分析上做太多的重复研究。但是我也不反对继续对出现的一些特殊问题进行理论探讨。听了张金良同志的报告，我觉得应该注重用已有的理论研究分析小浪底水库异重流规律和特殊性。在这方面还有所欠缺，但是正因为这方面的欠缺，我们报告当中的一些方面的表述容易引起误解。像刚才韩其为院士谈到的排沙比问题就是其中表述上的欠缺，因为异重流的排沙比确实一般超过 30%的不多。我的印象中即使是小浪底这种特殊情况，要想突破 50%也是比较难的。关键问题是确定什么是异重流的排沙比，异重流的排沙条件与排沙比的响应关系，所以我们对于以前的研究工作的总结分析应当基于现有的理论基础进行，这一点我觉得应当加大力度。

(2)利用现有的异重流理论成果，研究分析未来小浪底水库产生异重流的演变趋势。小浪底现在已经淤积了 18 亿 t，它的地形条件已经发生了变化，水库应用条件也随着情况的不同而改变。汛限水位在逐步上升到设计值，其他的应用条件也在变化。在这种情况下，对异重流形成条件的响应关系研究应当提前进行。异重流的应用和人工塑造异重流，这是黄委真正具有调沙意义的实践，是真正意义上的调水调沙的重要组成部分。人工塑造异重流以后，就有了真正意义上的调沙概念。小浪底水库为什么有这么好的条件呢？因为它上面有一个三门峡水库，距离它只有 125 km。三门峡水库现有的条件又适合于塑造高含沙水流，再加上小浪底库区的地形和地貌条件也适合塑造异重流。三门峡水库的平面形态是上大下小，小浪底是上小下大，基本上属于山区峡谷型水库，所以对于异重流的塑造和运行都是很好的条件。

现在我们总结的这些对异重流的塑造关系，是我们仅凭前几次的经验得到的，而这些是远远不够的。所以必须以已有的理论研究成果为指导，进行系统的总结并指导今后的工作。还有一个重要问题是三门峡水库出口含沙量的控制问题。这几年水利部防办根据有关专家的确定，三门峡水库在非汛期也要保持敞泄状态，在这样的条件下应当说，无论是汛期还是非汛期都有条件塑造异重流，为此对用什么手段来增加含沙量、控制含沙量，用什么手段增加细颗粒泥沙的数量，这些问题都是我们应当提前研究的。

(3)很多专家提到我们现在监测异重流要素应该统一。现在的研究部门、设计部门、应用部门和监测部门，应当坐下来统一形成一套监测的规范。从项目、内容、精度、要求等统一起来，这方面现在没有规范，但是我们根据现有的基础应当形成一个初步的规范。这样，一是为提高理论研究可以提供一个可靠的资料依据，二是对设计、调度、应用部门，可直接较准确取用经验性规律，提高工作效率；三是对水文监测部门更是做到有规可循，是很有好处的。

(4)大家提到的从异重流转化为浑水水库，以及浑水水库的排沙的研究是很重要的，还有高含沙均质异重流在小浪底水库产生的可能性，在小浪底水库中运行及排沙的条件、利弊分析等研究，这些是我们现有状况下不足的部分，我希望把这几方面作为我们今后异重流研究的重点问题来对待，这对小浪底水库减淤、调水调沙可扩展思路，很有帮助。

另外的一点想法就是我们搞这个研究，应当作为一个系统工程来对待，因为它的协调工作很重要，怎么协调？我认为协调应该和项目的管理、资金来源结合在一起。说实话初次的调水调沙试验资金没有保障，要想搞好这方面的研究的话，一定要正规地立一个项目，而且是得到国家部委重视的项目，作为我们研究支撑平台。

还有一点就是如何做好内外协调，一个是委外的，一个是委内的。数学工具、物理原理分析等，这方面不是我们的强项，这方面的研究应该依靠大专院校和研究机构进行。委内应该有专门的领导和部门来组织协调有关部门的配合，特别是人、财、物和资料方面的统筹配合。所以内外的协调和组织是一个很重要的问题，应当引起委领导的重视。

江恩惠教授发言

(黄河水利科学研究院)

听了一天多的报告，收获颇多。刚开始我认为还有异重流在下游运行的问题，论文集中很难看到。这里我有一个想法，异重流作为一个专题来研究是非常必要的，但是对于小浪底的泥沙处理并不是仅靠异重流就能解决的。异重流所带走的泥沙是很小的一部分，并且异重流对下游带来的负面影响也是需要考虑的。不能单说库区排沙，应该把库区和下游一起考虑。

对下游来讲，我们都知道这几次小浪底异重流排沙都出现了下游洪峰增值现象，对于洪峰增值现在黄科院也在做工作。

这两年我又仔细地读了读侯晖昌教授的《减阻力学》一书，我觉得概念是非常清晰的，如果引入异重流排沙在下游出现洪峰增值研究方面，肯定会有好的成果。异重流排沙之后大家谈到排沙比是多少多少都很高兴，但是我觉得不能单纯地讲排沙比。小浪底水库的泥沙排出去以后，到了下游造成的危害有多大，现在还有不同的认识。对这块工作的研究如果加强的话，对小浪底水库的调度工作会有帮助。

2005 年我们用数学模型算了一下，如果小浪底采用间断排沙，泥沙排出以后会削弱下游洪峰增值现象，2000 年就是这种情况，而 2004 年、2005 年和 2006 年就出现了洪峰增值。细泥沙到底能不能减阻，作用有多大？大家有很多的提法，这些提法当中到底哪个因素占多大的作用，如何扬长避短，怎样做才能达到最大的综合效益这些都需要研究。

今年的小浪底调度工作，实际上张金良主任已经吸收我们的建议，采取了间断排沙的方法。对于间断排沙模式的优化问题，我们现在正在算，有一个初步的结果。马上会有一个曲线出来，对怎么样调度最有利，会有一概念性的成果。小浪底水库的泥沙通过异重流排出去以后，是否能通过减阻的方法多带一些沙？如果可以的话，这些沙从哪里来，是从小浪底还是下游河道来？都需要再研究。

另外对小浪底水库的泥沙，如果单靠异重流来排沙，力量恐怕不够。那么怎么来做，我们水科院对此很积极，已经有两个项目建议书出来，我们准备把两者合在一块提交给黄委国科局。对小浪底水库的泥沙应该分为粗沙和细沙，粗沙和细沙各自如何利用应该研究。下一阶段的工作是什么样的情况下把沙排出去，需要有一个智能监控。我们水科院曾经做过一个试验，利用负压抽吸的河床上的泥沙，结果效率特别低。为什么它们的效率很低？会不会在小浪底库区就会出现一个效率很高的结果，应该做前期研究，因为边界条件很重要。估计在库区里的效率可能会比我们原来做试验要高得多。

小浪底库区现在沙少了，这几年都是小水年，但是如果遇到大水年可能一下子就淤积 10 亿 t，这么多泥沙怎么来处理，实际上黄委会一直在讲“泥沙资源化”，到底泥沙怎么资源化，现在并没有一个大家都认可的概念提出来。如果泥沙处理不好就会堆在小浪底库区里和下游河道。

刘晓燕副总工程师在黄科院时做了一个利用黄河沙做建筑材料预制板的研究，最近黄科院又研究提出了防汛备防石的关键技术，已经有了研究的基础，我觉得对于“泥沙资源化”应该真正落到实处，广开思路，还有没有其他综合利用措施，真正变泥沙处理为泥沙利用，变被动为主动。大家都说下游是主要的问题，淤积不抬高怎么样实现？如果仅靠水库排沙和输沙入海这两条措施恐怕难以实现。

这是一些看法，对于异重流研究机理这方面，韩其为院士刚才讲的非常好。我们院的张俊华副总工程师也一直带领他们项目组做这方面的工作,下一步可能也会有所突破。我认为对于机理研究的临界条件等方面需要再深入研究，因为每次实时调度的决策过程当中大家都很做难，三门峡水库放多大的水、沙，万家寨水库如何配合，都是因为这些具体的协调关系指标模糊，大家在实际工作当中才左右为难。如果深入一些，会对我们下一步的调度工作起到很大的帮助。

水库的优化调度，前几年喊的非常热乎。我觉得优化调度要做一些实实在在的工作，对于三门峡水库我曾经和我们的一些科技人员说过。三门峡现在是一个焦点问题，里面就有一个优化调度的问题，不能陕西站在陕西立场，河南站在河南立场上，企业站在企业立场上。现在是要面对社会问题、生态问题、经济问题和水库长期利用的问题，这是一个庞大的系统，如果我们能够做成一个真正的优化调度系统，必然会有一个好的结果。

对小浪底水库也有一个优化调度的问题，应该研制一套优化模型出来。泥沙处理和利用的最优目标是什么，水库发电的最优目标是什么，水资源利用、生态环境等各自最优目标的研究等，都要系统考虑。不能单独站在自己的角度来实现自己的最优目标，各方面的因素放在一起博弈一套优化的调度指标。总之，要针对黄河水沙特点、每个水库的具体情况，具体问题具体分析，认真研究并完善黄河水库优化调度模型。

尚宏琦教授发言

(黄河水利委员会)

借此研讨会之际，我也想谈点认识和体会，也有一些问题，请在座专家给予咨询。

一、认识和体会

在这次研讨会上，各位专家从理论分析和试验上以及一系列的成果，可以得出一个非常清楚的概念，这是我的第一点认识。另外，就是从小浪底的运用上怎么样达到下游河道的减淤，长期有效地保持有效库容，也是黄委作为一个运行调度管理单位要关注的问题，具体的操作问题张金良主任讲的很清楚，是考虑综合因素之后，提出的一个切合实际的调度方案。可能在技术上、理论上或基于某一点有些不同意见和建议，这是自然的。关于黄河调水调沙异重流的调度，确是一个可实施的方案。

异重流是泥沙方面的一个比较专业的问题，通过今天和昨天的会议，大家体会非常深，让我们从历史和现实的角度重新认识了异重流。现在，主要的问题是黄委还要开展和组织这方面的研究，怎么样组织？我的理解是先要综合各种因素得到一个最优方案，黄河的水资源非常宝贵，怎么样做到小浪底的减淤又保护下游，这些都是需要深入研究的。

二、关于异重流研究方面的问题

第一，异重流的水下运动问题。异重流的水下运动通道也相当于有一个固定的水沙通道河槽，可能宽度有几百米或一公里宽，我们能不能采用干预形成一个有利于异重流输移的水下通道条件，把异重流推到坝前。

第二，就是用人工干预的办法，对这种可能的通道进行干扰，特别是临界点，即异重流运动到坝前停止了或将要停止时，我们用什么方法人为地干预让它继续运动。

第三，就是我们能不能建立一个非常顺利的通道，即：创造人工异重流或自然异重流的最适宜形成和运动条件，包括比降、流速、通道的宽度等，同时利用综合措施来减少小浪底水库的泥沙，因为异重流只是其中的一个方法。

张金良教授发言

(黄河水利委员会防汛办公室)

一、水库调度

实际上水库调度这个事情我已经思考了很长时间，全国现在有 84 000 多个水库，但是全国这么多的大专院校，没有一所开设水库调度专业的。全国 20 000 多座大中型水库，84 000 多座水库没有一个专业院校搞专门研究的。

刚才讲到的水库优化调度问题，据我的了解，现在进行全国水库优化调度研究的只有一位院士，而在电力行业是有电力调度专业的。

二、小浪底水库的调度目标

原来各种文件，都会说“小浪底是兼顾供水和发电”，事实上小浪底从建成到现在受到两方面的约束：①社会约束；②技术约束。就小浪底所受到的社会方面的约束，这里我给各位专家罗列一下：

(1)下游滩区有 180 万人生存，这 180 万人和我们一样有同样的生存权和发展权。

(2)下游有两个省（河南省和山东省），政府对这一方面非常关心，这是政府的约束。

(3)黄河下游安全的约束，这个约束来的更具体，比如说 2003 年秋汛。花园口只有两千多的流量，兰考蔡集生产堤溃口。东明的大堤积水 6 m 多深，泡了将近一个月之后，堤外发现 50 m 宽、150 m 长的管涌带，大堤随时有溃堤的危险，一旦溃堤，造成的就不是一般的事件了，它是震惊世界的。

像这种涉及防汛安全事情，每年国家防办接到国家领导人的批示有 40 多次，涉及到黄河的有十余件。

(4)社会各界对小浪底库容损失的关注，这也是一个社会关注。75 亿 t 的库容是用 300 多亿元的人民币换来的，这个库容是拿钱换来的。说实话我们在调度的时候把库容看得比我们的生命还重要。

(5)社会约束，下游工农业、城市供水影响的约束。

(6)下游不断流、河口不断流，生态约束。

技术方面的约束：

(1)专家关注的排沙比的多少；

(2)下游减淤、下游城市供水、工业保障等一系列问题。

有些专家说你们小浪底的蓄水水位能不能低一点，下游可以多输一点水。城市要供水，工业要用水，这不是一个部门或单位做得了主的。

实际上我们一直在寻求综合优化，但是其实受到社会各界的约束和技术的约束。

小浪底截至到现在总的淤积量是 17.28 亿 m^3，这里我同意大家引用的数据都是黄委公开发布的数据。因为这些数据经过整理，是比较有说服力的。我们算了一下，从 2002 ~ 2006 年这 5 年时间里，平均入库的泥沙是 4.212 亿 t，平均每年淤积 2.995 亿 t，出库是 1.7 亿 t。也就是说，水库的综合排沙比是 28.8%，这还包括了小浪底水库底孔 175 m 以下彻底淤死的库容，这一部分是没有办法计排沙比的。

三、兼顾调度

2003 ~ 2006 年这 4 年小浪底下泄了 4.07 亿 t，下游河道的排沙比是 35.6%。也就是说，一个小浪底水库的调度，绝不能仅仅考虑水库的排沙，还应该考虑到下游的河道减淤。我们要想单单做到下游河道的减淤也是很容易做到的，水库只下泄清水就可以了，问题是二者兼顾。

打个比方，假设说不考虑发电行为，行不行？不行，国家投入小浪底水库设计当中就有发电项目。换句话说，如果小浪底没有发电效益我们拿什么资金来维持小浪底的运行？国家不可能再投入钱维持小浪底水库的运行，不考虑效率供水不行，不考虑发电不行，不考虑灌溉也不行。

实际上我们所讲的调度，就是如何在原设计的基础上，以至少不低于设计的指标更加优化，这就是我们水库调度的宗旨。刚才熊贵枢教授也提到异重流的排沙比最多就是 9% ~ 10%，实际上小浪底设计的是 17%左右，我们这几年年均是 20%左右。从这个指标来衡量，这几年的调度应该说对异重流进行了充分的利用，这也是今天举行这个异重流学术研讨会的初衷，希望各位专家给我们提一点建议。

四、关于下游河道的减淤问题

我们没有那么多水但是还要减淤，因此今年我们就做了两次小的异重流冲沙试验。排沙量大概是 2 030 万 t，我们考虑到 397 场洪水得出的指标是全沙，而这次用的异重流排沙，颗粒很细，这样我们就有了 2 030 万 t。小浪底一共出库了多少呢？2 200 万 t，下游淤了 119 万 t。淤的部位主要是在花园口以上。9 月份这次洪水我们又降低到 1 000 ~ 1 500 m^3/s 之间，小浪底排沙是 1 515 万 t，下游冲了 119 万 t。我们说一个河道的冲淤一定要讲部位，不讲部位的冲淤是很容易的。因为泥沙的起动流速是不相等的，是可以进行人为控制的，不是我们不讲这个道理。下游冲了 119 万 t，但是主要冲的是夹河滩到伊洛河口一带，淤在花园口上方。

下游河道可不可以淤，可以，但是要分部位的淤。经过理论计算，我们可以先把小浪底水库的泥沙放在花园口以上，等大洪水来了一起冲到大海，这也是水沙调控的方案。

这两次小的异重流调度试验都取得了成功，至少下游河道整体上没有发生危机，而且从淤积的部位来讲是我们希望的。

五、一点问题和建议

关于水库排沙的研究，从现在的认识来讲异重流是直接形成浑水水库的直接因素，异重流没有运行到坝前或者运行到坝前没有排出去都会转化成浑水水库，将来可能明流也会转化成浑水水库。但是浑水水库形成的机理是一个研究方面，另外就是浑水水库和排沙的关系，刚才讲到我们没有把浑水水库和异重流分开讲，确实没有分，因为分不清楚。但是有一点可以说明的是，如果没有异重流的话，浑水水库的泥沙也排不出来。浑水水库的单独排沙是很难实现的，要想实现排沙就是和异重流联合起来带动浑水水库排沙。这是我们在2003年的异重流排沙当中出现了时段排沙，拿时段来算的话排沙比是达到了140%，这个方面希望韩其为教授将来有机会给我们讲一下。

另外就是含沙量的梯度对排沙有什么影响、持续的时间有多长等，这些方面的资料介绍的比较少。

赵卫民教授发言

(黄河水利委员会水文局)

黄委利用异重流进行小浪底排沙，时机抓得非常好。异重流排出去的大都是细沙，从概念上说可以带到海里去。黄委的实践是非常成功的。

另外就是我同意刚才张金良主任的观点。我觉得整体上黄河的泥沙入海，根据现在的水沙条件来看恐怕只能是泥沙搬家。要一步一步地搬运泥沙。像张金良主任讲的，先将泥沙排出库外，堆在花园口以上河段，然后利用洪水把泥沙带到海里。

第三点是，异重流的观测我们水文局已有领导专家进行了综合介绍。其他地方的异重流观测也十分值得借鉴，如官厅水库和冯家山水库的观测。辩证地看这个问题，根据小浪底的水面宽、水深等特征，要全面进行异重流观测，恐怕还只能用船做平台，这就要面对艰苦的工作条件甚至危险，如几次遇到的风流。另一方面，为满足工程调度需要，像冯家山水库那样固定位置、自动监测的做法也是切实可行的。

另外，这几年委里进行异重流研究时大多采用范家骅老先生所说的弗劳德数为0.78。但我们的观测和分析人员通过资料分析后发现测到的弗劳德数总是与0.78偏离较远。我们也拿不准究竟是什么原因造成的。今天，许多专家从理论分析、水槽试验各方面都介绍了潜入点弗劳德数与水沙、地形条件的关系，对我们以后的测验及有关分析工作会有非常大的帮助。感觉收获很大，谢谢大家！